国外电子与电气工程技术丛书

# 传感器系统
## 基础及应用

[加] 克拉伦斯·W. 德席尔瓦（Clarence W. de Silva） 著

詹惠琴 崔志斌 彭杰纲 古军 译

*Sensor Systems*
*Fundamentals and Applications*

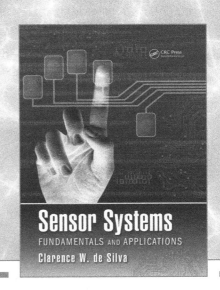

机械工业出版社
China Machine Press

**图书在版编目（CIP）数据**

传感器系统：基础及应用 /（加）克拉伦斯·W. 德席尔瓦（Clarence W. de Silva）著；詹惠琴等译 . —北京：机械工业出版社，2019.3（2023.1 重印）
（国外电子与电气工程技术丛书）
书名原文：Sensor Systems: Fundamentals and Applications

ISBN 978-7-111-62879-8

I. 传⋯　II. ①克⋯　②詹⋯　III. 传感器　IV. TP212

中国版本图书馆 CIP 数据核字（2019）第 103341 号

本书包括传感器相关的数学、物理、电路等基础理论，介绍了相关的性能指标、性能选择以及集成到工程系统所需的软硬件，讲述了先进的传感器技术、分析建模、实际应用和设计研究实例。全书共 12 章，前面 7 章是传感器的基础知识，第 8~11 章分别讨论了不同种类传感器的结构及实际应用，第 12 章涉及先进的传感器技术。

本书可以作为高等学校测控技术与仪器、自动化、机电一体化、电气工程等专业高年级本科生和研究生教材，也可供相关科研和工程技术人员学习参考。

出版发行：机械工业出版社（北京市西城区百万庄大街 22 号　邮政编码：100037）
责任编辑：蒋　越　　　　　　　　　　　责任校对：殷　虹
印　　刷：北京建宏印刷有限公司　　　　版　　次：2023 年 1 月第 1 版第 3 次印刷
开　　本：185mm×260mm　1/16　　　　印　　张：27.25
书　　号：ISBN 978-7-111-62879-8　　　定　　价：139.00 元

客服电话：（010）88361066　68326294

# 译 者 序

传感器（sensor/transducer）是获取信息的工具，它能感受到被测量，并按照一定规律将其转换成可用的输出信号。随着科学技术的发展和信息时代的到来，在现代化生产、交通运输、环境监测和保护以及人们的日常生活中，传感器和传感器技术的重要性越来越显著。传感器既是现代信息系统的源头，又是信息社会赖以存在和发展的基础。有关传感器的教材和技术书籍已有许多，各有特色。然而，本书可以说是在工程系统中对传感器讲解很全面的参考书，涵盖了本科生和研究生教学所需的相关理论和技术，以及科学研究和工程应用的有关领域。本书包括传感器的相关数学和物理原理、电路基础理论、传感器结构和原理、先进的传感器技术、分析建模、实际应用和设计研究实例，内容十分丰富。我们将这本著作翻译出版，希望能对国内相关领域的教学、科研和生产有一定帮助。

全书共 12 章，第 1～7 章是传感器系统的基础，第 8～11 章分别讨论不同种类的传感器结构、原理、分析方法和实际应用，第 12 章涉及先进传感器技术。具体来说，第 1 章简述传感器、传感器系统的基本概念，描述常见的控制系统架构。第 2 章讲述组件互连，研究了电气系统和机械系统的组件互连和阻抗匹配。第 3 章讨论信号调理问题，重点是放大器和滤波器。第 4 章的主题是信号转换，讨论了调制器和解调器、ADC、DAC、电桥。第 5 章讲述工程系统中的设备、组件或仪器的性能分析和指标。第 6 章研究传感器系统和仪器的带宽、数据采样和误差分析。第 7 章研究测量数据的参数和信号估计，包括最小二乘估计（LSE）、最大似然估计（MLE）和卡尔曼滤波器。第 8 章讲解运动量测量的模拟传感器，包括电位计、差动变压器、永磁传感器、转速计、涡流传感器、电容传感器、压电传感器以及陀螺仪和科里奥利传感器。第 9 章讨论力、转矩和触觉传感器。第 10 章讨论一些常用的传感器，包括光纤、激光、超声、磁致伸缩、声发射、热流体和水质传感器。第 11 章研究数字传感器、数码相机等。第 12 章研究微机电系统（MEMS）传感器、无线传感器网络和多传感器数据融合。每章后面都有许多题目供学生思考、练习和设计。

本书的特点如下：一是内容全面，体系合理，技术先进；二是着重于传感器系统，而不是单个传感器，适合机电控制系统设计的大背景；三是包括有关电路设计、信号估计和分析、数据融合等综合知识，以及 MATLAB 工具的应用；四是提供了大量的论证性实例、设计实例、实践应用和实际研究案例，鼓励学生跨学科综合思考问题，培养学生的设计能力。

本书可以作为高等学校测控技术与仪器、自动化、机电一体化、电气工程等专业高年级本科生和研究生教材，也可供相关科研和工程技术人员学习参考。

本书由电子科技大学自动化工程学院詹惠琴教授主持翻译和审校，具体分工如下：詹惠琴翻译第 1、5、7、11、12 章，崔志斌翻译第 6、8、10 章，彭杰纲翻译第 2、9 章，古军翻译第 3、4 章，江曼婷、贾程栋、周胜阳、刘可心、杜婉玲、贾俊舒等参加了本书部分章节和前言、附录的初稿翻译，以及图表修改、公式录入和排版工作。

在本书的翻译过程中，得到了电子科技大学古天祥教授、钟洪声教授、习友宝教授以及自动化学院领导的指导和帮助，还得到机械工业出版社王颖及有关工作人员的支持和帮助，在此一并致谢。

由于时间和水平有限，书中难免会出现错误和不妥之处，敬请读者指正。

译者

2019 年 2 月

# ✤ 前　言 ✤

本书不仅涉及传感器，还涉及由多传感器和其他必要组件组成的"系统"，包括传感器网络和多传感器数据融合等方面。本书介绍了相关的物理原理和工作原理、评定等级、性能指标、性能选择，集成到工程系统所需的硬件和软件、信号处理和数据分析、参数估计、决策，以及与传感器和传感器系统有关的实际应用。由于本书不仅具有教材的所有内容，还包含了大量关于该领域课题的实用信息，因此，本书也是极具价值的参考工具，特别是对于特定的专业。在本书中，术语传感器系统指在实际应用中多个传感器系统或实施所必需的传感器及其他附件。

本书以学生容易理解和产生兴趣的方式阐述传感器的内容，除此之外，本书还运用了一些不同于其他传感器书籍的教学方式，如下所示：

- 使用简单的数学运算表达物理原理和分析方法。
- 以有条理、统一的方式将不同类型的传感器呈现在各种不同的领域（电子、磁、电感、电容、电阻、压电、压阻、磁致伸缩、半导体、光纤、超声波、机械、流体、热等），以便于具有各种工程背景（机械、电气、土木、材料、采矿、生物力学、制造、航空航天等）的读者都能够受益。
- 传感器的创新和先进主题包括无线传感器网络、微机电系统（Micro Electronic Mechanical System，MEMS)传感器和多传感器数据融合等。
- 为实际应用中的传感器及其附件的设计、选择和集成提供了实用方法。
- 提供了大量的工作实例、分析实例、数值实例、仿真、设计实例、仪器实例、案例研究和章末思考题（附完整答案），它们都与现实生活和实际工程应用相关。
- 书中提出的关键问题将在各章的不同位置集中总结，以便于参考、复习和以 PowerPoint 形式呈现。
- 每章开始部分总结了该章涉及的主要课题及内容，每章末尾的关键术语提供了各章的主要内容和公式。
- 不方便整合到某一章中的重要内容将在最后以单独的附录<sup>⊖</sup>形式给出。
- 在本书学习过程中需要使用辅助软件工具，如 MATLAB。
- 简洁明了，避免不必要的和冗长无趣的讨论，以便于参考和理解。
- 内容丰富，可以分别为本科生和研究生提供为期 14 周的课程。
- 鉴于本书中讨论的实际问题，比如设计问题、产业技术问题和商业信息问题，同时鉴于对更为先进的理论、概念和实用信息的简化以及快照式介绍，本书可作为有效的参考工具，为工程师、技术人员、项目经理以及其他行业和实验室的专业人员服务。
- 为更进一步的学习和研究提供了参考和阅读建议。
- 详细介绍了一套实验练习和实践项目。
- 对于章末计算题，提供了详尽的解答，以便于教师教学<sup>⊖</sup>。

---

⊖ 可在网站 www.hzbook.com 上获取附录。

⊖ 关于本书教辅资源，只有使用本书作为教材的教师才可以申请，需要的教师可到原出版社网站注册下载，若有问题，请与泰勒·弗朗西斯集团北京代表处联系，电话 010-82503061，电子邮件 janet. zheng@tanfchina.com。——编辑注

## 背景

在我编写的《控制传感器和执行器》(Prentice Hall，1989)出版几年之后，我收到了很多修改和更新版本的建议，此次修订是在 2000 年休假期间进行的。由于我同时参与了机械电子学的本科生和研究生的课程开发，所以我能够收集大量最新且有深度的材料，这个项目迅速推进，并出版了一本里程碑式的高达 1300 页的教科书《机电一体化的综合方法》(Taylor&Francis Group，CRC Press，2005)。然而为实现最初的目标，《传感器和执行器：控制系统仪器》(第 1 版)一书随后变为《机械电子学》的精简版本，并且兼顾控制类传感器和执行器。我从本科生的"控制系统仪表和控制系统设计"课程，以及卡内基-梅隆大学研究生课程"控制系统仪器"的笔记中整理出了原始手稿。本科课程包含较多高级选修课，其中包含了大约一半的高级机械工程类课程，研究生课程的主要对象是电气和计算机工程、机械工程和化学工程专业的学生。学习这两门课程的基础是关于反馈控制的传统入门课程以及导师的指导。在积累本书材料的过程中，我们试图涵盖麻省理工学院机械工程系的两门课程(模拟和数字控制系统综合以及计算机控制实验)的大部分教学大纲。在不列颠哥伦比亚大学，我进一步研究并修改和补充了机械电子学、控制传感器和执行器教学课程的原始资料。通过我在 IBM 公司、西屋电气公司、布鲁尔和克亚尔公司、美国国家航空航天局的刘易斯和兰利研究中心等地的工程经验，本书中的材料已经有了应用方向。

在澳大利亚墨尔本大学完成另一个版本的《传感器和执行器》期间，我有机会教授综合本科生和研究生的"传感器系统"课程，这是该大学机械电子学的重要课程。先前教过该课程的老师已经在使用《传感器和执行器》一书中的相关内容，他们表示这本书是此课程现有的最佳教材，他们让我确信，讨论传感器系统的书籍应该与讨论传感器的书籍有所不同，本书做到了这一点。

## 本书范围

本书中介绍的内容为以后学习传感器系统的专业知识奠定了坚实的基础，无论是在工业环境还是学术研究实验室中，它都将促进学生进一步了解硬件知识及实验步骤，增强动手开发和实验的能力并在此过程中获得分析技能。同时为了取得最佳教学效果，有关传感器系统的课程应该包含配套实验或者典型的工程项目。本书介绍并强调了实际实施、实验室实验和实践项目的各个方面。

本书由 12 章和 4 个附录(在线资源)组成。为了最大限度地发挥本书的作用，我将以浅显易懂的方式来介绍材料，使得任何具有基础工程背景(无论是土木、电气、机械、制造、材料、采矿、航空航天还是生物力学)的人都能看懂。本书提供了案例研究、实例(基于分析、数值和硬件/软件)以及练习题。尽管本书包含的所有习题都有答案，但是为了鼓励独立思考，本书最后只给出了数值类习题的答案。解答手册中提供了完整的习题答案，以供采用本书的教师使用。其他材料可从下列网站获得：http://www.crcpress.com/product/isbn/9781498716246。

## 本书优势

传感器系统正发展成为机械电子学、机械工程、电气电子计算机工程、制造工程、航空航天工程等多门工程课程的重要课题。根据我在传感器、执行器、仪器仪表、机械电子学等方面的本科生和研究生课程教学经验，现有的有关传感器的书籍如作为教科书有若干显著的缺点，以下是一些常见的缺点：

1. 很少在物理/应用领域选定一组传感器。
2. 没有解决许多工程应用中存在的多域性问题。
3. 将传感器集成到实际应用中时，不考虑其他所需的附件。

4. 传感器选型问题在很多情况下都没有得到解决。在选定传感器后，又不能同时考虑工程性能规格和实际/商业产品的额定参数。

5. 没有适当地考虑在传感器应用中的仪器。

6. 不提供实验室实验、工程项目和案例研究。

7. 不处理多传感器系统，特别是网络传感器（无线传感器网络）和多传感器数据融合系统。

8. 除专业出版物外，没有考虑诸如 MEMS 传感器这样的现代传感器。

9. 没有充分使用传感器数据来处理信号和参数估计。

10. 没有充分包含教科书的功能（如详细的工作实例、综合的章末习题、案例研究、设计问题、实验练习、习题答案等）。

然而，我们预计本书将是一本高度易读和实用的教科书，它克服了以上缺点。

## 致谢

编写本书的过程中，我得到了很多人的帮助，但因篇幅有限，无法一一致谢。首先，感谢我的研究生、研究助理和技术人员的直接或间接贡献。其次，特别感谢我的研究助理兼实验室经理 Tony Teng Li，同时也感谢 CRC Press/Taylor & Francis 团队的执行编辑 Jonathan W. Plant 对整个项目的热情和支持。是他们不断的鼓励和建议，推动了本书的顺利出版。我还要感谢 CRC 出版社的相关工作人员，特别是 Ed Curtis 和 Vijay Bose。最后，感谢我的妻子和孩子们坚定不移的爱与支持。

Clarence W. de Silva

加拿大温哥华

# 作者简介

Clarence W. de Silva，PE，ASME 和 IEEE 会士，是加拿大温哥华的不列颠哥伦比亚大学机械工程系教授，在机械电子学和工业自动化领域担任加拿大高级研究委员会的讲座教授。在此之前，他自 1988 年以来一直在工业自动化领域担任 NSERC-BC 自动包装研究委员会主席。他曾在卡内基-梅隆大学担任讲师（1978～1987 年），在剑桥大学担任 Fulbright 客座教授（1987/1988 年）。

他在麻省理工学院（1978 年）和英国剑桥大学（1998 年）获得博士学位，并在加拿大安大略省滑铁卢大学获得荣誉工程学博士学位（2008 年）。de Silva 博士还曾在新加坡国立大学电子与计算机工程系获得美孚颁发的讲座教授职位，同时还是一些大学的荣誉教授，如厦门大学等。

其他职位：加拿大皇家学会会士，加拿大工程学院会士，卡内基-梅隆大学 Lilly 研究员，NASA-ASEE 研究员，剑桥大学 Fulbright 高级研究员，不列颠哥伦比亚高级系统研究所研究员，Killam 研究员，坎特伯雷大学 Erskine 研究员，墨尔本大学教授，不列颠哥伦比亚大学 Peter Wall 学者。

奖项：美国机械工程师协会动态系统和控制部的 Paynter 优秀研究者奖和高桥教育奖，Killam 研究奖，IEEE 加拿大杰出工程教育家奖，世界自动化会议终身成就奖，IEEE 授予的第三个千年奖章，不列颠哥伦比亚专业工程师协会荣誉成就奖，IEEE 系统、人与计算机学会杰出贡献奖。同时，他还在国际会议上发表过 32 次主题演讲。

期刊编辑方面的职位：他在 14 个期刊任职，包括《IEEE 控制系统技术会刊》《动态系统、测量与控制期刊》《美国机械工程师协会学报》；他还是《控制与智能系统国际期刊》和《基于知识的智能工程系统国际期刊》的主编，《测量与控制》高级技术编辑，北美地区《人工智能工程应用——IFAC 国际期刊》编辑。

出版物：22 本技术书籍，19 本编辑书籍，50 本书的某些章节，240 篇期刊文章和 260 多篇会议论文。

近期书籍：《Sensors and Actuators：Engineering System Instrumentation》（2nd edition，Taylor & Francis Group/CRC，2016）；《Mechanics of Materials》（Taylor & Francis Group/CRC，2014）；《Mechatronics：A Foundation Course》（Taylor & Francis Group/CRC，2010）；《Modeling and Control of Engineering Systems》（Taylor & Francis Group/CRC，2009）；《Vibration：Fundamentals and Practice》（2nd edition，Taylor & Francis Group/CRC，2007）；《Mechatronics：An Integrated Approach》（Taylor & Francis Group/CRC，2005）；《Soft Computing and Intelligent Systems Design：Theory，Tools，and Applications》（Addison Wesley，2004）。

# 目  录

第 1 章

# 工程中的传感器系统

**本章主要内容**
- 传感器和传感器系统的作用
- 估计在传感中的重要性
- 创新的传感器技术
- 工程应用场景
- 人类感官系统
- 机电一体化工程中的传感器
- 控制系统中的传感
- 仪表化的过程
- 应用实例
- 本书的组织结构

## 1.1 传感器和传感器系统的作用

传感器

传感器(例如,半导体应变片、转速计、RTD 温度传感器、照相机、压电加速度计)被用来测量(即感测)工程系统及其环境中的未知信号和参数。本质上,传感器是用于监视和"学习"某个系统以及其与周围环境可能的相互作用的。这些知识不仅在操作和控制系统方面有用,并且对于其他目的也是有用的,比如:

1. 过程监控
2. 实验建模(即模型识别)
3. 产品测试和认证
4. 产品质量评估
5. 故障预测、检测和诊断
6. 报告/警告的生成
7. 监视

传感器的常见应用是在汽车中,如图 1-1 所示,在动力总成、驾驶辅助、安全性和舒适度等系统中使用了大量各式各样的传感器。这里给出了商用传感器的一些示例。

- 运动传感器:电位计、线性可变差动变压器(LVDT)、磁致伸缩位移传感器,磁感应接近传感器、转速计、旋转变压器、同步器、陀螺仪、压电加速度计、激光测距仪、超声波测距仪。
- 力/转矩传感器:半导体应变片和电动机电流传感器。
- 流体流量计:科里奥利流量计、皮托管、转子流量计和孔板流量计。
- 压力传感器:压力计、波登管和隔膜类型的传感器。
- 温度传感器:热电偶、热敏电阻和电阻温度探测器(RTD)。

传感器系统

"传感器系统"可能意味着:

1. 多传感器系统,包括传感器网络和传感器/数据融合(当一个传感器可能不适合特定应用时)。

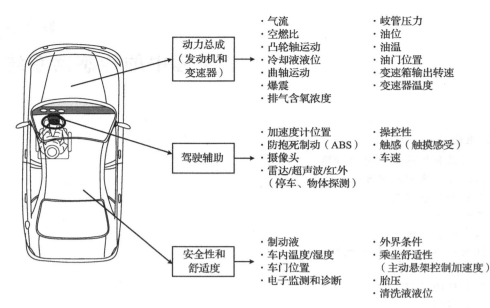

图 1-1    汽车中的传感器

2. 在实际应用（例如，信号处理、数据采集、数据传输/通信）中需要的传感器及其附件。

本章将介绍这两类传感器系统的几个例子，并在后续章节做进一步研究。

本书涉及单个传感器和传感器系统，将介绍它们的物理原理和操作原理、等级和性能规格、选型和集成到工程系统中时必要的软硬件、信号处理和数据分析、参数估计和决策，以及与传感器和传感器系统相关的实际应用。

控制系统中的使用

传感器和传感器系统在控制系统中是不可或缺的。控制系统是一个包含控制器且将其作为一个完整部分的动态系统。控制器的目的是产生控制信号，该控制信号将利用各种控制装置以期望方式（即根据性能规格，见第 5 章）来驱动控制的过程（或设备）。尤其是在反馈控制系统中，控制信号是根据感测到的设备响应信号产生的。反馈控制系统中的传感器和其他主要组件如图 1-2 所示。

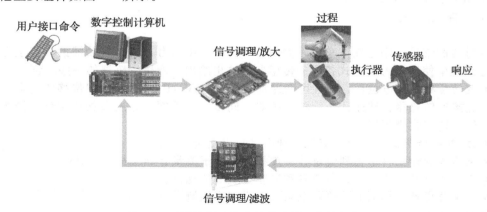

图 1-2    反馈控制系统中的传感器和其他部件

## 1.1.1    传感过程中估计的重要性

来自传感器的测量可能不能提供所需参数或变量的真实值，主要有两个原因：

1. 所需的量不是可以直接测量的，必须通过使用合适的"模型"，利用测量值计算所得。

2. 传感器（甚至传感过程）并不完美，将会引入"测量误差"。

因此，传感过程可能被视为估计问题（见第 7 章），使用测量数据"估计"被测量的真实值。"模型误差"和"测量误差"这两大类误差将会进入估计过程，并影响结果的准确性。模型误差源于感兴趣的量与被测量（或系统模型）之间的关系。未知的（和随机的）输入干扰也可以在模型误差中进行处理。测量误差来源于传感器和感测过程（例如，如何安装传感器以及如何收集、传送和记录数据）。很明显，参数和信号的估计是感测的重要步骤。有许多方法可用于估计。其中一些会在本书中进行介绍（例如，最小二乘法、最大似然法、卡尔曼滤波器、扩展卡尔曼滤波器、无迹卡尔曼滤波器；参见第 7 章）。

### 1.1.2　创新的传感器技术

除了传统的传感器，还有很多创新型和高级传感器（见第 10～12 章），其中有几种类型的传感器如下所示：

1. 微型和嵌入式传感器，它们基于集成电路（IC）技术和微机电系统（MEMS）技术，集成信号处理、控制和其他硬件；传感器可能与系统组件进行集成。

2. 智能传感器，它内置信息预处理、推理、论证以提供基于高级知识的决策；多传感器融合可以提供更可靠和准确的结果。

3. 网络传感器，多个传感器节点（SN）在分布式传感设备中相互通信；节点之间可能存在显著的地理上的分离；传感器节点连接可能是有线或无线的；通常传感器节点包含一个或多个传感器、微控制器和信号调理硬件。

4. 分级检测架构（低级感应信息被预处理以满足更高级别的要求），如在分级控制中，每个控制层由相应的传感器层提供服务。

## 1.2　应用场景

传感器和换能器对于采集监控系统的输出信号（过程响应）来说是必要的，包括：故障预测、检测和诊断；产生警告和建议；反馈控制；监控和对实验建模（系统识别）输入信号的检测；还有前馈控制以及各种其他目的。由于在动态系统中存在许多不同类型和电平的信号，所以信号修整（包括信号调理和信号转换；参见第 3 章和第 4 章）是与传感相关的重要功能。特别地，信号修整是组件接口中的重要考虑因素，很明显，有关系统仪表的主题应该能处理传感器、换能器、信号修整和部件互连之间的关系。特别地，该主题应涉及类型、功能、操作和交互等必要系统组件的识别，以及为了适应各种应用而对组件选型和接口进行的设计。参数选择（包括组件尺寸和系统调优）也是很重要的。设计是系统仪表的必要部分，因为设计使我们能够构建一个满足性能要求的系统——也许要通过几个基本组件，如传感器、执行器、控制器、补偿器和信号修整装置。

工程师特别是机电工程师应该能够识别或选择组件，尤其是系统中的传感器、执行器、控制器和接口硬件，从而建模和分析各个组件以及整个集成系统，并为组件选择合适的参数值（即组件尺寸和系统调优），以便系统根据某些规格执行预期功能。

仪器（传感器、执行器、信号采集和修正器、控制器和附件以及它们在过程中的集成）适用于工程部门。通常，仪器适用于过程监控、测试以及故障预测、检测和诊断，并在几乎每个工程系统中进行控制。工程部门和典型的应用场合如下所示：

● 航空航天工程：飞机和航天器。

● 土木工程：土木工程结构（桥梁、建筑物等）的监测。

● 化学工程：化学工艺和植物的监测与控制。

● 电子和计算机工程：开发电子和计算机集成设备、硬盘驱动器等，传感器嵌入式系统以及电子和计算机系统的控制和监控。

● 材料工程：材料合成工艺和材料试验。

- **机械工程**：车辆和运输系统、机器人、生产线、工厂、发电系统、喷气式发动机、石油和天然气开采的运输和精炼。
- **采矿与矿产工程**：采矿机械、工艺及原料的加工。
- **核工程**：核反应堆的监测和控制以及组件的测试和鉴定。

我们已经将汽车强调为传感器和传感器系统的重要应用场景。表 1-1 中列出了几种传感器的使用。这里只列出了一些重要的应用领域。

**表 1-1    一些工程应用中常使用的传感器**

| 应用场景 | 典型的传感器 |
| --- | --- |
| 飞机 | 位移、速度、加速度、海拔、航向、压力、温度、流体流量、电压、电流、全球定位系统（GPS） |
| 汽车 | 位移、速度、动力、压力、温度、流体流量、液位、视觉、电压、电流、GPS、雷达、声呐 |
| 家庭供暖系统 | 温度、压力、流体流量 |
| 铣床 | 位移、速度、动力、声学、温度、电压、电流 |
| 机器人 | 光学图像、位移、速度、动力、转矩、触觉、激光、超声波、电压、电流 |
| 水质监测 | 温度、流速、pH 值、溶解氧、电、电导率、氧化–还原电位 |
| 木材干燥窑 | 温度、相对湿度、含水量、气流 |

如前所述，运输是传感器广泛应用的领域，特别是在地面运输、汽车、火车和自动化运输系统中，会使用安全气囊展开系统、防抱死制动系统（ABS）、巡航控制系统、主动悬挂系统，以及用于监控、收费、导航、警告和控制智能车辆公路系统的各种设备。所有这些设备都使用传感器和传感器系统。在空中运输中，现代飞机采用先进的材料、结构、电子和控制技术，这些都从复杂的传感器中获益。飞行模拟器、飞行控制系统、导航系统、起落架机构、旅行者/驾驶员舒适感辅助装置等使用主要用于监视和控制的传感器和传感器系统。

制造和生产工程是使用各种传感器技术的另一个广泛领域。例如，工厂机器人（用于焊接、喷涂、组装、检验等）、自动化导向车（AGV）、现代计算机数控机床、加工中心、快速（虚拟）原型系统以及微加工系统。产品质量监控、机床/机床监控和高精度运动控制在这些应用中尤为重要，这些应用需要先进的传感器和传感器系统。

在医疗和健康护理应用中，用于患者检查、手术、康复、药物分配和一般患者护理的传感器技术正在开发和使用。在这种情况下，新型传感器和传感器系统应用于患者转运装置、各种诊断探头和扫描仪、床、运动器械、假肢和矫形装置、物理治疗和远程医疗。

在现代办公环境中，自动归档系统、多功能复印机（复印、扫描、打印、电子传输等）、食品分配器、多媒体演示、会议室以及楼宇气候控制系统都结合了先进的传感器和传感器系统技术。

在家庭应用中，家庭安全系统、机器人护理人员和助手、机器人吸尘器、洗衣机、干衣机、洗碗机、车库门开启器和娱乐中心都使用了各种传感器及其相关技术。

数字计算机和相关的数字设备使用了微机电系统（MEMS），这些系统均嵌入和集成了传感器。因为数字器件已集成到各种各样的设备和应用当中，所以这使得传感器的影响更大了。

在土木工程应用中，起重机、挖掘机和其他工程机械，以及建筑物、水库和桥梁都通过采用适当的传感器和传感器系统来提高性能。

在空间应用中，诸如 NASA 的火星探测器、空间站机器人和航天飞机等移动机器人的正确操作和控制也依赖于传感技术。

组件的识别、分析、选择匹配和接口设计，以及组件尺寸的调整和整合系统的调优（即调整参数以使得系统获得所需的响应）是工程系统中仪表和设计的关键任务。本书在传感器和传感器系统的背景下解决了这些问题，它从基础开始，系统地引出先进的概念和应用。

## 1.3　人体感官系统

"智能"机器人发展中的一个强大领域就是可以通过感知模仿自然智能的特征。机器人传感器设计的主要目标是使其可以发挥人类感官活动（五种感官）的作用：

1. 视力（视觉）
2. 听力（听觉）
3. 触摸（触觉）
4. 气味（嗅觉）
5. 味道（味觉）

从基本的传感器（相机、传声器和触觉传感器）开始，前三类传感器处于更先进的发展阶段。最后两类传感器主要用于化学过程，较不常见。

除了这五种感官之外，人类还具有其他类型的感官特征，特别是平衡感、压力感、温度感、疼痛感和运动感。事实上，这些感官能力中的一些将涉及通过中枢神经系统（CNS）同时使用五种基本感觉中的一种或多种。

在发展过程中，机器人和其他工程系统早已依赖于人类和其他动物的感知过程。基本的生物感官过程如图 1-3 所示。受体受到刺激（例如，视觉光、听觉声波），神经元中的树突将树突中的刺激能量转换成机电脉冲。然后神经元的轴突将相应的动作电位传入脑部的中枢神经系统。之后这些电位由大脑解释以产生相应的感觉。对于工程传感过程而言，如机器人中的操作过程，基本上是类似的过程。我们将在后面的章节中看到，它们涉及传感器、换能器，以及信号的传输、转换和处理。

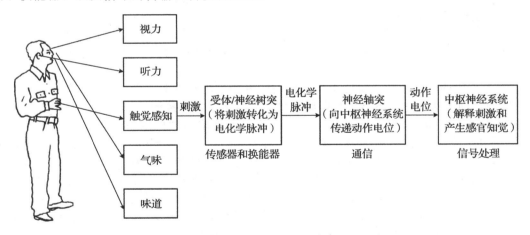

图 1-3　生物传感过程及其与工程传感过程的类比

## 1.4　机电一体化工程

机电一体化课题是通过综合设计方法，实现涉及力学、电子学、控制和计算机工程在机电产品和系统开发中的协同应用。机电一体化特别适用于混合域（或多域）系统，它集成了多个物理领域，如电气、机械、流体和热能。例如，汽车的 ABS 涉及机械、电子、液压和热传递，并且可以作为机电产品以"最佳"的方式来设计。机电一体化产品和系统包括现代汽车、飞机、智能家用电器、医疗机器人、航天器和办公自动化设备。

典型的机电一体化系统由机械骨架、执行器、传感器、控制器、信号调理/修整设备、计算机/数字硬件和软件、接口设备和电源组成。所有这些类型的组件都涉及不同类型的感测、信息采集和传输。例如，伺服电动机是具有感应反馈能力以准确产生复杂运动的电动机，由机械、电气和电子部件组成。其主要机械部件是转子、定子、轴承、速度传感器的机械组件(如光学编码器和电动机外壳)。电气部件包括用于励磁绕组和转子绕组(不是永磁转子的情况)的电路以及用于功率传输和换向的电路(如果需要)。电子部件包括感测所需的部件(例如，用于位移和速度感测的光学编码器和用于速度感测的转速计)。可以通过采用机电一体化的方法来改进伺服电动机的总体设计，其中所有组件和功能在设计中以集成的方式同时处理。

### 1.4.1    机电一体化的方法

机电一体化工程的研究应包括机电一体化产品或系统的建模、设计、开发、集成、仪器仪表、控制、测试、操作和维护的各个阶段。从仪器的角度(包括传感技术在内)来看，必须对组件选择、建模、集成、评估和操作采取"最优"和统一的方法，而不是顺序方法。具体来说，"仪器仪表"必须被视为"设计"的一个组成部分。这是因为通过设计，我们可以开发能够在满足某些性能规格的情况下执行所需功能的系统。传感器、传感器系统和仪器仪表在实现设计目标方面发挥着直接的作用。

传统意义上，在机电系统等多域(或混合域)系统设计中已采用"顺序设计"的方法。例如，首先设计机械和结构部件，接下来选择或开发电气和电子部件并实现它们之间的互连，随后选择计算机或相关的数字器件并与数字控制器相连接。然而，系统各个组件之间的动态耦合(交互)决定了系统的精确设计应该将整个系统作为一个整体考虑，而不是依次设计不同的域(例如，电气/电子方面和机械方面)。当独立设计的组件进行互连时，可能会出现以下几个问题(见第 2 章)。

1. 当两个独立设计的组件相互连接时，两个组件的原始特性和操作条件将由于负载或动态交互作用而发生改变。

2. 由于两个独立设计和开发的组件的完美匹配实际上是不可能的。因此，在相互连接的系统中，组件可能未得到充分的利用或过载。在这两种情况下设计都是无效的，还可能是危险的，并且是不符合要求的。

3. 组件中的一些外部变量由于互连作用而将变为内部的和"隐藏的"，这可能导致潜在的问题，即无法通过传感器进行明确检测，并且无法直接控制。

多领域(如机电)系统的集成和并行设计的需求是使用"机电一体化"方法的主要理由。特别是，当在设计过程中引入仪器时，对于传感器、其他部件和接口硬件，采用这种统一且集成的方法是可行的。例如，参见远程医疗系统的传感器夹克的设计和开发(本章末尾的实例项目)。适用于人体健康监测的传感器技术的最新进展(如生物医学纳米传感器、压电传感器、力和运动传感器)，以及用于检测人体异常运动的光学/视觉传感器可以并入到夹克中。然而，为了获得最佳性能，传感器的选型/开发、定位、安装和集成不应该独立于夹克其他方面的开发来进行。例如，可以采用机电设计比值(mecha-tronic design quotient，MDQ)来代表夹克整体设计的"优秀"程度，其中设计指数是针对每个设计要求定义的(例如，尺寸、结构、部件、成本、精度、速度)。然后，诸如传感器尺寸、接口硬件、功率要求以及组件位置和配置等参数可以一同并入 MDQ 中，这将改善/优化信号采集和处理过程、体态一致性、重量、鲁棒性和成本，并且提高传感器夹克提供的信息的速度、准确性和可靠性。

### 1.4.2    机电一体化仪器的瓶颈

尽管机电一体化方法在理论上是"最佳"的，特别是在仪器仪表方面，然而实现方法所规定的最佳结果可能不实用。机电一体化方法要求包括过程和仪器在内的整个系统同时设计。这假定整个系统的所有方面和组件都可以根据机电一体化的结果进行(连续的)修正。然而，除非整个系统(包括过程)是一个新的设计，否则这种灵活性往往是不现实的。例如，通常该系统已经可用，试图修改其部件或全部组件是不实用、不方便或不划算的。

然后，即使仪器是根据机电一体化程序选择的，并且也能够自由地调整整个设备，但整个系统也不会达到最佳。此外，在实际中，可用的组件是分立式和有限的，即使最优性规定了组件的特定规格，我们可能也只能选择性能或规格不同(但接近)的组件。

例如，考虑一个公共交通工具的自动化车辆导轨系统。假设系统已经存在，需要更换其中的一些汽车。对导轨进行大规模的修改以适应汽车的新设计是不现实的。事实上，即使为它设计了特定导轨，汽车的设计自由也将受到限制。即使汽车的设计和仪表已达到最佳，根据机电一体化可知，整车导轨系统的运行也不是最佳的。

很明显，对于现有过程，真正的机电一体化仪器可能是不完美的。此外，由于仪表组件(传感器、执行器、控制器、附加硬件等)可能来自不同的制造商，所以如前所述，其可用性将受到限制，所以实现真正的"机电一体化"产品是不实际的(因为可用的组件是有限的，并且可能未实现真正的兼容)。

## 1.5　控制系统的架构

传感器系统是控制系统仪表中的重要组成部分。控制器是任何控制系统的重要组成部分，它根据一些规格使设备(即正在控制的过程)以期望的方式运行。至少包括设备和控制器的整个系统称为控制系统。该系统可能相当复杂，并且可能受到已知或未知的激励(即输入)，比如飞行器。

与控制系统相关的一些有用的术语如下所示：
- 设备或过程：要控制的系统。
- 输入：命令、驱动信号或激励(已知或未知)。
- 输出：系统响应。
- 传感器：测量系统变量(激励、响应等)的装置。
- 执行器：驱动系统各部分的设备。
- 控制器：产生控制信号的设备。
- 控制规律：产生控制信号的关系或方案。
- 控制系统：至少包括设备和控制器(可能包括传感器、信号调理和其他组件)。
- 反馈控制：根据设备响应确定控制信号。
- 开环控制：设备响应不用于确定控制动作。
- 前馈控制：根据设备激励或模型确定控制信号。

如图 1-4 所示，我们已经确定了反馈控制系统的关键组件，并且将其表示为几个分布框图，这取决于典型控制系统中出现的各种功能。在实际的控制系统中，可能难以实现这种类型清晰的部件划分；一个硬件可能执行几个功能，或多个不同的设备单元可能与一个功能相关联。特别是嵌入式系统可能具有分布式多功能组件，而将其中的功能块进行划分是困难的。尽管如此，图 1-4 在理解一般反馈控制系统的架构方面还是有用的。在模拟控制系统中，控制信号是由模拟硬件产生的连续时间变量；特别地，控制器也是模拟装置。另一方面，在数字控制系统中，由于控制器是数字处理器(如微控制器)，因此不需要对控制信号进行采样或编码(数字表示)。

由于以下的原因，控制问题可能变得具有挑战性：
- 复杂的设备(多输入和多输出、动态耦合、非线性、时变参数等)
- 严格的性能指标
- 未知或不可测量的激励(未知输入/干扰/噪声)
- 未知或不可测量的响应(不可测量的状态变量和输出、测量误差和噪声)
- 未知的动态特性(不完全可知的设备)

由于控制系统的操作是基于一组性能规范的，所以确定良好的控制系统应具有的关键性能至关重要。特别地，以下性能要求很重要(见第 5 章)：

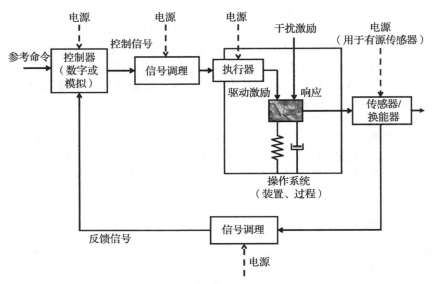

图 1-4 反馈控制系统的关键部件

1. 足够稳定的响应（稳定性）。具体来说，系统对初始状态激励的响应应该衰减到初始稳态（渐近稳定性）。有界输入的响应应该是有界的（有界输入有界输出［BIBO］稳定性）。

2. 响应速度快（响应速度或带宽）。系统应对控制输入或激励作出快速反应。

3. 对噪声、外部干扰、建模误差和参数变化（灵敏度和鲁棒性）的敏感度低。

4. 高灵敏度的控制输入（输入灵敏度）。

5. 低误差，如跟踪误差和稳态误差（精度）。

6. 减少系统变量之间的耦合（交叉灵敏度或动态耦合）。

这里列出的一些指标相当常见。表 1-2 总结了控制系统的典型性能要求。其中一些要求可能是彼此冲突的。例如，尽管通常通过增加系统增益来实现快速响应，然而增大增益会导致激励信号增大，有使控制系统不稳定的趋势。还要注意，这里给出的主要是"良好"的定性描述。然而，在设计控制系统时，必须以定量的方式来说明这些描述。所使用的定量设计规范的性质在很大程度上取决于所采用的特定设计技术。设计规范中的一些参数是时域参数，其他是频域参数。

表 1-2 控制系统的性能规范

| 属性 | 期望值 | 目标 | 规范 |
| --- | --- | --- | --- |
| 稳定等级 | 高 | 响应不会无限制地增长并会衰减到所需的值 | 百分比过冲、建立时间、极点（特征值）位置、时间常数、相位和增益裕度、阻尼比 |
| 响应速度 | 快 | 设备对输入/激励作出快速反应 | 上升时间、峰值时间、延迟时间、固有频率、谐振频率、带宽 |
| 稳态误差 | 低 | 来自所需响应的偏移量可忽略不计 | 步进输入的误差容限 |
| 鲁棒性 | 高 | 在不确定条件下（输入干扰、噪声、模型误差等）和参数变化下有正确的响应 | 输入干扰/噪声容限、测量误差容差、模型误差容限 |
| 动态交互作用 | 低 | 一个输入仅影响一个输出 | 交叉灵敏度、交叉传递函数 |

### 1.5.1 反馈和前馈控制

如前所述，由于在反馈控制系统中，控制回路必须闭合，通过感测系统响应来产生控制信号，因此，反馈控制也称为闭环控制。

如果设备是稳定的，并且是完全准确已知的，同时设备的输入能够由控制器精确地产生和应用，则即使没有反馈控制，也可以进行精确的控制。在这种情况下，是不需要测量系统的(或至少响应不需要反馈到控制器)，因此我们会得到一个开环控制系统。在开环控制中，我们不使用当前的系统响应来确定控制信号。换句话说，没有任何反馈。即使在开环架构中没有明确要求使用传感器，传感器也可以与开环系统一起使用，以监视所施加的输入、得到的响应和可能的干扰(未知)输入。

无论在给定应用中控制系统架构如何具体实现，传感器和传感器系统的意义和重要性都保持不变。我们现在将介绍几种控制系统实现架构，同时指出其中存在的传感器。

即使在反馈控制系统中，也可能存在未检测到并用于反馈控制的输入。这些输入中的一些可能是重要的变量，但通常情况下，它们不是希望的输入(如外部干扰，但有可能不可避免)。通常，通过测量这些(未知)输入并以某种方式使用该信息来产生控制信号，可以提高控制系统的性能。在前馈控制中，测量未知输入并且将该信息与所需输入一起产生控制信号，可以减少由这些未知输入或其变化引起的误差。前馈控制方法的命名原因，是相关测量和控制(或补偿)都发生在控制系统的前向路径中。注意：在某些类型的前馈控制中，输入信号是通过设备模型生成的(可能不涉及感测)。

作为一个实际例子，考虑图 1-5a 所示的天然气家庭供暖系统。系统的简化图如图 1-5b 所示。在常规反馈控制中，测量出室温并且使用其与期望温度(设定点)的偏差来调节进入炉内的天然气流量。这通常通过温控器的开/关来控制。即使采用比例或三模式[比例-积分-微分(PID)]控制，如果系统的其他(未知)输入有很大变化(如炉内的水流量、进入炉内的水温和室外温度)，那么很难将室温稳定在所需值。

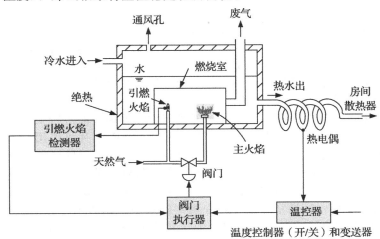

a) 天然气家庭供暖系统

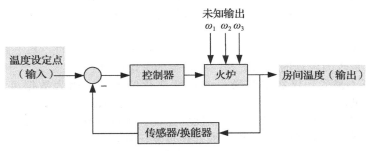

b) 系统的框图，$\omega_1$：水流量；$\omega_2$：冷水入炉温度；$\omega_3$：室外温度

图 1-5

通过测量这些干扰输入并且在生成控制时使用这些信息可获得更好的结果。这就是前馈控制。请注意，由于在没有前馈控制的情况下，图 1-5 所示的输入 $\omega_1$、$\omega_2$ 和 $\omega_3$ 的任何变化都只能通过对反馈信号（即室温）的影响来检测，因此，随后的校正动作可能会大大滞后于产生的原因（即 $\omega_i$ 的变化）。这种延迟将导致大的误差和不稳定性问题。通过前馈控制，干扰输入 $\omega_i$ 的信息可立即用于控制器，并且可以预计出其对系统响应的影响，从而加快了控制行为并且提高了响应精度。更快的动作和提高的精度是前馈控制中两个非常理想的结果。

### 1.5.2　数字控制

在数字控制中，数字计算机（如微控制器）作为控制器。实际上，任何控制规律都可以编程到控制计算机中。控制计算机必须是用于实时操作的快速专用的机器，其中处理必须与设备操作和执行要求同步进行。这需要有一个实时操作系统。除了这些要求外，控制计算机基本上与通用数字计算机没有什么不同。它们包括执行计算和监督数据传输的处理器，处理过程中存储程序和数据的存储器，存储不需立即执行信息的大容量存储设备，以及读取和发送信息的输入或输出设备（即与控制系统的其他部件进行连接）。

数字控制系统可能使用数字仪表和附加处理器来完成驱动、信号调理或测量功能。例如，当由脉冲信号驱动的步进电动机产生增量步进运动的响应时，可以认为它是数字执行器。其在电动机驱动系统中通常包含数字逻辑电路。类似地，具有两个位置的螺线管是数字（二进制）执行器。数字流量控制可以使用数字控制阀来实现。典型的数字阀门由一排孔口组成，每个的大小与二进制字（$n$ 位）的位置值（$2^i$，$i=0, 1, 2, \cdots, n$）成比例。每个孔口由独立的快速作用的开/关螺线管驱动。利用这种方式，可以获得离散流量值的许多组合。

可以使用轴编码器进行位移和速度的直接数字化测量。这些是产生编码输出（如二进制或灰度表示）或可以使用计数电路编码产生脉冲信号的数字换能器。这样的输出可以由数字控制器相对容易地读取。频率计数器还可以产生直接进入数字控制器的数字信号。当测量信号为模拟形式时，需要模拟前端来连接换能器和数字控制器。数字控制器可提供能够同时接收模拟和数字信号的输入/输出（I/O）接口卡。

模拟测量值和参考信号必须在通过控制器进行数字处理之前进行采样和编码。数字处理也可以有效地用于信号调理。并且，数字信号处理（DSP）芯片可以用作数字控制器。然而，模拟信号必须在数字化之前使用模拟电路进行预处理，以消除或最小化由混叠失真而引起的问题（高于采样频率一半以上的高频分量作为低频分量，见第 6 章）和信号泄漏（由信号截断产生的误差），以及提高信号电平并滤除外来噪声。设备的驱动系统通常使用模拟信号。出于这个原因，在通常情况下，控制器的数字输出必须转换为模拟信号。模-数转换（ADC）和数-模转换（DAC）都可以解释为信号调理（修整）过程（见第 4 章）。如果测量了多个输出信号，则每个信号必须单独进行调理和处理。理想情况下，这需要对每个信号通道进行单独的调理和硬件处理。较便宜（但较慢）的替代方案是通过多路复用器来分时使用这种昂贵的器件。该器件将按顺序从一组数据通道中选择一个通道的数据，并将其连接到公共输入设备。

就数字控制的主要优点而言，在目前的工业应用中使用专用的、基于微控制器的分布式数字控制系统是较为合理的。以下是一些重要的考虑因素：

1. 数字控制不易受到仪器中的噪声或参数变化的影响，因为数据可以表示、生成、发送和处理为二进制字，进而处理为具有两个可识别的状态位。

2. 通过数字处理可以实现非常高的精度和速度。硬件实现通常比软件实现更快。

3. 数字控制系统通过程序可以很好地处理重复任务。

4. 复杂控制规律和信号调节算法可通过编程来实现，而这通过模拟设备来实现是不现实的。

5. 通过最小化模拟硬件组件，以及分散使用专用微控制器，可以实现高可靠性。

6. 可以使用紧凑高密度的数据存储方法存储大量数据。

7. 数据可以保存或维护很长一段时间，无漂移，不受恶劣环境条件的影响。

8. 可以快速、长距离地传输数据，且不会引入过多的动态延迟和衰减，就像在模拟系统中一样。

9. 数字控制具有易用且快速的数据检索功能。

10. 数字处理过程使用低功率和低工作电压（例如，0～12V 直流电压）的器件。

11. 数字控制性价比高。

### 1.5.3　可编程逻辑控制器

根据系统中某些元器件的状态和某些外部输入的状态，有许多控制系统和工业任务会涉及一系列的步骤执行。可编程逻辑控制器（PLC）本质上类似于数字计算机系统，可以适当地对复杂任务进行排序，这些任务由许多离散操作组成并有几个需要以特定顺序执行的设备。过程操作可能包括一组双态（开/关）动作，PLC 可以按正确的顺序和正确的时间对其进行排序。PLC 通常用于工厂和加工厂，在程序（梯形图逻辑）的控制下，在适当的时候高速地将输入设备（如开关）连接到阀门等输出设备。这样的例子包括顺序生产线操作、启动复杂的加工过程以及在分布式控制环境中激活本地控制器。

在工业控制早期，都是使用电磁式机电继电器、机械定时器和鼓形控制器对这些操作进行排序的。如今，PLC 是坚固耐用的计算机。使用 PLC 的一个优点是工厂中的设备可以永久连接，并且可以通过软件方式（通过对 PLC 进行适当的编程）来修改或重组设备操作，而无须硬件修改和重新连接。

在内部，PLC 执行基本的计算机功能，如逻辑、排序、计时和计数。它可以执行较简单的计算和控制任务，如 PID 控制。这种控制操作称为连续状态控制，其中的过程变量被连续地监视并要使其非常接近所需值。还有另一个重要的控制类别称为离散状态控制（离散事件控制），其中控制目标是使过程遵循所需的状态序列（或步骤）。并且，在每种状态下，可能会运行某种形式的连续状态控制，但又与离散状态控制任务并不相关。特别地，PLC 旨在实现离散状态控制任务。

作为 PLC 应用的一个例子，考虑涡轮叶片制造的过程。此操作中的离散步骤如下所示：

1. 将圆柱形钢坯移入炉内。

2. 加热钢坯。

3. 当坯料加热到适当温度时，将其移至锻造机并固定。

4. 锻造钢坯成型。

5. 进行表面处理，以获得所需的叶片形状。

6. 当表面粗糙度令人满意时，加工叶片根部。

请注意，整个任务涉及一系列事件，其中每个事件取决于前一个事件的完成情况。此外，每个事件可能需要在指定的时刻启动和停止。这种时间序列对于协调当前操作与其他活动是十分重要的，对于正确执行每个操作步骤也是十分重要的。例如，零件处理机器人的活动必须与锻造机和铣床的时间表相协调。此外，钢坯必须加热至规定的时间，并且锻造操作不能在损害产品质量、工具故障率、安全性等的情况下进行。在离散序列中每个步骤的任务可能在连续状态控制下进行。例如，铣床将使用几个直接数字控制（DDC）循环（例如 PID 控制回路）进行操作，但离散状态控制除了每个任务的起点和终点外，与此无关。

PLC 的示意图如图 1-6 所示。PLC 根据程序中的一些“逻辑”序列进行操作。连接到 PLC 的是一组输入设备［例如，按钮、限位开关、模拟传感器（如 RTD 温度传感器、膜片式压力传感器、压电加速度计和应变片负载传感器）］和一组输出设备（例如，直流电动机、螺线管和液压油缸等执行器；灯、字符数字 LED 显示器和钟等报警信号指示器；阀门；PID 控制器等连续控制组件）。假设每个设备都是双状态设备（逻辑值为 0 或 1）。现在，根据每个输入设备的情况，以及程序的逻辑，PLC 将激活每个输出设备的正确状态（例如，开/关）。因此，PLC 执行切换功能。与旧一代的排序控制器不同，在使用 PLC 的情况下，确定每个输出设备的状态逻辑是使用软件而不是如硬件继电器等硬件来处理。硬件切换在输出端口进行，用于打开/关闭由 PLC 控制的输出设备。

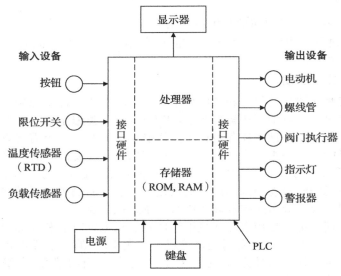

图 1-6　可编程逻辑控制器的示意图

**PLC 硬件组成**

　　如前所述，PLC 是专门用于执行离散状态控制任务的数字计算机。典型的 PLC 由微处理器、RAM 和 ROM 存储单元以及接口硬件组成，所有这些都通过适当的总线结构进行互连。另外，还有键盘、显示器等常见外设。基本的 PLC 系统可以通过将扩展模块（内存、I/O 模块等）添加到系统机架中进行扩展。

　　PLC 可以使用键盘或触摸屏进行编程。已经编写好的程序可以从另一台计算机或硬盘等外部大容量存储介质传送到 PLC 存储器中。PLC 的主要功能是根据输入设备的状态和程序所指定的逻辑，以正确的顺序切换（通电或断电）与其相连的输出设备，参考图 1-6 所示的 PLC 的原理图。注意 PLC 中的传感器和执行器。

　　除了在合适的时间以正确的顺序打开和关闭离散输出组件外，PLC 还可以执行其他有用的操作。特别地，它可以对输入数据执行简单的算术运算，如加法、减法、乘法和除法。作为其正常功能的一部分，它还能够执行计数和定时操作。为了在 LED 面板上显示数字，以及使 PLC 与其他数字硬件（例如，数字输入设备和数字输出设备）建立接口，需要进行二进制和 BCD 之间的编码转换。例如，对 PLC 编程可进行温度测量和负载测量，将其显示在 LED 面板上，对这些（输入）值进行一些计算，并根据结果提供警告信号（输出）。

　　PLC 的功能可以通过输入设备的数量（如 16）、输出设备的数量（如 12）、程序步骤的数量（如 200）以及程序可以执行的速度（如 1M step/s）等参数来确定。诸如存储器的大小和性质、PLC 定时器和计数器的性质以及信号电压电平和输出选择也都是重要因素。

### 1.5.4　分布式控制

　　对于具有大量 I/O 变量的复杂过程（例如，化工厂、核电厂）、组件之间距离较远的系统以及需要有各种严格操作要求的系统（如空间站），集中式直接数字控制是非常难以满足要求的。在分布式控制中，控制功能在地域和功能上都是分散的。对于诸如制造业工厂、工厂、智能交通系统和多组件加工厂等大型系统，采用某些形式的分布式控制是较为合适的。在分布式控制系统(DCS)中，将会有许多用户需要同时使用资源，并且可能希望相互通信。此外，该工厂将需要获得共享的公共资源以及远程监控和监督手段。此外，具有不同规格、数据类型和级别的各种供应商的不同类型的设备也必须互连。为此，需要具有交换节点和多个路由的通信网络。这本质上是一个网络控制系统(NCS)。

为了实现不同来源和不同类型的装置之间的互连，我们希望使用标准化总线，它由所有主要供应商支持，适用于所需设备。现场总线或工业以太网可能适用于此目的。现场总线是一种用于工厂的标准化总线，由互连的设备系统组成。它提供不同来源的不同类型设备之间的连接。它还提供对共享和公共资源的访问。此外，它还可以提供远程监控和监督的手段。

图 1-7 显示了一个网络化工厂设备的适当架构。在这种情况下，工业设备包括许多"过程装置"(PD)，一个或多个 PLC，以及一个 DCS 或监督控制器。PD 有自己组件的直接 I/O 接口，这使得它们可以通过设备网络进行相互连接。类似地，PLC 可以与一组设备直接连接，也可以与其他设备进行网络连接。DCS 将对整个设备进行监督、管理、协调和控制。

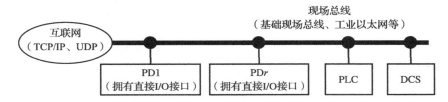

图 1-7　网络化工厂。PD：过程装置；PLC：可编程逻辑控制器；DCS：分布式控制系统(监督控制器)

**分层控制**

流行的分布式控制架构由分层控制提供。其中控制功能在功能上分布于不同的层次(层)中。控制分布可以在地理上和功能上进行。分层结构可以促进复杂控制系统中的有效控制和通信。

考虑一个三级层次结构。在整个设施中设备之间的管理决策、监督控制和协调可由监控计算机提供，这是层次结构的最高级别。下一级(中级)将为相应设备中的每个控制区域(子系统)生成控制设置(或参考输入)。设定点和参考信号被输入到控制每个控制区域的直接数字控制器(DDC)中。分层系统中的计算机使用合适的通信网络进行通信。为了获得最佳性能和灵活性，信息传输应该是双向的(上和下)。在主从分布式控制中，只能下载信息。

作为示例，智能机电一体化系统(IMS)的三级体系结构如图 1-8 所示。底层由具有组件级感测的机电组件组成。此外，在该级别还执行驱动和直接反馈控制。中间级别使用智能预处理器来抽象由组件级传感器生成的信息。传感器及其智能预处理器一起执行智能感知任务。这种方式可以评估系统组件的性能状态，因此可以执行组件调整和组件组控制。层次结构的顶层执行任务级活动，包括规划、调度、系统性能监控和整体监控。在这个层面可以提供材料和专业知识等资源，并有人机界面。基于知识的决策在中间级和高层进行。涉及信息的解决方案通常会随层级的增加而降低，而决策中需要的"智能"水平将随之提高。

在整个系统中，通信协议为各种组件(如传感器、执行器、信号调理器和控制器)以及系统环境之间提供标准接口。该协议不仅允许有高度灵活的实现方式，而且还使系统能够使用分布式智能来执行预处理和信息理解。通信协议基于应用级标准。实质上，它应该概述哪些组件可以彼此通信或与环境进行通信，而不需要定义物理数据链路和网络级别。通信协议应允许不同的组件类型和不同的数据抽象在同一框架内互换。它还应该允许地理上相距较远的信息传达到 IMS 的控制和通信系统中。

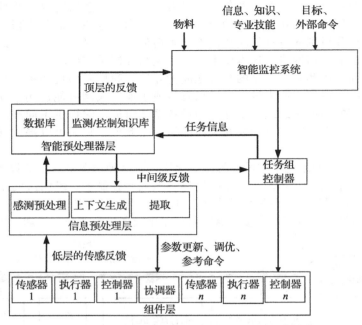

图 1-8    智能机电一体化系统的分级控制/通信结构

## 1.6    仪表化过程

在某些情况下，工程系统内的每个功能或操作都可以与一个或多个物理设备、组件或设备部件相互连接；而在其他情况下，一个硬件单元可以完成若干系统功能。在本书中，仪器仪表一词指的是这些仪器或硬件组件相对于它们的功能、操作、参数、额定值及彼此之间的相互作用，以及针对给定应用对这些组件进行适当选型、接口和调优，简言之，就是检测仪表系统。在设计上，我们指的是选择合适的设备来完成工程系统中的各种功能、开发系统结构、匹配和连接这些设备的过程；并根据系统特性选择参数值，以最佳的方式并根据一些性能指标以达到整体系统（即满足设计规格）的预期目标。因此，可以将设计作为使用仪器仪表的目标。特别地，有许多设计可以满足一组给定的性能要求。关键设计参数的识别、各种组件的建模和分析在设计过程中通常是很有用的。建模（分析和实验）在分析、设计和评估系统时都很重要。

选择和确定用于各种功能（例如，感测、驱动、控制）的硬件组件（可能是现成的商用产品）是工程系统中仪表化的第一步中的一项工作。例如，在过程控制应用的现成模拟中，可以使用 PID 控制器。用于过程控制应用的这些控制器传统上具有控制参数设置的旋钮或拨盘，这些参数是比例带宽或增益、复位速率（单位时间内比例动作重复的次数）和速率时间常数。这些控制装置的工作带宽（工作频率范围）是指定好的。各种控制模式（例如，开/关、比例、积分和微分或它们的组合）由同一个控制箱提供。

驱动装置（即执行器）包括步进电动机、直流电动机、交流电动机、螺线管、阀门、泵、加热器/冷却器和继电器，这些装置在市场上有各种规格。执行器可以直接连接到驱动负载上，这称为直接驱动装置。然而更常见的是，需要传动装置（变速器、谐波驱动器、导螺杆和螺母等）将执行器运动转换成期望的负载运动并且使执行器与驱动负载进行适当的匹配。测量过程响应以监测其性能并对其进行控制的传感器（参见第 8～10 章）有：电位计、差动变压器、旋转变压器、同步器、陀螺仪、应变片、转速计、压电装置、流体流量传感器、压力表、热电偶、热敏电阻和电阻温度探测器（RTD）。

在任何实际工程系统中，随机误差或噪声是我们必须考虑的一个重要因素。噪声可能代表信号的实际污染和测量误差，或者存在其他未知量、不确定性，误差包括参数变化、建模误差、外部干扰和模型误差。这样的随机因素可以通过一个"估计过程"(参见第 7 章)去除，诸如最小二乘估计(LSE)、最大似然估计(MLE)和各种类型的卡尔曼滤波(KF)，包括扩展和无迹卡尔曼滤波方法(EKF 和 UKF)。在估计之前，可以使用跟踪滤波器、低通滤波器、高通滤波器、带通滤波器、带阻滤波器或陷波滤波器等直接滤波器来消除噪声(参见第 3 章)。当然，选择恰当的传感器和传感步骤可以避免一些噪声和不确定信号。此外，必须放大弱信号，信号形式必须在不同的交互点进行修正。电荷放大器、锁定放大器、功率放大器、开关放大器、线性放大器和脉宽调制放大器是用于工程系统的直接信号调理和修整装置(参见第 3 章)。在系统运行中经常需要其他组件，如电源和浪涌保护单元。还可能需要继电器、其他开关和传输装置以及调制器和解调器。

## 1.6.1　仪表化步骤

工程系统的仪表主要涉及合适的传感器、执行器、控制器、信号修整/接口硬件和软件的选择和集成以及整个系统的集成，以满足性能指标。当然，仪表化步骤将取决于具体的工程系统和性能要求。但是作为一般准则，有一些基本步骤是必需的。它们涉及对要进行仪表化系统的理解。这可能涉及开发模型(特别是可用于计算机模拟的模型——计算机模型)。接下来，必须为系统建立设计/性能规范。选择和调整传感器、换能器、执行器、驱动系统、控制器、信号调理、接口硬件和软件，以满足系统的整体性能要求，这构成了下一个主要步骤。在对仪表选择进行反复仿真、评估和修改之后，就可进行最终选择了。仪表有效性的最终测试是在将所选组件集成到系统中并集成系统运行之后。仪表化的主要步骤如下：

1. 研究要进行仪表化的设备(工程过程)。应确定该设备的目的、运行方式、重要的输入和输出(响应)以及其他相关变量(状态变量)，包括不良输入、干扰和参数。

2. 将设备分为几个主要子系统(例如，可以通过基于子系统的物理领域——机械、电气/电子、流体、热等来完成这些操作)，并制定子系统工作过程的物理方程。可以使用这些方程来开发计算机仿真模型。设备可能是已经存在的，也可能是需要开发和仪表化的概念设备，但只要可以详细描述设备并建模就可以了。

3. 在适当控制下，说明设备(即设备如何执行预期任务)的运行要求(性能规范)。为此，我们会使用任何有关准确性、分辨率、速度、线性度、稳定性和操作带宽等要求的信息。

4. 确定与成本、尺寸、重量、环境(例如，工作温度、湿度、无尘或洁净室条件、照明、冲洗需求)等有关的任何限制。

5. 选择设备操作和控制所必需的传感器/换能器、执行器和信号调理装置(包括接口和数据采集硬件和软件、滤波器、放大器、调制器、ADC、DAC)的类型和性质。对于传感器和执行器，建立相关的额定值和规格(信号电平、带宽、精度、分辨率、动态范围等)。对于执行器，建立相关的额定值和规格(例如，功率、转矩、速度、温度、压力特性，包括曲线和数值)。确定组件的制造商/供应商，并给出型号等。

6. 建立整体集成系统架构以及适当的控制器或控制方案。修改原始计算机模型以适应集成到系统中的新仪器。

7. 进行计算机模拟，并对仪器进行修改，直到系统性能达到规格要求。在本实例中可以采用优化方案(例如，使用"MDQ"作为性能量度的方案)。

8. 一旦计算机分析提供了可以接受的结果，那么我们就可以对实际组件进行采购和整合了。在某些情况下，由于现有的组件不可用，因此必须重新设计和开发。

## 1.6.2　应用实例

我们现在提供四个有关传感器、传感器系统和相关仪器的工程系统的例子。

### 1.6.2.1　网络的应用

我们开发的用于去掉鲑鱼头部的机器如图 1-9 所示。由交流感应电动机驱动的输送机以间歇的方式对鱼进行标记。根据每条鱼的图像[使用电荷耦合器(CCD)摄像机获得的]来确定几何特征，从而确定适当的切割位置。然后，双轴液压驱动器相应地定位切割器，并且使用气动执行器来操作切割刀片。使用线性磁致伸缩位移传感器(参见第 10 章)进行液压机械臂的位置检测，当使用 12 位 ADC 时，其具有 0.025mm 的分辨率。已安装的 6 个一组的表压换能器测量每个液压缸的头部、杆侧以及供应管线中的流体压力。高级成像系统根据机器的操作条件和控制系统参数确定切割质量，并进行调整以提高过程性能。在组件级(低级)，控制系统具有常见的直接控制分层结构，在上层，控制系统具有智能监视和监控功能。

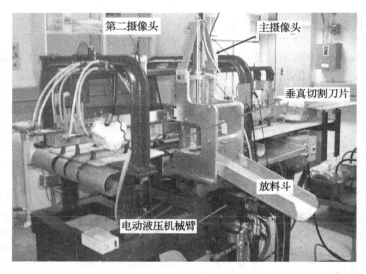

图 1-9　自动切鱼机

基于由 CCD 摄像机拍摄的鱼的图像，机器的主要视觉模块负责快速准确地检测鱼鳃的位置。该模块位于主机中，包括用于图像采集的 CCD 摄像机，用于测量鱼的厚度的超声波传感器，用于检测输送机上鱼的触发开关，用于轮廓抓取和图像分析的图像处理卡，以及用于与电动液压机械臂的控制计算机进行通信的数据采集 I/O 卡。该视觉模块能够在 300～400ms 内可靠地检测和计算出鱼的切割位置。第二视觉模块负责采集和处理那些切割过的鱼的视觉质量信息。该模块作为智能传感器向控制计算机提供高级信息反馈。与该模块相关的硬件是出口处用于捕获已加工鱼的图像的 CCD 摄像机和用于视觉数据分析的图像处理卡。CCD 摄像机在主机的直接控制下抓拍已处理鱼的图像，它通过定时切割操作的持续时间来确定触发相机的正确时机。然后将图像传送到图像处理卡的图像缓冲区以进行进一步处理。在这种情况下，会完成图像的进一步处理以提取高级信息，如已加工鱼的质量。

为了监测和控制偏远地区的工业流程，我们开发了一个硬件和软件通用的网络架构。开发的基础设施旨在通过快速以太网主干来实现最佳性能，其中每台网络设备只需要一个低成本的网络接口卡。图 1-10 显示了一种简化的硬件架构，它将两台机器(鱼类加工机器和工业机器人)连入网络。每台机器直接连接到其单独的控制服务器，以处理进程和网络服务器之间的网络通信、数据采集、向进程发送控制信号以及执行低级控制规则。鱼类加工机器的控制服务器包含一个或多个数据采集卡，它们具有 ADC、DAC、数字 I/O(见第 4 章)和用于图像处理的帧采集器(见第 11 章)。

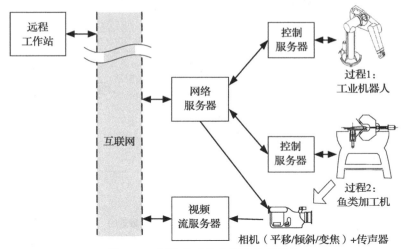
图 1-10 网络化系统的硬件体系结构

视频摄像机和传声器放置在重要位置，以捕捉现场的视频和音频信号，使远程用户可以观看和收听操作过程，并与当地人员进行交流。摄像机具有内置的平移、倾斜和 21 倍变焦功能，可以通过主机前面的标准通信协议进行控制。多台摄像机以菊链式连接到视频流服务器。为了捕获和编码来自摄像机的音频-视频（AV），在视频流服务器中安装了 PCI 卡。它可以以 30 帧/秒（fps）、像素为 640×480 的标准帧分辨率捕获视频信号，硬件压缩可显著降低视频流服务器的计算开销。在本实例中，每个 AV 拍摄卡只能支持一个 AV 输入。因此，必须安装多个视频卡。

### 1.6.2.2　远程医疗系统

我们正在开发远程医疗系统。它采用以下方法：将高级感测、信号处理和公共电信网用于对本社区的患者进行临床监测，并将相关信息通过在线方式传送给距离较远的医院内的医疗人员。专业医疗人员通过音频和视频方式与患者进行远程交互，同时检查监控系统传输过来的数据，并进行医学评估、诊断和开处方。专业医疗人员可以在线咨询其他专业人员，也可以使用其他可用的资源来提供诊断和开处方。专业医疗人员进行健康评估、诊断和开处方比远程医疗和远程护理等流行方法更为可取，因为在那些方式下自动诊断系统是基于患者的输入来提供医疗建议的，所以这会产生偏见并且容易出错。系统的示意图如图 1-11 所示。在这个系统中，系统开发和仪表化的相关问题如下：

- 用户对象穿戴集成式机电一体化设计的传感器夹克，用于在线健康监测。
- 选择嵌入式传感器和硬件，为了从对象处获取重要信息，特别要关注其类型、尺寸和特征。
- 夹克上传感器的位置和外形结构用于改善/优化数据采集过程。
- 电源的设计要求和灵活性。
- 传感器夹克上的信号处理和通信硬件。
- 病人主机中的软件用于信号处理、人工物品去除、数据简化、解释和表示，并向医生的计算机传输信息。
- 两端的图形用户界面（GUI）（病人处和医生处）。
- 辅助方法可以从患者处的主机快速准确地将信息传达给医生。

在传感器夹克的设计中，采用 MDQ 作为性能函数的机电一体化（最佳）方法。MDQ 中的设计指标包括组件位置、精度、速度、尺寸、复杂性、可维护性、设计寿命、可靠性、鲁棒性、容错能力、可重构性、灵活性、成本、用户友好性和性能预期等方面。确定夹克中传感器位置和配置等参数可以改善/优化数据采集过程、体态一致性、重量、鲁棒性、成本等。

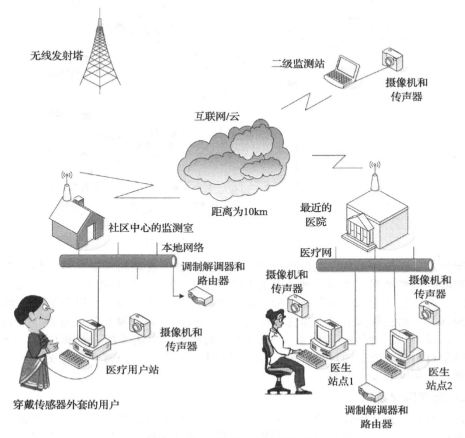

图 1-11　远程医疗系统的结构

传感器和相关硬件的选择是传感器夹克开发的重要方面，特别是与其类型、尺寸和特征相匹配的系统性能规范（如机电一体化设计中所确定）。夹克中相关的传感器有：

- 标准心电图（ECG 或 EKG）传感器（皮肤/胸部电极）
- 血压传感器（袖口式监护仪）
- 温度传感器（温度探头或皮肤贴片）
- 呼吸传感器（压电/压阻式传感器）
- 肌电图（皮肤电极）
- 血氧饱和度传感器
- 电听诊器（颈部和肺部）
- 纯光耳夹式传感器
- 循环拉伸传感器

一些市售的相关传感器及其特征如下所示：

- 数字听诊器（Agilent Technologies；直流 4.5V，1mA）：
  - 捕捉心脏和肺部的声音。
  - 信号在计算机采集前必须放大。
  - 八级声音放大。
  - 有源噪声滤波。
  - 模式选择：标准隔膜和时钟铃声模式。扩展隔膜模式用来采集高频声音（例如，由机械心脏瓣膜假体产生的）。

- 数字心电图记录仪（Fukuda Denshi；12 引线数字 ECG 单元，100～240V/50～60Hz 交流适配器）：
  - 捕获完整的心电图并形成数据文件。
  - 内置软件来处理和解释信号（帮助医生诊断某些类型的心脏病）。
  - 通道（引线）选择功能（输出不同类型的处理信息）。
- 成像、血压、温度和血氧感测：
  - 医疗 CCD 摄像机（AMD 远程医疗，交流 110～220V、50～60Hz 或直流 12V），内置照明源。
  - 数字血压监测仪（Bios Diagnostics 或 Omron，110～230V 交流适配器，PC 连接）提供血压和脉搏；通过按下按钮使护腕膨胀。
  - 数字耳部温度计（Becton Dickinson and Co. / Advanced Monitors Corp）。
  - 脉搏血氧计（Devon Medical Products；通常放在指尖或耳垂，额头和胸部方式也可用）。

注意：通过将低功耗微型收发器嵌入到传感器中，可以将血压和温度读数无线传输到病人端的计算机上。

- 传感器电源容量以下现成的传感器具有内置的交流适配器（100～240V 通用，50～60Hz）：
  - 心电图单元
  - 医用 CCD 摄像机
  - 血压监测仪

听诊器、温度计和脉搏血氧仪通常由一次性电池供电。

也可以集成其他类型的传感器，特别是可穿戴的移动式传感器/监视器。夹克所需的配件包括以下部分：

- 完整的低功耗集成式模拟前端心电图应用
- 带引线的一体式 ECG 电缆
- Yokemate LWS® 3 引脚通用适配器
- 干电极
- AMC&E 可重复使用的 DIN 连接器导线，3 引脚，卡扣连接
- 具有旁路模式的减压转换器，用于超低功耗无线应用
- 针视频转换器
- De2 开发和教育板
- Arduino 微控制器（MCU）
- BLE 4.0 模块
- 软电位计
- 可穿戴套件（纺织按钮、导线等）
- 压力背心

图 1-12 所示为传感器夹克。

### 1.6.2.3　家庭护理机器人系统

利用传感器系统、机器人技术以及信息通信技术（ICT）近年来的技术进步成果为自己的家人提供高质量的支持性环境，是减少人口老龄化医疗保健支出的一个方法。机器人家庭护理环境中应该包含自主机器人，它可以增强触觉遥控操作能力，该能力包括使用触觉辅助遥控机器人来监

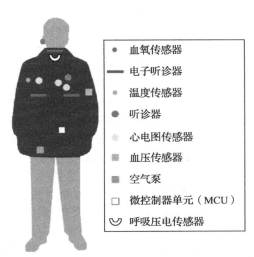

图 1-12　远程医疗传感器夹克的图形表示

测和帮助家庭成员(见图1-13)。具体来说，该系统具有两种操作模式：(a)更自主的24小时基本护理(包括行动、洗浴、穿衣、上厕所、膳食准备、提供药物、监测和寻求外部帮助等)；(b)紧急情况下远程监控和触觉远程操作(直到救护车、医护人员、警察、消防员等常规帮助的到来)。触觉远程操作将结合机器人的先进的感测和致动能力以及人的灵巧性和认知技能。

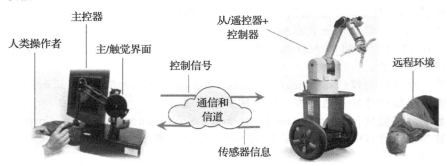

图1-13 家庭护理机器人系统的触觉远程操作示意图

具体来说，触觉装置可以结合主操纵器的操作者在远程站点(家庭)的"感觉"条件(例如，相互作用力)。除了机器人(包括远程操作的主从单元)中的传感器之外，还需要附加的传感器系统来监测环境，这是动态的、非结构化的且不完全已知的。该应用的相关传感器包括用于感应(测量)运动的光学编码器和用于机器人和主操纵器连接点的转矩传感器；用于机器人手指的触觉传感器；用于移动平台的激光和超声波测距仪；用于移动平台车轮的光学编码器；用于移动平台和工作环境的摄像机；用于监测人体健康的基本传感器(如远程医疗)。

### 1.6.2.4 水质自动监测系统

常见的水源包括地表水(来自集水区、湖泊、水库、河流、水道等)、地下水(井、泉等)、海水(需要脱盐)和雨水(需要收集和保留)。水是人类生存(消耗、卫生、灌溉、电力等)所必需的。在发展中国家，约80%的疾病与水有关。许多人(例如，约74%的美国人、57%的加拿大人、86.5%的德国人和99%的瑞典人)使用了处理的废水。许多人使用地下水作为家庭用水(如约26%的加拿大人)。大约70%的水用于农业。

水中含有天然物质(如碳酸氢盐、硫酸盐、钠、氯化物、钙、镁、钾)和有害污染物(微生物和溶解的化学物质)。监测水源质量不仅有利于公共卫生，也有利于生态系统。特别地，水质可以确定物种之间的生态平衡。水质参数类型可分为物理(颜色、密度、沉积物等)、化学(溶解的无机材料)和生物(溶解的有机物、细菌)。

通常监测水质的参数是pH值、温度、电导率、氧化-还原电位和溶解氧。广泛应用的人工方法是通过检测这些参数来监测水质的。该过程涉及在现场收集水样，然后在实验室中进行测试。然而这种方法存在一些问题，比如不合适的传感器、数据记录器的成本、现场测试获得数据的不可靠性、校正困难以及低密度的监测点。特别地，人工方法耗时并且是劳动密集型的，在现场使用繁重和复杂的设备很不方便，这可能会造成现场工作人员的安全问题，并且通常是低分辨率的监视(时间/空间)过程。此外，现场测试样品运送到实验室后可能会改变性质。这将导致不准确和非代表性的测试结果。此外，这种方法通常导致分析和行动的延迟(如发布通告问题)。鉴于这些问题，需要采用自动化方法对水质进行时空(即地理分布和时间变化)监测。

自动化方法使用多个传感器节点(SN)自动测量分布在一个大地理区域中的各种水源。可以局部调理从SN中获取的数据然后发送到母节点，之后发送到基站，最后传送到使用ICT的中央评估单元(CAU)。可以监测和评估水质的时空性，并据此采取适当行动。

系统的一般框图如图 1-14 所示。在该平台中，传感器节点(SN)可以包含多个传感器，如温度、pH 值、浊度、溶解氧、电导率和氧化-还原电位等。这些传感器是商用的，可以直接使用或进行一些修改(例如，用于自动数据传输的接口，以及用于适当保护免受环境因素干扰的密封)。微控制器系统对每个 SN 处的传感器数据进行采集。大多数节点是静态的，然而一些动态(地理上可移动的)节点也是可以实现的。动态节点可以是水中的推进节点，也可以是可在地面导航的移动机器人上的节点。在将数据通过无线电收发器发送到更强大的母节点之前，微控制器执行传感数据的低级处理(例如，滤波、放大和数字表示)。

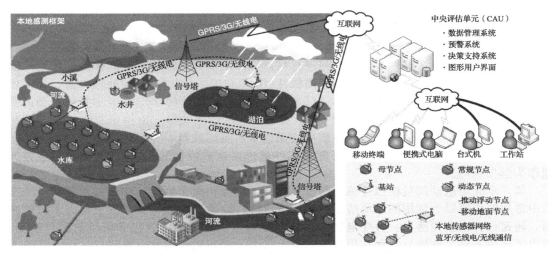

图 1-14　一种用于水质监测的多传感器系统架构

由 SN 处理后的数据将发送到基站。在那里接收的数据经过高级处理和数据压缩后，发送到名为 CAU 的中央计算机。CAU 是基于知识的决策单元，以时间方式(即时空)来评估来自不同地理位置的数据。根据评估结果，CAU 在各个地点提供咨询、报警、趋势和其他有用的水质信息，并为这些决定提供理由和解释。最后根据结果作出政策决定。此外，CAU 可以"优化"ICT 平台的运行，使系统成果更准确、统一、有效。可以绘制不同层次(基于水质指标)的存在水质问题的区域。

## 1.7　本书的组织结构

本书共 12 章。这些章节着重讲解工程系统仪表框架内的基本原理、分析概念、建模和设计问题、技术细节、传感器应用、传感器系统以及接口设计和信号修整。本书在主要章节中以系统方式将基本原理作为分析方法，并将建模方法、组件选型步骤和设计技术统一纳入其中。在介绍性章节中，介绍了概念、方法和工具以及它们的实际应用，还通过许多说明性例子和一套全面的案例研究给出了证明，并提供了有关学生项目和实验室练习的建议。

第 1 章简述了使用传感器、传感器系统和信号调理硬件的工程系统仪表。指出了在仪表化过程中建模与设计的相关性。描述了常见的控制系统架构，并强调了传感器和传感器系统在这些架构中所起的作用。这个介绍性章节为余下 11 章的研究设定了基调。还有一些作为学生练习的问题。

第 2 章讲述了组件互连，这是工程系统仪表化中重要统一的主题。研究了组件互连和匹配阻抗需要考虑的因素。该问题在讲解电气系统和机械系统部分时会得到解决。并提出了一些问题作为学生练习。

第 3 章解决信号调理问题，特别是通过放大器和滤波器。并提出了一些问题作为学生练习。从运算放大器的基本构建块开始，研究了多种重要类型的放大器和滤波器，特别是它们的建模、分析、性能规范和应用。也讨论了模拟滤波器和数字滤波器，并提出了一些问题作为学生练习。

第4章的主题是信号转换。讨论了调制器和解调器、ADC、DAC、电桥电路、其他常见的信号转换技术和相关元器件。并提出了一些问题作为学生练习。

第5章讲述了工程系统中设备、组件或仪器的性能分析。给出了性能指标在时域和频域内的解决方法，讨论了在工业和在工程实践中常使用的仪器等级，提供了相关的分析方法。并提出了一些问题作为学生练习。

第6章研究在传感器系统和仪器仪表背景下有关设备带宽、数据采样和误差考虑的一些重要问题。突出了仪器带宽的考虑，并提出了基于组件带宽的设计方法。从分析和实践的角度讨论数字设备中的误差，特别是由信号采样引起的误差。研究了设备误差的表征、组合、传递和分析。讨论灵敏度概念在误差组合中的应用。并提出了一些问题作为学生练习。

第7章根据测量数据对参数和信号进行估计。介绍了估计在传感中的作用。讨论了模型误差和测量误差的概念。研究了误差随机性（均值、方差或协方差）的处理方法。用示例给出并说明了以下方法：最小二乘估计（LSE）、最大似然估计（MLE）和卡尔曼滤波器的四种形式（标量静态卡尔曼滤波器；线性多变量动态卡尔曼滤波器；适用于非线性情况的扩展卡尔曼滤波器；同样适用于非线性情况的无迹卡尔曼滤波器，并且也具有优于扩展卡尔曼滤波器的优点，因为它直接考虑了随机特性通过系统非线性的传播）。并提出了一些问题作为学生练习。

第8章介绍运动测量模拟传感器的重要类型、特点和操作原理。特别关注控制工程实践中常用的传感器。常用的运动传感器包括电位计、差动变压器、旋转变压器、永磁传感器、转速计、涡流传感器、可变电容传感器、压电传感器以及陀螺仪和科里奥利传感器。指出了分析基础、选择标准和应用领域。并给出了一些问题作为学生练习。

第9章介绍了应力传感器的重要类型、特点和运行原理。讨论开始于应变片的研究。研究了力、转矩和触觉传感器。讨论了阻抗传感的概念。讨论温度的自动（自）补偿。指出了分析基础、选择标准和应用领域。并提出了一些问题作为学生练习。

第10章讨论了在工程应用中使用的几种传感器类型。包括光纤、基于激光、超声、磁致伸缩、声发射和热流体传感器和可用于监测水质（例如 pH 值、溶解氧和氧化-还原电位）的传感器。并提出了一些问题作为学生练习。

第11章研究常见类型的数字换能器、数码相机和其他创新且先进的传感技术。与模拟传感器不同，数字换能器产生脉冲、计数或数字输出。特别是在基于计算机的数字系统中使用时，这些设备具有明显的优势。它们具有量化误差，这在用数字表示模拟量时是不可避免的。准确性和分辨率的相关问题得到了解决。讨论了数码相机作为实际传感器和图像采集的应用。研究了包括霍尔效应传感器在内的其他创新传感器技术。给出了高级感测的一些应用。并提出了一些问题作为学生练习。

第12章研究微机电系统（MEMS）传感器和多传感器系统主题。讨论了 MEMS 传感器的基本原理及其特点、制造、额定参数和应用。介绍了无线传感网络感知和定位技术。研究了通过贝叶斯方法、卡尔曼滤波和神经网络实现的传感器融合。给出了高级感测的一些应用。并提出了一些问题作为学生练习。

关于传感器系统的几个实验室练习已在附录 A 中提出。典型的学生项目和研究案例见附录 B。附录 C 给出了概率和统计的一些基础知识。附录 D 概述了多组分系统的可靠性和相关概率模型。

## 关键术语

**传感器**：测量（感测）设备及其环境的未知信号和参数（使用传感器来监测和"学习"系统）。
**用途**：过程监控；产品质量评估；故障预测、检测和诊断；警告生成；监视；控制系统。

**传感器系统**：可能意味着多个传感器或传感器/数据融合(对于特定应用可能一个传感器不够)，或传感器
　　及其附件(信号处理、数据采集、显示等)。

**MEMS**：使用微型传感器和执行器。它们的科学原理通常与其"宏观"对应物的原理相同(例如，压电、
　　电容、电磁和压阻原理)。

**MEMS 设备的优点**：体积小且质量轻(负载误差可忽略不计)、高速(高带宽)且便于批量生产(低成本)。

**控制器**：根据设备(和控制设备)驱动来生成控制信号。

**仪表化过程**：识别仪表组件(类型、功能、操作、交互等)，为组件接口编址(互连)，并确定参数值(组件
　　尺寸、系统调优、精度等)以满足性能要求(规格)。
- 应将仪表视为设计的一个组成部分。
- 设计使我们能够构建一个满足性能要求的系统——通过几个基本组件(传感器、执行器、控制器、
  信号调理器等)开始。

**人类感官系统(五种感觉)**：视力(视觉)，听力(听觉)，触摸(触觉)，气味(嗅觉)，味道(味觉)。注意：
　　通过 CNS 的其他类型的感官特征(例如，平衡感、压力、温度、疼痛感和运动)也涉及这五种基本
　　感觉。

**人类感觉过程**：在受体处接受刺激(如用于视觉的光、用于听觉的声波)；神经元树突将刺激能量转化为
　　机电脉冲；神经元轴突将动作电位引入大脑中枢神经系统。大脑解释这些电位来产生相应的感觉。

**机电一体化**：通过综合设计方法，使机械、电子、控制和计算机工程方面协同应用于机电产品和系统的
　　开发；机电一体化工程的研究包括建模、设计、开发、集成、仪表化、控制、测试、操作和维护。
- 将"仪表化"视为设计的一个组成部分。
- 对于传感器、执行器、接口硬件和控制器，完成仪器的"最优化"和"并发性"(同时考虑仪器仪
  表的所有方面和组成部分)。

**机电一体化设计和仪表化的优点**：最佳性能和更好的组件匹配；提高效率；成本效益；系统易于集成，
　　与其他系统的兼容性和易用性；改进的可控性；增加可靠性；增加产品寿命。

**机电一体化仪表的瓶颈**：对于现有过程，修改级别的灵活性(由机电一体化方法决定)将受到限制；可用
　　部件(传感器、执行器、控制器、附件)受到限制，可能不完全兼容。

**反馈控制**：根据设备响应确定控制信号。

**前馈控制(闭环控制)**：根据设备激励(输入)或设备模型确定控制信号。

**开环控制**：测量响应无反馈。

**数字控制**：控制器是数字计算机。

**数字控制的优点**：不易受噪声或参数变化的影响，因为数据可以用二进制字表示、生成、传输和处理。
　　高精度和高速度(硬件实现快于软件实现)；可以通过编程来处理重复任务；可以对复杂的控制规律
　　和信号调理算法进行编程；最小化模拟硬件组件和分散使用专用微处理器进行控制可以达到高可靠
　　性；可以使用紧凑、高密度的数据存储方法存储大量数据；数据可以存储或维护很长一段时间，而
　　没有漂移或受到不利环境条件的影响；快速长距离传输数据，没有过多的动态延迟和衰减，如模拟；
　　方便快捷的数据检索功能；使用低工作电压(例如，直流 0~12V)并且具有成本效益。

**控制性能的特性**：稳定性(渐近、BIBO 等)；响应速度或带宽；灵敏度；鲁棒性；准确性；交叉灵敏度或
　　动态耦合。

**PLC**：注重离散状态控制(或离散事件控制)；对由许多离散操作组成的任务进行排序，并对需要以特定
　　顺序执行的多设备任务进行排序；由程序(梯形逻辑)控制，在适当的时间高速连接输入设备(如开
　　关)和输出设备(如阀门)；可以执行较简单的计算和控制任务(例如，PID 控制)。

**分布式控制**：用于分布式、跨地域的控制。

**NCS**：控制系统组件(传感器、执行器、控制器等)在本地或远程连网。

**分级控制**：控制分布在不同层次(层)中的功能。

**仪表化步骤**：(1)研究仪表设备(目的、运行方式、重要变量和参数)。(2)将设备分成各个主要子系统
　　(例如，根据域分为机械、电气/电子、流体、热)并且为子系统的过程制定物理方程式。开发计算机
　　仿真模型。(3)表示设备的运行要求(性能规范)。(4)确定与成本、尺寸、质量和环境有关的限制
　　(例如，工作温度、湿度、无尘或洁净室条件、照明、冲洗需求)。(5)选择传感器/换能器、执行
　　器、信号调理器(包括接口和数据采集硬件和软件、滤波器、放大器、调制器、ADC、DAC 等)的类
　　型和特性。建立相关的额定值和规格(信号电平、带宽、精度、分辨率、动态范围、功率、转矩、速
　　度、温度、压力特性等)。识别组件的制造商/供应商(型号等)。(6)建立系统架构(包括控制器或控

制方案），根据需要修改原始的计算机模型。（7）进行计算机模拟。对仪器进行修改，直到系统性能达到规范要求（可以使用机电一体化优化方案）。（8）一旦达到可接受的结果，获取并整合实际组件。这可能需要一些新的技术。

## 思考题

**1.1** 什么是开环控制系统，什么是反馈控制系统？请各举一个例子。

简单的质量-弹簧-阻尼器系统（简单的振荡器）由外力 $f(t)$ 激发。其位移响应 $y$（见图 P1-1a）由微分方程 $m\ddot{y}+b\dot{y}+ky=f(t)$ 给出。该系统框图如图 P1-1b 所示。这是一个反馈控制系统吗？解释和证明你的答案。

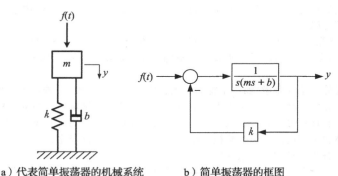

a）代表简单振荡器的机械系统　　b）简单振荡器的框图

图 P　1-1

**1.2** 设计一个在艺术画廊中夜晚能打开灯的控制系统，前提是画廊内有人。请给出一个合适的控制系统，识别开环和反馈功能（如果有的话），并描述控制系统组件。

**1.3** 对以下装置——步进电动机、比例积分电路、功率放大器、ADC、DAC、光学增量式编码器、过程计算机、FFT 分析仪、数字信号处理器——进行控制系统组件的分类，其类型包括执行器、信号修整装置、控制器和测量装置。

**1.4** （a）讨论可能使开环控制或前馈控制在某些应用中无意义的误差来源。

（b）如何纠正这种情况？

**1.5** 在工业操纵器的高速应用中，比较模拟控制和直接数字控制的运动。给出本应用中各种控制方法的优缺点。

**1.6** 软饮料灌装厂使用自动灌瓶系统。描述这种系统的操作，指出控制系统中的各种组件及其功能。典型部件包括输送带、驱动输送机的电动机，它具有起动/停止控制；一个带有入口阀、出口阀和液位传感器的量筒；阀门执行器；以及用于瓶子和量筒的对准传感器。

**1.7** 考虑图 1-5 所示的天然气家庭供暖系统。描述系统中各种组件的功能，并对其进行以下功能分组：控制器、执行器、传感器和信号修整装置。解释整个系统的运行情况，并提出可能的改进方法，以获得更稳定和准确的温度控制。

**1.8** 在以下每个示例中，至少指出一个用于前馈控制以提高控制系统精度的（未知）输入。

（a）定位机械负载的伺服系统。伺服电动机是一个由磁场控制的直流电动机，利用光学编码器的脉冲计数进行位置反馈，并使用编码器的脉冲频率进行速度反馈。

（b）承载液体管道的电加热系统。使用热电偶测量液体的出口温度，并用于调节加热器的功率。

（c）室内供暖系统。测量室温并与设定点进行比较。如果温度低，那么蒸汽散热器的阀门打开；如果温度高，那么阀门关闭。

（d）组装机器人，使其能抓取一个精密的零件，但不损坏零件。

（e）跟踪焊接部件的焊接机器人。

**1.9** 为以下每个动态系统的示例识别典型的输入变量。每个系统至少给出一个输出变量。

（a）人体：神经电脉冲

（b）公司：信息

（c）发电厂：燃油

（d）汽车：方向盘运动

　　(e) 机器人：关节电动机的电压

**1.10**　分级控制已经应用于许多行业，包括炼钢厂、炼油厂、化工厂、玻璃工厂和自动化制造。然而，大多数应用已限制在两级或三级分层。较低层级通常由严格的伺服环组成，带宽约为 1kHz。上层通常控制以天或周为单位的生产计划和调度事件。

　　灵活的制造设备的五层结构为：最低级(第一级)处理机器人关节操纵器的伺服控制和机床自由度；第二级执行机床中的坐标变换等活动，这些活动是各种伺服环产生控制命令所必需的；第三级将任务命令转换为运动轨迹(操纵器端部的执行器、机床位等)以全局坐标表示；第四级将复杂和通用的任务命令转换为简单的任务命令；顶级(第五级)对各种机床和物料搬运设备执行监督控制任务，包括协调、调度和定义基本动作。假设该设施用作涡轮叶片生产的柔性制造工作单元。估计最低级别的事件持续时间和这种类型应用的最高级别的控制带宽(以 Hz 为单位)。

**1.11**　根据过程控制行业内一些观察家的观察，早期品牌的模拟控制硬件的产品寿命约为 20 年。新的硬件控制器可能会在几年内过时，甚至在收回开发成本之前。作为负责开发现成过程控制器的控制仪表工程师，你将在控制器中纳入哪些功能以最大程度地改善这个问题？

**1.12**　PLC 是一个顺序控制装置，它可以根据一系列输入设备(例如，开关、双状态传感器)的状态顺序地和重复地激活一系列输出设备(例如，电动机、阀门、报警器和信号灯)。设计一个可编程逻辑控制器和一个由数码相机及简单图像处理器组成的视觉系统(例如，边缘检测算法)，用于在包装和定价质量和尺寸的基础上分选水果。

**1.13**　测量装置(传感器、换能器)可用于测量反馈控制过程的输出。给出信号测量非常重要的其他情况。列出在汽车发动机中使用的至少 5 种不同的传感器。

**1.14**　对控制器进行分类的一种方式是分别根据其复杂性和物理复杂性。例如，我们可以使用 $xy$ 平面来分类，$x$ 轴表示物理复杂度，$y$ 轴表示控制器复杂度。在这种图形表示中，简单的开环开/关控制器(例如，打开和关闭阀门)将具有非常低的控制器复杂度，基于人工智能的智能控制器将具有较高的控制器复杂度。此外，由于无源设备被认为比有源设备具有更少的物理复杂性，因此，被动弹簧操作装置(例如，安全阀)将占据非常接近 $xy$ 平面原点的位置，并且智能机器(例如，复杂的机器人)将占据远离原点的对角位置。选择 5 个控制设备。标记希望它们在这个分类平面上占据的位置(相对来说)。

**1.15**　牙科卫生师向患者保证他们无须担心对口腔的 X 光检查，因为现在一切都是"数字化"的，严格讨论卫生师的声明，并考虑如何解释这一声明。

**1.16**　你是一名工程师，已分配的一个任务是设计和仪表化实际系统。在项目报告中，你必须描述建立系统设计/性能规范的步骤，以及选择和调整传感器、换能器、执行器、驱动系统、控制器、信号调理、仪器和组件的接口硬件及软件，以用于这个系统的仪表化和组件集成。记住这些，写一个提供以下信息的项目提案：

　　(a) 选择一个过程(设备)作为要开发的系统。描述这个设备的目的、运作方式、系统边界(物理或虚拟)、重要输入(如电压、转矩、传热速率、流速)和响应变量(如位移、速度、温度、压力、电流、电压)以及重要的设备参数(如质量、刚度、电阻、电感、导热系数、流体容量)。可以使用草图。

　　(b) 指明设备的性能要求(或操作规范)(即在正常条件下设备如何正常运行)。你可以使用任何信息来描述这个设备，比如，精度、分辨率、速度、线性度、稳定性和操作带宽。

　　(c) 给出与成本、尺寸、重量、环境(如工作温度、湿度、无尘或洁净室条件、照明和冲洗需求)等相关的任何约束。

　　(d) 指出设备中存在的传感器和换能器的类型和性质，以及为了正确操作和控制系统可能需要的额外的传感器和换能器。

　　(e) 指出在设备中存在的执行器和驱动系统的类型和性质，以及必须控制哪些执行器。如果需要添加新的执行器(包括控制执行器)和驱动系统，那么请详细说明此类要求。

　　(f) 指出需要什么类型的信号修整和接口硬件(即滤波器、放大器、调制器、解调器、ADC、DAC 和其他数据采集及控制需求)。描述这些设备的目的，指出与该硬件一起需要的任何软件(例如，驱动程序软件)。

　　(g) 指出系统中控制器的性质和操作要求。说明这些控制器是否适合你的系统。如果你打算添加新的控制器，那么请简要说明其性质、特性、目标等(如模拟、数字、线性、非线性、硬件、软件、控制带宽)。

（h）描述用户和操作者如何与系统进行交互以及用户界面需求的性质。

可以考虑以下设备或系统：

- 混合电动汽车
- 家用机器人
- 智能摄像机
- 汽车智能气囊系统
- 由美国航空航天局开发的用于火星探测的机器人
- 制造厂的无人搬运车（AGV）
- 飞行模拟器
- 个人计算机的硬盘驱动器
- 杂货物品的包装和标签系统
- 振动试验系统（电动或液压）
- 用于正常活动的可穿戴矫正装置，以帮助手部残疾或有感觉障碍（有一些感觉，但是功能不完全）的患者

第 2 章

# 组 件 互 连

**本章主要内容**

- 组件互连简介
- 组件互连中的阻抗匹配
- 阻抗匹配的方法
- 最大功率传输
- 最高效率的功率传输
- 信号传输中的反射预防
- 负载效应的降低
- 机械系统中的阻抗匹配

## 2.1 引言

工程系统通常由各种互连的组件构成以实现预期的功能。当两个组件互连时，信号（和能量）将在它们之间流动，并且当两个组件相互作用（即动态耦合）时，它们之间的信号（响应）将随着时间而变化，这取决于两个组件的动态特性。当两个设备互连时，必须保证由改变系统动态条件所引起的变化不会产生不可接受的性能。很显然，对于工程系统的仪器仪表来说，考虑连接组件之间的组件互连和接口设计是十分重要的。

### 2.1.1 组件互连概述

工程系统通常是多域（混合）系统，由多种类型的组件互连组成。机电一体化系统尤其如此，该系统在设计和开发过程中采用了集成的并行最优化设计方法。通常，将机械（包括流体和热）、电气、电子和计算机硬件集成起来构成实际应用。当组件互连时，由于集成系统中各个组件的运行状态可能与每个组件独立运行时的状态有显著的不同，因此，组件互连是工程系统的设计和仪表化（和整体开发）过程中需要重点考虑的因素。

互连组件接口处的信号性质和类型取决于组件的性质和类型。比如，当电动机通过齿轮（变速器）单元与负载耦合时，机械能在这些组件的接口处流动。在这种情况下，传输的能量是相同形式的（机械的），并且我们会特别关注角速度和转矩的相关信号。类似地，当电动机连接到其电子驱动系统（例如，电子驱动电路根据电动机的类型不同连接到定子、转子或两者都有的直流电动机上）时，将驱动电路的电能转换成转子的机械能。它们的接口可以由机电变压器表示，如图 2-1 所示。一方面，我们将电压和电流转化为功率信号，另一方面，我们将角速度和转矩转化为功率信号。注意：在这两个例子中，双方都会有能量损失（浪费），因此能量转换的效率不会是 100％。

通常，当两个组件互连时，它们之间将发生动态交互（动态耦合）。因此，当前任意组件的状态将与连接之前不同。很明显，为了使系统可以以期望的方式运行，相互连接的组件应该合理匹配。例如，由于在电动机及其电子驱动系

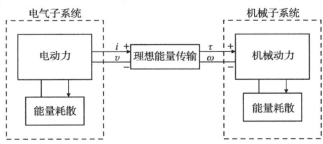

图 2-1　混合域（机电）组件互连模型

统这个例子中，效率最大化是其追求的主要目标，所以，两个组件之间的动态交互将是非常重要的。相比之下，对于传感器和被测对象，重要的是传感器不会改变被测对象的动态条件(即传感器对被测对象的负载可以忽略不计。例如，对于运动传感器，电力负载和机械负载均应忽略不计)。换句话说，在保证传感器准确测量所需量时，传感器和被测对象之间的动态交互应该是可忽略不计的。

组件接口在互连系统的正常运行中起着很重要的作用。特别是接口必须根据互连系统的具体功能进行设计、开发或选择。在多组件系统中为了提高系统的性能和准确性，应仔细进行组件匹配。在这种情况下，基于系统的功能目标，对阻抗的考虑是十分重要的，因为为了实现互连系统的最佳性能，对阻抗进行匹配是很有必要的。

以下是与组件互连有关的注意事项：

1. 互连组件的特征，例如，组件领域(机械、电气/电子、热)，组件类型(执行器、传感器、驱动电路、控制器、安装或外壳)。

2. 互连系统的目的(例如，驱动负载、测量信号、传递信息、最小化噪声和干扰——特别是机械冲击和振动)。

3. 系统运行时信号/功率的电平/能级。

### 2.1.2 本章内容

本章介绍工程系统中如传感器、数据采集(DAQ)硬件、信号调理电路、执行器、能量转换装置和安装机械结构等组件互连，研究阻抗和组件匹配的基本概念。基于某些目的和应用，讨论互连组件的期望阻抗特性，提出阻抗匹配的几种方法，并给出其应用。最后解决电气和机械装置中的阻抗匹配问题。附录 D 概述了多组分系统的可靠性和相关的概率模型。

在某些情况下，这里提出的讨论和研究可能还很笼统。然而，这里介绍的概念适用于工程系统(多域)中许多类型的组件。

## 2.2 阻抗

### 2.2.1 阻抗的定义

在传统电学意义上阻抗可以被解释为"广义电阻"。阻抗也可以在机械或者其他领域(例如，流体、热)进行解释，这取决于所涉及信号的类型。例如，电压表可以改变电路中的电流(和电压)，并且考虑交流电路时，这涉及更一般的电阻抗。考虑直流电路时，它表示电阻。再举另一个例子，较重的加速度计将引入额外的动力学(机械)负载，其将改变监测位置处的实际加速度，这涉及机械阻抗。第三个例子是，热电偶的结点可以改变热传递到结点中的被测量的温度，这涉及热阻抗。类似地，我们可以定义流体系统、磁系统(磁阻)的阻抗等。一般来说，阻抗定义为：

$$阻抗 = \frac{跨接变量}{通过变量} \tag{2-1}$$

跨接变量在组件两端(端口)之间进行测量，通过变量是通过组件而不发生改变的量。跨接变量有电压、速度、温度和压力。通过变量有电流、力、热传递速率和流体流速。电阻抗定义为电压/电流，这与式(2-1)一致。机械阻抗历来都定义为力/速度，这是式(2-1)的倒数。在我们的分析中，定义为速度/力的导纳是一般意义上的阻抗(即广义阻抗)。

### 2.2.2 在组件互连中阻抗匹配的重要性

当两个电气组件互连时，电流(和能量)在两个组件之间流动并改变初始(未连接时的)条件。这称为(电)负载效应，这种效应必须最小化。在实际情况下，信号通信、调理、显示等需要足够的能量和电流才能进行。仪器的这种要求可以通过组件阻抗的适当匹配来实现。一般来说，当传感器、换能器、电源、控制硬件、数据采集(DAQ)板、过程(即设备)装备、信号调理硬件和电缆等组件互连时，必须在每个接口处正确地匹配阻抗以实现它们的额定性能水平。这种匹配应该根据互连系统的目标进行。以下给出了几类阻抗匹配：

1. 用于最大功率传输的电源和负载匹配：在驱动系统中，最重要的目标是使从电源传递到执行器或负载的功率最大化。在这种情况下，互连组件之间的动态交互将变得十分重要。合适的阻抗匹配可以实现最大功率传输要求。

2. 用于效率最高的功率传输：在功率传输中实现最高效率不同于实现最大功率，因为在最大功率传输中不能实现最高效率。可以适当选择负载阻抗以实现高效率。

3. 信号传输中的反射预防：当两个组件通过具有特性阻抗(例如，$50\Omega$ 或 $75\Omega$ 的同轴电缆)的电缆(如同轴电缆)进行连接时，由于电缆两端的阻抗差异(来源于所连接组件的阻抗)，将会有信号反射(类似于由两个介质的密度差异而形成的弹性波反射)。反射信号(回波)将会有额外的功率消耗，导致信号强度下降和信号失真，所有这些都是不希望出现的。必须匹配电缆的端部阻抗和特性阻抗才能避免信号反射。

4. 负载效应的降低：在某些应用中，当两个组件互连时，要求输出组件不加载输入组件。例如，在传感过程中，传感器不应该改变被测对象的状态。换句话说，测量仪器不应扭曲被测量的信号。很简单，即传感器不应该"加载"被测对象。另一示例是，在传感器的信号采集系统中，信号采集硬件不应该扭曲从传感器处获得的信号(即可能具有滤波和放大功能的信号采集系统不应该加载这个传感器)。第三个例子是，在稳压电源中连接到电源的负载不应该显著改变电源的输出电压。可以通过选择阻抗来减小负载效应。在这种情况下，阻抗匹配称为阻抗桥或电压桥。需要阻抗变换器才能实现适当的阻抗匹配以减小负载效应。

不合适阻抗的一个不利影响是输出信号电平不足，这将会使信号处理和传输、组件驱动和组件或设备的最终控制驱动等功能变差。在传感器-换能器技术中，应该注意的是，许多类型的换能器(例如，压电加速度计、阻抗探头和传声器)具有高达 $1000\text{M}\Omega$(兆欧姆，$1\text{M}\Omega=1\times10^6\,\Omega$)的输出阻抗。这些设备产生较低的输出信号，它们需要调理才能提高信号电平。使用具有高输入阻抗和低输出阻抗(几欧姆)的阻抗匹配放大器(或阻抗变换器)或阻抗桥装置就是为了这个目的(例如，电荷放大器与压电传感器结合使用)。具有高输入阻抗的装置还有一个优点是，对于给定的输入电压，特别是和与其连接的输入装置相比，消耗更少的功率(即 $v^2/R$ 比较低)，此外，功率传输也将以更高的效率进行。具有低输入阻抗的输出装置从输入装置获取高电平的现象也可以解释为输入装置出现了负载误差。在这种情况下，两个互连设备(输入设备和输出设备)之间将存在显著的动态交互。

## 2.3  阻抗匹配的方法

在仪表化的过程中，组件互连是为了达到某些特定目的而进行的。连接组件的阻抗应该匹配，以提高系统在这些功能目标(目标)方面的性能。我们现在考虑一下阻抗匹配的目标：

- 从电源到负载实现最大功率传输
- 在效率最高时实现功率传输
- 信号传输中的反射预防
- 减小负载效应

### 2.3.1  最大功率传输

一些应用的目的是从电源处获取最大功率。电源内部阻抗 $Z_s$ 必须与负载阻抗 $Z_1$ 相匹配，以便最大化负载功率。如果互连系统中有除了电源和负载之外的其他组件，那么我们可以简单地使用相同的方法将其作为电源阻抗，即不包括负载的戴维南电路等效阻抗。首先可以通过使用纯电阻(DC)示例来展现该方法。

**例 2.1**

假设直流电源电压为 $v_s$，内部（输出）阻抗（电阻）为 $R_s$。它为负载或电阻 $R_1$ 供电，如图 2-2 所示。如果这个电路的目标是最大化负载所吸收的功率，那么 $R_s$ 和 $R_1$ 之间的关系应该是什么？

**解**：通过电路的电流为

$$i = \frac{v_s}{R_1 + R_s}$$

因此，负载上的电压是：

$$v_1 = iR_1 = \frac{v_s R_1}{R_1 + R_s}$$

负载吸收的功率为：

$$p_1 = iv_1 = \frac{v_s^2 R_1}{(R_1 + R_s)^2} \qquad \text{(i)}$$

为了获得最大功率，需要

$$\frac{\mathrm{d}p_1}{\mathrm{d}R_1} = 0 \qquad \text{(ii)}$$

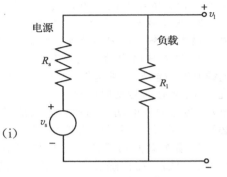

图 2-2　带有电源和负载的直流电路

将式（i）的右边表达式对 $R_1$ 求导，并使结果等于 0，以满足式（ii）。这就得出了对最大功率的要求：

$$R_1 = R_s$$

因此，最大功率传输要求是负载电阻必须等于电源端电阻。

从例 2.1 中获得的结果可以容易地扩展到一般情况，既有电阻又有电抗（电抗由电感和电容引起）的交流电路。这种情况如图 2-3 所示，其中 $v_s$ 是电源电压，$Z_s$ 是电源阻抗，$Z_1$ 是负载阻抗。如果有电源和负载之外的组件，那么它们可以集成到电源中。因此 $Z_1$ 代表那些组件（不包括负载）的等效戴维南阻抗。如果这些组件也有源，则 $v_s$ 表示戴维南等效电路的等效电源电压。

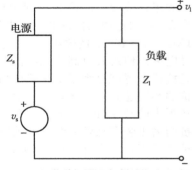

图 2-3　带有电源和负载的交流电路

在交流电路中，物理量具有幅值和相位角，在数学上它们用复数（实部和虚部）表示。使用它们的幅值可知，流过电路的电流大小为 $|I| = |V_s| / |Z_1 + Z_s|$。

负载吸收的功率是电阻功率，由下式给出：

$$p_1 = I_{\text{rms}}^2 R_1 = \frac{1}{2}|I|^2 R_1 = \frac{1}{2}\frac{|V_s|^2}{|Z_1 + Z_s|^2}R_1 = \frac{1}{2}\frac{|V_s|^2}{(R_1 + R_s)^2 + (X_1 + X_s)^2}R_1$$

其中，"rms" 表示有效值（对于正弦信号，它是振幅的 $1/\sqrt{2}$）；$R$ 是阻抗的实部；$X$ 是阻抗的虚部。

从这个式子的最后一项中可以看出，功率最大化的一个要求是分母中电抗的贡献应最小（即为零，因为这里是平方）。因此，我们需要

$$X_1 = -X_s \qquad (2\text{-}2\text{a})$$

一旦满足这个条件，先前给出的负载功率表达式就与纯电阻表达式相同，然后可参见例 2.1 的解决方法。因此，对于负载功率最大化，我们也需要

$$R_1 = R_s \qquad (2\text{-}2\text{b})$$

通过组合式（2-2a）和式（2-2b），可以看出，最大化负载功率的总体要求是负载阻抗必须是电源阻抗的复共轭：

$$Z_1 = Z_s^* \tag{2-2}$$

这称为"共轭匹配"。通过将式(2-2)的阻抗匹配要求代入负载功率表达式，将得到最大功率：

$$p_{1\max} = \frac{|V_s|^2}{8R_s} = \frac{|V_s|^2}{8R_1} \tag{2-3}$$

### 2.3.2　效率最高的功率传输

由负载吸收的功率效率由总功率的吸收功率的分数形式给出：

$$\eta = \frac{1/2 \times |I|^2 R_1}{1/2 \times |I|^2 (R_1 + R_s)} = \frac{R_1}{R_1 + R_s} \tag{2-4}$$

可以看出，当负载电阻为最大值(或负载阻抗为最大值)时，效率最高。为提高负载功率吸收效率，必须提高负载效率。理论上，当负载阻抗为无限大时，我们可以获得 100% 的效率。

显然，最高效率完全不同于最大功率[见式(2-2)]。事实上，通过将式(2-2b)代入式(2-3)，我们看到在最大功率时效率为 50%。这确实是效率相当差的一个条件。

### 2.3.3　信号传输中的反射预防

当阻抗突然变化时，信号的一部分将会反射回来。反射系数 $\Gamma$ 由反射信号电压 $v_r$ 与入射信号电压 $v_i$ 的比值给出：

$$\Gamma = \frac{v_r}{v_i} \tag{2-5}$$

如果通过阻抗 $Z_c$ 传输的信号突然遇到终端阻抗 $Z_1$，那么相应的反射系数为

$$\Gamma = \left| \frac{Z_1 - Z_c}{Z_1 + Z_c} \right| \tag{2-6}$$

反射信号会导致信号恶化(幅值、相位角)和耗散(功率损耗)，两者都是不期望的。因此，在理想情况下，我们希望 $\Gamma=0$。

考虑将一个内部阻抗为 $Z_s$ 的电源通过特征阻抗为 $Z_c$(如 50Ω)的电缆与阻抗为 $Z_1$ 的负载相连，如图 2-4 所示。

为了避免终端(负载和电源)信号反射，我们必须具有阻抗匹配条件：

$$Z_s = Z_c = Z_1 \tag{2-7}$$

如果未进行阻抗匹配，则可以通过接地阻抗(或阻抗匹配垫)来实现。如图 2-5 所示。在这个例子中，假设 $Z_s \neq Z_c$，则必须放置接地阻抗 $Z_g$ 来满足以下条件：

$$\frac{1}{Z_s} + \frac{1}{Z_g} = \frac{1}{Z_c} \tag{2-8}$$

这样，在电源端提供了 $Z_c$ 的等效匹配阻抗。

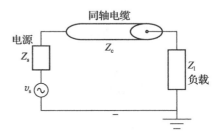

图 2-4　由电缆连接的电源和负载

在短电缆中，反射信号非常快速地传播到终端快速衰减。因此，在短电缆中信号反射不重要。信号反射原理可以用于实际应用中。例如，由于电缆损坏会导致阻抗突然变化，所以在损坏位置处将出现信号反射。通过确定电压脉冲被反射回电源所需的时间，就可以确定电源到损坏位置的距离。这是反射计的原理，它用于检测电缆的损坏。

信号反射不限于金属电缆(铜、铝等)。例如，信号反射会出现在光纤和传输介质中遇到声阻抗变化的声信号中。

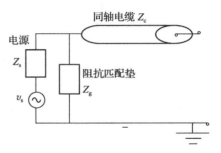

图 2-5　阻抗匹配垫的应用

### 2.3.4 负载效应的降低

不合适阻抗的不利影响是负载效应，它可使信号失真。其所产生的误差可能远远超过其他类型的误差，如测量误差、传感器误差、噪声和输入干扰。负载在任何物理域中都存在，如电气和机械。测量装置等输出单元或具有低输入阻抗的信号采集硬件将会导致电负载误差，其中硬件的输入装置（如信号源或具有低到中等阻抗的传感器）具有低输入阻抗。机械负载误差由输入装置（例如，执行器）导致，这是由于惯性、摩擦力和其连接的输出组件（例如，齿轮传动装置、机械负载）而产生的其他阻力引起的。

在工程系统中，负载误差也可能表现为相位失真。数字硬件也可能产生负载误差。例如，数据采集（DAQ）板中的模-数转换器从应变片电桥电路加载放大器的输出，从而影响数据数字化（参见第4章）。

#### 2.3.4.1 设备的级联连接

为了获得负载失真的模型和减小负载效应的方法，我们现在考虑二端口电气设备的级联连接。二端口电气设备如图 2-6a 所示。图中特别显示了设备的输入阻抗 $Z_i$ 和输出阻抗 $Z_o$。它们会在下文中定义。

输入阻抗：输入阻抗 $Z_i$ 定义为当输出端保持开路时，额定输入电压与流过输入端电流的比值。

输出阻抗：输出阻抗 $Z_o$ 定义为输出端处的开路电压（无负载）与输出端的短路电流的比值。当输出端没有电流流过时，输出端的开路电压为输出电压。如果输出端没有连接负载（阻抗），那么就是这种情况。一旦在输出端接了负载，电流就会流过该负载，那么输出电压将下降并小于开路电压。为了测量开路电压，在输入端施加额定输入电压并保持恒定，并且输出电压使用具有高（输入）阻抗的电压表进行测量。为了测量短路电流，输出端连接了阻抗非常低的电流表。

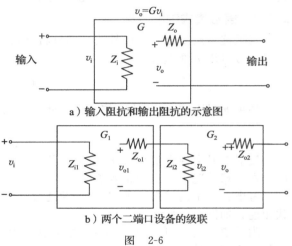

a）输入阻抗和输出阻抗的示意图

b）两个二端口设备的级联

图 2-6

这些定义是根据电气装置给出的。然而，如前所述，若将电压和速度解释为"跨接变量"，电流和力解释为"通过变量"，可以将上述概念推广到机械设备中。然后在相关分析中，应使用机械导纳代替电阻抗。对于其他物理域也可以进行类似的泛化。

可以看出，图 2-6a 所示的输入阻抗 $Z_i$ 和输出阻抗 $Z_o$ 与前面给出的定义一致。请注意，$v_o$ 是开路输出电压。当负载连接至输出端时，负载两端的电压不同于 $v_o$。这是由于流过 $Z_o$ 的电流而引起的。在频域中，$v_i$ 和 $v_o$ 由它们各自的傅里叶谱（具有实部和虚部或幅值和相位的复数形式）表示。相应的传递关系可以用开路（无负载）条件下的复频率响应（转移）函数 $G(j\omega)$ 表示：

$$v_o = Gv_i \tag{2-9}$$

接下来，考虑两个级联在一起的设备，如图 2-6b 所示。可以很容易证实以下关系：

$$v_{o1} = G_1 v_i; \quad v_{i2} = \frac{Z_{i2}}{Z_{o1} + Z_{i2}} v_{o1}; \quad v_o = G_2 v_{i2}$$

这些关系可以结合起来，给出总体的输入-输出关系：

$$v_o = \frac{Z_{i2}}{Z_{o1} + Z_{i2}} G_2 G_1 v_i$$

从这个结果我们观察到，整体频率传递函数与理想预期乘积（$G_2 G_1$）的因子不同：

$$\frac{Z_{i2}}{Z_{o1} + Z_{i2}} = \frac{1}{(Z_{o1}/Z_{i2}) + 1} \tag{2-10}$$

从该式可以看出，级联已经使两个设备的频率响应特性失真，这意味着有负载误差。当 $Z_{o1}/Z_{i2} \ll 1$ 时，负载误差会变得无关紧要。可以得出结论，当两个组件互连（级联）时，为了减小负载误差，二级设备（输出设备）的输入阻抗应该远大于一级设备（输入设备）的输出阻抗。

## 例 2.2

用作补偿控制系统的滞后网络如图 2-7a 所示。证明其传递函数由 $v_o/v_i = Z_2/(R_1 + Z_2)$ 给出，其中 $Z_2 = R_2 + (1/Cs)$，那么该电路的输入和输出阻抗是多少？

此外，如果两个这样的滞后电路组成图 2-7b 所示的级联电路，那么总的传递函数是什么？你如何将这个传递函数逼近理想结果 $[Z_2/(R_1 + Z_2)]^2$？

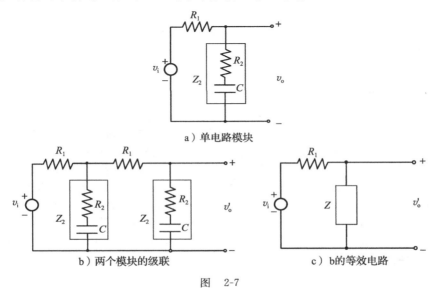

a）单电路模块

b）两个模块的级联          c）b的等效电路

图　2-7

**解**：为了解决这个问题，首先要注意的是，在图 2-7a 中，$R_2 + (1/Cs)$ 的压降是：

$$v_o = \frac{R_2 + (1/Cs)}{\{R_1 + R_2 + (1/Cs)\}} v_i$$

因此，

$$\frac{v_o}{v_i} = \frac{Z_2}{R_1 + Z_2} \tag{i}$$

现在，通过使用输入电流 $i = v_i/(R_1 + Z_2)$ 导出输入阻抗 $Z_i$，从而有

$$Z_i = \frac{v_i}{i} = R_1 + Z_2 \tag{ii}$$

通过使用短路电流 $i_{sc} = v_i/R_1$ 导出输出阻抗 $Z_o$，从而有

$$Z_o = \frac{v_o}{i_{sc}} = \frac{Z_2/(R_1 + Z_2) v_i}{v_i/R_1} = \frac{R_1 Z_2}{R_1 + Z_2} \tag{iii}$$

接下来，考虑图 2-7c 所示的等效电路。由于 $Z$ 是通过 $Z_2$ 和 $(R_1 + Z_2)$ 并联而形成的，从而有

$$\frac{1}{Z} = \frac{1}{Z_2} + \frac{1}{R_1 + Z_2} \tag{iv}$$

$Z$ 两端的压降为

$$v_o' = \frac{Z}{R_1 + Z} v_i \tag{v}$$

现在，将单电路模块得到的结果式(i)应用到图 2-7b 所示的第二个电路部分。我们得到 $v_o = [Z_2/(R_1+Z_2)]v_o'$。将其代入式(v)中，得到 $v_o = [Z_2/(R_1+Z_2)][Z/(R_1+Z)]v_i$。则级联电路的整体传递函数为

$$G = \frac{v_o}{v_i} = \frac{Z_2}{(R_1+Z_2)} \frac{Z}{(R_1+Z)} = \frac{Z_2}{(R_1+Z_2)} \frac{1}{(R_1/Z+1)}$$

现在，将式(iv)中的 $1/Z$ 代入，我们得到：

$$G = \left[\frac{Z_2}{R_1+Z_2}\right]^2 \frac{(R_1+Z_2)}{Z_2} \frac{1}{R_1[1/Z_2+1/(R_1+Z_2)]+1}$$

$$= \left[\frac{Z_2}{R_1+Z_2}\right]^2 \frac{(R_1+Z_2)^2}{R_1(R_1+Z_2+Z_2)+Z_2(R_1+Z_2)}$$

$$= \left[\frac{Z_2}{R_1+Z_2}\right]^2 \frac{(R_1+Z_2)^2}{(R_1+Z_2)^2+R_1Z_2}$$

$$\rightarrow G = \left[\frac{Z_2}{R_1+Z_2}\right]^2 \frac{1}{1+R_1Z_2/(R_1+Z_2)^2}$$

我们观察得到，通过使 $R_1Z_2/(R_1+Z_2)^2$ 尽可能小于 1 就会接近理想传递函数。

### 2.3.4.2 通过阻抗匹配降低负载效应

从前面的分析可以看出，为了减少负载误差，与传感器-换能器单元的输出阻抗相比，信号调理电路应该具有相当大的输入阻抗。该问题在具有非常高输出阻抗的压电传感器等装置中是非常关键的。在这种情况下，信号调理单元的输入阻抗可能不足以降低负载效应。此外，这些高阻抗传感器的输出信号电平对于信号传输、处理、驱动和控制来说也相当低。该问题的解决方案是在第一级硬件输出单元(例如，传感器)和第二级硬件输入单元(例如，DAQ 单元)之间引入几级放大器电路。这种接口装置的第一级通常是具有高输入阻抗、低输出阻抗和单位增益的阻抗匹配放大器(或阻抗变换器)。这称为"阻抗电桥"。最后一级通常是稳定的高增益放大器级，以提高信号电平。实际上，阻抗匹配放大器是具有反馈功能的运算放大器。

综上所述，我们得出如下结论：

1. 当将装置连接到信号源时，可以通过确保装置具有高输入阻抗来减少负载问题。不幸的是，这也将降低装置从信号源处接收到的信号电平(幅值、功率)。这就需要对信号进行放大，同时应在输出端保持所需的阻抗大小。

2. 如我们在介绍信号反射处所指出的那样，高阻抗设备会反射源信号的一些谐波。如上所述，终端电阻(阻抗垫)可以与设备并联以减少信号反射。在许多数据采集(DAQ)系统中，输出放大器的输出阻抗等于传输线阻抗(特性阻抗)。

3. 当最大功率需要放大时，推荐使用共轭匹配。在这种情况下，匹配放大器的输入和输出阻抗分别等于源和负载阻抗的复共轭。

### 2.3.5 机械系统中的阻抗匹配

阻抗匹配的概念可以直接扩展到机械系统和混合系统(例如，机电系统或机电一体化系统)中。这个过程可以与我们熟悉的机电系统进行类比。两个具体应用是：冲击和振动隔离，传动系统(齿轮)。下面将对这两个应用进行讨论。

**振动隔离**

在机械系统中组件互连的一个很好例子是振动隔离。工程系统(如精密仪器、计算机硬件、机床和车辆)的正常运行都会受到冲击和振动的阻碍。振动隔离的目的是将设备从不良振动和冲击扰动的环境(包括支撑结构或道路)中"隔离"开来。这是通过在它们之间连接隔振器或减振器来实现的。

**力隔离和运动隔离**

外部扰动可以以力或运动输入的形式到达系统，根据这一点，隔离器的设计将适用于力隔离（与力传递性相关）或运动隔离（与运动传递性相关）。幸运的是，在这两种情况下，隔离器的设计非常相似。

在力隔离情况下，通常隔离器通过其柔性部分（弹簧）和耗散部分（阻尼）将从振动源直接传递到支撑结构（隔离系统）的振动力过滤掉，这使得部分力通过惯性路径传递。在运动隔离中，通过移动平台施加到系统（如车辆）的振动运动可由隔离器通过其柔性部分和耗散部分吸收，使得传递到系统的运动被削弱。在这两种情况下，设计问题都是为隔离器选择适当的参数，以使进入感兴趣系统的振动低于感兴趣频段（工作频率范围）的规定值。这种设计问题在本质上是"机械阻抗匹配"问题，因为隔离器的阻抗参数（机械）是根据隔离器的阻抗参数来选择的。

注意：如前所述，广义阻抗（跨接变量/通过变量）对应于机械移动性，一般称之为机械阻抗的倒数。

力隔离和运动隔离如图 2-8 所示。在图 2-8a 中，振源的振动力为 $f(t)$。鉴于隔离器的存在，因此振源（机械阻抗为 $Z_m$）与隔离器（机械阻抗为 $Z_s$）以相同的速度移动。由于它们以并联方式连接，因此，力 $f(t)$ 被分散，这使得其一部分由 $Z_m$ 的惯性路径（虚线）吸收，余下的部分（$f_s$）通过 $Z_s$ 传递到作为隔离系统的支撑结构。力的传递关系是

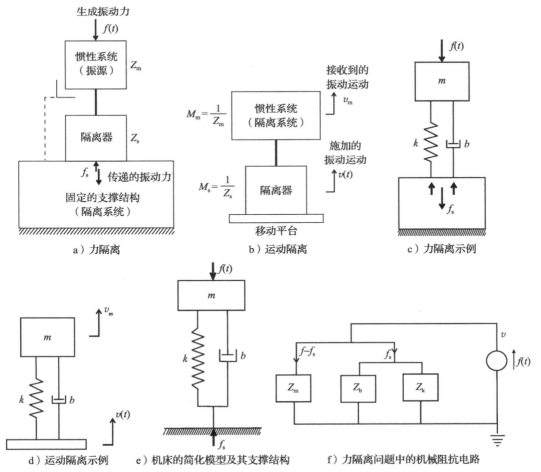

a）力隔离　　　　b）运动隔离　　　　c）力隔离示例

d）运动隔离示例　　　e）机床的简化模型及其支撑结构　　　f）力隔离问题中的机械阻抗电路

图　2-8

$$T_f = \frac{f_s}{f} = \frac{Z_s}{Z_m + Z_s} \tag{2-11}$$

在图 2-8b 中，振源的振动运动 $v(t)$ 通过隔离器（机械阻抗为 $Z_s$，导纳为 $M_s$）加载到隔离系统（机械阻抗为 $Z_m$，导纳为 $M_m$）。假设所产生的力直接从隔离器传输到隔离系统，那么这两个单元串联连接。因此，运动传递性为

$$T_m = \frac{v_m}{v} = \frac{M_m}{M_m + M_s} = \frac{Z_s}{Z_s + Z_m} \tag{2-12}$$

值得注意的是，根据这两个模型，我们有

$$T_f = T_m = T \tag{2-13}$$

结论是，通常这两种类型的隔离器可以使用共同的传递函数 $T$ 并以相同的方式进行设计。

力隔离和运动隔离的简单示例如图 2-8c、d 所示。首先，我们从图 2-8c 中获得了系统的传递（力传递）函数。然后，根据式（2-13）可知，图 2-8d 中系统的运动传递性等于相同的表达式。首先，考虑图 2-8c 中的力传递问题，这在图 2-8e 中再次表现出来。它可以代表机床及其支撑结构的简化模型。

显然，$m$、$b$ 和 $f$ 是并联的，因为它们之间具有共同的速度 $v$，所以，其机械阻抗电路如图 2-8f 所示。在这个电路中，基本的阻抗分别为：质量（$m$）的阻抗为 $Z_m = mj\omega$，弹簧（$k$）的阻抗为 $Z_k = k/j\omega$，黏性阻尼器（$b$）的阻抗为 $Z_b = b$（见表 2-1）。将各阻抗代入力传递表达式（其通过使用图 2-9 所示的互连定律和图 2-8f 中的电路获得）：

$$T_f = \frac{F_s}{F} = \frac{F_s/V}{F/V} = \frac{Z_s}{Z_s + Z_0} = \frac{Z_b + Z_k}{Z_m + Z_b + Z_k} \tag{i}$$

**表 2-1  基本机械部件的机械阻抗和导纳**

| 部件 | 时域模型 | 阻抗 | 导纳（广义阻抗） |
|---|---|---|---|
| 质量 $m$ | $m\dfrac{\mathrm{d}v}{\mathrm{d}t} = f$ | $Z_m = ms$ | $M_m = \dfrac{1}{ms}$ |
| 弹簧 $k$ | $\dfrac{\mathrm{d}f}{\mathrm{d}t} = kv$ | $Z_k = \dfrac{k}{s}$ | $M_k = \dfrac{s}{k}$ |
| 阻尼器 $b$ | $f = bv$ | $Z_b = b$ | $M_b = \dfrac{1}{b}$ |

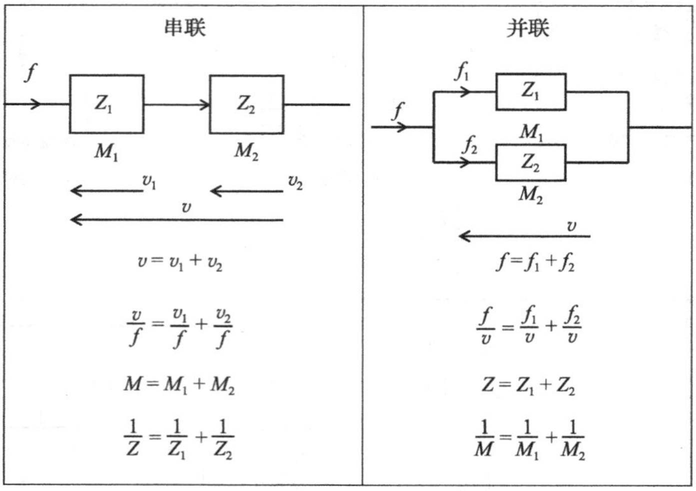

图 2-9  机械阻抗与导纳的互连定律

我们可以得到

$$T_f = \frac{b + (k/j\omega)}{mj\omega + b + (k/j\omega)} = \frac{bj\omega + k}{-\omega^2 m + bj\omega + k} = \frac{j\omega\, b/m + k/m}{-\omega^2 + j\omega\, b/m + k/m} \tag{2-14a}$$

这个表达式是通过将分子和分母同时除以 $m$ 得到的。现在，使用 $k/m = \omega_n^2$ 和 $b/m = 2\zeta\omega_n$（或系统的无阻尼固有频率 $\omega_n = \sqrt{k/m}$ 和系统的阻尼比 $\zeta = b/2\sqrt{km}$），然后同除 $\omega_n^2$ [见式(2-14a)]。我们得到

$$T_f = \frac{\omega_n^2 + 2\zeta\omega_n\mathrm{j}\omega}{\omega_n^2 - \omega^2 + 2\zeta\omega_n\mathrm{j}\omega} = \frac{1 + 2\zeta r\mathrm{j}}{1 - r^2 + 2\zeta r\mathrm{j}} \tag{2-14b}$$

其中无量纲激励频率定义为 $r = \omega/\omega_n$。

传递函数具有相位角和幅值。在振动隔离的实际应用中，相比于振动激励与响应之间的相位差，振动激励的衰减水平是最重要的。因此，我们使用传递率幅值

$$|T_f| = \sqrt{\frac{1 + 4\zeta^2 r^2}{(1-r^2)^2 + 4\zeta^2 r^2}} \tag{2-15a}$$

要确定 $|T_f|$ 的峰值点，应对式(2-15a)中平方根里面的表达式求微分并且令其等于零：

$$\frac{[(1-r^2)^2 + 2\zeta^2 r^2]8\zeta^2 r - [1 + 4\zeta^2 r^2][2(1-r^2)(-2r) + 8\zeta^2 r]}{[(1-r^2)^2 + 4\zeta^2 r^2]^2} = 0$$

因此，$4r\{[(1-r^2)^2 + 2\zeta^2 r^2]2\zeta^2 + (1 + 4\zeta^2 r^2)[(1-r^2)^2 - 2\zeta^2]\} = 0$。将该式化简为 $r(2\zeta^2 r^4 + r^2 - 1) = 0$，其根是 $r = 0$ 和 $r^2 = (-1 \pm \sqrt{1 + 8\zeta^2})/4\zeta^2$。

根 $r = 0$ 对应于初始稳定点（零频率）。这并不代表一个峰值。只取 $r^2$ 的正根，然后取其正平方根，传递函数的峰值点由下式给出：

$$r = \frac{[\sqrt{1 + 8\zeta^2} - 1]^{1/2}}{2\zeta} \tag{ii}$$

对于 $\zeta$，由泰勒公式展开可得 $\sqrt{1 + 8\zeta^2} \approx 1 + (1/2) \times 8\zeta^2 = 1 + 4\zeta^2$。式(ii)近似等于 1。因此对于小阻尼，传递率幅值将在 $r = 1$ 处有峰值，并且从式(2-15a)可得，其值为 $|T_f| \approx (\sqrt{1 + 4\zeta^2})/2\zeta \approx [1 + (1/2) \times 4\zeta^2]/2\zeta$ 或

$$|T_f| \approx \frac{1}{2\zeta} + \zeta \approx \frac{1}{2\zeta} \tag{2-16}$$

图 2-10a 所示为 $\zeta = 0$、0.3、0.7、1.0 和 2.0 时，$|T_f|$ 对应于 $r$ 的 5 条曲线。这些曲线是使用精确式(2-15a)得到的，可以使用以下 MATLAB 程序生成：

```
clear;
zeta=[0.0 0.3 0.7 1.0 2.0];
for j=1:5
for i=1:1201
  r(i)=(i-1)/200;
  T(i,j)=sqrt((1+4*zeta(j)^2*r(i)^2)/((1-r(i)^2)^2+4*zeta(j)^2*r(i)^2));
end
plot(r,T(:,1),r,T(:,2),r,T(:,3),r,T(:,4),r,T(:,5));
```

从图 2-10a 的传递率曲线可以看出：

1. 总有一个非零的频率值使传递率幅值达到峰值。这就是谐振点。

2. 对于较小的 $\zeta$，大约在 $r = 1$ 处达到传递率幅值的峰值。随着 $\zeta$ 增加，峰值点向左移动（即峰值频率的较低值）。

3. 峰值随 $\zeta$ 的增加而减小。

4. 所有传递率曲线通过幅值 1.0 时，频率都是 $r = \sqrt{2}$。

5. 隔离区域（即 $|T_f| < 1$）由 $r > \sqrt{2}$ 给出。在这个区域，$|T_f|$ 随 $\zeta$ 的增加而增加。

6. 在隔离区域中，随着 $r$ 增加，传递率幅值会减小。

在两种特殊情况下，从传递率曲线中可以看出以下特点：

对于所有 $\zeta$，当 $r > \sqrt{2}$ 时，$|T_f| < 1.05$。

对于 $r > (1.73, 1.964, 2.871, 3.77, 7.075)$，当 $|T_f| < 0.5$ 时，分别有 $\zeta = 0.0$, 0.3, 0.7, 1.0, 2.0。

接下来，假设图 2-8e 所示的装置具有的主要无阻尼固有频率为 6Hz，阻尼比为 0.2。假设为了正常运行，要求系统在大于 12Hz 的工作频率值实现小于 0.5 的传递率幅值。我们需要

$$\sqrt{\frac{1+4\zeta^2 r^2}{(1-r^2)^2+4\zeta^2 r^2}} < \frac{1}{2} \rightarrow 4+16\zeta^2 r^2 < (1-r^2)^2+4\zeta^2 r^2 \rightarrow r^4-2r^2-12\zeta^2 r^2-3 > 0$$

对于 $\zeta=0.2$ 和 $r=12/6=2$，该表达式为 $2^4-2\times 2^2-12\times 0.2^2\times 2^2-3=3.08>0$。

因此，可知满足要求。实际上，对于 $r=2$，表达式为 $2^4-2\times 2^2-12\times 2^2\zeta^2-3=5-48\zeta^2$，因此满足要求需要 $5-48\zeta^2>0\rightarrow \zeta<\sqrt{5/48}=0.32$。如果不满足要求（如 $\zeta=0.4$），则应选择减少阻尼。

在隔振器的设计问题中，通常规定隔离百分比由下式给出：

$$I=(1-|T|)\times 100\% \tag{2-17}$$

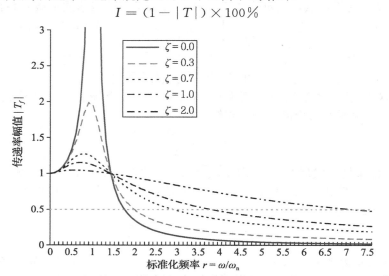

a）简单振荡器模型的传输率曲线

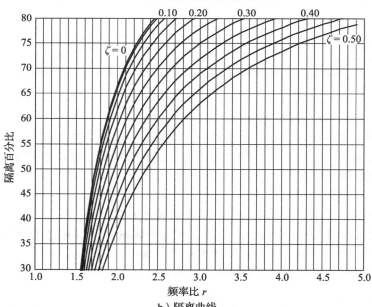

b）隔离曲线

图　2-10

式(2-15)的结果对应于

$$I = \left[1 - \sqrt{\frac{1 + 4\zeta^2 r^2}{(r^2 - 1)^2 + 4\zeta^2 r^2}}\right] \times 100 \qquad (2\text{-}18)$$

式(2-18)的隔离曲线如图 2-10b 所示。这些曲线在隔振器的设计中是很有用的。

注意：图 2-8 中的模型不限于正弦振动。任何一般的振动激励都可以由傅里叶频谱来表示，傅里叶频谱是频率 $\omega$ 的函数。然后，通过将激励谱乘以传输函数 $T$ 获得响应振动频谱。相关的设计问题涉及隔离器阻抗参数 $k$ 和 $b$ 的选择，从而使其满足隔离设计。

## 例 2.3

如图 2-11a 所示，一个机床的质量为 1000kg，通常在 $300\sim1200$r/min 的转速范围内工作。必须将一组弹簧座放置在机器底部的下方，以减少至少 70% 的隔振。市售的弹簧座具有图 2-11b 所示的负载-挠度特性。如果需要，建议使用适当数量的安装座以及惯性块。每个安装座的阻尼常数为 $1.56 \times 10^3$N·s/m。设计该机床的隔振系统。具体来说，确定所需弹簧座的数量和应该添加的惯性块质量。

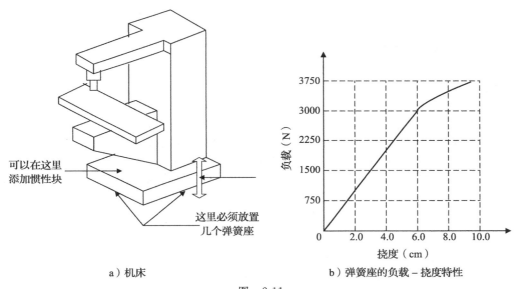

　　a）机床　　　　　　　　　　　b）弹簧座的负载 – 挠度特性

图　2-11

**解：** 首先，我们假设零阻尼(在实际中，这种系统中的阻尼较小)，在此基础上设计隔离器(弹簧安装座和惯性块)，并使其隔离度大于所要求的 70%。然后，我们将检查阻尼隔离器的情况，以查看是否实现了所需 70% 的隔离。

对于无阻尼的情况，式(2-15a)变为

$$|T| = \frac{1}{r^2 - 1} \qquad (2\text{-}15\text{b})$$

注意：因为隔离区域对应于 $r > \sqrt{2}$，所以我们使用 $r > 1$。

假设保守的隔离百分比 $I = 80\% \rightarrow |T| = 0.2$。使用式(2-15b)，可得

$$r^2 = \frac{1}{|T|} + 1 = \frac{1}{0.2} + 1 = 6.0 = \frac{\omega^2}{\omega_n^2} = \frac{m\omega^2}{k}$$

最低运行速度(频率)是最重要(关键)的(因为它对应于最低隔离度，如图 2-10a 所示)。因此，

$$\omega = \frac{300}{60} \times 2\pi = 10\pi\text{rad/s}$$

从弹簧座的负载–挠度曲线（见图 2-11b）可以得出：

$$安装座刚度 = \frac{3000^{-1}}{6 \times 10^{-2}} = 50 \times 10^3 \, \text{N/m}$$

要想使基底稳定，我们将使用 4 个安装座。因此，$k = 4 \times 50 \times 10^3 \, \text{N/m}$。
于是，

$$\frac{m \times (10\pi)^2}{4 \times 50 \times 10^3} = 6.0 \rightarrow m = 1.216 \times 10^3 \, \text{kg}$$

注意，根据该结果，必须添加质量为 216kg 的惯性块。

现在，我们必须检查在有阻尼情况下是否可以达到所要求的振动水平：

$$阻尼比 \, \zeta = \frac{b}{2\sqrt{km}} = \frac{4 \times 1.56 \times 10^3}{2\sqrt{4 \times 50 \times 10^3 \times 1.216 \times 10^3}} = 0.2$$

代入式（2-15a）的有阻尼隔离器式中得到：

$$|T| = \sqrt{\frac{1 + 4\zeta^2 r^2}{(r^2 - 1)^2 + 4\zeta^2 r^2}}, \quad 其中 \, r^2 = 6$$

我们有

$$|T| = \sqrt{\frac{1 + 4 \times (0.2)^2 \times 6}{(6 - 1)^2 + 4 \times 0.2^2 \times 6}} = 0.27$$

这对应于 73% 的隔离度，比所要求的 70% 要好。

## 机械传动

在机械系统中组件互连和阻抗匹配的另一个应用涉及速度传输（齿轮、谐波驱动、丝杆螺母装置、皮带传动、齿条齿轮装置等）。对于具体应用，请考虑由电动机驱动的机械负载。由于可用电动机有转速–转矩特性的限制，所以通常直接驱动是不实际的。在电动机和负载之间加入合适的齿轮传动装置，可以根据负载来修正驱动系统的转速–转矩特性。这是机械系统的组件互连、接口设计和阻抗匹配的过程。我们将用一个例子说明这些概念的应用。

## 例 2.4

考虑使用转矩为 $T$ 的转矩源（电动机）和转动惯量 $J_m$ 来驱动惯性矩为 $J_L$ 的纯惯性负载，如图 2-12a 所示。系统产生的角加速度 $\ddot{\theta}$ 是多少？忽略连接轴的灵活性。

现在，假设负载通过电动机–负载转速比为 $r:1$ 的理想（无损耗）齿轮连接到相同的转矩源，如图 2-12b 所示。则负载产生的角加速度 $\ddot{\theta}_g$ 是多少？

根据 $r$ 和 $p = J_L / J_m$ 获得标准化负载加速度 $a = \ddot{\theta}_g / \ddot{\theta}$ 的表达式。在 $p = 0.1$、1.0 和 10.0 的条件下，绘制 $a - r$ 图。根据 $p$ 确定 $r$ 的值使得负载加速度 $a$ 最大。

解释这个问题的结论。

**解：** 对于没有齿轮传动的单元，由牛顿第二定律可知 $(J_m + J_L)\ddot{\theta} = T$。

因此，

$$\ddot{\theta} = \frac{T}{J_m + J_L} \qquad (\text{i})$$

对于具有齿轮的传动装置，请参见图 2-13 所示的自由体受力图，在无损（即效率为 100%）齿轮传动的情况下。由牛顿第二定律可知

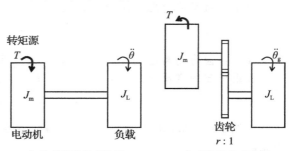

a）没有齿轮传动装置    b）有齿轮传动装置

图 2-12　由电动机驱动的惯性负载

$$J_{\mathrm{m}} r\, \ddot{\theta}_{\mathrm{g}} = T - \frac{T_{\mathrm{g}}}{r} \qquad\qquad\text{(ii)}$$

并且

$$J_{\mathrm{L}}\, \ddot{\theta}_{\mathrm{g}} = T_{\mathrm{g}} \qquad\qquad\text{(iii)}$$

其中 $T_{\mathrm{g}}$ 是负载惯量上的齿轮转矩。通过消去式(ii)和式(iii)中的 $T_{\mathrm{g}}$，我们得到

$$\ddot{\theta}_{\mathrm{g}} = \frac{rT}{r^2 J_{\mathrm{m}} + J_{\mathrm{L}}} \qquad\qquad\text{(iv)}$$

用式(iv)除以式(i)可得：

$$\frac{\ddot{\theta}_{\mathrm{g}}}{\ddot{\theta}} = a = \frac{r(J_{\mathrm{m}} + J_{\mathrm{L}})}{r^2 J_{\mathrm{m}} + J_{\mathrm{L}}} = \frac{r(1 + J_{\mathrm{L}}/J_{\mathrm{m}})}{r^2 + J_{\mathrm{L}}/J_{\mathrm{m}}}$$

我们得到**传输加速比**：

$$a = \frac{r(1+p)}{r^2 + p}$$

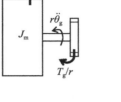
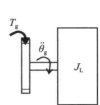

图 2-13　自由体受力图

其中 $p = J_{\mathrm{L}}/J_{\mathrm{m}}$。

由此可以看出，对于 $r = 0$，我们有 $a = 0$；对于 $r \to \infty$，我们有 $a \to 0$。$a$ 的峰值可以通过微分获得：

$$\frac{\partial a}{\partial r} = \frac{(1+p)\left[(r^2 + p) - r \times 2r\right]}{(r^2 + p)^2} = 0$$

取其正根可得

$$r_p = \sqrt{p} \qquad\qquad\text{(vi)}$$

其中 $r_p$ 是对应于 $a$ 达到峰值时 $r$ 的值。通过用式(v)代替式(vi)来获得 $a$ 的峰值。因此，

$$a_p = \frac{1+p}{2\sqrt{p}} \qquad\qquad\text{(vii)}$$

此外，从式(v)中注意到，当 $r = 1$ 时，对于任何 $p$ 的值，都有 $a = r = 1$。因此，式(v)中的所有曲线将通过相同的点 $(1, 1)$。

当 $p = 0.1$、$1.0$ 和 $10.0$ 时，关系式如图 2-14 所示。峰值列在表 2-2 中。

从图 2-14 可以看出，根据惯性比可以选择传动速度比来最大化负载加速度。因此，相关的阻抗匹配（设计）问题如下：对于规定的（需要的）峰值加速比 $a_p$，使用 $a_p = (1 + p)/(2\sqrt{p})$ 和 $r_p = \sqrt{p}$ 选择 $r$ 和 $p$。

特别说明如下：

1. 当 $J_{\mathrm{L}} = J_{\mathrm{m}}$ 时，选择直接驱动系统（无齿轮传动，即 $r = 1$）。

2. 当 $J_{\mathrm{L}} < J_{\mathrm{m}}$ 时，以 $r = \sqrt{J_{\mathrm{L}}/J_{\mathrm{m}}}$ 的峰值选择加速齿轮。

3. 当 $J_{\mathrm{L}} > J_{\mathrm{m}}$ 时，选择峰值为 $r$ 的减速齿轮。

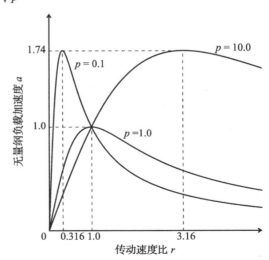

图 2-14　标准化加速度对传动速度比曲线

**表 2-2　传动系统的峰值性能**

| $p$ | $r_p$ | $a_p$ |
| --- | --- | --- |
| 0.1 | 0.316 | 1.74 |
| 1.0 | 1.0 | 1.0 |
| 10.0 | 3.16 | 1.74 |

## 关键术语

**组件互连**：由于动态交互（耦合），所以组件之间的状态在互连后会发生变化。它会影响信号、负载等。

**负载**：当连接输出组件时，不希望输入组件的信号变化。电气负载示例：产生电信号（输入设备）的传感器和信号采集硬件（输出设备）。机械负载示例：感测对象（输入设备）和安装在其上的重型传感器（输出设备）。

**组件互连的注意事项**：阻抗匹配、信号转换和信号调理。

**阻抗**：跨接变量除以通过变量，适用于多个领域（电气、机械、热、流体等）。注意：电阻抗类似于机械导纳（机械阻抗的倒数）。

**阻抗匹配**：匹配互连设备的阻抗，并在必要时增加补偿阻抗。

**阻抗匹配的类别**：（1）最大功率传输时电源和负载的匹配；（2）效率最高时的功率传输；（3）信号传输中的反射预防；（4）负载效应的降低。

**最大功率传输**：使用共轭匹配 $Z_1=Z_s^*$；$p_{1\max}=|V_s|^2/8R_s=|V_s|^2/8R_1$。

**效率最高时功率传输**：效率 $\eta=R_1/(R_1+R_s)$。增加负载阻抗可以提高效率。

**反射系数**：反射信号的电压/入射信号电压；$\Gamma=|(Z_1-Z_c)/(Z_1+Z_c)|$，其中 $Z_i$ 和 $Z_c$ 是组件阻抗。

**反射预防**：补偿阻抗的变化（例如，使用阻抗垫），使得 $(1/Z_i)+(1/Z_g)=1/Z_c$。

**输入阻抗 $Z_1$**：输出端处于开路状态时，输入端额定输入电压/流过输入端的相应电流。

**输出阻抗 $Z_o$**：在输出端，开路（即无负载）电压/短路电流。

**级联**：$v_o=1/(Z_{o1}/Z_{i2}+1)G_2G_1v_i$。

**负载误差的减小**：使 $Z_{o1}/Z_{i2}\ll1$。

**机械系统中的阻抗匹配**：比如振动隔离和速度转换（齿轮等）。

**力传递率 $T_f$**：传递的力/施加的力。

**运动传递率 $T_m$**：传递的运动/施加的运动。

**传递率**：$T=T_f=T_m=Z_s/(Z_s+Z_m)=M_m/(M_m+M_s)$

**简单的振荡模型**：

$$T_f=\frac{\omega_n^2+2\zeta\omega_n j\omega}{\omega_n^2-\omega^2+2\zeta\omega_n j\omega}=\frac{1+2\zeta r j}{1-r^2+2\zeta r j}$$

其中，$r=\omega/\omega_n$；$\omega_n=\sqrt{k/m}$ 为无阻尼固有频率；$\zeta=b/2\sqrt{km}$ 为阻尼比。

**传递率幅值**：

$$对于 \zeta 较小的情况，有 |T_f|=\sqrt{\frac{1+4\zeta^2r^2}{(1-r^2)^2+4\zeta^2r^2}}\approx\frac{1}{r^2-1}\zeta$$

**振动隔离**：$I=(1-|T|)\times100\%$

**隔离器设计**：指定 $I$，并使其增加 $10\%$；在最低工作频率（速度）下，使用 $I$ 的近似（低阻尼）公式确定 $r$；因此，$\omega_n=\sqrt{k/m}$。选择 $k$（振动安装刚度）和 $m$（惯性块）。使用 $I$ 的完整公式来检查有阻尼的情况。

**机械传动**：传动加速比 $a=r(1+p)/(r^2+p)$；电动机-负载转速为 $r:1$；惯性比 $p=J_L/J_m$；峰值 $a_p=(1+p)/2\sqrt{p}$ 出现在 $r_p=\sqrt{p}$。

**设计问题**：为特定的（需要的）$a_p$ 选择 $r$ 和 $p$。

## 思考题

**2.1** (a) 定义电阻抗和机械阻抗。(b) 在这一命名中确定与力-电流类比有关的漏洞。(c) 你会提出什么改进？(d) 输入阻抗和输出阻抗在与测量装置精度的关系中发挥了什么重要作用？

**2.2** 列出阻抗匹配在组件互连中很重要的 4 个原因。

**2.3** 信号测量中负载误差是什么意思？另外，如图 P2-1 所示，假设输出阻抗为 $Z_s$ 的压电传感器连接到输入阻抗为 $Z_i$ 的电压跟随放大器中。传感器信号为 $v_i$，放大器输出为 $v_o$。放大器输出端连接到具有非常高输入阻抗的

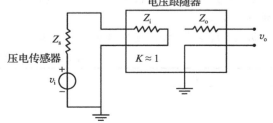

图 P2-1　带有压电传感器的系统

设备上。绘制信号比 $v_o/v_i$ 与阻抗比 $Z_i/Z_s$ 的关系图,阻抗比值范围为 $0.1\sim1.0$。

2.4 戴维南定理表明,根据输出端的特性,由线性无源器件和理想源器件组成的未知子系统可以由单个跨接变量(电压)源 $v_{eq}$ 串联单个阻抗 $Z_{eq}$ 来表示。如图 P2-2a、b 所示。注意,在图 P2-2b 中,由于通过 $Z_{eq}$ 的电流为零,所以 $v_{eq}$ 等于开路时输出端上的跨接变量 $v_{oc}$。考虑图 P2-2c 所示的电路,确定该电路频域中的等效电压源 $v_{eq}$ 和等效串联阻抗 $Z_{eq}$。

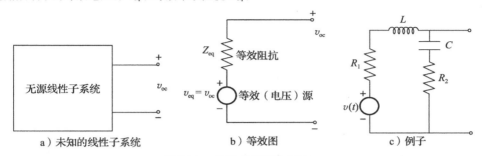

图 P2-2 戴维南定理的例证

2.5 对于具有源电阻和负载电路的电路,如图 2-2 所示,绘制负载功率效率曲线以及负载功率/最大负载功率与负载电阻/源电阻的曲线,并分析结果。

2.6 说明为什么电压表应该有很高的电阻,电流表应该有很低的电阻。两种测量仪器的一般要求的设计意义是什么,特别是在仪器灵敏度、响应速度和鲁棒性方面?使用经典的动圈式电流计作为讨论模型。注意:电流计目前不用于测量电信号。相反,它们可用于定位和运动控制。

2.7 在以下两个应用中,为连接的组件选择合适的阻抗:
(a) 输出阻抗为 $10\text{M}\Omega$ 的 pH 传感器连接到调理放大器。
(b) 输出阻抗为 $0.1\Omega$ 的功率放大器连接到无源扬声器。
在每种情况下,估计在传输信号中可能的百分比误差。

2.8 二端口非线性设备如图 P2-3 所示。在静态平衡(即稳态)条件下的转移关系由下式给出:
$$v_o = F_1(f_o, f_i)$$
$$v_i = F_2(f_o, f_i)$$
其中,$v$ 表示跨接变量;$f$ 表示通过变量;$o、i$ 分别表示输出端和输入端的下标。

根据函数 $F_1$ 和 $F_2$ 的偏导数,在静态条件下,在工作点附近获取输入阻抗和输出阻抗的表达式。解释这些阻抗是如何通过实验确定的。

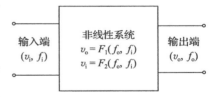

图 P2-3 非线性系统的阻抗特性

2.9 信号通过阻抗为 $Z_c$ 的电缆进行传输,然后通过阻抗为 $Z_1$ 的天线传输(见图 P2-4)。

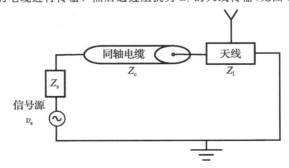

图 P2-4 传输电缆和天线间的阻抗匹配

(a) 显示 $v_t = [2Z_1/(Z_1+Z_c)]v_i$,其中 $v$ 是电缆-天线接口处的入射信号电压,$v_i$ 是从电缆到天线的发送信号的电压。
(b) 在这个例子中,若对 $Z_1$ 和 $Z_c$ 之间进行适当的阻抗匹配,则所需满足的关系是什么?
(c) 在本例中阻抗匹配的一种方法是在天线连接处使用阻抗垫。再给出另一种方法。

**2.10** 质量为 $m$ 的机器是一个旋转装置，其在垂直方向上产生谐振受迫激励 $f(t)$。在工厂车间为该机器安装刚度为 $k$ 和阻尼常数为 $b$ 的隔振器。由于受迫激励而传递到地面的力的谐波分量为 $f_s(t)$。系统的简化模型如图 P2-5 所示。相应地从 $f$ 到 $f_s$ 的力的传递率幅值 $|T_f|$ 由下式给出：

$$|T_f| = \sqrt{\frac{1 + 4\zeta^2 r^2}{(1 - r^2)^2 + 4\zeta^2 r^2}}$$

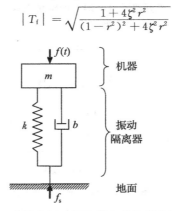

图 P2-5　安装在振动隔离器上的机器的模型

其中，$r = \omega/\omega_n$；$\zeta$ 为阻尼比；$\omega$ 为激励频率 $f(t)$；$\omega_n$ 为系统的无阻尼固有频率。

假设 $m = 100\text{kg}$，$k = 1.0 \times 10^6 \text{N/m}$。另外，在机器操作范围内的激励力 $f(t)$ 的频率为 200rad/s 或以上。确定振动隔离器的阻尼常数 $b$，使力传递率幅值不超过 0.5。

使用 MATLAB 绘制所得到的传递函数，并验证设计要求是否满足。

注：$2.0 = 6\text{dB}$；$\sqrt{2} = 3\text{dB}$；$1/\sqrt{2} = -3\text{dB}$；$0.5 = -6\text{dB}$。

第 $3$ 章

# 放大器和滤波器

**本章主要内容**

- 信号修整与调理
- 运算放大器
- 放大器的性能等级
- 电压、电流和功率放大器
- 仪表放大器
- 噪声和接地回路
- 模拟滤波器
- 无源滤波器和有源滤波器
- 低通滤波器
- 高通滤波器
- 带通滤波器
- 带阻滤波器
- 数字滤波器

## 3.1 信号修整与调理

工程系统通常包含了多种多样的互连组件来实现预期的功能。当两个设备通过接口进行连接时，必须保证在动态条件下引起的结果变化对性能影响是可以接受的。在实际应用中，当信号从一个设备输出并输入到其他设备时，必须保证适当的信号水平（即电压、电流、速度、力以及功率的值），以及合适的形式（即电气、机械、模拟、数字、调制、解调）和不失真，而且必须消除干扰和噪声。显然，在仪器仪表工程系统中，信号调理是很重要的，信号放大和滤波适用于这种情况，这是本章的重点。信号调理是信号调整的特例。

### 3.1.1 信号调理

信号调理和信号处理属于信号修整范畴，它在组件互连、组件接口和系统的正常运行中起至关重要的作用。特别是：

1. 对于系统的正常运行来说，系统工作过程中的信号必须进行修整（包括功率、类型、幅值等），在这方面放大器是很有用的。

2. 考虑到噪声、干扰、其他误差以及系统需求，必须对信号进行调理。在这种情况下，滤波和放大是主要内容。

信号调理包括放大、模拟和数字滤波。如在信号传输过程中，通过放大、滤波等方法对信号进行修整，使得输出信号的信噪比明显大于接收端的信噪比。通常情况下，由于在信号中存在噪声、未知和无用的干扰以及误差，所以信号调理在组件互连和系统集成中很重要。因此，信号调理是仪器仪表研究中重要的课题。

### 3.1.2 本章内容

本章详细介绍与放大和滤波相关的信号调理电路，并描述相关的信号调理的操作过程。运算放大器是电子系统中信号调理和阻抗匹配电路的一种基本器件。本章分析不同类型的信号调理器，特别是放大器、滤波器的一般形式，给出了相应的特性和性能指标，并介绍放大器和滤波器的应用。本章将通过专门的硬件组件和设计电路来讨论信号调理。

## 3.2 放大器

电压、速度、压力和温度是"跨接变量"，因为它们存在于一个元器件之上。电流、力、流体流速和热传导率是"通过变量"，因为它们通过一个元器件时不发生改变。电信号的水平可以通过电流、电压、功率等不同变量来表示。与"跨接变量"类似，"通过变量"和功率型变量的定义也适用于其他类型的信号(例如，机械变量中的速度、力和功率)。在工程系统中，必须适当调节各个组件的接口信号电平，以满足整个系统的性能要求。如执行器的输入应当具有足够大的功率，以便能够驱动执行器本身及其负载。在传输过程中应将信号电平保持在一定阈值之上，以保证在信号减弱时不会发生错误，用于数字设备的信号必须保持在指定的逻辑电平内。许多类型的传感器产生微弱信号，这些信号必须先进行放大，然后再传送给监控系统、数据处理器、控制器或者数据记录仪。

信号放大是对信号电平作出适当的调整，以完成特定的任务。放大器的作用就是实现信号放大。放大器是有源器件，因为它工作时需要使用外部电源。尽管多种多样的有源器件通常以单片集成电路(IC)的形式来生产(尤其是放大器)，但单片电路通过各自的集成电路布局来完成规定的放大任务。使用分立电路模型研究其性能是很方便的，其中运算放大器(也称为运放)是基本的构件。当然运算放大器本身也被封装为单片集成电路，广泛用于产生其他形式的放大器和许多硬件电路的基本组件中，同时也用于建模和分析各种放大器和设备。因此，我们对放大器的讨论将建立在运算放大器基础上。

### 3.2.1 运算放大器

运算放大器的起源可以追溯到 20 世纪 40 年代，当时引入了真空管(电子管)运算放大器。运算放大器之所以得此名，是因为它最初的用途几乎都是用作数学运算，例如，用于模拟计算机。随后，在 20 世纪 50 年代晶体管运算放大器开始普及，它使用了诸如双极结型晶体管和电阻等分立元器件。不过，它的尺寸太大，速度较慢，耗能多，而且在一般使用中广泛使用的成本太高。这种情况在 20 世纪 60 年代后期发生了改变，当时集成运算放大器以单片集成电路芯片的形式发展。如今，集成电路运算放大器由在一种典型单晶硅(单片形式)基底下的许多电路元器件组成，它是几乎所有的电子信号调理器中极有价值的组件。双极互补金属氧化物半导体运算放大器普遍适用于多种塑料封装和引脚配置。

一个运算放大器可以用分立元器件制造出来，即使用 10 个双极结型晶体管和多个分立电阻，或者在现代的单片集成电路芯片中。一个集成运算放大器可能相当于 100 多个分立元器件。不管何种形式的运算放大器，都有一个输入阻抗 $z_i$、一个输出阻抗 $z_o$，以及一个开环增益 $K$。因此，运算放大器的图解模型如图 3-1a 所示。运算放大器的封装有几种形式，最常见的是 8 引脚双列直插式封装或 V 形封装，如图 3-1b 所示。引脚的分配(即引脚配置或引脚输出)如图 3-1b 所示，可与图 3-1a 进行比较。注意编号顺序为逆时针并始于左上角半圆形切口或点旁边的引脚。这种约定的编号标准不仅适用于运算放大器，对任何类型的集成电路封装都适用。另外还有 8 引脚金属罐封装或者 T 形封装，它们用圆形代替了之前的矩形；还有 14 引脚矩形"四通道"封装，其包含 4 个运算放大器(总共有 8 个输入引脚、4 个输出引脚和 2 个电源引脚)，运算放大器的常规符号如图 3-1c 所示。通常情况下，一个运算放大器有 5 个端子(引脚或者引线连接)。具体地说，有两个输入(差分)端(一个正电压或同相引脚 $v_{ip}$、一个负电压或反相引脚 $v_{in}$)，一个输出端($v_o$)，两个双极电源端($+v_s$、$v_{CC}$ 或集电极电源以及 $-v_s$、$v_{EE}$ 或发射极电源)。某些运算放大器可能会提供"芯片选择"引脚，电源电压可以低至 2.7V，也可以高至 ±22V，静态电流大约为 $250\mu A$，通常，一些引脚可以不连接，如图 3-1b 所示的引脚 1、5 和 8。

注意：商用的带有多个运算放大器的 IC 封装可能有更多的引脚(如具有 4 个运算放大器 14 个引脚的四通道封装：8 个差分输入引脚、4 个差分输出引脚和 2 个电源引脚)。

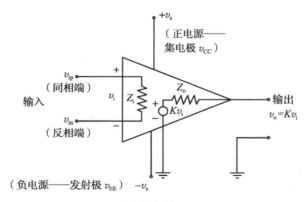

a）原理图模型

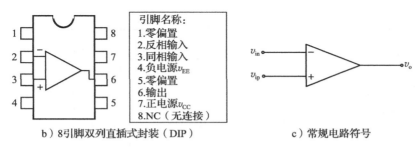

b）8引脚双列直插式封装（DIP）　　　c）常规电路符号

图 3-1　运算放大器

**差分输入电压**：从图 3-1a 可知，在开环（即无反馈）条件下，有

$$v_o = K v_i \tag{3-1}$$

式中输入电压 $v_i$ 是差分输入电压，它为运算放大器的正负极电压的代数差：

$$v_i = v_{ip} - v_{in} \tag{3-2}$$

一个典型运算放大器的开环电压增益 $K$ 通常很大，数量级为 $10^5 \sim 10^9$，而且输入阻抗 $z_i$ 高达 $10\mathrm{M}\Omega$（典型值为 $2\mathrm{M}\Omega$），但输出阻抗 $z_o$ 很低（为 $10\Omega$），一些运算放大器可能达到 $75\Omega$。由于常态下 $v_o$ 为 $1 \sim 15\mathrm{V}$，所以 $K$ 非常大，由式（3-1）可看出，$v_i \approx 0$。因此，由式（3-2），可得出 $v_{ip} \approx v_{in}$。换句话来说，两个输入端的电压几乎相等。现在，如果我们在输入端施加大的电压差，假设是 $10\mathrm{V}$，那么根据式（3-1）可知，输出电压应该非常高。然而，实际上这种情况几乎未发生过，这是因为设备在超过额定输出电压（$15\mathrm{V}$）后会迅速饱和。

由式（3-1）和式（3-2）可以得出，如果负极输入接地（即 $v_{in}=0$），那么很显然

$$v_o = K v_{ip} \tag{3-3a}$$

如果正极输入接地（即 $v_{ip}=0$），那么

$$v_o = -K v_{in} \tag{3-3b}$$

这就是 $v_{ip}$ 称为同相输入、$v_{in}$ 称为反相输入的原因。

**例 3.1**

假定有开环增益为 $1 \times 10^5$ 的运算放大器，如果饱和电压为 $15\mathrm{V}$，那么确定下列情况下的输出电压。

（a）同相端电压为 $5\mu\mathrm{V}$，反相端电压为 $2\mu\mathrm{V}$。

（b）同相端电压为 $-5\mu\mathrm{V}$，反相端电压为 $2\mu\mathrm{V}$。

（c）同相端电压为 $5\mu\mathrm{V}$，反相端电压为 $-2\mu\mathrm{V}$。

(d) 同相端电压为 $-5\mu\text{V}$，反相端电压为 $-2\mu\text{V}$。

(e) 同相端电压为 $1\text{V}$，反相端接地。

(f) 反相端电压为 $1\text{V}$，同相端接地。

**解：** 本题可以利用式(3-1)和式(3-2)来解决，结果见表 3-1，注意在最后两种情况下输出会饱和，式(3-1)将不适用。

表 3-1　例 3.1 的答案

| $V_{ip}$ | $V_{in}$ | $V_i$ | $V_o$ |
|---|---|---|---|
| $5\mu\text{V}$ | $2\mu\text{V}$ | $3\mu\text{V}$ | $0.3\text{V}$ |
| $-5\mu\text{V}$ | $2\mu\text{V}$ | $-7\mu\text{V}$ | $-0.7\text{V}$ |
| $5\mu\text{V}$ | $-2\mu\text{V}$ | $7\mu\text{V}$ | $0.7\text{V}$ |
| $-5\mu\text{V}$ | $-2\mu\text{V}$ | $-3\mu\text{V}$ | $-0.3\text{V}$ |
| $1\text{V}$ | $0$ | $1\text{V}$ | $15\text{V}$ |
| $0$ | $1\text{V}$ | $-1\text{V}$ | $-15\text{V}$ |

场效应晶体管（FET）和金属氧化物半导体场效应晶体管（MOSFET）通常用于制造运算放大器的 IC 形式。MOSFET 比其他几种晶体管更有优势，如在饱和状态下有更高的输入阻抗和更稳定的输出（几乎与电源电压相等），使得在很多应用中 MOSFET 运放的性能优于双极结型晶体管运放的性能。

在不饱和状态下分析运放电路时，我们使用运放的以下两个特性：

1. 两个输入端的电压应当（几乎）相等。（虚短的概念。）

2. 通过每个输入端的电流应该（几乎）为 0。（虚断的概念。）

正如前所述，第一个特性源于运放的高开环增益，第二个特性源于运放的高输入阻抗，我们将会反复使用这两个特性，以获得使用了运算放大器系统和其他电子设备的输入输出方程。

### 3.2.2　放大器的性能等级

许多因素都会影响放大器的性能，特别是运算放大器。为了得到好的性能，我们必须考虑以下几个因素：

1. 稳定性

2. 响应速度[带宽、压摆率（也称转换速率）]

3. 输入阻抗和输出阻抗

通常来讲，放大器的稳定性水平受放大器电路的动态特性所控制，并且可以用时间常数来表征。在这种情况下，如果放大器的负反馈回路具有单位增益和 $2\pi$ 的相移，则将产生持续振荡，这是不稳定（或临界稳定）的条件。对于放大器而言，另一个需要重点考虑的因素是由老化、温度和其他环境因素引起的参数变化。对于放大器这类设备，参数变化也归类为稳定性问题，因为它关系到输入保持稳定时响应的稳定性。在这种情况下特别重要的是温度漂移，它定义为每单位温度变化时输出信号的漂移。温度漂移也取决于放大器的失调电压（例如，每 $1.0\text{mV}$ 失调电压对应的温度漂移为 $3.6\mu\text{V}/℃$）。可以通过补偿器件和减小放大器的消耗电流来减少温度漂移。

放大器的响应速度决定了放大器如实地响应瞬态输入的能力，特别是在我们追求快速响应时。在时域中用上升时间等表示响应速度，而在频域中用带宽参数来表示。例如，频率响应函数中的恒定（平坦）部分所对应的频率范围作为带宽。由于任何放大器都不是线性的，所以带宽也取决于信号电平本身。特别地，小信号带宽是使用较小的输入信号振幅确定的。

对于运算放大器，另一种测量响应速度的方法是测压摆率（转换速率），压摆率的定义是在特定工作频率时放大器输出的最大可能变化率。由于对于给定的输入振幅，输出振幅还取决于放大器的增益，所以压摆率通常在单位增益条件下定义。

在理想情况下，对于一个线性的元器件，频率响应函数（传递函数）并不依赖于输出振幅（即直流增益和输入振幅的乘积）。但是对于一个具有有限压摆率的元器件来说，带宽（或输出失真可忽略时的最大工作频率）将取决于输出振幅。输出振幅越大，在给定压摆率限制条件下带宽就越小。通常为商用运算放大器指定的带宽参数是增益与带宽的乘积（GBP 或 GBWP）。这就是运放的开环增益和带宽的乘积。例如，某运算放大器的 GBP＝15MHz，开环增益为 100dB（即 $10^5$），则带宽为 $15 \times 10^6 / 10^5 \, \mathrm{Hz} = 150 \mathrm{Hz}$。显然，这个带宽数值相当低。由于带反馈的运算放大器的增益明显低于 100dB，因此其有效带宽远高于开环运算放大器。

正如上文所讨论的，一般来说，我们希望运放具有高输入阻抗和低输出阻抗。运算放大器通常满足这些要求。

**例 3.2**

确定在压摆率受限制条件下元器件的压摆率和带宽之间的关系。假设放大器的压摆率为 $1 \mathrm{V}/\mu\mathrm{s}$，当输出值为 5V 时，确定该放大器的带宽。

**解：** 显然，用信号变化率的幅值除以输出信号的幅值，可以估算出输出频率。假设正弦输出电压用下式表示：

$$v_{\mathrm{o}} = a \sin 2\pi f t \tag{3-4}$$

输出的变化率是 $\mathrm{d}v_{\mathrm{o}}/\mathrm{d}t = 2\pi f a \cos 2\pi f t$。因此，输出的最大变化率为 $2\pi f a$，当 $f$ 是最大可用频率时对应的压摆率为

$$s = 2\pi f_{\mathrm{b}} a \tag{3-5}$$

其中，$s$ 是压摆率；$f_{\mathrm{b}}$ 是带宽；$a$ 是输出振幅。

现在，令 $s = 1 \mathrm{V}/\mu\mathrm{s}$ 和 $a = 5\mathrm{V}$，可得到：

$$f_{\mathrm{b}} = (1/2\pi) \times [1/(1 \times 10^{-8})] \times (1/5) \, \mathrm{Hz} = 31.8 \mathrm{kHz}$$

### 3.2.2.1　运算放大器的误差来源

稳定性问题和频率响应误差在运算放大器的开环形式中是普遍存在的，这些误差可以通过反馈消除掉，因为对于运算放大器来说，如果开环增益非常大，那么开环传递函数对闭环传递函数的影响是可以忽略的。

未建立在模型中的信号（以下简称未建模信号）可能是放大器误差的主要来源，这些信号包括：

- 偏置电流
- 失调信号
- 共模输出电压
- 内部噪声

在分析运算放大器时，我们假设通过输入端的电流为零。但在严格意义上，这并不符合实际，因为在放大器电路内部晶体管的偏置电流肯定会流过这些端口，从而放大器的输出信号将略微偏离理想值。

我们在分析运算放大器时作出的另一个假设是两个输入端的电压相等。然而，实际上由于运算放大器内部电路存在小的固有误差，所以在输入端上存在失调电流和电压。

共模输入电压是运算放大器输入端的电压。因为任何实际的放大器在内部电路中都会存在一些不平衡（例如，一个输入端的期望增益可能不等于另一个输入端的期望增益，另外，内部电路在工作时需要偏置信号），所以输出时会存在一个取决于共模输入的误差电压。

可以认为前面提到的这 3 种类型的未建模信号是噪声。另外，还有其他类型的噪声信号

也会降低放大器的性能。例如，接地回路噪声可以进入输出信号。此外，杂散电容和其他类型的未建模信号的影响也可能产生内部噪声。通常在放大器分析中，未建模信号（包括噪声）可以等效为一个噪声电压源作用在其中一个输入端。通过连接适当的补偿电路，可以减少未建模信号的影响，包括调节可变电阻来消除未建模信号对放大器输出端的影响。

以下术语是运算放大器常用性能的总结：

带宽：运算放大器工作的频率范围（例如，56MHz）。

GBWP：直流增益和带宽的乘积，其单位为 MHz（因为增益没有单位）。通常，随着增益增加，带宽会减少。

压摆率：不会使输出明显失真的输出电压的最大可能变化率，以 V/μs 表示（例如，160V/μs）。通常压摆率越高越好。

差分输入阻抗：放大器的两个输入（同相和反相）端之间的阻抗。

共模输入阻抗：每个输入端到地的阻抗。

调零引脚：也称为"平衡"引脚，用于消除失调电压。当同相和反相电压相等时，输出电压就是失调电压（原因是运算放大器中的缺陷，理想情况下，相应的输出电压应为零）。一些运算放大器具有自动消除这种失调量的措施。

输入失调电压：（对于不理想的运算放大器）当输出电压为零时，两个输入端所需要的电压差。

式（3-1）适用于理想运算放大器，给定的增益 $K$ 为差分增益。严格来说，对于不理想的运算放大器，式（3-1）应该是

$$v_o = K_d(v_{ip} - v_{in}) + K_{cm} \times \frac{1}{2}(v_{ip} + v_{in}) \tag{3-6}$$

其中，$K_d$ 是差分增益；$K_{cm}$ 是共模增益。

共模电压：在式（3-6）中由 $(v_{ip} + v_{in})/2$ 给出的是两个输入端的平均电压。在一个性能好的运算放大器中，该共模电压不应该放大，也不应该出现在输出中。共模电压是应该消除的，这可以通过一个比差分增益低很多的共模增益来实现。

共模抑制比（CMRR）：它是差分增益与共模增益的比值（$K_d/K_{cm}$），用分贝表示［即 $20 \lg_{10}(K_d/K_{cm})dB$］。应适当地消除共模电压，以获得高的共模抑制比（如 113dB）。

静态电流：在没有负载（即输出处于开路状态）和输入端无信号时运算放大器来自电源的电流。

有关运算放大器的一些有用信息，请参见框 3.1。

### 3.2.2.2　在运算放大器中使用反馈

运算放大器是一种非常通用的器件，主要原因是它的输入阻抗非常高，输出阻抗低，而且增益很高。但是，如果不进行修整的话，那么运算放大器不能作为一个实用的放大器，因为它在图 3-1 所示的形式中并不十分稳定。造成这一问题的两个主要因素是频率响应和漂移。换句话说，虽然运算放大器的增益 $K$ 很高，但它不是恒定不变的。增益会随输入信号的频率而变化（也就是说运算放大器的频率响应特性在操作范围内并不平坦），增益还随时间变化（即存在漂移）。由于增益非常高，所以一个中等的输入信号将会使运算放大器饱和。频率响应问题是由运算放大器的电路动态性能而引起的，除非它工作在非常高的频率，否则这个问题一般不会很严重。由于增益 $K$ 对温度、光、湿度和振动等环境因素比较敏感，以及老化会引起增益 $K$ 的变化，所以会出现漂移问题。运算放大器中的漂移可能会产生较大的影响，应采取措施来解决这个问题。

在运算放大器中，要避免增益的漂移和频率响应误差几乎是不可能的。然而，一种巧妙的方法可以用来消除这两个因素对放大器输出的影响。由于增益 $K$ 非常大，所以借助反馈，我们几乎可以消除其在放大器输出端的影响。运算放大器的闭环形式具有以下优点：整个电路的输出特性和精度取决于电路中的高精度无源组件（例如，电阻和电容），而

不依赖于运算放大器的自身参数。在几乎所有的应用中，闭环都是首选。特别地，电压跟随器和电荷放大器都利用运算放大器的高输入阻抗 $z_i$、低输出阻抗 $z_o$ 和高增益 $K$ 的特性，以及通过高精度电阻器的反馈来消除由大且可变的增益 $K$ 而引起的误差。总的来说，运算放大器的开环形式并不是很有用，特别是增益 $K$ 较大且可变时。然而，正是因为 $K$ 非常大，所以可以通过使用反馈来解决前面所提到的问题。这种闭环形式常用于实际应用中的运算放大器。

除了大且不稳定的增益特性外，还有其他的误差来源，它们导致了运算放大器的性能不理想。如前所述，值得注意的是：

1．由于操作固态电路需要偏置电流，所以在输入端存在失调电流。
2．即使输入端开路，在输出端也可能出现失调电压。
3．两个输入端的增益不相等（即反相增益不等于同相增益）。
4．噪声和环境影响（热漂移等）。

类似的问题可能在运算放大器电路中导致非线性行为。然而，可以通过适当的电路设计和使用补偿电路来减少误差。

---

**框 3.1　运算放大器**

**理想运放的性能**

- 无限开环差分增益
- 输入阻抗无穷大
- 零输出阻抗
- 无限带宽
- 零差分输入对应零输出

**分析运放时的理想假设：**

- 两个输入端的电压相等
- 通过任意输入端的电流为零

**定义**

- 开环增益 $= \left| \dfrac{输出电压}{输入端电压差} \right|$，没有反馈

- 输入阻抗 $= \dfrac{输入端与地之间的电压}{通过该端的电流}$，其他输入端引脚接地，并且输出开路

- 输出阻抗 $= \dfrac{开路时输出端与地之间的电压}{通过该端的电流}$，在正常的输入条件下

- 带宽：频率响应曲线平坦（增益恒定）时对应的频率范围
- GBWP ＝ 开环增益 × 该增益的带宽
- 输入偏置电流：通过一个输入端的平均直流电流
- 输入失调电流：两个输入偏置电流的差值
- 差分输入电压：当一个输入端接地且输出电压为零时，另一个输入端的电压
- 共模增益 $= \dfrac{输入电压为相同电压时的输出电压}{共模输入电压}$

- 共模抑制比（CMRR）$= \dfrac{开环差分增益}{共模增益}$

- 压摆率：单位增益运算放大器的输出变化率，用于步进输入

---

## 3.2.3　电压、电流和功率放大器

由于任何类型的放大器都可以以单片形式从零开始构造为 IC 芯片，或者以离散形式

构成包含分立双极结型晶体管、分立场效应晶体管（FET）、分立二极管和分立电阻器等的多种分立元器件电路，所以，几乎所有类型的放大器都可以使用运算放大器作为基本构建块。由于我们已经熟悉运算放大器，并且运算放大器也广泛用于电子放大器电路中，所以我们将使用另一种方案，该方案使用离散运算放大器来构建通用放大器。此外，在此基础上可以进行一般放大器的建模、分析和设计。

如果一个放大器的功能是电压放大，则将其称为电压放大器。由于电压放大器的使用非常普遍，所以放大器一词常用于表示电压放大器。电压放大器可以表示为

$$v_o = K_v v_i \tag{3-7}$$

其中，$v_o$ 是输出电压；$v_i$ 是输入电压；$K_v$ 是电压增益系数。

电压放大器通常用于实现电路中的电压兼容性（或电平移位）。

类似地，电流放大器用于实现电路中的电流兼容性。电流放大器可以表示为

$$i_o = K_i i_i \tag{3-8}$$

其中，$i_o$ 是输出电流；$i_i$ 是输入电流；$K_i$ 是电流增益系数。

因为电压跟随器具有单位增益（$K_v = 1$），所以可认为它是一种电流放大器。此外，它能提供阻抗兼容性，并且可作为互连的低电平（高阻抗）输出设备（信号源或提供信号的设备）和高电平（低阻抗）输入设备（信号接收器或其他接收信号的设备）之间的缓冲器。因此，缓冲放大器或阻抗变换器这两个名称有时用于具有单位电压增益的电流放大器。

如果放大信号的目的是提高相应的功率，则应该使用功率放大器。功率放大器可以表示为

$$p_o = K_p p_i \tag{3-9}$$

其中，$p_o$ 是输出功率；$p_i$ 是输入功率；$K_p$ 是功率增益系数。

由式（3-7）到式（3-9）不难得出：

$$K_p = K_v K_i \tag{3-10}$$

以上 3 种类型放大器的功能可以由同一放大器同时实现。此外，具有单位电压增益的电流放大器（如电压跟随器）是功率放大器。通常，电压放大器和电流放大器用于信号通路的第一级（例如，感测、数据采集和信号产生），这一级的信号电平和功率电平相对较低；而功率放大器通常在最后一级使用（例如，终端控制、启动、记录、长途通信和显示），这一级通常需要高电平信号和功率电平。

在推导一个实用设备的运算放大器实现方程时，我们使用运算放大器的两个主要特性：

1. 由于具有高差分增益，所以两个输入端（反相和同相）的电压相等。

2. 由于具有高输入阻抗，所以每个输入端上的电流为零。

我们将在下文的常用放大器的公式推导过程中多次用到这些特性。

图 3-2a 给出了电压放大器中的运算放大器电路。注意，反馈电阻 $R_f$ 用于保持运算放大器的稳定性并提供精确的电压增益。运放的正极接地，并通过已知阻值的精确电阻 $R$ 将输入电压接入负极。该电阻值的选择根据实际需要来决定。输出通过反馈电阻 $R_f$ 反馈到负极，该电阻值的选择也根据实际需要来决定。为确定电压增益，需要知道的是，在理想情况下运算放大器的两个输入端上的电压应相等。由于＋ve 端接地，所以节点 $A$ 处的电压也为零。根据以上结论可知，在理想情况下通过运算放大器输入端的电流为零，可写出节点 $A$ 当前的电流平衡方程：

$$\frac{v_i}{R} + \frac{v_o}{R_f} = 0$$

结合式（3-7）可以得到

$$v_o = \left(1 + \frac{R_f}{R}\right) v_i \tag{3-11}$$

因此，电压增益可由式（3-12）给出

$$K_v = -\frac{R_f}{R} \qquad (3\text{-}12)$$

需要注意的是，此处可以忽略增益中－ve的符号，因为可以通过简单地将输入端反转到应用程序的方式进行更改。另外，需要注意，$K_v$ 取决于 $R$ 和 $R_f$ 的数值，而不是取决于运算放大器的增益。因此，可以通过精确选择两个无源元件（电阻）$R$ 和 $R_f$ 的值来确定电压增益。此外，由于输出电压与输入电压具有相同的符号，因此这是一个同相放大器。如果电压值异号，那么我们将该放大器称为反相放大器。

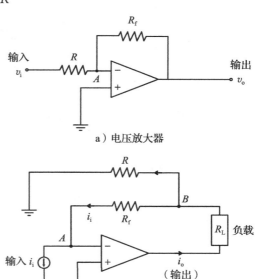

a) 电压放大器

b) 电流放大器

图　3-2

电流放大器如图 3-2b 所示。将输入电流 $i_i$ 接入运算放大器的负极，正极引脚接地。反馈电阻 $R_f$ 通过负载 $R_L$ 连接到负极。由于运算放大器的输入电流几乎为零，所以电阻 $R_f$ 为输入电流提供路径。第二电阻器 $R$ 的输出接地，该电阻对电流放大有重要作用。为分析该放大器，使用 $A$ 点处的电压，由于运算放大器的正极接地，所以它为零。输入电流 $i_i$ 会全部通过电阻 $R_f$。由此得知，点 $B$ 处的电压值为 $R_f i_i$。通过电阻 $R$ 的电流为 $R_f i_i/R$，其在所示方向上为正值。因此，输出电流 $i_o$ 可由公式 $i_o = i_i + (R_f/R)i_i$ 或下式得到：

$$i_o = \left(1 + \frac{R_f}{R}\right)i_i \qquad (3\text{-}13)$$

因此，电流增益可由下式给出：

$$K_i = 1 + \frac{R_f}{R} \qquad (3\text{-}14)$$

如前所述，可以使用高精度电阻 $R$ 和 $R_f$ 来精确地设置放大器增益。这些电阻可以称为放大器的"增益设置电阻"。

### 3.2.4　仪表放大器

仪表放大器通常是用于仪表的专用电压放大器。仪表放大器的一个重要特征是增益可调。大多数仪表放大器可以手动调整增益值。在更复杂的仪表放大器中，增益是可编程的，并且可以通过数字逻辑进行设置（如通过控制计算机）。仪表放大器通常用于欠电压信号。仪表放大器的应用示例如下所示：

1. 需要应用两个信号的差值，例如，在比较器的控制硬件中，比较器产生"控制误差"信号（即参考信号和传感器输出信号之间的差值）。这个误差信号在控制系统中用作反馈。

2. 在两个信号（当两个信号中出现相同的噪声）中，通过对比它们的差异，消除共同的噪声分量（例如，交流电源的 60 Hz 线路噪声）。根据实际应用的需要，可以以这种方式去除常见的噪声分量。

3. 如果可以直接测量信号中的噪声或非线性分量（例如，在电源处），则可从信号中去除噪声或非线性分量。

4. 用于产生电桥电路（即桥式放大器）输出的放大器。

5. 放大器与各种传感器和换能器一起使用。

### 3.2.4.1　差分放大器

通常，仪表放大器也是差分放大器。它以两个信号之差作为输入，具有许多用途，如在仪表放大器部分所提到的。对于单端放大器，接地回路噪声是一个非常严重的问题。使用差分放大器可以有效地消除接地回路噪声，因为噪声回路是由放大器的两个输入端形成的，所以这些噪声信号在放大器输出处可减去。由于两个输入的噪声水平几乎相同，因此可抵消。两个由输入端进入的具有相同强度的任何其他噪声（例如，60Hz 线路噪声）也将在差分放大器的输出端被去除。

在差分放大器中，两个输入端都用于信号输入；而在单端放大器中，一个引脚接地，仅一个引脚用于信号输入。

一个基本的差分放大器使用一个单一的运算放大器，如图 3-3a 所示。这个放大器的输入输出方程可以用通常的方式来获得。例如，因为流过运算放大器的电流可以忽略，所以 $B$ 点的电流平衡方程为

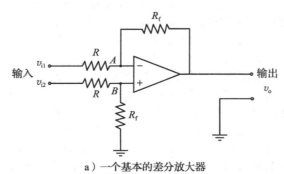

a）一个基本的差分放大器

$$\frac{v_{i2} - v_B}{R} = \frac{v_B}{R_f} \qquad (i)$$

其中 $v_B$ 是 $B$ 点的电压。同理，$A$ 点的电流平衡方程为

$$\frac{v_o - v_A}{R_f} = \frac{v_A - v_{i1}}{R} \qquad (ii)$$

然后，从式（i）和式（ii）中消去 $v_A$ 和 $v_B$，通过运用运算放大器的特性

$$v_A = v_B \qquad (iii)$$

得出

$$\frac{v_{i2}}{(1 + R/R_f)} = \frac{(v_o R/R_f + v_{i1})}{(1 + R/R_f)}$$

或

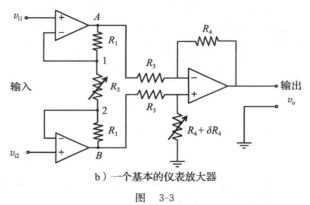

b）一个基本的仪表放大器

图　3-3

$$v_o = \frac{R_f}{R}(v_{i2} - v_{i1}) \qquad (3\text{-}15)$$

从式中可以得出两个结论。第一，放大器的输出是和两输入的差值成比例的，而不是两个输入 $v_A$ 和 $v_B$ 的绝对值。第二，放大器的电压增益是 $R_f/R$，这称为"差分增益"。显然，使用高精度电阻 $R$ 和 $R_f$ 可以精确地设置差分增益。

### 3.2.4.2　仪表放大器

如图 3-3a 所示，前面讨论的基本的差分放大器是仪表放大器的重要组成部分。此外，仪表放大器应具有增益可调的能力。并且，仪表放大器的每个输入端都应具有非常高的输入阻抗和非常低的输出阻抗。仪表放大器希望比基本的差分放大器有更高和更稳定的增益以及更高的输入阻抗。具有这些基本要求的仪表放大器可以以单列 IC 形式作为单个封装来制造。此外，可以使用 3 个差分放大器和高精度电阻构建仪表放大器，如图 3-3b 所示。可以通过微调电阻 $R_2$ 调整放大器的增益。阻抗由两个电压跟随器型放大器来提供，每个输入一个。可变电阻 $\delta R_4$ 用于补偿由于不相等的共模增益而引起的误差。我们从这个方向出发，进而得出仪表放大器的方程式。

### 3.2.4.3　共模

现在，我们将关于这一主题的讨论扩展到差分放大器。当 $v_{i1} = v_{i2}$ 时，在理想情况下，

输出电压 $v_o$ 应为零。换句话说，在理想情况下，任何共模信号都将被差分放大器所阻挡。但是由于商用运算放大器并不是理想的，并且两个输入引脚通常不具有完全相同的增益，所以当两个输入相同时，输出电压 $v_o$ 也不为零。相关联的共模误差可以通过在差分放大器的两个输入引脚之一提供具有精细分辨率的可变电阻器来补偿。因此，在图 3-3b 中，为了补偿共模误差（即达到合适的共模抑制电平），首先，使两个输入相等，然后小心地调节 $\delta R_4$，直到输出电压足够小（最小）。通常，实现该补偿所需的 $\delta R_4$ 比标准化的反馈电阻 $R_4$ 小。

一个差分放大器的共模抑制比（CMRR）定义为

$$\text{CMRR} = \frac{K v_{cm}}{v_{ocm}} \tag{3-16}$$

其中，$K$ 是差分放大器的增益（即差分增益）；$v_{cm}$ 是共模输入电压（即两个输入端使用相同的电压）；$v_{ocm}$ 是共模输出电压（即基于共模输入电压产生的输出电压）。

在理想情况下，由于 $v_{ocm} = 0$，因此共模抑制比（CMRR）为无穷大。共模抑制比（CMRR）越大，差分放大器的性能越好。

因为在理想情况下 $\delta R_4 = 0$，所以我们可以在仪表放大器的推导公式中忽略 $\delta R_4$。现在，注意到运算放大器没有达到饱和的基本属性（具体来说，两个输入引脚上的电压必须几乎相同），如图 3-3b 所示，点 2 处的电压应为 $v_{i2}$，点 1 处的电压应为 $v_{i1}$。接下来，我们运用运算放大器的每个输入端的电流可忽略不计的特点。通常，流过路径 $B{\rightarrow}2{\rightarrow}1{\rightarrow}A$ 的电流必须相等。由此得出式 $(v_B - v_{i2}) / R_1 = (v_{i2} - v_{i1}) / R_2 = (v_{i1} - v_A) / R_1$，其中 $v_A$ 和 $v_B$ 是分别是 $A$ 点和 $B$ 点的电压。因此我们得到两个等式 $v_B = v_{i2} + (R_1 / R_2)(v_{i2} - v_{i1})$ 和 $v_A = v_{i1} - (R_1 / R_2)(v_{i2} - v_{i1})$。现在，通过 $v_B - v_A$，我们得出仪表放大器第一级的方程：

$$v_B - v_A = \left(1 + \frac{2R_1}{R_2}\right)(v_{i2} - v_{i1}) \tag{3-17a}$$

接下来，从上一个差分放大器的结果式（3-15）得到（其中 $\delta R_4 = 0$）

$$v_o = \frac{R_4}{R_3}(v_B - v_A) \tag{3-17b}$$

式（3-17a）和式（3-17b）提供了仪表放大器的方程。只有电阻器 $R_2$ 可以调节放大器的增益（差分增益）。在图 3-3b 中，只要精确地选择了电阻 $R_1$ 和 $R_2$，两个输入运算放大器（电压跟随运算放大器）就没有完全相同的必要。这是因为如前所述，放大器参数（例如，开环增益和输入阻抗）不会进入放大器方程，前提是它们的值足够大。

#### 3.2.4.4　电荷放大器

电荷放大器是仪表放大器的一个重要类别。它主要用于调理来自高阻抗传感器（如压电传感器）的信号。它使用具有反馈电容的运算放大器为高阻抗设备提供信号调理。电荷放大器将在压电加速度计中详细讨论。

#### 3.2.4.5　交流耦合放大器

在某些应用中，必须限定信号的直流分量，并且只允许有交流分量。同时去除直流偏置和失调是非常重要的。信号的直流分量可以通过连接电容来阻挡［注意：由于电容阻抗为 $1 / (j\omega C)$，因此在零频率时会存在无穷阻抗］。如果器件的输入引线串联了电容器，则称输入为交流耦合；如果输出引线串联了电容，则称输出为交流耦合。通常，交流耦合放大器在输入端和输出端都串联电容。因此，交流耦合放大器的频率响应函数具有高通特性，特别是直流分量将会被过滤掉。对于交流耦合放大器，由偏置电流和失调信号引起的误差可忽略不计。此外，在交流耦合放大器中，稳定性不是很严重的问题。

#### 3.2.5　噪声和接地回路

在处理低电平信号的仪器（例如，加速度计等传感器、应变片电桥电路等信号调理电路，以及计算机磁盘驱动器和汽车控制模块等复杂精密的电子组件)中，电噪声会导致过大的误差，除非采取适当的纠正措施。一种噪声是由附近的交流电源线或电动机而产生的波动磁场产生的。这通常称为"电磁干扰"(EMI)。这个问题可以通过消除电磁干扰源来避免，以使受影响的仪器附近不存在波动的外部磁场和电流。另一种解决方案是使用光纤(光学耦合)进行信号传输，使得从源到目标仪器的传输信号中没有噪声传导。在硬连线传输的情况下，如果两根信号线(正极、负极，相线、中性线)扭绞在一起或使用屏蔽电缆，则两根线上的感应噪声电压相等，相互抵消。

正确的接地对于减少不必要的电气噪声非常重要，更重要的是减少电气安全隐患。一个标准的单相交流电源插座(120V、60Hz)有3个端子，第一个端子连接电源(相线)，第二个是中性线端子，第三个端子接地(在电网中点与点之间相当一致地保持在零电位)。相应地，仪器的电源插头也应该有3个插脚。较短的平插脚连接到黑线(相线)，较长的平插脚连接到白线(中性线)。圆形插脚连接到绿色电线(地线)，另一端连接到仪器的底盘或外壳(机箱地线)。通过这种方式可将底盘接地，即使在电源电路出现故障(例如，漏电或短路)的情况下，仪器外壳也会保持在零电位。仪器的电源电路也有一个本地接地(信号地)，参考它的电源信号被测量。这是因为仪器内足够厚的导体对 0V 提供了一个共同和统一的参考。考虑图 3-4 所示的传感器信号调理示例。直流电源可以提供正(＋)和负(－)输出。其零电压基准由公共地(COM)表示，并且是设备的信号地。直流电源的 COM 没有连接到机箱地，而是通过电源中的圆形插头连接到地。这是避免触电危险所必需的。请注意，电源的 COM 连接到信号调理模块的信号地。以这种方式，公共的 0V 为给信号调理模块供电的直流电压提供参考。

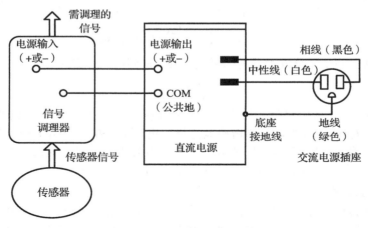

图 3-4　一个关于仪器接地的例子

## 接地回路噪声

电噪声主要是由于仪器的不良接地回路而造成的。如果两个相互连接的仪器在两个相距很远的地方接地(多点接地)，那么两个接地点之间可能存在电位差而使接地回路噪声进入信号引线。原因在于地面本身一般不是均匀电位的介质(差别大约为 100mV)，并且一点到另一点的阻抗也非零(有限)。事实上，这是一种典型的地面介质，如公共接地线。一个例子如图 3-5a 所示，在这个例子中，传感器的两条引线直接连接到了信号调理装置(如放大器)，其中输入的一根引线(＋)接地(在 B 点)。传感器的 0V 参考通过自身的机壳接地(在 A 点)。在这种方式下，两个器件(这个例子中的传感器和放大器)是接地参考(即连接到建筑物地面，它是建筑物中有三针墙插座的地面)。因为地面电位不均匀，所以两个地面点 A 和 B 之间有一个电位差 $v_g$。这将与连接两台设备的公共参考引线形成接地回路。解决这个问题的办法是隔离(即提供无穷的阻抗)两个设备中的一个。这称为"浮置"，

图 3-5b展示了传感器的内部隔离。通过绝缘传感器外壳的外部隔离也会消除接地回路。浮置电源的 COM 端（见图 3-4）是消除接地回路的另一种方法。具体来说，就是 COM 没有连接到地面。

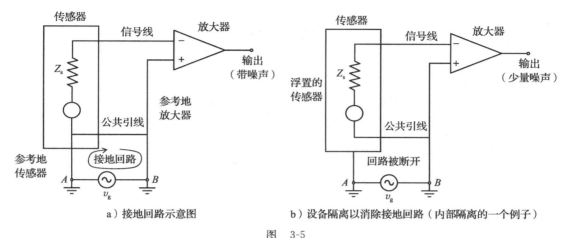

a）接地回路示意图　　　　　　　　　　b）设备隔离以消除接地回路（内部隔离的一个例子）

图　3-5

## 3.3　模拟滤波器

滤波器是一种只允许通过信号的理想分量，同时拒绝信号中不需要分量的器件。不想要的信号会严重地降低工程系统的性能。外部干扰、激励中的误差分量、系统组件和仪器内部产生的噪声都是这样的假信号，它们都可由滤波器滤除。另外，滤波器能够以期望方式对信号进行整形。

在典型的信号处理和获取的系统工程应用中，滤波器的任务是在一个确定的频率范围内去除一些信号分量，在这种情形下，我们可将滤波器分为下列四大类：

- 低通滤波器
- 高通滤波器
- 带通滤波器
- 带阻（或陷波）滤波器

4 种滤波器理想的频率响应特性如图 3-6 所示。图中仅展示了频率响应函数的幅值（频率传递函数的幅值）。然而，可以理解的是，输入信号的相位失真在通频带（允许的频率范围）内也应该是很小的。实际的滤波器并不理想，它们的频率响应函数没有图 3-6 所示的那么陡峭的截止频率，此外，一些相位失真将是不可避免的。

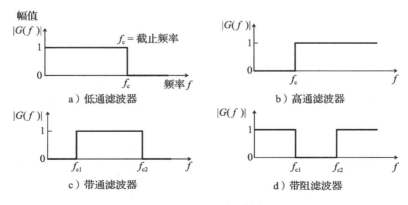

a）低通滤波器　　　　　　　　　　b）高通滤波器

c）带通滤波器　　　　　　　　　　d）带阻滤波器

图 3-6　理想的滤波器特性

广泛用于响应信号的采集和监测（例如，在产品动态测试中）的特殊类型的带通滤波器叫作跟踪滤波器。这是一个带通滤波器，具有可变（可调）的窄通频带。确切地说，带通滤波器的中心频率是可变的，通常将其耦合到载波信号（如驱动信号）上。在这种方式下，在存在噪声和其他信号的情况下时，可以准确地跟踪其频率随系统中的一些基本变量（例如，转子速度、谐波激励信号的频率、扫频振荡器的频率）而变化的信号。跟踪滤波器的输入是被跟踪信号和可变的跟踪频率（载波输入）。图3-7示意了一个可以同时跟踪两个信号的典型跟踪滤波器。

滤波能够由数字滤波器或者模拟滤波器来完成，在数字信号处理变得高效和经济之前，模拟滤波器专门用于信号滤波并且仍在广泛使用。模拟滤波器通常是包含有源组件的有源滤波器，如晶体管或运算放大器。在模拟滤波器中，输入信号通过模拟电路。电路的动态性能将决定哪些（所需的）信号分量将会被允许通过，哪些（不需要的）信号分量将被拒绝。早期的模拟滤波器使用的是离散电路元器件，例如，离散的晶体管、电容、电阻和均匀的电感。由于电感具有易受电磁噪声影响、电阻效应未知、尺寸大等缺点，因此目前在滤波电路中很少使用它。此外，由于IC具有的众所周知的优点，所以如今的单片IC芯片形式的模拟滤波器广泛地用于现代应用，并且优于离散滤波器。采用数字信号处理实现滤波的数字滤波器如今也在广泛使用。

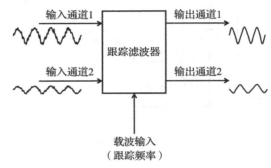

图3-7    双通道跟踪滤波器的示意图

### 3.3.1  无源滤波器和有源滤波器

无源模拟滤波器只利用模拟电路包含无源的元件［如电阻和电容（还有一些电感）］来完成滤波。无源滤波器不需要外部电源。有源模拟滤波器利用有源器件和组件（如晶体管和运放），同时也有无源器件。由于有源器件和组件的操作需要外部电源，所以有源滤波器的特征在于需要外部电源。有源滤波器广泛应用于单片IC封装，通常优于无源滤波器。

有源滤波器的优点如下：

1. 负载效应和组件之间相互作用的影响是轻微的，因为有源滤波器能够提供非常高的输入阻抗和非常低的输出阻抗。

2. 可以在低信号电平时工作，因为信号放大和滤波都可以由相同的有源电路来提供。

3. 以低成本和紧凑的IC形式被广泛使用。

4. 能够很容易地集成到数字设备里。

5. 受到的电磁噪声干扰更少。

有源滤波器通常提到的缺点如下所示：

1. 需要外部电源供电。

2. 在高信号电平时易受饱和型非线性影响。

3. 可以引入许多类型的内部噪声和未建模的信号误差（失调、偏置信号等）。

请注意，无源滤波器的优缺点可以直接从有源滤波器的优缺点中推断出来。

**极点数**

模拟滤波器是动态系统。若假设线性动态，它们可以用传递函数来表示。滤波器的极数是相关传递函数的极点数。这也等于滤波器传递函数中特征多项式的阶数（即滤波器的阶数）。注意：极点（或特征值）是特征方程的根。

在我们的讨论中，展示了滤波器的简化版本，它通常由单个滤波器组成。这种基本滤波器的性能可以以增加电路复杂度为代价（并增加极数）来提高。基本的运算放大器可用于有源滤波器。虽然更复杂的设备可以在市场上买到，但我们的主要目的是说明基本原理，而不是为商用滤波器提供完整的描述和数据手册。

### 3.3.2　低通滤波器

低通滤波器的目的是允许所有低于特定（截止频率）频率通过的信号分量，并阻断高于该截止频率的所有信号分量。模拟低通滤波器广泛用于数字信号处理中的防混叠滤波器（参见第 6 章）。如果原始信号的频率分量高于采样频率的一半（采样频率的一半称为奈奎斯特频率），则称为"混叠"的误差就会进入到信号数字处理的结果中。因此，如果信号在采样和数字处理之前使用截止频率为奈奎斯特频率的低通滤波器进行滤波，则可以消除混叠失真。这是模拟低通滤波器的众多应用之一。另一个典型的应用是消除感测信号中的高频噪声。

一个单极点有源低通滤波器如图 3-8a 所示。如果两个与图 3-8a 类似的有源滤波器连接在一起，则负载误差可以忽略不计，因为具有反馈的运算放大器（即电压跟随器）引入了高输入阻抗和低输出阻抗，同时保持电压增益一致。通过类似的推理可以得出结论，有源滤波器具有的一个期望特性是与任何其他连接组件之间非常低的相互作用。

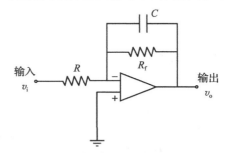

a）单极有源低通滤波器

为了得到图 3-8a 所示的滤波器方程，我们写出运算放大器反相输入端的电流平衡方程（输入到运算放大器的电流等于 0；考虑到反相输入引线已接地，所以电压等于 0）：$(v_i/R) + (v_o/R_f) + C_f(dv_o/dt) = 0$，我们得到

$$\tau \frac{dv_o}{dt} + v_o = -kv_i \qquad (3\text{-}18)$$

其中滤波器的时间常数为

$$\tau = R_f C_f \qquad (3\text{-}19a)$$

现在，由式（3-17）得到滤波器的传递函数

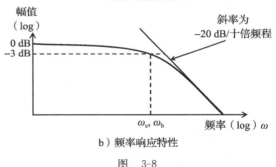

b）频率响应特性

图　3-8

$$\frac{v_o}{v_i} = G(s) = -\frac{k}{(\tau s + 1)} \qquad (3\text{-}20a)$$

滤波器增益为

$$k = \frac{R_f}{R} \qquad (3\text{-}19b)$$

从这个传递函数可以清晰地看出，模拟低通滤波器在本质上是一个滞后电路（即它提供了一个相位延迟）。

通过设定 $s = j\omega$，得到对应于式（3-20a）的频率响应函数

$$G(j\omega) = -\frac{k}{(\tau j\omega + 1)} \qquad (3\text{-}20b)$$

当施加正弦信号的频率为 $\omega$ 时，这个式子会给出滤波器的响应。频率传递函数的幅值 $|G(j\omega)|$ 是信号的放大，并且相位角 $\angle G(j\omega)$ 给出输出信号相对于输入信号的超前相位。图 3-8b 显示了幅值曲线（伯德幅值曲线），通过除以直流增益 $k$ 使其归一化。从式（3-20b）可以看到，对于小频率（即 $\omega \ll 1/\tau$），幅值（归一化）近似为 1。因此，$1/\tau$ 可以认为是截止频率 $\omega_c$：

$$\omega_c = \frac{1}{\tau} \qquad (3\text{-}21)$$

**例 3.3**

说明式(3-21)给出的截止频率也是低通滤波器的半功率带宽。说明对于比这更大的频率，伯德图幅值平面上的滤波器传递函数（即对数幅值和对数频率）可以近似斜率为 $-20$dB/十倍频程的直线。这个斜率称为"滚降率"。

**解：** 使用归一化传递函数($k=1$)，相应的半功率（或 1/2 幅值）频率由下式给出：$1/|\tau j\omega+1|=1/\sqrt{2}$。通过交叉相乘、平方和简化，得到 $\tau^2\omega^2=1$。因此，半功率带宽是

$$\omega_b = \frac{1}{\tau} \tag{3-22}$$

这与式(3-21)中给出的截止频率相同。

现在对于 $\omega\gg1/\tau$（即 $\omega\tau\gg1$），归一化的式(3-19b)可以近似为 $G(j\omega)=1/\tau j\omega$。此时频率特征的幅值为 $|G(j\omega)|=1/\tau j\omega$。

转换到对数，我们得到

$$\log_{10}|G(j\omega)| = -\log_{10}\omega - \log_{10}\tau$$

由此得出，幅值频率曲线是斜率为 $-1$ 的直线（均取了对数）。换句话说，当频率增加 10 倍（即十倍频程）时，$\log_{10}$ 的幅值减小 1（即 20dB）。因此，滚降率是 $-20$dB/十倍频程。这些观察结果如图 3-8b 所示。幅值变化 $\sqrt{2}$ 倍（或功率增大 2 倍）相当于 3dB。因此，当 DC（零频率）值为 1(0dB)时，半功率幅值为 $-3$dB。

截止频率和滚降率是低通滤波器的两个主要设计规范。理想情况下，我们希望低通滤波器幅值曲线平坦到达所需的通带限制（截止频率），然后非常迅速地滚降。图 3-8 所示的低通滤波器只能大概满足这些要求，特别是滚降率不够大。在实际使用的滤波器中，我们希望至少 $-40$dB/十倍频程或甚至 $-60$dB/十倍频程的滚降率。这可以通过使用高阶滤波器（即具有很多极点的滤波器）来实现。低通巴特沃斯滤波器属于这种类型，并已广泛使用。

**低通巴特沃斯滤波器**

具有两个极点的低通巴特沃斯滤波器可以提供 $-40$dB/十倍频程的滚降率，三极点的可以提供 $-60$dB/十倍频程的滚降率。此外，滚降斜率越陡，通带内的滤波器幅值曲线越平坦。

图 3-9 显示了一个双极点低通巴特沃斯滤波器。我们可以简单地通过将图 3-8a 所示的两个单极点滤波器连接在一起来构建一个双极点滤波器。然后，我们需要两个运算放大器，而图 3-9 所示的电路通过仅使用一个运算放大器（即以较低的成本）达到了相同的目的。

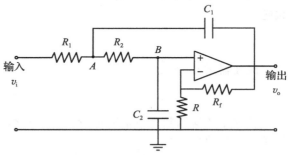

图 3-9 双极点低通巴特沃斯滤波器

**例 3.4**

证明图 3-9 所示的运算放大器电路是一个双极点低通滤波器。这个滤波器的传递函数是什么？在合适的条件下估算截止频率并表明滚降率是 $-40$dB/十倍频程。

**解：** 为了得到滤波器方程，我们首先写出电流平衡方程。特别地，通过 $R_1$ 和 $C_1$ 电流的和通过 $R_2$。相同的电流必须通过 $C_2$，因为通过运算放大器的电流为零（运算放大器的一个特性）。因此有

$$\frac{v_i - v_A}{R_1} + C_1 \frac{d}{dt}(v_o - v_A) = \frac{v_A - v_B}{R_2} = C_2 \frac{dv_B}{dt} \tag{i}$$

此外，流过反馈电阻器 $R_f$ 的电流完全流过接地电阻器 $R$，因为流过运算放大器第二根引线的电流也是零。因此，这种分压路径可表示如下

$$v_B = kv_o \tag{ii}$$

其中

$$k = \frac{R}{R_f} \tag{3-23}$$

由式(i)和式(ii)，我们得到

$$\frac{v_i - v_A}{R_1} + C_1 \frac{dv_o}{dt} - C_1 \frac{dv_A}{dt} = C_2 k \frac{dv_o}{dt} \tag{iii}$$

$$\frac{v_A - kv_o}{R_2} = C_2 k \frac{dv_o}{dt} \tag{iv}$$

现在我们定义下面的常量：

$$\tau_1 = R_1 C_1, \quad \tau_2 = R_2 C_2, \quad \tau_3 = R_1 C_2 \tag{3-24}$$

通过将式(iv)代入式(iii)消去 $v_A$ 并引入拉普拉斯变量 $s$，我们得到了滤波器传递函数

$$\frac{v_o}{v_i} = \frac{1}{k[\tau_1 \tau_2 s^2 + ((1 - 1/k)\tau_1 + \tau_2 + \tau_3)s + 1]} = \frac{\omega_n^2}{k[s^2 + 2\zeta\omega_n s + \omega_n^2]} \tag{3-25a}$$

如果极点比较复杂，即 $[(1 - 1/k)\tau_1 + \tau_2 + \tau_3]^2 < 4\tau_1 \tau_2$，则这个二阶传递函数将会振荡。理想情况下，我们希望有一个零谐振频率，这对应的阻尼比为 $\zeta = 1/\sqrt{2}$。

无阻尼自然频率为

$$\omega_n = \frac{1}{\sqrt{\tau_1 \tau_2}} \tag{3-26a}$$

阻尼比为

$$\zeta = \frac{(1 - 1/k)\tau_1 + \tau_2 + \tau_3}{2\sqrt{\tau_1 \tau_2}} \tag{3-27}$$

谐振频率为

$$\omega_r = \sqrt{1 - 2\zeta^2}\,\omega_n \tag{3-26b}$$

对于低通滤波器，当 $\zeta = 1/\sqrt{2}$ 时，理想条件对应于 $\omega_r = 0$（即没有谐振峰值，给出更宽的平坦区域）。对于这个最优情况，从式(3-27)和式(3-28)，我们得到

$$[(1 - 1/k)\tau_1 + \tau_2 + \tau_3]^2 = 2\tau_1 \tau_2 \tag{3-28}$$

滤波器的频率响应函数是[见式(3-25a)]

$$G(j\omega) = \frac{\omega_n^2}{k[\omega_n^2 - \omega^2 + 2j\zeta\omega_n \omega]} \tag{3-25b}$$

为了方便起见，我们对该传递函数进行归一化（即设置 $k = 1$）。现在，对于 $\omega \ll \omega_n$，滤波器的频率响应在单位增益下是平坦的。对于 $\omega \gg \omega_n$，滤波器的频率响应可以近似为 $G(j\omega) = -\omega_n^2/\omega^2$。

在幅频曲线中，该函数是斜率为 $-2$ 的直线。因此，当频率增加 10 倍（即十倍频程）时，$\log 10$（幅值）下降两个单位（即 40dB）。换句话说，滚降率是 $-40$dB/十倍频程。

**滤波器截止频率**：这是低通滤波的有效频率。对于理想滤波器（即 $\zeta = 1/\sqrt{2}$），可以把 $\omega_n$ 作为截止频率。因此，

$$\omega_c = \omega_n = \frac{1}{\sqrt{\tau_1 \tau_2}} \tag{3-29}$$

使用式(3-25b)可以很容易验证，当 $\zeta = 1/\sqrt{2}$ 时，该频率等于半功率带宽（即传递函数

幅值变为 $1/\sqrt{2}$ 时所对应的频率，其中归一化的 DC 值是 1.0）。

注意：如果两个单极点滤波器（见图 3-8a 所示类型）串联，则所得到的双极点滤波器具有过阻尼（即非振荡）传递函数（$\zeta > 1$），而且不同于目前的情况，不可能达到 $\zeta = 1/\sqrt{2}$。此外，通过串联图 3-9 所示的双极点滤波器和图 3-8a 所示的单极点滤波器，可以获得三极点低通巴特沃斯滤波器。高阶低通巴特沃斯滤波器可以以类似方式获得，即通过串联一组适当的基本滤波器单元。

可以清楚得到，理想且截止频率为 $\omega_c$ 的双极点（即二阶）低通巴特沃斯滤波器的传递函数可表示为：

$$\frac{v_o}{v_i} = \frac{\omega_c^2}{[s^2 + \sqrt{2}\,\omega_c s + \omega_c^2]} = \frac{(\omega_c/\omega_o)^2}{[(s/\omega_o)^2 + \sqrt{2}(\omega_c/\omega_o)(s/\omega_o) + (\omega_c/\omega_o)^2]} \tag{3-30}$$

式（3-30）中的第二个传递函数是在 MATLAB 中使用的归一化形式，其归一化频率使得 $0 < \omega_c/\omega_o < 1$。一旦使用 MATLAB 确定了归一化的滤波器传递函数，就可以使用适当的缩放频率 $\omega_o$，把其缩放为任何其他频率。

---

**例 3.5**

确定一个二阶低通巴特沃斯滤波器，使其截止频率为 $\omega_c = 1/\sqrt{2}\,\mathrm{rad/s}$。使用 MATLAB 验证结果。

画出滤波器传递函数的幅频特性。

如何使用这个结果获得 10 倍于该截止频率的滤波器？

接下来，获得具有相同截止频率（$\omega_c = 1/\sqrt{2}\,\mathrm{rad/s}$）的四极点（四阶）巴特沃斯滤波器并比较这两个结果。

**解：** 直接代入式（3-30），得到滤波器传递函数

$$\frac{v_o}{v_i} = \frac{0.5}{[s^2 + s + 0.5]}$$

相应的 MATLAB 命令是

```
>> [b,a] = butter(n,Wn,'s')
```

其中，n 是滤波器阶数；Wn 是截止频率；b 是传递函数的分子系数向量；a 是传递函数的分母系数向量。

我们得到以下结果：

```
>> [b,a]=butter(2,1/sqrt(2),'s')
b =
          0          0     0.5000
a =
  1.0000    1.0000    0.5000
```

这与分析结果一致。我们可以用 MATLAB 来绘制该滤波器的频率响应函数的幅值，如下所示：

```
>> w=linspace(0.005,0.705,142);
>> h = freqs(b,a,w);
>> plot(w,abs(h),'-')
```

结果如图 3-10a 所示（实线）。

对于归一化的滤波器结果（对于任何滤波器阶数为 $n$），我们可以直接获得对应于任何其他截止频率和相同滤波器阶数的滤波器传递函数。我们简单地改变归一化结果的多项式系数（分子和分母）如下所示：

$$s^0 \text{ 系数：乘以 } r^n$$
$$s^1 \text{ 系数：乘以 } r^{n-1}$$

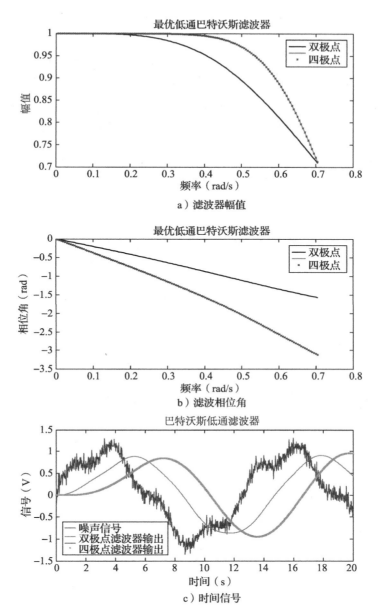

a）滤波器幅值

b）滤波相位角

c）时间信号

图 3-10　最佳低通巴特沃斯滤波

其中 $r$ 是改变截止频率的倍增因子。

现在，当 $r=10$ 时它对应 $10/\sqrt{2}\mathrm{rad/s}$ 的截止频率，我们有最佳滤波器传递函数

$$\frac{v_{\mathrm{o}}}{v_{\mathrm{i}}} = \frac{0.5 \times 100}{[s^2 + s \times 10 + 0.5 \times 100]} = \frac{50}{[s^2 + 10s + 50]}$$

接下来，让我们使用一个四极点巴特沃斯滤波器为同一个例子设计一个更好的低通滤波器，并比较这两个结果。我们使用下面的 MATLAB 命令来达到这个目的：

```
>> [b2,a2]=butter(4,1/sqrt(2),'s')
b2 =
         0        0        0        0    0.2500
a2 =
    1.0000   1.8478   1.7071  0.9239    0.2500
>> w=linspace(0.005,0.705,142);
```

```
>> h2 = freqs(b2,a2,w);
>> plot(w,abs(h2),'-')
```

图 3-10a 中的"x"点表示四极点巴特沃斯滤波器的频率响应函数的幅值。可以看出，通带的平坦度大大提高了。特别地，双极点滤波器已经相当平坦，高达约 0.2rad/s，而四极点滤波器则高达约 0.4rad/s。

相位失真：滤波器有明显的好处，但就信号失真而言，我们通常在牺牲某些东西的同时达到这些目的。有两种类型的失真可进入信号（当去除不需要的分量时）：（1）信号幅值失真；（2）信号相位角失真（引入相位滞后）。我们已经观察到了幅值失真，当频率大于截止频率的一半时，幅值失真可能是显著的。我们能够通过增加滤波器的数量来改善幅值失真。现在让我们使用相同的例子来考虑相位失真。

两个滤波器的相位角曲线（以弧度为单位）使用以下 MATLAB 命令来获得：

```
>> plot(w,angle(h),'-', w,angle(h2),'-',w,angle(h2),'x')
```

结果如图 3-10b 所示，双极点滤波器为实线，四极点滤波器为"x"点。可以看出相位失真相当显著。然而，就相位失真而言，双极点滤波器比四极点滤波器好。特别是在截止频率下，双极点滤波器的相位滞后是 $\pi/2$，而四极点滤波器的相位滞后是 $\pi$。

假设产生了一个有随机噪声的正弦信号，如图 3-10c 所示，使用 MATLAB 脚本：

```
% Low-pass filter data
t=0:0.02:20.0;
u=sin(0.5*t)+0.2*sin(2*t);
for i=1:1001
u(i)=u(i)+normrnd(0.0,0.1); % Gaussian random noise
end
```

使用以下 MATLAB 命令将此信号分别应用于双极点滤波器和四极点滤波器：

```
>> y1=lsim(b,a,u,t);
>> y2=lsim(b2,a2,u,t);
```

接下来，使用以下命令绘制输入（噪声）信号和滤波器输出：

```
>> plot(t,u,'-',t,y1,'-',t,y2,'-',t,y2,'x')
```

图 3-10c 显示了这些图。可以得出以下结论：
1. 两个滤波器在消除噪声方面同样有效。
2. 双极点滤波器稍微引入了幅值失真。
3. 四极点滤波器引入了更多的相位失真。

### 3.3.3  高通滤波器

理想情况下，高通滤波器允许所有高于某个频率（截止频率）的信号分量通过，并阻止低于该频率的所有信号分量。图 3-11a 显示了一个单极点高通滤波器。对于前面讨论的低通滤波器，希望是有源滤波器，因为它具有许多优点，包括由于运放的高输入阻抗和低输出阻抗引起的负载误差可忽略不计，所以运算放大器电压跟随器就具备这个特性。

由于流过路径 $C$-$R$-$R_f$ 的电流是相同的（因为没有电流可以流入运算放大器引线），因此可获得滤波器方程。令 $v_A$ 为 $A$ 点的电压，我们得到 $C(\mathrm{d}/\mathrm{d}t)(v_i - v_A) = v_A/R = -v_o/R_f$。通过消除这两个方程中的 $v_A$，我们可以得到

$$\tau \frac{\mathrm{d}(v_i + k v_o)}{\mathrm{d}t} = - v_o$$

可以写成

$$\tau \frac{\mathrm{d}v_i}{\mathrm{d}t} = - \left( k\tau \frac{\mathrm{d}v_o}{\mathrm{d}t} + v_o \right) \tag{3-31}$$

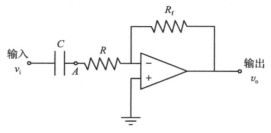

a）单极点高通滤波器

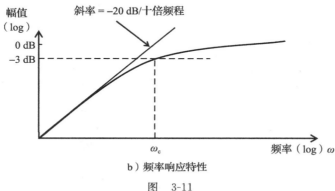

b）频率响应特性

图　3-11

其中滤波器的时间常数为

$$\tau = RC \tag{3-32}$$

为了方便（不失一般性），取 $k=1$（即 $R = R_f$）。然后，引入拉普拉斯变量 $s$，滤波器的传递函数可以写成

$$\frac{v_o}{v_i} = G(s) = \frac{\tau s}{(\tau s + 1)} \tag{3-33a}$$

这对应于超前电路（即由该传递函数提供整个相位的超前）。相应的频率响应函数是

$$G(j\omega) = \frac{\tau j\omega}{(\tau j\omega + 1)} \tag{3-33b}$$

由于 $\omega \ll 1/\tau$，因此幅值为 0，而由于 $\omega \gg 1/\tau$ 的幅值为 1，所以截止频率为

$$\omega_c = \frac{1}{\tau} \tag{3-34}$$

一个理想的高通滤波器允许所有高于该截止频率的信号不失真，并将完全阻断截止频率以下的所有信号。然而，从图 3-11b 所示的频率响应特性来看，图 3-11 所示的基本高通滤波器的实际性能并不完美。基本的高通滤波器的半功率带宽等于式（3-33b）给出的截止频率，就像在基本低通滤波器中看到的情况一样。单极点高通滤波器的上升斜率为 20dB/十倍频程。越陡峭越好。可以构建多极点高通巴特沃斯滤波器，以提供更陡峭的上升斜率和合理平坦的通带幅值特性。

### 3.3.4　带通滤波器

一个理想的带通滤波器通过有限频带内的所有信号分量，并阻断该频带外的所有信号分量。通带的下限频率称为"下限截止频率"（$\omega_{c1}$），频带的上限频率称为"上限截止频率"（$\omega_{c2}$）。形成带通滤波器最直接的方法是将截止频率为 $\omega_{c1}$ 的高通滤波器与截止频率为 $\omega_{c2}$ 的低通滤波器级联起来。我们通过将无源低通滤波器连接到图 3-11 所示的高通滤波器来实现这一点。这种结构如图 3-12 所示。尽管在高通滤波器的输出端会有一个负载电流，但是如前所述，从其方程推导中可以看出，滤波器方程将是相同的。

为了得到滤波器方程，首先考虑图 3-12a 所示电路的高通部分。根据之前得到的高通滤波器的结果[见式(3-31a)]，我们有

$$\frac{v_{o1}}{v_i} = \frac{\tau s}{(\tau s + 1)} \tag{i}$$

其中 $v_{o1}$ 是高通阶段的输出。

无源低通滤波器的方程比较简单（输出处于开路），如下所示：

$$(v_{o1} - v_o)/R_2 = C_2(dv_o/dt)$$

这给出了低通级的传递函数

$$\frac{v_o}{v_{o1}} = \frac{1}{(\tau_2 s + 1)} \tag{ii}$$

然后，结合式(i)和式(ii)，我们得到了带通滤波器的传递函数

$$\frac{v_o}{v_i} = \frac{\tau s}{(\tau s + 1)(\tau_2 s + 1)} \tag{3-35}$$

其中

$$\tau_2 = R_2 C_2 \tag{3-36}$$

截止频率是 $\omega_{c1} = 1/\tau$ 和 $\omega_{c2} = 1/\tau_2$，这些用图 3-12b 所示的频率特性来表示。可以验证，对于这个基本的带通滤波器，上升斜率是 +20dB/十倍频程，下降斜率是 −20dB/十倍频程。这些斜率在许多应用中是不够的。此外，基本滤波器通带内的频率响应平坦度不够。具有更清晰截止频率和更平坦通带的更复杂（更高阶）的带通滤波器可商购获得。

**谐振型带通滤波器**

有很多应用需要滤波器的通带非常窄。在讲述模拟滤波器部分时，所提到的跟踪滤波器就是这样一种应用。具有尖锐谐振的滤波器电路可以用作窄带滤波器。由于级联 RC 电路不提供振荡响应（因为滤波器极点都是真实的），因此它不能构成谐振型滤波器。另一方面，图 3-13a 所示的电路将会产生所需的效果。

要获得滤波器方程，首先写出在运算放大器 −ve 引线端的电流总和：

$$\frac{v_o}{R_1} + C_1 \frac{dv_A}{dt} = 0 \tag{i}$$

接下来写出 $A$ 点的电流总和：

$$\frac{v_i - v_A}{R_2} + C_2 \frac{d}{dt}(v_o - v_A) = \frac{v_A}{R_3} - \frac{v_o}{R_1} \tag{ii}$$

$$(i): v_o + \tau_1 s v_A = 0 \tag{iii}$$

$$(ii): v_i - v_A + \tau_2 s(v_o - v_A) = k_2 v_A - k_1 v_o \tag{iv}$$

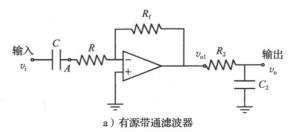

a）有源带通滤波器

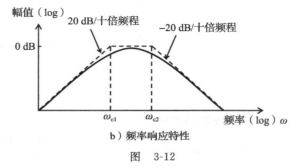

b）频率响应特性

图 3-12

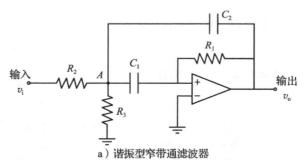

a）谐振型窄带滤波器

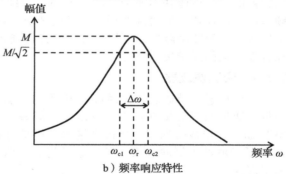

b）频率响应特性

图 3-13

从式(iii)和式(iv)中消去 $v_A$：$[\tau_1\tau_2 s^2+(k_1\tau_1+\tau_2)s+1+k_2]v_o=-\tau_1 s v_i$。

则滤波器方程为：

$$\frac{v_o}{v_i}=G(s)=-\frac{\tau_1 s}{[\tau_1\tau_2 s^2+(k_1\tau_1+\tau_2)s+1+k_2]} \tag{3-37}$$

其中

$$\tau_1=R_1 C_1, \quad \tau_2=R_2 C_2, \quad k_1=\frac{R_2}{R_1}, \quad k_2=\frac{R_2}{R_3}$$

可以证明，特征方程可具有复数根(即复极点)。

## 例 3.6

验证图 3-13a 所示的带通滤波器具有图 3-13b 所示的谐振峰值的频率响应。验证在低阻尼时滤波器的半功率带宽 $\Delta\omega$ 由 $2\zeta\omega_r$ 给出(注：$\zeta$ 是阻尼比，$\omega_r$ 是谐振频率)。

**解：**我们可以通过显示其特征方程可能具有复数根的方式，来证明式(3-37)给出的传递函数具有谐振峰值方程。例如，如果我们使用参数值 $C_1=2$、$C_2=1$、$R_1=1$、$R_2=2$ 和 $R_3=1$，那么有 $\tau_1=2$、$\tau_2=2$、$k_1=2$ 和 $k_2=2$。对应的特征方程为 $4s^2+6s+3=0$，其根为 $-(3/4)\pm j(\sqrt{3}/4)$。显然，极点是复数。

要获得滤波器半功率带宽的表达式，滤波器的传递函数可写为

$$G(s)=-\frac{ks}{[s^2+2\zeta\omega_n s+\omega_n^2]} \tag{3-38a}$$

其中，$\omega_n$ 是无阻尼固有频率；$\zeta$ 是阻尼比；$k$ 是增益参数。

频率响应函数由下式给出

$$G(j\omega)=-\frac{kj\omega}{[\omega_n^2-\omega^2+2j\zeta\omega_n\omega]} \tag{3-38b}$$

对于低阻尼，谐振频率 $\omega_r\approx\omega_n$。对应的谐振峰值 $M$ 是通过将 $\omega=\omega_n$ 代入式(3-38b)中并取传递函数的幅值而得到的。从而有

$$M=\frac{k}{2\zeta\omega_n} \tag{3-39}$$

在半功率频率处我们有

$$|G(j\omega)|=\frac{M}{\sqrt{2}} \quad 或 \quad \frac{k\omega}{\sqrt{(\omega_n^2-\omega^2)^2+4\zeta^2\omega_n^2\omega^2}}=\frac{k}{2\sqrt{2}\zeta\omega_n} \tag{3-40}$$

从而得到

$$(\omega_n^2-\omega^2)^2=4\zeta^2\omega_n^2\omega^2$$

式(3-36)的正根提供通带频率 $\omega_{c1}$ 和 $\omega_{c2}$。根由 $\omega_n^2-\omega^2=\pm 2\zeta\omega_n\omega$ 给出。因此，这两个根 $\omega_{c1}$ 和 $\omega_{c2}$ 满足以下两个等式：$\omega_{c1}^2+2\zeta\omega_n\omega_{c1}-\omega_n^2=0$ 和 $\omega_{c2}^2+2\zeta\omega_n\omega_{c2}-\omega_n^2=0$。

因此，通过求解这两个二次方程并选择适当的符号，我们可以得到

$$\omega_{c1}=-\zeta\omega_n+\sqrt{\omega_n^2+\zeta^2\omega_n^2} \tag{3-41}$$

$$\omega_{c2}=\zeta\omega_n+\sqrt{\omega_n^2+\zeta^2\omega_n^2} \tag{3-42}$$

半功率带宽为：

$$\Delta\omega=\omega_{c2}-\omega_{c1}=2\zeta\omega_n \tag{3-43}$$

现在，因为在阻尼比较小的情况下有 $\omega_n\approx\omega_r$，所以我们有

$$\Delta\omega=2\zeta\omega_r \tag{3-44}$$

共振型滤波器的一个明显缺点是带宽(通带)内的频率响应不平坦。因此，在通带内会发生非常不均匀的信号衰减。

### 3.3.5 带阻滤波器

带阻滤波器或陷波滤波器通常用于滤除信号中的窄带噪声分量。例如，通过使用陷波频率为 60Hz 的陷波滤波器，可以消除信号中 60Hz 的线路噪声。

图 3-14a 显示了一个可用作陷波滤波器的有源电路。这称为"双 T 形电路"，因为其几何形状类似于连接在一起的两个 T 形电路。

为了获得滤波器方程，需注意由于电压跟随器的单位增益（由于与电阻 $R_f$ 相等）以及运算放大器的输入端接地，因此点 P 处的电压为 $-v_o$。现在，我们在节点 A 和 B 写下电流平衡方程：

$$\frac{v_i - v_B}{R} = 2C\frac{dv_B}{dt} + \frac{v_B + v_o}{R}; \quad C\frac{d}{dt}(v_i - v_A) = \frac{v_A}{R/2} + C\frac{d}{dt}(v_A + v_o)$$

接下来，由于流过运算放大器正极的电流为零，因此在节点 P 处电流平衡

$$\frac{v_B + v_o}{R} + C\frac{d}{dt}(v_A + v_o) = \frac{-v_o}{R_f}$$

这 3 个式子都是用拉普拉斯形式写成的

$$v_i = 2(\tau s + 1)v_B + v_o \qquad \text{(i)}$$
$$\tau s v_i = 2(\tau s + 1)v_A + \tau s v_o \qquad \text{(ii)}$$
$$v_B + (\tau s + 1 + k)v_o + \tau s v_A = 0 \quad \text{(iii)}$$

其中

$$\tau = RC \quad \text{且} \quad k = \frac{R}{R_f} \qquad (3\text{-}45)$$

最后，通过式（iii）消去式（i）中的 $v_A$ 和 $v_B$，我们得到

$$\frac{v_o}{v_i} = G(s) = -\frac{\tau^2 s^2 + 1}{\tau^2 s^2 + (4 + k)\tau s + 1 + 2k}$$
$$(3\text{-}46a)$$

滤波器的频率响应函数（令 $s = j\omega$）为

$$G(j\omega) = -\frac{1 - \tau^2 \omega^2}{1 - \tau^2 \omega^2 + (4 + k)j\tau\omega}$$
$$(3\text{-}46b)$$

当频率为下面的值时频率响应函数的幅值变为零

$$\omega_o = \frac{1}{\tau} \qquad (3\text{-}47)$$

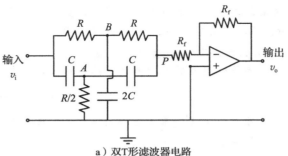

a）双T形滤波器电路

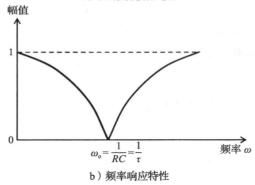

b）频率响应特性

图 3-14

这就是所谓的"陷波频率"。陷波滤波器的频率响应函数的幅值如图 3-14b 所示。注意到，任何频率为 $\omega_o$ 的信号分量都将被陷波滤波器完全消除。为了让其他（理想的）信号分量通过，不会有太多的衰减，就需要急速的滚降和滚升。

虽然前面 3 种滤波器通过滤波器传递函数的极点实现了频率响应特性，但陷波滤波器却是通过其零点（分子多项式方程的根）实现其频率响应特性的。

框 3.2 总结了一些关于滤波器的有用信息。

---

框 3.2   滤波器

**有源滤波器（需要外部电源）**

优点

● 有较小的负载误差和较低的相互作用（由于具有高输入阻抗和低输出阻抗，因此不

会影响输入电路、输出信号和其他组件)
- 更低的价格
- 更好的准确性

**无源滤波器(无须外部电源，使用无源器件)**

优点
- 无源滤波器可用于非常高的频率(如射频)
- 不需要电源

**滤波器类型**
- **低通**：允许频率分量达到截止频率，并拒绝更高的频率分量
- **高通**：将频率分量抑制到截止频率，并允许更高的频率分量
- **带通**：在一段区间内允许频率分量通过，并拒绝其余的部分
- **陷波(或带阻)**：在一段区间内(通常是窄带)拒绝频率分量，并允许其余部分

**定义**
- **滤波器阶数**：滤波器电路或传递函数的极点数
- **防混叠滤波器**：截止频率低于采样率的一半(即低于奈奎斯特频率)的低通滤波器，用于数字处理
- **巴特沃斯滤波器**：带有平坦通带的高阶滤波器
- **切比雪夫滤波器**：通带中有均匀波纹的最优滤波器
- **Sallen-Key 滤波器**：输出与输入同相的有源滤波器

### 3.3.6　数字滤波器

在模拟滤波中，滤波器是一个物理动态系统，通常是一个电路。要滤波的信号作为这个动态系统的输入，动态系统的输出是滤波后的信号。实质上，任何物理动态系统都可被解释为模拟滤波器。

模拟滤波器可以用时间微分方程来表示。它需要一个模拟输入信号 $u(t)$，它是在时间 $t$ 上连续定义的，并产生一个模拟输出 $y(t)$。数字滤波器是一种接收一系列离散输入值(例如，以采样周期 $\Delta t$ 内对模拟信号进行采样)的设备，表示为

$$\{u_k\} = \{u_0, u_1, u_2, \cdots\} \tag{3-48}$$

并且产生一系列离散的输出值

$$\{y_k\} = \{y_0, y_1, y_2, \cdots\} \tag{3-49}$$

由此可见，数字滤波器是一个离散时间系统，可以用差分方程来表示。

一个 $n$ 阶线性差分方程

$$a_0 y_k + a_1 y_{k-1} + \cdots + a_n y_{k-n} = b_0 u_k + b_1 u_{k-1} + \cdots + b_m u_{k-m} \tag{3-50}$$

是递归算法，就是说它使用输出序列的先前值以及直到当前时间点的输入序列的所有值来生成输出序列的一个值。以这种方式表示的数字滤波器称为*递归数字滤波器*。有使用数字处理的滤波器，其中输入序列的块(采样集合)通过一次性计算转换为输出序列的块。它们不是递归滤波器。非递归滤波器通常采用数字傅里叶分析，特别是快速傅里叶变换算法。

**软件实现和硬件实现**

在数字滤波器中，信号滤波是通过对输入信号进行数字处理来完成的。输入数据的序列(通常通过采样和数字化相应的模拟信号来获得)根据特定数字滤波器的递归算法进行处理。这就产生了输出序列。如果需要的话，最终的数字输出可以使用数-模转换器转换成模拟信号(参见第 4 章)。

递归数字滤波器是应用特定滤波方案（例如，低通、高通、带通和带阻）的递归算法的实现。滤波器算法可以用软件或硬件来实现。在软件实现中，滤波器算法被编程到数字计算机中。计算机的处理器（例如，微处理器或 DSP）根据存储在存储器（以机器代码形式）中的运行时滤波器程序处理输入数据序列，以生成滤波后的输出序列。

在软件方法中，滤波器算法在数字计算机中被编程和执行。硬件数字滤波器可以在 IC 芯片中实现，使用逻辑元器件来执行滤波方案。

数字滤波器的软件实现具有的优点是灵活性；具体而言，可以通过改变存储在计算机中的软件程序来很容易地修改滤波器算法。另一方面，如果在商业上需要大量特定（固定）结构的滤波器，那么将滤波器设计成可大批量生产的 IC 将会更经济。以这种方式，可以生产成本非常低的数字滤波器。与软件滤波器相比，硬件滤波器可以以更快的速度运行，因为在硬件滤波的情况下，处理过程通过滤波器芯片中的逻辑电路自动进行，而无须使用存储在计算机存储器中的软件程序和各种数据。硬件滤波器的主要缺点是其算法和参数值不能修改，该种滤波器专门用于执行固定功能。

## 关键术语

**组件互连的注意事项**：阻抗匹配，信号转换和信号调理。

**运算放大器（Op-amp）**：高输入阻抗（大约为 $2M\Omega$），低输出阻抗（大约为 $10\Omega$）和非常高的开环电压（差分）增益（数量级为 $10^5 \sim 10^9$）。

**运算放大器方程**：$v_o = K_d(v_{ip} - v_{in}) + K_{cm} \times (1/2)(v_{ip} + v_{in})$；$v_{ip}$ 为同相引脚电压，$v_{in}$ 为反相引脚电压，$K_d$ 为差分增益，$K_{cm}$ 为共模增益。

**共模电压**：$(1/2)(v_{ip} + v_{in})$。

**共模抑制比（CMRR）**：$K_d/K_{cm}$。

**带宽**：工作频率的范围（例如，56MHz）。

**压摆率**：输出电压的最大可能变化率，不会明显扭曲输出（例如，$160V/\mu s$）。

**静态电流**：当输出处于开路且没有输入信号时，运算放大器输出的电流。

**运算放大器电路方程的两个假设**：(1)输入端（反相和同相）的电压相等（由于高差分增益而产生的）；(2)输入端的电流为零（由于高输入阻抗而产生的）。

**仪表放大器**：获取并放大两个输入信号之差，在每个输入端都有运算放大器（高输入阻抗），增益可调，有调整能力（纠错）。

**仪表放大器的应用**：控制诸如比较器之类的硬件，从两个信号中消除常见噪声（例如，来自交流电源线的 60Hz 线路噪声），去除可测量的噪声或非线性分量，作为电桥电路的放大器，作为传感器和换能器的放大器。

**接地和隔离**：避免电子噪声和有害信号传入仪器。

**滤波器**：有低通、高通、带通和带阻（包括陷波）4 种形式。

**模拟滤波器**：使用模拟电路（使用运算放大器、电阻和电容等元器件）。滤波过程由电路的动态特性完成。

**无源滤波器**：使用无源器件，不需要电源。

**有源滤波器**：使用外部电源，使用运算放大器，有高输入阻抗，更便宜、更小、更精确、更高效。

**滤波器参数**：通带＝允许信号的频带；截止频率＝通带的结束频率（由滤波器时间常数来确定）；极点＝滤波器传递函数中分母方程（特征方程）的根。

**低通滤波器**：$G(s) = k/(\tau s + 1)$（单极点），截止频率＝半功率带宽＝$\omega_c = 1/\tau$，滚降率＝$-20dB/$十倍频程；$G(s) = \omega_n^2/(s^2 + 2\zeta\omega_n s + \omega_n^2)$（双极点），截止频率＝$\omega_c = \omega_n$，滚降率＝$-40dB/$十倍频程。最佳滤波器→$\zeta = 1/\sqrt{2}$→$\omega_n =$半功率带宽。

注意：这个双极点滤波器比两个级联的单极点滤波器要好，因为它需要一个运算放大器，并且是最佳的（$\zeta = 1/\sqrt{2}$）。

**高通滤波器**：$G(s) = \tau s/(\tau s + 1)$（单极点），截止频率 $\omega_c = 1/\tau$，上升斜率＝$20dB/$十倍频程。

**带通滤波器**：$G(s) = \tau s/[(\tau s + 1)(\tau_2 s + 1)]$，截止频率 $\omega_{c1} = 1/\tau$，$\omega_{c2} = 1/\tau_2$，上升斜率＝$+20dB/$十倍频程，滚降斜率＝$-20dB/$十倍频程；$G(s) = \omega_n^2/(s^2 + 2\zeta\omega_n s + \omega_n^2)$，其中 $\zeta = 1/\sqrt{2}$→半功率带宽 $\Delta\omega = 2\zeta\omega_n$ 的共振型带通滤波器。

带阻(陷波)滤波器：$G(s) = -(\tau^2 s^2 + 1)/[\tau^2 s^2 + (4+k)\tau s + 1 + 2k]$且陷波频率 $\omega_0 = 1/\tau$。

数字滤波器：用于滤波的数字处理；滤波器模型是差分方程 $a_0 y_k + a_1 y_{k-1} + \cdots + a_n y_{k-n} = b_0 u_k + b_1 u_{k-1} + \cdots + b_m u_{k-m}$ 或 $Z$ 传递函数；软件实现(在计算机程序中)和硬件实现(在固定逻辑硬件中)都是可行的。

## 思考题

**3.1** 在运动感测的情况下，定义下列术语：

(a) 机械负载

(b) 电负载

解释如何减少这些负载效应。下表给出了运算放大器中某些参数的理想值。为这些参数给出典型的实际值(例如，$50\Omega$ 的输出阻抗)。

| 参数 | 理想值 | 典型值 |
| --- | --- | --- |
| 输入阻抗 | 无穷大 | — |
| 输出阻抗 | 零 | $50\Omega$ |
| 增益 | 无穷大 | — |
| 带宽 | 无穷大 | — |

注：在理想条件下，反相端电压等于同相端电压(即失调电压为零)。

**3.2** 通常，通过使用以下两个假设分析运算放大器电路：

1. 正输入端的电位等于负输入端的电位。

2. 通过每个输入端的电流为零。

解释为什么这些假设在运算放大器不饱和时是有效的。

(a) 一个业余爱好者将电路连接到没有反馈组件的运算放大器上。即使在运算放大器没有施加信号的情况下，一旦电源接通，就会发现输出在 $+12V$ 和 $-12V$ 之间振荡。给出出现这种现象的原因。

(b) 运算放大器的开环增益是 $5 \times 10^5$，饱和输出电压为 $\pm 14V$。如果同相输入为 $-1\mu V$，反相输入为 $+0.5\mu V$，则输出是多少？如果反相输入为 $5\mu V$，同相输入接地，则输出是多少？

**3.3** 在运算放大器中定义以下术语：

(a) 失调电流

(b) 失调电压(输入和输出)

(c) 增益不等

(d) 压摆率(转换速率)

给出这些参数的典型值。已知运算放大器的开环增益和输入阻抗随频率而变化，并且也随时间漂移。尽管如此，已知的运算放大器电路的性能表现仍非常好。请解释主要原因是什么？

**3.4** (a) 什么是电压跟随器？给出一个电压跟随器的实际使用。

(b) 考虑图 P3-1 所示的放大器电路。根据电阻 $R$ 和 $R_f$ 确定放大器电压增益 $K_v$ 的表达式。这是一个反相放大器还是一个同相放大器？

**3.5** 放大器的响应速度可以用 3 个参数来表示：带宽、上升时间和压摆率(转换速率)。对于理想化的线性模型(传递函数)，可以验证上升时间和带宽与系统输入值及直流增益无关。由于输出值(在稳定条件下)可以表示为输入值和直流增益的乘积，因此可以看出对于线性模型而言，上升时间和带宽与输出幅值无关。

讨论压摆率与实际放大器的带宽和上升时间是如何相关的。通常，放大器有受限的转换速率值。表明在这种情况下，带宽随输出的振幅而减小。

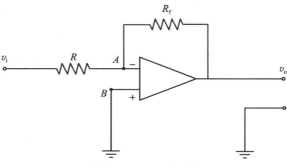

图 P3-1 放大器电路

电压跟随器的转换速率为 $0.5V/\mu s$。如果振幅为 $2.5V$ 的正弦电压施加到该放大器，那么请估算工作带宽。相反，如果施加幅值为 5V 的阶跃输入，则估计输出达到 5V 所需的时间。

**3.6** 定义以下术语：

(a) 共模电压

(b) 共模增益

(c) CMRR

运算放大器的共模抑制比的典型值是多少？图 P3-2 显示了一个带有横越电容的差分放大器电路。在操作过程中，开关 A 和 B 交替打开和关闭。例如，首先开关 A 在开关 B 断开（打开）的情况下打开（闭合）。接下来，开关 A 断开，开关 B 闭合。解释为什么这种设置提供了良好的共模抑制特性。

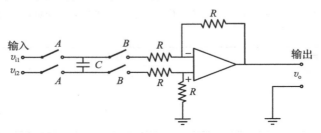

图 P3-2　具有共模抑制横越电容的差分放大器

**3.7** 比较系统稳定性的常规（教科书）含义和仪器稳定性的实际解释。

已知放大器的温度漂移为 1mV/℃，长期漂移为 25μV/月。定义术语温度漂移和长期漂移。建议减少仪器漂移的方法。

**3.8** 一个设备（或电路）与其他设备（或电路）的电气隔离在工程实践中非常有用。可以使用隔离放大器来实现这一点。它提供了一个几乎是避免负载问题唯一方式的传输链路。按照这种方式，可以减少由于其他组件中信号电平的增加（可能是短路、故障、噪声、高共模信号等）而引起的一个组件的损坏。一个隔离放大器可以由一个变压器、一个带有其他辅助部件（如滤波器和放大器）的解调器构成。为隔离放大器绘制一个合适的原理图，并说明该器件的操作方式。

**3.9** 一份报纸上报道，一个人在使用手机和笔记本电脑的情况下，因触电死亡。根据报告，这个人在它们正充电时使用这两种设备（见图 P3-3）。特别是，这个人戴着耳机连接到了笔记本电脑。在人的耳朵和胸部发现烧伤。尽管称原因是有故障的手机充电器发送的高电压电脉冲进入了体内，但是这个怀疑是不能确定的，这从图 P3-3 中应该可以清楚地看到。讨论这种触电的可能原因。

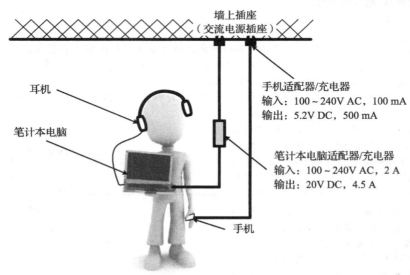

图 P3-3　充电时使用手机和笔记本电脑的触电

**3.10** 什么是无源滤波器？列出无源（模拟）滤波器与有源滤波器相比的几个优点和缺点。

构建有源滤波器的一个简单方法是从一个相同类型的无源滤波器开始，并在输出端添加一个电压跟随器。这个电压跟随器的作用是什么?

**3.11** 为以下类型的模拟滤波器分别提供一个应用场景:

(a) 低通滤波器

(b) 高通滤波器

(c) 带通滤波器

(d) 陷波(带阻)滤波器

假设有多个单极点有源滤波器进行级联。整个(级联)滤波器可能具有谐振峰值吗?请说明原因。

**3.12** 巴特沃斯滤波器具有最大的平坦度。解释这是什么意思。给出一个实用滤波器所需的另一个特点。

**3.13** 图 P3-4 给出了一个有源滤波器电路。

(a) 求出滤波器的传递函数。滤波器的阶数是多少?

(b) 画出频率传递函数的幅频特性。它代表什么类型的滤波器?

(c) 估计滤波器的截止频率和滚降斜率。

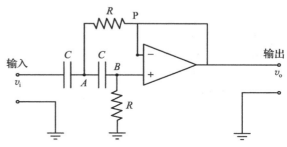

图 P3-4 有源滤波电路

**3.14** 选择一组传感器,并从这些传感器中确定可能存在于测量中的噪声类型。指出可以使用哪种类型的滤波器来滤除噪声。

**3.15** 使用 MATLAB 脚本语言生成噪声信号(在采样周期为 0.02s 时采样 501 个点),如图 P3-5所示:

```
% Filter input data
t=0:0.02:10.0;
u=sin(t)+0.2*sin(10*t);
for i=1:501
u(i)=u(i)+normrnd(0.0,0.1); % normal random noise
end
% plot the results
plot(t,u,'-')
```

(a) 识别这个信号的一些特征(假设没有产生信号,没有这个信号的任何描述就给了你)。

(b) 使用截止频率为 2.0rad/s 的四极点巴特沃斯低通滤波器,并获得滤波后的信号。描述这个信号的性质。

(c) 使用四极点巴特沃斯带通滤波器,通带为:[9.9, 10.1], [9.0, 11.0]和[8.0, 12.0],获得滤波后的信号。讨论这些结果。

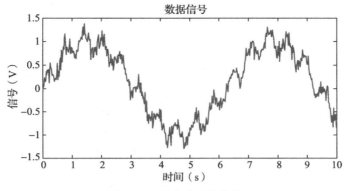

图 P3-5 带有噪声的信号

**3.16** 具有内置补偿和滤波电路的单芯片放大器在工程应用中非常流行的作用是信号调理,特别是在与数据采集、机器健康监测和控制相关的任务中变得越来越流行。一些信号处理任务(如信号集成,即将加速度计的数据转换成速度传感器所需的数据),也可以使用 IC 芯片以模拟形式来完成。与传统的采用分立电路元器件和独立元件来完成各种信号调理任务的模拟信号调理硬件相比,这种信号修整芯片的优点是什么?

# 第4章

# 信号转换方法

**本章主要内容**
- 信号修整和信号转换
- 调制器和解调器
- 数据采集（DAQ）硬件
- 数-模和模-数转换器（DAC/ADC）
- 采样保持硬件
- 多路复用器
- 桥式电路
- 线性化器件
- 移相器
- 电压-频率转换器（VFC）
- 频率-电压转换器（FVC）
- 电压-电流转换器（VCC）
- 峰值保持电路

## 4.1　信号修整与转换

在工程系统中存在很多类型的信号，根据系统的用途，需要将信号转换成不同的类型和形式。尤其是根据具体的应用要求，当系统中的信号从一个设备输出并输入给另一个设备时，信号应保持在合适的水平上（即电压、电流、速度、力和功率的大小）和适当的形式（即电、机械、模拟、数字、调制、解调）。在前面的章节中，我们已经讨论了几个相关的问题，如组件互连、负载和信号调理，这些在工程系统的仪器仪表领域中都很重要。在本章中，我们将着重研究信号转换，这是信号修整的一个方面。

### 4.1.1　信号转换

信号修整就是以某种方式改变信号。第 3 章研究的放大和滤波都属于信号修整方式。另一种信号修整涉及将信号从一种类型转换为另一种类型。本章研究的主题是信号转换。这对实际工程系统的开发和运行至关重要。

信号转换的操作包括模-数转换（ADC）、数-模转换（DAC）、电压-频率转换、频率-电压转换、幅度调制（AM）、频率调制（FM）、相位调制（PM）、脉冲宽度调制（PWM）、脉冲频率调制（PFM）、脉冲编码调制（PCM）和解调（即调制的逆过程）。此外，还有许多有用的其他类型的信号调整方法。例如，在数字数据采集（DAQ）系统中使用的采样保持（S/H）电路。在传感器和 DAQ 的许多应用中，用到了诸如模拟和数字多路复用（MUX）电路及桥式电路。移相、曲线整形、偏移和线性化也可以归类为信号转换。

当使用数字计算机对模拟信号进行处理时，首先必须将模拟信号进行数字化处理。同样，当在模拟应用（例如，在驱动电动机时）中使用来自数字设备的数字信号时，必须将信号转换为模拟形式才能使用。特别是对于信号传输，可能必须要把信号进行调制和数字化等。这就使得传输信号的 SNR 比值在接收机端应足够大，并且保证接收信号是所需要的形式。根据具体应用，操作特定设备所用的信号参数可能是频率、电压或电流。如果信号形式与所需的信号类型有所不同，则必须通过某种方式将其转换为正确的形式。这些应用都说明了信号修整的意义，是仪表研究方面的重要课题。

### 4.1.2 本章内容

本章研究了几种信号转换的实用工作原理。讨论了多种类型的信号转换电路，包括调制器、解调器、电桥电路、模-数转换器（ADC）、数-模转换器（DAC）、采样保持电路、多路复用器（MUX）、线性化器件、移相器、电压-频率转换器（VFC）、频率-电压转换器（FVC）、电压-电流转换器（VCC）和峰值保持电路。并给出了具体的硬件组件、设计及其关键参数和指标以供参考。

## 4.2 调制器和解调器

有时，有意将信号转换为不同形式，以便使信号在产生、传输、调理和处理期间保持真实性/准确性。一个具体的例子就是信号调制，其中称为"调制信号"的数据信号用于改变（调制）载波信号的特性（如幅值或频率）。按照这种方式，载波信号由数据信号调制，产生用于后续操作（传输、处理等）的"调制载波信号"。在发送或调理调制信号后，通常必须通过去除载波信号来恢复数据信号，这个过程称为"解调"或"检波"。

调制技术有很多种，还有几种信号修整方式（例如，数字化），它们都可以归类为信号调制，即使它们可能不被普遍认可。以下 4 种调制方式如图 4-1 所示：

1. 幅度调制（AM）
2. 频率调制（FM）
3. 脉冲宽度调制（PWM）
4. 脉冲频率调制（PFM）

在 AM 中，周期性载波信号在保持频率恒定的情况下，其振幅会根据数据信号（调制信号）的幅值变化而变化。假设图 4-1a 所示的瞬态信号是调制信号，高频正弦信号为载波信号。所得到的幅度调制信号如图 4-1b 所示。AM 广泛用于电信、无线电和电视信号的传输、仪器仪表、信号调理。AM 的基本原理在工程系统的传感和仪表化，以及旋转机械中的故障检测和诊断等应用中都十分有效。

而在频率调制（FM）中，载波信号的振幅在保持恒定的同时，载波信号的频率与数据信号（调制信号）的幅值成比例地变化。假设图 4-1a 所示的数据信号对正弦载波信号进行频率调制，调制结果如图 4-1c 所示。由于在 FM 中，信息以频率而不是幅值的形式来承载，所以可能引起信号幅值改变的噪声对传输的数据几乎没有影响。因此，FM 比 AM 更不易受噪声影响。此外，由于在 FM 中，载波幅值保持恒定，因此在长距离数据通信/传输中不可避免的信号弱化和噪声效应将比在 AM 的情况中具有更小的影响，特别是在始端数据信号电平较低的情况下更是如此。但是由于 FM 解调涉及频率检波而不是幅值检测，因此 FM 传输中的信号恢复（解调）需要更复杂的技术和硬件。FM 也广泛用于无线电传输和数据记录与重放。

在脉冲宽度调制（PWM）中，载波信号是幅值恒定的脉冲序列。在保持脉冲间隔（脉冲周期）恒定的同时，脉冲宽度与数据信号的幅值成比例地变化。如图 4-1d 所示。假设 PWM 信号的高电平对应于电路的"导通"状态，低电平对应于"关断"状态。如图 4-2 所示，脉冲

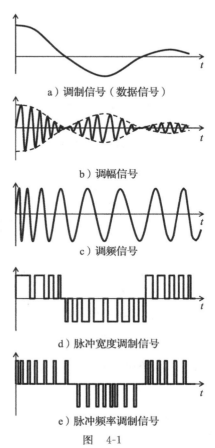

a）调制信号（数据信号）

b）调幅信号

c）调频信号

d）脉冲宽度调制信号

e）脉冲频率调制信号

图　4-1

宽度在每个信号周期 $T$ 内等于电路的导通时间 $\Delta T$。PWM 的占空比定义为脉冲周期内的时间百分比，即

$$占空比 = \frac{\Delta T}{T} \times 100\% \tag{4-1}$$

PWM 信号广泛用于电动机和其他机械设备[如阀门（液压、气动）和机床]的控制。重要的是，由于在给定的（短）时间间隔内，PWM 信号平均值是该段时间内数据信号平均值的估计值。因此，PWM 信号可以直接用于控制过程，而无须对其进行解调。PWM 信号的优点包括在非线性设备中具有更高的能量效率（更少的耗散）和更好的性能。例如，

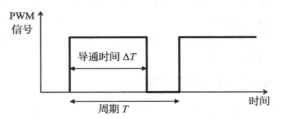

图 4-2   PWM 信号的占空比

由于存在库仑摩擦力，因此装置可能产生低速黏滞。可以使用振幅足够大的 PWM 信号来避免这种情况，且同时应保持所需控制信号的平均值，这个平均值可以非常小。

在 PFM 中，载波信号也是幅值恒定的脉冲序列。在该调制方法中，在保持脉冲宽度恒定的同时，脉冲频率（或周期）与数据信号的值成比例地变化。PFM 和普通 FM 具有相同的优点，并且电子电路（特别是数字电路）还具有高效处理脉冲的优点。此外，因为它涉及的是检测脉冲的存在与否，而不是准确地测定脉冲幅值（或宽度），所以脉冲检测不易受噪声影响。在大多数应用中，PFM 可以代替 PWM，并且效果更好。

另一种调制类型是相位调制（PM）。在这种方法中，载波信号的相位角随数据信号的振幅成比例变化。将离散（采样）数据转换为数字（二进制）形式也被认为是一种调制方式。其实这就是脉冲编码调制（PCM）。在 PCM 中，每个离散数据样本由包含固定位数的二进制数字来表示。由于二进制数的每个数字位只能取两个值（即 0 或 1），所以它可以表示电压脉冲存在与否。因此，可以使用一组脉冲来发送每个数据样本，这称为"编码"。在接收端，脉冲必须被解释（或解码）以确定数据值。和其他脉冲技术一样，因为解码仅涉及检测脉冲的存在与否，而不用确定脉冲信号电平的确切幅值，所以 PCM 可以有效抑制噪声。此外，由于脉冲幅值恒定，所以在进行长距离信号传输（数字数据）时，不存在信号弱化和失真的问题。当然，在数字化处理过程中会引入一些误差，这个误差是由二进制数据的有限字长（或动态范围）所决定的，称其为"量化误差"，在信号数字化中这是不可避免的。

对于任何类型的信号调制，都必须保留调制信号（数据）的代数符号。不同类型的调制器会以不同的方式来处理它。例如，在 PCM 中，添加一个额外的符号位来表示发送数据样本的符号。在 AM 和 FM 中，使用相敏解调器来提取具有正确代数符号的原始（调制）信号。在 AM 和 FM 中，调制信号的符号变化可以由调制信号中 180° 的相位变化来表示。这在图 4-1b、c 中表示得不太明显。在 PWM 和 PFM 中，调制信号的符号变化可以通过改变脉冲的极性来表示，如图 4-1d、e 所示。在 PM 中，可以为数据信号的正值分配正的相位角（如 $0 \sim \pi$），为数据信号的负值分配负的相位角（如 $-\pi \sim 0$）。

### 4.2.1   幅度调制

幅度调制（AM）可以在许多物理现象中自然而且固有地存在。更重要的是，有目的（人为或实际）地使用 AM，有利于数据传输和信号调理。让我们先来研究一下 AM 的数学模型。

AM 可以通过将数据信号（调制信号）$x(t)$ 乘以高频（周期性的）载波信号 $x_c(t)$ 来实现。因此，幅度调制信号 $x_a(t)$ 由下式给出

$$x_a(t) = x(t)x_c(t) \tag{4-2}$$

载波可以是任何周期性信号，如谐波（正弦）、方波或三角波。主要的要求是载波信号（载波频率）的基频 $f_c$ 比数据信号的最高频率（带宽）要大得多（比如说 5 或 10 倍）（另见第 6 章）。假定正弦波作为载波信号，可以简化分析，于是得到：

$$x_c(t) = a_c \cos 2\pi f_c t \tag{4-3}$$

#### 4.2.1.1　模拟、离散和数字 AM

在模拟 AM 中，传输的是时间上连续的模拟信号 $x_a(t)=x(t)x_c(t)$。损耗更少和效率更高的是离散 AM，它也称为脉冲 AM(PAM)。这里，采样调制的模拟信号是 $x_a(t)$，并且发送离散值(或脉冲)，其脉冲幅值是原信号的幅值。根据香农采样定理(见第 6 章)可知，信号的最小采样速率必须是信号最大频率(即载波频率)的两倍。由于在 PAM 中，传输的是信号幅值，而不是它们的数字表示。因此，它们仍然很容易产生噪声。在传输过程中不受噪声影响的 AM 方法是数字 AM 或脉冲编码 AM(PCM)。这里，数据样本首先被数字化(表示为数字字长)，然后发送相应的数据位。实际上，在 PCM 中，实际的调制[即式(4-2)中的乘积运算]可以用数字化的载波和数据(调制)信号数字化实现，然后发送数字(编码的)数据。这种方法比模拟 AM 和 PAM 更有效(关于功率损耗等)，并且在传输期间相比模拟 AM 和 PAM 更免于噪声干扰。

#### 4.2.1.2　调制定理

调制定理也称为"频移定理"，实际上如果一个信号与一个正弦信号相乘，那么乘积信号的傅里叶频谱就是通过移位乘积正弦信号的频率所得到的。换句话说，调幅信号 $x_a(t)$ 的傅里叶频谱 $X_a(f)$ 可以通过原始数据信号 $x(t)$ 的傅里叶频谱 $X(f)$ 来获得，即原始信号的频谱通过载波频率 $f_c$ 来进行移位而得到，发送的是移位后的频谱。

为了从数学角度解释调制定理，我们使用傅里叶变换的定义来推导。

$$X_a(f) = a_c \int_{-\infty}^{\infty} x(t) \cos 2\pi f_c t \exp(-\mathrm{j}2\pi f t) \mathrm{d}t$$

接下来，由于

$$\cos 2\pi f_c t = (1/2)[\exp(\mathrm{j}2\pi f_c t) + \exp(-\mathrm{j}2\pi f_c t)]$$

因此我们有：

$$X_a(f) = \frac{1}{2}a_c \int_{-\infty}^{\infty} x(t) \exp[-\mathrm{j}2\pi(f-f_c)t]\mathrm{d}t + \frac{1}{2}a_c \int_{-\infty}^{\infty} x(t) \exp[-\mathrm{j}2\pi(f+f_c)t]\mathrm{d}t$$

或

$$X_a(f) = \frac{1}{2}a_c[X(f-f_c) + X(f+f_c)] \tag{4-4}$$

这个式子是调制定理的数学表达式，其原理如图 4-3 所示。具有(连续)傅里叶频谱 $X(f)$ 的瞬态信号 $x(t)$，其幅值谱 $|X(f)|$ 如图 4-3a 所示。如果该信号用来对频率为 $f_c$ 的高频正弦载波信号进行幅度调制，则得到的调制信号 $x_a(t)$ 及其傅里叶频谱的幅值如图 4-3b 所示。调制信号的傅里叶频谱由式(4-4)表示，其中幅值乘上了 $a_c/2$。

注意，在该示例中，假设了数据信号的带宽被限制为 $f_b$。当然，调制定理不限于频带受限制的信号，但由于实际的原因，我们需要对数据信号有用频率的上限进行限制。同样，出于实际原因(不是因为定理本身)，载波频率 $f_c$ 应该比 $f_b$ 大几倍，使得在 $0\sim(f_c-f_b)$ 之间存在足够宽的频带，在这个频带区间内调制信号的幅值几乎为零。当我们讨论调幅(AM)的应用时，它的意义是很清楚的。

图 4-3 仅显示了频谱的幅值。然而，每个傅里叶频谱也具有相位谱。为了简洁起见，图上没有表示出来。但是，显然相位频谱也受到了 AM 的影响(频移)。

#### 4.2.1.3　边频和边带

如前所述，调制定理假设了具有相关连续傅里叶频谱的瞬态数据信号。同样的想法也适用于周期性信号(具有离散频谱)。周期性信号仅代表前面讨论过的特殊情况，可以通过使用傅里叶积分变换来直接分析。然而，这样的话我们必须处理脉冲频谱线(对于离散频谱)。或者，可以采用傅里叶级数来展开，从而避免将脉冲离散频谱引入到分析中。然而，如图 4-3c、d 所示，实际上不需要分析周期性信号，因为最终答案可以从瞬态信号的结果中推导出来。具体地说，写出数据信号的傅里叶级数展开式，其中振幅为 $a/2$ 的每个频率分量 $f_o$ 将以相关振幅为 $aa_c/4$ 的 $\pm f_o$ 移动到两个新位置 $f_c+f_o$ 和 $-f_c+f_o$。负频率分量 $-f_o$ 也以同样方式来考虑，如图 4-3d 所示。由于调制信号在载波频率 $f_c$ 处不具有频谱分量，而是在 $f_c\pm f$ 的两侧存在频谱分量。因此，称这些频谱分量为边频。当存在边频带时，如图 4-3b 所示，它称为边带。边频在旋转机械的故障检测和诊断中非常有用。

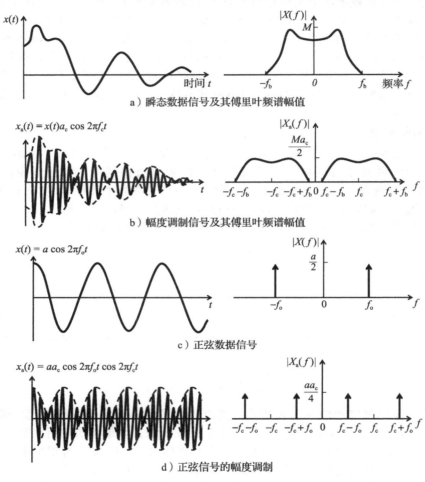

a）瞬态数据信号及其傅里叶频谱幅值

b）幅度调制信号及其傅里叶频谱幅值

c）正弦数据信号

d）正弦信号的幅度调制

图 4-3　调制定理的图解

## 4.2.2　幅度调制的应用

幅度调制器的主要硬件是模拟乘法器。可直接在市场上买到单片集成芯片形式的模拟乘法器，也可以使用集成运算放大器和多种分立电路来搭建。幅度调制器的示意图如图 4-4 所示。实际上，为了实现令人满意的调制结果，还需要信号前置放大器和滤波器等其他部件。

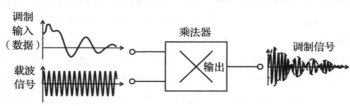

图 4-4　幅度调制示意图

在很多应用中都采用了 AM。在某些应用中，需要对信号进行有意调制。但是在另外一些应用中，调制则是由于物理效应自然而然发生的过程，得到的最终信号要符合实际目标的要求。AM 的典型应用包括：

1. 利用交流信号调理硬件的优点，对通用信号（包括直流、瞬态和低频）进行调理。
2. 使低频信号免受低频噪声的干扰。
3. 利用交流信号传输的优点，传输一般信号（直流、低频等）。
4. 在噪声环境下传输低电平信号。
5. 通过相同的介质（例如，相同的电话线，相同的发送天线）同时传输几个信号。
6. 旋转机械的故障检测与诊断。

如果了解了 AM 的频移属性，那么 AM 在许多应用中的作用也是很容易理解的。不管数据（调制）信号的功率电平如何，由于可以在某种程度上增加载波信号的功率，所以 AM 在其他类型的应用中也是可行的。下面我们，逐一讨论这 6 种类型的应用。

1. 信号调理：已知交流（AC）信号调理装置（如交流放大器）比其相应的直流放大器更稳定。特别是，由于漂移（不稳定性）问题在 AC 信号调理装置中没有那么严重且非线性效应更低。因此，我们可以首先使用该信号来调制高频载波信号，而不是使用直流（DC）硬件调理 DC 信号。然后，可以使用 AC 硬件更有效地调理所得到的高频调制信号（AC）。

2. 抗干扰度：利用 AM 的频移特性可以使低频信号免受低频噪声的干扰。从图 4-3 可以看出，在使用 AM 时，选择足够大的载波频率 $f_c$ 就可将调制信号的低频频谱搬移到频率较高的区域内。然后，由于任何低频噪声［频带 $0 \sim (f_c - f_b)$］都不会使调制信号的频谱失真。并且，这种噪声可以由高通滤波器滤除（截止频率为 $f_c - f_b$），因此低频噪声不会影响数据精度。最后，原始数据信号可以通过解调来恢复。由于噪声分量的频率很容易出现在数据信号所占的带宽 $f_b$ 内，所以如果不采用 AM，噪声将直接导致数据信号失真。

3. 交流信号传输：传输交流信号传输比直流信号更为有效。交流传输的优点包括较低的能量耗散。因此，与原始数据信号相比，调制信号可以实现更有效的长距离传输。此外，传输低频（波长较长）信号需要大的天线。因此，当使用 AM（随着信号波长的减小）时，广播天线的尺寸也可随之减小。

4. 微弱信号的传输：长距离传输微弱信号是不可取的，这会进一步将信号弱化，并且噪声干扰可能会导致灾难性的后果。即使数据信号的功率较低，通过将载波信号的功率提升到足够高，调制后的信号强度也可以提高到适用于长距离传输的水平。

5. 信号同步传输：不可能使用单条电话线同时在同一频率范围内发送两个或多个信号。可以通过信号调幅的方式来解决该问题，但在调幅时应使用载波频率相差大的载波信号。选择载波信号的频率相差足够大，可以使调制信号的频谱不重叠，从而使得同时传输信号成为可能。因此，借助于 AM 技术，在同一广播区域中同时广播几个无线电（AM）广播站已变得可行。

6. 故障检测和诊断：在机电系统的实际应用中，AM 对旋转机械的故障检测和诊断是特别有用的。在这种方法中，调制不是故意引入的，而是来自机器运动的结果。旋转机器中已知的缺陷和故障将产生高于机器转速整数倍的频率很高的周期性受迫信号。例如，齿轮对中的齿隙将产生齿啮合力，其频率为齿数×齿轮转速的乘积。滚珠轴承中的缺陷会产生强制信号，其频率与转速和轴承座圈中滚珠数量的乘积成正比。类似地，在涡轮机和压缩机中通过叶片以及转子中的偏心和不平衡可以产生受迫分量，其频率是旋转速度的整数倍。所产生的系统响应（例如，壳体中的加速度）显然是幅度调制信号，其中机器的旋转响应调制高频受迫响应。这可以通过响应信号的傅里叶分析（快速傅里叶变换［FFT］）来验证。例如，对于齿轮箱，你会注意到，不是在齿轮啮合的频率处获得频谱峰值，而是围绕该频率产生两个边带。可以通过监测这些边带的演变来检测故障。此外，由于边带是特定受迫现象（例如，齿轮啮合、轴承滚珠锤、涡轮叶片通过、不平衡、偏心、失准）调制的结果，所以通过研究测量响应的傅里叶频谱就可以追踪特定故障的来源（即诊断故障）。

AM 是很多类型传感器的组成部分。在这些传感器中，感测到的运动信号调制高频载波信号（通常是一次线圈中的 AC 激励）。可以通过解调操作来恢复实际的运动信号。产生调制输出的传感器有差动变压器（线性可变差动换能器或变压器[LVDT]、RVDT）、磁感应式接近传感器、涡流接近传感器、交流转速计和使用交流电桥电路的应变片装置。这些将在第 8 章和第 9 章中讨论。在这些情况下，AM 有利于信号调理和传输。为了实际的用途（如分析和记录），最后必须对信号进行解调。

### 4.2.3 解调

解调、识别或检测是从已调制信号中提取原始数据信号的过程。通常，解调必须是相位敏感的，因为解调过程要保持和确定数据信号的代数符号。全波解调将产生连续输出。在半波解调中，载波信号每间隔半个周期不产生输出。

一种简单直接的解调方法是检测调制信号的包络。为了使该方法可行，载波信号的功率必须相当大（即信号电平要高），并且载波频率也要很高。为了普遍获得更可靠的解调信号，另一种解调方法是，对已调制信号再进行调制，然后低通滤波。该方法可以参照图 4-3 来进行说明。

考虑图 4-3b 所示的幅度调制信号 $x_a(t)$。将该信号乘以正弦载波信号 $2/a_c \cos 2\pi f_c t$。我们得到：

$$\widetilde{x}(t) = \frac{2}{a_c} x_a(t) \cos 2\pi f_c t \tag{4-5}$$

现在，通过将调制定理[见式(4-4)]应用于式(4-5)，得到 $\widetilde{x}(t)$ 的傅里叶频谱：

$$\widetilde{X}(f) = \frac{1}{2}\frac{2}{a_c}\left\{\frac{1}{2}a_c[X(f-f_c)+X(f)]+\frac{1}{2}a_c[X(f)+X(f+2f_c)]\right\}$$

或

$$\widetilde{X}(f) = X(f) + \frac{1}{2}X(f-2f_c) + \frac{1}{2}X(f+2f_c) \tag{4-6}$$

该频谱的幅值如图 4-5a 所示。可以看出，尽管我们已经恢复了原始数据信号的频谱 $X(f)$，但是在远离原始信号的带宽处（位于 $\pm 2f_c$）存在两个边带。我们可以方便地使用截止频率为 $f_b$ 的滤波器对信号 $\widetilde{x}(t)$ 进行低通滤波来恢复原始数据信号。这种幅度解调方法的示意图如图 4-5b 所示。

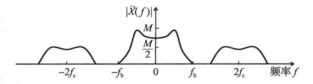

a）第二次调制之后的信号的频谱

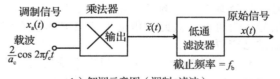

b）解调示意图（调制+滤波）

图 4-5　幅度解调

#### 4.2.3.1 AM 的优缺点

AM 的主要优点是使用更高功率和更高频率的载波信号来"传送"数据信号（调制信号）的信息。使用比数据自身高很多的频率（边带形式）传输数据，并在接收端恢复（通过解调）。此外，调制过程也非常简单（通过将两个信号相乘）。然而，AM 有以下几个缺点：

1. 由于传输的是高功率和高频率的模拟信号，所以传输过程中的功率损耗会很高。因此，这会造成浪费且效率不高。

2. 由于发送信号的幅值随着数据信号幅值的变化而变化，所以在信号电平较低时，易出现噪声（在信噪比较低的情况下）。

3. 由于载波信号必须携带数据信号进行传输，所以 AM 信号占用了更多的带宽。

可以采用数字调幅（AM）（或 PCM）或其他调制方法来克服 AM 的主要缺点，其他调制方法有调频和 PWM，其调制后的信号具有恒定的振幅（并且数字方法还有更多的优点）。

### 4.2.3.2　双边带抑制载波

由式 4-2 给出的调幅（AM）公式 $x_a(t) = x(t)x_c(t)$ 称为"抑制载波"的 AM 或双边带抑制载波（DSBSC）AM。如图 4-3b 所示，其频谱包括两个边带，即数据信号（调制信号）的频移频谱。正是由于这两个边带的传输，因此它在信号传输功率方面是很高效的。然而，通常 AM 表示为

$$x_a(t) = x_c(t) + x(t)x_c(t)$$
$$= [1 + x(t)]x_c(t) \quad (4\text{-}7)$$

在这里，载波信号加到乘积信号上，以便乘积信号搭载在载波信号上。这个整体调制信号具有更高的功率。下面，定义调制指数为

$$\text{调制指数} = \frac{\text{数据信号幅值}}{\text{载波信号幅值}} \quad (4\text{-}8)$$

显然，式（4-2）和式（4-7）携带着相同信息，所以在理论上它们是等价的。具体来说，在调制指数较高时，两个调制信号非常相似，如图 4-6 所示。可是，两种调制信号的性质和功率是不同的。当调制功率效率比较重要时，式（4-2）给出的 AM 是比较合适的。当需要大功率 AM 时，优先选择式（4-7）给出的 AM。

### 4.2.3.3　模拟 AM 硬件

在模拟 AM 中最关键的组件是将数据信号和载波信号相乘的模拟乘法器。模拟硬件乘法器可直接在市场上购买。例如，模拟乘法器可以将两个模拟信号相乘后再加上其中一个信号（也就是加载波信号），正好符合由式（4-7）给出的 AM 运算，在直流至 2GHz 的频率范围内，它是 IC 封装的。乘积比例缩放特性（称为增益缩放）也可以进行调节，其对应于设置调制指数。

注意：微型（3mm）模拟乘法器（或幅值调制器）IC 封装的 ADL5391 共有 16 个引脚，对应于 3 对差分信号输入[6]，一对差分输出[2]，电压为 4.5~5.5V 的直流电源[3]，公共引脚[2]，比例输入[1]，芯片使能[1]和直流参考输出[1]。

模拟乘法存在一些缺点。它具有

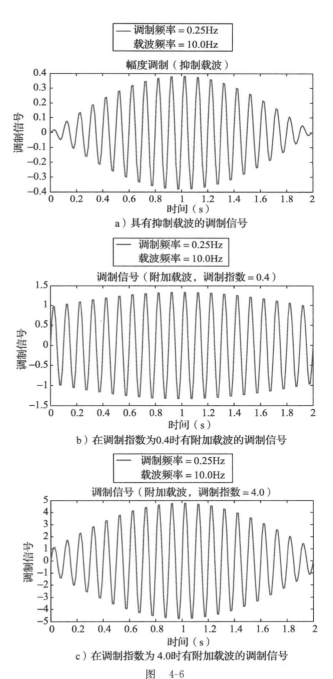

a）具有抑制载波的调制信号

b）在调制指数为 0.4 时附加载波的调制信号

c）在调制指数为 4.0 时有附加载波的调制信号

图　4-6

非线性运算所对应的缺点。任意信号中的噪声将影响到乘积。此外，对于相位角的影响也比较复杂。

## 4.3 数据采集硬件

工程系统使用数字 DAQ 实现多种用途，如过程状态监测、性能评估、故障检测和诊断、产品质量评估、动态测试、系统识别（即实验建模）、过程控制。典型的 DAQ 系统由以下关键部件组成：

1. 传感器和换能器：测量监控过程中的变量。

2. 信号调理：感测信号的滤波和放大。

3. DAQ 硬件：接收不同类型的监控信号，并将其转换为计算机总线可用的信号。（注：一些信号调理模块通常内置在 DAQ 单元中。）

4. 计算机：（包括个人计算机、笔记本电脑、微控制器、微处理器等）处理所采集的信号，以达到 DAQ 系统的最终目标。

5. 电源：外部信号调理和有源传感器需要电源。DAQ 的电源通常来自计算机。

6. 软件：（1）驱动程序软件：操作 DAQ 硬件，从而正确获取感测数据；（2）应用软件：计算机用来处理数据，以实现最终目标。

考虑图 4-7 所示的过程监控系统。通常，物理系统（过程、设备、机器）中的被测量（响应或输出、输入）可以是时间上连续的模拟信号。此外，物理系统的驱动信号（或控制输入）通常是以模拟形式来提供。需要通过滤波来去除不需要的信号分量，并将信号放大到适当的电平，以供进一步使用。滤波和放大已经在第 3 章中研究过了。数字计算机是典型工程系统的组成部分，可以采用 PC、笔记本电脑，或一个或多个具有强大处理能力的通用微处理器，也可使用具有多个输入输出（I/O）接口的专门微控制器来代替。对于额外的处理能力，可以通过并入协处理器（如数字信号处理器）进行处理。在系统中，数字计算机将完成信号处理、数据分析和简化、参数估计和模型识别、诊断、性能分析、决策、调节和控制等任务。本质上，计算机可以实现监控和 DAQ 过程的最终目标。

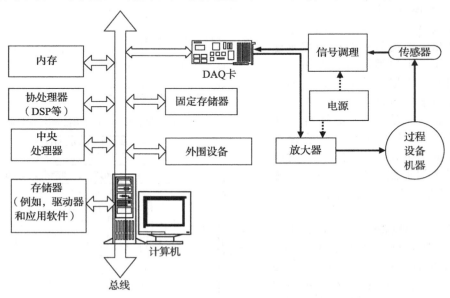

图 4-7　过程监控系统的组成部分

计算机体系结构及其硬件

计算机使用总线［例如，外围组件互连（PCI）总线］在计算机的组件之间传送数据。在典型的 PC 中，DAQ 卡插入计算机的扩展槽，DAQ 的电源来自 PC。DAQ 的操作由"驱动程序软件"进行管理，驱动程序软件由 DAQ 供应商提供并安装在计算机中。驱动程序软件必须与计算机的操作系统(如 Windows、Mac OS、Linux)相兼容。该驱动软件负责从 DAQ 上读取和写入数据并将其转换为计算机进一步处理可用的数据。这种进一步处理由"应用软件"完成，可以使用 MATLAB 和 LabVIEW 之类的工具来编程，也可以使用 C 和 C++ 之类的高级编程语言编程。该软件不仅处理所采集的数据以达到最终目标(性能分析、诊断、型号识别、控制等)，还为监控系统开发合适的图形用户界面。

　　主板：计算机的母板(主板或系统板)是计算机内互连的关键硬件组件。外围设备和 I/O 端口也通过计算机总线连接到主板。各种 IC 封装和其他硬件设备也安装在位于计算机机箱中的主板上。其他设备(包括 DAQ 的各种卡)安装在计算机机箱的扩展槽中。计算机主板的典型架构如图 4-8a 所示。图中显示了计算机主板的主要组件，如中央处理单元(CPU)、存储器和时钟，以及 DAQ、网卡、视频卡、存储卡、声卡和内存扩展卡等硬件扩展槽，还有用于外围设备和通信的 I/O 端口，如监视器、键盘、鼠标、打印机、扫描仪、外部存储器和局域网。

　　以下是在计算机硬件、操作和通信中使用的一些缩写词：

　　SCSI：小型计算机系统接口。在计算机和外围设备(例如，硬盘驱动器、CD 驱动器、扫描仪)之间进行连接和传输数据的标准和协议。

　　EISA：扩展行业标准架构。PC 的总线标准。

　　PCI 总线：PC 的通用总线，用于连接 PC 中的硬件设备以及它们之间的数据传输。

　　内部总线：连接计算机内部硬件的总线，也称为系统总线和前端总线。

　　外部总线：将外部硬件连接到计算机的总线，又称扩展总线。

　　USB：通用串行总线。与外围设备进行连接和通信的计算机总线。

　　FIFO：先进先出。一种在缓冲器或堆栈中排列数据的方法，其中首先处理最早的数据(堆栈的底部)。

　　DMA：直接内存存取。计算机中的硬件组件可以直接访问计算机内存(不经过 CPU)的能力。

　　RS-232：一种数据串行通信的标准。

　　RS-422：扩展 RS-232 的连接范围。

　　UART：通用异步收发传输器。传输过程在并行和串行数据之间实行数据转换的硬件组件。通常与 RS-232 和 RS-422 一起使用。

　　TCP/IP：传输控制协议(TCP)。它是互联网协议(IP)套件的核心通信协议。这是一个网络通信协议。它以速度为代价来获取更高的可靠性。

　　UDP：用户数据报协议。IP 套件中的通信协议，以降低可靠性来获取高速度。

　　数据采集和模-数转换

　　由于数字设备(通常是计算机或微控制器)的输入和输出必须是以数字形式存在的，因此，当数字设备与模拟设备(例如，传感器、执行器)相连时，接口硬件和相关的驱动软件必须具备几个重要的功能。接口硬件中两个最重要的组件是数-模转换器(DAC)和模-数转换器(ADC)。在数字处理器读取数据之前，必须使用 ADC 根据适当的编码将模拟信号转换为数字形式。为此，模拟信号首先"采样"成一系列离散值，并将每个离散值转换为数字形式。在转换期间，采样的离散值必须通过采样/保持(S/H)硬件保持不变。如果想同时获取多个信号(来自多个传感器)，则必须使用模拟或数字多路复用器(MUX)来依次从计算机中读取多个信号。另一方面，来自计算机的数字输出信号必须使用 DAC 转换成模拟形式，反馈给到诸如驱动放大器、执行器、模拟记录或显示单元之类的模拟设备。本节将研究 DAC、ADC、S/H 和 MUX。

　　ADC 和 DAC 都是典型数据采集(DAQ)卡(或 I/O 板、DAQ、控制卡)中的组件。完整的 DAQ 卡和相关的驱动程序软件可从 National Instruments，ADLINK，Agilent，Precision MicroDynamics 和 Keithley Instruments（MetraByte）等公司获得。DAQ 卡可以直接插入 PC 的扩展槽，并自动与 PC 的总线相连。其操作必须由存储在计算机中的驱动程序软件来管理。强大的微控制器单元（例如，Intel Galileo）已经将 DAQ 功能及其硬件集成到内部（例如，在 14 个数字 I/O 引脚中，6 个可用于脉冲宽度调制输出；6 个是带有内置模-数转换器的模拟输入）。

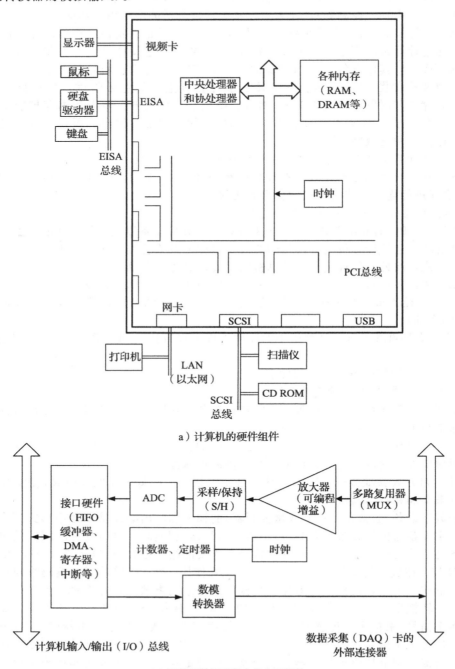

a）计算机的硬件组件

b）计算机数据采集卡的主要部件

图　4-8

　　DAQ 卡的主要组件如图 4-8b 所示。MUX 为输入的模拟信号选择适当的输入通道。在 ADC 之前，该信号由可编程放大器放大。如稍后部分所述，S/H 采样模拟信号并将其值保持为采样电平，直到 ADC 转换完成。先入先出栈(FIFO)单元存储 ADC 的输出，直到被计算机访问以进行数字处理。DAQ 卡可以通过 DAC 提供模拟输出。此外，典型的 DAQ 卡也可以提供数字输出。编码器(即产生脉冲的位置传感器)可以直接连接到 DAQ 卡上，用于运动控制。典型 DAQ 卡的规范见框 4.1 所示。本章讨论了许多参数。其他参数请读者自己总结或在本书的其他地方查阅。应特别注意的是采样率，这是 ADC 对模拟输入信号进行采样的速率。采样数据的奈奎斯特频率(或带宽限制)应为该数值的一半(例如，若采样率为 100kS/s，则奈奎斯特频率应该为 50kHz)。当使用多路复用(即同时读取多个输入通道的数据)时，每个通道的有效采样速率将除以一个因子以等于通道数。例如，如果同时采样 16 个通道，则有效采样率将为 100kHz/16＝6.25kS/s，奈奎斯特频率应为 3.125kHz。

　　由于 DAC 和 ADC 在监控工程应用中起着重要作用，所以在此对它们进行讨论。由于 DAC 比 ADC 更简单和便宜，而且某些类型的 ADC 是采用 DAC 来完成其功能的，因此我们将先讨论 DAC。

---

**框 4.1　插入式数据采集卡的典型指标**

模拟输入通道数为 2～16 单端或 1～8 差分

模拟输入范围为 ±5V、0～10V、±10V、0～24V

缓冲区大小为 512～2048 个样本

输入增益范围(可编程)为 1、2、5、10、20、50、100

A/D 转换的采样率为 10kS/s 至 1MS/s

ADC 位数(分辨率)为 12 位、16 位

D/A 输出通道数为 1～4

DAC 位数(分辨率)为 12 位

模拟输出范围为 0～10V(单极模式)；±10V(双极模式)

数字输入线数为 12

输入逻辑低电平为 0.8V(最大)

输入逻辑高电平为 2.0V(最小)

数字输出线数为 12

输出逻辑低电平为 0.45V(最大)

输出逻辑高电平为 2.4V(最小)

计数器/定时器数量为 3

计数器/定时器的分辨率为 16 位

0.5W 时输入阻抗为 2.4kΩ

输出阻抗为 75Ω

---

### 4.3.1　数-模转换器

　　数-模转换器(DAC 或 D/A 或 D2A)的功能是将数据寄存器(称为 DAC 寄存器)中存储的数字量(通常为二进制形式)转换为模拟量(电压或电流)。按照这种方式，数字数据序列能转换为模拟信号。为了形成模拟信号，必须使用某种形式的内插(或"重建滤波器")来连接和平滑所产生的离散模拟量。通常，DAC 寄存器中的数据来自计算机中的数据总线，而该 DAC 是连接到计算机上的(例如，DAC 位于计算机的 DAQ 卡中)。

　　在 DAC 寄存器中信息的每个二进制位(bit)可以是双稳态(两级)逻辑器件的一种状态，该逻辑器件可产生电压脉冲或电压电平来表示该位。例如，使用双稳态逻辑器件的关

断状态、无电压脉冲、低电平或电平没有变化来表示二进制 0。相反，双稳态器件的导通状态、有电压脉冲、高电平或电平变化代表二进制 1。这些位的组合会形成 DAC 寄存器中的数字字节，它们对应于模拟输出信号的数值。DAC 的目的就是根据该数值产生输出电压(信号电平)，并保持在该电压值，直到下一个到达数字数据序列中的字节转换成模拟信号。由于实际原因电压输出不能任意大或小，因此在 DAC 过程中必须进行某种形式的缩放。在特定 DAC 电路中使用的 $V_{ref}$ 是进行缩放的参考。

一个典型的 DAC 单元是一个以 IC 芯片为封装的有源电路。它一般由数据寄存器(数字电路)、固态开关、电阻和运算放大器组成，由外部电源(可能是主机的电源)供电，该外部电源还可以为 DAC 提供参考电压。参考电压将决定 DAC 输出的最大值(满量程电压)。如前所述，代表 DAC 的 IC 芯片通常是安装在印制电路板上的众多元件之一，这个电路板可以为以下几个：DAQ 卡、I/O 卡、接口板或 DAQ 和控制板。该卡插在主机 PC 的插槽中(参见图 4-7 和图 4-8)。

DAC 的工作原理：DAC 芯片的典型工作原理基于由数字逻辑控制的半导体开关(例如，互补金属氧化物半导体开关)的导通和关断状态。该开关将决定运算放大器电路的输出，这个输出即为 DAC 的模拟输出。DAC 电路有很多类型和形式。DAC 的形式取决于实现 DAC 的方法、制造商和用户或特定应用的要求。大多数 DAC 是两种基本类型的变体：加权类型(或加法器类型)和梯形类型。前一种类型的 DAC 更简单便宜，但是后一种类型更符合要求且具有更高的功率。还有一种直接且简单(但可能不太精确)的方法是使用脉宽调制器(PWM)芯片。下面将简单介绍这两种有代表性的 DAC 转换方法。

### 4.3.1.1　梯形(R-2R)DAC

使用 R-2R 梯形电路的 DAC 称为梯形 DAC 或 R-2R DAC。由于在该电路中仅使用 R 和 2R 两种阻值的电阻，因此梯形 DAC 对电阻精度的要求没有加权电阻 DAC 那么严格。R-2R 梯形 DAC 的原理如图 4-9 所示。每一路的切换取决数字字相应位的值(0 或 1)。运算放大器将相应的电压值求和，并作为输出的模拟电压。

为了获得梯形 DAC 的 I/O 方程，假设与数字字的位 $b_i$ 相关联的固态开关输出的电压为 $v_i$。此外，假设 $\tilde{v}_i$ 是梯形电路节点 $i$ 处的电压，如图 4-9 所示，那么，写出节点 $i$ 处的电流总和为：

$$\frac{v_i - \tilde{v}_i}{2R} + \frac{\tilde{v}_{i+1} - \tilde{v}_i}{R} + \frac{\tilde{v}_{i-1} - \tilde{v}_i}{R} = 0 \quad \text{或} \quad \frac{1}{2}v_i = \frac{5}{2}\tilde{v}_i - \tilde{v}_{i-1} - \tilde{v}_{i+1}, \quad i = 1, 2, \cdots, n-2$$

$$\text{(i)}$$

除节点 0 和 $n-1$ 外，这对所有节点都有效。可以看出节点 0 处的电流和为：

$$\frac{v_0 - \tilde{v}_0}{2R} + \frac{\tilde{v}_1 - \tilde{v}_0}{R} + \frac{0 - \tilde{v}_0}{2R} = 0 \quad \text{或} \quad \frac{1}{2}v_0 = 2\tilde{v}_0 - \tilde{v}_1 \tag{ii}$$

节点 $n-1$ 处的电流和为：

$$\frac{v_{n-1} - \tilde{v}_{n-1}}{2R} + \frac{v - \tilde{v}_{n-1}}{R} + \frac{\tilde{v}_{n-2} - \tilde{v}_{n-1}}{R} = 0$$

因为运放的同向端接地，所以有 $\tilde{v}_{n-1} = 0$，则有：

$$\frac{1}{2}v_{n-1} = -\tilde{v}_{n-2} - v \tag{iii}$$

接下来，使用式(i)~式(iii)，以及 $\tilde{v}_{n-1} = 0$，可以写出以下一系列等式：

$$\frac{1}{2}v_{n-1} = -\tilde{v}_{n-2} - v$$

$$\frac{1}{2^2}v_{n-2} = \frac{1}{2}\frac{5}{2}\tilde{v}_{n-2} - \frac{1}{2}\tilde{v}_{n-3}$$

$$\frac{1}{2^3}v_{n-3} = \frac{1}{2^2}\frac{5}{2}\tilde{v}_{n-3} - \frac{1}{2^2}\tilde{v}_{n-4} - \frac{1}{2^2}\tilde{v}_{n-2}$$

$$\frac{1}{2^{n-1}}v_1 = \frac{1}{2^{n-2}}\frac{5}{2}\tilde{v}_1 - \frac{1}{2^{n-2}}\tilde{v}_0 - \frac{1}{2^{n-2}}\tilde{v}_2$$

$$\frac{1}{2^2}v_0 = \frac{1}{2^{n-1}}2\tilde{v}_0 - \frac{1}{2^{n-1}}\tilde{v}_1 \tag{iv}$$

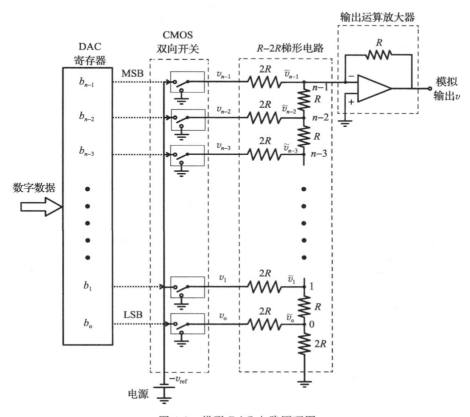

图 4-9  梯形 DAC 电路原理图

如果我们想将这 $n$ 个等式求和，那么首先定义：

$$S = \frac{1}{2^2}\tilde{v}_{n-2} + \frac{1}{2^3}\tilde{v}_{n-3} + \cdots + \frac{1}{2^{n-1}}\tilde{v}_1$$

得到

$$\frac{1}{2}v_{n-1} + \frac{1}{2^2}v_{n-2} + \cdots + \frac{1}{2^n}v_0 = 5S - 4S - S + \frac{1}{2^{n-1}}2\tilde{v}_0 - \frac{1}{2^{n-2}}\tilde{v}_0 - v = -v$$

最终，由于 $v_i = -b_i v_{ref}$，所以模拟输出为：

$$v = \left(\frac{1}{2}b_{n-1} + \frac{1}{2^2}b_{n-2} + \cdots + \frac{1}{2^n}b_0\right)v_{ref} \tag{4-9}$$

因此，模拟输出与数字值 $D$ 成比例。此外，梯形 DAC 的满量程值（FSV）由下式给出：

$$FSV = \left(1 - \frac{1}{2^n}\right)v_{ref} \tag{4-10}$$

注：一个加权电阻（加法器）型的 DAC 可得到同样的结果。

## 4.3.1.2  PWM DAC

如前所述，在脉冲宽度调制（PWM）中，脉冲宽度在固定振幅的脉冲序列中被改变（调制）。参考图 4-10a 所示的脉冲信号。

其中，$T$ 是脉冲周期；$p$ 是在一个脉冲周期中高电平占的比例。

当以百分比形式表示（即 $100p$）时，$p$ 表示脉冲的占空比。因此，调制有两个极端情况，一是占空比为 0 时，脉冲完全消失；二是占空比为 $100\%$ 时，脉冲在整个周期内完全连通。显然，脉冲的平均值（即直流值）是占空比乘以参考电压 $pv_{ref}$。因此，当占空比从 0 变化到 $100\%$ 时，脉冲信号的直流值按比例从 0 变化到 $v_{ref}$。这个原理已用在使用 PWM 芯片的 DAC 中。具体而言，PWM 信号是通过将 PWM 开启与数字值成比例的时间段而产生的。再用截止频率非常低的滤波器进行低通滤波，如图 4-10b 所示。所得到的模拟信号幅值几乎等于 PWM 的直流值，即 $pv_{ref}$。使用这种方式可以获得与 DAC 寄存器中的数字值成比例的幅值范围为 $0 \sim v_{ref}$ 的模拟输出。

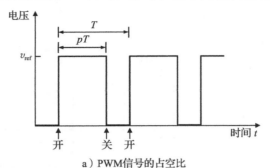

a）PWM信号的占空比

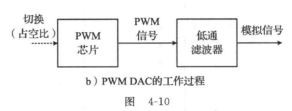

b）PWM DAC的工作过程

图　4-10

### 4.3.1.3　DAC 的误差源

对于给定的数字字，DAC 的模拟输出电压将不完全等于由分析公式给出的值［例如，式(4-9)］。实际输出与理想输出之间的差值称为误差。DAC 的误差可以相对 FSV 进行归一化。

产生 DAC 误差的原因有多种。典型误差源包括参数不准确、参数变化、电路时间常数、开关误差以及参考电压的变化和噪声。以下给出了 DAC 中存在的几种典型误差源。

1. 编码模糊：在许多数字编码（例如，二进制原码）中，在最低有效位（LSB）增加一个数将涉及多个位开关。如果从 0 切换到 1 的速度不同于 1 到 0 的速度，并且开关脉冲没有同时施加到开关电路，那么将不会同时进行位切换。例如，在四位 DAC 中，从十进制 2 增加到十进制 4 将涉及将数字字从 0010 更改为 0100，这需要从 1 到 0 进行 2 个位切换和从 0 到 1 的 1 个位切换。如果 1 到 0 的切换速度比 0 到 1 切换快，则将生成中间数 0000（十进制零），并产生对应的模拟输出。因此，在 DAC 信号中将存在短暂的码模糊和相关的误差。如果使用格雷码来表示数字数据，则可以减少该问题（或者每次只有一位变化）。改进开关电路也会有助于减少此种误差。

2. 稳定时间：DAC 单元中的硬件电路具有动态特性，存在相关的时间常数或振荡（欠阻尼响应）。因此，在开关切换时输出电压不能瞬间稳定在理想值。在应用数字数据之后，模拟输出稳定在特定范围（比如最终值的 $\pm 2\%$ 或 $\pm 1/2$ 分辨率）所需的时间称为稳定时间。当然，稳定时间越小性能越好（更快更准确），一般来说，稳定时间应少于数据到达时间的一半。注意：数据到达时间等于两个连续数据值到达的时间间隔，并且等于数据到达速率的倒数。

3. 毛刺：在电路开关切换时由于电流的变化将引起磁通量的突然变化，所以这将产生不期望的电压信号分量。在 DAC 电路中，由于快速切换而引起的这些感应电压可能会导致输出信号产生尖峰脉冲。在低转换率下，该误差不明显。

4. 参数误差：DAC 中的电阻值可能不是非常精确的，特别是使用宽范围的电阻时，如加权电阻 DAC。这些误差将出现在模拟输出端。此外，老化和环境变化（主要是温度变化）也会改变电路的参数，特别是电阻，这也将导致 DAC 误差。由电路参数的不精确性和参数值的变化而引起的误差称为参数误差。可以通过使用补偿硬件（也可以是软件）、直接使用精确的元器件、鲁棒电路并采用良好的制造工艺等方式来减少参数误差对数模转换精度的影响。

5. 参考电压的变化：由于 DAC 的模拟输出与参考电压 $v_{ref}$ 成正比，所以参考电压的任何变化都将直接表现为误差。可以通过使用具有足够低输出阻抗的稳定电压源来克服这个问题。

6. 单调性：显然，随着数字值中 LSB 在每一步的改变，DAC 输出的分辨率（$\Delta y = v_{ref}/2^n$）会相应变化。由于前面提到的误差，所以这种理想的情况可能在一些实用的 DAC 中并不存在。但是，模拟输出至少不应该随数字输入值的增加而减小，这称为单调性要求，实用 DAC 应满足该要求。

7. 非线性：假设 DAC 的数字输入从[0 0 ⋯ 0]变化到[1 1 ⋯ 1]。理想情况下，模拟输出应以 $\Delta y = v_{ref}/2^n$ 的固定步长增加，即模拟输出会以阶梯形给出。如果我们为这个理想的单调阶梯响应画出最佳线性拟合时，则它的斜率等于分辨率/位。这个斜率称为理想比例因子。DAC 的非线性定义为 DAC 输出与最佳线性拟合的最大偏差。注意：在理想的情况下，非线性要少于分辨率的一半 $\Delta y/2$。

产生非线性的一个原因是误差的位转换，另一个原因通常是电路的非线性。具体来说，由于运算放大器和电阻等电路元器件的非线性，所以模拟输出将不会与位切换（不管有无误差）所指示的数字值成比例变化。后一种类型的非线性可以通过校准来处理。

---

**框 4.2  商用 DAC 芯片的额定参数**

DAC 通道数量为 2～16 单端或 1～8 差分

分辨率为 16 位

偏移误差为 ±2mV（最大值）

电流稳定时间为 1μs

转换速率为 5V/μs

功耗为 20mW

单电源为 5～15VDC

最大采样率为 $1.6 \times 10^9$ 采样/秒（1.6GSPS）

尺寸为 25mm×6mm

---

单个封装中的多个 DAC 可以在市场上买到，例如，具有 16 位分辨率的 16 位 DAC 封装，在 ±10V 的输出电压范围内可独立进行软件编程或引脚配置，内部具有 16∶1 模拟多路复用（MUX）。框 4.2 中给出了商用 DAC 芯片的典型额定参数。

### 4.3.2  模-数转换器

工程系统所测量的变量通常是在时间上连续的模拟信号。因此，使用这些信号的常见应用系统（如性能监控、故障诊断和控制系统），则需要对信号进行数字处理。因此，必须在离散时间点对模拟信号进行采样，并且采样值必须以数字形式（根据合适的编码）来表示，从而输入给计算机或微控制器等数字系统。使用叫作模-数转换器（ADC、A/D 或 A2D）的 IC 器件可以实现这一功能。涉及 DAC 和 ADC 的反馈控制系统如图 4-7 所示。

将模拟信号采样为离散值序列会引起混叠失真（参见第 6 章）。可通过增加采样速率以及使用抗混叠滤波器来减少该误差。然而，根据香农采样定理可知，在模拟信号中超过采样频率一半（即奈奎斯特频率）的频谱会因为数据采样而完全丢失。此外，由于数字字的有限位长度，所以在数字值（即二进制原码，二进制补码或格雷码）中表示离散信号值时，会引入称为"量化误差"的误差。这也就是 ADC 的分辨率。DAC 和 ADC 通常位于同一个 DAQ 卡上（见图 4-8b）。但 ADC 过程比 DAC 过程更为复杂和耗时。此外，许多类型的 ADC 使用 DAC 来实现转换功能。因此，ADC 通常更贵，而且与 DAC 相比，其转换速率通常较慢。

许多类型的 ADC 已经商用。它们的工作原理可以划分为以下两种：

1. 使用内部 DAC 和比较器硬件（模拟值与 DAC 输出进行比较，DAC 输入递增，直到匹配）。

2. 模拟值由计数值（数字）按比例表示。最大计数值对应于 ADC 的 FSV。

现在就将讨论这两种常见的 ADC 类型。其他（相关）类型则会在本章末尾讨论。

### 4.3.2.1　逐次逼近型 ADC

该 ADC 使用内部 DAC 和比较器。DAC 输入从最高有效位（MSB）开始并变化。将 DAC 输出与模拟信号进行比较，直到找到匹配值。它非常快，适合高速应用。转换速度取决于 ADC 输出寄存器中的位数，与模拟输入信号无关。

逐次逼近型 ADC 的原理图如图 4-11 所示，注意，DAC 是该 ADC 的组成部分。采样得到的模拟信号（来自 DAQ 的 S/H 器件）施加到比较器（差分放大器）。同时，启动转换（SC）控制脉冲由控制 ADC 操作的外部器件（可能是微控制器）发送到控制逻辑单元。然后，在控制逻辑单元发出转换完成（CC）脉冲之前，ADC 将不会接受新的数据。最初，寄存器被清零，所以 DAC 转换器中的数字量全是 0。然后，ADC 准备好进行第一次转换逼近。

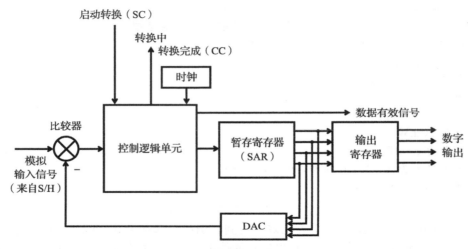

图 4-11　逐次逼近型 ADC

第一次逼近由时钟脉冲控制。然后，控制逻辑单元将临时寄存器［DAC 控制寄存器或逐次逼近寄存器（SAR）］的最高位（MSB）设置为 1，在该寄存器中除最高位以外所有位均为零（注：这对应于 ADC 的一半 FSV。例如，如果 FSV＝12V，DAC 输出现在为 6V，它与模拟值进行比较，可以是 0～12V 范围内的任何值，如 8.2V、4.9V）。临时寄存器中的数字值提供给 DAC。使用比较器，将模拟输入（采样数据）减去 DAC 的模拟输出（现在的 FSV 的一半）。如果比较器输出＞0，则控制逻辑单元将使临时寄存器的 MSB 为二进制 1，并进行下一次逼近。如果比较器输出为＜0，则控制逻辑单元在下一次逼近之前将 MSB 更改为二进制 0。

第二次逼近将从另一个时钟脉冲开始，将处理临时寄存器的次高位。如前所述，该位设置为 1，并进行比较。如果比较器输出＞0，则该位保留为 1，并考虑第三个 MSB。如果比较器输出＜0，则在进入第三个 MSB 之前，该位将更改为 0。

用这种方式，临时寄存器中的所有位从 MSB 开始连续设置并以 LSB 结束。临时寄存器（SAR）中的内容随后送到输出寄存器，数据有效信号由控制逻辑单元发送，通知数字处理器（计算机）读取 ADC 输出寄存器中的内容。如果数据有效信号不存在，则计算机将不会读取寄存器。然后，由控制逻辑单元发送结束脉冲，并且清除临时寄存器。ADC 就可以接受下一个用于数字转换的采样数据了。注意：在临时寄存器中每一位的转换过程基本相同。因此，总转换时间约为 1 位转换时间的 $n$ 倍。通常，一个位转换可以在一个时钟周期内完成。

信号值与符号：应该清楚地知道，如果模拟输入信号的最大值超过 DAC 的 FSV，则超出的信号值不能由 ADC 来转换。超过部分将直接成为 ADC 数字输出的误差。因此，通过适当缩放输入的模拟量或正确选择 DAC 单元内部的参考电压可以避免这种情况。到目前为止，我们假设模拟输入信号都为正值。如果值为负，则必须通过某种方式在 ADC 中记录下该符号。例如，当所有位为零时，根据比较器输出的极性可以检测出信号的符号。如果符号为负，则在切换比较器的极性之后执行与正信号相同的 A-D 转换处理。最后，符号在数字输出中被正确地表示（例如，通过负数的二进制补码来表示）。解决有符号（双极性）输入信号的另一种方法是加上足够大的恒定电压来补偿信号，使得模拟输入始终为正。转换后，从输出寄存器的转换数据中减去与该偏移相对应的数字数值，从而获得正确的数字输出。因而，我们可以假设模拟输入信号为正。

### 4.3.2.2　Δ-Σ ADC

Δ-Σ ADC 具有相对较低的成本、低带宽和高分辨率。它的基本原理如图 4-12 所示。采样的模拟数据值与 1 位 DAC 的积分（相加）输出进行比较。如果差值为正，则比较器（1位 ADC）产生一个"1"位，否则，它将生成一个"0"位，并存储在临时寄存器中，转换完成后，可供计算机读取。

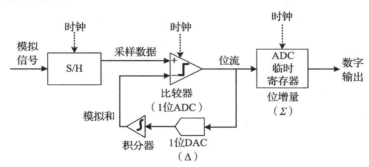

图 4-12　Δ-Σ 模-数转换器的原理

由于来自比较器的每个"1"位将会使临时寄存器中的数字值递增 1，因此该寄存器中的数字字从 0 开始，一次增加一个二进制 1，直到该值等于模拟采样值（达到量化误差）。使用这个术语 Δ 是因为寄存器中的数字值一次递增 1 位，对应于 1 位 ADC 输出，同时由于比较的模拟值一次增加 1 位，所以对应于 1 位 DAC 输出（希腊字母 Δ 通常用于表示小增量）。使用字母 Σ 是因为累加 Δ 值以形成数字输出（希腊语中，大写 Σ 通常用于表示求和）。

Δ-Σ ADC 还有其他几种变形。通常情况下，积分器位于反馈回路的正向通路中，并在求采样值和 1 位 DAC 输出的差值后面。然后 1 位 ADC 产生的位流密度代表采样数据值。

### 4.3.2.3　ADC 的性能特性

使用内部 DAC 的 ADC，与前面讨论的 DAC 的误差源相同。当一次只转换一位时，编码模糊不是问题，并且临时 ADC 寄存器中的整个数据会立即被送到输出寄存器。然而，在使用内部 DAC 的 ADC 中，DAC 寄存器中的模糊会产生误差。

转换时间是一个主要的考虑因素，因为 ADC 的转换时间要长得多。除了分辨率和动态范围之外，量化误差同样适用于 ADC。下面概述了与 ADC 性能有关的几个因素。

#### 4.3.2.3.1　分辨率和量化误差

ADC 寄存器中的位数 $n$ 决定了 ADC 的分辨率和动态范围。对于 $n$ 位 ADC，输出寄存

器的大小为 $n$ 位。因此，数字输出最小的可能增量是 1 个 LSB。ADC 的分辨率就是输出端变化 1 个 LSB 对应的模拟输入变化。对于单极（无符号）情况，数字输出的有效范围为 $0 \sim 2^n - 1$，这代表了数字输出的动态范围。因此，对于 DAC，$n$ 位 ADC 的动态范围 DR 用下式给出

$$DR = 2^n - 1 \tag{4-11}$$

或者以分贝为单位时，它为

$$DR = 20\log_{10}(2^n - 1)dB \tag{4-12}$$

注意：分辨率随着 $n$ 的增大而改善。

ADC 的 FSV 为对应于最大数字输出的模拟输入值。

假设在 ADC 动态范围内某个模拟信号使用该 ADC 进行转换。由于模拟输入（采样值）具有无穷小的分辨率，且数字表示具有有限的分辨率（1 个 LSB），所以在 ADC 过程中会引入一个误差。这个误差称为"量化误差"。数字量以 1 个 LSB 的恒定步长连续增加。如果模拟值落在单个 LSB 步长之内，则将产生量化误差。数字输出的舍入可以按以下步骤完成：量化时的误差大小与量化后的误差大小相比较，比如使用两个保持组件和一个差分放大器。然后，保留误差较小的数字值。如果模拟误差低于 LSB/2，则对应的数字值由这步开始处的值来表示。如果模拟误差高于 LSB/2，则对应的数字值是这步结束处的值。因此，用这种舍入方式，量化误差不超过 LSB/2。

#### 4.3.2.3.2　单调性、非线性和偏移误差

单调性和非线性对于 ADC 和 DAC 来说都很重要。ADC 的输入为模拟信号，输出为数字信号。忽略量化误差，当模拟输入以设备分辨率（$\delta y$）为单位从 0 递增时，ADC 的数字输出将以恒定步长的理想阶梯形状增加。这就是单调的情形。该曲线的最佳直线拟合斜率等于 $1/\delta y$。这是理想的增益或比例因子。因为仍然会存在 LSB/2 的偏移误差，且最佳线性拟合不会通过原点，所以要对该偏移误差进行调整。

由于可能存在各种误差（比如说电路故障），所以在 ADC 中可能会发生不正确的位转换。在这种故障条件下最佳线性拟合将具有与理想情况下不同的斜率。差别在于*增益误差*。非线性是输出与最佳线性拟合的最大偏差。显然，在完美的位转换中，将存在 LSB/2 的非线性。大于这个的非线性是由位转换不正确而导致的。在 DAC 情况下，ADC 非线性的另一个来源是电路的非线性，这将使模拟输入信号在转换成数字形式之前变形。

#### 4.2.3.3.3　ADC 转换速率

很明显，ADC 比 DAC 慢得多。转换时间是一个非常重要的参数，特别是在实际应用中，因为转换速率可以决定 DAQ 性能的许多方面。例如，数据采样率必须与 ADC 转换速率同步。反过来，这又需要确定对应于采样信号带宽的奈奎斯特频率（采样率的一半），并且是保持采样结果有效频率的最大值。此外，采样率将决定存储和内存要求。与 ADC 转换速率有关的另一个重要因素是，在转换成数字形式的整个过程中，必须将信号样本保持为相同值。这就需要保持电路，在特定 ADC 设备中该电路应该能够在最大可能转换时间内准确地运行。

采样的模拟输入转换为数字形式所需的时间取决于 ADC 的类型。通常，在比较型 ADC（使用内部 DAC）中，每个位的转换会在一个时钟周期 $\Delta t$ 内完成。另外，在积分（双斜率）ADC 中，每个时钟计数都需要 $\Delta t$ 的时间。在此基础上，逐次逼近型 ADC 的转换时间可以估计如下：

对于 $n$ 位 ADC，需要进行 $n$ 次比较。因此，转换时间由下式给出

$$t_c = n \cdot \Delta t \tag{4-13}$$

其中 $\Delta t$ 是时钟周期。

注意：对于该 ADC，$t_c$ 不依赖于模拟输入信号的电平。

将模拟信号转换为数字信号所需的总时间除了取决于将采样数据转换为数字形式所需

的时间以外，还有很多其他因素。例如，在多通道 DAQ(多路复用)中，必须包括选择通道所花费的时间。此外，必须包括将数据采样所需的时间和将转换后的数据传送到输出寄存器所需的时间。实际上，ADC 的转换速率是转换周期所需总时间的倒数。然而对于比较型 ADC，转换速率主要取决于位转换时间，而对于积分型 ADC，转换速率主要取决于积分时间。在 ADC 中比较或计数的典型时间为 $\Delta t = 5\mu s$。因此，对于 8 位逐次逼近型 ADC，转换时间为 $40\mu s$。相应的采样率将为(或小于)$1/40 \times 10^{-6} = 25 \times 10^3$ 采样/秒(或 $25kHz$)这个数量级。8 位计数器 ADC 的最大转换速率约为 $5 \times (2^8 - 1) = 1275\mu s$。相应的采样率为 780 采样/秒。需要注意的是，这个转换速率相当低，双积分型 ADC 的最大转换时间可能会更长(即转换速率会更低)。

商用 ADC 封装的额定参数见框 4.3。

---

**框 4.3　商用 ADC 封装的额定参数**

模拟输入通道数为 6(双极)

(6 个独立的 ADC)

分辨率为 16 位

采样率为 250kSPS

SNR 为 88dB

电压范围为 $\pm 5V$ 或 $\pm 10V$

功率为 140mW(5V 电源)

---

### 4.3.3　采样-保持硬件

DAQ 的典型应用是使用 ADC 将模拟信号转换为数字形式后用于后续处理。ADC 的模拟输入过程可能非常短暂，此外，ADC 过程不是瞬时的(ADC 时间将比 DAC 时间多很多倍)。具体来说，输入的模拟信号可能以高于 ADC 转换速率的速率变化。这样输入信号值将在转换周期内变化，并且实际上对于什么模拟输入值对应于特定数字输出值将是很模糊的。因此，有必要对模拟输入信号进行采样，将 ADC 的输入值保持在该采样值，直到转换过程完成。换句话说，由于我们通常处理的是高速变化的模拟信号，因此在每个 ADC 周期内需要 S/H 输入信号。在 SC 控制信号上，必须由 S/H 电路产生和捕获每个数据样本，并且捕获到的电压电平必须保持稳定不变，直到 ADC 单元发出 CC 控制信号。

S/H 电路的主要元件是保持电容。S/H 芯片的示意图如图 4-13 所示。模拟输入信号通过电压跟随器输入给固态开关。该开关通常是场效应晶体管(FET)，如金属氧化物半导体 FET(MOSFET)。该开关在采样脉冲到来时闭合，在保持脉冲到来时断开。这两个控制脉冲都由 ADC 的控制逻辑单元产生。在这两个脉冲的间隔内，保持电容器被充电到采样的输入电压。然后，该电容电压通过第二个电压跟随器提供给 ADC。

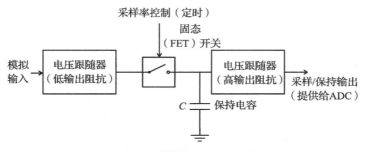

图 4-13　采样保持芯片的电路

现在来解释一下两个电压跟随器的功能。当 FET 开关响应采样指令（脉冲）闭合时，电容器必须尽可能快地充电。相关的时间常数（充电时间常数）$\tau_c$ 由下式给出：

$$\tau_c = R_s C \qquad\qquad (4\text{-}14)$$

其中，$R_s$ 是源阻抗；$C$ 是保持电容。

为了满足快速充电的要求，$\tau_c$ 必须非常小，由于 $C$ 是固定的（通常，$C$ 为大约 100pF，$1pF = 1 \times 10^{-12} F$），所以需要源电阻非常小。输入电压跟随器（已知具有非常低的输出阻抗）提供了非常小的 $R_s$，从而满足对源电阻阻值的要求。

接着当 FET 开关收到保持命令（脉冲）处于断开状态时，电容不会放电。由于输出电压跟随器的存在所以满足了这一要求。由于电压跟随器的输入阻抗非常高，所以通过其引线的电流几乎为零。因此，保持电容在"保持"条件下将具有几乎为零的放电率。此外，我们希望第二个电压跟随器的输出等于电容器电压。由于电压跟随器具有单位增益所以也满足该条件。因此，采样几乎是瞬时完成的，并且由于两个电压跟随器的存在，所以 S/H 电路的输出将在保持期间保持（几乎）恒定。典型的 S/H 芯片有 14 个引脚[两个运算放大器有 8 个引脚，3 个引脚用于开关，2 个引脚用于直流电（双极）]，1 个引脚用于地。此外，采集时间为 3$\mu$s，下降率（保持电容器电压下降的速率）为 1mV/ms，典型的最大偏移误差为 3mV。

注意：根据定义，实用的 S/H 电路是零阶保持电路。

### 4.3.4　多路复用器

MUX（有时也称为扫描仪）用于从一组信号通道中选择一个通道，并将其连接到通用硬件单元。按照这种方式，昂贵且复杂的硬件单元（例如，计算机或甚至复杂的 ADC）可以在多个信号通道之间共享。通常，信道选择是以固定的信道选择速率按顺序完成的。

有两种类型的 MUX：模拟 MUX 和数字 MUX。模拟 MUX 用于扫描一组模拟通道。数字 MUX 用于从一组数字数据通道中顺序地读取一个数字数据通道。

相反，在多个输出信道之间分配单个信道数据的过程称为解复用。解复用（或数据分配器）执行 MUX 的反向功能。例如，当来自计算机的相同（已处理的）信号用于几个目的（例如，数字显示、模拟读取、数字绘图和控制）时，可以使用它。

在短距离信号传输中使用的复用（如数据记录和过程控制）通常是分时复用。在该方法中，根据时间选择信道。因此，只有一个输入通道连接到 MUX 的输出通道。这是本书描述的方法。分频复用是另一种多路复用方法，用于多个数据信号的长距离传输。在该方法中，具有不同频率的载波信号对输入信号进行了调制（例如，如先前所讨论的 AM），并且通过相同的数据信道同时传输。信号在接收端通过解调分离。

#### 4.3.4.1　模拟多路复用器

工程系统的监测通常需要感测几个过程变量（主要是响应或输出）。在提供给计算机、微控制器或数据记录器等通用系统之前，必须对它们进行信号调理（如通过放大和滤波）并以某种方式（例如，通过 ADC）进行修整。通常，数据修整器件是很昂贵的。特别地我们注意到，ADC 比 DAC 更昂贵。将若干模拟信号与计算机等通用系统进行接口连接的昂贵选项是为每个信号通道提供单独的数据修整硬件。例如，具有多个 ADC 的多通道 DAQ 可商购。该方法具有速度快的优点。一种低成本的替代方法是使用模拟多路复用器顺序地选择每一个信号通道，并将其连接到公共信号修整硬件单元（由放大器、滤波器、S/H、ADC 等组成）。以这种方式，在多个数据通道间分时复用昂贵的硬件，虽然牺牲了 DAQ 的速度但是节省了成本。由于固态切换（例如，100MHz 数量级的固态速度或 10ns 的通道开关时间）可以实现非常高的通道选择速度，因此在多数应用中，由多路复用引起的速度降低不是明显的缺点。另一方面，由于固态技术的快速发展，ADC 等硬件的成本也在下降，因此通过使用复用可实现成本降低在某些应用中可能性不大。因此，在决定使用特定

DAQ，监控或控制的信号复用时，需要进行一些经济评估和工程判断。

模拟 MUX 的示意图如图 4-14 所示。该图表示了 $N$ 个输入通道和一个输出通道的一般情况。这称为 $N \times 1$（或 $N：1$）模拟 MUX。每个输入通道通过固态开关（通常为 FET 或 CMOS 开关）连接到输出。一个开关在某一时刻处于关闭（打开）状态。开关由包含相应通道地址的数字字来选择。注意，$n$ 位地址可以使用 $0 \sim 2^n - 1$ 范围内的 $2^n$ 个数字值。因此，具有 $n$ 位地址的 MUX 可以处理 $N = 2^n$ 个信道。信道选择可以由获取数据的计算机（如外部的微控制器）来完成，它将通道地址放置在地址总线上，并同时向 MUX 发送控制信号以启用 MUX。地址译码器译码地址并激活相应的固态开关。按照这种方式，信道选择可以采用任意顺序来选择，并且由计算机或微控制器控制的任意时间来完成。在简单版本的 MUX 中，通道选择是以固定的速度和固定的命令进行的。

MUX 引脚排列：例如，8：1 多路复用器（8 个数据输入通道和 1 个数据输出通道）将具有以下 16 个引脚：8 个输入引脚，1 个输出引脚，3 个通道选择引脚（8 个输入通道），1 个控制（使能）引脚，2 个（双极）电源电压引脚和 1 个 GND 引脚。有时，可能存在无功能（或未连接）引脚，附加 GND 引脚等。

通常，模拟 MUX 芯片的输出连接到 S/H 芯片和 ADC 芯片。可以在 MUX 的输入和输出两端加上电压跟随器，以减少负载问题。也可以在 MUX 的输出端使用差分放大器（或仪表放大器）来放大信号，同时减少噪声问题，特别是抑制共模干扰，如第 3 章所述。通道选择速度必须与每个信号通道的采样和 ADC 速度同步。由于可以使用高速固态开关（100MHz 的固态开关速度或 10ns 的通道切换时间），所以 MUX 速度不会严重受限。

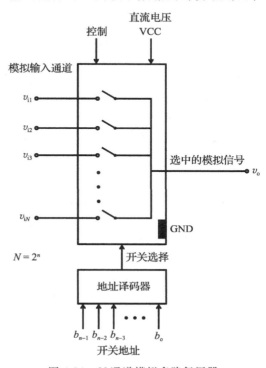

图 4-14　$N$ 通道模拟多路复用器

### 4.3.4.2　数字多路复用器

有时，需要从一组数据字中一次选择一个数据字，并将其送入到公共设备中。例如，该组数据可以是一组数字换能器（例如，测量角运动的轴编码器，参见第 11 章）的输出，也可以是连接到一系列模拟信号通道的一组 ADC 的输出。然后，计算机可以通过寻址和数据传输的标准技术来读取特定的数字输出（数据字）。

数字多路复用（或逻辑多路复用）器的配置如图 4-15 所示。MUX 的 $N$ 个寄存器保存一组 $N$ 个数据字。每个寄存器的内容对应于可快速变化的被测量。这些寄存器可以表示单独的硬件设备（例如，ADC 的一组输出寄存器），也可以表示数据定期传送至（读入）计算机存储器的位置。每个寄存器都有一个唯一的二进制地

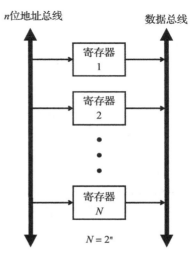

图 4-15　一个 $N \times 1$ 的数字多路复用器

址。在模拟 MUX 的情况下，$n$ 位地址可以选择（地址）$2^n$ 个寄存器。因此，如前所述，寄存器的数量将由 $N=2^n$ 给出。当选中寄存器地址放置在地址总线上时，它将使能特定的寄存器。这将使该寄存器的内容放在数据总线上。现在数据总线由 $N$ 个数据寄存器中共享的设备（例如，计算机）来读取。如前所述，在地址总线上放置不同的地址将导致选择另一个寄存器并读取该寄存器中的内容。

数字多路复用器通常比模拟多路复用器更快，并且具有数字设备的普遍优点，如高精度、更好的抗干扰性、鲁棒性好（无漂移和由参数变化而引起的误差）、不会受由信号弱化而导致的相关误差的长距离数据传输能力，以及处理大量数据通道的能力。此外，数字 MUX 可以使用软件进行修改，通常不需要更改硬件。然而，如果不是在单独 ADC 上使用模拟 MUX，而是为每个模拟信号通道使用单独的 ADC，然后使用数字多路复用器，那么就会使数字多路复用方法的成本非常高。另一方面，如果测量的是数字量（例如，编码器输出测量的位移），则数字多路复用器往往具有更理想的成本效益和性能。

因为将数字量从一个单一的数据源（例如，数据总线）传输到多个数据寄存器的访问过程是相互独立的，所以它可以被解释为数字复用。这也是一个简单的数字数据传输和读取过程。

## 4.4　电桥

电桥电路可用来测量一些物理量。典型的测量包括电阻的变化、电感的变化、电容的变化（或者说是阻抗的变化）、振荡频率或引起这些变化的一些变量（激励）。电桥的典型输出是电压。从这个意义上讲，电桥电路可以看作信号转换装置。

一个完整的电桥是一个四臂以晶格形式相连的电路，这种方式会形成 4 个节点。两个相对的节点用来为桥供电（电压或电流），剩下的两个相对的节点作为电桥输出。注意：正是这两个输出节点"桥接"了电路，所以就有了电桥电路这个名称。当电桥的输出电压为零时，称作是平衡电桥。使用电桥电路进行测量有两种基本方法：

1. 电桥平衡法
2. 不平衡输出法

在电桥平衡法中，我们从平衡电桥开始。测量时，由于相关的一些变化，所以会打破电桥的平衡状态。结果是产生一个非零的输出电压。可以通过改变一个臂的参数来使电桥再次平衡（当然要假设，有一些方法可以提供必要的精细调整）。在该方法中，为了恢复平衡在电桥中改变的参数（电阻或阻抗）就是"测量值"。使用伺服装置改变电桥参数可以使电桥精确平衡，误差反馈机制（伺服）使电桥输出为零。

在使用不平衡输出法时，也从平衡电桥开始。如前所述，由于测量量发生了变化，因此电桥的平衡将会打破。这时，不是再次平衡电桥，而是测量由变量变化而导致电桥不平衡的输出电压，并将其作为测量值。

电桥电路有很多类型。如果电桥由直流供电，那么它就是一个直流电桥。类似地，交流电桥使用交流电源。电阻桥 4 个臂中的元件只有电阻，通常是直流电桥。阻抗桥在其一个或多个臂中具有由电阻、电容和电感构成的阻抗元件，这一定是一个交流电桥。如果电桥励磁是恒压电源，那么它就是一个恒压电桥。如果电桥电路的电源是恒流源，就会得到一个恒流电桥。

### 4.4.1　惠斯登电桥

惠斯登电桥是具有恒定直流电压源的电阻桥（即恒压电阻桥）。惠斯登电桥在应变片测量中特别有用，因此，在使用应变片的力、转矩和触觉传感器（参见第 9 章）中它特别有用。由于惠斯登电桥主要用于测量电阻的小变化，因此也可用于其他类型的传感应用。例如，在电阻温度检测器（RTD）中，使用电桥电路（参见第 10 章）测量由温度变化引起的金属（如铂）元件的电阻值的变化。

注意：对于典型的金属，电阻的温度系数为正（即电阻值随温度而升高）。对于铂，该值（温度变化 1℃时单位电阻的阻值变化）约为 0.003 85/℃。

考虑图 4-16a 所示的惠斯登电桥电路。假设电桥的输出为开路（即具有非常高的负载电阻），则输出 $v_o$ 可表示为

$$v_o = v_A - v_B = \frac{R_1 v_{ref}}{(R_1 + R_2)} - \frac{R_3 v_{ref}}{(R_3 + R_4)} = \frac{(R_1 R_4 - R_2 R_3)}{(R_1 + R_2)(R_3 + R_4)} v_{ref} \qquad (4\text{-}15)$$

对于平衡电桥，式(4-15)右边表达式的分子为 0。因此，电桥平衡的条件是

$$\frac{R_1}{R_2} = \frac{R_3}{R_4} \qquad (4\text{-}16)$$

首先假设 $R_1 = R_2 = R_3 = R_4 = R$。根据这个式子可知，电桥是平衡的。现在，$R_1$ 阻值增加 $\delta R$。例如，$R_1$ 可以表示唯一可变的应变值，而桥中其余 3 个元件是阻值相同的元件。鉴于式(4-15)，由 $\delta R$ 变化引起的电桥输出变化由下式给出

$$\delta v_o = \frac{\left[(R + \delta R)R - R^2\right]}{(R + \delta R + R)(R + R)} v_{ref} - 0$$

或者

$$\frac{\delta v_o}{v_{ref}} = \frac{\delta R/R}{(4 + 2\delta R/R)} \qquad (4\text{-}17)$$

可以看出输出在 $\delta R/R$ 处是非线性的。然而，如果假设 $\delta R/R$ 远小于 2，则我们具有线性关系

$$\frac{\delta v_o}{v_{ref}} = \frac{\delta R}{4R} \qquad (4\text{-}18)$$

这个公式右边的 1/4 代表电桥的灵敏度，因为在电桥其他参数保持不变时，它给出了一个给定的电阻变化所对应的输出变化。严格来说，电桥灵敏度为 $\delta v_o/\delta R$，它等于 $v_{ref}/(4R)$ 的无量纲参数，即 1/4。

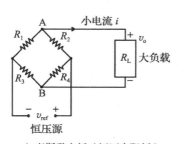

a）惠斯登电桥（恒压电阻桥）

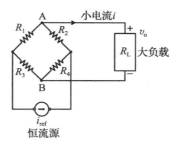

b）恒流电阻桥

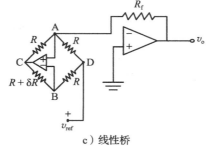

c）线性桥

图　4-16

由于线性化时产生的误差是用非线性来度量的，所以可以用百分比表示：

$$N_P = 100 \times \left(1 - \frac{线性化输出}{实际输出}\right)\% \qquad (4\text{-}19)$$

因此，从式(4-17)和式(4-18)得到

$$N_P = 50 \frac{\delta R}{R} \%$$    (4-20)

**例 4.1**

假设在图 4-16a 中 $R_1 = R_2 = R_3 = R_4 = R$。现在给 $R_1$ 增加 $\delta R$，给 $R_2$ 减少 $\delta R$，这将代表在两应变元件安装在弯曲梁顶部和底面的情况时，两个电阻的变化量正相反。证明在这种情况下该电桥的输出是随 $\delta R$ 线性变化的。

**解：** 根据式(4-15)，得到 $\delta v_o = \{[(R+\delta R)R - R^2]/[(R+\delta R+R-\delta R)(R+R)]\} v_{ref} - 0$。简化为 $\delta v_o / v_{ref} = \delta R / 4R$，这是线性的。

同样，可以使用式(4-15)得到 $R_3 \to R + \delta R$ 和 $R_4 \to R - \delta R$，即为电桥输出的线性关系。

### 4.4.2 恒流电桥

当根据测量需要，大阻值电阻要变化 $\delta R$ 时，根据式(4-17)可知，惠斯登电桥的非线性可能不能满足测量要求。而恒流电桥的非线性较小，在此类应用中应是首选。然而，它需要一个电流调节电源，它通常比电压调节电源更昂贵。

如图 4-16b 所示，恒流电桥使用的是恒流电源 $i_{ref}$，而不是恒压电源。恒流电桥的输出可以根据式(4-15)并通过替代电流源的电压来确定。假设这个电压是 $v_{ref}$，极性如图 4-16a 所示。现在，由于假设负载电流很小(即高阻抗负载)，所以流过 $R_2$ 的电流等于流过 $R_1$ 的电流，并由 $v_{ref}/(R_1+R_2)$ 给出。类似地，流过 $R_4$ 和 $R_3$ 的电流由 $v_{ref}/(R_3+R_4)$ 给出。因此，通过电流求和，我们得到

$$i_{ref} = \frac{v_{ref}}{(R_1+R_2)} + \frac{v_{ref}}{(R_3+R_4)}$$

或者

$$v_{ref} = \frac{(R_1+R_2)(R_3+R_4)}{(R_1+R_2+R_3+R_4)} i_{ref}$$    (4-21)

该结果可以直接从电桥的等效电阻中获得。将式(4-21)代入式(4-15)，我们得到恒流电桥的输出

$$v_o = \frac{(R_1 R_4 - R_2 R_3)}{(R_1+R_2+R_3+R_4)} i_{ref}$$    (4-22)

从式(4-22)可以看出，对于该电桥，平衡条件(即 $v_o = 0$)可由式(4-16)给出。

为了估计恒流电桥的非线性，我们从平衡开始，即使 $R_1 = R_2 = R_3 = R_4 = R$，并且使 $R_1$ 改变 $\delta R$，同时保持其余电阻不变。这时，$R_1$ 将表示电桥的有源元件(感测元件)，并且可以对应于有源应变片。输出的变化 $\delta v_o$ 由下式给出

$$\delta v_o = \frac{[(R+\delta R)R - R^2]}{(R+\delta R+R+R+R)} i_{ref} - 0$$

或者

$$\frac{\delta v_o}{R i_{ref}} = \frac{\delta R/R}{(4+\delta R/R)}$$    (4-23)

通过将该式右边的分母与式(4-17)进行比较，我们观察到恒流电桥的非线性较小。具体来说，使用式(4-19)给出的定义，百分比非线性可以表示为

$$N_P = 25 \frac{\delta R}{R} \%$$    (4-24)

应注意，通过使用恒流激励代替恒压激励将使电桥的非线性减半。

### 例 4.2

假设在图 4-16b 所示的恒流电桥电路中有，$R_1=R_2=R_3=R_4=R$。假设 $R_1$ 和 $R_4$ 表示安装在拉杆同一侧的应变片。由于杆具有张力，所以 $R_1$ 增加 $\delta R$，$R_4$ 也增加 $\delta R$。在这种情况下导出电桥输出（归一化）的表达式，并显示它是线性的。在这个例子中，如果 $R_2$ 和 $R_3$ 代表主动的拉伸应变片，那么结果如何？

**解：** 根据式（4-22），我们得到 $\delta v_o = \{[(R+\delta R)(R+\delta R)-R^2]/(R+\delta R+R+R+R+\delta R)\}i_{ref}-0$。通过化简和消除分子及分母中的常项，我们得到线性关系

$$\frac{\delta v_o}{R i_{ref}} = \frac{\delta R/R}{2} \tag{4-25}$$

如果 $R_2$ 和 $R_3$ 是有源元件，则从式（4-22）可以看出，除符号变化外，得到是相同的线性结果。特别地，

$$\frac{\delta v_o}{R i_{ref}} = -\frac{\delta R/R}{2} \tag{4-26}$$

### 4.4.3　电桥输出的硬件线性化

根据上述介绍和实例可以看出，由可变电阻的变化而引起的电阻电桥输出通常不是线性的。但是，对可变电阻进行特定布置可使得输出线性化。从式（4-15）和式（4-22）可以看出，当只有一个可变元件时，电桥输出是非线性的。这种非线性电桥可以使用硬件，特别是运算放大器进行线性化。为了说明这种方法，我们来考虑一个恒压电阻桥。连接两个运算放大器来修改它，如图 4-16c 所示。输出放大器的反馈电阻为 $R_f$。该电路的输出可以使用运算放大器的特性来获得。特别是，两个输入端的电位必须相等，并且流过它们的电流必须为零。从第一个性质可以看出，节点 $A$ 和节点 $B$ 的电位为零。节点 $C$ 的电位用 $v$ 表示，现在使用第二个性质，对节点 $A$ 和 $B$ 的电流求和。

$$\text{节点 } A：\frac{v}{R}+\frac{v_{ref}}{R}+\frac{v_o}{R_f}=0 \tag{i}$$

$$\text{节点 } B：\frac{v_{ref}}{R}+\frac{v}{R+\delta R}=0 \tag{ii}$$

将式（ii）代入式（i）就可以消除 $v$，化简后即可得到线性结果

$$\frac{\delta v_o}{v_{ref}} = \frac{R_f}{R}\frac{\delta R}{R} \tag{4-27}$$

将该结果与式（4-17）进行比较可以获得具有单个可变电阻的原始电桥。需要注意的是，当 $\delta R=0$ 时，从式（ii）可以得到 $v=-v_{ref}$，并且从式（i）可以得到 $v_o=0$。因此，当我们从平衡电桥开始考虑时，$v_o$ 和 $\delta v_o$ 意味着相同的事情，如式（4-27）所示。

**电桥放大器**

来自电阻电桥的输出信号与参考信号相比通常非常小，必须通过放大将其电压值提升到可用值（如用于系统监测、数据记录或控制）。电桥放大器就是用于此目的的。这通常使用的是仪表放大器，它在本质上是一个复杂的差分放大器（见第 3 章）。电桥放大器被简单地建模且增益为 $K_a$，它与电桥的输出相乘。典型特征是：

- 增益高达 1000（可调）
- 低漂移
- 工作范围宽（$\pm 200\mu V \sim \pm 5V$，可调）
- 电源（DC）电压等于 $\pm 10V$（同样的电源也为电桥电路供电）
- 最大电流为 30mA
- 高输入阻抗（2MΩ）

- 多个通道（用于同时使用多个网桥）
- 低通滤波器的截止频率高达 2kHz（可选）
- 共模抑制比（CMRR）在 50Hz 时为 100dB

### 4.4.4  半桥电路

半桥电路可用于需要电桥电路的一些应用中。半桥只有两个臂，输出从这两个臂的中点引出。

注意：半桥电路与电位计电路或分压器有点类似。在一些半桥电路中，可能会存在第三个桥臂，它连接在这两个桥臂的两端。但输出的一端是在前两个桥臂的公共点上引出的，而另一个输出导线位于桥臂的末端节点处。

两个桥臂端点由两个电压激励，其中一个是正极，另一个是负极（即双极电源电压）。最初，两个桥臂具有相同的电阻，从而电桥的输出从名义上为零。其中一个桥臂有阻值可变的元件，它的电阻变化将引起非零的输出电压。

图 4-17 所示为由电阻半桥和输出放大器组成的半桥放大器。两个桥臂的电阻为 $R_1$ 和 $R_2$，输出放大器的反馈电阻为 $R_f$。为了得到输出方程，我们使用了两个基本性质：一个不饱和运放（见第 3 章）的两个输入端电压相等（由于具有高增益），输入引线中电流为零（由于具有高输入阻抗）。因此，节点 $A$ 的电压为零，节点 $A$ 的电流平衡方程由下式给出

$$\frac{v_{\text{ref}}}{R_1} + \frac{(-v_{\text{ref}})}{R_2} + \frac{v_{\text{o}}}{R_f} = 0$$

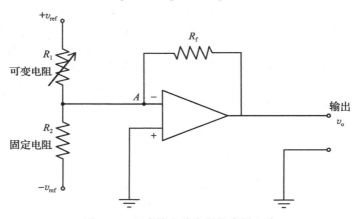

图 4-17  拥有输出放大器的半桥电路

则有

$$v_{\text{o}} = R_f \left( \frac{1}{R_2} - \frac{1}{R_1} \right) v_{\text{ref}} \tag{4-28}$$

现在，假设初始值 $R_1 = R_2 = R$，可变电阻 $R_1$ 变化了 $\delta R$。输出的相应变化是

$$\delta v_{\text{o}} = R_f \left( \frac{1}{R} - \frac{1}{R + \delta R} \right) v_{\text{ref}} - 0$$

或者

$$\frac{\delta v_{\text{o}}}{v_{\text{ref}}} = \frac{R_f}{R} \frac{\delta R/R}{(1 + \delta R/R)} \tag{4-29}$$

注意，$R_f/R$ 是放大器增益。根据式（4-19）可知，半桥电路的非线性百分比是

$$N_P = 100 \frac{\delta R}{R} \% \tag{4-30}$$

因此，半桥电路的非线性比惠斯登电桥的非线性差。

### 4.4.5 阻抗电桥

阻抗电桥是交流(AC)电桥。它的 4 个桥臂包含通用阻抗元件 $Z_1$、$Z_2$、$Z_3$ 和 $Z_4$,如图 4-18a所示。该电桥由交流电源电压 $v_{\mathrm{ref}}$供电。

注意:如果需要表示一个电桥元器件变化的瞬态信号,则 $v_{\mathrm{ref}}$ 将表示载波信号,并且必须对输出电压 $v_\mathrm{o}$ 进行解调。

阻抗电桥可以用来测量电容传感器中的电容值和可变电感传感器和涡流传感器中的电感变化。此外,阻抗电桥可以用作振荡器。振荡器电路可以用作信号发生器的恒频源(例如,在产品动态测试或产生载波信号中),或者可以通过测量振荡频率来确定未知的电路参数。

使用频域概念进行分析,阻抗电桥输出的频谱由下式给出

$$v_\mathrm{o}(\omega) = \frac{(Z_1 Z_4 - Z_2 Z_3)}{(Z_1 + Z_2)(Z_3 + Z_4)} v_{\mathrm{ref}}(\omega) \tag{4-31}$$

这在惠斯登电桥的直流情况下即为式(4-15)。平衡条件由下式给出

$$\frac{Z_1}{Z_2} = \frac{Z_3}{Z_4} \tag{4-32}$$

该式用于测量电桥中未知的电路参数。让我们考虑两个特殊的阻抗电桥。

#### 4.4.5.1 欧文电桥

欧文电桥如图 4-18b 所示。例如,可以通过电桥平衡法来测量电感 $L_4$ 和电容 $C_3$。为了得出必要的公式,请注意电感的电压-电流关系为 $v = L(\mathrm{d}i/\mathrm{d}t)$;而对于电容,它为 $i = C(\mathrm{d}v/\mathrm{d}t)$。因此,电感的电压-电流传递函数(在拉普拉斯域)是 $v(s)/i(s) = Ls$;而对于电容,它是 $v(s)/i(s) = 1/Cs$。因此,在频率 $\omega$ 处电感元件和电容元件的阻抗分别为 $Z_L = \mathrm{j}\omega L$,$Z_c = 1/(\mathrm{j}\omega C)$。将这些结果应用于欧文电桥,得到 $Z_1 = 1/(\mathrm{j}\omega C_1)$,$Z_2 = R_2$,$Z_3 = R_3 + 1/(\mathrm{j}\omega C_3)$,$Z_4 = R_4 + \mathrm{j}\omega L_4$,其中 $\omega$ 是激励频率。现在,对于平衡电桥,由式(4-32)可知,$1/(\mathrm{j}\omega C_1)(R_4 + \mathrm{j}\omega L_4) = R_2[R_3 + 1/(\mathrm{j}\omega C_3)]$。将该式的实部和虚部分别相等,得到两个公式:$L_4/C_1 = R_2 R_3$ 和 $R_4/C_1 = R_2/C_3$。因此,我们得到最终结果:

$$L_4 = C_1 R_2 R_3 \tag{4-33}$$

$$C_3 = C_1 \frac{R_2}{R_4} \tag{4-34}$$

因此,在平衡条件下,可以用 $C_1$、$R_2$、$R_3$ 和 $R_4$ 的来确定 $L_4$ 和 $C_3$。例如,使用固定的 $C_1$ 和 $R_2$,可以使用可调节的 $R_3$ 来测量变量 $L_4$,可调节的 $R_4$ 可以用于测量变量 $C_3$。

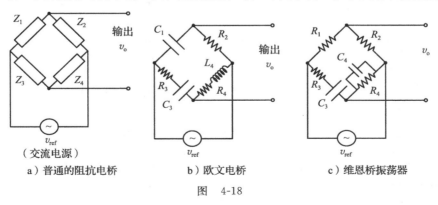

图 4-18

#### 4.4.5.2 维恩桥振荡器

现在,考虑维恩桥振荡器,如图 4-18c 所示。对于该电路,我们有 $Z_1 = R_1$、$Z_2 = R_2$、$Z_3 = R_3 + 1/(\mathrm{j}\omega C_3)$、$1/Z_4 = 1/R_4 + \mathrm{j}\omega C_4$。因此,从式(4-32)可以得到电桥平衡的条件是

$$\frac{R_1}{R_2} = \left(R_3 + \frac{1}{j\omega C_4}\right)\left(\frac{1}{R_4} + j\omega C_4\right)$$

让实部相等我们得到

$$\frac{R_1}{R_2} = \frac{R_3}{R_4} + \frac{C_4}{C_3} \qquad (4\text{-}35)$$

令虚部相等，得到 $0 = \omega C_4 R_3 - (1/\omega C_3 R_4)$。因此，

$$\omega = \frac{1}{\sqrt{C_3 C_4 R_3 R_4}} \qquad (4\text{-}36)$$

这表明该电路是一个振荡器，其平衡条件下的固有频率由该式给出。如果电源频率等于电路的固有频率，则会发生大幅度的振荡。该电路可以通过在谐振（固有频率）下测量电桥信号的频率来测量未知电阻（例如，在应变片装置中）。或者，以固有频率激励的振荡器可以用作周期性信号的精确电源（即信号发生器）。

## 4.5 装置的线性化

任何物理器件都会出现不同程度的非线性。如果系统（组件、设备或装备）中的非线性水平不超过容错则可以忽略，那么为了实际目的，系统可以假定为线性系统。

通常，线性系统可以由线性分析模型（例如，一组线性微分方程或线性代数方程）表示。此外，叠加原理适用于线性系统。具体而言，根据该原理可知，如果对于输入 $u_1$ 系统响应为 $y_1$，对另一输入 $u_2$ 的响应为 $y_2$，则对于任意 $a_1$ 和 $a_2$，有 $a_1 u_1 + a_2 u_2$ 的响应为 $a_1 y_1 + a_2 y_2$。

### 4.5.1 非线性的性质

系统中的非线性可以表现为两种形式：

1. 动态非线性
2. 静态非线性

在很多应用中，系统的有用操作区域会超过频率响应函数平坦的频率范围。这种系统的运行响应被认为是动态的。这样的系统有典型的控制系统（例如，汽车、飞机、铣床、机器人），传感器（例如，LVDT），执行器（例如，液压马达）和控制器（例如，比例-积分-微分控制硬件）。这种系统的非线性既可以表现为静态形式（输出不与输入成比例）又可以为动态形式，如阶跃现象（也称为折叠突变）、极限环和频率生成。使用非线性校准曲线（如从线性到对数的尺度变化）可能足以去除静态非线性。通常可能还需要设计变更、广泛调整、降低操作信号电平和带宽等方式来减少或消除非线性的动态表现。在很多情况下，这种变化可能不实用，我们可能必须以某种方式处理动态条件下非线性的存在。减少非线性的设计改进可能涉及利用谐波驱动器等装置来代替传统的齿轮传动装置，以减少反向间隙；利用线性执行器代替非线性执行器；使用具有可忽略的非线性（如库仑）摩擦和产生小的运动偏移的部件。

大部分传感器、换能器和信号修整装置都在其频率响应函数的平坦区间内运行。这些类型器件在工作范围内的 I/O 关系表示（建模）为静态曲线而不是微分方程。这些设备中的非线性将以多种形式表现在静态操作曲线中，包括饱和度、滞后和偏移。

#### 4.5.1.1 线性化方法

在某类系统（例如，设备、执行器和补偿器）中，如果以动态形式显示非线性，则应通过建立合适的数学模型并施加控制，以避免系统性能出现不期望的降低。在另一类系统（例如，传感器、换能器和信号修整装置）中，如果在静态工作曲线中表现出了非线性，则系统的整体性能也会降低。因此，重要的是将这些装置的输出线性化。值得注意的是，在动态情况中，不可能将输出线性化，因为响应是以动态形式产生的。在这种情况下，解决方案可包括以下几个方面：（1）减少工作范围；（2）通过设计修改和调整，尽量减少系统中的非线性因素；（3）应用系统响应和非线性分析模型的反馈线性化来估计非线性并将其反馈到系统中，从而消除（补偿）非线性；（4）在系统建模和控制中将非线性因素考虑进

去。在本节中，我们不会解决动态非线性问题。相反，我们将考虑装置的静态线性化，其工作特性可以由静态 I/O 曲线来表示。

静态装置的线性化也可以通过设计修正和调整来完成，如动态装置的情况。因为我们通常处理的是内部硬件而不修改器件（即一个固定的设计），所以响应是静态的，我们将只考虑通过修改输出本身的方式来线性化 I/O 特性。

装置的静态线性化可以用以下几种方式进行操作，例如：

1. 非线性校准曲线、非线性变换和相关软件的线性化

2. 用数字（逻辑）硬件实现线性化

3. 用模拟硬件实现线性化

在线性化应用软件的方法中，将装置的输出读入可编程存储器的数字处理器中，并根据程序指令对输出进行修改（重新校准），使 I/O 关系变为线性关系。一个例子是使用对数标度来线性化非线性表达式。在逻辑硬件方法中，输出由具有处理（修改）数据的固定逻辑电路读取。产生的输出也是数字形式的。在模拟硬件方法中，线性模拟电路直接连接在装置的输出端，使得线性化装置的输出信号（模拟量）与原始装置的输入成正比。如前所述的线性化电桥（见图 4-16c）就是这种（模拟）线性化类型的一个例子。接下来讨论这三种线性化的方法，并主要强调模拟电路方法。

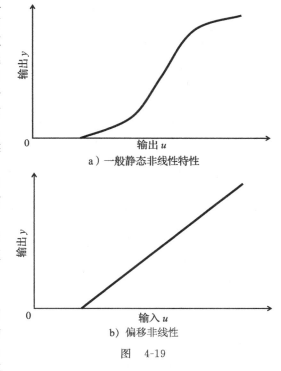

a）一般静态非线性特性

b）偏移非线性

图    4-19

滞后型静态非线性特性的 I/O 曲线不具有一对一的特性。换句话说，一个输入值可以对应多个（静态）输出值，并且一个输出值可以对应多个输入值。忽略这种类型的非线性，让我们专注于非直线的单值静态响应曲线的装置的线性化。典型的非线性 I/O 例子如图 4-19a 所示。严格来说，图 4-19b 所示的具有简单偏移直线特性的 I/O 也是非线性的。特别地，请注意，叠加原理并不适用于此类型的 I/O 特性

$$y = ku + c \qquad (4-37)$$

很容易线性化这样的装置，因为通过简单的添加直流组件就能将其线性化，由

$$y = ku \qquad (4-38)$$

这种线性化方法被称为"偏移"。在特征曲线更复杂的情况下，线性化也会更加困难。

### 4.5.1.2  软件线性化

如果已知非线性设备的输入和输出之间的非线性关系（静态），那么可以通过已知的输出值来计算输入值。在软件线性化方法中，利用软件编程的处理器和存储器（即数字计算机）使用输出数据来计算输入值。可以使用 3 种方法。它们是

- 变量变换
- 方程反演
- 查表

在前两种方法中，装置的非线性特性在分析（等式）形式（即代数模型）中是已知的，

$$y = f(u) \qquad (4-39)$$

其中，$u$ 是装置输入；$y$ 是装置输出。

在第一种方法中，变量 $u$ 和 $y$ 转换为两个新的变量 $u'$ 和 $y'$（例如，变量的对数），使得 $u'$

和 $y'$ 之间的关系是线性的。然后，在不牺牲任何精度的情况下，可以使用线性方法来分析 $u'$ 和 $y'$。由于转换关系是已知的，所以得到的结果可以根据需要转换回 $u$ 和 $y$ 所属的域。

在第二种方法中，假设式(4-39)是一对一的关系，则可以确定唯一的逆，如等式

$$u = f^{-1}(y) \tag{4-40}$$

该等式可以作为计算算法编程至计算机的读写存储器(RAM)中。当输出值 $y$ 提供给计算机时，处理器将使用存储在 RAM 中的指令(可执行程序)来计算相应的输入值 $u$。

在第三种方法(查找表)中，以有序表对的形式将足够多的$(y, u)$值存储在计算机的存储器中。这些值应涵盖设备的整个工作范围。然后，当 $y$ 值输入到计算机中时，处理器扫描存储的数据以检查该值是否存在。如果存在，则读取对应的 $u$ 值，这是线性输出。如果 $y$ 值不存在于数据表中，则处理器将该值与相邻的数据进行内插，并计算相应的输出。在线性插值方法中，$y$ 值下降的数据表邻域用直线拟合，并使用该直线计算相应的 $u$ 值。高阶插值使用非线性插值曲线，如二次和三次多项式方程(样条函数)。

变量变换法和方程反演法通常比查表法更准确。此外，前两种方法不需要太多的内存来存储数据。但它们相对较慢，因为数据是通过程序指令在计算机中传输、转换和处理的，程序指令存储在内存中，通常需要按顺序访问它们。查找表方法更快。由于准确率取决于存储数据值的数量，所以这是一种内存密集型方法。为了达到更高的精度，应该存储更多的数据。但是，由于必须对整个数据表进行扫描以检查给定的数据值，所以这种提高精度的方法是以牺牲速度和内存需求为代价的。

### 4.5.1.3　逻辑硬件线性化

软件线性化方法是很灵活的，因为可以通过修改存储在计算机存储器中的程序来修改线性化算法(如改进、改变)。此外，非常复杂的非线性可以用软件方法来处理。正如前面提到的，该方法相对较慢。

在逻辑硬件线性化方法中，线性化算法永久性地存在于 IC 形式中并使用适当的数字逻辑电路来进行数据处理和存储单元(例如，触发器)。需要注意的是，在不重新设计 IC 芯片的情况下，不能修改模型参数和数值(不是输入值)，因为数字硬件设备通常没有可编程存储器。此外，因为很难通过该方法实现非常复杂的线性化算法，除非使芯片批量生产广泛应用于市场中，所以从经济角度看，最初的芯片开发成本将使芯片生产变得不可行。然而，在批量生产中，单位成本是非常小的。由于不涉及存储程序指令的存取和广泛的数据处理，所以线性化硬件方法可以比软件方法快得多。

因为带有处理器和只读存储器(ROM)的数字线性单元，它的程序不能修改，所以缺乏可编程软件的灵活性。因此，这种基于 ROM 的设备也属于硬件逻辑设备。因为使用微控制器进行静态线性化是一种软件方法，并且它是相当经济的，所以现代微控制器技术发展得相当快。

### 4.5.2　模拟线性化硬件

对以下 3 种模拟线性化硬件进行讨论：

- 补偿电路
- 提供比例输出的电路
- 曲线整形器

用模拟装置可以很容易地去除非线性化的偏移量。这通过在相反方向加上一个相等的直流偏移量就可以实现。这种故意增加偏移量的方式称为"补偿"。对原偏移量的相关移除称为"偏移补偿"。补偿有许多方面的应用。例如 ADC 和 DAC 结果中存在的不必要的偏移量可以通过模拟补偿的方式来消除。常数(DC)误差分量(如在动态系统中由负载变化、增益变化以及其他干扰而带来的稳态误差)也可以通过补偿的方式来消除。放大器和其他模拟设备中的共模误差信号也可以通过补偿来消除。在电位计(镇流器)测量电路中，实际测量信号是稳态输出信号 $v_o$ 的小变化量 $\delta v_o$，测量值会被噪声完全掩蔽。为了克服这

个问题，首先，输出应该被补偿 $-v_o$，以便净输出是 $\delta v_o$ 而不是 $v_o + \delta v_o$。随后，可以通过滤波和放大来调理该输出。补偿的另一个应用是测量尺度从相对尺度到绝对刻度的加法变化（例如，在速度情况下）。总之，一些补偿的应用如下所示：

1．消除信号中不需要的偏移量和直流分量（例如，在 ADC、DAC、信号集成中）

2．消除动态系统响应中的稳态误差分量（例如，在 0 型动态系统中负载变化和增益变化）（注：0 型系统是不具有自由积分器的开环系统）。

3．抑制共模电压（例如，在放大器和滤波器中，见第 3 章）

4．当测量值为较大稳态输出电平的增量（例如，在应变片和 RTD 传感器的镇流器-电位计电路中，参见第 9 章和第 10 章）时，补偿可以减小误差。

5．以加法方式缩放变量（例如，相对单位转换为绝对单位或从绝对单位转换为相对单位）

我们可以采用前面讨论的简单方式去除不需要的偏移量。现在让我们来考虑更复杂的非线性响应，即 I/O 曲线不是直线的情况。模拟电路也可用于线性化这种类型的响应。使用的线性化电路通常会依赖于特定的装置和它的非线性性质。因此，这种类型的线性化电路通常必须针对具体应用进行讨论。例如，这种线性化电路在横向位移电容传感器中是非常有用的。这里讲述了几个有用的电路。

考虑一种名为"曲线整形"的线性化类型。曲线整形器是一种线性装置，其增益（输出-输入）可以被调节，从而得到不同斜率的响应曲线。假设具有不规则（非线性）I/O 特性的非线性装置要线性化。首先，我们将输入同时作用于装置和曲线整形器，然后调整曲线整形器的增益，使其输出在较小的工作范围内与实际设备非常接近。现在，曲线整形器的输出可以用于任何需要该装置输出的应用中了。这样做的优点是假设线性对于曲线整形器是有效的（因此，线性方法是适用的），当然装置的实际情况并不是这样。当操作范围发生变化时，曲线整形器必须调整到新的范围内。曲线整形器和非线性器件的比较（重新校准）可以离线完成，并且一旦以这种方式为曲线整形器确定了一组对应一组操作范围的增益值，则曲线整形器可以完全替代非线性设备。然后，曲线整形器的增益可以根据系统运行的实际范围进行调整。这就是所谓的"增益调节"。注意：通过这种方式，我们可以在多组分系统中用使用线性器件（曲线整形器）来代替非线性器件，而不牺牲整个系统的精度。

### 4.5.2.1　补偿电路

在放大器和其他模拟设备中共模输出和偏移量可以通过一个补偿电阻来将其最小化，它将在一个输入引线上提供精细的调节（见第 3 章）。此外，在控制系统中反馈信号的幅值越大，稳态误差就越小。因此，可以通过减小反馈电阻（从而增加反馈信号）来减小稳态偏移。此外，由于镇流器（电位计）电路提供的输出为 $v_o + \delta v_o$，且电桥电路提供的输出为 $\delta v_o$，所以电桥电路可以被解释为偏移补偿方法。

补偿非线性设备最直接的方法是使用差分放大器（或求和放大器，见第 3 章）来减去（或增加）直流电压到设备的输出端。直流电平必须是可变的，以便可以用同一电路提供不同的偏置电平。这是通过在放大器的直流输入端使用可调电阻来实现的。

图 4-20 所示为可用于补偿的运算放大器电路。由于输入端 $v_i$ 连接到运放的反向输入端（即它是一个反相放大器），所以输入信号出现在输出端反相，但符号是相反的。这也是一个加法放大器，因为两个输入信号可以通过这个电路相加。如果输入 $v_i$ 连接到运算放大器的同相输入端，则它是一个同相放大器。

直流电压 $v_{ref}$ 提供偏移电压。补偿电阻 $R_c$ 是可变的，因此可以使用相同电路补偿不同的偏移值。为了获得电路方程，我们使用通常的假设，即运算放大器的输入端电流为零（由于其输入阻抗非常高），写出节点 $A$ 的电流平衡方程：

$$\frac{v_{ref} - v_A}{R_c} = \frac{v_A}{R_o}$$

或者

$$v_{\mathrm{A}} = \frac{R_{\mathrm{o}}}{(R_{\mathrm{o}} + R_{\mathrm{c}})} v_{\mathrm{ref}} \qquad\qquad (\mathrm{i})$$

类似地，节点 $B$ 的电流平衡式为

$$\frac{v_{\mathrm{i}} - v_{\mathrm{B}}}{R} + \frac{v_{\mathrm{o}} - v_{\mathrm{B}}}{R} = 0$$

或者

$$v_{\mathrm{o}} = -v_{\mathrm{i}} + 2v_{\mathrm{B}} \qquad\qquad (\mathrm{ii})$$

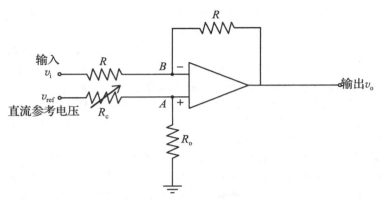

图 4-20    用于偏移补偿的反相放大器电路

由于 $v_{\mathrm{A}} = v_{\mathrm{B}}$（因为它的开环增益很高），所以我们可以将式（i）代入式（ii），可得

$$v_{\mathrm{o}} = -v_{\mathrm{i}} + \frac{2R_{\mathrm{o}}}{(R_{\mathrm{o}} + R_{\mathrm{c}})} v_{\mathrm{ref}} \qquad\qquad (4\text{-}41)$$

需要注意的是：输出信号与 $v_{\mathrm{i}}$ 的符号相反（因为这是一个反相放大器）。符号相反不是问题，因为在将该电路连接到其他电路前，极性可以在输入或输出端反转，从而恢复成原来的符号。这里最重要的结果是在式（4-41）的右边项上存在恒定偏移项。可以通过适当调整 $R_{\mathrm{c}}$ 来调整该值，以补偿在 $v_{\mathrm{i}}$ 中给定的偏移量。

#### 4.5.2.2    比例输出硬件

可以采用运算放大器电路使电容横向位移传感器的输出线性化。本章在研究电桥电路时，我们注意到，在恒压电阻电桥、恒流电阻电桥和恒压半桥中，电桥输出 $\delta v_{\mathrm{o}}$ 与被测量之间的关系（即测量的量，这是可变元件的电阻变化）一般是非线性的。恒流电桥的非线性最小，半桥最高。由于 $\delta R$ 与 $R$ 相比较小，所以在将非线性关系线性化时不会引入较大的误差。然而，如果与 $R$ 相比较，$\delta R$ 值不能忽略，那么使用线性电路将会更合适。

利用惠斯登电桥获得比例输出的一种方法是将电桥输出的合适因子反馈到电源电压 $v_{\mathrm{ref}}$ 中。这种方法在前面已经说明（见图 4-16c）。另一种方法使用图 4-21 所示的运算放大器电路。与图 4-16a 所示的惠斯登电桥相比，图 4-21 中的 $R_1$ 代表唯一的可变因子（例如，一个可变应变片）。

首先，我们来证明在图 4-21 中电路的输出方程与式（4-15）非常相似。由于不饱和运算放大器的输入端电流可以忽略，所以我们给出了节点 $A$ 和 $B$ 的电流平衡方程：$(v_{\mathrm{ref}} - v_{\mathrm{A}})/R_4 = v_{\mathrm{A}}/R_2$ 和 $(v_{\mathrm{ref}} - v_{\mathrm{B}})/R_3 + (v_{\mathrm{o}} - v_{\mathrm{B}})/R_1 = 0$。因此可得，$v_{\mathrm{A}} = [R_2/(R_2 + R_4)]v_{\mathrm{ref}}$ 和 $v_{\mathrm{B}} = (R_1 v_{\mathrm{ref}} + R_3 v_{\mathrm{o}})/(R_1 + R_3)$。现在使用运算放大器"虚短"的性质 $v_{\mathrm{A}} = v_{\mathrm{B}}$，我们得到 $(R_1 v_{\mathrm{ref}} + R_3 v_{\mathrm{o}})/(R_1 + R_3) = [R_2/(R_2 + R_4)]v_{\mathrm{ref}}$。因此，我们得到电路的输出方程为

$$v_{\mathrm{o}} = \frac{(R_2 R_3 - R_1 R_4)}{R_3(R_2 + R_4)} v_{\mathrm{ref}} \qquad\qquad (4\text{-}42)$$

这种关系与惠斯登电桥方程[见式（4-15）]非常相似。平衡条件（即 $v_{\mathrm{o}} = 0$）由式（4-16）给出。

首先假设 $R_1 = R_2 = R_3 = R_4 = R$（因此，电路平衡），$v_{\mathrm{o}} = 0$。然后，假设可变电阻 $R_1$ 的

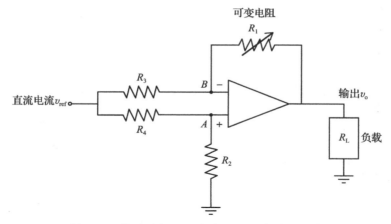

图 4-21 使用可变电阻(应变片)的比例输出电路

变化量为 $\delta R$(例如,在应变片 $R_1$ 应变的变化)。使用式(4-42),我们可以写出一个表达式来表示电路输出的变化

$$\delta v_o = \frac{R^2 - R(R + \delta R)}{R(R + R)} v_{ref} - 0$$

或者

$$\frac{\delta v_o}{v_{ref}} = -\frac{1}{2} \frac{\delta R}{R} \tag{4-43}$$

将该结果与式(4-17)进行比较,我们观察到电路输出 $\delta v_o$ 与被测量 $\delta R$ 成比例。此外,值得注意的是,图 4-21 中的电路灵敏度(1/2)是惠斯登电桥灵敏度(1/4)的两倍,这是比例输出电路的另一个优点。输出反相不是一个缺点,因为它可以通过将负载极性反相来抵消。

### 4.5.2.3 曲线整形硬件

曲线整形器可以理解为增益可调的放大器。典型的曲线整形电路如图 4-22 所示。反馈电阻 $R_f$ 可以通过一些方式来调节。例如,可以使用有一组电阻器(比如说,像加权电阻 DAC 那样将固态开关并联连接)的开关电路来将反馈电阻切换到所需值。自动切换开关也可以通过齐纳二极管来实现,它会在一定的电压值时开始工作。在这两种情况下(即通过开关脉冲的外部切换和使用齐纳二极管的自动切换),放大器增益在离散情况下都是可变的。或者,电位计可用作电阻 $R_f$,以便使增益可以连续调节(手动或自动)。

图 4-22 所示的曲线整形电路的输出方程是通过在节点 $A$ 处列电流平衡方程获得的,注意,$v_A = 0$:

$$\frac{v_i}{R} + \frac{v_o}{R_f} = 0$$

因而有

$$v_o = -\frac{R_f}{R} v_i \tag{4-44}$$

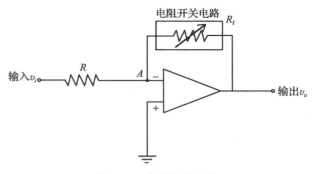

图 4-22 曲线整形电路

可以看出,放大器的增益($R_f/R$)可以通过调节电阻 $R_f$ 的阻值来改变。

## 4.6 其他信号转换硬件

除了本章到目前为止讨论的信号转换设备外,还有许多其他类型的电路可用于信号转换和相关任务。比如移相器、VFC、FVC、电压-电流转换(VCC)和峰值保持电路。本节的目的是简要讨论一下在工程系统的仪器仪表、监测和控制中会用到的几种电路及组件。

### 4.6.1 移相器

移相器会改变信号的相位角。下面考虑一个正弦信号

$$v = v_a \sin(\omega t + \phi) \tag{4-45}$$

它具有以下 3 个特征参数：

振幅 $v_a$，频率 $\omega$；相位角 $\phi$

相位角表示的是信号的时间基准（即起始点）。当比较两个或多个信号分量时，以及对信号的不同时刻（通常不是正弦曲线）进行比较时，这是十分重要的参数。信号的傅里叶频谱表现的是相应频率对应的振幅（幅值）和相位角。

#### 4.6.1.1 应用

移相电路有很多种应用。这些应用可分为两种类型：

- 检测信号的相位角（通常将移位相位角并与参考信号进行比较）
- 为随后的应用移位信号的相位角

一个具体应用是，由数字换能器产生的两个正交信号（即相位差为 90°）相对于运动方向，其相位是超前的或滞后的。在这种情况下，确定的相位用于确定运动方向。

相位角检测的另一个应用是"系统辨识"，其目的是获得系统的实验模型。当信号通过系统时，由于系统的动态特性，信号的相位角也会发生变化。因此，相位变化不仅为输出信号提供了有用的信息，而且也为系统的动态特性提供了相关信息。具体来说，对于一个线性常参系统，该相移等于特定频率处的系统频率响应函数（即频率传递函数）的相位角。这种相移现象不限于电气系统，也表现于其他类型的系统当中，包括机械系统、热系统、流体系统和混合系统。两个信号之间的相移可以通过将信号转换成电信号形式（使用适当的传感器）来确定，并利用移相电路将一个信号的相位角通过已知量进行迁移直到两个信号同相为止。

移相器的另一个应用是信号解调。例如，如本章前面所述，幅度解调的一种方法涉及将调制信号与载波信号相乘。然而，这需要调制信号和载波信号同相。但是，通常由于调制信号的传输已经通过具有阻抗特性的硬件，所以其相位角会发生变化。所以，必须移动载波的相位角，直到两个信号同相，这样才使得解调可以精确地进行。因此，移相器用于解调，如 LVDT 位移传感器的输出（见第 8 章）。

移相器也用于信号通信（例如，数字通信和调制解调器中的相位调制）和传输（例如，不需要重新定向的天线）。

#### 4.6.1.2 模拟相移硬件

理想情况下，移相器电路在改变相位角时不应该改变信号幅值。然而在实际中，模拟移相器可能会引入一定程值的幅值失真（对应于频率）。可以使用电阻和电容件构造简单的移相器电路。精细调节这种 RC 电路的电阻值或电容值，以实现可变相移。

基于运算放大器的移相器电路如图 4-23 所示。我们可以证明该电路可以实现相移而不使信号幅值失真。电路方程是通过节点 $A$ 和节点 $B$ 上的电流平衡方程而得到的，这里由于运放具有高输入阻抗，所以可以忽略运算放大器的输入电流。因此，

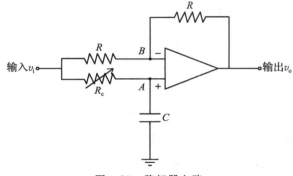

图 4-23    移相器电路

$$\frac{v_i - v_A}{R_c} = C \frac{dv_A}{dt} \text{ 和 } \frac{v_i - v_B}{R} + \frac{v_o - v_B}{R} = 0$$

化简并引入拉普拉斯变量 $s$，可得

$$v_i = (\tau s + 1)v_A \tag{i}$$

并有

$$v_B = \frac{1}{2}(v_i + v_o) \tag{ii}$$

其中电路时间常数 $\tau = R_c C$ 给出。由于运算放大器的增益非常高，所以根据"虚短" $v_A = v_B$，将式(ii)代入式(i)可得 $v_i = (1/2)(\tau s + 1)(v_i + v_o)$。电路的传递函数 $G(s)$ 由下式给出

$$\frac{v_o}{v_i} = G(s) = \frac{1 - \tau s}{1 + \tau s} \tag{4-46}$$

可以看出，频率响应函数 $G(j\omega)$ 的幅值为 $|G(j\omega)| = \sqrt{1 + \tau^2 \omega^2} / \sqrt{1 + \tau^2 \omega^2}$ 或

$$|G(j\omega)| = 1 \tag{4-47}$$

$G(j\omega)$ 的相位角为 $\angle G(j\omega) = -\tan^{-1} \tau\omega - \tan^{-1} \tau\omega$ 或

$$\angle G(j\omega) = -2\tan^{-1} \tau\omega = -2\tan^{-1} R_c C\omega \tag{4-48}$$

根据需要，传递函数的幅值是不变的，这表示电路不会在整个带宽上使信号的幅值失真。式(4-48)说明输出端的相位相对于输入端超前。请注意，该角为负值，这表明实际上电路引入了相位"滞后"环节，这与预期相同。可以通过改变电阻 $R_c$ 的阻值来调整相移大小。

### 4.6.1.3　数字移相器

在数字移相器中，使用数字硬件处理器对输入的数据位序列进行移相。单片集成电路芯片的数字移相器(例如，对于一个由集成 CMOS 驱动的 4mm 砷化镓封装的 6 位数字移相器，它的操作频率范围为 3.5GHz，移相范围为 360°，最大误差为 1°，相移步长为 6°，电源电压为直流 ±8V)可用于射频信号的频移。它们的应用包括卫星通信、天线和有源相控阵雷达。例如，当发送和接收数字信号序列时，接收信号的相位变化用来确定发射机和接收机之间的距离(或数据的飞行时间)。可利用激光全息干涉和全息数据帧相移(基于软件的)测量物体的形变。另一个应用是使用立体图像和相移条纹图案的 3D 测量。

### 4.6.2　电压-频率转换器

电压-频率转换器(VFC)会产生频率与输入电压电平成正比的周期性信号。由于这种振荡器根据输入电压值产生周期性输出，所以它也称为"压控振荡器"(VCO)。此外，由于频率可以计数并表示为数字字，所以 VFC 也可以用作模-数转换器(ADC)。此外，VFC 在本质上也是频率调制器(FM)。输入到 VFC 的电压可以对应于换能器信号(如应变片、温度传感器、加速度计)。

常见的 VFC 电路使用的是电容。将电容充电到固定的电压电平所需的时间取决于充电电压(与充电电压成反比)。假设这个电压是由输入电压决定的。然后，如果电容周期性地充放电，那么就会有一个输出，其频率(充放电周期的倒数)与充电电压成正比。输出的振幅将由每个周期中给电容充电的固定电压电平来确定。因此，输出信号的振幅和频率取决于信号的充电电压(输入)。

VFC(或 VCO)电路如图 4-24a 所示。当压敏开关处的电压超过参考电平 $v_s$ 时，压敏开关闭合，当其两端的电压低于下限 $v_o(0)$ 时，压敏开关断开。在分立元器件组成的电路中，可以使用可编程单结晶体管作为开关。然而，现代的 VFC 一般是单片形式的 IC 芯片。

需要注意的是，输入电压 $v_i$ 的极性是相反的。假设开关是打开的。运放节点 $A$ 处的电流方程为 $v_i/R = Cdv_o/dt$。与之前提到的一样，由于运算放大器具有非常高的增益，所以同相端电压 $v_A$ 为 0，又因为运算放大器具有高输入阻抗，所以通过运算放大器引脚的电流为 0。对于给定的 $v_i$ 值，可以对电容充电方程进行积分。可得 $v_o(t) = (1/RC)v_i t + v_o(0)$。当电容器上的电压 $v_o(t)$ 等于参考电平 $v_s$ 时开关闭合。

开关闭合后，电容将通过闭合的开关立即放电。因此，电容充电时间 $t$ 由下式给出

$$v_s = \frac{1}{RC}v_i T + v_o(0)$$

因此

$$T = \frac{RC}{v_i}[v_s - v_o(0)] \tag{4-49}$$

当电容两端的电压下降到 $v_o(0)$ 时，开关再次断开，电容将从 $v_o(0)$ 开始充电。这样的充电和瞬时放电将周期性地重复。相应的输出信号如图 4-24b 所示。这是一个周期为 $T$ 的（锯齿）振荡波，频率为：

$$f = \frac{v_i}{RC[v_s - v_o(0)]} \tag{4-50}$$

可以看出，振荡器的频率与输入电压 $v_i$ 成正比。振荡器振幅为固定不变的 $v_s$。

### 4.6.2.1 应用

VFC 有很多应用。一个是用于 ADC。在 VFC 型 ADC 中，使用 VFC 将模拟信号转换为振荡信号。然后，使用数字计数器测量振荡器频率。可用所计数字值表示输入模拟信号的电平。另一个应用是数字电压表。

这里使用与 ADC 相同的方法。具体地是，将电压转换为振荡器信号，并使用数字计数器测量其频率。可以对计数值进行缩放和显示，以供电压测量。VFC 实际上为频率调制器（FM）的事实是显而易见的，这是 VFC 的一个直接应用，它提供了一个频率与输入（调制）信号成比例的信号。因此，VFC 在需要 FM 的应用中非常有用。此外，VFC 可以用作变频信号（波）发生器，如在产品

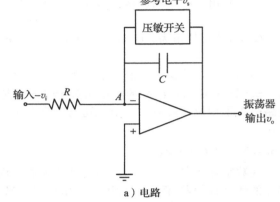

a) 电路

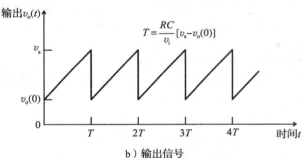

b) 输出信号

图 4-24　电压-频率转换器或压控振荡器

动态测试中振荡器的激励输入，频率控制电动机的激励和步进电动机驱动电路的脉冲信号（增量执行器）。

### 4.6.2.2 电压-频率转换芯片

VFC 通常是单片形式的 IC 芯片。通常，定时电阻（例如，1kΩ）和电容（例如，390pF）必须从外部连接到芯片。关键的引脚是双极电源直流电压（2 个引脚），输入电压信号（1 个引脚），输出频率信号（1 个引脚），GND（1 个引脚），外部电阻引脚（1 个引脚），外部电容引脚（1 个引脚），以及与其他逻辑器件连接的逻辑公共引脚，连接到 GND 或负电源（1 个引脚）。

典型参数如下：

工作频率范围（线性）：1Hz～250kHz

电源电压：±5～±20VDC

功耗：10mW

封装形式：8PDIP（8 引脚双列直插）

尺寸：10mm×6mm 封装

放大：带信号放大器

输入阻抗：250MΩ

### 4.6.3　频率-电压转换器

FVC 产生的输出电压与输入信号的频率成正比。获得 FVC 的一种方法是使用数字计数器对信号频率进行计数，然后使用 DAC 获得与频率成正比的电压。这种类型的 FVC 的示意如图 4-25a 所示。

一种替代的 FVC 电路如图 4-25b 所示。在该方法中，频率信号与阈值电压一起提供给比较器。比较器的输出符号取决于输入信号的电平是大于还是小于阈值电平。比较器输出信号的跳变（由负到正）触发一个开关电路，它通过连接到一个有固定充电电压的电容进行响应，从而开始对电容进行充电。比较器输出信号的下一次跳变（由正到负）会使开关闭合短路电容，从而使电容瞬间放电。这种充放电过程将随着振荡器的输入而重复。电容每一次充电的电压值将决定开关周期（充电电压是固定的），这反过来控制着输入信号的频率。因此，电容电路的输出电压将代表输入信号的频率。由于锯齿形的充电曲线和瞬时放电会导致输出不稳定，所以在输出处引入滤波电路以滤除所产生的噪声波纹。应该清楚的是，FVC 的第二种方法的电路类似于 VFC 的电路。实际上，同样的 IC 芯片可以用于 VFC 和 FVC。

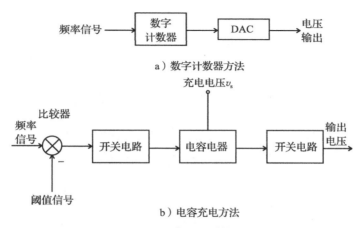

a）数字计数器方法

b）电容充电方法

图 4-25　频率-电压转换器

FVC 的应用包括对调频信号的解调、控制领域中的频率测量、数-模转换，以及在某些类型的传感器和换能器中将脉冲输出转换为模拟电压信号（例如，数字转速计的输出）。

### 4.6.4　电压-电流转换器

测量和反馈信号通常是用 4～20mA 的电流传输而不是用电压传输。当测量站点离监控室较远时，这是非常有用的。由于测量量一般是电压，所以必须通过使用电压-电流转换器（VCC）将其转换为电流。例如，测试系统中的压力传感器和温度传感器（系统运行的测试）将输出与压力和温度测量值成正比的电流。此外，电动机转矩对应于产生转矩的磁场电流。因此，可以通过电流控制间接地实现对电动机的转矩控制。电压控制的电流源可驱动和测试设备。从这些应用中可以清楚地看到 VCC 的用处。

在利用电缆进行信号传输时，传输的是电流而不是电压具有很多优点。由于传输路径具有电阻，所以电压幅值会下降，但是利用电流传输时，除非传输导体有分支否则流过导体的电流将保持不变。因此，电流信号不太可能由于信号衰减而产生误差。使用电流而不是电压作为测量信号的另一个优点是同一信号可用于串联在一起的多个设备中（例如，显示器、记录器和信号处理器），而不会由于在每个设备中存在损耗使得信号衰减从而导致误差，因为每个设备流过电流相同。VCC 应提供与输入电压成正比且不受负载电阻影响的电流。

基于运算放大器的 VCC 电路如图 4-26 所示。由于运放具有高输入阻抗，所以输入端的电流可以认为为零，我们写出 $A$ 和 $B$ 的节点电流方程：$v_A/R = (v_P - v_A)/R$ 和 $[(v_i - v_B)/R] + [(v_P - v_B)/R] = i_o$。因此，我们有

$$2v_A = v_P \tag{i}$$

且

$$v_i - 2v_B + v_P = Ri_o \tag{ii}$$

根据运算放大器的"虚短"有 $v_A = v_B$（由于其具有非常高的增益），我们将式(i)代入式(ii)可得

$$i_o = \frac{v_i}{R} \tag{4-51}$$

其中，$i_o$ 是输出电流；$v_i$ 是输入电压。

与 VCC 的要求相同，输出电流应与输入电压成比例，且与负载电阻 $R_L$ 值无关。

市场上的 VCC 可封装为多引脚的 IC 芯片。VCC 芯片的一些参数如下：工作电压范围为 0～40V，工作电流范围为 0～40mA，使用外部电阻。

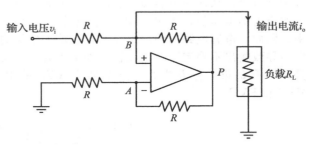

图 4-26    电压-电流转换器

### 4.6.5  峰值保持电路

模拟峰值保持电路的目的是接收模拟信号并在储能电容上保持其最大值，直到接收值比上一次所保持的值更大。S/H 电路保持信号的每个采样值，而峰值保持电路仅保持监测周期内信号的最大值。峰值保持在各种应用中都非常有用的。如使用该电路可以获取信号包络，该包络代表信号的极值或最值。峰值保持电路也可以用作信号整形。在动态系统冲击和振动研究的信号处理中，另一个应用是利用峰值保持的响应频谱分析仪来确定所谓的"响应谱"（例如，冲击响应谱）。具体地说，假设信号施加到简单的振荡器（没有零的单自由度二阶系统上），并且确定响应（输出）的峰值。作为振荡器固有频率的函数，对于指定的阻尼比，峰值输出曲线称为用于该阻尼比的信号响应谱。峰值检测在设备监控和报警发生系统中也很有用。简言之，在特定应用中只需要一个信号的代表值时，峰值保持电路可能是一个很好的选择。

数字峰值检测器：信号的峰值检测可以通过数字处理方便地完成。例如，当且仅当后者大于前者时，对该信号进行采样，并将先前采样值替换为当前采样值。按照这种方式，采样保持信号的峰值，然后保留较大的值。注意，通常出现峰值的瞬间没有记录。

模拟峰值检测器：峰值检测也可以通过模拟电路实现。这实际上是模拟频谱分析仪的基础。峰值保持电路如图 4-27 所示。该电路由两个电压跟随器组成。第一个电压跟随器在其输出端有一个二极管，它的输出由电压跟随器的正输出偏置，并由低漏电容反向偏置，如图 4-27 所示。第二个电压跟随器向电路输出的峰值电压是由电容保持的，在不加载前一级电路（电容器和第一个电压跟随器）的情况下输出低阻抗。为了解释电路的工作过程，假设输入电压 $v_i$ 大于电容的充电电压（$v$）。由于运算放大器的同相端为 $v_i$，反相端电压为 $v$，所以第一个运放将饱和。由于运算放大器由同相端输入，所以差分输出为正。运放输出信号将向电容充电直到电容上的电压 $v$ 等于输入电压 $v_i$。这个电压（称为 $v_o$）作为第二个电压跟随器的输入，输出电压与输入电压相同（注：电压跟随器的增益为1）。运算放大器的输出仅在非常短的时间内保持为饱和值（电容充电所需的时间）。然后，假设 $v_i$ 小于 $v$，那么运算放大器的差分输入为负，运算放大器的输出将在负电平时达到负饱和状态。这时二极管反向偏置。因此，第一个运算放大器的输出将处于开路状态，这样提供给第二个电压跟随器的电压仍然是电容两端的电压，而不是第一个运算放大器的输出。因此，电

容两端的电压(即第二个电压跟随器的输出)将始终保持为输入信号的峰值。可以通过由外部脉冲激活的固态开关使电容放电,实现复位。

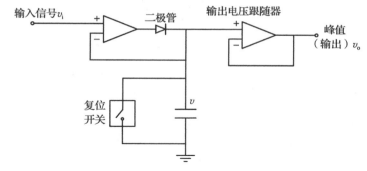

图 4-27　峰值保持电路

　　商用模拟峰值检测器为单片形式的 IC 芯片。保持和复位模式可以在一个引脚通过数字方式来选择。正峰值和负峰值都可以检测到,因为运算放大器具有两个极性。典型的参数如下:输入电压范围为±10V,共模抑制比为 90dB,转换率为 0.5V/$\mu$,带宽为 0.5MHz。

## 关键术语

**调制**: 数据信号(调制信号)调制载波信号的特性。数据信号通过解调(检波)可以恢复。例子: 幅度调制(AM)、频率调制(FM)、脉冲宽度调制(PWM)、脉冲频率调制(PFM)、相位调制(PM)和脉冲编码调制(PCM)。

**幅度调制**: 调制信号 $x_a(t) = x(t)x_c(t)$; 其中数据信号(调制信号)为 $x(t)$,载波信号 $x_c(t)$ 为 $a_c\cos2\pi f_c t$,频率为 $f_c$; 可制作成单片集成芯片。

**调制定理(频移定理)**: 具有傅里叶频谱 $X(f)$ 的数据信号乘以载波信号 $x_c(t) = a_c\cos2\pi f_c t$。得到的信号的频谱: $X_a(f) = (1/2)a_c[X(f-f_c) + X(f+f_c)]$。

**边带**: 当数据信号乘以载波(正弦波)后频率分量(正弦波)将移动到载波频率的两侧→调制后的信号频谱带将移动到载波的两侧,这就是边带。

**幅度解调**: 将 AM 信号乘以 $2/a_c\cos2\pi f_c t$→$\widetilde{X}(f) = X(f) + (1/2)X(f-2f_c) + (1/2)X(f+2f_c)$。再通过滤波(低通)得到两个边带。

**载波附加 AM**: $x_a(t) = x_c(t) + x(t)x_c(t)$,调制信号驮载在载波上→拥有更大的功率。频谱=载波频谱+边带。

**双边带抑制载波(DSBSC)**: 传统的 AM $x_a(t) = x(t)x_c(t)$→无载波,只有边带→可以实现更有效率的传输(低功耗)。

**DAQ 卡**: 数据采集卡。输入/输出(I/O)卡。具有多通道 DC、DAC、S/H、MUX、滤波、放大等功能,可插于计算机的扩展槽。

**DAC**: 数-模转换器。(1)加权型(或加法器型)DAC: 使用电阻对位值进一步加权相加; (2)梯形 DAC: 使用电阻进行阶梯式递归位值; (3)脉冲宽度调制器(PWM)型 DAC: 采用 PWM 芯片根据数字输入开关脉冲的接通时间,再使用低通滤波器是产生 PWM 输出。

**DAC 的误差来源**: 编码模糊、稳定时间、毛刺、参数误差、参考电压的变化、单调性和非线性。

**ADC**: 模-数转换器。实现方法: (1)使用内部 DAC 和比较器,模拟值与 DAC 输出进行比较,DAC 输入不断递增直到匹配完成; (2)模拟值用数字值按比例来表示。最大值对应(→)ADC 的 FSV。

**Δ-Σ ADC**: ΔΣ ADC。采样模拟值与 1 位 DAC 的积分(相加)输出进行比较。如果差值>0,则比较器(1 位 ADC)将产生一个"1"位。否则,它会生成一个"0"位,转换完成。Σ→求和; Δ→位增量。

**ADC 性能特点**: 分辨率(1LSB)、量化误差(LSB/2)、单调性(输出应该随着输入增加/减少)、ADC 转换速率、非线性和偏移误差(LSB/2)。LSB 为最小有效位。

**采样和保持(S/H)**: 模拟量转换成数字量前,采样值保持不变。这是使用电容完成的。

**多路复用器(MUX)**: 有模拟和数字两种形式。一次选择一个数据通道,并将其连接到通用硬件单元。在模拟模式下,使用 CMOS 切换。在数字模式下,使用数据寄存器来寻址。

**电桥电路**：有 4 个桥臂，阻抗分别为 $Z_i$，其中 $i=1$，$\cdots$，4。两个相对的节点为电桥供电。另外两个节点作为输出（电路的"桥"）。

**电桥输出**：$v_o = v_A - v_B = \dfrac{Z_1\,v_{ref}}{Z_1+Z_2} - \dfrac{Z_3\,v_{ref}}{Z_3+Z_4} = \dfrac{Z_1 Z_4 - Z_2 Z_3}{(Z_1+Z_2)(Z_3+Z_4)} v_{ref}$；$v_{ref}$ 是电桥的激励电压。

**平衡电桥**：输出为 0。$Z_1/Z_2 = Z_3/Z_4$

**惠斯登电桥**：恒压电阻电桥。$Z_i \equiv R_i$。有一个 $R_i$ 为可变元件（变化量为 $\delta R$），电桥的输出：$\delta v_o/v_{ref} = (\delta R/R)/(4+2\delta R/R)$。

**恒流电桥**：具有恒定电流 $i_{ref}$。电桥输出：$v_o = (R_1 R_4 - R_2 R_3)/(R_1+R_2+R_3+R_4)i_{ref}$。
同样有一个 $R_i$ 为可变元件（变化量为 $\delta R$），电桥的输出：$\delta v_o/Ri_{ref} = (\delta R/R)/(4+\delta R/R)$（其非线性比惠斯登电桥小）。

**电桥硬件的线性化**：等桥电阻均为 $R$。使用运算放大器将输入连接在电桥的第三个节点处。剩余节点连接到输出放大器（反馈电阻为 $R_f$）。输出（增量为 $\delta R$ 的可变元件）：$\delta v_o/v_{ref} = (R_f/R)(\delta R/R)$（线性）。

**半桥**：只有两个桥臂。端节点分别由两个电压源激励。输出从两桥臂的中点引出。电阻值均为 $R$，输出放大器（反馈电阻为 $R_f$）和一个可变元件$(\delta v_o/v_{ref}) = (R_f/R)(\delta R/R)/(1+\delta R/R)$（大部分是非线性的）。

**欧文电桥**：它为阻抗电桥。$Z_1 = (1/j\omega C_1)$，$Z_2 = R_2$，$Z_3 = R_3 + (1/j\omega C_3)$，$Z_4 = R_4 + j\omega L_4$；$\omega$ 为激励频率。以一个平衡电桥来说：$L_4 = C_1 R_2 R_3$，$C_3 = C_1(R_2/R_4)$（可用于同时测量电容和电感）。

**维恩桥振荡器**：它为阻抗电桥。$Z_1 = R_1$，$Z_2 = R_2$，$Z_3 = R_3 + (1/j\omega C_3)$，$(1/Z_4) = (1/R_4) + j\omega C_4$。对于平衡电桥：$\omega = 1/\sqrt{C_3 C_4 R_3 R_4}$（可作为振荡器或频率传感器）。

**线性化装置（模拟、数字、软件）**：补偿、比例输出、曲线整形。

**其他信号修整装置**：其他类型的信号修整装置有移相器、VFC（周期性地将电容充电至输入电压然后再放电，可以用作 ADC 或 FM）、FVC（采用数字计数器或 VFC 和信号比较）、电压-电流转换（VCC）（通过电缆进行传感和信号传输时非常有用）和峰值保持电路（在取信号包络、器件测试时有用）。所有都是单片形式的 IC 芯片。

## 思考题

**4.1**  LVDT 是位移传感器，通常用于对机械装置和系统进行监测和控制。假设有一个用 LVDT 来测量和控制机器运动的数字控制回路。通常，LVDT 由直流电源供电。一个振荡器提供一个千赫兹范围内的激励信号给 LVDT 的一次线圈。二次线圈分段串联。在监测路径中使用交流放大器、解调器、低通滤波器、放大器和 ADC。图 P4-1 显示了控制回路中的各个硬件。请说明这些组件的功能。

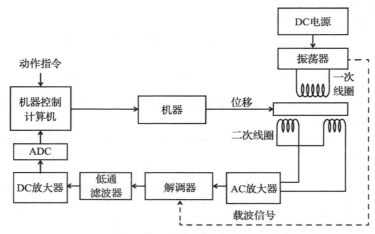

图 P4-1    基于线性可变差动变压器的机器控制回路

在 LVDT 的零点处有一个残余电压。使用补偿电阻消除该电压。指出该补偿电阻的连接方式。

**4.2**  如今，数字图像传感器广泛应用于过程监控、产品质量评估等工业领域。根据传感组件进行划分，有两种主要类型的图像传感器：电荷耦合器（CCD）和 CMOS。这两种类型的传感器都从受监测对象处接收光，并产生电荷，这些电荷被放大并转换成电压，用于后续的模数转换（数字图像传感器与模拟图像传感器相反，模拟图像传感器只提供模拟"视频"信号）和图像处理。在这两种方式下，虽然这样操作步骤是不同的，但是最终对监测对象的图像处理结果在本质上是相同的。图像传感器提供的图像帧，通过计算机(与必要的软件)中的帧捕获器获得。计算机中的图像处理结果用于确定后续操作所需的信息，这就是图像处理的软件方法。非常大量的数据处理速率是软件的图像处理实时控制器的一个限制因素。

　　CCD 摄像机具有由 MOSFET 器件矩阵组成的图像板。由每个 MOSFET 器件保持的电荷与落在该器件上的光强成比例。摄像机的输出电路是由 MOSFET 器件组成的类似电荷放大器的器件(电容耦合)。控制逻辑系统地扫描 MOSFET 器件的矩阵，在给定时刻连接到输出电路的 MOSFET 器件由控制逻辑决定。电容电路将提供与每个 MOSFET 器件中的电荷成比例的电压。

　　图像可以分解为表示和后续处理的像素(或图像元素)。相对于某些参考坐标系，像素在图片帧中具有明确的坐标位置。在 CCD 传感器中，每个图像帧的像素数等于图像板中 CCD 的数量。像素携带的信息(除了其位置之外)是图像位置处的光密度(或灰度级)。这个数字必须以数字形式(使用一定数量的位)表示以用于数字图像处理。

(a) 绘制该工业过程的示意图，该过程应使用 CCD 传感器和计算机来监测一个对象，并基于此进行机械动作(例如，物体运动)。在监测和动作回路的各个阶段指出必要的信号修整操作，必要时显示滤波器、放大器、ADC 和 DAC。注意：将数字图像传感器与计算机连接的方法有很多种。这里不需要说明这些硬件和相关软件的详细信息。

(b) 考虑尺寸为 $488\times380$ 像素的图像帧。图像帧的刷新率是 30 帧/秒。如果需要 8 位来代表每个像素的灰度值，那么相关数据(bit/s 或波特)速率是多少？

(c) 在这个应用程序中你是喜欢使用基于硬件的图像处理还是基于软件的可编程图像处理，为什么？

**4.3**　以下术语分别是什么含义：调制、调制信号、载波信号、已调信号和解调。解释以下类型的信号调制原理并给出每种调制方法的具体应用：

(a) AM　(b) FM　(c) PM　(d) PWM　(e) PFM　(f) PCM

在以上调制方法中，如何解调出调制信号的正确符号？

**4.4**　列举两种有意引入 AM 的情况，并在每种情况下解释引入 AM 的好处。另外，描述两种天然存在 AM 的设备。在这两种天然情况中 AM 的存在是否也能发挥其优势呢？

**4.5**　旋转机械的滚珠轴承监测系统如图 P4-2a 所示。它包括一个用于测量轴承振动的加速度计和一个 FFT 分析仪来计算响应信号的傅里叶频谱。在安装旋转机械后的 1 个月内检查该频谱，以检测轴承性能是否会降低。利用 FFT 分析仪的缩放分析能力，可以以高分辨率检查傅里叶频谱中我们的感兴趣频段。在同一缩放区域，原始频谱的幅值和当前频谱的幅值(1 个月后确定的)如图 P4-2b 所示。

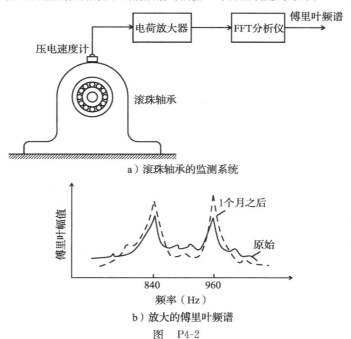

a ) 滚珠轴承的监测系统

b ) 放大的傅里叶频谱

图　P4-2

(a) 估计旋转机械的运转速度和轴承中的球数。

(b) 轴承有问题吗？

**4.6** 解释以下术语：

(a) 相敏解调

(b) 半波解调

(c) 全波解调

当观测齿轮箱、轴承、涡轮机和压缩机等旋转机械中的振动时，可以看到频谱幅值曲线的峰值通常不会对应于强制函数的频率（例如，齿啮合、球或滚珠锤，刀片通过）。而是在这个频率的两边出现两个峰值。解释一下出现这种现象的原因。

**4.7** 如果 8 位模-数转换器（ADC）的最大模拟输入（FSV）为 10V，那么其分辨率是多少？ADC 的量化误差是多少？

**4.8** 加权电阻 DAC（或加法 DAC 或加器 DAC）的示意图如图 P4-3 所示。这是一个通用的 $n$ 位 DAC，$n$ 等于输出寄存器的位数。寄存器中的二进制字是 $\omega = [b_{n-1} b_{n-2} b_{n-3} \cdots b_1 b_0]$，其中 $b_i$ 是第 $i$ 个位置的值，可以取值 0 或 1，这取决于数字输入的值。

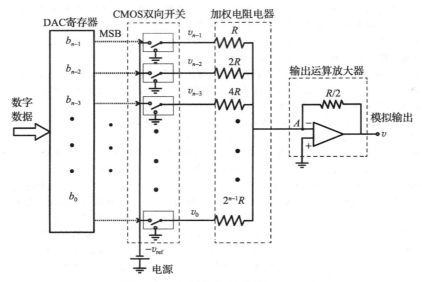

图 P4-3　加权电阻（加法器）DAC

(a) 根据数字输入求模拟输出的方程。

(b) 什么是满刻度值？

(c) 对比梯形 DAC 分析该 DAC 的缺点。

**4.9** 给出下列与模-数转换器（ADC）有关的术语定义：

(a) 分辨率

(b) 动态范围

(C) FSV

(d) 量化误差

**4.10** 试述下列类型 ADC 的实现方式：

(a) 双斜率型 ADC（积分 ADC）

(b) 计数器 ADC

**4.11** 估计 $n$ 位双斜率（积分）ADC 和计数器 ADC 的转换时间。并将其与逐次逼近型 ADC 的估计值进行比较。

**4.12** 简要描述以下类型模-数转换器的工作原理：

(a) 直接转换 ADC（闪存 ADC）

(b) 逐次比较 ADC

(c) 威尔金森 ADC

(d) Delta 编码 ADC(计数器斜坡 ADC)

(e) 流水线 ADC(分级量化器)

(f) 具有中间 FM 级的 ADC

**4.13** 从非线性、温度变化造成的影响和成本方面比较恒压电桥、恒流电桥和半桥这种类型的电桥电路。由于在供电电压 $v_{ref}$ 中存在误差 $\delta v_{ref}$，推导半桥电路输出的百分比误差的表达式。如果电源电压有 1% 的误差，那么计算输出的百分比误差。

**4.14** 假设在图 4-16a 所示的恒压(惠斯登)电桥电路中，有 $R_1 = R_2 = R_3 = R_4 = R$。令 $R_1$ 表示安装在弯曲梁拉伸侧的应变片，$R_3$ 代表安装在弯曲梁的压缩侧的应变片。由于梁的弯曲，$R_1$ 将增加 $\delta R$，$R_3$ 降低 $\delta R$。在这种情况下推导电桥的输出表达式，并证明输出是非线性的。如果 $R_2$ 代表拉伸侧的应变片，$R_4$ 代表压缩侧的应变片，那么输出结果将是什么？

**4.15** 假设在图 4-16b 所示的恒流桥电路中，有 $R_1 = R_2 = R_3 = R_4 = R$。假设 $R_1$ 和 $R_2$ 表示安装在旋转轴上的应变片。在该构造和轴的特定旋转方向上，假设 $R_1$ 增加 $\delta R$，$R_2$ 降低 $\delta R$。在这种情况下推导电桥输出(归一化)的表达式，并证明它是线性的。如果 $R_4$ 和 $R_3$ 分别代表本实例中压缩侧和拉伸侧的应变片，那么结果是什么？

**4.16** 考虑图 4-16a 所示的恒压电桥。式(4-15)可以表示为 $v_o = (R_1/R_2 - R_3/R_4)/[(R_1/R_2 + 1)(R_3/R_4 + 1)]v_{ref}$。假设电桥是平衡的，根据 $R_1/R_2 = R_3/R_4 = p$ 设置电阻阻值。如果阻值可变的电阻 $R_1$ 增加 $\delta R_1$，则电桥的最终输出可由下式计算出

$$\delta v_o = \frac{p\delta r}{[p(1+\delta r) + 1(p+1)]} v_{ref}$$

这里 $\delta r = \delta R_1/R_1$，为可变电阻中的变化分数。

对于给定的 $\delta r$，$\delta v_o$ 表示电桥的灵敏度。当电阻比 $p$ 的值是多少时，电桥的灵敏度可达到最大。证明这个比值约等于 1。

**4.17** 麦克斯韦电桥电路如图 P4-4 所示。根据电路参数 $R_1$、$R_2$、$R_3$、$R_4$、$C_1$ 和 $L_4$ 推导平衡麦克斯韦电桥的条件。说明这个电路如何用于测量 $C_1$ 和 $L_4$ 的变化量。

**4.18** 标准结构的 LVDT 是将一个一次线圈和两个二次线圈段串联起来。另外一些 LVDT 使用电桥电路来产生输出。图 P4-5 所示为 LVDT 的半桥电路。阐述这个电路的工作过程。将这个思路扩展到全阻抗电桥，用于 LVDT 测量。

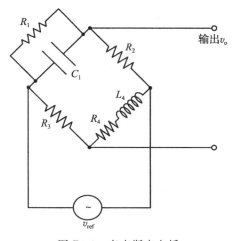

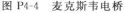

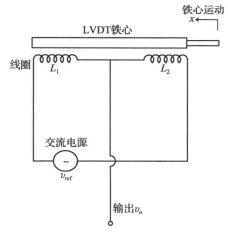

图 P4-4  麦克斯韦电桥                     图 P4-5  线性可变差动变压器构成的半桥电路

**4.19** 惠斯登电桥的输出相对于桥臂电阻的变化是非线性的。当电阻只有微小变化时这种非线性是可以忽略的。然而，当电阻值变化较大时，应采用一些校准或线性化方法。线性化电桥输出的一种方法是使用反馈运算放大器将输出电压信号通过正反馈方式反馈回电桥电路的输入。考虑图 4-16a 所示的惠斯登电桥电路。最初在 $R_1 = R_2 = R_3 = R_4 = R$ 时电桥平衡。然后，电阻 $R_1$ 变为 $R + \delta R$。假设电桥输出 $\delta v_o$ 以增益值 2 反馈(正)到电桥输入 $v_{ref}$。证明这将线性化电桥输出方程。

**4.20** 从以下角度比较电位计(镇流器)与用于应变测量的惠斯登电桥电路：

(a) 对测量应变的敏感性

(b) 环境引起的误差(如温度变化)

(c) 输出电压的信噪比

(d) 电路复杂度和成本

(e) 线性度

**4.21** 在图 4-16a 所示的应变片电桥中，假设负载电流 $i$ 不可忽略。根据 $R_1$、$R_2$、$R_3$、$R_4$、$R_L$ 和 $v_{ref}$ 导出输出 $v_o$ 的表达式。最初电桥平衡，四臂阻值相等。然后，其中一个电阻(如 $R_1$)增加了 $1\%$。绘制以无量纲负载电阻 $R_L/R$ 为变量，在 $0.1\sim10.0$ 范围内(电桥的实际输出)/(开路或负载阻抗无穷大条件下的输出)的函数图，其中 $R$ 为每个桥臂电阻初始值。

**4.22** 考虑图 4-16a 所示的应变片电桥。最初，电桥是平衡的，$R_1 = R_2 = R$(注：$R_3$ 可能不等于 $R_1$)然后，$R_1$ 改变 $\delta R$。假设负载电流是可以忽略不计的，因为忽略了 $\delta R$ 中的二阶和高阶项，所以推导得到的百分比误差表达式。如果 $\delta R/R = 0.05$，则估计这个电桥的非线性误差。

**4.23** 电桥灵敏度的含义？描述提高电桥灵敏度的方法。假设与图 4-16a 所示的应变片电桥的桥臂电阻相比，负载电阻非常高，根据电桥电阻和电源电压推导电桥功率耗散 $p$ 的表达式。讨论功率限制如何影响电桥灵敏度。

**4.24** 考虑一个标准的电桥电路(见图 4-16a)，其中 $R_1$ 是唯一的可变量且 $R_3 = R_4$。根据 $R_2$、$v_o$ 和 $v_{ref}$ 推导 $R_1$ 的表达式。证明当 $R_1 = R_2$ 时，$v_o = 0 \rightarrow$ 平衡电桥 $\rightarrow$ 符合要求。需要注意的是，假设 $v_o$ 是用高阻抗传感器测量到的，故 $R_1$ 的表达式可以用来检测大电阻 $R_1$ 的阻值变化量。现在，假设可变电阻 $R_1$ 使用长双绞线连接到电桥上，每根双绞线的电阻都为 $R_c$。

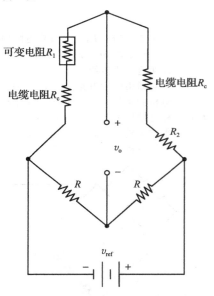

可变电阻 $R_1$

电缆电阻 $R_c$

电缆电阻 $R_c$

$R_2$

$v_o$

$R$

$R$

$v_{ref}$

图 P4-6　电缆电阻对电桥测量的影响

在这种情况下，电桥电路必须修改为图 P4-6 所示的电路。证明修改后电桥的方程为：

$$R_1 = R_2 \left( \frac{v_{ref} + 2v_o}{v_{ref} - 2v_o} \right) + 4R_c \frac{v_o}{v_{ref} - 2v_o}$$

由于电缆中存在电阻 $R_c$ 使得在对 $R_1$ 测量中会引入误差。证明通过增加 $R_2$ 和 $v_{ref}$ 可以减少此误差。

**4.25** 用于化学过程的炉子可用以下列方式进行控制。在过程开始时，打开炉子。当炉内温度达到阈值 $T_o$ 时，以摄氏度分钟为单位测量(温度)×(时间)之积。当这个值达到设定值时，关闭炉子。可用的硬件包括 RTD(使用电阻变化的温度传感器)，差分放大器，二极管电路(当输入电压为负时这个电路不导通，当输入为正时这个电路导通且流过二极管的电流与输入电压成正比)，电流-电压转换器电路，VFC，计数器和开/关控制单元。绘制该控制系统的框图并解释其工作过程。确定该控制系统中的信号调理过程，指出每个操作的目的。

**4.26** 通常情况下，当采用数字换能器来产生模拟控制器的反馈信号时，需要使用 DAC 将换能器的数字输出转换为连续(模拟)信号。类似地，当使用数字控制器来驱动模拟过程时，必须使用 DAC 将控制器的数字输出转换为模拟驱动信号。然而，在这两种情况下也可以不使用 DAC。

(a) 说明轴编码器和 FVC 可以在一个模拟速度控制回路中取代模拟转速计。

(b) 说明在不使用 DAC 的情况下，如何使用带 PWM 的数字控制器驱动直流电动机。

**4.27** 电路中的噪声可能取决于耦合方式的性质。特别地，以下类型的耦合方式是可用的：

(a) 导电耦合

(b) 电感耦合

(c) 电容耦合

(d) 光耦合

比较这 4 种耦合方式所引入的噪声性质和水平。讨论在使用不同的耦合方式传递信号时，如何减少噪声。

由环境中光的变化而引起的噪声可能是光耦合系统中的主要问题。简单讨论一种可用于光耦合设备的方法，使设备免受环境光强变化的影响。

**4.28** 在电路中使用光耦有哪些优点？对于光耦，发射红外辐射的二极管通常优于发射可见光的发光二极管。这其中的原因是什么？讨论为什么在许多类型的光学系统中使用脉冲调制光（或脉冲调制辐射）。列出几个基于激光的光学系统的优缺点。

若材料的杨氏模量已知的密度，则可以通过测量材料的均匀悬臂梁试样的横向振动的基本模式频率来确定它。光电传感器和定时器可用于此测量。试述这种弹性模量测定方法的实验装置。

**4.29** 对于所选择的工程应用，请完成下表。注意：可以使用在线搜索获取必要的信息。

| 项目 | 信息 |
| --- | --- |
| 在应用中必须测量的参数或变量 | |
| 在特定应用中所需信息（参数和变量）的性质（模拟、数字、调制、解调、功率级、带宽、精度等） | |
| 列举所需要的传感器 | |
| 每个传感器提供的信号［类型（模拟、数字、调制等）、功率级、频率范围等］ | |
| 传感器输出中存在的误差（SNR 等） | |
| 传感器所需的信号调理或转换类型（滤波、放大、调制、解调、ADC、DAC、VFC、FVC 等） | |
| 任何其他建议 | |

# 第5章

# 性能指标和参数

**本章主要内容**
- 性能指标
- 性能指标中的参数
- 动态参考模型
- 时域指标
- 稳定性和响应速度
- 频域指标
- 线性度
- 仪表额定值
- 额定参数

## 5.1 性能指标

一个工程系统是多个组件的集成,包括传感器、换能器、信号调理和修整电路、控制器、各种其他电子和数字硬件。整个系统的性能和到达的预期目标取决于各个组件的性能以及组件之间的互连方式。所有有助于工程系统实现预期功能的设备都可以认为是系统的组件。与系统仪表化和操作有关的活动,如系统组件的编址、在特定应用中可用组件的选择、新组件的设计、系统性能的分析和评估、系统调试和优化(参数、结构等)、系统的控制、监测以及故障/失效的诊断都很大程度地依赖于性能指标。确定或建立性能要求必须根据整个系统的功能需求并符合整个系统的约束。这些系统指标必须与各个组件的额定参数(性能参数)相关并根据其来建立。在产品数据手册中可以找到部分性能参数,也可以从制造商或供应商那里获得。对于新开发的产品,所需的性能指标要由产品开发团队(工程师等)与用户、监管机构、供应商等讨论来制定。

### 5.1.1 性能指标的参数

在本章中,我们研究工程系统中组件性能指标的等级和参数,从而确定整个系统的性能。通常情况下,工程系统的性能由3种重要类型的性能测量来具体规定:

1. 速度性能
2. 稳定性
3. 准确性

本章将讨论这3种类型的性能参数。由于在工程系统中存在动态的相互作用,所以这三种参数之间存在一定程度的相关性。

在工程系统的组件性能指标中包括以下两个类别的参数:

1. 工程上实际使用的参数(例如,在组件数据手册中列出的参数)
2. 使用工程理论或参考模型定义的参数,包括时域或频域参数

商用产品的仪器等级(类别1)通常是在分析工程参数(类别2)的基础上来确定的。然而,由于惯例、常用用法和工程的实际历史,类别1中的命名和定义可能与在类别2中使用的精确分析的定义不完全一致。但这两个类别的性能参数在仪表的实际应用中同样重要,本章将解决这个问题。具体来说,本章讨论了工程系统的性能表征和规范的基础(理论基础、实际原因、由来等)以及用于该目的的性能参数。尽管本章特别强调了传感器及

其相关硬件，但是这些过程通常也适用于工程系统中的各种组件，因为用于开发参数和性能指标的组件都可以由类似的"动态模型"来表示。当然，整个系统的性能也可以像其中的组件一样以相同的方式来表示和指定。

制造商以静态参数的形式给出了绝大多数仪器的等级(或在商用仪器数据手册中提供的参数，属于类别1)。然而在工程应用中，动态性能指标也非常重要，它们大部分属于类别2。本章将讨论仪器的静态和动态特性以及相关参数。

传感器探测(感应)被测量的量(被测量)。换能器将探测到的被测量转换为便于后续使用的形式(后续使用指监测、诊断、控制、驱动、预测、记录等)。换能器的输入信号可以根据需要进行滤波、放大和适当修整，以便后续使用。用于所有这些目的的组件可以根据性能指标和评级参数的具体情况以相同的方式来实现。当然，仪表化的主要目标是实现整个集成系统所需的性能。各个组件的性能在这方面至关重要，因为系统的整体性能取决于各个组件的性能以及组件如何在系统中互连(并匹配)。

对于分析领域(即前面指出的类别2中)的性能指标，使用两种类型的动态模型：

1. 时域中的微分方程模型
2. 频域中的传递函数模型

具体来说，性能指标的参数通常使用这两种类型的动态模型来确定。

模型在表示、分析、设计、评估、操作和控制传感器、换能器、控制器、执行器和接口硬件(包括信号调理和修整器件)等设备时非常有用。在时域中，可以规定上升时间、峰值时间、稳定时间和超调量百分比等性能参数。另外在频域中，可以规定带宽、静态增益、谐振频率、谐振幅值、阻抗、增益裕度和相位裕度等参数。本章将讨论这些性能指标的各种参数，特别是，带宽在规定和表征工程系统的许多组件方面起着重要的作用。值得注意的是，有用的频率范围、工作带宽和控制带宽是重要的考虑因素。在第6章中，我们将详细研究与系统带宽有关的几个重要问题。

## 5.1.1.1　设计和控制中的性能指标

如前几章所述，仪表化与设计和控制两个方面是相关联的。仪表化完成整体系统的设计。控制有助于实现性能要求，在某种意义上，控制可补偿设计上的缺陷。特别是在机电一体化的背景下，在设计机电一体化问题时，应同时考虑仪表化和控制两个方面，这涉及多领域的优化设计。很明显，性能指标与设计指标直接相关。仪表化和控制都有助于实现这些指标。

在研究中比较明确的是，控制指标与仪表化和设计方面的指标非常相似。具体而言，诸如"灵敏度"等特定的额定参数可以通过控制、设计和仪表化来调整以实现部分性能目标。

## 5.1.1.2　理想的测量装置

测量装置或传感器系统(包括传感器和相关硬件)在仪表化工程系统过程中是组件或子系统的重要类别。可以参考理想的测量装置来规定它们的性能。理想的测量装置可以定义为具有以下主要特性的测量装置：

1. 测量装置的输出可立即达到测量值(快速响应、零误差)。
2. 换能器的输出足够大(高增益、低输出阻抗、高灵敏度)。
3. 装置的输出保持在测量值(零误差、不会漂移、不会受环境影响和其他不良扰动及噪声的影响)，除非被测量(即测量值)本身发生变化(稳定性和鲁棒性)。
4. 换能器的输出信号电平与被测量信号电平(静态线性度)成正比。
5. 测量装置的互连不会使被测量本身失真(不存在负载效应和阻抗匹配；参见第2章)。
6. 功耗低(高输入阻抗；参见第2章)。

这些特性都是基于动态特性的，因此可以用测量装置的动态特性来说明。具体地，可以在时域或频域中根据设备响应来规定以上的第 1~4 条。可以使用设备的阻抗特性来规定第 2、5 和 6 条。首先，我们讨论响应特性，它在工程系统组件的性能指标中至关重要。

### 5.1.2 动态参考模型

如前所述，在工程应用中，性能指标包括静态参数和动态参数。设备的动态性能参数涉及设备的动态响应。例如，鉴于传感器的动态特性，传感器的理想性能要求无法精确实现。例如，由于传感器有动态特性(时间常数)，所以传感器将延迟提供最终读数。

动态性能参数建立在动态模型之上，模型代表了所考虑的组件或子系统(例如，传感器、传感器系统)的动态特性。由于它可能不是装置完整和精确的模型，而是一个可以表示性能指标的模型。所以，它只是一个参考模型。然而，参考模型的动态特性必须与实际装置(或其精确模型)的动态特性相关。通常使用两种类型的动态模型：
- 时域中的微分方程模型
- 频域中的传递函数模型

通过简单的操作(即通过拉普拉斯变量 $s$ 代替时间微分运算 $\mathrm{d}/\mathrm{d}t$)，时域模型可以转换成传递函数(即频域)模型，反之亦然。然而，由于两个域的性能参数都具有重要意义，因此需要同时考虑这两个域中的模型。

组件广泛使用的参考模型是：
- 一阶模型
- 二阶(简单振荡器)模型

一阶和二阶模型都必须考虑，因为不能通过级联两个一阶模型来构建完整的二阶模型。值得注意的是，级联一阶模型一定会产生过阻尼模型，这不能代表在装置的动态过程中通常和自然发生的振荡。

#### 5.1.2.1 一阶模型

一阶线性动态系统模型由下式给出(在时域中)：
$$\tau \dot{y} + y = ku \tag{5-1a}$$
其中，$u$ 是输入；$y$ 是输出；$\tau$ 是时间常数；$k$ 是直流(DC)增益。

相应的传递函数模型是
$$\frac{Y(s)}{U(s)} = H(s) = \frac{k}{\tau s + 1} \tag{5-1b}$$

假设系统从初始状态 $y(0) = y_0$ 开始，并施加振幅为 $A$ 的阶跃输入，对应的响应是
$$y_{\text{step}} = y_0 e^{-t/\tau} + Ak(1 - e^{-t/\tau}) \tag{5-2}$$

这个响应绘制在图 5-1a 中。式(5-2)右边的第一项是"自由响应"，第二项是"强制响应"。应该清楚的是，使用一阶模型时性能指标的重要参数是时间常数 $\tau$。

注 1：从式(5-2)可以看出，如果在 $t=0$ 时绘制一条直线，让其斜率等于响应的初始斜率[即切线斜率，它为 $(Ak - y_0)/\tau$]，则其将在时间 $t = \tau$ 时达到最终值(稳态 $Ak$)。这是时间常数的另一个解释，如图 5-1a 所示。

注 2：可以看出(见后文)半功率带宽为 $1/\tau$。

很明显，使用一阶参考模型时只能指定两个性能参数(时间常数 $\tau$ 和直流增益 $k$)。时间常数表示在这种情况下的速度和稳定性。事实上，时间常数是一阶系统的唯一性能参数，因为传递函数可以通过使用增益 $k=1$ 进行归一化。增益可以根据需要进行调整(在物理上使用放大器或通过将响应简单地乘以一个恒定值来计算)。

#### 5.1.2.2 简单的振荡器模型

简单的振荡器是一个通用模型，可以代表各种设备的性能，并指定所需性能。根据所存在的阻尼大小，振荡和非振荡行为都可以用这个模型来表示。

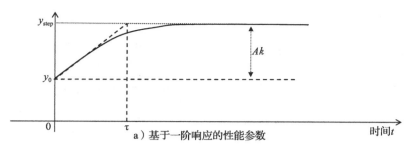

a) 基于一阶响应的性能参数

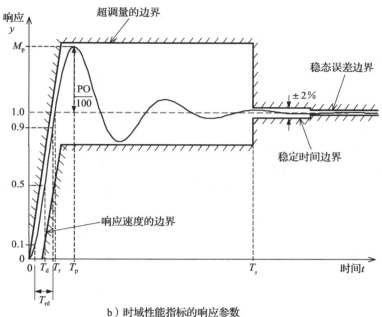

b) 时域性能指标的响应参数

图　5-1

该模型可以表示为

$$\ddot{y} + 2\zeta\omega_n\dot{y} + \omega_n^2 y = \omega_n^2 u(t) \tag{5-3a}$$

其中，$\omega_n$ 是无阻尼固有频率；$\zeta$ 是阻尼比。

相应的传递函数模型是

$$\frac{Y(s)}{U(s)} = H(s) = \left[ \frac{\omega_n^2}{s^2 + 2\zeta\omega_n s + \omega_n^2} \right] \tag{5-3b}$$

注意：我们通过使静态增益等于 1 可对模型进行归一化。但是如果需要，我们可以简单地向分子添加增益，如式(5-1b)所示。

有阻尼固有频率为

$$\omega_d = \sqrt{1 - \zeta^2}\,\omega_n \tag{5-4}$$

实际（有阻尼）系统在这个频率下自由（自然）振荡。已知在初始条件为零时系统对单位阶跃激励的响应为

$$y_{step} = 1 - \frac{1}{\sqrt{1 - \zeta^2}} e^{-\zeta\omega_n t} \sin(\omega_d t + \phi) \tag{5-5}$$

其中，$\phi$ 是响应中的相位角，由下式确定：

$$\cos\phi = \zeta \tag{5-6}$$

## 5.2 时域指标

如前所述，尽管可以针对传感器、换能器以及围绕测量组件和传感器系统选择特定的参照，但是这里给出的概念和指标也适用于工程系统中的各种其他类型的组件。图 5-1b 显示了在组件主模式下的典型阶跃响应。注意，曲线相对于稳态值进行了归一化。我们已经确定了几个对组件性能的时域指标非常有用的参数。使用式(5-3)给出的简单振荡器模型及其阶跃响应[见式(5-5)]，已经在时域中给出性能指标的一些重要参数，如表 5-1 所示。下面给出这些参数的定义。

**表 5-1 使用简单振荡器模型的时域性能参数**

| 性能参数 | 表达式 |
| --- | --- |
| 上升时间 | 当 $\cos\phi = \zeta$ 时 $T_r = \dfrac{\pi - \phi}{\omega_d}$ |
| 峰值时间 | $T_p = \dfrac{\pi}{\omega_d}$ |
| 峰值 | $M_p = 1 - e^{-\pi\zeta/\sqrt{1-\zeta^2}}$ |
| 超调量百分比 | $PO = 100 e^{-\pi\zeta/\sqrt{1-\zeta^2}}$ |
| 时间常数 | $\tau = \dfrac{1}{\zeta\omega_n}$ |
| 稳定时间(2%) | $T_s = -\dfrac{\ln[0.02\sqrt{1-\zeta^2}]}{\zeta\omega_n} \approx 4\tau = \dfrac{4}{\zeta\omega_n}$ |

**上升时间**：这是响应第一次通过稳态值所需的时间。在一个过阻尼系统中，由于响应是无振荡的，因此没有超调。所以，上升时间的定义对有的系统无效。为了避免该问题，上升时间可以定义为响应第一次通过稳态值的 90% 时所花费的时间。此外，上升时间可以从稳态值的 10% 开始测量，以避免系统中可能出现的启动不规则和时间滞后。可以采用这种方式定义修正后的上升时间($T_{rd}$)(见图 5-1b)。上升时间的另一个定义特别适用于非振荡响应，它是在 50% 稳态值时阶跃响应曲线斜率的倒数乘以稳态值。在过程控制术语中，这称为"循环时间"。无论使用什么定义，上升时间都表示设备的响应速度——上升时间越小表示响应越快。

**延迟时间**：通常定义为响应时间首次达到稳态值的 50% 时所需的时间。此参数也是响应速度的一种度量。

**峰值时间($T_r$)**：响应到达第一个峰值的时间是峰值时间。该参数也表示设备的响应速度。

**稳定时间($T_s$)**：这是设备响应稳定在稳态值一定百分比(通常为 ±2%)范围内所用的时间。该参数与设备中存在的阻尼程度相关，也是稳定程度的表征。

**注意**：根据简单的振荡器模型可知，稳定时间(在低阻尼状态下)几乎等于时间常数的 4 倍。在具体使用时，请考虑传感过程，因为被测量的检测时间应该大于传感器的稳定时间(从而数据不会存在传感器动态误差)，所以传感器的响应速度应该比需要准确测量的最快的信号分量(由其频率确定)快 4 倍(最好是 10 倍)。

**超调百分比(PO)**：这是使用归一化到单位阶跃响应曲线来定义的：

$$PO = 100(M_p - 1)\% \tag{5-7}$$

其中，$M_p$ 是峰值；PO 是设备中阻尼或相对稳定性的度量。

**稳态误差**：这是响应的实际稳态值与期望的最终值之间的偏差。稳态误差可以表示为相对于(期望的)稳态值的百分比。在设备输出中，稳态误差本身就表现为偏移。这是系统(确定性的)误差。通常可以通过重新校准进行校正。在伺服控制装置中，通过增加回路增益或引入滞后补偿可以降低稳态误差。使用积分控制(复位)动作(或将积分器添加到系统动态特性中)可以完全消除稳态误差。

为了使设备(如传感器-换能器单元)输出最佳性能，我们应该让所有上述参数值尽可能小。然而在实践中，可能难以满足所有指标，特别是当存在相互冲突的要求时。例如，可以通过增加设备的主要固有频率 $\omega_n$ 来降低 $T_r$。然而，这将增加 PO，有时候也会增加 $T_s$。另一方面，PO 和 $T_s$ 可以通过增加设备的阻尼来减小，但是这会增加 $T_r$。

## 例 5.1

在某特定应用中，需要精确测量最快的信号分量为 100Hz。估算可用传感器的时间常数的上限。

**解：** 最快的信号分量为 $(100×2\pi)$rad/s

要让传感器的速度比这个信号分量的速度快 10 倍，我们需要

$$\frac{1}{\tau} = 10 × (100 × 2\pi)\text{rad/s} \rightarrow \tau = \frac{1}{10 × (100 × 2\pi)}\text{s} = 159\mu\text{s}$$

其中，$\tau$ 是传感器的时间常数。

### 响应的稳定性和速度

设备的自由响应可以提供与设备固有特性有关的有价值信息。例如，自由（非强制）激励可以通过给设备提供初始条件激励，然后允许其自由响应来获得。利用这种方式可以确定的两个重要特征是：

- 稳定性
- 响应速度

动态系统的稳定性意味着当激励本身是有限的时候，响应将不会无限增加。系统的响应速度表明系统响应激励（输入）的速度有多快。它同时也是自由响应速度的度量，（1）如果系统是振荡的（即欠阻尼），则自由响应上升或下降；（2）如果系统不振荡（即过阻尼），则自由响应衰减。因此，稳定性和响应速度并不完全独立。特别是对于非振荡系统，这两个特性密切相关。

线性动态系统的稳定性水平取决于特征值（或极点）的实部，即特征方程的根。（注：特征多项式是系统传递函数的分母。）具体来说，如果所有根都有负实部，那么系统是稳定的。另外如果极点实部越负，则该极点对应的自由响应衰减越快。负实部的倒数是时间常数。因此，时间常数越小，对应的自由响应衰减越快，所以与该极点相关联的稳定性越高。我们可以将这些观察结果总结如下：

| | |
|---|---|
| 稳定性水平 | 取决于自由响应的衰减速率（因此它是时间常数或极点的实部） |
| 响应速度 | 取决于振荡系统的固有频率和阻尼以及非振荡系统的衰减速率 |
| 时间常数 | 确定系统稳定性和自由响应的衰减速率（以及非振荡系统中的响应速度） |

## 例 5.2

汽车的质量为 1000kg。包括悬架系统在内每个车轮的等效刚度大约是 $60.0 × 10^3$N/m，如果悬架设计的超调百分比 PO 为 1%，则估计每个车轮所需的阻尼系数。

**解：** 为了快速估算，使用简单的振荡器（四分之一车辆）模型

$$m\ddot{y} + b\dot{y} + ky = ku(t) \tag{i}$$

其中，$m$ 是等于 250kg 的等效质量；$b$ 是等效阻尼系数（待定）；$k$ 是等效刚度，等于 $60.0 × 10^3$N/m；$u$ 是车轮的位移激励。

通过比较式(i)与式(5-3a)，我们得到

$$\zeta = \frac{b}{2\sqrt{km}} \tag{ii}$$

注意：每个轮子上的等效质量取为总质量的四分之一。

对于 PO 为 1%，从表 5-1 中我们得到 $1.0 = 100\exp[-(\pi\zeta/\sqrt{1-\zeta^2})]$

得出 $\zeta=0.83$。将其替换式（ii）中的值，我们得到 $0.83=b/(2\sqrt{60\times10^3\times250.0})$ 或 $b=6.43\times10^3\mathrm{N}/(\mathrm{m\cdot s})$。

---

换能器等装置的时域指标，与用于测量响应系统的时间常数相比较，它希望具有很小的上升时间和非常小的稳定时间，并且具有很低的超调百分比。这些互相矛盾的要求将导致快速且稳定的响应。

---

## 例 5.3

考虑一个欠阻尼系统和一个过阻尼系统，它们具有相同的无阻尼固有频率，各自的阻尼比分别为 $\zeta_u$ 和 $\zeta_o$。证明：只有当下式成立时，欠阻尼系统才比过阻尼系统更稳定，更快。

$$\zeta_o > \frac{\zeta_u^2+1}{2\zeta_u}$$

其中定义 $\zeta_o>1>\zeta_u>0$。

**解：** 使用简单振荡模型［见式（5-3）］。特征方程为

$$\lambda^2 + 2\zeta\omega_n\lambda + \omega_n^2 = 0 \tag{5-8}$$

特征值（极点）为

$$\lambda = -\zeta\omega_n \pm \sqrt{\zeta^2-1}\,\omega_n \tag{5-9}$$

为了更加稳定，我们应该把欠阻尼极点定位得比起主导作用的过阻尼极点更远离原点。具体来说，我们必须有

$$\zeta_u\omega_n > \zeta_o\omega_n - \sqrt{\zeta_o^2-1}\,\omega_n$$

由此可得

$$\zeta_o > \frac{\zeta_u^2+1}{2\zeta_u} \tag{5-10}$$

相应的区域显示为图 5-2 所示的阴影区域。

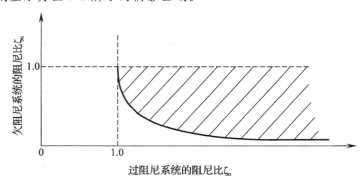

图 5-2　欠阻尼系统的区域（阴影），它比相应的过阻尼系统更快、更稳定

**注意：** 欠阻尼响应不仅衰减更快（更稳定），而且响应速度也更快（原因是振荡）。

该结果表明，高阻尼并不一定意味着稳定性会增加。为了进一步解释这个结果，考虑一个无阻尼（$\zeta=0$）固有频率为 $\omega_n$ 的简单振荡器。现在，我们使阻尼比 $\zeta$ 逐渐从 0 增加到 1。然后，由于共轭复数极点 $-\zeta\omega_n\pm j\omega_d$ 将随着 $\zeta$ 的增加（因为 $\zeta\omega_n$ 增加了）而离开虚轴进行移动，因此稳定性将增加。当 $\zeta$ 达到 1（即临界阻尼）时，我们在 $-\omega_n$ 处得到两个相同的实数极点。当 $\zeta$ 超过 1 时，极点将是实数且不相等，其中一个极点的幅值小于 $\omega_n$ 而另一个的幅值大于 $\omega_n$。前者（更接近"原点"）是主导极点，它将决定所产生的过阻尼系统的稳定性和响应速度。具体来说，当 $\zeta$ 超过 1 时，两极点将从 $-\omega_n$ 处分开，一个朝原点移动（变

得不太稳定），另一个远离原点移动。现在清楚的是，如果 $\zeta$ 增加超过临界阻尼点时，则系统变得不稳定。具体来说，对于给定值 $\zeta_u<1.0$，有一个值 $\zeta_o>1$，由式(5-10)的约束条件可知，其中过阻尼系统的稳定性相比欠阻尼系统更差，并且响应更慢。

## 5.3　频域指标

图 5-3 显示了设备典型的频率传递函数(FTF)(通常称为频率响应函数 FRF)。这就构成了利用频率作为自变量的增益曲线(FRF 幅值)和相位角曲线。这两个图通常称为"伯德图"，特别是当幅值轴以分贝(dB)标定，频率轴以对数［如八倍频（即以 2 的因数进行变化）或十倍频（即以 10 的因数进行变化）］进行标定时。这些曲线的实验测定可以通过谐波激励和在稳定状态下记录响应信号中的幅值放大和相位超前来得到，或者采用瞬态或随机激励的响应信号和响应的傅里叶分析来实现。传递函数的实验测定在频域中称为"系统识别"。

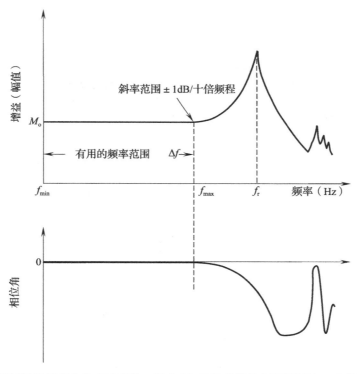

图 5-3　频域性能指标中的响应参数。图中 $M_o$ 为静态增益(直流增益)；$f_r$ 为谐振频率

传递函数提供了系统响应(线性系统)对于正弦激励的完整信息。由于任何时间信号都可以通过傅里叶变换分解成正弦分量，所以，线性系统对任意输入激励的响应也可以使用该系统的传递函数来确定。在这个意义上，传递函数是频域模型，可以完全描述一个线性系统。事实上，常系数线性时域模型可以转换为传递函数，反之亦然。这时，时域模型和频域模型是完全等同且可互换的。这时，人们可能会认为，既使用时域指标又使用频域指标是多余的，因为它们具有相同的信息。然而，通常这两个指标都是同时使用的，因为这可以提供更好(更实用)的系统性能观测。事实上，某些性能参数(例如，带宽和谐振)的物理解释在频域中更为方便，但对于一些其他参数(例如，响应速度和稳定性)，在时域中更为方便。特别地，频域参数更适合于表示在谐波(正弦)激励下系统的某些特性。

一些有用的频域性能指标参数如下：

● 有用的频率范围(可操作区间)

- 带宽（响应速度）
- 静态增益（稳态性能）
- 谐振频率（响应速度和临界频率区域）
- 谐振幅值（稳定性）
- 输入阻抗（负载、效率、互连性、最大功率传输、信号反射）
- 输出阻抗（负载、效率、互连性、最大功率传输、信号电平）
- 增益裕度（稳定性）
- 相位裕度（稳定性）

前三项在本章中进行了详细的讨论，如图 5-3 所示。谐振频率对应于响应幅值峰值处的激励频率。起主导作用的谐振频率通常是最低的谐振频率，其通常也具有最大的峰值幅值。如图 5-3 所示的 $f_r$。谐振幅值顾名思义就是之前提到的谐振峰值，如图 5-3 所示。谐振频率是响应速度和带宽的度量，也是正常操作和尽可能应避免的频率。这对于稳定性差（例如，低阻尼）的设备来说尤其如此。具体来说，谐振幅值越大表示稳定性越差。第 2 章讨论了输入阻抗和输出阻抗。第 6 章详细研究了带宽。

### 5.3.1　增益裕度和相位裕度

增益裕度和相位裕度是设备稳定性的度量。为了定义这两个参数，考虑图 5-4a 所示的反馈系统，系统的前馈传递函数是 $G(s)$，反馈传递函数是 $H(s)$，其中 $s=j\omega$。这些传递函数是整个系统的频域表示，系统可以包括各种组件，如设备、传感器、换能器、执行器、控制器和接口组件以及信号修整器件。

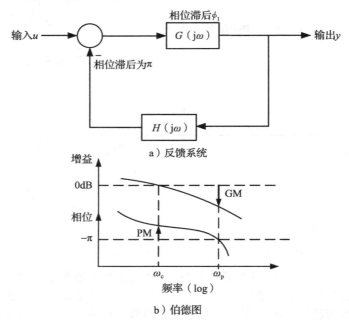

a）反馈系统

b）伯德图

图 5-4　增益裕度和相位裕度的例子

系统伯德图由闭环传递函数 $G(j\omega)H(j\omega)$ 的幅值和超前相位构成，其中 $G(j\omega)H(j\omega)$ 是频率的函数，如图 5-4b 所示。

假设在特定频率 $\omega$ 处，前馈传递函数 $G(j\omega)$ 提供滞后相位 $\phi_1$，反馈传递函数 $H(j\omega)$ 提供滞后相位 $\phi_2$。

现在，鉴于是负反馈，反馈信号的相位进一步滞后 $\pi$，因此

闭环中的总相位滞后＝$\phi+\pi$

其中，相位滞后 $GH = \phi_1 + \phi_2 = \phi$。

闭环传递函数 $GH(\mathrm{j}\omega)$ 的整体相位滞后 $\pi$，闭环相位滞后变成 $2\pi$，这意味着如果频率为 $\omega$ 的信号通过系统回路，则不会出现净相位滞后。另外，如果在这个特定频率下，闭环增益 $|GH(\mathrm{j}\omega)|$ 为单位增量，即使没有任何外部激励输入，具有该频率的正弦信号也能够重复地通过环路而不改变其相位或改变其幅值。这对应于临界稳定条件。

另一方面，如果在闭环相位滞后 $\pi$，且在该频率下闭环增益 $|GH(\mathrm{j}\omega)| > 1$ 时，则信号幅值将随着信号通过这个环路而单调增加。这是一个不稳定的情况。另一方面，如果在闭环相位滞后 $\pi$，且在该频率下闭环增益 $< 1$ 时，则信号幅值随着信号循环地通过闭环而单调递减。这是一个稳定的情况。综上所述，

1. 当 $\angle GH(\mathrm{j}\omega) = -\pi$ 时，如果 $|GH(\mathrm{j}\omega)| = 1$，则系统临界稳定。
2. 当 $\angle GH(\mathrm{j}\omega) = -\pi$ 时，如果 $|GH(\mathrm{j}\omega)| > 1$，则系统不稳定。
3. 当 $\angle GH(\mathrm{j}\omega) = -\pi$ 时，如果 $|GH(\mathrm{j}\omega)| < 1$，则系统稳定。

因此，当频率为 $\omega$ 且 $\angle GH(\mathrm{j}\omega) = -\pi$ 时，$|GH(\mathrm{j}\omega)|$ 与 1 进行比较后的裕度提供了稳定性的量度。这称为增益裕度（见图 5-4b）。类似地，在频率为 $\omega$ 且 $|GH(\mathrm{j}\omega)| = 1$ 时，可以将相位滞后量（裕度）加到系统上以使闭环相位滞后 $\pi$，这是稳定性的度量。该值称为相位裕度（见图 5-4b）。

在频域指标方面，诸如换能器、放大器或传感器系统之类的设备应具有广泛有用的频率范围。为此，它必须具有较高的基本固有频率（约为操作范围内最大频率的 $5\sim10$ 倍）和稍低的阻尼比（略微小于 1）。

## 5.3.2　频域内简单的振荡器模型

简单振荡器的传递函数 $H(s)$ 由式（5-3b）给出。

频率传递函数 $H(\mathrm{j}\omega)$ 定义为 $H(s)\big|_{s=\mathrm{j}\omega}$，其中 $\omega$ 是激励频率

$$H(\mathrm{j}\omega) = \left[\frac{\omega_n^2}{\omega_n^2 - \omega^2 + 2\mathrm{j}\zeta\omega_n\omega}\right] \tag{5-3c}$$

注意：$H(\mathrm{j}\omega)$ 是关于 $\omega$ 的复变函数，有

$$增益 = |H(\mathrm{j}\omega)|，即为 H(\mathrm{j}\omega) 的幅值$$
$$相位超前 = \angle H(\mathrm{j}\omega)，即为 H(\mathrm{j}\omega) 的相位角$$

这些表示当频率为 $\omega$ 的正弦输入信号（激励）被施加到系统时，振幅增益和相位超前作为系统的输出（响应）。

当振幅增益为最大值时，谐振频率 $\omega_r$ 对应激励频率，如下式：

$$\omega_r = \sqrt{1 - 2\zeta^2}\,\omega_n \tag{5-11}$$

这个表达式适用于 $\zeta \leqslant 1/\sqrt{2}$。可以表示为

$$增益 = \frac{1}{2\zeta}；相位超前 = -\frac{\pi}{2}（当 \omega = \omega_n 时） \tag{5-12}$$

除了规定频域中的性能之外，该概念还可用于测量设备中的阻尼。频域概念在第 6 章会进一步讨论。

注意：由式（5-1a）或式（5-1b）给出的一阶模型具有频率响应函数

$$H(\mathrm{j}\omega) = \frac{k}{1 + \mathrm{j}\tau\omega} \tag{5-1c}$$

很明显，该模型只有一个性能参数（时间常数 $\tau$），因为增益 $k$ 归一化为 1（通过放大器进行物理调整，或者通过简单地将响应乘以常数进行计算）。此外，它不能代表欠阻尼系统，因此不能表现出谐振的情形。特别地，通过级联两个一阶模型不能获得简单的振荡器模型。

## 5.4　线性度

在理论和动态意义上，如果设备可以通过一组线性微分方程来建模，则可认为它是线

性的，其中时间 $t$ 为独立变量（或通过一组传递函数，其中频率 $\omega$ 为自变量）。线性系统的一个有用性质是可以使用叠加原理。

特别地，如果输入 $u_1$ 产生输出 $y_1$，输入 $u_2$ 产生输出 $y_2$，则输入 $a_1 u_1 + a_2 u_2$ 将产生输出 $a_1 y_1 + a_2 y_2$，这对于任意的 $a_1$ 和 $a_2$。

非线性系统的特性是其稳定性可能取决于系统输入和初始条件。通常使用线性技术来分析非线性设备，一般是考虑工作点处的小偏移来分析的。这种"局部线性化"是通过为输入和输出引入增量变量来实现的。如果一个增量可以以足够的精度覆盖整个设备的工作范围，则表示该设备是线性的。如果输入-输出关系是非线性代数方程，则它们表示静态非线性。这种情况可以简单地通过使用非线性校准曲线来处理，此方法进行线性化时不会引入非线性误差。另一方面，如果输入-输出关系是非线性微分方程，则分析通常会变得很复杂。这种情况表示动态非线性。仪器传递函数的表示隐含地假定了线性。

根据工业和商业术语，线性测量仪器提供的测量值会随着被测量（被测变量）线性变化。这与静态线性度的定义一致并且是合理的，因为对于商业设备，通常工作范围在其动态特性明显影响输出的区域之外。所有物理设备在一定程度上都是非线性的。一些原因造成实际行为偏离了理想行为，这些原因包括诸如电磁饱和、弹性元件中胡克定律的偏差、库仑摩擦、接头蠕变、空气动力学阻尼、齿轮中的齿隙和其他松散部件以及部件磨损等。

设备中的非线性通常表现为一些特殊的特性。特别地，以下属性对于检测设备中的非线性行为至关重要。

饱和度：非线性设备可能会饱和（见图 5-5a）。这可能是由以下原因造成的，如常见于磁感应设备和变压器类设备（如差动变压器）的磁饱和、电饱和（如放大器电路），机械部件的可塑性饱和以及非线性弹簧的饱和。

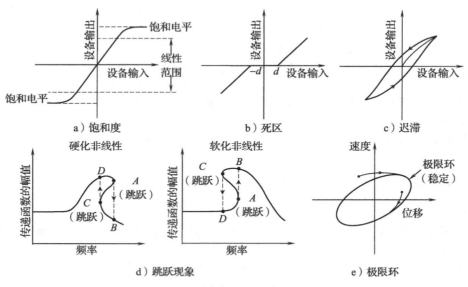

图 5-5 设备非线性的常见表现

死区：死区是设备不响应激励的区域。具有库仑摩擦力的机械装置中的静摩擦是一个很好的例子。由于静止，所以组件在施加的力达到最小值之前不会移动。一旦运动开始，随后的行为可以是线性的也可以是非线性的。另一个例子是松散组件的间隙，如齿轮对。第三个例子是电子设备中的偏置信号。在这些设备中，直到偏置信号达到特定电平，电路才会发生动作。具有后续线性特性的死区如图 5-5b 所示。

迟滞现象：非线性设备可能产生迟滞现象。在迟滞现象中，输入-输出曲线根据输入的方向而变化(见图 5-5c),这会导致滞后回路。这种行为在松散组件中是很常见的,如有齿隙的齿轮;在具有非线性阻尼的部件中,如库仑摩擦;以及在具有铁磁介质和各种耗散机制(例如,涡流耗散)的磁性设备中。例如,考虑缠绕在铁磁心上的线圈。如果直流电流通过线圈,则会产生磁场。当电流从零开始增加,场强也会增加。现在,如果电流减小到零,由于铁磁心中的剩余磁性,所以场强不会立即恢复为零。必须流入相反的电流才能使铁心退磁。因此,场强与电流曲线看起来有点像图 5-5c,这就是磁滞。

线性黏性阻尼在其力-位移曲线中也表现出滞后性质。这是任何消耗能量的机械部件都有的特性(迟滞回路中的区域给出在一个运动周期中消耗的能量)。通常,如果力取决于位移(如在弹簧的情况下)和速度(如在阻尼组件的情况下),则在给定位移处力的值将随着速度的方向而变化。特别地,组件在一个方向(即正速度)上移动的力与在相同位置处沿相反方向(负速度)移动时力不同,从而在力-位移平面上会产生一个迟滞回路。如果位移和速度对力的关系是线性的(如黏滞阻尼),则迟滞效应就是线性的。另一方面,如果关系是非线性的(如库仑阻尼和空气动力学阻尼),则所得到的滞后是非线性的。

跳跃现象:一些非线性设备在频率响应(传递)函数曲线中表现出一种名为跳跃现象(或折叠型突变)的不稳定性。图 5-5d 显示了硬化设备和软化设备的跳跃现象。随着频率的增加,跳变从 $A$ 到 $B$ 发生,随着频率的降低,它从 $C$ 跳变到 $D$。此外,非线性设备的传递函数本身可以随着输入激励的大小而改变。

极限环:非线性设备可能产生极限环。图 5-5e 给出了速度与位移的相平面(2D)。极限环是状态空间中的闭合轨迹,它对应于不衰减或增加特定频率和振幅下的持续振荡。这些振荡的振幅与开始响应的初始位置无关。另外,不需要外部输入来维持极限环振荡。在稳定极限环的情况下,响应将移动到极限环上,而不管起始响应极限环附近的位置(见图 5-5e)。在不稳定极限环的情况下,响应将在轻微扰动下离开极限环。

频率生成:当正弦信号激励线性设备时,线性设备将在稳态下产生与激励频率相同的响应。另一方面,在稳态下,非线性设备可能产生不属于激励信号的频率分量。这些频率可能是谐波(激励频率的整数倍)、次谐波(激励频率的整数分数)或非谐波(通常是激励频率的有理分数)。

## 例 5.4

考虑由微分方程 $\{dy/dt\}^{1/2} = u(t)$ 建模的非线性设备,其中 $u(t)$ 是输入,$y$ 是输出。证明该设备创建的频率分量与激励频率不同。

**解:** 首先,系统的响应为:$y = \int_0^t u^2(t)dt + y(0)$

现在,对于输入 $u(t) = a_1\sin\omega_1 t + a_2\sin\omega_2 t$,使用三角函数的性质可以得出以下响应:

$$y = (a_1^2 + a_2^2)\frac{t}{2} - \frac{a_1^2}{4\omega_1}\sin 2\omega_1 t - \frac{a_2^2}{4\omega_2}\sin 2\omega_2 t$$

$$+ \frac{a_1 a_2}{2(\omega_1 - \omega_2)}\sin(\omega_1 - \omega_2)t - \frac{a_1 a_2}{2(\omega_1 + \omega_2)}\sin(\omega_1 + \omega_2)t - y(0)$$

可以看出创建了离散的频率分量 $2\omega_1$、$2\omega_2$、$(\omega_1 - \omega_2)$、$(\omega_1 + \omega_2)$。此外,还存在一个连续谱,它是由关于响应 $t$ 的线性函数产生的。

可以使用描述函数法在频域中分析非线性系统。如前所述,当给非线性设备施加谐波输入(在特定频率下)时,稳态下产生的输出将在该基频处具有分量,并且在其他频率处也具有分量(由非线性设备产生的频率),它通常是谐波。响应可以由傅里叶级数表示,傅里叶级数频率分量是输入频率的整数倍。描述函数法忽略了响应中所有较高的谐波,并且仅保留基本分量。当输入除以该组件输出时,就生成了该设备的描述函数。这与线性设备的传递函数类似，但与线性设备不同，增益和相移将取决于输入信号的幅值。描述函数法的细节可以在非线性控制理论教科书中找到。

**线性化**

有一种流行的线性化非线性设备的方法，它考虑了小的工作范围内的局部行为。这种局部线性化是比较直接的，但由于以下原因通常不适用：

1. 工作条件可能发生显著变化，单一的局部斜率在整个范围内可能无效。

2. 与泰勒级数展开式的 $O(2)$ 项相比，局部斜率可能不存在或不明显（例如，库仑摩擦）。

3. 在一些非线性系统中，使用局部斜率（例如，控制律中的负阻尼）可能导致不良后果（例如，不稳定性）。

可以使用其他方法来减少或消除设备中的非线性行为。它们包括使用校准曲线（在静态情况下），抵消非线性效应的线性化元件（例如，电桥电路中的电阻和放大器）以及非线性反馈（反馈线性化）。

静态非线性的一个重要后果是输出失真。这可以通过重新校准或重新缩放来线性化。例如，假设设备的输入（$u$）-输出（$y$）特性是由 $y = k\mathrm{e}^{pu}$ 给出的。很明显，正弦输入 $u = u_0 \sin\omega t$ 在输出端将远离正弦波。

显然，我们可以将问题"转化"为 $\log(y) = pu + \log(k)$。因此，通过简单地对输出使用对数标度并且加上常数偏移 $-\log(k)$，就可以精确地对输入-输出关系进行线性化。在这种重新校准形式中，正弦输入对应的输出将是纯的正弦波。

为了说明这一点，让我们使用参数值：$k = 2.0$，$p = 1.5$，$u_0 = 2.0$ 和 $\omega = 1.0$。我们使用 MATLAB 中的以下函数来确定输入-输出特性（见图 5-6a）和相应的两个信号（见图 5-6b）。

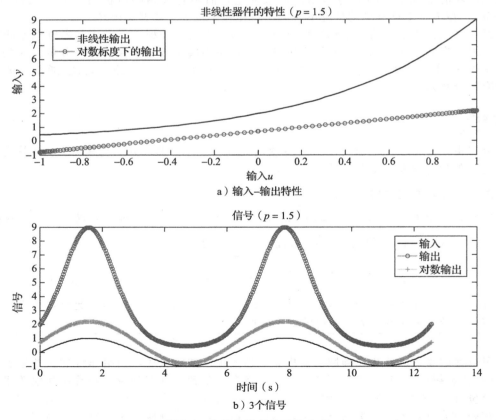

a) 输入-输出特性

b) 3个信号

图 5-6  非线性设备的正弦响应

```
% Response of nonlinear device
u0=2.0;k=2.0;p=1.5;
t=0:0.01*pi:4*pi;
u=sin(t);
y=k*exp(p*u);
y2=log(y);
% plot the results
plot(u,y,'-',u,y2,'-',u,y2,'o')
plot(t,u,'-',t,y,'-',t,y,'o',t,y2,'-',t,y2,'+')
```

可以看出，实际的非线性函数显著地扭曲了正弦信号，使用输出的对数标度可以方便、准确地线性化输入-输出特性，从而给出无失真的输出。此外，利用图 5-6a 所示的对数输出，我们可以从线性曲线的斜率和 $y$ 截距中提取两个参数 $p$ 和 $k$。特别地，斜率 $p=3.0/2.0=1.5$，$\log k=0.7 \rightarrow k=2.0$

为了减轻非线性问题，采取以下预防措施是很好的做法：

1. 避免在宽的信号电平（输入）范围上操作设备。
2. 避免在宽频段上进行操作。
3. 使用不产生较大机械运动的设备。
4. 最小化库仑摩擦力和吸力（例如，使用适当的润滑）。
5. 避免接头和齿轮联轴器松动（即使用直接驱动机构）。
6. 尽量减少环境影响。
7. 尽量减小对不良影响的敏感度。
8. 尽量减少磨损。

## 5.5 仪表额定值

仪器仪表制造商通常不会为其产品提供完整的动态信息。在大多数情况下，对于实际的工程系统和复杂的仪器仪表，期望有完整的动态模型（在时域或频域内）和模型的准确参数值是不切实际的。制造商和供应商提供的性能特征主要是静态参数。这称为仪器额定值，这些额定值可以以参数值、表格、图表、校准曲线和经验方程等形式来呈现。对于更复杂的仪器，制造商还会提供诸如传递函数（例如，表示激励频率的传递率曲线）等动态特性，但可用的动态信息从来都是不完整的。其原因在于，在典型设备（例如，传感器、放大器、数据采集硬件）正常工作的条件下，设备的动态特性应对其输出具有最小的影响。然而，它的一些动态信息（例如，时间常数、带宽）在选择实际应用中的操作条件和组件时是很有用的。

制造商和仪器供应商使用的额定参数的定义在某些情况下与教科书中使用的分析定义不同。这在术语在线性度和稳定性方面尤其如此。尽管如此，在工程系统中制造商和供应商提供的额定值对于组件的选择、安装和互连、操作、控制和维护方面都非常有用。我们来看看关键的性能参数。

### 5.5.1 额定参数

仪器制造商和供应商提供的典型额定参数（在其数据手册中）如下所示：

- 灵敏度和灵敏度误差
- 信噪比（SNR）
- 动态范围（DR）
- 分辨率
- 偏移或偏差
- 线性度
- 零点漂移、满量程漂移和校准漂移（稳定性）
- 有用的频率范围

- 带宽
- 输入和输出阻抗

我们已经讨论了其中一些术语的含义和重要性。带宽将在第 6 章进行进一步研究。在本节，我们将对仪器制造商和供应商给出的额定参数的常规定义进行研究。

### 5.5.2 灵敏度

设备（例如，换能器）的灵敏度是通过测量单位输入（例如，被测量）对应的输出信号的幅值[峰值、有效值（rms）等]来获得的。这可以表示为增量输出和增量输入的比值（例如，设备输入-输出曲线的斜率），或者经过分析后表示为输入-输出关系的偏导数。很明显，灵敏度也是设备的增益。在矢量或张量信号（例如，位移、速度、加速度、应变、力）中，应指定灵敏度方向。

有无数因素（包括环境）可能影响传感器等设备的输出。在灵敏度方面，仪表化的重要目标如下所示：

1. 选择合理数量的影响因素。这些因素应在设备输出上具有显著的灵敏度水平。
2. 确定所选因素的灵敏度（比如，相对敏感度——无量纲）。
3. 最大化灵敏度所需的因素（例如，要测量的量）。
4. 对于不良因素最小化灵敏度（例如，应变片读数的热效应）或交叉敏感性。

我们将在 6.5 节重新审视灵敏度的问题。

交叉灵敏度：这是与主要灵敏度方向正交的灵敏度。通常表示为直接灵敏度的百分比。在任何输入输出装置（例如，测量仪器）中，理想的情况是有较高的直接灵敏度和较低的交叉灵敏度。然而，在任何装置中，对参数变化和噪声的灵敏度必须很小，这是鲁棒性的表征。另一方面，在自适应控制和自调节控制中，系统对控制参数的灵敏度必须足够高。通常灵敏度和鲁棒性是互相冲突的要求。

#### 5.5.2.1 数字设备的灵敏度

数字设备产生数字输出。数字设备包括产生脉冲或计数的设备或具有内置模-数转换器（ADC）的设备。任何数字设备的灵敏度都可以以通用方式来表示。特别地有

$$\text{灵敏度} = \frac{\text{数字输出}}{\text{相应的输入}} \tag{5-13a}$$

最常见的输入是模拟的，但数字输入也可以适用相同的定义。

如果一个 $n$ 位设备可以代表包括 0 在内的 $2^n$ 个值，那么，最大的可能值（无符号）是 $2^n - 1$。如果要代表有符号值，我们需要分配一位作为标志位，那么这个 $n$ 位设备就可以代表 $2^n - 1$ 个正值（包括零）和对应相同数量的负值。解释数字输出的另一种方式是计数。实际上，如果设备的实际输出可以是计数（脉冲或事件），那么，一个 $n$ 位设备可以代表最大为 $2^n$ 的计数值（因为此时零和符号不相关）。如果我们使用后一种方法，则设备的数字灵敏度可以表示为（对于 $n$ 位设备）

$$\frac{2^n}{(\text{满量程输入})}（\text{在"每单位输入中"}） \tag{5-13b}$$

有时，灵敏度可能与多个输入变量相关。例如，假设电位计式位移传感器在输出为 1.5V 时所对应的位移为 5cm。如果电位计的电源（或其参考电压）为 10V，则该电位计的灵敏度可能为 $1.5\text{V}/(5.0\text{cm} \times 10.0\text{V}) = 30\text{mV}/(\text{cm} \cdot \text{V})$。传感器灵敏度的一些例子如表 5-2 所示。

表 5-2 一些实用传感器的灵敏度

| 传感器 | 灵敏度 |
| --- | --- |
| 血压传感器 | $10\text{mV}/(\text{V} \cdot \text{mmHg})$ |
| 电容位移传感器 | $10.0\text{V}/\text{mm}$ |
| 压电（PZT）加速度计的电荷灵敏度 | $110\text{pC}/\text{N}$ |
| 电流传感器 | $2.0\text{V}/\text{A}$ |
| 直流转速计 | $5 \pm 10\% \text{r}/\text{min}$ |
| 流体压力传感器 | $80\text{mV}/\text{kPa}$ |
| 光电传感器（带 ADC 的数字输出） | 50 次/lx |
| 应变片（应变系数） | $150\Delta R/R/\text{应变}$（无量纲） |
| 温度传感器（热敏电阻） | $5\text{mV}/\text{K}$ |

**例 5.5**

光伏光电传感器可以检测最大 20lx 的光，并产生相应的 5.0V 电压。该设备具有 8 位 ADC，它为 5.0V 的满量程输入提供最大计数。该设备的整体灵敏度是多少？

**解：** ADC 的最大计数为 $2^8 = 256$

如果 5V 对应到 ADC 中，并且该值还对应传感器能够感测到的最大光上限 20lx，因此，设备的整体灵敏度是

$$\frac{256}{20.0} \text{ 计数 /lx} = 12.8 \text{ 计数 /lx}$$

注意：ADC 单独的灵敏度是 256/5.0 次/V＝51.2 次/V

### 5.5.2.2　灵敏度误差

设备数据手册中所标称的额定灵敏度可能不准确。额定灵敏度和实际灵敏度之间的差异称为灵敏度误差。

灵敏度是设备输入-输出曲线的斜率，可能不准确的原因如下所示：

1. 不良输入的交叉灵敏度的影响。

2. 磨损和环境影响的漂移。

3. 对输入值的依赖。这意味着斜率将随着输入值的变化而变化，这是设备非线性的反映。

4. 输入-输出曲线（局部灵敏度）的局部斜率可能没有定义或可能不显著[与 $O(2)$ 项相比]。

关于上面的第 4 条，局部斜率（导数）可能是：

● 零（当存在饱和或库仑摩擦时）

● 无限值（当存在库仑摩擦时）

● 与高阶导数相比无明显减少[即不能忽略泰勒级数展开式中的 $O(2)$ 项]

因此，无法定义局部灵敏度或者局部灵敏度不显著。在这种情况下，可以使用全局灵敏度[即（整体或满量程输出）/（相应的输入）]。可以使用平均灵敏度的正负变化范围来表示灵敏度误差，其中平均灵敏度对应于实际灵敏度变化范围内最大值与最小值之间的差值。灵敏度的这种总变化（最大-最小）是设备静态非线性的度量。

如前所述，仪器仪表的灵敏度可以作为设计问题或控制问题来处理。特别地，如果主要目标是最大化期望因素的灵敏度，并且使不期望因素的灵敏度最小化，则可以通过设计和控制来实现。一旦系统基于灵敏度目标进行设计，就可以进一步改进或者通过控制实现特定的灵敏度目标。接下来讨论这个问题。

### 5.5.2.3　在控制过程中灵敏度的注意事项

控制系统的精度受系统部件的参数变化和外部干扰的影响。此外，某些类型的控制（例如，自适应控制、自调节控制）取决于系统对控制参数的灵敏度。因此，分析反馈控制系统对参数变化和外部干扰的灵敏度很重要。

考虑典型反馈控制系统的框图，如图 5-7a 所示。我们有

$G_p(s)$ 为设备（或受控系统）的传递函数；$G_c(s)$ 为控制器（包括补偿器等硬件）的传递函数；$H(s)$ 为反馈（包括测量系统）的传递函数；$u$ 为系统指令，$y$ 为系统输出，$u_d$ 为外部干扰输入。

对于线性系统，可使用叠加原理。特别地，如果我们知道分别施加两个输入时对应的输出，则两个输入同时施加时的输出为各个输出的和。我们在这里使用这个原理。

首先，令 $u_d = 0$，然后，直接获取输入-输出关系：

$$y = \left[\frac{G_c G_p}{1 + G_c G_p H}\right] u \tag{i}$$

接下来，令 $u = 0$。然后，我们获得以下输入-输出关系：

$$y = \left(\frac{G_p}{1 + G_c G_p H}\right) u_d \tag{ii}$$

通过对式（i）和式（ii）应用叠加原理，得到总体的输入输出关系：

$$y = \left(\frac{G_c G_p}{1 + G_c G_p H}\right) u + \left(\frac{G_p}{1 + G_c G_p H}\right) u_d \tag{5-14}$$

闭环传递函数 $\widetilde{G}$ 由 $y/u$ 给出，其中 $u_d = 0$，从而，

$$\widetilde{G} = \frac{G_c G_p}{1 + G_c G_p H} \tag{5-15}$$

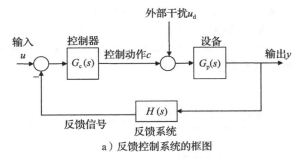

a）反馈控制系统的框图

系统对参数变化的灵敏度：系统对某个参数 $k$ 的变化的灵敏度可以表示为系统输出变化与参数变化之比 $\Delta y / \Delta k$，以无量纲形式表示为 $S_k = (k/y)(\Delta y / \Delta k)$

注意：灵敏度的无量纲形式通常是合适的，因为它能够对不同的灵敏度进行公平比较（不同的维度或比例将改变相同条件下的灵敏度值）。

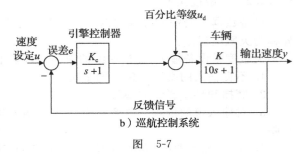

b）巡航控制系统

图 5-7

因为 $y = \widetilde{G} u$，其中 $u_d = 0$，所以对于给定输入 $u$，有 $(\Delta y / y) = (\Delta \widetilde{G} / \widetilde{G})$。因此，式（5-16）可以表示为 $S_k = (k/\widetilde{G})(\Delta \widetilde{G} / \Delta k)$ 或者在极限情况下为：

$$S_k = \frac{k}{\widetilde{G}} \frac{\partial \widetilde{G}}{\partial k} \tag{5-16}$$

现在，通过应用式（5-15）和式（5-16），我们可以确定控制系统中各种组件变化对系统灵敏度的表达式。具体而言，通过式（5-15）分别对于 $G_p$、$G_c$ 和 $H$ 进行直接微分，得到

$$S_{G_p} = \frac{1}{1 + G_c G_p H} \tag{5-17}$$

$$S_{G_c} = \frac{1}{1 + G_c G_p H} \tag{5-18}$$

$$S_H = -\frac{G_c G_p H}{[1 + G_c G_p H]} \tag{5-19}$$

从这 3 个关系可以清楚地看出，随着闭环（即当 $s = 0$ 时的 $G_c G_p H$）的静态增益（或直流增益）的增加，控制系统对设备和控制器变化的灵敏度降低，但反馈（测量）系统中的灵敏度变化量接近（负）单位 1。此外，从式（5-14）可以看出，增加 $G_c H$ 的静态增益可以减小干扰输入的影响。通过组合这些观察到的结论，可以为反馈控制系统规定以下关于灵敏度的设计标准：

1. 使测量系统（$H$）健壮、稳定且更准确。
2. 增加闭环增益（即 $G_c G_p H$ 的增益），以降低控制系统对设备和控制器变化的灵敏度。
3. 增加 $G_c H$ 的增益以减少外部干扰的影响。

在实际情况下，设备的 $G_p$ 通常是固定的，不能修改。此外，一旦选择了合适和精确的测量系统，$H$ 基本上也是固定的。因此，大多数设计自由仅对 $G_c$ 可用。实际上不可能通过增加增益 $G_c$ 来实现所有的设计要求。$G_c$（不只是 $s = 0$ 时的增益）的动态特性（即整个

传递函数)也必须正确设计，以便在控制系统中获得期望的性能。

## 例 5.6

考虑图 5-7b 所示的巡航控制系统。车辆由巡航控制器控制以恒定的速度和倾斜度进行运动。

(a) 对于 $u=u_0$ 的设定速度，恒定的道路倾斜度 $u_d=u_{do}$ 可导出稳态值的表达式，$y_{ss}$ 代表速度，$e_{ss}$ 为速度误差，用 $K$、$K_c$、$u_0$、$u_{do}$ 给出你的结果。

(b) 使车辆停下来的最低百分比梯度是多少？根据稳态条件，使用速度 $u_0$ 和控制器增益 $K_c$ 给出你的答案。

(c) 给出一个降低 $e_{ss}$ 方法。

(d) 如果 $u_0=4$、$u_{do}=2$、$K=2$，则确定 $K_c$ 的值，并使得 $e_{ss}=0.1$。

**解：**

(a) 对于 $u_d=0$：$y=\dfrac{\dfrac{K_cK}{(s+1)(10s+1)}}{1+\dfrac{K_cK}{(s+1)(10s+1)}}u=\dfrac{K_cK}{(s+1)(10s+1)+K_cK}u$

对于 $u=0$：$y=\dfrac{\dfrac{K}{(10s+1)}}{1+\dfrac{K_vK}{(s+1)(10s+1)}}(-u_d)=-\dfrac{K(s+1)}{(s+1)(10s+1)+K_cK}u_d$

因此，对于 $u$ 和 $u_d$ 都存在的情况，使用叠加原理(线性系统)，可以得到

$$y=\frac{K_cK}{(s+1)(10s+1)+K_cK}u-\frac{K(s+1)}{(s+1)(10s+1)+K_cK}u_d \qquad (i)$$

如果输入在稳定状态下是恒定的，则相应的稳态输出不依赖于稳态转换期间输入的性质。因此，在这个问题中，重要的是输入和输出在稳定状态下是恒定的。在不失一般性的情况下，我们可以假设输入为阶跃函数。

**注意：** 即使我们假设输入的起始函数不同，对于相同的稳态输入值，应该可以得到相同的稳态输出值。但是获得的答案会在数学上变得更为复杂。

现在，我们在稳态下使用以下**终值定理**

$$y_{ss}=\lim_{s\to0}\left[\frac{K_cK}{(s+1)(10s+1)+K_cK}\cdot\frac{u_o}{s}\cdot s-\frac{K(s+1)}{(s+1)(10s+1)+K_cK}\cdot\frac{u_{do}}{s}s\right]$$

或者

$$y_{ss}=\frac{K_cK}{1+K_cK}u_o-\frac{K}{1+K_cK}u_{do} \qquad (ii)$$

因此，稳态误差为

$$e_{ss}=u_o-y_{ss}=u_o-\frac{K_cK}{1+K_cK}u_o+\frac{K}{1+K_cK}u_{do}$$

或者

$$e_{ss}=\frac{1}{1+K_cK}u_o+\frac{K}{1+K_cK}u_{do} \qquad (iii)$$

(b) 停止的条件是 $y_{ss}=0$，因此根据式(ii)，有：

$$u_{do}=K_cu_o$$

(c) 由于 $K$ 通常是固定的(设备参数)，不能调整，所以我们应该增加 $K_c$ 以减少 $e_{ss}$

(d) 将 $u_0=4$、$u_{do}=2$、$K=2$、$e_{ss}=0.1$ 代入式(iii)中，得到

$$0.1=\frac{1}{1+2K_c}\times4+\frac{2}{1+2K_c}\times2\to1+2K_c=80\to K_c=39.5$$

基于灵敏度的控制：有时灵敏度用于确定系统的控制规律。自适应控制和自调节控制就是这样的例子，其中控制器的参数根据性能而改变（调整）。在控制方案中控制器参数对系统性能的灵敏度起着直接的作用。该过程主要使用局部线性化模型（即局部灵敏度）。

然而一些非线性系统使用局部灵敏度可能会导致不良的结果。例如，在非线性阻尼中，局部斜率可以是负的，这对应于负阻尼常数，这将产生正（不稳定的）极点（为了说明这一点，考虑具有线性阻尼的简单振荡器，我们使阻尼恒定为负，找到相应的极点），这对应于不稳定系统。作为一个具体的例子，请考虑 Stribeck 摩擦模型，如图 5-8 所示。区域 1 和 2 具有负斜率，并且它们对应于不稳定行为，而黏性阻尼（区域 3）对应于稳定行为。

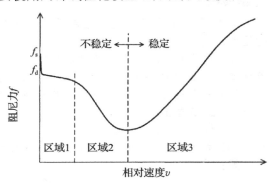

图 5-8　Stribeck 摩擦

SNR：SNR 是信号幅值与噪声幅值的比值，其单位为 dB。我们有

$$SNR = 10 \lg\left(\frac{P_{\text{signal}}}{P_{\text{noise}}}\right) = 20 \lg\left(\frac{M_{\text{signal}}}{M_{\text{noise}}}\right) \tag{5-20}$$

其中，$P$ 代表信号功率；$M$ 代表信号幅值。

对于每个正弦的傅里叶信号分量，$P$ 与 $M^2$ 成比例，这与式（5-20）中给出的两个表达式一致。在 SNR 中常用的信号值是有效值。

例如，考虑噪声信号，它们的真实（无噪声）信号和噪声如图 5-9 所示。这些信号是使用以下 MATLAB 脚本生成的：

```
% Signal-to-noise ratio
for i=1:501
n(i)=normrnd(0.0,0.1); % nrandom noise
end
t=0:0.02:10.0;
u=sin(t);
u2=0.2*sin(50*t);
n=n+u2;
un=u+n;
% rms of signal
sigrms=std(u)
% rms of noise
noirms=std(n)
SNR=20*log10(sigrms/noirms)
% plot the results
plot(t,u,'-',t,un,'-',t,n,'o',t,n,'-',t,n,'x')
```

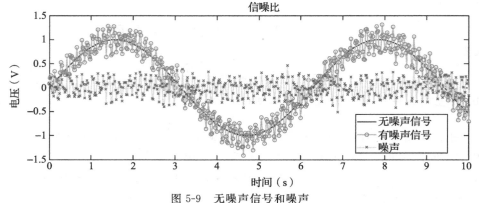

图 5-9　无噪声信号和噪声

使用 MATLAB，得到的信号、噪声的有效值以及相应的 SNR(dB)如下所示：

```
sigrms =
    0.6663
noirms =
    0.1769
SNR =
    11.5168
```

注意：在本示例中，信号和噪声具有零均值。

根据经验可知，10dB 或更大的 SNR 值将是令人满意的。3dB(噪声的半功率)或更小的值是不可接受的。当然，在这样的计算中，通常只有噪声的信号是已知的(通过测量)，并且实际信号(无噪声)不能准确得到。严格地说，在 SNR 计算中，信号值(有效值)必须使用无噪声信号。因此，需要对信号进行滤波，以尽可能地消除噪声，然后计算滤波后信号的有效值，从噪声信号中减去滤波后的信号可以得到噪声信号，并计算出噪声信号的有效值。

也可以从灵敏度的角度来解释 SNR。它将表示期望信号和不期望信号(噪声)的灵敏度的比值。

**动态范围(DR)**：仪器的 DR 或简单的"范围"由输出(响应)允许的下限和上限来确定，同时保持所需的输出精度水平。该范围通常表示为比值(例如，以分贝(dB)为单位的对数值)。在许多情况下，DR 的下限等于设备的分辨率。因此，DR(比值)通常表示为(工作范围)/(分辨率)(dB)。

$$\text{动态范围} = 20\lg\left[\frac{\text{工作范围}}{\text{分辨率}}\right] = \frac{y_{\max} - y_{\min}}{\delta y} \tag{5-21a}$$

注意：$y_{\min}$ 可以是零、正值或负值。

**分辨率**：输入-输出仪器的分辨率是仪器可以检测和准确呈现(作为输出)的信号(输入)中最小的变化。该仪器可以是传感器、换能器、信号转换硬件或传感器系统等输入-输出设备。它通常表示为仪器最大范围的百分比或 DR 比值的倒数。因此，DR 和分辨率是密切相关的。

**数字设备的分辨率和动态范围**：DR(和分辨率)的含义可以轻松扩展到数字仪器。仪器可能是数字装置，如产生脉冲和计数的数字装置，也可以是具有 ADC 的模拟装置。根据具体应用，真正的分辨率将会是一些模拟值 $\delta y$。例如，$\delta y$ 可以表示换能器中 0.0025V 的输出信号增量(例如，应变片的电桥输出)。

对于 $n$ 位数字装置，分辨率是模拟输出的变化，它在适当单位中对应于最低有效位(LSB)中的一个增量。因此，

$$\text{分辨率} = 1 \text{ 位最低有效位} = \delta y$$

由于一个 $n$ 位字可以表示 $2^n$ 个值的组合，如果最小值为 $y_{\min}$，则最大值表示为 $y_{\max} = y_{\min} + (2^n - 1)\delta y$，因此

$$\text{范围} = y_{\max} - y_{\min} = (2^n - 1)\delta y$$

则对于 $n$ 位装置(例如，具有 $n$ 位 ADC 的装置)，动态范围(DR)为

$$\text{DR} = \frac{y_{\max} - y_{\min}}{\delta y} = \frac{(2^n - 1)\delta y}{\delta y} = 2^n - 1 \tag{5-21b}$$

注意：这需要以 dB 为单位。

式(5-21b)给出的结果并不一定意味着装置的总体 DR 仅取决于其数字组件。我们获得了式(5-21b)，该结果仅取决于装置的位数($n$)，这是因为我们将装置的模拟量直接与数字量相关(特别地，数字增量"1"到模拟量 $\delta y$，数字范围($2^n - 1$)到模拟量程 $y_{\max} - y_{\min}$)。然而在实际中，当多个装置(模拟和数字)互连时，我们需要考虑各自的 DR 值，并使用最关键的一个值(即最小值)作为整个系统的 DR。

**例 5.7**

考虑一个具有 12 位 ADC 的仪器。估计仪器的动态范围（DR）。

**解：** 在该示例中，DR（主要）由 ADC 的字大小确定。每位可以取二进制值 0 或 1。由于分辨率是以最小可能的增量给出的，也就是通过 LSB 的改变，所以很明显数字分辨率等于 1。由 12 位字表示的最大值对应于 12 位均为 1 的情况。该值为十进制数 $(2^{12}-1)$。最小值（当所有 12 位都为零时）为零，因此，根据式（5-21b），仪器的动态范围为

$$20 \lg \left( \frac{2^{12}-1}{1} \right) = 72\text{dB}$$

**偏移（偏差）：** 输出中的偏移可能在仪器实际使用中造成困难。需要特别注意的因素是零点偏移，即输入为零时装置的输出。例如，如果传感器具有零点偏移，则使用该传感器生成的控制动作可能不正确。特别地，如果在误差信号中存在偏移，则可能导致不正确的动作（因为即使没有误差也会有纠正动作）。另一个例子是，在平衡条件下电桥电路应该产生零输出。如果平衡桥的输出不为零，则必须进行补偿以消除偏移。另一个例子是差分放大器，当两个输入信号相等时，其输出必须为零。

可以通过几种方法来校正已知的偏移，包括：
- 重新校准装置
- 对数字输出进行软件编程（即减去偏移量）
- 在设备输出端使用模拟硬件电路补偿偏移

**线性度：** 这个问题已经解决了，但是现在要提出一些重要的概念。线性度由仪器的校准曲线决定。在仪器的动态范围内输出值（例如，峰值或有效值）在静态输入条件下（或稳态下）的曲线称为"静态校准曲线"。其与直线的接近程度是线性度的度量。制造商提供该信息作为校准曲线的最大偏差，该校准曲线可由最小二乘法直线拟合（见第 7 章）或某些其他参考直线得到。如果最小二乘拟合用作参考直线，则最大偏差称为"独立线性"（更准确地说应该是独立非线性，因为偏差越大，非线性越大）。非线性可以表示为一个工作点的实际读数或满量程读数的百分比，或者作为参考灵敏度百分比的灵敏度的最大变化。

**零点漂移和满量程漂移：** 零点漂移定义为当输入长时间保持稳定时，仪器的零读数漂移。在这种情况下，输入保持为零或与仪器零读数相对应的其他电平（如果存在零点漂移）。类似地，满量程读数是关于满量程漂移（即输入保持为满量程值）定义的。在仪表化实践中，漂移是稳定性的考虑因素。然而，这种解释与稳定性在标准教科书中的定义不同。漂移产生的原因通常包括仪器不稳定（例如，放大器中的不稳定性），环境变化（例如，温度、压力、磁场、湿度和振动水平的变化）、电源变化［例如，参考直流电压的变化或交流电流（AC）电压的变化］和仪器参数的变化（老化、磨损、非线性等）。由于非线性、环境影响等引起的参数变化而引起的漂移称为"参数漂移""灵敏度漂移"或"比例因子漂移"。例如，由于环境温度的变化而引起的弹簧刚度或电阻的变化会导致参数漂移。参数漂移通常取决于输入电平，如果其他条件保持恒定，则在任何输入电平下假设零点漂移都相同。例如，由于环境温度变化而引起读出机构的热膨胀而引起的读数变化认为是零点漂移。使用交流电路而不是直流电路，可以减少电子设备的漂移。例如，交流耦合放大器具有比直流放大器更少的漂移。对零输入的仪器响应电平进行间歇检查是校准零点漂移的常用方式。例如，在数字设备中，这可以在采样（保持周期）之间或在输入信号被旁路而不影响系统操作的其他时间内自动完成。如本文所述，由于设备的变化，设备的校准曲线可能随时间而改变。这称为"校准漂移"。重新校准可以克服校准漂移。

**有用的频率范围：** 这在仪器频率响应特性（FTF 或 FRF）中对应于平坦的增益曲线和零相位曲线。该频带中的较高频率通常应小于仪器主谐振频率的一半（例如，五分之一）。

这是仪器带宽的度量。

　　**带宽**：仪器的带宽决定仪器能够运行的最大速度或频率。高带宽意味着更快的响应速度(仪器对输入信号的反应速度)。带宽由设备的主要固有频率 $\omega_n$ 或主谐振频率 $\omega_r$ 决定。(注意：对于低阻尼，我们从简单振荡器模型的表达式中可以看到，$\omega_r$ 约等于 $\omega_n$。)它与上升时间和主导时间常数成反比。半功率带宽也是一个有用的参数(参见第 6 章)。仪器带宽必须比输入信号中感兴趣的最大频率大几倍。例如，特别是当测量瞬态信号时，测量装置的带宽尤其重要，传感器带宽应比需准确测量信号中最快分量的频率大几倍；还要注意，带宽与有用的频率范围直接相关。第 6 章详细讨论了带宽问题。

## 关键术语

**性能指标**：用于表示设备的额定或期望的性能参数。

**性能指标的类别**：误差、动态性能和稳定性。

**性能参数类型**：(1)工程实践中使用的参数(由设备制造商和供应商提供)；(2)使用工程理论(基于模型)定义的参数。

**表示性能指标的模型**：(1)差分方程模型(时域)和(2)传递函数模型(频域)是分析域中表示性能指标的两种类型的动态模型。

**理想的测量装置**：理想测量装置的主要特征有：(1)其输出立即达到测量值(快速响应、零误差)；(2)输出电平高(高增益、低输出阻抗、高灵敏度)；(3)当被测量稳定时(零误差、无漂移或环境和噪声的影响、稳定且鲁棒性好)，输出的测量值保持稳定；(4)输出与被测量(静态线性度)成比例；(5)装置不会使被测量发生畸变(无负载效应、匹配阻抗)；(6)低功耗(高输入阻抗)。

**一阶模型**：$\tau\dot{y}+y=ku\rightarrow Y(s)/U(s)=H(s)=\dfrac{k}{\tau s+1}y_{step}=y_0 e^{-t/\tau}+Ak(1-e^{-t/\tau})$；初始斜率为 $(Ak-y_0)/\tau$，稳态值为 $Ak$，半功率带宽为 $1/\tau$，输入为 $u$，输出为 $y$，时间常数为 $\tau$，增益为 $k$，在 $y_{step}(0)$ 处的切线在 $t=\tau$ 时将达到稳态值(时间常数的另一解释)。

　　注意：$\tau$ 在这里是关键的性能参数。

**简单的振荡模型**：$y''+2\zeta\omega_n y'+\omega_n^2 y=\omega_n^2 u(t)\rightarrow$

$$\frac{Y(s)}{U(s)}=H(s)=\left[\frac{\omega_n^2}{s^2+2\zeta\omega_n s+\omega_n^2}\right];y_{step}=1-\frac{1}{\sqrt{1-\zeta^2}}e^{-\zeta\omega_n t}\sin(\omega_d t+\phi);$$

$$\cos\phi=\zeta,\omega_d=\sqrt{1-\zeta^2}\,\omega_n,\omega_r=\sqrt{1-2\zeta^2}\,\omega_n$$

**时域性能指标**：当 $\cos\phi=\zeta$(速度)时，上升时间 $T_r=(\pi-\phi)/\omega_d$(速度)；峰值时间 $T_p=\pi/\omega_d$(速度)；峰值 $M_p=1-e^{-\pi\zeta/\sqrt{1-\zeta^2}}$(稳定性)；超调量百分比(PO)$PO=100e^{-\pi\zeta/\sqrt{1-\zeta^2}}$(稳定性)；时间常数 $\tau=1/\zeta\omega_n$(速度和稳定性)；稳定时间(2%)为

$$T_s=-\frac{\ln(0.02\sqrt{1-\zeta^2})}{\zeta\omega_n}\approx 4\tau=\frac{4}{\zeta\omega_n}(稳定性)$$

**稳态误差**：它是重要的性能参数，无法用简单的振荡器模型来表示，可以通过输出端的偏差项来表示；积分控制或闭环增益会降低该误差。

**稳定水平**：取决于自由响应的衰减速率(因此由时间常数或极点的实部来确定)。

**响应速度**：取决于振荡系统的固有频率和阻尼，以及非振荡系统的衰减速率。

**时间常数**：确定自由响应系统的稳定性和衰减速率(以及非振荡系统中的响应速度)。

**欠阻尼比过阻尼更稳定**：对于相同的固有频率，如果阻尼比 $\zeta_o>(\zeta_u^2+1)/2\zeta_u$；$u$ 为欠阻尼，$o$ 为过阻尼。

**频域指标**：有用的频率范围(可操作区间)；带宽(响应速度)；静态增益(稳态性能)；谐振频率(速度和临界频率范围)；谐振幅值(稳定性)；输入阻抗(负载、效率、互连性、最大传输功率、信号反射)；输出阻抗(负载、效率、互连性、最大传输功率、信号反射)；增益裕度(稳定性)；相位裕度(稳定性)。

**非线性的表现**：饱和、死区、迟滞、跳跃现象、极限环和频率生成。

**线性化方法**：使用非线性校准曲线(在静态情况下)线性化元件(例如，电桥电路中的电阻和放大器)以抵消非线性效应、非线性反馈(反馈线性化)和局部线性化(局部斜率)。

**局部线性化的缺点**：(1)局部斜率将随着工作条件(非线性)而变化；(2)它与泰勒级数中的 O(2) 项相比可能不存在或明不显(例如，库仑摩擦)；(3)它可能导致不稳定性(例如，控制规律中的负阻尼)。

**额定参数(商用，数据手册)**：灵敏度和灵敏度误差、信噪比(SNR)、动态范围(DR)、分辨率、偏移或偏

差、线性度、零点漂移、满量程漂移和校准漂移（稳定性）、有用的频率范围、带宽、输入和输出阻抗。

**灵敏度**：设备的输出-输入；期望输入最大化和最小化不期望输入。

**处理灵敏度**：选择合理数量的具有显著灵敏度的因素，确定其灵敏度（比如相对灵敏度），最大化期望因素的灵敏度（如被测量），最小化不良因素的灵敏度（如应变片读数的热效应）或交叉灵敏度。

**交叉灵敏度**：与主要灵敏度方向正交的灵敏度（以直接灵敏度的百分比来表示）。

**数字装置的灵敏度**：对于有 $n$ 位的设备，数字输出/相应输入 $= 2^n/$（满量程输入）在"每单位输入中的计数值"。

**灵敏度误差**：（额定灵敏度）－（实际灵敏度）。产生灵敏度误差的原因：不良输入的交叉敏感性的影响；由于磨损、环境影响等产生的漂移；对输入值的依赖（即斜率随输入而变化→非线性装置）；局部斜率（局部灵敏度）可能没有定义或与高阶项相比不显著。

**控制中灵敏度的考虑因素**：输入（包括扰动）－输出关系：

$$y = \left[\frac{G_c G_p}{1 + G_c G_p H}\right] u + \left[\frac{G_p}{1 + G_c G_p H}\right] u_d$$

其中，$G_p(s)$ 为设备（或被控系统）传输函数；$G_p(s)$ 为控制器（包括补偿器等硬件）传递函数；$H(s)$ 为反馈（包括测量系统）传递函数。对于 $G_p(s)$，$G_c(s)$ 和 $H(s)$ 的灵敏度，有

$$S_{G_p} = \frac{1}{1 + G_c G_p H}, \quad S_{G_c} = \frac{1}{1 + G_c G_p H}, \quad S_H = -\frac{G_c G_p H}{1 + G_c G_p H}$$

**基于灵敏度的设计策略**：（1）使测量系统（$H$）鲁棒性好、稳定、非常准确；（2）增加闭环增益（即增益 $G_c G_p H$），以降低控制系统对设备和控制器变化的灵敏度；（3）增加 $G_c H$ 的增益以减小外部干扰的影响。

**信噪比（SNR）**：［信号幅值（有效值）］/［噪声幅值（有效值）］（以 dB 为单位）

$$SNR = 10 \lg\left(\frac{P_{signal}}{P_{noise}}\right) = 20 \lg\left(\frac{M_{signal}}{M_{noise}}\right)$$

其中，$P$ 代表信号功率；$M$ 代表信号幅值。

$$P \propto M^2$$

另一种解释：SNR＝（信号灵敏度）/（噪声灵敏度）。

**经验法则**：SNR≥10dB 是比较好的，SNR≤3dB（噪声的半功率）是不理想的。

**动态范围（DR）**：或仪器的"范围"为输出范围允许的下限到上限，同时保持所需输出的精度水平。它表示为比值（dB）。通常，下限为仪器的分辨率→DR＝（操作范围）/（分辨率）（以 dB 为单位）

$$DR = \frac{y_{max} - y_{min}}{\delta y}$$

对于一个（$n$ 位）设备：$DR = [(2^n - 1)\delta y]/\delta y = 2^n - 1$

**分辨率**：仪器能准确检测和显示（作为输出）信号（输入）的最小变化。如传感器、换能器、信号转换硬件（例如，ADC）和传感器系统。通常表示为最大范围的百分数或 DR 的倒数。

**偏移（偏差）**：零点偏移是当输入为 0 时设备的输出（例如，在平衡条件下，有缺陷电桥的输出；当两个输入信号相等时，有缺陷放大器的输出）。校正方法（当偏移已知时）：（1）重新校准；（2）对数字输出进行编程（即减去偏移量）；（3）针对输出偏移对设备使用模拟硬件。

**线性度**：输出曲线（峰值或有效值）对仪器在动态范围（DR）内静态（或稳态）条件下的输入值→静态校准曲线。其与平均直线的接近程度可以衡量线性度。如果使用最小二乘拟合作为参考，则最大偏差称为"独立线性"（更准确地为独立非线性）。非线性表示为在工作点处或全刻度读数时实际读数的百分比，或者灵敏度/参考灵敏度的最大变化百分比。

**零点漂移**：当输入保持长时间稳定时，仪器零读数的漂移。

**满量程漂移**：当输入保持满量程时，满量程读数的漂移。

**参数漂移**：设备参数值的漂移（环境影响等）。

**灵敏度漂移**：参数灵敏度的漂移。

**比例因子漂移**：输出比例因子的漂移。这些都是密切相关的。

**校准漂移**：装置校准曲线的漂移（由于上述原因）。

**有用的频率范围**：对应于平坦的增益曲线和仪器的频率响应特性（FTF 或 FRF）中的零相位曲线。该范围的上限频率<0.5（也就是五分之一）×主谐振频率←仪器带宽的测量。

**带宽**：它的意义为：（1）设备响应速度；（2）滤波器的通带；（3）设备工作的频率范围；（4）信号频率中的

不确定度；(5)通信网络的信息容量。

## 思考题

**5.1** 你认为一个理想的测量装置是什么样的？假设要求你在一个与运动联动系统相关的控制应用中开发测量角位置的模拟装置(例如，机器人操纵器)，你认为什么仪器的额定参数(或指标)在这个应用程序中至关重要？讨论它们的意义。

**5.2** 列出并解释一些时域参数和频域参数，使其主要表示(a)响应速度，(b)控制系统的稳定程度。另外，简要讨论在指定这些参数时可能出现的冲突。

**5.3** 机械手的夹具式触觉(分布式触摸)传感器(参见第 9 章)由间隔 2mm 的压电传感器组件矩阵组成。每个组件在受到外部负载时产生电荷。传感器组件以非常高的速度被复用，以避免电荷泄漏，并使用单独的高性能电荷放大器读取所有数据通道的数据。由于多路复用序列是已知的，因此可以利用电荷放大器的读数确定触觉传感器表面上的负载分布。每个传感器组件可以读取的最大负载为 50N，可以检测的负载变化大约为 0.01N。

(a) 触觉传感器的空间分辨率是多少？

(b) 触觉传感器的负载分辨率($N/m^2$)是多少？

(c) 动态范围是多少？

**5.4** 机器人工具中一个有用的额定参数是敏捷度，虽然不完整，但设备的敏捷度可适当地分析定义为：

$$敏捷度 = \frac{自由度的数量}{运动分辨率}$$

其中自由度的数量等于所需独立变量的数量，它可完全定义工具的任意位置增量(即其运动学配置中的任意变化)。

(a) 给出敏捷度的物理意义，并试举例说明敏捷度的重要性。

(b) 工具的额定功率可以定义为以受控方式施加的最大力和相应最大速度的乘积。讨论为什么操纵装置的额定功率通常与装置的敏捷度有关。绘制功率与敏捷度的典型曲线。

**5.5** 反馈传感器的分辨率(或反馈中使用的测量响应的分辨率)直接影响着控制系统可实现的精度。因为控制器无法纠正偏离期望值(设定点)的响应，除非响应传感器可以检测到该变化。因此在反馈控制下，反馈传感器的分辨率将控制系统响应的最小(最佳)可能偏差带(关于期望值)。角位置伺服系统使用旋转变压器(见第 8 章)作为反馈传感器。如果伺服系统的负载(设备)在稳态条件下的峰-峰振荡必须限制为不超过 $2°$，那么该旋转变压器的最大允许分辨率是多少？

注意：实际上，反馈传感器应该具有比最差值更好(更小)的分辨率。

**5.6** 假设有一个低阻尼的简单机械动力装置(单自由度)。两个性能参数 $T_r$ 和 $f_b$ 之间的近似设计关系为 $T_r f_b = k$，其中 $T_r$ 是以纳秒(ns)为单位的上升时间，$f_b$ 是兆赫(MHz)为单位的带宽。估计 $k$ 的合适值。

**5.7** 列出非线性动力系统的几个响应特征，通常线性动力系统并不表现出这些特征。另外，当输入激励为 $u(t) = a_1 \sin\omega_1 t + a_2 \sin\omega_2 t$ 时，确定非线性系统 $[dy/dt]^{1/3} = u(t)$ 的响应 $y$。这个结果说明了非线性系统的哪个特征？

**5.8** 考虑由 $y = pu^2 + c$ 表示的 "静态"(或 "代数")系统。绘制 $p=1$，$c=0.2$ 时的输入输出关系。当正弦输入为 $u = \sin t$ 时，设备的响应是什么？如何线性化此设备才能不会失去准确性和不改变工作范围？

**5.9** 考虑一个机械组件，它的响应 $x$ 由下式决定：

$$f = f(x, \dot{x})$$

其中，$f$ 表示施加(输入)的力；$\dot{x}$ 表示速度。

考虑 3 个特例：

(a) 线性关系：$f = kx$

(b) 具有黏性(线性)阻尼的线性关系：$f = kx + b\dot{x}$

(c) 具有库仑摩擦的线性关系：$f = kx + f_c \sin(\dot{x})$

假设每种条件下都采用 $f = f_0 \sin\omega t$ 的谐波激励，绘制在稳态时 3 种情况下的力-位移曲线。3 种情况中的哪一个会表现出滞后？哪些是非线性的？讨论你的答案。

**5.10** 选择用于位置控制的传感器，列出几个在选择过程中必须考虑的重要因素，简述为什么它们很重要。

**5.11** (a) 绘制(不需要按比例)下面两个传递函数的幅值-频率曲线：(i) $G_i(s)=1/(\tau_i s+1)$，(ii) $G_d(s)=1/[1+(1/\tau_d s)]$

解释为什么这些传递函数可以用作积分器、低通滤波器、微分器或高通滤波器。在绘制的幅值与频率曲线上，表示这 4 个相应的实现分别在哪个频段是可行的。你可以对时间常数 $\tau_i$ 和 $\tau_d$ 作出适当的假设。

(b) 称为电子支架的主动隔振器已经考虑用于高端汽车的发动机中。目的是主动过滤掉内燃机产生的循环驱动力，以免使得座位、地板和转向柱等与乘客接触的部件产生不利的振动。考虑一个四冲程四缸发动机。已知由于气缸的点火循环，发动机支架上的激励频率是曲轴转速的两倍。主动式发动机支架的示意如图 P5-1a 所示。测量曲轴转速并将转速提供给执行器的控制器。液压缸的伺服阀在此测量基础上进行操作。液压缸可作为具有可变(主动)弹簧和阻尼器的主动悬架。机械组件间相互作用的简化模型如图 P5-1b 所示。

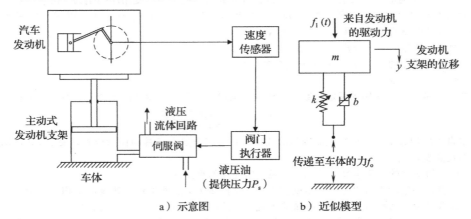

a)示意图　　　　　b)近似模型

图 P5-1　用于汽车的主动式发动机支架

(i) 忽略重力(因静态弹簧力而抵消)，证明系统动力学的线性模型可以表示为

$$m\ddot{y}+b\dot{y}+ky=f_i$$
$$b\dot{y}+ky-f_o=0$$

其中，$f_i$ 是发动机的驱动力；$f_o$ 是传递到乘客舱的力；$y$ 是发动机支架相对于固定乘客舱的框架的位移；$m$ 是发动机的质量；$k$ 是主动支架的等效刚度；$b$ 是主动支架的等效黏滞阻尼常数。

(ii) 确定系统的传递函数(用拉普拉斯变量 $s$)$f_o/f_i$。

(iii) 画出(ii)部分得到的传递函数的幅值-频率关系曲线，并显示主动支架合适的工作范围。

(iv) 对于阻尼比 $\zeta=0.2$，当激振频率 $\omega$ 是悬架(发动机支架)系统固有频率 $\omega_n$ 的 5 倍时，传递函数的幅值是多少？

(v) 假设(iv)部分估算的幅值对于隔振目的是令人满意的。如果发动机转速从 600r/min 到 1200r/min 变化，为了保持这个振动隔离水平，则控制系统应该改变弹簧刚度 $k$(N/m)的范围为多少？假定发动机质量 $m$ 等于 100kg，并且阻尼比 $\zeta$ 近似恒定等于 0.2。

**5.12** (a) 简要讨论在指定参数时可能出现的任何冲突，其中这些参数可以主要用来表示响应速度和过程(设备)的稳定程度。

(b) 考虑连接到设备上用于反馈控制的测量装置。在反馈控制系统的性能中解释以下参数的含义：(i)带宽，(ii)分辨率，(iii)线性度，(iv)测量设备的输入阻抗(v)测量设备的输出阻抗。

**5.13** (a) 解释为什么在测量瞬时速度时，由转速计惯性而引起的机械负载误差比测量恒定速度时要高得多。

(b) 直流转速计中转子绕组的等效电阻 $R_a=20\Omega$。在位置加速度伺服系统中，转速计信号连接到等效电阻为 $2k\Omega$ 的反馈控制电路。估算由于转速计在稳定状态下的电气负载所导致的百分比误差。

(c) 如果条件不稳定，则(b)部分的电气负载将如何受影响？

**5.14** 考虑一个主动假肢应用中的应变式测压单元件(力传感器)，其传感过程如图 P5-2 所示。力 $f$ 使应

变片电阻 $R_s$ 产生变化 $\delta R_s$ 从而感测到压力的变化。有源半桥（见图 4-17，$R_1 \equiv R_s$ 和 $R_2 \equiv R_d$）最初是平衡的（即 $R_d = R_s$），并产生一个表示被测力的输出 $v_o$。电桥的输出由以下公式给出：$v_o/v_{ref} = (R_f/R)[(\delta R_s/R)/(1 + \delta R_s/R)]$，其中 $R_d = R_s = R$。应变 $\varepsilon$ 通过关系式 $(\delta R_s)/R = S_s \varepsilon$ 与电阻的变化相互关联起来，其中 $S_s$ 是应变因子（应变片的灵敏度）。被测力 $f$ 与应变之间的关系可以认为是线性的：$f = k\varepsilon$。

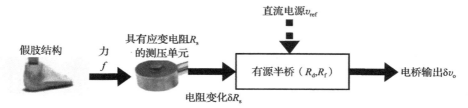

图 P5-2　通过应变式测压单元进行假肢传感

这个传感器可以通过以下内容进行表征：

（a）被测量（主要输入）和测量量（要求的输出 $y$）

（b）许多可能影响测量量 $y$ 的次要输入

　　注意：它们包括不希望的输入变量（例如，噪声、干扰输入），可能由于环境影响而改变的参数，以及所需输入（例如，功率），它们的变化/误差将以不希望的方式影响测量量。

（c）满量程范围（输入/输出）

（d）分辨率

（e）满量程的非线性

（f）信噪比（SNR）

　　（i）选择几个次要输入，你认为那些对测量的影响是比较大的。（注意：这应根据你的知识、常识或简单的猜测来完成。）

　　（ii）建立一个分析关系来表示这些次要输入的误差如何影响测量值 $v_o$。（注意：这可能基于物理关系、可用信息、你的知识、常识、猜测等。这可能是非线性关系。）

　　（iii）按照影响大小对误差来源进行排序。

　　（iv）讨论是否可以忽略一些输入的误差项。

## 第6章

# 带宽、采样和误差传递

**本章主要内容**
- 带宽分析
- 系统带宽和控制带宽
- 采样定理
- 混叠失真
- 抗混叠滤波器
- 控制系统的带宽设计
- 仪器误差的注意事项
- 误差表示
- 仪器准确度和测量准确度
- 准确度和精确度
- 误差传递与合成
- 灵敏度在误差合成中的应用

## 6.1 引言

本章进一步讨论了一些影响工程系统性能的传感仪器问题。详细研究了带宽的注意事项，数据采样，误差及其表示、合成和传递等问题。

根据特定场景和应用，带宽具有不同的含义。例如，当研究一个装置的响应时，带宽与基本谐振频率有关，也与给定激励的装置的响应速度有关。在带通滤波器中，带宽指的是允许通过滤波器的信号分量的频带（通频带），而拒绝频带外的频率分量。对于传感器系统等测量仪器，带宽是指仪器能准确测量信号的范围频率（工作频率范围）。特别注意，如果信号通过带通滤波器，则我们知道它的频率组成将在滤波器的带宽范围内，但是我们不能在这种观察的基础上确定信号的实际频率组成。在这种情况下，带宽似乎代表了观测中的频率不确定性（即滤波器的带宽越大，我们对通过过滤器信号的实际频率组成的了解就越不确定）。在数字通信网络（如互联网）中，带宽表示根据信息传输速率（bit/s）而定义的网络容量（信息容量）。在本章中，我们将讨论对带宽的各种解释。然而，目前的重点是仪器带宽和控制带宽。在这种视点下，带宽直接涉及最可能操作"速度"的某种形式，如动态系统的响应速度和控制速度。

在任何多组件系统中，总体误差都取决于组件误差。组件误差会降低工程系统的性能。对于传感器和换能器来说尤其如此，因为它们的误差直接表现为系统内已知系统变量和参数的不正确。由于误差可以分为系统（或确定的）误差和随机（或猜测的）误差，因此统计方面的考虑在误差分析中尤为重要。组件误差的严重程度如何影响整个系统的误差与灵敏度有关。特别是，对于理想因素，灵敏度必须最大化；而对于不良因素，灵敏度必须最小化。因为有大量的因素可能会影响系统的性能，特别是系统的准确性（这是误差的倒数），所以我们需要找到方法以便在检测任务中选择并包含一组适当的因素。灵敏度方面的考虑在这里尤为适用。本章论述了误差的表示法、分类、合成、传递和灵敏度分析。

## 6.2 带宽分析

在说明和表征工程系统的组成部分时，带宽起着重要的作用。特别地，有用频率范围、工作带宽和控制带宽都是重要的考虑因素。在本节中，我们研究带宽的几种解释以及与这些主题相关的一些重要问题。

### 6.2.1 带宽

带宽这个术语可能具有以下含义：
- 装置的响应速度
- 滤波器的通频带
- 装置的工作频率范围
- 信号频率组成中的不确定性
- 通信网络的信息容量

这些不同解释多少有些关联，尽管它们并不相同。

#### 6.2.1.1 带通滤波器的传输电平

可以将实际的滤波器理解为动态系统。事实上，所有的物理动态系统（如机电系统）都是模拟滤波器。由此可见，滤波器的特性可以用滤波器的频率传递函数 $G(f)$ 来表示。图 6-1 中显示了一个滤波器传递函数的幅值平方图。在对数图中（如在伯德图中），通过简单地将相应的幅值曲线加倍，就得到了幅值平方曲线。需要注意的是，实际的滤波器传递函数（见图 6-1b）不像图 6-1a 所示的理想滤波器那样完全平坦。参考能级 $G_r$ 是峰值附近传递函数值的平均值。

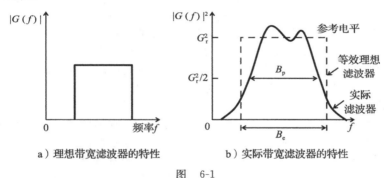

a）理想带宽滤波器的特性  b）实际带宽滤波器的特性

图 6-1

#### 6.2.1.2 有效噪声带宽

滤波器的等效噪声带宽等于理想滤波器的带宽，该理想滤波器与其有相同的参考能级，并能从白噪声源传输相同的功率。请记住，白噪声具有恒定的（平坦的）功率谱密度（PSD）。因此，对于一个有单位功率谱密度的噪声源来说，通过实际滤波器传输的功率为

$$\int_0^\infty |G(f)|^2 \mathrm{d}f$$

根据定义可知，它等于由等效的理想滤波器传输的功率 $G_r^2 B_e$。因此，有效的噪声带宽为

$$B_e = \frac{\int_0^\infty |G(f)|^2 \mathrm{d}f}{G_r^2} \tag{6-1}$$

注意：$B_e$ 越高，滤波信号的频率组成的不确定度越大（即有更多不需要的信号分量通过）。

#### 6.2.1.3 半功率（或 3dB）带宽

由滤波器传输的单位功率谱密度噪声源的一半功率是 $G_r^2 B_e/2$。由于 $B_e$ 是理想带通滤波器的宽度，所以 $G_r/\sqrt{2}$ 是半功率能级（幅值）。这也称为 3dB 能级，因为 $20\lg_{10}\sqrt{2}=10\lg 2=$

3dB。（注意：3dB 是指功率比为 2 或振幅比为 $\sqrt{2}$。因此，3dB 的下降相当于功率下降到原来的一半。20dB 对应的振幅比为 10，其功率比为 100。）3dB（或半功率）带宽是滤波器传递函数在半功率能级处的宽度，由 $B_p$ 表示。对于理想滤波器，这是 $G_r/\sqrt{2}$ 幅值量级。对于实际的滤波器来说也是一样，可以将半功率带宽 $B_p$ 看作相同量级 $G_r/\sqrt{2}$，如图 6-1b 所示。

注意，在一般情况下，$B_e$ 和 $B_p$ 是不同的。但如果在一个近似的频谱中，幅值平方滤波器的特征有线性上升、衰减和平坦段，那么这两个带宽就是相等的（见图 6-2）。

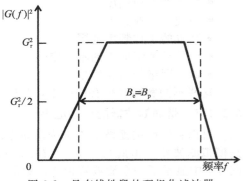

图 6-2　具有线性段的理想化滤波器

### 6.2.1.4　傅里叶分析带宽

在傅里叶分析中，带宽被解释为频谱结果中的频率不确定性。在傅里叶积分变换的分析结果中，假设整个信号都可用于分析，频谱连续定义在整个频率范围（$-\infty$，$\infty$）内并且频率增量 $\delta f$ 无穷小（$\delta f \to 0$）。在这种情况下，没有频率不确定性，并且分析带宽是极其狭窄的。在数字傅里叶分析中，产生频率间隔为 $\Delta F$ 的离散谱线。因此，有限的频率增量 $\Delta F$ 就是频率的不确定性，也就是这种分析方法中的分析带宽 $B$（数字计算）。众所周知 $\Delta F = 1/T$，其中 $T$ 是信号的记录长度（或当一个矩形窗口用于选择信号段进行分析时的窗口长度）。也就是说，一个有意义精度的最小频率是分析带宽。这个分析带宽的更合理解释是频率低于 $\Delta F$（或周期大于 $T$）的谐波分量不能通过观察小于 $T$ 的信号记录长度来研究。分析带宽携带计算结果中有最低频率间隔的信息。在这个意义上，带宽与分析（计算）结果的频率分辨率直接相关。分析（计算）的准确性通过增加记录长度 $T$（即通过减小分析带宽 $B$）而增加。

当使用矩形窗口以外的时间窗口截取信号时，信号段（数据）的重新修改要根据窗口的形状来进行。这种重新修改抑制了原始矩形窗口的傅里叶频谱的旁波瓣，从而减少了由信号截取而产生的频率泄漏。然而，与此同时，由于数据重新修改而导致的信息丢失又引入了误差。这个误差与窗口本身的带宽成正比。矩形窗口的有效噪声带宽仅略小于 $1/T$，因为其傅里叶频谱的主瓣几乎是矩形的，而一个叶的宽度为 $1/T$。因此，在实际应用中，可以将有效噪声带宽作为分析带宽。数据截取（即在时域内一个窗口的乘法运算），相当于用窗口傅里叶谱（在频域中）与信号的傅里叶谱进行卷积运算。因此，窗口频谱的主瓣在数据信号的离散谱中对所有谱线都有影响。由此可见，一个具有更宽有效噪声带宽的窗口主瓣在频谱结果中引入了较大的误差。因此，在数字傅里叶分析中，带宽被看作使用时间窗口的有效噪声带宽。

### 6.2.1.5　有用频率范围

这对应于增益曲线上的平坦区域（静态区域），以及装置相位曲线（关于频率）的零相位区。它是由装置的主（即最低的）谐振频率 $f_r$ 决定的。对于一个典型的输入-输出装置来说，在有用频率中 $f_r$ 比频率上限 $f_{max}$ 要大几倍（如，$f_{max} = 0.25 f_r$）。还可以通过指定频率响应曲线中静态部分的平坦度来确定有用频率范围。例如，由于一个极点或一个零点在装置的伯德曲线中会引入大约 $\pm 20$dB/十倍频程的斜坡，所以对于大多数实际应用而言，该斜坡如果在这个值的 5% 内（即 $\pm 1$dB/十倍频程），则可以认为是平坦的。例如，对于测量仪器，在有用频率范围内的操作意味着测量信号的重要频率组成会限于这个频带内。然而，由于测量装置的动力学不会破坏测量，因此保证了准确可靠的测量和快速的响应。

### 6.2.1.6　仪器带宽

仪器带宽是对一种仪器在有用频率范围内的操作的度量。此外，装置的带宽越大，响应的速度就越快。不幸的是，带宽越大，高频噪声和稳定性问题对仪器的影响就越大。需要通过滤波来消除不希望的噪声。动态补偿可以提高稳定性。仪器带宽的常见定义包括：传递函数的幅值是平坦的频率范围、谐振频率，以及传递函数的幅值降至零频率（或静态）的 $1/\sqrt{2}$（或 $70.7\%$）时的频率。如前所述，对应于半功率带宽的最后一个定义，因为振幅水平的下降系数为 $\sqrt{2}$ 时，相应的功率下降系数为 2。

### 6.2.1.7 控制带宽

控制带宽用于指定最大可能的控制速度。它是模拟控制和数字控制中的一个重要指标。在数字控制中，数据采样率（每秒钟的采样数）要比控制带宽（Hz）高好几倍，以便有足够的数据来计算控制动作。此外，由香农采样定理可知，控制带宽是计算的控制动作的一半（见 6.3 节）。控制带宽提供了一个系统可控的频率范围（假设系统中的所有装置都可以在这个带宽内运行）。

**例 6.1**

请考虑图 6-3 所示的速度控制系统。假设设备和控制器是由传递函数 $G_p(s)=k/(\tau_p s+1)$ 近似表示的，其中 $\tau_p$ 是设备的时间常数。

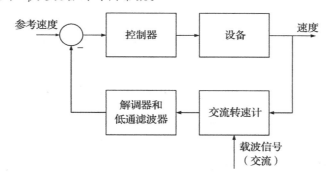

图 6-3　速度控制系统

（a）在缺少反馈的情况下，给出设备带宽 $\omega_p$ 的表达式。

（b）如果反馈转速计是理想的，并由单位（负）反馈表示，则反馈控制系统的带宽 $\omega_c$ 是多少？

（c）如果反馈转速计可以用传递函数 $G_s(s)=1/(\tau_s s+1)$ 来表示，其中 $\tau_s$ 是传感器的时间常数，那么请解释为什么反馈控制系统的带宽 $\omega_{cs}$ 是由更小的量 $1/\tau_s$ 和 $(k+1)/(\tau_p+\tau_s)$ 给定的。假设 $\tau_p$ 和 $\tau_s$ 都足够小。

现在假设 $\tau_p=0.016s$。估计转速计的足够带宽（Hz）。另外，如果 $k=1$，估计反馈控制系统的总带宽。

如果 $k=49$，则反馈控制系统的典型带宽是多少？

对于特定的交流转速计（带宽值为当前数值例子中选择的），载波信号的频率应该是多少？另外，用于解调电路的低通滤波器的截止频率应该是多少？

**解：**

（a）$G_p(s)=\dfrac{k}{(\tau_p s+1)}\rightarrow\omega_p=\dfrac{1}{\tau_p}$

（b）带有单位反馈，闭环传递函数为 $G_c(s)=\dfrac{k/(\tau_p s+1)}{1+k/(\tau_p s+1)}$，化简后为

$$G_c(s)=\dfrac{k}{(\tau_p s+1+k)}\rightarrow\omega_c=\dfrac{1+k}{\tau_p}$$

注意：带宽增加了。

(c) 带有反馈传感器的传递函数为 $G_s(s) = 1/(\tau_s s + 1)$，闭环传递函数为

$$
\begin{aligned}
G_{cs}(s) &= \frac{k/(\tau_p s + 1)}{1 + k/[(\tau_p s + 1)(\tau_s s + 1)]} \\
&= \frac{k(\tau_s s + 1)}{\tau_p \tau_s s^2 + (\tau_p + \tau_s)s + 1 + k} \approx \frac{k(\tau_s s + 1)}{(\tau_p + \tau_s)s + 1 + k}
\end{aligned}
$$

注意：我们忽略了 $\tau_p \tau_s$，因为这两个参数的乘积相对较小。

因此，为了避免传感器的动态效应[在 $G_{cs}(s)$ 中会引入一个零]，我们应该限制带宽为 $1/\tau_s$。

此外，根据 $G_{cs}$ 的分母可以看到闭环带宽是由 $1 + k/(\tau_p + \tau_s)$ 给出的。

因此，为了获得令人满意的性能，带宽必须被限制在

$$
\min\left[\frac{1}{\tau_s}, \frac{1+k}{(\tau_p + \tau_s)}\right]
$$

令 $\tau_p = 0.016s$，我们有

$$
\omega_p = \frac{1}{0.016} = 62.5 \text{rad/s} = 10.0 \text{Hz}
$$

因此，选择一个 10 倍于该值的传感器带宽 → $\omega_s = 100.0 \text{Hz} = 625.0 \text{rad/s}$。当 $k = 1$ 时，$\tau_s = 1/\omega_s = 0.0016s$。

$$
\frac{1+k}{\tau_p + \tau_s} = \frac{1+1}{0.016 + 0.016} \text{rad/s} = 18.0 \text{Hz}
$$

此外，

$$
\frac{1}{\tau_s} = 100.0 Hz \rightarrow \omega_{cs} \approx \min[100, 18.0] \text{Hz} = 18.0 \text{Hz}
$$

其中 $k = 49$，$\dfrac{1+k}{\tau_p + \tau_s} = \dfrac{1+49}{0.016 + 0.016} \text{rad/s} = 450.0 \text{Hz}$，并且如前，$1/\tau_s = 100.0 \text{Hz} \rightarrow \omega_{cs} = \min[100, 450.0] \text{Hz} = 100.0 \text{Hz}$。

由此可得，控制系统的带宽会增加到大约 100Hz(可能小于 100Hz)。

对于带宽为 100Hz 的传感器来说(见 4.2.3 节和 8.4.2 节)，

载波频率 $\approx 10 \times 100 \text{Hz} = 1000.0 \text{Hz}$

$\rightarrow 2 \times$ 载波频率 $= 2000 \text{Hz}$

$\rightarrow$ 低通滤波器的截止频率 $= (1/10) \times 2000 \text{Hz} = 200.0 \text{Hz}$

## 6.2.2　静态增益

静态增益就是一个设备(如测量仪器)在其有用(平坦的)范围(或在频率非常低的时候)内的增益(即传递函数的大小)，也称为直流增益。高静态增益会让一个设备具有高灵敏度，这是一个理想的特性。高增益值会提高输出电平，并且可以提高响应速度，还可以降低反馈控制系统的稳态误差。但它也有使系统不稳定的不良影响。

### 例 6.2

一个测量角速度的机械装置如图 6-4 所示。这个转速计的主要部件是一个由两个圆筒组成的旋转黏性阻尼器(阻尼常数 $b$)。外筒体携带有内柱旋转需要的黏性流体。内筒连接到需要测速的速度为 $\omega_i$ 的轴上。外筒体由刚度为 $k$ 的线性扭力弹簧固定。外筒的旋转角 $\theta_o$ 由具有适当刻度的标尺上的指针表示。忽略运动部件的惯性，对该装置进行带宽分析。

**解**：阻尼转矩与两个圆筒的相对速度成正比，并受弹簧转矩的影响。运动方程为 $b(\omega_i - \dot{\theta}_o) = k\theta_o$，或者

$$b\dot{\theta}_o + k\theta_o = b\omega_i \qquad\qquad (\text{i})$$

使用拉普拉斯算子 $s$ 替换时间导数以确定传递函数，并取输出/输入的比值：

$$\frac{\theta_o}{\omega_i} = \frac{b}{bs+k} = \frac{b/k}{(b/k)s+1} = \frac{k_g}{\tau s+1} \qquad (\text{ii})$$

静态增益（即直流增益；当 $s=0$ 时传递函数的大小）是

$$k_g = \frac{b}{k} \qquad\qquad (\text{iii})$$

并且时间常数为

$$\tau = \frac{b}{k} \qquad\qquad (\text{iv})$$

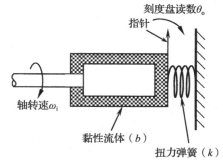

图 6-4　机械转速计

可以看到，在这个装置中静态增益和时间常数是相等的（因此我们只有一个性能参数）。速度（随着时间常数而减少）和输出电平（随着静态增益而增加）的设计要求会变得相互冲突。一方面，我们希望有一个大的静态增益，这样传感器就能提供足够大的读数。另一方面，装置的时间常数必须很小，以便快速读取所测的变量（速度）。根据具体的设计要求，在这里必须进行折中，或者另外使用一个信号调理装置来放大传感器的输出。

注意：在本例中，速度和稳定性级并不冲突（当时间常数减少时两者都有改善）。

现在，让我们来考察一下装置的半功率带宽。FTF 为

$$G(\text{j}\omega) = \frac{k_g}{\tau\text{j}\omega+1} \qquad\qquad (\text{v})$$

根据定义，半功率带宽 $\omega_b$ 为

$$\frac{k_g}{|\tau\text{j}\omega+1|} = \frac{k_g}{\sqrt{2}}$$

因此，

$$(\tau\omega_b)^2 + 1 = 2$$

当 $\tau$ 和 $\omega_b$ 都为正时，我们有 $\tau\omega_b = 1$，或者

$$\tau = \frac{1}{\omega_b} \qquad\qquad (\text{vi})$$

注意，带宽与时间常数成反比。这证实了我们先前的推断，即带宽是设备响应速度的度量。

## 6.3　由信号采样而产生的混叠失真

由于模拟（连续）数据的采样（离散化），会出现混叠失真，也称采样误差。因此，在使用采样数据的系统中，这是一个重要的误差来源。这些系统包括采用模-数转换器（ADC）的系统，这些系统中包括数字装置或微控制器以及用于过程监控控制的各种数字计算机等系统，以及产生脉冲的传感器-换能器装置，如轴编码器（见第 11 章）。采样误差可以进入到时域和频域中，这取决于采样数据的域。

### 6.3.1　采样定理

如果一个时间信号 $x(t)$ 以相同的时间间隔 $\Delta T$ 进行采样，则其频谱信息 $X(f)$ 在频率高于 $f_c = 1/(2\Delta T)$ 时会丢失。这一现象称为"香农采样定理"，并且（采样数据）频谱的限制（截止）频率 $f_c$ 称为"奈奎斯特频率"，它是采样频率 $f_s = 1/(\Delta T)$ 的一半。

可以证明，混叠误差是由频率频谱中超过奈奎斯特频率的高频部分折叠到低频部分所引起的。如图 6-5 所示。应该清楚的是，在更接近奈奎斯特频率的频段上，混叠误差会变得越来越突出。在信号分析中，应该选择足够小的采样时间间隔 $\Delta T$ 以减少在频域上的混

叠失真，这取决于分析信号中感兴趣的最高频率。然而，这增加了数据样本的数量，从而增加了信号处理时间和计算机存储需求，这在实时数据处理（如在过程监控和控制中）中是不受欢迎的。它也会导致数值计算中的稳定性问题。奈奎斯特采样标准要求信号的采样率$(1/\Delta T)$应至少为感兴趣的最高频率的两倍。在实践中使用一个满足奈奎斯特采样准则的适当值而不是使采样率非常高，同时使用一个抗混叠滤波器来去除原始信号中扭曲计算信号频谱的频率分量。

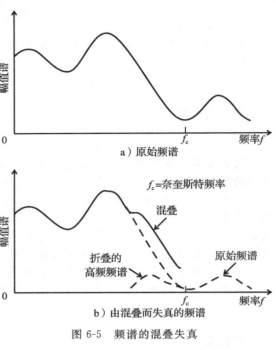

a）原始频谱

b）由混叠而失真的频谱

图 6-5　频谱的混叠失真

### 6.3.2　混叠的简要说明

图 6-6 给出了混叠的简要说明。在这里，有两个频率分别为 $f_1 = 0.2$ Hz 和 $f_2 = 0.8$ Hz 的正弦信号（见图 6-6a）。假设这两个信号以 $f_s = 1$ 个样本/s 的速率进行采样。相应的奈奎斯特频率为 $f_c = 0.5$ Hz。可以看出，在这个采样率下，两个信号的数据样本是相同的。换句话说，从采样数据来看，高频信号不能与低频信号区分开来。因此，频率为 0.8Hz 的高频信号分量将呈现为频率为 0.2Hz 的低频信号分量。从图 6-6b 所示的信号谱中可以看出，这确实是混叠。具体地说，由于数据采样无法恢复，所以高于奈奎斯特频率$(f_c)$的信号频谱段会折叠到低频边。

### 6.3.3　抗混叠滤波器

从图 6-5 中可以清楚地看出，如果原始信号在截止频率与奈奎斯特频率相等时使用理想滤波器进行低通滤波，则不会发生由采样所引起的混叠失真。这种类型的滤波器叫作抗混叠滤波器。模拟硬件滤波器可用于此目的。然而，在实践中，实现完美滤波是不可能的。因此，即使在使用抗混叠滤波器后，一些混叠仍会存在，进一步减少了计算信号的有效频率范围。通常，有用的频率限制为 $f_c/1.28$，而在奈奎斯特频率附近的最后 20% 的频谱点应该被忽略。因此，滤波器的截止频率在一定程度上应低于奈奎斯特频率，例如，$f_c/1.28$（约为 $0.8f_c$）。在这种情况下，计算频谱应精确到滤波器截止频率$(0.8f_c)$，而不是奈奎斯特频率$(f_c)$。

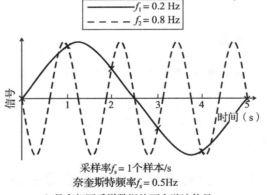

采样率$f_s = 1$ 个样本/s
奈奎斯特频率$f_s = 0.5$ Hz

a）具有相同采样数据的两个谐波信号

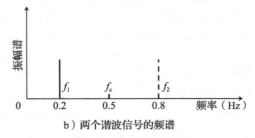

b）两个谐波信号的频谱

图 6-6　混叠的简要说明

### 例6.3

从一个信号中采样 1024 个数据点，其中采样间隔为 1ms。

$$采样率\ f_s = 1/0.001\ 个样本/s = 1000\,\mathrm{Hz} = 1\,\mathrm{kHz}$$
$$奈奎斯特频率 = 1000/2\,\mathrm{Hz} = 500\,\mathrm{Hz}$$

由于存在混叠，所以大约 20% 的频谱即使在理论上处于有用范围（即超过 400Hz 的频谱）内也将会扭曲。在这里，我们可以使用一个截止频率为 400Hz 的抗混叠滤波器。

这组 1024 个时间数据点的数字傅里叶变换计算提供了高达 1000Hz 的 1024 个频谱数据点（谱线）。这些谱线的一半超过了奈奎斯特频率，且不会提供任何关于信号谱的新信息。

$$谱线间隔 = 1000/1024\,\mathrm{Hz} = 1\,\mathrm{Hz}（大约）$$

我们只保留前 400 条谱线作为有用的频谱。

**注意**：如果使用截止频率为 500Hz 的精确抗混叠滤波器，则可以保留近 500 条谱线。

## 例 6.4

（a）假设频率为 $f_1$ 的正弦信号以 $f_s$ 的采样率（样本/秒）进行采样。另一个正弦信号有相同振幅，但有较高频率 $f_2$，当以 $f_s$ 的采样率采样时产生相同的数据。请问 $f_1$、$f_2$ 和 $f_s$ 之间可能的解析关系是什么？

（b）考虑一个传递函数为 $G(s) = k/(1+\tau s)$ 的设备。这个设备的静态增益是多少？证明当激励频率是 $1/\tau (\mathrm{rad/s})$ 时传递函数的大小可达到静态增益的 $1/\sqrt{2}$。**注意**：频率 $\omega_b = 1/\tau(\mathrm{rad/s})$ 可以作为设备的操作带宽。

（c）考虑一个在纸浆和造纸业中使用的木屑精磨机。这个机器用于木屑的机械制浆。它有一个固定的板和一个由感应电动机驱动的旋转板。两块板块之间的间隙可被感知，也可以进行调节。当板旋转时，木屑在间隙内磨成木浆。图 6-7 显示了板定位控制系统的框图。

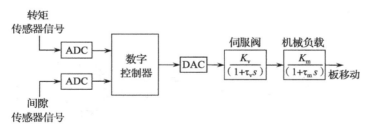

图 6-7　木屑精磨机的板定位控制系统的框图

假设转矩传感器信号和间隙传感器信号分别在 100Hz 和 200Hz 时进行采样，且分别进入数字控制器，该控制器需要 0.05s 来计算伺服阀中的每个定位指令。伺服阀的时间常数是 $0.05/2\pi(\mathrm{s})$，对于机械负载（设备），时间常数是 $0.2/2\pi(\mathrm{s})$。估计定位系统的控制带宽和工作带宽。

**解**：

（a）由于 $f_1$ 和 $f_2$ 很可能对称分布于奈奎斯特频率 $f_c$ 的两侧。因此，$f_2 - f_c = f_c - f_1$。则有 $f_2 = f_c + (f_c - f_1) = 2f_c - f_1$，或者

$$f_2 + f_1 = f_s = 2f_c \tag{6-2}$$

（b）$G(\mathrm{j}\omega) = \dfrac{k}{(1+\tau \mathrm{j}\omega)}$ 为频率传递函数，其中 $\omega$ 的单位是 rad/s。

静态增益是在稳定状态下传递函数的幅值大小（即在零频状态下）。

因此，静态增益为 $G(0) = k$。其中 $\omega = 1/\tau$，$G(\mathrm{j}\omega) = k/(1+\mathrm{j}) \rightarrow |(G\mathrm{j}\omega)| = k/\sqrt{2}$。

这对应于半功率带宽。

(c) 由于采样，转矩信号的带宽为 $(1/2)\times 100\,\mathrm{Hz}=50\,\mathrm{Hz}$，并且间隙传感器信号的带宽为 $(1/2)\times 200\,\mathrm{Hz}=100\,\mathrm{Hz}$。

控制周期为 $0.05\,\mathrm{s}$，它以 $1/0.05=20\,\mathrm{Hz}$ 的频率产生控制信号。

因为 $20\,\mathrm{Hz}<\min(50\,\mathrm{Hz},\ 100\,\mathrm{Hz})$，所以我们从采样后的传感器信号中获得了足够的带宽以精确计算控制信号。

数字控制器提供的控制带宽为 $\dfrac{1}{2}\times 20\,\mathrm{Hz}=10\,\mathrm{Hz}$（根据香农采样定理）。

但是伺服阀仍旧是控制器的一部分（模拟硬件）。

$$\text{它的带宽}=\frac{1}{\tau_{\mathrm v}}\mathrm{rad/s}=\frac{1}{2\pi\tau_{\mathrm v}}\mathrm{Hz}=\frac{2\pi}{2\pi\times 0.05}\mathrm{Hz}=20\,\mathrm{Hz}$$

控制带宽受限于数字控制带宽（$10\,\mathrm{Hz}$）和模拟硬件控制带宽（$20\,\mathrm{Hz}$）。在这里有

$$\text{控制带宽}=\min(10\,\mathrm{Hz},20\,\mathrm{Hz})=10\,\mathrm{Hz}$$

$$\text{机械负载（设备）的带宽}=\frac{1}{\tau_{\mathrm m}}\mathrm{rad/s}=\frac{1}{2\pi\tau_{\mathrm m}}\mathrm{Hz}=\frac{2\pi}{2\pi\times 0.2}\mathrm{Hz}=5\,\mathrm{Hz}$$

工作带宽受限于控制带宽（$10\,\mathrm{Hz}$）和设备带宽（$5\,\mathrm{Hz}$）。在这里有

$$\text{系统的工作带宽}=\min(10\,\mathrm{Hz},\ 5\,\mathrm{Hz})=5\,\mathrm{Hz}$$

## 例 6.5

考虑机械位置应用中的数字控制系统，如图 6-8 所示。基于期望的位置和由光学编码器（见第 11 章）测量的实际位置，控制计算机根据某种算法生成一个控制信号。该数字信号通过数-模转换器转换成模拟形式，并提供给驱动放大器。因此，激励电动机绕组的电流信号由放大器产生。需要恰当地移动到正确位置上的惯性组件直接（和坚固地）连接到电动机转子上，并受到弹簧和阻尼器的支撑，如图 6-8 所示。

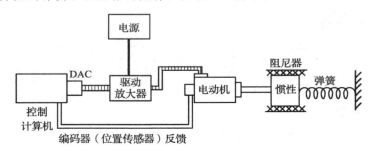

图 6-8　机械定位应用中的数字控制系统

假设驱动放大器和电动机电磁电路（转矩发生器）的联合传递函数已给定

$$\frac{k_{\mathrm e}}{s^2+2\zeta_{\mathrm e}\omega_{\mathrm e}s+\omega_{\mathrm e}^2}$$

包含电动机转子惯性的机械系统的传递函数为 $k_{\mathrm m}/(s^2+2\zeta_{\mathrm m}\omega_{\mathrm m}s+\omega_{\mathrm m}^2)$。其中，$k$ 为等效增益，$\zeta$ 为阻尼比，$\omega$ 为固有频率。下标 $()_{\mathrm e}$ 和 $()_{\mathrm m}$ 分别表示电子组件和机械组件。此外，$\Delta T_{\mathrm c}$ 计算每个控制动作的时间，$\Delta T_{\mathrm p}$ 为位置传感编码器的脉冲周期。

数值分别是

$$\omega_{\mathrm e}=1000\pi(\mathrm{rad/s}),\quad \zeta_{\mathrm e}=0.5,\quad \omega_{\mathrm m}=100\pi(\mathrm{rad/s}),\quad \zeta_{\mathrm m}=0.3$$

为了实现这个示例，你可以忽略由组件级联、动态交互和信号反馈产生的负载效应和耦合效应。

(a) 解释为什么这个系统的控制带宽不能超过 $50\,\mathrm{Hz}$。

(b) 如果 $\Delta T_c = 0.02\mathrm{s}$，估计控制系统的带宽。

(c) 解释 $\Delta T_p$ 在这个应用中的意义。为什么 $\Delta T_p$ 通常应该不超过 $0.5\Delta T_c$？

(d) 估计这个定位系统的工作带宽，假设可以避免显著的设备动力学影响。

(e) 如果 $\omega_m = 500\pi(\mathrm{rad/s})$ 且 $\Delta T_c = 0.02\mathrm{s}$，其余参数如前面所述。估计系统的工作带宽，同时又不引起显著的设备动力学影响。

**解：**

(a) 驱动系统(电子硬件)的谐振频率略低于 500Hz。因此，驱动系统频谱的平坦区域(即工作区域)是该频率的 1/10，也就是 50Hz。这将把驱动信号的最大有用频谱分量限制为大约 50Hz。因此，控制带宽(模拟)将受到这个值的限制。

(b) 数字控制信号生成的速率为 1/0.02Hz＝50Hz。由香农采样定理可知，控制信号的有效(有用)频谱限制在 $(1/2)\times 50\mathrm{Hz} = 25\mathrm{Hz}$。尽管驱动系统可以提供大约 50Hz 的带宽，但在这个例子中由于数字控制器的带宽较低，所以控制带宽将被限制在 25Hz。

(c) 注意，$\Delta T_p$ 是测量信号(用于反馈)的采样周期。因此，由香农采样定理可知，其有用的频谱将限制在 $1/(2\Delta T_p)$。因此，反馈信号在超过频率 $1/(2\Delta T_p)$ 后将无法提供任何过程中的有用信息。为了在 $1/\Delta T_c$ 的采样率下生成控制信号，处理信息必须提供至少 $1/\Delta T_c \mathrm{Hz}$ 的频率。为了提供这些信息，我们必须有

$$\frac{1}{2\Delta T_p} \geq \frac{1}{\Delta T_c} \quad \text{或} \quad \Delta T_p \leq 0.5\Delta T_c \tag{6-3}$$

在这里，$\Delta T_c$ 计算每个控制动作的时间。

这保证了至少有来自传感器的两个采样数据点用于计算每个控制动作。

(d) 设备(定位系统)的谐振频率近似为(小于)

$$\frac{100\pi}{2\pi}\mathrm{Hz} \approx 50\mathrm{Hz}$$

对于附近的频率，谐振会干扰控制，如果可能的话，应该尽量避免，除非设备本身的谐振(或振型)需要通过控制来修改。在比这个大得多的频率上，这个过程不会对控制动作产生明显的反应，也不会有太大的作用(这时这种设备感觉像一堵刚性墙)。因此，为了避免显著的设备动力学影响，操作带宽必须小于 50Hz，比如 25Hz。

**注意：**这是一个基于应用(如挖掘机、磁盘驱动器)的设计判断问题。然而，通常情况下，你需要控制设备的动力学影响。在那种情况下，有必要使用整个控制带宽(即最大可能的控制速度)作为工作带宽。在目前的情况下，即使用整个控制带宽(即 25Hz)作为工作带宽，仍可以避免(小得多)设备谐振。

(e) 在本例中，设备的谐振频率大约是 $500\pi/(2\pi)\mathrm{Hz} = 250\mathrm{Hz}$。这将工作带宽限制为大约 $250\pi/(2\pi)\mathrm{Hz} = 125\mathrm{Hz}$，以避免显著的设备动力学影响。但正如之前所确定的，控制带宽约为 25Hz，因为 $\Delta T_c = 0.02\mathrm{s}$。因此，工作带宽不能大于该值，应为 25Hz。

**传感器位置的意义：**作为一个与本例无关的注释，让我们考虑运动传感器(编码器)的位置。由于编码器与电动机是一体的，所以它测量电动机的运动，而不是被驱动的负载。当连接电动机与负载的轴的灵活性不可忽略，或者在电动机与负载之间有速度传输单元时，传感器并不读取负载的实际运动。如果相应的误差不可忽略，则我们必须考虑在负载上安装一个运动传感器。然而，我们会将传感器从驱动器位置上移开。众所周知，在反馈控制中，将传感器位置远离驱动点会使系统变得不稳定。通过这种方式，可以在稳定性水平和运动精度之间作出权衡，这是由运动传感器的位置决定的。

## 6.3.4　控制系统的带宽设计

基于目前为止已经介绍过的概念，现在可以根据带宽方面的考虑为控制系统设计提供一组简单的步骤。

- 步骤 1：根据特定应用程序的要求，决定系统的最大工作频率（工作带宽为 $BW_o$）。
- 步骤 2：在执行所需的任务过程中，选择在至少达到频率 $BW_o$ 时还能够正常工作的过程部件（机电式）。
- 步骤 3：选择具有远大于 $4 \times BW_o$ 平坦频谱区域的反馈传感器。注意：通常，传感器带宽并不是一个限制因素。所以，我们可以选择更大的传感器带宽。
- 步骤 4：开发一个数字控制器：(a) 对于反馈传感器信号来说，采样率 $> 4 \times BW_o$。（即在目前情况下，采样信号的有用频谱完美地落在传感器带宽中，并且是过程工作带宽的两倍）。(b) 直接数字控制时间周期为 $1/(2 \times BW_o)$。注意：数字控制动作以 $2 \times BW_o$ 的速度来产生，从而提供一个与系统工作带宽（$BW_o$）相匹配的数字控制带宽。
- 步骤 5：选择控制驱动系统（如界面模拟硬件、滤波器、放大器和执行器等模拟设备），该系统有至少为 $BW_o$（最好是 $2 \times BW_o$）的平坦频谱，这可以提供至少为 $BW_o$ 的模拟（硬件）控制带宽。
- 步骤 6：集成系统并测试性能。如果性能指标不满意，则要进行必要的调整并再次测试。

显然，设计控制系统不应该仅使用带宽方面的考虑。其他取决于特定应用、性能需求和约束条件的许多因素也必须考虑进去，并且必须使用适当的控制技术。

**关于控制周期的说明**

在工程文献中，通常使用 $\Delta T_c = \Delta T_p$，其中 $\Delta T_c$ 是控制周期（数字控制动作生成的周期），$\Delta T_p$ 是反馈传感器信号采样的周期（见图 6-9）。

这在系统中是可以接受的，因为设备的有用频率范围明显小于 $1/\Delta T_p$（和 $1/\Delta T_c$）。同时，反馈测量的采样率 $1/\Delta T_p$（和奈奎斯特频率 $0.5/\Delta T_p$）仍将远大于设备的有用频率范围（或工作带宽）（参见图 6-9b），因此，采样数据将准确地代表设备响应。早在本节中提供的带宽准则满足 $\Delta T_p \leqslant 0.5\Delta T_c$［见式(6-3)］。可以认为这是一个更理想的选择。例如，在图 6-9c 中，两个以前的测量样本用于计算每个控制动作，而控制计算占用了两次数据采样周期。在这里，数据采样周期是控制周期的一半，并且对于指定的控制动作频率，采样反馈信号的奈奎斯特频率是之前传统方法的两倍。因此，采样数据将覆盖更大的（两倍）频率范围。通常，在实践中，传感器拥有更高的采样率并不是一个限制，因为快速传感器和具有非常快采样率的数据采集系统是比较常见的。当然，第三种选择是仍然使用以前的两个数据样本来计算控制动作，但是在一个数据样本周期（而不是两个）中，计算速度更快。这种选择将使用一个以前使用过的数据样本和一个新的

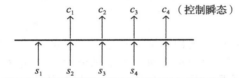

a）用于直接数字控制的反馈传感器信号的传统采样

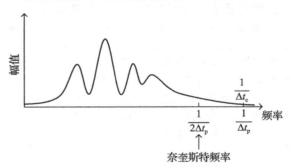

b）针对上方例子的设备可接受频率特性

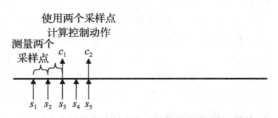

c）针对在直接数字控制中的反馈信号的改进的采样标准

图 6-9

数据样本(不像之前的选择,使用两个新的数据样本)。因此,第三种选择需要增加处理能力,同时还需要一个更大的缓冲区,以存储用于控制操作计算的样本数据。

注意:有人可能认为在某些控制方案(如比例控制)中,只需要一个数据样本来计算控制动作。然而,即使在这样的控制方案中,拥有多个最新的数据样本也可以提高测量的准确性(如只取局部平均值就可以减少随机噪声)。

## 6.4　仪器误差的注意事项

在仪器或多组件工程系统中,误差分析是一项具有挑战性的任务。出现困难的原因有很多,特别是以下几点:

1. 真值通常是未知的。

2. 仪器读数可能包含不能精确确定的随机误差(测量系统的误差包括传感器误差,以及其他进入工程系统的随机误差,这个随机误差包括外部干扰输入)。

3. 误差可能是由许多变量(输入变量、状态变量、响应变量)组成的复杂函数。

4. 监控的工程系统可能由许多具有复杂交互关系的组件组成(动态耦合、多自由度响应、非线性等),每个组件都可能会导致总体误差。

第一项是哲学问题,它会引发类似鸡和蛋的争论。例如,如果真值已知,就没有必要再测量它;但如果真值是未知的,那就不可能准确地确定某一特定读数的不准确程度。实际上,这种情况可以在一定程度上通过使用误差理论、概率论和估计的统计表示法来解决(参见第 4 章)。这也导致了所列出的第 2 项。第 3 和第 4 项可以通过多变量系统的误差组合方法和复杂多组件系统的误差传递方法来解决。在这里,对所有这些主题提供全面处理是不可行的。本书仅介绍了一种有用的分析方法,并举例说明。

### 误差的表示

测量中的误差(数据)、测量误差和仪器(如测量仪器)误差是不一样的。数据中的误差就是测量值与真(正确)值的差值。甚至在测量之前,它就有许多来源。测量过程包括用于测量的设备(传感器)引入的测量误差。仪器误差是特殊仪器的误差。这些概念应该从下面的讨论中得到说明。

一般来说,仪器读数的误差是一个随机变量。不管有什么不同因素导致了这个误差,它都定义为

$$误差 =(仪器读数)-(真实值)$$

可以用两种方式来解释与被测量(被测量的量)有关的随机性。首先,由于被测量的真值是一个固定的量,所以随机性可以解释为误差的随机性,它通常是由仪器响应中的随机因素引起的。其次,以一种更实际的方式来看待这个问题,误差分析可以解释为估计问题,其目标是从已知的一组读数中估计真值的测量值。在后面的观点中,估计值本身就是一个随机变量。无论使用什么方法,都可以使用相同的统计概念来表示误差。

### 仪器准确度和测量准确度

正如先前所讨论的,各种仪器的额定参数决定了仪器的整体准确度。仪器准确度是由仪器在正常工作环境中最糟糕的准确度水平所表示的,这种水平是在动态范围内产生的。仪器准确度不仅取决于仪器的物理硬件,还取决于仪器的校准;实际工作条件,如功率、信号水平、负载、速度等,以及环境条件等;设计工作条件,其中包括仪器设计的工作条件(正常、稳定运行的工作条件)和极端暂态条件(如紧急启动和关闭条件);仪器设置的缺陷;仪器连接的其他部件和系统;不良的外部输入和干扰等。

准确度可以分配给特定的读数或仪器。测量准确度决定了测量值(测量量)与真实值(被测量)之间的接近程度。它不仅取决于仪器的准确度,还取决于测量过程如何进行,被测数据如何呈现(传输、显示、存储等),等等。

注意：测量中的误差不仅取决于测量装置和如何进行测量，也取决于其他因素，特别是在测量装置感知之前而进入到被测量中的误差。这些可以包括噪声、干扰以及系统中影响被测量的其他误差。

测量误差定义为

$$误差 ＝（测量值）－（真值） \tag{6-4}$$

修正值，也就是误差的负数定义为

$$修正值 ＝（真值）－（测量值） \tag{6-5}$$

以上两个公式都可以表示为真值的百分比。仪器准确度可以通过测量已知真值的参量来确定，在一定工作条件下它接近仪器动态范围的极端。为了达到这个目的，需要在非常高的准确度下产生标准的参量或信号。国家标准、测试研究所或国家研究委员会通常负责制定这些标准信号。然而，在典型应用中，准确度和误差值不能100％确定，因为真值在一开始就是未知的。在给定情况下，我们只能通过使用仪器制造商提供的额定参数，或者通过分析先前测量值和模型的数据来估计准确度。

一般来说，工程系统（相互关联且相互作用的多个组件）中出现误差的原因包括：仪器不稳定性，外部噪声（干扰），较差的校正，不准确的生成信息（如不准确的传感器、较差的分析模型、不准确的控制律），参数变化（如环境变化、老化、磨损等原因），未知的非线性和仪器的不当使用（系统设置的缺点、不适当且极端的工作条件等）。

**准确度和精确度**

误差可以分为确定性的（或系统的）和随机性的（或猜测的）。确定性误差是由定义明确的因素引起的，包括已知的非线性和读数中的偏移量。这些通常可以通过适当的校准、测试、分析和计算方法，以及补偿硬件来解释。误差等级和校准图表通常用来消除仪器读数中的系统误差。随机误差是由于不确定因素进入仪器响应而引起的。这些包括装置噪声、线路噪声、随机输入，以及操作环境中未知的随机变化的影响。使用足够多的数据进行统计分析是估计随机误差的必要条件。结果通常表示为均值误差，这是随机误差有规律的部分，也是仪器响应的标准偏差或置信区间。

**精确度**

精确度不是准确度的同义词。仪器读数的再现性（或可重复性）决定了仪器的精确度。一个具有高偏移误差的仪器可以在高精确度的情况下产生响应，即使这个输出明显是不准确的。例如，考虑一个计时装置（时钟），它可以非常准确地指示时间增量（比如说，达到纳秒级）。如果参考时间（起始时间）设置不正确，那么时间读数将会出现误差，即使时钟的精确度很高。

仪表误差可由一个均值为 $\mu_e$ 的随机变量和标准偏差 $\sigma_e$ 来表示。如果标准偏差为零，则对于大多数实际目的来说，就可认为该变量是确定的。在这种情况下，误差被认为是确定的或可重复的。否则，认为误差是随机的。仪器的精确度由仪器响应误差的标准偏差来决定。仪器读数可能有较大的误差均值（如大偏移），但如果标准偏差小，则仪器就可具有高精确度。因此，精确度的定量定义是

$$精确度 ＝ \frac{（测量范围）}{\sigma_e} \tag{6-6}$$

缺乏精确度源于随机原因和不良的结构。它不能通过重新校准来补偿，就像时钟的精确度不能通过重置时间来提高一样。另一方面，可以通过重新校准来提高准确度。可重复（确定性）精度与平均误差 $\mu_e$ 的大小成反比。

注意：一个有低系统（确定性的）误差的装置如果有较高的零均值随机误差，则该装置可能不精确。

在为工程应用选择仪器时，根据规范来匹配仪器的额定参数是非常重要的。还应该考虑几个额外的注意事项，包括：几何限制（尺寸、形状等），环境条件（如具有腐蚀性的化

学反应、极端温度、光照、灰尘堆积、湿度、电磁场、放射性环境、冲击和振动)，电力需求，操作的简便性，可用性，过去的记录，制造商和特定仪器的声誉，以及与成本相关的经济因素(初期成本、维护成本、信号调理和处理装置等附件成本、设计寿命和相关的替代频率，以及处理和更换成本)。通常，这些考虑成为选择过程的最终决定因素。

## 6.5　误差传递与合成

系统误差在任何工程系统中可能都是最关键的性能指标。分析认为，误差＝实际值－正确(期望或理想)值。修正值是负的误差，并且应该加到实际值上以获得正确值。

装置响应变量(输出)中的整体误差或多组件动态系统中的估计参数将取决于误差出现的位置，包括：(1)组件(它们的变量和参数)以及它们是如何交互的；(2)用于计算(估计)或确定所需量(变量或参数值)的被测变量或参数(单个组件等)。了解组件误差是如何在多组件系统中传递的，以及在系统变量和参数中个体误差是如何导致特定响应变量或参数的总体误差的，这对于评估复杂工程系统中的误差限制非常重要。

举个例子，假设燃气轮机的输出功率是测量涡轮输出轴的转矩和角速度，并将其相乘后得出的。然后，两个测量变量(转矩和角速度)的误差幅度将直接与功率计算中的误差相合成。另一个例子是，如果车辆悬架系统的固有频率是通过测量悬架质量和弹簧刚度来确定的，那么固有频率的估计将直接受到质量和刚度测量中可能出现的误差的影响。还有一个例子是，在机器人机械操纵臂中，末端执行器的实际轨迹的准确度取决于机械手关节中传感器和执行器的准确度，以及机器人控制器的准确度。可见，工程系统的总体误差取决于系统内各个组件(传感器、执行器、控制器硬件、滤波器、放大器、数据采集装置等)的单个误差等级，以及这些组件在物理上的连接和交互方式。

注意，我们正在讨论误差传递的一般化思想，它考虑的因素包括：系统变量中的误差(例如，速度、力、转矩、电压、电流、温度、传热率、压力和流体流量等输入输出信号)，系统参数中的误差(例如，质量、刚度、阻尼、电容、电感、电阻、导热系数、黏度)，以及系统组件中的误差(例如，传感器、执行器、滤波器、放大器、接口硬件、控制电路、导热器和阀门)。

### 6.5.1　灵敏度在误差合成中的应用

在研究误差合成的分析基础时，我们将使用熟悉的灵敏度这个概念。我们观察到，灵敏度适用于几种不同的实际情况，下面是例子：

1. 它决定了组件的输出电平和增益。

2. 输入电平灵敏度的变化是设备非线性的表征。在工作范围内最大和最小灵敏度的差异是设备非线性的量度。

3. 信噪比可解释为期望信号灵敏度和不良信号灵敏度之比。

4. 控制系统的灵敏度可以用于系统的设计和控制，特别是用于补偿干扰和确定控制信号和参数。(注意：如在改变控制参数值以实现控制目标的自适应控制中。)

现在我们特别考虑灵敏度在误差传递与合成中的应用。为了对一个设备或感兴趣的系统进行必要的分析，我们从以下的函数关系开始

$$y = f(x_1, x_2, \cdots, x_r) \tag{6-7}$$

在这里，$x_i$ 是独立的系统变量或参数，其单项误差分量被传递到因变量(或参数值)$y$ 中，这可能是特定系统中感兴趣的输出。函数关系 $f$ 的确定并不总是简单或直接的，事实上这个关系本身就是一个"模型"，它可能是有误差的。特别是，这种关系取决于以下这些因素：

● 各个组件的特征和物理特性

● 组件是如何相互连接的

● 组件之间的交互(动态耦合)

- 系统输入（期望的和不受欢迎的）

由于我们的目标是对 $y$ 中由于 $x_i$ 的误差合成效应而可能出现的误差进行合理的估计，所以在大多数情况下，近似函数关系 $f$ 是足够的。

量（变量或参数）中的误差改变了量值。因此，我们将用这个量的微分来表示它的误差。取式（6-7）的微分，得到：

$$\delta y = \frac{\partial f}{\partial x_1}\delta x_1 + \frac{\partial f}{\partial x_2}\delta x_2 + \cdots + \frac{\partial f}{\partial x_r}\delta x_r \qquad (6\text{-}8)$$

在这里，微分项 $\delta(\cdot)$ 表示误差，假设它对于分析目的来说是"比较小的"。对于不熟悉微分运算的人，式（6-8）应该解释为式（6-7）的泰勒级数展开式的一阶项。在进行误差估计时，在工作条件下对偏导数进行评估。现在，以分数形式重写式（6-8），我们得到

$$\frac{\delta y}{y} = \sum_{i=1}^{r}\left[\frac{x_i}{y}\frac{\partial f}{\partial x_i}\frac{\delta x_i}{x_i}\right] \quad \text{或} \quad e_y = \sum_{i=1}^{r}\left[\frac{x_i}{y}\frac{\partial f}{\partial x_i}e_i\right] \qquad (6\text{-}9)$$

其中，$\delta y/y = e_y$ 代表总体（传递）误差，$\delta x_i/x_i = e_i$ 代表组件误差，其中误差表示为分数。

**无量纲的误差灵敏度**

在式（6-9）中，误差的无量纲或者分数表示是相当恰当的。每个导数 $\partial f/\partial x_i$ 代表合成误差 $y$ 中 $x_i$ 的误差灵敏度。在误差分析中，我们希望保留高灵敏度因素并且忽略低灵敏度因素。除非我们使用灵敏度的无量纲形式，否则对这个目标进行灵敏度比较是不现实的。具体来说，在式（6-9）中，项 $(x_i/y)(\partial f/\partial x_i)$ 代表合成误差 $y$ 中 $x_i$ 的无量纲误差灵敏度。因此，这一项代表了单个误差分量在总体合成误差中的重要程度。

现在我们考虑一下估计合成（传递）误差的两种方式。

## 6.5.2　绝对误差

因为误差 $\delta x_i$ 可以是正的也可以是负的，所以总体误差的上限是将式（6-9）右边所有项取绝对值后求和得到的。这个估计 $e_{\text{ABS}}$ 称为绝对误差，由下式给出

$$e_{\text{ABS}} = \sum_{i=1}^{r}\left|\frac{x_i}{y}\frac{\partial f}{\partial x_i}\right|e_i \qquad (6\text{-}10)$$

注意，在这个公式中，分量误差 $e_i$ 和绝对误差 $e_{\text{ABS}}$ 总是正的。然而，当指定误差时，应能表示为正或负或同时包含正负（如 $\pm e_{\text{ABS}}$、$\pm e_i$）。

## 6.5.3　方和根误差

式（6-10）提供了一个保守的（上限）总体误差估计。由于估计本身并不精确，因此使用这样的保守方式往往过于浪费。在实践中，经常使用的非保守误差估计法是方和根（SRSS）误差。顾名思义，这是由下式给出的：

$$e_{\text{SRSS}} = \left[\sum_{i=1}^{r}\left(\frac{x_i}{y}\frac{\partial f}{\partial x_i}e_i\right)^2\right]^{1/2} \qquad (6\text{-}11)$$

这不是误差的上限。特别是，当有多个非零误差时，$e_{\text{SRSS}} < e_{\text{ABS}}$。当分量误差由相关变量或参数值的标准偏差表示，并且相应的误差源是独立的时候，SRSS 误差关系尤其适用。理论基础是基于独立随机变量（见附录 C）的。现在我们给出几个误差传递与合成的例子。

## 6.5.4　来自单项误差的同等贡献

使用绝对值法进行误差合成[见式（6-10）]，我们可以确定每项 $x_i$ 的部分误差，这样每项对总体误差 $e_{\text{ABS}}$ 的贡献就是一样的。对于来自 $r$ 个分量的相等误差，必须有

$$\left|\frac{x_1}{y}\frac{\partial f}{\partial x_1}\right|e_1 = \left|\frac{x_2}{y}\frac{\partial f}{\partial x_2}\right|e_2 = \cdots = \left|\frac{x_r}{y}\frac{\partial f}{\partial x_r}\right|e_r$$

因此，

$$r\left|\frac{x_i}{y}\frac{\partial f}{\partial x_i}\right|e_i = e_{\text{ABS}}$$

因此，

$$e_i = \frac{e_{ABS}}{r \, | \, (x_i/y)(\partial f/\partial x_i) \, |} \tag{6-12}$$

这表示误差灵敏度相等的条件。

误差的重要程度是由它的无量纲灵敏度 $(x_i/y)(\partial f/\partial x_i)$ 决定的。这一结果和式(6-12)的结果对于多组件系统的设计和一个应用的性价比选择都很有用。具体地说，使用式(6-12)，我们可以按其重要性顺序排 $x_i$ 项。为此，我们重写式(6-12)为

$$e_i = \frac{K}{| \, x_i(\partial f/\partial x_i) \, |} \tag{6-13}$$

其中 $K$ 是一个不随 $x_i$ 变化的量。它遵循所有项等误差贡献的原则，$x_i$ 的误差应该与 $| \, x_i(\partial f/\partial x_i) \, |$ 成反比。特别是，最大项 $| \, x(\partial f/\partial x) \, |$ 应该是最准确的。通过这种方法，可以估算出各种组件允许的相对准确度。因为一般来说，最精准的装置也是最昂贵的，如果使用式(6-13)所示的标准根据所需的总体准确度来选择组件，则可以优化仪器成本。因此，这个结论在多组件系统设计和在特定应用场景的仪器成本效益选择中很有用。

---

**例6.6**

图 6-10 显示了一个测量位移的光学装置。这个传感器在本质上是一个光学电位计(见第 8 章)。电位计是均匀的，并且电阻为 $R_c$。一个光阻层夹在它和一个理想导体之间。光源随着被测量的物体移动，可以测量这个物体的位移，光源射出一束发光强度为 $I$ 的光到一个狭窄的矩形光阻层上。因此，该区域成为电阻为 $R$ 的导体，形成电位计和导体之间的桥梁，如图 6-10 所示。

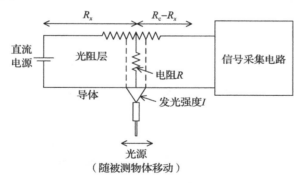

图 6-10 光学位移传感器

**注意**：电位计的输出直接取决于桥接电阻 $R$，因此，可以认为这是该装置的主要输出。

根据经验得到 $R$ 和 $I$ 之间的关系为 $\ln(R/R_0) = (I_0/I)^{1/4}$，其中电阻 $R$ 在千欧的范围内，并且发光强度 $I$ 的单位是 $W/m^2$。参数 $R_0$ 和 $I_0$ 都是经验常数且与 $R$ 和 $I$ 有相同的单位。这两个参数通常有一些实验误差。

(a) 绘制 $R$ 与 $I$ 的曲线，并说明参数 $R_0$ 和 $I_0$ 的含义。

(b) 使用绝对误差法，表示桥接电阻 $R$ 中的合成部分误差可以表示为 $e_R = e_{R_0} + (1/4)(I_0/I)^{1/4}[e_I + e_{I_0}]$，其中 $e_{R_0}$、$e_I$ 和 $e_{I_0}$ 分别是 $R_0$、$I$ 和 $I_0$ 的部分误差。

(c) 假设传感器模型的经验误差可以表示为 $e_{R_0} = \pm 0.01$ 和 $e_{I_0} = \pm 0.01$。它们都是由光源的变化(由于电源变化)和环境照明条件而引起的，发光强度 $I$ 中的部分误差是 $\pm 0.01$。如果误差 $e_R$ 保持在 $\pm 0.02$，那么光源应该将发光强度($I$)保持在什么水平下？假设 $I_0$ 的经验值为 $2.0 W/m^2$。

(d) 讨论这种装置作为一种动态位置传感器的优点和缺点。

**解：**

(a) 我们有 $\ln(R/R_0) = (I_0/I)^{1/4}$。当 $I \to \infty$ 时，$\ln(R/R_0) \to 0$ 或 $R/R_0 \to 1$。因此，$R_0$ 表示由光阻桥（在非常高的发光强度下出现）提供的最小电阻。当 $I = I_0$ 时，桥电阻 $R$ 大约为 $2.7R_0$。因此，$I_0$ 代表一个满足传感器良好运行的较低的发光强度限制。为满足要求的操作，合适的发光强度上界是 $10I_0$。在这个值时，可以计算出 $R \approx 1.75R_0$。这些特性如图 6-11 所示。

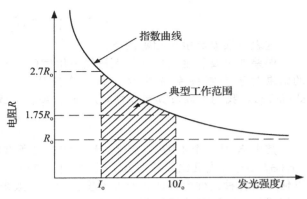

图 6-11    传感器的特性曲线

(b) 首先，我们写出 $\ln(R/R_0) = (I_0/I)^{1/4}$ 并且取微分（对每个独立项取微分）：

$$\frac{\delta R}{R} - \frac{\delta R_0}{R_0} = \frac{1}{4}\left(\frac{I_0}{I}\right)^{-3/4}\left(\frac{\delta I_0}{I} - \frac{I_0}{I^2}\delta I\right) = \frac{1}{4}\left(\frac{I_0}{I}\right)^{1/4}\left(\frac{\delta I_0}{I_0} - \frac{\delta I}{I}\right)$$

因此，使用误差合成的绝对值法，

$$e_R = e_{R_0} + \frac{1}{4}\left(\frac{I_0}{I}\right)^{1/4}(e_I + e_{I_0})$$

注意用"＋"号而不是"－"号，因为我们使用了误差合成的绝对值法（即使用正值而不需要考虑实际的算术符号）。

(c) 根据现有的数值，我们有

$$0.02 = 0.01 + \frac{1}{4}\left(\frac{I_0}{I}\right)^{1/4}(0.01 + 0.01) \Rightarrow \left(\frac{I_0}{I}\right)^{1/4} = 2$$

$$\to I = \frac{1}{16}I_0 = \frac{2.0}{16}\,\text{W/m}^2 = 0.125\,\text{W/m}^2$$

注意：$I$ 值比较大时，$R_0$ 的绝对值误差会比较小。例如，对于 $I = 10I_0$ 我们有

$$e_R = 0.01 + \frac{1}{4}\left(\frac{1}{10}\right)^{1/4}(0.01 + 0.01) \approx 0.013$$

从这个练习中可以清楚地看出，可以适当地选择操作条件（如 $I$）以获得所需的准确度。同时，我们还可以确定不同的误差因素对期望量（$R$）的影响程度。

(d) 优点
- 非接触
- 较小的移动质量（低惯性负载）
- 电位计的所有优点（见第 8 章）

缺点
- $R$ 的非线性和指数变化
- 环境光的影响
- 装置可能的非线性行为（非线性输入-输出关系）
- 光源的电源变化对光源的影响
- 光源老化的影响

**例 6.7**

在纸浆和造纸业中使用的木屑精磨机的原理图如图 6-12 所示。这台机器用于木屑的

机械制浆。该精磨机有一个固定圆盘和一个旋转圆盘(典型直径为 2m)。该板由交流感应电动机驱动旋转。平板间隙(典型的间隙为 0.5mm)由液压执行器(带有伺服阀的活塞筒单元)控制。用螺旋输送机将木屑输送到精磨机的"眼睛"上,然后用水稀释。当精磨机的板开始旋转时,木屑在板内的凹槽中磨成浆。由于具有相关的能量耗散,所以会伴随产生蒸汽。纸浆被拉出并进一步加工制成纸。

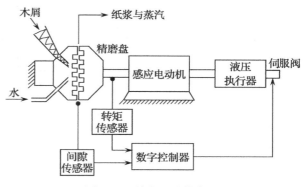

图 6-12　单盘芯片精磨机

由 $T = ah/(1+bh^2)$ 给出了一个板间隙($h$)与电动机转矩($T$)有关的经验公式,其中模型参数 $a$ 和 $b$ 为正值。

(a) 绘制 $T$ 与 $h$ 的关系曲线,仅仅根据 $a$ 和 $b$ 表示最大转矩 $T_{max}$ 和盘间隙($h_0$)。

(b) 假设已测量电动机的转矩,并且板间隙由液压执行器根据先前的公式进行调整。$h$ 的部分误差可以表示为 $e_h = \left[ e_T + e_a + \dfrac{bh^2}{(1+bh^2)} e_b \right] \dfrac{(1+bh^2)}{|1-bh^2|}$,其中 $e_T$、$e_a$ 和 $e_b$ 分别是 $T$、$a$ 和 $b$ 的部分误差,后面两个代表模型误差。

(c) 精磨机的正常运行区域对应于 $h > h_0$。区间 $0 < h < h_0$ 称为"垫片塌陷区域",应该避免。如果板间隙的操作值为 $h = 2/\sqrt{b}$,并且给定误差值为 $e_T = \pm 0.05$,$e_a = \pm 0.02$,$e_b = \pm 0.025$,则计算相应的板间隙估计误差。

(d) 讨论为什么在 $h = 1/\sqrt{b}$ 时,木屑精磨机的操作是不可取的。

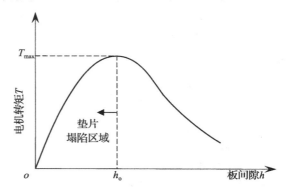

图 6-13　木屑精磨机的特性曲线

**解:**

(a) 绘制的关系曲线如图 6-13 所示:

$$T = \frac{ah}{1+bh^2} \tag{i}$$

在式(i)中对 $h$ 取微分:

在 $T$ 为最大值处 $\dfrac{\partial T}{\partial h} = \dfrac{(1+bh^2)a - ah(2bh)}{(1+bh^2)^2} = 0$

因此,$1 - bh^2 = 0 \rightarrow h_0 = 1/\sqrt{b}$。代入式(i)中得:

$$T_{max} = \frac{a}{2\sqrt{b}}$$

(b) 式(i)的微分关系式是通过对每项取微分获得的(即斜率成倍于增量)。因此

$$\delta T = \frac{h}{1+bh^2} \delta a + \frac{\partial T}{\partial h} \delta h - \frac{ah}{(1+bh^2)^2} h^2 \delta b$$

替换前面公式中的 $\partial T/\partial h$:

$$\delta T = \frac{h}{1+bh^2} \delta a + a \frac{1-bh^2}{(1+bh^2)^2} \delta h - \frac{ah^3}{(1+bh^2)^2} \delta b$$

除以式(i):

$$\frac{\delta T}{T} = \frac{\delta a}{a} + \left( \frac{1-bh^2}{1+bh^2} \right) \frac{\delta h}{h} - \frac{bh^2}{(1+bh^2)^2} \frac{\delta b}{b}$$

或者

$$\frac{\delta h}{h} = \left[\frac{\delta T}{T} - \frac{\delta a}{a} + \frac{bh^2}{(1+bh^2)^2}\frac{\delta b}{b}\right]\left(\frac{1+bh^2}{1-bh^2}\right)$$

现在用部分偏差（微分）表示部分误差，并使用误差合成的绝对值法。我们有

$$e_h = \left(e_T + e_a + \frac{bh^2}{(1+bh^2)^2}e_b\right)\frac{(1+bh^2)}{|1-bh^2|} \qquad (ii)$$

注意：引入了误差项的绝对值，因此某一项中的负号可以忽略。

（c）由于 $h = 2/\sqrt{b}$，我们有 $bh^2 = 4$。将给定值代入式（ii）中得到部分误差：

$$e_h = \left(0.05 + 0.02 + \frac{4}{5}\times 0.025\right)\frac{(1+4)}{|1-4|} = \pm 0.15$$

（d）当 $h = 1/\sqrt{b}$ 时，我们从式（ii）中看到 $e_h \to \infty$。此外，从（a）中的曲线可以看出，在这一点电动机转矩对板间隙的变化不是很敏感。因此，这个点的操作是不恰当的，应该避免。

---

误差传递与合成的灵敏度法具有的缺点如下所示：

1. 必须用分析性模型（可能是困难或复杂的）或实验性的（可能代价高昂且耗时）方法来确定灵敏度。

2. 有时，灵敏度（局部导数）可能不存在（无限）。

3. 系统非线性可能会导致灵敏度随工作条件或局部灵敏度而变化，而局部灵敏度与高阶导数的贡献相比微不足道［即泰勒级数展开式中的 $O(2)$ 项］。

## 关键术语

**有用频率范围**：仪器频率响应特性（频率传递函数［FTF］或频率响应函数［FRF］）中平坦增益曲线和零相位曲线的范围。上限频率在这个范围内应小于 0.5（如五分之一）× 主导谐振频率←测量仪器带宽。

**带宽**：其解释有：
- 装置的响应速度
- 滤波器的通频带
- 装置的工作频率范围
- 信号频率分量中的不确定性
- 通信网络的信息容量

**滤波器的有效噪声带宽（$B_e$）**：$B_e = \int_0^\infty |G(f)|^2 \,\mathrm{d}f/G_r^2$；$G$ 为滤波器频率响应传递函数，$G_r$ 为 FRF 峰值附近的平均 FRF 大小。注意：$B_e$ 越高，滤波信号中频率分量的不确定度越大（即更多的不需要的信号分量会通过）。

**半功率（或 3dB）带宽（$B_p$）**：在半功率（3dB）水平上滤波器 FRF 的带宽（即从峰值处降 3dB）。对于理想（矩形）等效滤波器，半功率为 $G_r^2 B_e/2$，在振幅 $G_r/\sqrt{2}$ 处出现。对于实际滤波器，$B_p$ 约为这个水平处的实际频谱宽度（如果滤波器功率谱由线性段组成，则 $B_p = B_e$）。

**傅里叶分析带宽**：频谱结果中的频率不确定度 $\Delta F = 1/T$；其中 $T$ 为记录的信号长度（或矩形窗口的窗口长度）。

**控制带宽**：用于指定最大可能的控制速度。在数字控制中，它由计算控制动作的一半速率给出（假设系统中的所有装置都可以在这个带宽内工作）。输出的传感器数据（响应）的采样率（样本/秒）必须比控制带宽高几倍，以便能够使用足够的数据来计算控制动作。通常情况下，我们需要 $\frac{1}{2\Delta T_p} \geq \frac{1}{\Delta T_c}$ 或 $\Delta T_p \leq 0.5\Delta T_c$，其中 $\Delta T_p$ 是响应测量的采样周期，$\Delta T_c$ 是计算每个控制动作的时间。

**静态增益（直流增益）**：它是在有用（平坦的）频率范围（或在极低频率下）内装置（如测量仪器）的增益（传递函数的大小）。高的静态增益→高灵敏度→增加输出电平，提高响应速度，降低反馈控制系统的稳态误差，但会使系统更不稳定。

**香农采样定理**：以相等步长 $\Delta T$ 对采样信号进行采样，如果被采样信号的频谱频率超过了 $f_c = 1/(2\Delta T) =$

奈奎斯特频率，则无法得到被采样信号频谱的有效信息。

**混叠误差(失真)**：高频频谱将超过奈奎斯特频率的部分折叠到低频处，由于采样→频率为 $f_2$ 的频谱表现为频率为 $f_1$ 的频谱，所以有 $f_2 + f_1 = f_s = 2f_c$，$f_s = 1/(\Delta T)$ 为采样率。注意：增加 $\Delta T$ 可以减少混叠。

**抗混叠滤波器**：截止频率为奈奎斯特频率 $f_c$ 的低通滤波器可以消除混叠；更好的截止频率是 $f_c/1.28$(约 $0.8f_c$)。

**控制系统的带宽设计**：以下是设计控制系统的简单步骤：

步骤 1：根据特定应用程序的要求，决定系统的最大工作频率(工作带宽 $BW_o$)。

步骤 2：至少达到频率 $BW_o$ 时还能够正常工作的过程部件(机电式)。

步骤 3：选择具有远大于 $4 \times BW_o$ 平坦频谱区域的反馈传感器。

步骤 4：开发一个数字控制器，使其对于反馈传感器信号(在传感器平坦的频谱内)来说，采样率$> 4 \times BW_o$，直接数字控制时间周期为 $1/(2 \times BW_o)$。注意：数字控制动作以 $2 \times BW_o$ 的速度来产生。

步骤 5：选择控制驱动系统硬件(如界面模拟硬件、滤波器、放大器和执行器)，该系统有至少为 $BW_o$ 的平坦频谱。

步骤 6：集成系统并测试性能。如果性能指标不满意，则进行必要的调整并再次测试。

**仪器准确度**：在某一特定工作环境中，它表示仪器动态范围内最差的准确度。这取决于：物理硬件，实际工作条件(功率、信号水平、负载、速度和环境条件等)，设计工作条件[仪器设计的工作条件包括正常、稳定的工作条件和极端的暂态条件(如紧急启动和关机)]，仪器设置缺陷，连接在仪器上的其他部件和系统等。

**测量准确度**：测量值(测量量)与真实值(被测量)的接近程度。这取决于仪器精度、测量过程如何进行、测量数据如何呈现(如传输、显示、存储)等。

$$误差 = (仪器读数) - (真实值); \quad 修正值 = - 误差$$

**精确度**：仪器读数的再现性(或可重复性)(如准确时钟的错误时间设定→精确度，不是准确度)。精确度→由低随机误差表示：

$$精确度 = \frac{测量范围}{\sigma_e}$$

$\sigma_e$ 为误差的标准偏差。

**确定性误差**：可重复的(系统的)误差；由平均误差 $\mu_e$ 表示；可以通过重新校准来修正。注意：系统误差较小的装置如果有较高的零均值随机误差，则该装置可能不精确。

**误差分析的困难**：

1. 真实值通常是未知的。

2. 仪器读数可能包含不能精确确定的随机误差(包括有传感器误差的测量系统，以及其他外部干扰输入进入工程系统的随机误差)。

3. 误差可能是由许多变量(输入变量、状态变量、响应变量)构成的复杂函数。

4. 被监控的工程系统可能由许多具有复杂关系的组件组成(动态耦合、多自由度响应、非线性等)，并且每个组件可能都会导致总体误差。

**误差合成中灵敏度的应用**：单个组件或参数对系统输出的贡献由模型 $y = f(x_1, x_2, \cdots, x_r)$ 所表达；$x_i$ 是独立的系统变量或参数，其个体误差被传递到因变量或输出(或参数值)$y$ 中。这个函数关系取决于：组件特性，组件之间是如何相互关联的，组件之间的交互(动态耦合)，以及系统输入(期望的和不受欢迎的)。

$$\frac{\delta y}{y} = \sum_{i=1}^{r} \left( \frac{x_i}{y} \frac{\partial f}{\partial x_i} \frac{\delta x_i}{x_i} \right) \rightarrow e_y = \sum_{i=1}^{r} \left( \frac{x_i}{y} \frac{\partial f}{\partial x_i} e_i \right)$$

其中，$\delta y/y = e_y$ 代表总体(传递的)误差；$\delta x_i/x_i = e_i$ 代表组件误差；$(x_i/y)(\partial f/\partial x_i)$ 是合成误差 $y$ 中 $x_i$ 的无量纲灵敏度。

**绝对值误差**：$e_{ABS} = \sum_{i=1}^{r} \left| \frac{x_i}{y} \frac{\partial f}{\partial x_i} \right| e_i$

**方和根(SRSS)误差**：$e_{SRSS} = \sqrt{\sum_{i=1}^{r} \left( \frac{x_i}{y} \frac{\partial f}{\partial x_i} e_i \right)^2}$

**个体误差的相等贡献**：$\left| \frac{x_1}{y} \frac{\partial f}{\partial x_1} \right| e_1 = \left| \frac{x_2}{y} \frac{\partial f}{\partial x_2} \right| e_2 = \cdots = \left| \frac{x_r}{y} \frac{\partial f}{\partial x_r} \right| e_r \rightarrow e_i = \frac{e_{ABS}}{r \left| (x_i/y)(\partial f/\partial x_i) \right|}$

## 思考题

**6.1** 讨论传感器数据采集系统的准确度是如何受到以下因素影响的：

(a) 放大器的稳定性和带宽

(b) ADC 的负载阻抗

此外，你建议用什么方法来最小化与这些参数相关的问题？

**6.2** 请考虑图 6-4 所示的机械转速计。写出装置的灵敏度和带宽表达式。使用这个例子，指出灵敏度和带宽这两个性能指标通常是相互冲突的。讨论提高该机械转速计灵敏度的方法。

**6.3** 什么是抗混叠滤波器？在一个特殊应用中，传感器信号以 $f_s$ 进行采样。提出在此应用中抗混叠滤波器的截止频率。

**6.4** 假设一个特定信号的感兴趣频率范围是 $0 \sim 200\,Hz$。估计数据的采样率（数字化速度）和抗混叠（低通）滤波器的截止频率。

**6.5** (a) 考虑一个多自由度且拥有灵活关节和连接点的机械手臂。操纵臂的目的是准确地放置有效载荷。假设机器人在运动平面上弯曲的第二个固有频率（即第二柔性模式的固有频率）是第一个固有频率的 4 倍以上。当有效载荷的主频为以下数值时，讨论相关的传感和控制问题（如传感器的类型和位置、控制类型、工作带宽、控制带宽、感知信息的采样率）。

(i) 机器人第一个固有频率的十分之一

(ii) 非常接近机器人的第一个固有频率

(iii) 机器人第一个固有频率的两倍

(b) 一个单连杆空间机器人如图 P6-1 所示。假设该连杆统一长度都是 10m，质量为 400kg。末端执行器和有效载荷的总质量也是 400kg。假设机械臂连杆处是灵活的，尽管其他组件是刚性的。在机器人运动平面内机械臂连杆处弯曲挠度的刚性模量是 $EI = 8.25 \times 10^9 \, N \cdot m^2$。末端有质量的统一悬臂梁的弯曲运动的主要固有频率 $\omega_1 = \lambda_1^2 \sqrt{EI/m}$，其中 $m$ 是单位长度的质量，$\lambda_1$ 是模式 1 的模式形状参数。对于 [悬臂梁质量/末端质量] $= 1.0$，$\lambda_1 l = 1.875$，其中 $l$ 是梁的长度。给出机械臂合适的工作带宽。在反馈控制中估计响应测量使用的合适的采样率。假设执行器和信号调理硬件能够适应这种带宽，那么相应的控制带宽是多少？

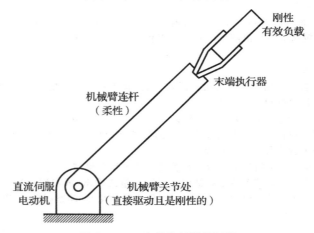

图 P6-1  一个单连杆的机械臂

**6.6** (a) 定义以下术语：传感器、换能器、执行器、控制器、控制系统、控制系统的工作带宽、控制带宽和奈奎斯特频率。

(b) 选择一个实际的动态系统，使它至少有一个传感器、一个执行器和一个反馈控制器。

(i) 简要描述每一个动态系统的目的和操作。

(ii) 对每个系统给出工作带宽、控制带宽、传感器的工作频率范围、反馈控制时传感器信号采样率的合适值。清楚地证明你所给出的值是正确的。

**6.7** 概述以下两种控制方法：基于灵敏度的控制，基于带宽的控制。指出每种方法的缺点，以及为什么每个单独的方法可能不足以控制一个工程系统。

6.8 讨论和对比下列术语：测量准确度，仪器准确度，测量误差，精确度。

此外，对于你选择的模拟传感器–换能器单元，识别和讨论不同的误差来源及减少或解释它们的影响的方法。

6.9 简单地解释测量装置的系统误差和随机误差的含义。可以用什么统计参数来量化这两种类型的误差？举例说明精确度与误差的关系。

6.10 使用 4 个不同的传感器对某一过程中相同的响应变量进行 4 组测量。该响应的真实值被认为是一个常数。假设这 4 组数据如图 P6-2a～d 所示，对这些数据进行分类，并指出相应传感器的精确度、无偏性和准确度。

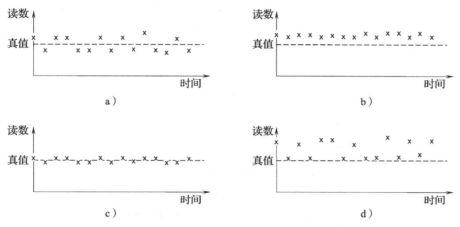

图 P6-2　用不同传感器对同一响应变量进行 4 组测量的结果

6.11 实验可确定机器安装结构的阻尼常数 $b$。首先，直接测量结构的质量 $m$。接着，弹簧刚度 $k$ 通过施加一个静负载来确定，并测量由此产生的位移。最后，使用对数衰减方法来确定阻尼比 $\zeta$，该方法是冲击测试和测量结构的自由响应。该结构的模型如图 P6-3 所示。证明阻尼常数 $b = 2\zeta \sqrt{km}$。

如果在测量值 $k$、$m$ 和 $\zeta$ 时允许的误差水平分别为 $\pm 2\%$、$\pm 1\%$ 和 $\pm 6\%$，估计阻尼常数 $b$ 的绝对误差百分比限制。

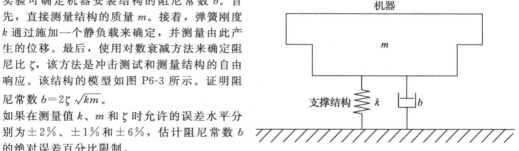

图 P6-3　机器的安装结构模型

6.12 使用 SRSS 方法进行误差合成，确定每个组件 $x_i$ 的部分误差，以便使每个组件对整体误差 $e_{SRSS}$ 的贡献是相同的。

6.13 机械臂的单自由度模型如图 P6-4a 所示。关节电动机的转子惯量为 $J_m$。它通过减速比为 $1:r$（注：$r<1$）的齿轮来驱动一个转动惯量为 $J_1$ 的惯性负载。在此系统中使用的控制方案是所谓的前馈控制（严格来说是"计算转矩控制"）方法。具体地说，就是使用一个合适的动态模型和一个理想机械臂的运动轨迹来计算加速或减速负载所需要的电动机转矩 $T_m$，并且激励电动机绕组是为了产生转矩。典型的轨迹是由一个恒定的角加速度段、一个恒定的角速度段以及一个恒定的减速段组成的，如图 P6-4b 所示。

(a) 忽略摩擦（尤其是轴承摩擦）和减速机的惯量，证明在运动轨迹中加速和减速段的转矩计算动态模型是 $T_m = (J_m + r^2 J_1)\ddot{\theta}_1/r$，其中 $\ddot{\theta}_1 = a_1$ 是负载的角加速度。证明整个系统可以建模为一个在电动机转速下旋转的单一惯性单元。利用此结果，讨论齿轮传动对机械传动的影响。

(b) 令 $r=0.1$，$J_m=0.1\mathrm{kg \cdot m^2}$，$J_1=1.0\mathrm{kg \cdot m^2}$，$a_1=5.0\mathrm{rad/s^2}$，估计这 4 个量的允许误差，以便它们在计算转矩中合成误差限于 $\pm 4\%$，并且要求这 4 个量对于计算转矩 $T_m$ 的贡献相同。使用绝对值法进行误差合成。

(c) 对于问题中给出的数值，四个量按照准确度依次递减排序。

(d) 假设 $J_m = r^2 J_1$。讨论 $r$ 的误差对 $T_m$ 误差的影响。

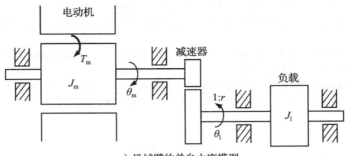

a）机械臂的单自由度模型

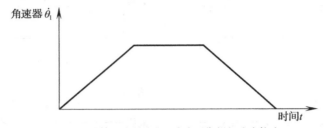

b）计算转矩控制的典型参考（期望）速度轨迹

图    P6-4

6.14  执行器（如电动机、液压活塞机构或活塞）可用于驱动机械臂的终端装置（如夹具、手、活动的远中心柔顺手腕）。终端装置的功能是力发生器。该系统的示意如图 P6-5 所示。证明位移误差 $e_x$ 与力误差 $e_f$ 通过 $e_f = \dfrac{x}{f}\dfrac{\mathrm{d}f}{\mathrm{d}x}e_x$ 相关联。

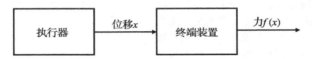

图 P6-5    机械臂终端装置的原理图

执行器在实际应用中是 100% 准确的，但是它有一个初始位置误差 $\delta x_。$（在 $x = x_。$ 时）。为终端装置设置一个合适的传递关系 $f(x)$，以使力误差 $e_f$ 在装置的动态范围内保持恒定。

6.15  （a）清楚地解释为什么在假定误差参数为高斯（正态）分布且独立时，"SRSS" 误差合成方法优于"绝对值" 方法。

（b）液压脉冲发生器（HPG）可用于各种应用，如岩石爆破、射弹、地震信号生成等。在典型的HPG 中，高压水通过高速控制阀间歇性地从蓄水池中注入放水枪中。脉动式水流通过激波管排出，可用于爆破花岗岩。HPG 的模型为 $E = aV\left(b + \dfrac{c}{V^{1/3}}\right)$，其中 $E$ 是液压脉冲能量（kJ）；$V$ 是爆炸负载的体积（$\mathrm{m}^3$）；$a$、$b$、$c$ 为模型参数，其值可通过实验确定。假设该模型用于估计特定脉冲能量（$E$）材料的爆炸体积（$V$）。

（i）假设模型参数 $a$、$b$、$c$ 的估计误差值是独立的，并且可以用适当的标准偏差表示，写出有关部分误差 $e_a$、$e_b$ 和 $e_c$ 与估计爆炸体积的部分误差 $e_v$ 之间的关系式。

（ii）假设 $a = 2175.0$，$b = 0.3$，$c = 0.07$，三者单位一致，证明 $E = 219.0\mathrm{kJ}$ 的脉冲能量可爆破的物质体积约为 $0.6^3\,\mathrm{m}^3$。如果 $e_a = e_b = e_c = \pm 0.1$，估计这个预测体积的部分误差 $e_v$。

6.16  误差合成的绝对值方法适用于误差贡献是加性的（相同的符号）情形。在什么情况下，SRSS 方法比绝对值方法更合适？

图 P6-6 显示了直流电动机转速控制系统的简化框图。证明在拉普拉斯域，电动机转速 $y$ 中的部分误差 $e_y = -\dfrac{\tau s}{(\tau s + 1 + k)}e_\tau + \dfrac{(\tau s + 1)}{(\tau s + 1 + k)}e_k$，其中 $e_\tau$ 是时间常数 $\tau$ 的部分误差，$e_k$ 是开环增益 $k$ 的部分误差，而参考速度指令 $u$ 假设无误差。根据下面的要求写出系统在频域（$s = \mathrm{j}\omega$）的绝对误差合成关系。

(a) 在低频段，$k$ 中误差的贡献将占主导，且该误差可以通过增大增益来减小。

(b) 在高频段，$k$ 和 $\tau$ 将对速度误差有同等的贡献并且该误差不能通过增大增益而减小。

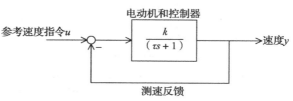

图 P6-6　直流电动机速度控制系统

6.17 (a) 在分析多组件系统误差合成时，对"绝对误差"方法与"SRSS"方法进行比较。指出一种方法优于另一种方法的情况。

(b) 图 P6-7 展示了用于生产钢坯的机器示意图。容器(称为浇铸盘)内的钢水倒入一个有矩形截面的铜模具中。该模具有一个有通道的钢制导管架，它可以将冷却水向上输送到铜模具周围。经过适当润滑的模具使用振动器(机电式或液压)进行振荡，以促进在里面固化的钢剥离。一套动力驱动的摩擦辊为将固化的钢条输送到切割台提供拔出力。钢坯切割机(火炬或剪切式)将钢条切割成合适长度的钢坯。

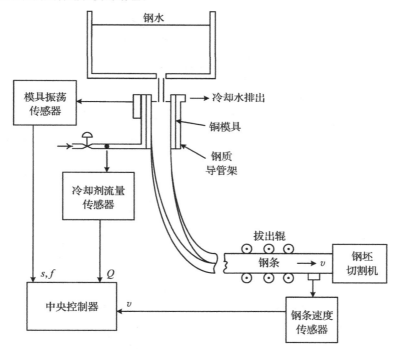

图 P6-7　钢坯连铸机

该机器生产的钢坯质量是由多种因素决定的，包括各种类型的裂缝、变形问题(如菱形和振荡标记等)。对以下变量进行适当的控制，可以得到质量上的提高：$Q$ 是冷却剂(水)流量，$v$ 是钢条的速度，$s$ 是模具振荡的行程，$f$ 是模具振荡的循环频率。具体地说，这些变量被测量并传送到钢坯连铸机的中央控制器，从而为冷却剂阀控制器、拔出辊驱动控制器和振动器控制器生成适当的控制指令。

非量纲质量指数 $q$ 已经根据测量表示为

$$q = \frac{1 + \dfrac{s}{s_\circ}\sin\dfrac{\pi}{2}\left(\dfrac{f}{f_\circ + f}\right)}{(1 + \beta v/Q)}$$

其中 $s_\circ$、$f_\circ$ 和 $\beta$ 为控制系统的操作参数并且是准确已知的。在正常操作条件下，(大约)可以满足以下条件：$Q \approx \beta v$，$f \approx f_\circ$，$s \approx s_\circ$。注意：如果传感器读数不正确，则控制系统将无法正常工作，钢坯质量会恶化。因此提出了利用"绝对误差"法确定传感器误差对钢坯质量的影响。

(i) 根据传感器读数的部分误差 $\delta v/v$、$\delta Q/Q$、$\delta s/s$ 和 $\delta f/f$ 推导出质量恶化 $\delta q$ 的表达式。

(ii) 如果测量钢条速度的传感器的误差是已知的 $\pm 1\%$，确定其他 3 个传感器的允许误差百分比，这样在正常工作条件下，这 4 个传感器对于质量指数的误差贡献就会相等。

6.18 考虑图 P6-6 所示的伺服控制系统。注意，$k$ 是等效增益，$\tau$ 是电动机及其控制器的总体时间常数。

(a) 写出闭环传递函数 $y/u$ 的表达式。

(b) 在频域中，表明当对系统响应的参数误差贡献相等时，我们应该有 $e_k/e_\tau = \tau\omega/\sqrt{\tau^2\omega^2+1}$，其中部分误差(或变化)对于增益来说是 $e_k = |\delta k/k|$，对于时间常数来说是 $e_\tau = |\delta\tau/\tau|$。

使用这种关系，解释为什么在低频下控制系统中时间常数 $\tau$ 的容错比增益 $k$ 更大。同时表明在非常高的频率下，这两个容错几乎是相等的。

6.19 在电缆上 $P$ 点的拉力 $T$ 可以用已知的电缆垂度 $y$、电缆长度 $s$、电缆单位长度的质量 $\omega$ 和在点 $O$ 的最小拉力 $T_\circ$ 来计算(见图 P6-8)。可适用的关系为 $1+\dfrac{\omega}{T_\circ}y = \sqrt{1+\dfrac{\omega^2}{T^2}s^2}$

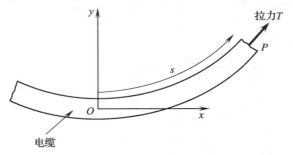

图 P6-8　误差合成的电缆张力

(a) 对于一个特定装置，给出 $T_\circ = 100$lbf($1$lbf $= 4.448\,22$N)。测量得到以下参数值：$\omega = 1$lb/ft ($1$lb $= 0.453\,592\,37$kg，$1$ft $= 0.3048$m)，$s = 10$ft，$y = 0.412$ft，计算拉力 $T$。

(b) 另外，在这个例子中，如果测量值 $y$ 和 $s$ 都有 $1\%$ 的误差，并且测量值 $\omega$ 有 $2\%$ 的误差，则估计 $T$ 中的误差百分比。

(c) 现在假设 $T$ 中的相等误差贡献由 $y$、$s$ 和 $\omega$ 构成，对应 $y$、$s$ 和 $\omega$ 的百分比误差是多少才能使 $T$ 的整体误差等于问题前一部分的计算值？根据等贡献标准，在 3 个量 $y$、$s$ 和 $\omega$ 中哪个量需要测量得最准确？

6.20 在问题 6.19 中，假设所指定的百分比误差值实际上是对 $y$、$s$ 和 $w$ 进行测量的标准偏差，估计拉力 $T$ 估计值的标准偏差。

6.21 热敏电阻(温度传感器，参见第 10 章)中电阻 $R(\Omega)$ 与温度 $T(K)$ 的经验关系式为 $R = R_\circ \exp\left[\beta\left(\dfrac{1}{T}-\dfrac{1}{T_\circ}\right)\right]$。经验参数 $R_\circ$ 是热敏电阻在参考温度 $T_\circ$ 下的电阻。鉴于在 $T_\circ = 298$K(即 $25℃$)时 $R_\circ = 5000\Omega$ 并且"特征温度值"$\beta = 4200$K。在典型的传感过程中，测量电阻 $R$，并使用之前的公式(热敏电阻模型)计算相应的温度 $T$。$R$ 有测量误差并且 $R_\circ$ 有模型误差。

(a) 采用绝对误差法，令 $R$ 和 $R_\circ$ 的部分误差分别为 $e_R$ 和 $e_{R_\circ}$，推导出温度测量(估计)中合成误差 $e_T$ 的方程。

(b) 假设在 400K 的温度下，$e_{R_\circ} = \pm 0.02$，$e_R = \pm 0.01$。在测量(估计)温度中，部分误差 $e_T$ 是多少？

(c) 在更高的温度下你希望 $e_T$ 增加或减少吗？为什么？

6.22 钢轧机的质量控制系统采用接近传感器以测量在表中每米轧制钢(钢规)的厚度，并根据最后 20 次的测量结果对轧机控制器进行调整。具体来说，除非在钢板平均厚度在 $\pm 1\%$ 范围内的样本均值超过 0.99 的概率下，控制器才作出调整。一组典型的以毫米为单位的测量值为：

| | | | | | | | | | |
|------|------|------|------|------|------|------|------|------|------|
| 5.10 | 5.05 | 4.94 | 4.98 | 5.10 | 5.12 | 5.07 | 4.96 | 4.99 | 4.95 |
| 4.99 | 4.97 | 5.00 | 5.08 | 5.10 | 5.11 | 4.99 | 4.96 | 4.90 | 4.10 |

在这些测量基础上，检查钢规控制器是否需要进行调整。

第 7 章

# 测量结果的估计

**本章主要内容**

- 传感和估计
- 最小二乘点估计
- 数据和估计的随机性
- 最小二乘线估计
- 估计的质量
- 最大似然估计（MLE）
- 贝叶斯定理对最大似然估计的证明
- 递归最大似然估计
- 离散最大似然估计
- 标量静态卡尔曼滤波器
- 线性多变量动态卡尔曼滤波器
- 状态空间模型
- 线性卡尔曼滤波器算法
- 扩展卡尔曼滤波器
- 无迹卡尔曼滤波器

## 7.1 传感与估计

在使用传感器系统时，被测量可以是常数（如机械臂连杆的转动惯量）、一个批次产品的平均特性（如一批滚珠球轴承的平均内径及其变化范围）、变化参数（如随着温度变化的应变片电阻）或过程变量（如车速）。然而由于以下两个主要原因，传感器的测量值可能不会对所需参数或变量提供真实值：

1. 测量的数值可能不是所需的量，并且必须从使用合适"模型"中得到的测量值（或值）计算出来。

2. 由于传感器（或传感过程）并不完美，所以将会引入"测量误差"。

传感可以看作有关估计的问题，其中被测量的"真实值"使用被测数据"估计"。显然，"模型误差"和"测量误差"这两大类误差会进入到估计过程，并将影响结果的准确性。

基本概念如图 7-1 所示，过程模型是由被测量 $\theta$ 的函数 $f_p(\theta)$ 来体现的。在一些情况下，该函数可以是非线性和"动态的"（即不是代数函数而是微分方程），也可能包括未知和随机影响。换言之，可能会产生模型误差。注意：类别 1 中的误差也包括不符合要求和随机的输入（干扰），并且这些输入（干扰）可以进入动态系统（过程）中，这是因为它们也会影响测量数据，从而影响使用该数据的估计值。

在图 7-1 中，通过被测量 $\theta$ 表示的函数 $f_m(\theta)$ 也可以是非线性的、"动态的"（由于传感器的动态特性），通常也可以包括未知和随机影响（例如，传感器噪声和测量中的误差）。总而言之，测量可能既不直接也不精确。估计器通过一些方法使用可用信息[模型 $f_p(\theta)$ 和测量数据 $f_m(\theta)$]来生成被测量 $\hat{\theta}$ 的估计值。由于信息不准确或不完整，所以估计也会不精确，一个最理想的估计器将根据特定标准（例如，最小二乘误差）来确定"最佳"估计。

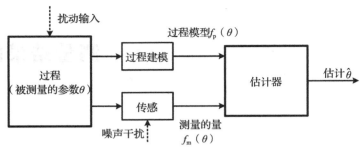

a）在估计中使用模型误差和测量误差

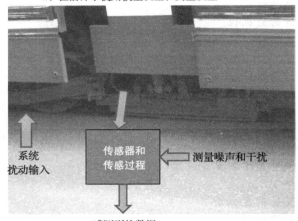

b）输入扰动和测量误差的例子

图　7-1

传感过程中使用许多参数估计的方法，其中一些方法同时使用全部测量数据来估计所需量，这是一种"非递归"方法。另外一些方法使用已生成的测量数据，并且"更新"或"改善"每个步骤的实时结果（也就是在传感过程的每一步中当前估计值和新数据都用于计算新估计值），这就是"递归"方法。例如，卡尔曼滤波器是用于参数估计的递归方法，它明确地解决了"模型误差"和"测量误差"，以获得最佳估计（使误差平方最小化）。显然，如果测量的量本身随时间而变化，则必须使用递归或时变方法进行参数估计。

在本章中，我们将学习最小二乘估计（Least-Squares Estimation，LSE）、最大似然估计（Maximum Likelihood Estimation，MLE）和卡尔曼滤波的 4 个版本。卡尔曼滤波的 4 个版本是：标量静态卡尔曼滤波；线性多变量动态卡尔曼滤波器；扩展卡尔曼滤波器（Extended Kalman Filter，EKF），其适用于非线性情况；无迹卡尔曼滤波器（Unscented Kalman Filter，UKF），也适用于非线性情况，并且具有优于 EKF 的优点，因为它直接考虑了随机特性通过系统非线性的传递。附录 C 给出了与概率和统计相关的基础知识，同时附录 D 概述了多组件系统的可靠性考虑和相关概率模型。

## 7.2　最小二乘估计

在 LSE 中，我们通过最小化数据与数据模型之间的误差平方和（SSE，sum of squared error）来估计未知参数。因此，这是一种"最佳"估计方法。未知参数是模型参数，如果模型是线性的，则我们有线性 LSE，反之，如果模型是非线性的，则我们有非线性 LSE。

### 7.2.1　最小二乘点估计

在最小二乘点估计中，使用参数的一批测量值（具有误差）来估计未知的常参数，使得数据集与估计值之间的 SSE 最小化。假设使用一些重复测量的数据可以估计常参数(如质量)值,那么对参数的合理估计就是数据集的均值(批处理操作),可以看出,这也是最小二乘意义上的最优估计。

注意:该方法适用于:重复测量同一对象(具有测量噪声)的相同参数;测量一批名义上相同的被测对象中每个对象的特定参数。

为了表明这一点,假设利用传感器重复测量(具有随机误差)未知值 $m$ 的常参数 $N$ 次,以生成数据集$\{\Upsilon_1,\ \Upsilon_2,\ \cdots,\ \Upsilon_N\}$。注意:按照惯例,我们使用大写字母"$\Upsilon$"表示数据,以强调包含"随机"误差。而数据集中的 SSE 是

$$e = \sum_{i=1}^{N} (\Upsilon_i - m)^2 \tag{7-1}$$

为了找到 $m$ 值(即未知常数 $m$ 的估计值$\hat{m}$)的最小化误差平方(即产生最小二乘误差),我们将 $e$ 相对于(关于)$m$ 求导,并令其等于零:

$$\sum_{i=1}^{N} 2 \times (\Upsilon_i - m) \times (-1) = 0$$

可以得到

$$\hat{m} = \frac{1}{N} \sum_{i=1}^{N} \Upsilon_i \tag{7-2}$$

由式(7-2)可知,该结果表明最小二乘点估计(最优估计)是数据的样本均值。

注意:在这里,过程"模型"只是一个"标识"或"无变化"操作(标量情况下是"1"),因为模型(静态)是我们需要测量的常参数。

假设这个模型是正确的,那么唯一出现的误差就是测量误差。或者模型误差和测量误差都可以集成到单个误差参数中,尽管不能区分出两者。

注意:测量误差可能来自传感器和测量过程。

显然,所有误差都会影响式(7-2)给出的估计精确度。

式(7-2)给出的估计是一个"批处理"操作,其中同时使用整个数据集。因此,它必须离线执行。该操作可以转换为"递归"方案,其可以在测量数据时在线执行,如下所示:

$$\hat{m}_1 = \Upsilon_1$$
$$\hat{m}_{i+1} = \frac{1}{i+1}(i \times \hat{m}_i + \Upsilon_{i+1}) \quad i = 1, 2, \cdots \tag{7-3}$$

随着更多数据的出现,估计的精确度可能会增加(假设测量或估计量是常数,误差是随机的)。

### 7.2.2　数据和估计的随机性

在以前的点估计情况下,使用该量的直接测量值来估计非随机、恒定的量。过程"模型"只是一个"标识"或"无变化"操作(在标量情况下是"1"),因为模型(静态)是估计的常参数本身。模型误差(或模型随机性)未明确考虑。当然,测量中的随机性通过传感器的随机误差和测量过程影响估计。在最小二乘点估计中,我们不能将测量随机性的任何相关问题纳入估计过程。尽管测量随机性(和模型随机性)的影响会随重复测量的次数而减少。然而,任何常数误差(偏差、偏移或非零均值误差)都不会消除或减少。

假设已知传感器和测量过程具有随机误差,其由组合方差 $\sigma_m^2$ 表示。

注意:零均值模型误差可能并入此方差。当然,一旦并入,误差的两种组分是不可区分的。

此外,假设每次测量与数据集$\{\Upsilon_1,\ \Upsilon_2,\ \cdots,\ \Upsilon_N\}$中的其他测量无关。更具体地说,我们假设 $\Upsilon_i$ 是"独立相同分布的"(缩写为"iid")的随机变量(即它们具有相同的概率分

布）。注意：由于每次测量都是一个随机变量，因此，估计值 $\hat{m} = \dfrac{1}{N}\sum\limits_{i=1}^{N}\Upsilon_i$ 也是一个随机变量（因为它是测量"随机"数据的函数）。所以估计的方差是

$$\mathrm{Var}(\hat{m}) = \mathrm{Var}\left[\frac{1}{N}(\Upsilon_1 + \Upsilon_2 + \cdots + \Upsilon_N)\right] = \frac{1}{N^2}\mathrm{Var}(\Upsilon_1 + \Upsilon_2 + \cdots + \Upsilon_N)$$

$$= \frac{1}{N^2}\left[\mathrm{Var}(\Upsilon_1) + \mathrm{Var}(\Upsilon_2) + \cdots + \mathrm{Var}(\Upsilon_N)\right] = \frac{N\sigma_m^2}{N^2}$$

所以得到

$$\mathrm{Var}(\hat{m}) = \sigma_{\hat{m}}^2 = \frac{\sigma_m^2}{N} \tag{7-4}$$

或者

$$\sigma_{\hat{m}} = \frac{\sigma_m}{\sqrt{N}} \tag{7-5}$$

这个结果证实了我们之前的说法，随着"测量样本"中数据项数量的增加，估计的随机性会降低（精度提高）。此外，正如预期的那样，由于测量过程（包括传感器）的精度提高，所以从式(7-5)可以看出估计的随机性也会降低（精度提高）。

**例 7.1**

测量仪器产生标准偏差(std)为 1％的随机误差。假设每个测量值之间相互独立，为了将测量值误差的标准偏差降低到 0.05％以下，平均需要多少次测量？

**解：** 在这里，因为 $X_i$ 是 iid，所以从平均测量式(7-4)中可以得到 $\mathrm{Var}(\overline{X}) = \sigma^2/N$ 和 $\mathrm{Std}(\overline{X}) = \sigma/\sqrt{N}$。

又由于 $\sigma = 1％$、$\sigma/\sqrt{N} < 0.05％$，所以

$$\frac{1}{\sqrt{N}} < 0.05 \rightarrow N > 400$$

因此，为了满足要求，应该平均超过 400 次测量才可以达到指定的精度。

### 7.2.2.1　模型随机性与测量随机性

除了测量过程（包括传感器）中的随机性之外，测量（估计）量本身的分析表示也包含一些随机分量。具体来说，模型有随机性。除了生成数据的过程（系统）分析表示之外，该模型还可以包括测量数量与估计数量之间的关系。

为了说明相关概念，需要考虑高精度制造工艺，其中根据紧密度公差（纳米级）生产轴承珠。特别是，轴承珠的"圆度"是轴承珠质量控制的重要参数。为此，假设从已制造的批次中随机选择特定公称直径（所需尺寸）的轴承珠样品，使用圆度探头测量每个球的直径。

图 7-2 中描绘了典型的"圆度感应"系统。这个感应装置有一个转盘，可以在它上面放置一个轴承珠，探头与轴承珠接触，装置中的伺服机械装置确保持续保持与轴承珠的接触。当转盘旋转时，探头会根据轴承珠的外侧面移动，差动变压器感应（见第 8 章）探头的运动，并记录它。轴承珠直径的最大偏差以这种方式来测量，对于这样一个传感系统，一个典型的传感器精度是 ±25nm，典型的传感器分辨率为 5nm。

在这个测量过程中，随机选择一组轴承珠样

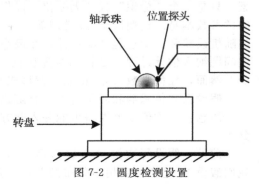

图 7-2　圆度检测设置

品，测量样品也依次随机选择。此外，由于制造过程中的随机效应，实际轴承珠的直径也随机变化(尽管在一定的公差范围内，这限制了可以接受的生产质量)。因此，由于以下原因，每个轴承珠的数据存在随机性：

1. 每个轴承珠的制造过程
2. 从生产批次中选择轴承珠的样品组
3. 从样品集中选择一个轴承珠
4. 在圆度检测装置中轴承珠的放置和探头接触
5. 探头误差(传感器)

原因 1 将随机性引入"过程模型"本身，它将直接影响产品质量。原因 2~5 都对应于测量过程中的随机性，该过程间接影响产品质量(通过产生实际圆度的不准确估计)。

在本应用中，考虑一组测量数据 $\{\Upsilon_1, \Upsilon_2, \cdots, \Upsilon_N\}$，测量过程的目标是确定所生产的轴承珠"质量"，假设用于此目的的模型(表示产品质量)由两个量组成：

1. 样本均值定义为

$$\overline{\Upsilon} = \frac{1}{N} \sum_{i=1}^{N} \Upsilon_i \tag{7-2}$$

2. 样本方差定义为

$$S^2 = \frac{1}{N-1} \sum_{i=1}^{N} (\Upsilon_i - \overline{\Upsilon})^2 \tag{7-6}$$

这两个量称为"无偏估计"。具体而言就是，将样品均值的预期值($E$)等于真实均值，样本方差的期望值等于真实方差值。这里，假设测量值 $\Upsilon_i$ 是均值为 $\mu$ 和方差为 $\sigma^2$ 的 iid 随机变量。

注意：在本测试过程中，iid 假设是非常有效的，因为每次测量都不考虑任何其他测量，并且测量的随机性非常相似。

由此可以看出，两个估计值[见式(7-2)和式(7-6)]的期望值等于测量的均值和方差，即

$$E(\overline{\Upsilon}) = \mu \tag{7-7}$$

$$E(S^2) = \sigma^2 \tag{7-8}$$

如前所述，在目前情况下，测量数据的随机性来自模型随机性和测量随机性(前面所列的 5 种类型)。然而，在目前的估计方法中，各种类型的贡献不是单独处理的，而是以综合方式表示的。

### 7.2.2.2　数据与估计中的随机性

应该重点强调的是，随机过程中信号的随机性，而不是描述随机过程的参数(如均值 $\mu$ 和标准偏差 $\sigma$)。此外，随机过程测量的数据也是随机的(即如果重复测量，则不可能获得完全相同的数据)。因此，利用数据计算得来的"估计"(如样本均值和样本标准偏差)也是随机的。

### 例 7.2

圆度传感器对于同一生产批次的 10 个轴承珠样品产生以下一组直径测量值(mm)：

　　5.01　5.01　5.02　4.95　4.98　4.99　4.99　5.01　5.02　4.99

为了处理这些数据，我们使用 M 文件给出的脚本定义 MATLAB© 函数 Stat.m：

```
x=[5.01 5.01 5.02 4.95 4.98 4.99 4.99, 5.01 5.02 4.99]
Sample_mean=mean (x) %Calculates sample mean of array x
Sample_variance=var(x) %Calculates sample variance of array x
```

现在，根据式(7-2)和式(7-6)计算数据数组 $x$ 的样本均值和样本方差(或均值误差平方)如下：

```
>> Stat
x =
    5.0100    5.0100    5.0200    4.9500    4.9800    4.9900    4.9900
    5.0100    5.0200    4.9900
Sample_mean =
    4.9970
Sample_variance =
    4.6778e-04
>>
```

故可以将样品均值 4.997mm 作为此批量轴承珠的直径估计值。样品标准偏差 0.021 63mm 是此批量的尺寸精度的量度。

注意：在本示例中，估计中的误差来自制造过程误差和测量误差的组合效应。

### 7.2.3    最小二乘线估计

在最小二乘法线估计中，一条线（可以是线性的也可以是非线性的）与数据进行拟合，使得数据集和线之间的 SSE 被最小化。在这种情况下，该线是"模型"，并由多个参数表示。（注意：需要两个参数来表示一条直线，需要三个参数来表示一个二次函数等）。由于当绘制对数刻度时，许多代数表达式变为线性，因此当使用对数-对数轴时，线性（直线）拟合会变得更加准确。

显然，线性最小二乘拟合是一种估计方法，它可以"估计"输入/输出模型（过程模型）的两个参数，即直线。它将给定的一组数据拟合于直线，使得平方误差最小。估计的直线称为"线性回归线"。在与传感和仪器仪表的相关内容中，它也称为"平均校准曲线"。仪器线性度可以由输入/输出数据（或非线性的实际校准曲线）的最大偏差来表示，这些数据来自数据的最小二乘法直线拟合（或平均校准曲线）。LSE 属于"模型识别""系统识别"或"实验建模"的一般课题，其中模型（静态或动态）适用于数据。基本上，模型参数需要估计，估计动态（非代数）模型的参数处理超出了本书研究的范围。

考虑 $N$ 对数据 $\{(X_1, Y_1), (X_2, Y_2), \cdots, (X_N, Y_N)\}$，其中 $X$ 表示自变量（输入变量），$Y$ 表示正在"识别"的"过程"或"系统"的因变量（输出变量）。假设估计的线性回归（线性模型）由下式表示

$$Y = mX + a \tag{7-9}$$

其中，$m$ 是斜率；$a$ 是直线的截距。

对于自变量 $X_i$，回归线上的因变量为 $(mX_i + a)$，但因变量的测量值为 $Y_i$。相应的误差（或残差）为 $(Y_i - mX_i - a)$。因此，所有数据点的 SSE 为

$$e = \sum_{i=1}^{N} (Y_i - mX_i - a)^2 \tag{7-10}$$

我们必须最小化 $e$，而 $e$ 与参数 $m$、$a$ 相关，故需要使 $\partial e/\partial m = 0$，$\partial e/\partial a = 0$。通过对式(7-10)进行微分，得到 $\sum_{i=1}^{N} X_i(Y_i - mX_i - a) = 0$，$\sum_{i=1}^{N} (Y_i - mX_i - a) = 0$。

将这两个式子除以 $N$ 并使用样本均值的定义，得到

$$\frac{1}{N} \sum X_i Y_i - \frac{m}{N} \sum X_i^2 - a\overline{X} = 0 \tag{i}$$

$$\overline{Y} - m\overline{X} - a = 0 \tag{ii}$$

将两个式子联立，得到

$$m = \frac{1/N \sum_{i=1}^{N} X_i Y_i - \overline{X}\,\overline{Y}}{1/N \sum_{i=1}^{N} X_i^2 - \overline{X}^2} \tag{7-11}$$

参数 $a$ 不必在这里明确表达，因为通过使用式(7-9)和式(ii)，可以消除 $a$，并且线性回归线的表达如下

$$\Upsilon - \overline{\Upsilon} = m(X - \overline{X}) \tag{7-12}$$

然而，从式(7-4)可以看出，$a$ 是 $\Upsilon$ 轴截距(即当 $X=0$ 时 $\Upsilon$ 的值)，并且根据式(ii)，有

$$a = \overline{\Upsilon} - m\overline{X} \tag{7-13}$$

### 7.2.4 估计的质量

估计的"质量"与"优度"取决于许多因素，例如：

- 数据的准确度
- 数据集的大小
- 估算方法
- 用于估计的模型(如线性拟合、二次拟合)
- 估计参数的数量

接下来定义一些有用的误差统计，它们表示最小二乘误差拟合的"优度"。

SSE：这是每个数据点相对于最佳拟合对应点的误差平方和。特别地，

$$SSE = \sum_{i=1}^{N} (\Upsilon_i - \hat{\Upsilon}_i)^2 \tag{7-14}$$

其中，$\Upsilon_i$ 是测量数据值；$\hat{\Upsilon}_i$ 是由最佳拟合线预测的对应值(即最小二乘误差对应于的线)。

越接近于零的值表示模型和数据越匹配(即更准确，随机误差较小)。

均方误差(MSE)：这是 SSE "调整后"的均值，由下式给出

$$MSE = \frac{1}{N - M} \sum_{i=1}^{N} (\Upsilon_i - \hat{\Upsilon}_i)^2 \tag{7-15}$$

其中 $M$ 是通过曲线拟合估计的系数(拟合固化)的数量。数字 $N-M$ 称为"剩余自由度"。注意：对于线性拟合，$M=2$。

对于这种"调整后平均"的理由是比较清楚的。特别地，当使用相同数量的数据点来估计更多的模型系数时，估计精度将会更低。

均方根误差(RMSE)：这是 MSE 的平方根。

R 平方：这也称为"决定系数"。它定义为

$$R\text{-squared} = 1 - \frac{SSE}{\sum_{i=1}^{N} (\Upsilon_i - \overline{\Upsilon})^2} \tag{7-16}$$

其中 $\overline{\Upsilon}$ 是所有数据点的均值。

注意：在式(7-16)中，SSE 表示数据与模型的偏差。分母表示数据与其简单均值的偏差(通常，平均不是一个好的模型)。

因此，R 平方表示数据与模型匹配的程度。为了数据与模型曲线更好地拟合，我们希望 R 平方的值接近于 1。

校正 R 平方：对于给定的一组数据，当拟合曲线中的系数数量增加时，估计的准确度一般会降低。这将考虑到校正 R 平方中，其定义为

$$Adjusted\ R\text{-squared} = 1 - \frac{MSE}{VAR} \tag{7-17}$$

其中，MSE 是由式(7-15)给出的均方误差；VAR 是数据的样本方差，由式(7-6)给出。

注意：在式(7-14)至式(7-17)的求和中，可以包括每个数据值 $\Upsilon_i$ 的权重 $w_i$。权重可以为先验因素，它代表特定数据值的准确性和重要性。在前面给出的公式中，我们已赋予所有数据值相同的权重(即 $w_i=1$)。

### 例 7.3

考虑图 7-3 所示的电容电路。

首先，使用恒定的直流电压源（开关在位置 1）将电容充电到电压 $v_o$，然后通过已知电阻 $R$（开关位于位置 2）进行放电。放电期间的电压衰减以已知的时间增量进行测量，假设进行了 3 个单独的测试，测量数据在表 7-1 中给出。

如果电阻精确地为 $1000\Omega$，则请以微法（$\mu F$）和源电压 $v_o$（V）估计电容 $C$。

**解：**为了解决这个问题，假设电容电压自由衰减的通用表达式为：

$$v(t) = v_o \exp\left[-\frac{t}{RC}\right] \qquad (i)$$

取式（i）的自然对数：

$$\ln v = -\frac{t}{RC} + \ln v_o \qquad (ii)$$

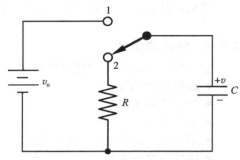

图 7-3    用于最小二乘估计的电容电路

### 表 7-1    电容放电数据

| 时间 $t$(s) | 0.1 | 0.2 | 0.3 | 0.4 | 0.5 |
| --- | --- | --- | --- | --- | --- |
| 电压(V) | | | | | |
| 测试 1 | 7.3 | 2.8 | 1.0 | 0.4 | 0.1 |
| 测试 2 | 7.4 | 2.7 | 1.1 | 0.3 | 0.2 |
| 测试 3 | 7.3 | 2.6 | 1.0 | 0.4 | 0.1 |

对于 $\varUpsilon = \ln v$ 和 $X = t$，式（ii）表示具有斜率的直线

$$m = -\frac{1}{RC} \qquad (iii)$$

以及 $\varUpsilon$ 轴截距为

$$a = \ln v_o \qquad (iv)$$

使用所有数据，可以计算总体样本均值和两个有用的求和：

$$\overline{X} = 0.3; \quad \overline{\varUpsilon} = -0.01335;$$

$$\frac{1}{N}\sum X_i \varUpsilon_i = -0.2067; \quad \frac{1}{N}\sum X_i^2 = 0.11$$

现在将这些值代入式（7-11）和式（7-13），得到

$$m = -10.13 \quad \text{和} \quad a = 3.02565$$

然后利用式（iii）得，其中 $R=1000$，有 $C=1/(10.13\times1000)F=98.72\mu F$，从式（iv）得到，$v_o = 20.61V$。

**注意：**在这个问题中，如果没有对线性拟合使用对数缩放，则估计误差会更大。

我们可以通过在 MATLAB 中使用线性最小二乘法误差曲线拟合来获得此例的详细结果。特别是可以使用 M 文件：

```
x1=0.1:0.1:0.5; %one segment of x data as a row vector
x=[x1,x1,x1]; %assemble the three segments of x data as a row vector
x=x'; %convert x data to a column vector
y=[7.3,2.8,1,0.4,0.1,7.4,2.7,1.1,0.3,0.2,7.3,2.6,1.0,0.4,0.1]; %y data
as a row vector
y=log(y); %convert y data to log scale row vector
y=y'; %convert y data to a column vector
xlabel('Time (s)'), ylabel('Ln Voltage') %Label the axes
fit(x,y,'poly1')
```

MATLAB 的运行结果

```
Linear model Poly1:
     f(x) = p1*x + p2
```

```
Coefficients (with 95% confidence bounds):
      p1 =       -10.13   (-10.82, -9.445)
      p2 =        3.027   (2.798, 3.255)

Goodness of fit:
  SSE: 0.3956
  R-square: 0.9873
  Adjusted R-square: 0.9863
  RMSE: 0.1744
```

得到的线性最小二乘误差拟合如图 7-4 所示。

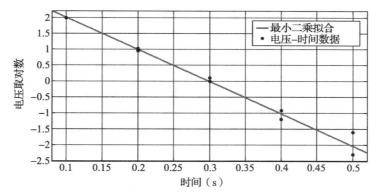

图 7-4　线性最小二乘误差拟合

正如在本节开头所指出的，最小二乘曲线拟合不限于线性（即直线）拟合。该方法可以扩展到任意阶次的多项式拟合。例如，在二次拟合中，数据将拟合到二阶（即二次）多项式。在这种情况下，有 3 个未知参数，这将通过最小化 SSE 来确定。

## 7.3　MLE

在最小二乘估计误差方法（LSE）中，我们将数据与估计之间的均方误差最小化。尽管 LSE 是一种"优化"方法，但它并不一定是最佳的估计方法，因为它隐含地假设模型本身非常准确（类似于先有鸡还是先有蛋的争议），或者它不能分开考虑模型误差和测量误差。例如，如果数据的实际行为是非线性的，但拟合模型是线性的，则 LSE 无法正确补偿它。此外，如果数据具有系统误差（偏移量），则 LSE 方法无法消除它。

参数估计的另一种有效方法是最大似然法（MLE），在 MLE 方法中，考虑到拥有的数据集，我们将估计值的可能性最大化。换句话说，我们估计（随机）过程的正确参数值，以便"最有可能"生成我们拥有的数据集。在计算中，MLE 方法通常表示为递归算法。递归估计的一个特点是随着提供的数据值越来越多，它可以改善估计。

注意：MLE 可以同时估计多个参数（即参数向量）。

MLE 方法假设数据具有特定的概率分布，它是通过该方法估计的概率函数的参数。假设概率分布是正态（即高斯）的，那么 LSE 和 MLE 这两种方法的结果是相等的，并且它们产生几乎相同的结果。这也意味着如果数据的概率分布是已知的，并且不是高斯的，则 MLE 优于 LSE。

除了参数估计之外，MLE 方法也常用于假设检验。在这种情况下，对于可获得的数据目标是选择最可能的假设（通过最大化似然比）。此外，由于 MLE 方法是基于数据的概率分布的，所以它可以为数据生成"置信区间"。

### 7.3.1　MLE 的分析依据

假设具有随机性的过程和传感器（可能在过程和传感中）以随机方式产生以下一组实际

（数值）数据：$y=[y_1,\ y_2,\ \cdots,\ y_n]$。此外，假设生成数据的随机过程（实际过程和传感，如产品的制造过程和传感产品尺寸的测量过程）由概率分布函数表示，且具有以下参数：$m=[m_1,\ m_2,\ \cdots,\ m_n]$，这些是未知的模型参数。MLE 的目标是估计"最可能"产生给定数据集 $y$ 的模型参数值（向量）$\hat{m}$。请注意，尽管数据集 $y$ 已经生成并已知，但是模型参数 $m$ 是未知的。

基于模型参数 $m$，数据 $y$ 的条件概率密度函数（pdf）由 $f(y|m)$ 表示。由于 $y$ 是已知的，$m$ 是未知的，所以 $f(y|m)$ 是 $m$ 的函数。在 MLE 中，我们通过最大化 $f(y|m)$ 来估计 $m$。特别地，

$$\hat{m} = \underset{\text{Max} f(y|m)}{m} \tag{7-18}$$

因此，给定数据 $y$，为了估计未知 $m$ 而最大化的似然函数 $L(m|y)$ 定义为

$$L(m|y) = f(y|m) \tag{7-19}$$

如上所示，即使 $L$ 和 $f$ 的实际分析函数是相同的，但是 $m$ 和 $y$ 的作用在 $L$ 和 $f$ 中也是相反的，如式（7-22）所示。值得注意的是，对于一组特定的数据集（由该模型表示的过程生成），$L$ 表示特定模型参数值的"似然性"，而 $f$ 表示通过具有特定参数值的概率模型获得具体数据的概率。

---

**例 7.4**

在产品质量监测过程中，从一批产品中随机抽取 10 个产品，并进行单独和仔细的测试。在测试期间，每个产品被接受（用 "A" 表示）或被拒绝（用 "R" 表示）。假设此过程产生了数据集 $y=[A,\ A,\ R,\ A,\ R,\ A,\ A,\ A,\ A,\ A]$，估计从该批次中随机选择的产品是可接受的最可能的概率 $\hat{p}(A)$。

**解：** 设 $p$ 是从一个批次中选中产品是可以接受的概率，则实现数据集 $[A,\ A,\ R,\ A,\ R,\ A,\ A,\ A,\ A,\ A]$ 的概率是

$$\Pr(y|m) = \Pr([A,A,R,A,R,A,A,A,A,A]|p)$$
$$= p \times p \times (1-p) \times p \times (1-p) \times p \times p \times p \times p \times p = p^8(1-p)^2 \quad \text{(i)}$$

注意：$\Pr(\cdot)$ 代表"概率"。

式（i）也是似然函数。

$$L(m|y) = L(p|[A,A,R,A,R,A,A,A,A,A]) = p^8(1-p)^2 \tag{ii}$$

我们需要确定最大化 $L$ 的 $p$ 值。为了获得它，我们可以对式（ii）求关于 $p$ 的微分，并令其等于 0，求解出 $p$。实现相同结果的更简单的分析方法是使用对数是单调递增函数的优势，故使用 $\log(L)$ 作为修改的似然函数并使其最大化，于是有

$$\log L(p|[A,A,R,A,R,A,A,A,A,A]) = 8\log p + 2\log(1-p)$$

求微分得 $8/p - [2/(1-p)] = 0 \to 8(1-p) - 2p = 8 - 10p = 0 \to \hat{p} = 0.8$

注意：为了完整起见，我们必须表明，相对于估计参数（$p$）似然函数的二阶导数为负（因此似然函数是最大值，而不是最小值）。在本例中，对数似然函数的一阶导数是 $8/p - [2/(1-p)]$，对其再求导得到 $-8/p^2 - [2/(1-p)^2]$，于是证实转折点对应于最大值（而不是最小值）。

---

### 7.3.2　通过贝叶斯定理证明 MLE

此外，我们也可以使用贝叶斯定理来证明 MLE。首先回忆概率基本概念 $\Pr(m,\ y) = \Pr(m|y)\Pr(y)$，这称为"链式法则"。在这里，$\Pr(m,\ y)$ 表示 $m$ 和 $y$ 联合出现的概率。类似地，$\Pr(m,\ y) = \Pr(y|m)\Pr(m)$。由于这两个结果相等，所以得到 $\Pr(m|y)\Pr(y) = \Pr(y|m)\Pr(m)$ 或

$$\Pr(\boldsymbol{m}|\boldsymbol{y}) = \frac{\Pr(\boldsymbol{y}|\boldsymbol{m})\Pr(\boldsymbol{m})}{\Pr(\boldsymbol{y})} \tag{7-20}$$

这个结果是贝叶斯定理的一个版本，它可以用来合理化 MLE 方法。特别要注意的是，在式(7-20)的右边，分母表示获得特定数据集的概率。由于在 MLE 方法中给出了数据集，所以此分母项没有任何作用，可以当作是一个常数。在右边的分子中，我们使用术语 $\Pr(\boldsymbol{m})$，这是 $\boldsymbol{m}$ 的"先验概率"（即在数据集 $\boldsymbol{y}$ 已知之前 $\boldsymbol{m}$ 的概率）。一旦知道数据集，就有后验概率 $\Pr(\boldsymbol{m}|\boldsymbol{y})$，这表示我们知道数据集后 $\boldsymbol{m}$ 的特定值（估计）发生的概率。从式(7-20)可以看出，这个概率与 $\Pr(\boldsymbol{y}|\boldsymbol{m})$ 成正比，其也是由式(7-19)给出的似然函数 $L(\boldsymbol{m}|\boldsymbol{y})$，即

$$\Pr(\boldsymbol{m}|\boldsymbol{y}) \propto \Pr(\boldsymbol{m})L(\boldsymbol{m}|\boldsymbol{y}) \tag{7-21}$$

从式(7-21)可以看出，给定参数 $\boldsymbol{m}$ 的估计，估计的最佳更新（后验估计）是使似然函数 $L(\boldsymbol{m}|\boldsymbol{y})$ 最大化的最佳更新。

### 7.3.3　MLE 与正态分布

如果数据是 iid 并具有正态（即高斯）分布，则 MLE 结果可采取一种特别方便和熟悉的形式。

考虑随机数据集 $\{\varUpsilon_1, \varUpsilon_2, \cdots, \varUpsilon_N\}$，假设随机变量 $\varUpsilon$ 为具有 iid 且 $N(\mu, \sigma^2)$（即具有均值 $\mu$ 和方差 $\sigma^2$ 的正态分布），则 $\varUpsilon_i$ 的 pdf（条件概率密度函数）是

$$f(y_i) = \frac{1}{\sqrt{2\pi}\sigma}\exp\left[-\frac{(y_i-\mu)^2}{2\sigma^2}\right] \tag{7-22}$$

给定模型参数 $\mu$ 和 $\sigma$，则整个随机数据集的联合 pdf 是

$$f(y_1, y_2, \cdots, y_N|\mu, \sigma) = \prod_{i=1}^{N}\frac{1}{\sqrt{2\pi}\sigma}\exp\left[-\frac{(y_i-\mu)^2}{2\sigma^2}\right] \tag{7-23}$$

注意：由于 $\varUpsilon_i$ 是 iid，所以联合 pdf 是个体 pdf 的乘积

这确实是这个问题的似然函数。由于此函数的指数性质，所以使用其对数版本更方便：

$$\log L = -N\log\sqrt{2\pi} - N\log\sigma - \frac{1}{2\sigma^2}\sum_{i=1}^{N}(y_i-\mu)^2$$

为了最大化似然函数，分别对 $\mu$ 和 $\sigma$ 求偏导，并令等式为零：

$$\frac{1}{\sigma^2}\sum_{i=1}^{N}(y_i-\mu) = 0; \quad -\frac{N}{\sigma} + \frac{1}{\sigma^3}\sum_{i=1}^{N}(y_i-\mu)^2 = 0$$

因此，我们得到最大似然估计：

$$\hat{\mu} = \frac{1}{N}\sum_{i=1}^{N}y_i \tag{7-24}$$

$$\hat{\sigma}^2 = \frac{1}{N}\sum_{i=1}^{N}(y_i-\hat{\mu})^2 \tag{7-25}$$

显然，式(7-24)与最小二乘估计[参见式(7-2)]相同，已知它是均值的无偏估计。然而，式(7-28)不是方差的无偏估计，方差的无偏估计是样本方差，如式(7-6)给出的，其中分母是 $N-1$ 而不是 $N$。

---

### 例 7.5

在本例中，我们将使用 MATLAB 来确定例 7.2 中给出数据的高斯概率密度参数的最大似然估计。MATLAB 函数 mle(x)生成正态（高斯）分布的均值和标准的最大似然估计，于是有

```
>> x=[5.01 5.01 5.02 4.95 4.98 4.99 4.99, 5.01 5.02 4.99];
>> Estimates=mle(x)
Estimates =
    4.9970    0.0205
```

注意：这些值与例 7.2 中获得的结果一致。特别地，均值的 MLE 是样本均值 4.9970，std 的 MLE 是 0.0205。因此，方差的 MLE 为 $(0.0205)^2 = 4.2025 \times 10^{-4}$，该值几乎是例 7.2 中获得的样品方差 $4.6778 \times 10^{-4}$ 的 9/10。

---

### 7.3.4　递归最大似然估计

由此可知，实质上 MLE 是一个优化问题。然而，除了一些特殊情况，MLE 优化不能产生方便的封闭式解决方案，在这种情况下，递归形式的数值解是可取的。该递归公式可以用以下一般形式来表示：

$$\hat{m}_i = \hat{m}_{i-1} + u_{i-1} \tag{7-26}$$

其中 $\hat{m}$ 表示估计的参数。通常，递归增量 $u$ 取决于 $m$ 的数据（测量）、模型误差方差、测量误差方差以及当前估计值本身等因素。我们从参数的初始值 $\hat{m}_0$ 开始，然后按照似然函数 $L$ 增加的方向进行更新（注意：一般来说，使用 $\log L$ 比 $L$ 更方便），直到所需的更新是可忽略的（即已达到 $L$ 的最大值）。

显然，所需的更新方向是 $L$ 相对于 $m$ 的梯度（斜率）$\delta$，具体来说，即

$$\hat{m}_i = \hat{m}_{i-1} + k_{i-1} \delta_{i-1} \tag{7-27}$$

其中 $k_{i-1}$ 是第 $i$ 次迭代中更新的步进加权因子，而梯度由下式给出

$$\delta = \frac{\partial L}{\partial m} \tag{7-28}$$

加权因子 $k$ 还取决于 $m$ 的数据（测量）、模型误差方差、测量误差方差甚至当前估计值本身等因素。由于这些原因，所以它需要在每个步骤中都进行调整，并且当梯度变化较小时，可在迭代期间引入较大的更新。具体来说，$k$ 应该与 $L$ 关于 $m$ 的二阶导数成反比，此二阶导数称为"黑森"。

注意：这个二阶导数是负的，因为梯度（一阶导数）随着达到最大值后开始减小。

因此，MLE 的递归公式可以表示为

$$\hat{m}_i = \hat{m}_{i-1} - c \left( \frac{1}{(\partial^2 L / \partial m_{i-1}^2)} \right) \frac{\partial L}{\partial m_{i-1}} \tag{7-29}$$

然后继续迭代，直到新的估计值是等于旧的估计值（在规定范围内）。

#### 递归高斯最大似然估计

假设给出 $m$（估计量）的测量值 $y$，数据 $y$ 具有模型误差 $\sigma_m$（也可由 $\sigma_v$ 表示）以及测量误差 $\sigma_\omega$，其中 $\sigma_m$ 对应于影响真实值或未知扰动的模型误差 $m$。给出标准偏差 $\sigma_m$ 和 $\sigma_\omega$，我们需要确定 $m$ 的估计值 $\hat{m}$。

假设：(1) 高斯分布；(2) 零均值模型误差和零均值测量误差。

由于概率分布是高斯分布，所以可以得到

1. LE 估计是由条件概率密度函数（pdf）$f(m|y)$ 给出的均值；
2. 估计误差由 pdf 给出的标准偏差来表示。

为了得到 MLE 的递归公式，我们从贝叶斯公式开始研究：

$$f(m|y) = \frac{f(m) f(y|m)}{f(y)} \tag{i}$$

其中，$f(m)$ 对应于估计量 $m$ 的"先验值"；$f(m|y)$ 对应于估计的后验值（即一旦应用数据 $y$ 后计算得出的值）。

注意：在递归公式中，$f(m)$ 对应于先前的估计，一旦应用新数据后，$f(m|y)$ 就对应于新估计。

正态(高斯)分布概率密度函数(pdf)：

$$f(m) = \frac{1}{\sqrt{2\pi}\sigma_m} e^{-\frac{(m-\mu_m)^2}{2\sigma_m^2}} \tag{ii}$$

一旦给出了 $m$(即其中没有随机性)，则 $y$ 中的随机性仅来自测量误差 $w$ 的随机性，因此，$\mathrm{Var}(y\,|\,m) = \mathrm{Var}(w)$。此外，一旦给出了 $m$，则 $y$ 的均值为 $m$(注意：模型误差和测量误差均为零均值)，因此，得到

$$f(y\,|\,m) = \frac{1}{\sqrt{2\pi}\sigma_w} e^{-\frac{(y-m)^2}{2\sigma_w^2}} \tag{iii}$$

一旦 $y$ 为已知的，则在贝叶斯公式(i)中的 $f(y)$ 可以通过一个恒定参数 $a$ 来表示。然后，通过在式(i)中代入式(ii)和式(iii)，得到

$$f(m\,|\,y) = \frac{1}{a\,\sqrt{2\pi}\sigma_m\sigma_w} e^{-\frac{1}{2}\left[\frac{(m-\mu_m)^2}{\sigma_m^2} + \frac{(y-m)^2}{\sigma_w^2}\right]} = \frac{1}{\sqrt{2\pi}\sigma_{m\,|\,y}} e^{-\frac{1}{2}\left[\frac{(m-\mu_{m\,|\,y})^2}{\sigma_{m\,|\,y}^2}\right]}$$

其中

$$\mu_{m\,|\,y} = \frac{\sigma_w^2}{(\sigma_m^2 + \sigma_w^2)}\mu_m + \frac{\sigma_m^2}{(\sigma_m^2 + \sigma_w^2)}y \tag{iv}$$

$$\frac{1}{\sigma_{m\,|\,y}^2} = \frac{1}{\sigma_m^2} + \frac{1}{\sigma_w^2} \tag{v}$$

式(iv)和式(v)可用于确定估计 $\hat{m}$ 和估计误差方差 $\sigma_m^2$，其递归形式如下

$$\hat{m}_i = \frac{\sigma_w^2}{(\sigma_{m_{i-1}}^2 + \sigma_w^2)}\hat{m}_{i-1} + \frac{\sigma_{m_{i-1}}^2}{(\sigma_{m_{i-1}}^2 + \sigma_w^2)}y_i$$

$$\frac{1}{\sigma_{m_i}^2} = \frac{1}{\sigma_{m_{i-1}}^2} + \frac{1}{\sigma_w^2}$$

之后将会看到，这些结果构成了静态卡尔曼滤波器的基础。

### 7.3.5　离散 MLE 的示例

假设估计量 $m$ 是离散的，具体地说，取离散值 $m_i(i=1, 2, \cdots, n)$ 中的一个，它可以由列向量表示

$$\boldsymbol{m} = [m_1, m_2, \cdots, m_n]^T$$

例如，每个 $m_i$ 可以表示物体距离的不同状态(近、远、非常远、没有物体等)。

此外，假设测量/观察到的 $y$ 相应地也是离散的，则它需要 $n$ 个离散值 $y_i(i=1, 2, \cdots, n)$，它可以由列向量表示

$$\boldsymbol{y} = [y_1, y_2, \cdots, y_n]^T$$

通过观察与测量，将产生具有不同概率值的 $n$ 个离散量(这些离散量的概率值不同，但概率和为 1)。特殊情况下，当取出这 $n$ 个离散量中的一个时，该离散量的概率恰好为 1。

为了求出最大似然估计，我们需要构建一个似然矩阵：

$$L(\boldsymbol{m}\,|\,\boldsymbol{y}) = P(\boldsymbol{y}\,|\,\boldsymbol{m}) = \begin{bmatrix} p_{11} & p_{12} & \cdots & p_{1n} \\ p_{21} & p_{22} & \cdots & p_{2n} \\ \cdot & \cdot & \cdot & \cdot \\ p_{n1} & p_{n2} & \cdots & p_{nn} \end{bmatrix} \tag{i}$$

对于给定的数据 $\boldsymbol{y}$，利用贝叶斯公式可以求出概率向量 $\boldsymbol{m}$ 的估计值：

$$P(\boldsymbol{m}\,|\,\boldsymbol{y}) = aP(\boldsymbol{y}\,|\,\boldsymbol{m})P(\boldsymbol{m}) \tag{ii}$$

其中 $P(\boldsymbol{m})$ 是 $\boldsymbol{m}$ 的先验估计概率向量(即先验概率)，此外，必须选择参数 $a$，以使得向量 $P(\boldsymbol{m}\,|\,\boldsymbol{y})$ 的概率元素之和为 1。参数 $a$ 的值与最大似然估计的结果无关，因为该方法规定了 $\boldsymbol{m}$ 始终对应着概率向量 $P(\boldsymbol{m}\,|\,\boldsymbol{y})$ 中的最大值。

## 7.4 标量静态卡尔曼滤波器

卡尔曼滤波是一种常用的估计方法，它不仅能通过 LSE 和 MLE 方法来估计参数，也能估算动态系统中的变量。例如，如果需要用（某些或全部）变量确定系统不可测量的"动态"（即状态变量），那么卡尔曼滤波器可以使用输出变量的测量值以最佳方式（通过最小化估计平方误差的期望均值）"估计"这些变量。在存在模型误差（随机）和测量误差（随机）的情况下，这种估计是可能的。这种消除（或补偿）随机效应（噪声和干扰）的能力是卡尔曼滤波器称为"滤波器"的原因，即使它是通过"估计"或"观察"的方式。

与 LSE 方法不同（在某些情况下包含 MLE），卡尔曼滤波器可以准确并且单独地适应模型与测量误差。在这两种误差分别存在的情况下卡尔曼滤波器的优势会更为明显。

就像我们所看到的，卡尔曼滤波器使用了"预测 - 校正"方法，也就是在建模过程中首先得出预估值和误差协方差，接下来通过实际测量的数据（输出）来修正这两个值。"预测"这个步骤产生先验估计，校正器步骤产生后验估计。离散时间卡尔曼滤波器使用两步递归方案来实现这些。

在本节中，对于一个标量（非向量，仅具有一个估计参数）的静态问题，我们将利用贝叶斯公式推导卡尔曼滤波公式。在 7.5 节，从标量静态结果中得到灵感，将对于线性、多变量（向量）动态问题提出离散时间卡尔曼滤波器的完整公式。随后，在 7.6 节，线性多变量卡尔曼滤波器将通过扩展卡尔曼滤波器（EKF）推广到非线性问题。最后在 7.7 节中，为了克服 EKF 通过非线性传递随机特征的一些缺点，我们将提出一种名为"无迹卡尔曼滤波器"的改进版本。

### 7.4.1 标量静态卡尔曼滤波器的概念

现在，我们提出了一种针对标量静态系统的卡尔曼滤波器的递归公式。这个公式是由使用了贝叶斯公式（7-20）的极大似然估计启发得到的。本节中，我们将分别说明模型误差和测量误差。

一般而言，估计的定义是指通过包含未知参数 $m$ 的实际测量结果 $y$ 来估算 $m$ 的值，其中 $m$ 既可以为向量也可以为标量。符号上，我们定义 $m|y$ 表示"$m$ 由 $y$ 给定"。由于 $m$ 是未知的并且 $y$ 可能受到各种随机因素的影响，所以 $m$ 本身是随机量（在确定或估计之前）。因此，一旦得到了随机量 $m$ 的概率分布，我们就可以由此确定 $m$ 的数值。事实上，$m$ 的概率分布所能确定的只是 $m$ 的均值或者期望值（这涉及了一些原则，包括最优化准则）。如果 $m$ 不是随机的，则仅需均值即可。如果 $m$ 确实是随机的，那么还需要其他统计数据（如方差）来表征其随机性。如果 $m$ 的概率分布是高斯（即正态）分布，那么均值和方差这两个参数就可以完全表征 $m$。均值将给出估计值，方差将代表估计误差。这是本方法的基础。具体来说，我们将介绍一种确定概率密度函数（pdf）$f(m|y)$ 的算法。

目前的公式是用于"静态"系统的，此外，过程（模型）本身也是一个估计量。换而言之，该系统模型没有任何动态环节，相当于是始终不变的"×1"环节。这意味着不需要卡尔曼滤波器的"预测"步骤（需使用模型），只需要"校正"步骤（使用测量数据来校正估计值）。即使过程模型为 1（在无误差的情况下），也可能存在一些模型误差，因此这在本算法中也明确地考虑到了。

在推导出本递归算法时，我们作出以下假设：

1. 当不存在测量误差时，测量（估计）参数 $m$ 和测量值（数据）$y$ 通过已知的恒定增益 $C$ 线性相关，它称为测量增益（注意：$C$ 对应于熟悉的"输出形成矩阵"或动态系统状态空间公式中的"测量增益矩阵"，我们将在卡尔曼滤波器的多变量动态公式中再次遇到它，本章后面将对此进行讨论）。

2. 模型误差（例如，产品制造误差、产品在实际使用过程中的安装方法）和测量误差（如传感器误差、传感器使用误差、信号采集误差）是独立的高斯（正态）随机变量。

3. 模型误差 $v$ 具有零均值和标准偏差 $\sigma_m$（注：可以使用卡尔曼算法的标准符号 $\sigma_v$ 来表示标准偏差）。

4. 测量误差具有零均值和标准偏差 $\sigma_\omega$。

注意：如果测量误差的均值不为零，则不能利用当前的估计方法来估计，应重新校准测量系统以消除读数中的常量偏移误差。此外，假设模型误差的均值为零。如果模型误差的均值不为零，并且先验是已知的，则可以使用均值（常数偏移量）简单地调整估计值。

我们估计的是参数均值，因此如果一个误差的均值是非零或未知的，则估计过程不能确定它。这可以通过使用最大似然法来进一步证实，该方法具有以下选择的似然函数，这与卡尔曼滤波器方法（最小化误差协方差）一致。具体来说，作为似然函数的"逆"，故选择

$$\frac{1}{L} = E\big[(m - \hat{m})^2 \,\big|\, y\big] \tag{7-30}$$

为了最小化式（7-30）的右边项，我们要求

$$\frac{\partial E\big[(m - \hat{m})^2 \,\big|\, y\big]}{\partial \hat{m}} = 0 = 2E\big[(m - \hat{m}) \,\big|\, y\big]$$

最大似然估计本身是已知量（一旦使用给定数据 $y$ 进行估计时），并且可以在之前公式的右边项中提出"期望"（均值）运算"$E$"。因此，最大似然估计是

$$\hat{m} = E[m \,|\, y] \tag{7-31}$$

换而言之，对于给定数据 $y$，估计的是 $m$ 的均值。

在当前问题中，目的是使用测量值 $y$ 来估计 $m$。测量方程为

$$y = Cm + \omega \tag{7-32}$$

其中 $C$ 是测量增益。该式中的变量和参数在开始时给出的假设列表中已定义。

由于 $\omega$ 为零均值，所以根据式（7-32）可知，在 $m$ 和 $y$ 的均值之间具有以下关系：

$$\mu_y = C\mu_m \tag{7-33}$$

此外，由于 $m$ 和 $\omega$ 是独立的随机变量，故通过式（7-32）可得

$$\mathrm{Var}(y) = \mathrm{Var}(Cm) + \mathrm{Var}(\omega) = C^2\,\mathrm{Var}(m) + \mathrm{Var}(\omega)$$

或者

$$\sigma_y^2 = C^2\sigma_m^2 + \sigma_\omega^2 \tag{7-34}$$

### 7.4.2  贝叶斯公式的使用

在推导出标量静态卡尔曼滤波器算法时，使用概率密度函数 $f(\cdot)$ 表示贝叶斯公式（7-20），

$$f(m \,|\, y) = \frac{f(m)f(y \,|\, m)}{f(y)} \tag{7-35}$$

注意：根据我们的一个假设可知，该式中的所有概率密度函数都是高斯分布。

如前所述，在式（7-35）中，$f(m)$ 对应于估计的先验值，$f(m \,|\, y)$ 对应于估计的"后验值"（即应用数据 $y$ 后计算出的值）。在递归公式中，$f(m)$ 对应于先前的估计，一旦应用新数据后 $f(m \,|\, y)$ 对应于新估计。

于是得到有以下正态（高斯）概率密度函数：

$$f(m) = \frac{1}{\sqrt{2\pi}\sigma_m}\,\mathrm{e}^{-\frac{(m - \mu_m)^2}{2\sigma_m^2}}$$

并且考虑式（7-33），

$$f(y) = \frac{1}{\sqrt{2\pi}\sigma_y}\,\mathrm{e}^{-\frac{(y - C\mu_m)^2}{2\sigma_y^2}}$$

一旦给出了 $m$（即它没有随机性），$y$ 中的随机性仅来自 $\omega$ 的随机性因此，$\mathrm{Var}(y \,|\, m) = \mathrm{Var}(\omega)$。另外，一旦给出 $m$，则从式（7-32）可得，$y$ 的均值为 $Cm$（注：$\omega$ 为零均值）。因

此，有

$$f(y\,|\,m) = \frac{1}{\sqrt{2\pi}\sigma_\omega}\mathrm{e}^{-\frac{(y-Cm)^2}{2\sigma_\omega^2}}$$

在式(7-35)中替换这 3 个概率密度函数，得到

$$f(m\,|\,y) = \frac{1}{\sqrt{2\pi}}\frac{\sigma_y}{\sigma_m\sigma_\omega}\mathrm{e}^{-\frac{1}{2}\left[\frac{(m-\mu_m)^2}{\sigma_m^2}+\frac{(y-Cm)^2}{\sigma_\omega^2}-\frac{(y-Cm)^2}{\sigma_y^2}\right]}$$

$$= \frac{1}{\sqrt{2\pi}}\frac{\sigma_y}{\sigma_m\sigma_\omega}\mathrm{e}^{-\frac{1}{2}\left(\frac{\sigma_y}{\sigma_m\sigma_\omega}\right)^2\left[\frac{\sigma_\omega^2(m-\mu_m)^2}{\sigma_y^2}+\frac{\sigma_m^2(y-Cm)^2}{\sigma_y^2}-\frac{\sigma_m^2\sigma_\omega^2(y-Cm)^2}{\sigma_y^4}\right]}$$

现在操作最终表达式中的指数项，如下所示：

$$\frac{\sigma_\omega^2(m-\mu_m)^2}{\sigma_y^2}+\frac{\sigma_m^2(y-Cm)^2}{\sigma_y^2}-\frac{\sigma_m^2\sigma_\omega^2(y-Cm)^2}{\sigma_y^4}$$

$$=\frac{\sigma_\omega^2}{\sigma_y^2}(m^2-2m\mu_m+\mu_m^2)+\frac{\sigma_m^2}{\sigma_y^2}(y^2-2yCm+C^2m^2)-\frac{\sigma_m^2\sigma_\omega^2}{\sigma_y^4}(y^2-2yC\mu_m+C^2\mu_m^2)$$

$$=m^2\left(\frac{\sigma_\omega^2}{\sigma_y^2}+\frac{C^2\sigma_m^2}{\sigma_y^2}\right)-2m\left(\frac{\sigma_\omega^2}{\sigma_y^2}\mu_m+\frac{Cy\sigma_m^2}{\sigma_y^2}\right)+\frac{\sigma_\omega^2}{\sigma_y^2}\mu_m^2+\frac{\sigma_m^2}{\sigma_y^2}y^2-\frac{\sigma_m^2\sigma_\omega^2}{\sigma_y^4}(y^2-2yC\mu_m+C^2\mu_m^2)$$

$$=m^2-2m(\mu_m+a)+(\mu_m+a)^2=[m-(\mu_m+a)]^2$$

其中

$$a = \frac{C\sigma_m^2}{\sigma_y^2}(y-C\mu_m)$$

于是得到

$$f(m\,|\,y) = \frac{1}{\sqrt{2\pi}}\frac{\sigma_y}{\sigma_m\sigma_\omega}\mathrm{e}^{-\frac{1}{2}\left(\frac{\sigma_y}{\sigma_m\sigma_\omega}\right)^2[m-(\mu_m+a)]^2} \tag{7-36}$$

从式(7-36)可以看出，对于给定 $y$，$m$ 的均值为

$$\mu_{m|y} = \mu_m+\frac{C\sigma_m^2}{\sigma_y^2}(y-C\mu_m) = \mu_m+K(y-C\mu_m) \tag{7-37}$$

对于给定 $y$，估计 $y$ 的方差为

$$\sigma_{m|y}^2 = \frac{\sigma_m^2\sigma_\omega^2}{\sigma_y^2} = \sigma_m^2\left(1-C^2\frac{\sigma_m^2}{\sigma_y^2}\right) = \sigma_m^2(1-CK) \tag{7-38}$$

其中

$$K = \frac{C\sigma_m^2}{\sigma_y^2} = \frac{C\sigma_m^2}{C^2\sigma_m^2+\sigma_\omega^2} \tag{7-39}$$

注意：为得到最终结果式(7-38)，我们取代了式(7-34)。

### 7.4.3　标量静态卡尔曼滤波器算法

如前所述，根据贝叶斯公式可知，$\mu_m$ 是 $m$ 的先验均值，$\mu_{m|y}$ 是加入 $y$ 后的后验均值。在式(7-37)的递归方案中，$\mu_m$ 是 $m$ 的先验估计，并且 $\mu_{m|y}$ 是 $m$ 的新（更新或"校正"）估计（在与新数据 $y$ 结合之后）。类似地，在式(7-38)的递归方案中，$\sigma_m$ 是估计误差的标准偏差的先验估计，$\sigma_{m|y}$ 是估计误差标准偏差的新（更新或校正）估计（在与新数据 $y$ 结合之后）。另外注意 $m$ 的估计值是均值，如式(7-31)所示。因此，本估计（静态卡尔曼滤波）方案的递归公式是

$$\hat{m}_i = \hat{m}_{i-1}+K_i(y_i-C\hat{m}_{i-1}) \tag{7-40a}$$

$$\sigma_{m_i}^2 = \sigma_{m_{i-1}}^2(1-CK_i) \tag{7-40b}$$

其中

$$K_i = \frac{C\sigma_{m_{i-1}}^2}{C^2\sigma_{m_{i-1}}^2+\sigma_\omega^2} \tag{7-40c}$$

迭代过程(7-40a)从初始值 $m_0$（它是已知的）开始，这是在进行任何测量之前 $m$ 的预期值。通常，它被认为是估计量的"正态"或"理想"值（在没有任何误差的情况下，如在

产品数据手册中给出的)。迭代过程(7-40b)从初始值 $\sigma_{m_0}=\sigma_m$ 开始,这是模型误差的标准偏差,是已知的(注意:在标准卡尔曼滤波符号中,该标准由 $\sigma_v$ 表示)。此初始选择对于估计误差是有效的,因为还没有进行测量(在 $i=0$)。

注意:式(7-40c)可以表示为

$$K_i = \frac{C\sigma_{m_{i-1}}^2}{C^2\,\sigma_{m_{i-1}}^2 + \sigma_\omega^2} = \frac{1}{C}\,\frac{C^2\,\sigma_{m_{i-1}}^2}{C^2\,\sigma_{m_{i-1}}^2 + \sigma_\omega^2} = \frac{1}{C} \times k_i \qquad (7\text{-}40\text{d})$$

从式(7-40d)可以看出,$K_i$ 是测量值与被测量之间的比例系数(即 $1/C$)乘以 $k_i$。如现在所指出的,可以直观地证明这种加权因子和整体递归方案的形式是合理的。为此考虑两个极端情况:

1. 相比于测量误差($\sigma_\omega$),模型误差可以忽略($\sigma_m=0$)。
2. 相比于模型误差($\sigma_m$),测量误差可以忽略($\sigma_\omega=0$)。

若出现第一种情况,则有式(7-40d)中的 $k=0$、$K=0$,因此 $\hat{m}_i=\hat{m}_{i-1}$。这表示在下一循环中我们将不再依赖于新测量值,而是保留之前的估计。在这种情况下,虽然测量过程并不准确,但模型是准确的,因此并不影响我们选择合理的方法。

若出现第二种情况,则式(7-40d)中的 $k=1$、$K=1/C$,因此 $\hat{m}_i=y_i/C$。这表示我们将完全依赖于新测量值,而忽略之前的估计。我们依旧可以使用之前的方法,因为此时测量过程是准确的,而模型不是。

对处于上述两种极端情况之间的状态,可以对式(7-40d)适当的加权,以估计模型与测量的相对精度。另外,从式(7-40b)中可以明显看出,估计方差会在每次递归中稳步下降。

在 7.5 节中,我们将看到,这一递归方程[式(7-40a)到式(7-40c)]与卡尔曼滤波的递归公式非常相似。然而,正如前文所说,目前的"静态"方案并不需要卡尔曼滤波的"预测"步骤,仅需要"校正"环节。本方案如图 7-5 所示,其中参数 $K$ 为"卡尔曼增益"。

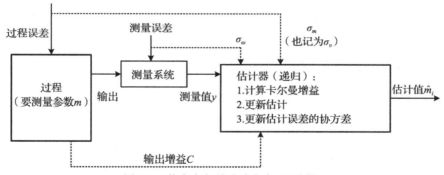

图 7-5 静态卡尔曼滤波方案(贝叶斯)

## 例 7.6

结构监测系统使用半导体应变片来测量结构中某些关键位置处的应变,该系统包括应变片、电桥电路电子装置(它将应变片的电阻变化转换为成比例的电压),以及数据采集和处理系统(它记录电压信号并根据需要进行数字处理)(参见图 7-6)。

**解:** 在这个例子中,由应变片测量的应变代表"过程"。应变片、电桥电路和其输出电压的记录表示测量系统。已知以下信息:

监测系统的校准常数为 $400\mu\varepsilon/V$

**注意:** $1\mu\varepsilon=1$ 微应变 $=1\times10^{-6}$ 应变

过程(模型)误差的标准偏差:$\sigma_m=5.0\mu\varepsilon$

测量误差的标准偏差:$\sigma_\omega=2.0mV$

测量值(V):[1.99,2.10,2.05,1.98,1.99,2.08,2.09,2.10,2.09,2.11]

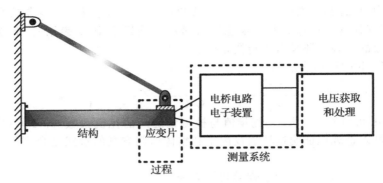

图 7-6　使用应变片传感器的结构监测

注意：这是一个静态（非动态）问题（模型中无误差的部分为 1）。

$$C = \frac{1}{400} \mathrm{V}/\mu\varepsilon$$

情况 1

在 $\hat{m} = 800\mu\varepsilon$ 时初始化迭代值（鉴于给定的数据和校准常数，这是应变合理的标称值）。利用 MATLAB 程序得到递归静态卡尔曼滤波器：

```
>> zw=2.0; %measurement std in mV
>> zw=zw*0.001; %change to V
>> zm1=5.0; % model standard deviation in microstrains
>> C=1/400.0; %measurement gain
>> y=[1.99,2.10,2.05,1.98,1.99,2.08,2.09,2.10,2.09,2.11]; %measurements
>> zw2=zw^2; %square
>> m(1)=800; %initialize
>> zm(1)=zm1; %initialize
>> zm2=zm1^2; %square
>> %iteration
>> for i=1:10
K=C*zm2/(C^2*zm2+zw2); %MLE update gain
m(i+1)=m(i)+K*(y(i)-C*m(i));
zm2=zm2*(1-C*K); %update model variance
zm(i+1)=sqrt(zm2); % updated model std
end
>> m
>> zm
>> %Results
m =
  Columns 1 through 10
  800.0000    796.0998    817.7725    818.5087    811.9237    808.7552
812.6129    815.9417    818.9394    820.8296
  Column 11
  823.1408
zm =
  Columns 1 through 10
    5.0000    0.7900    0.5621    0.4599    0.3987    0.3569    0.3259
0.3018    0.2824    0.2663
  Column 11
    0.2527
```

根据这个结果，我们可以使用 $823.14\mu\varepsilon$ 作为估计的应变。请注意，随着迭代的进行，估计的标准偏差会有所改善（误差已经减少）。

情况 2

接下来，我们将估计参数的初始值变为 0（而不是更加合理的 $800\mu\varepsilon$），则得到以下 MATLAB 结果：

```
m =
  Columns 1 through 10
      0    776.1310    807.6619    811.7398    806.8362    804.6800
809.2140    813.0266    816.3876    818.5605
  Column 11
```

```
    821.0980
zm =
    Columns 1 through 10
       5.0000    0.7900    0.5621    0.4599    0.3987    0.3569    0.3259
  0.3018    0.2824    0.2663
    Column 11
       0.2527
```

由此可以看出，最终估计几乎相同($821.10\mu\varepsilon$)，故二者具有相同的估计误差水平。

情况 3

将 $\hat{m}$ 的测量误差提高到 $\sigma_\omega = 50.0\text{mV}$（相当于 $20.0\mu\varepsilon$），对于 $\hat{m}$ 起始值均为 0。我们得到以下 MATLAB 结果：

```
m =
    Columns 1 through 10
         0   46.8235    90.8889   129.2632   162.4000   192.5714
 221.6364   248.3478   273.0000   295.5200
    Column 11
  316.6154
zm =
    Columns 1 through 10
       5.0000    4.8507    4.7140    4.5883    4.4721    4.3644    4.2640
  4.1703    4.0825    4.0000
    Column 11
       3.9223
```

现在的最终估计是 $316.62\mu\varepsilon$，这显然是不准确和不可接受的。原因如下：在这种情况下，由于测量误差远大于模型误差，因此估计对新测量值的重视程度较小。即使我们以估计值 0 开始估计，估计也并没有因此迅速改善。由于这个原因，估计误差标准偏差也很高（3.922 相对于之前的 0.2527）。如果我们进行更多的迭代步骤，则估计将有所改善。

这 3 种情况的结果绘制在图 7-7 中。特别地，从图 7-7b 可以看出，估计的标准偏差（std）逐渐收敛到稳定值。

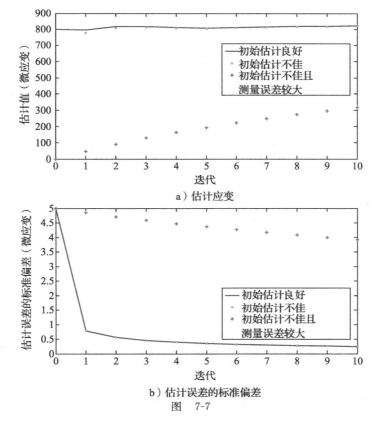

a）估计应变

b）估计误差的标准偏差

图　7-7

接下来，使用常规的高斯 MLE 程序，其中我们估计最有可能产生给定测量数据 $y$ 的高斯分布参数（均值和标准偏差）。我们得到以下 MATLAB 结果：

```
>> mle_estimate=mle(y); %standard Gaussian mle estimate
>> mle_estimate=mle_estimate/C; %scale back to model parameter(strain)
>> mle_estimate
mle_estimate =
   823.2000   19.6611
```

此估计值与我们一开始用静态卡尔曼估计得到的值几乎相同，还要注意，利用这个程序获得的标准偏差（$19.661\mu\varepsilon$）是相当大的，因为它完全依赖于测量，并没有区分模型误差和测量误差。

最后，我们使用 MATLAB 直接计算给定测量数据的均值和标准差，有

```
>> mean(y)
ans =
    2.0580
>> var(y)
ans =
    0.0027
>> std(y)
ans =
    0.0518
```

当缩减到微应变时，均值为 $823.20\mu\varepsilon$。这实际上是"最小二乘法"估计，也是从具有高斯分布的标准 MLE 中获得的估计。估计的标准偏差是 $0.0518V$（或 $20.72\mu\varepsilon$），其也与从标准高斯 MLE 中获得的相当。LSE 方法无法指出是否有大量误差来自模型或测量过程。通常，当只有几个数据值可用时，卡尔曼滤波器式递归 MLE 比 LSE 更为理想，正如我们从本例中较早的结果所看到的，因为 LSE 仅仅是数据的均值。此外，正如预期的 LSE 估计与使用具有高斯分布的常规 MLE 获得的值相同。

## 7.5 线性多变量动态卡尔曼滤波器

在之前的章节中，我们展示了过程模型为自身估计量的"静态"卡尔曼滤波器。由于过程模型是"一致"或者"不变"的运算，因此在这种情况（在标量下，model＝1）下，卡尔曼滤波器的预测阶段（取决于过程模型）是多余的，仅需要校正的阶段。在这里，我们将提出一种针对线性多变量动态系统的卡尔曼滤波方案，这种动态滤波器同时需要预测器阶段（采用过程模型）和校正器阶段（采用测量数据）。

卡尔曼滤波器是一个"最优估计器"，它通过最小化估计的误差协方差来完成估计。利用以下信息，一个"动态"卡尔曼滤波器能对动态系统中的未知变量进行估计或观察：

1. 动态系统的线性模型（状态空间模型），包括进入系统随机扰动（包括随机模型误差）的统计量（协方差矩阵 $\boldsymbol{V}$）。

2. 动态系统的可测量输出变量与待估计变量之间的线性关系。该关系可以由"输出形成矩阵"（也称为"测量增益矩阵"）$\boldsymbol{C}$ 表示，并且还包括具有协方差矩阵 $\boldsymbol{W}$ 的随机噪声（即随机测量误差）。

3. 输出的测量值。

如前文所说，一般卡尔曼滤波采用"预测-校正"方法，它包括以下两个步骤：

1. 预测未知变量和相关误差的协方差矩阵，这是先验估计。此"预测"步骤使用过程模型和输入扰动（包括模型误差）的协方差矩阵。

2. 校正预测的变量和相关误差的协方差矩阵，这是后验估计。此"校正"步骤使用测量数据（输出测量值）、输出关系（测量增益矩阵）和测量噪声的协方差矩阵。

接下来，在直接展示卡尔曼滤波器算法之前，我们先学习预备知识。它们涉及动态系统的模型、系统的响应、离散时间模型、可控性（可达性）和可观察性（可构建性）。

### 7.5.1　状态空间模型

标准线性动态卡尔曼滤波器采用线性动态模型，该模型中具有常系数，该模型中系统产生待估计变量。该动态系统具有 $r$ 个输入和 $m$ 个输出。特别地，在该卡尔曼滤波器中使用线性时不变(即常系数)状态空间模型，这样的模型可以用下述方式来表达。

状态方程(耦合的一阶线性微分方程)为

$$\dot{x} = Ax + Bu \tag{7-41}$$

输出方程(耦合代数方程)是

$$y = Cx + Du \tag{7-42}$$

其中，$x = [x_1, x_2, \cdots, x_n]^T$ 为 $n$ 阶状态向量；$u = [u_1, u_2, \cdots, u_r]^T$ 为 $r$ 阶输入向量；$y = [y_1, y_2, \cdots, y_m]^T$ 为 $m$ 阶输出向量。

所有这些向量都可以被定义为列向量。

同时，$A$ 是系统矩阵；$B$ 是输入分布/增益矩阵；$C$ 是输出/测量形成/增益矩阵；$D$ 是输入前馈矩阵。

状态向量代表系统的"动态状态"，其阶次($n$)是系统的阶次(或动态大小)。部分或者全部的状态变量 $x$ 可能无法直接测量(由于多种原因)，而是使用测量输出值和卡尔曼滤波器估计的状态变量。假设输出 $y$ 是可测量的(但可能包含测量噪声)。另外，模型自身可能也还有误差，它可以假设为加性噪声，因此这种噪声可以表示为随机扰动输入，如式(7-41)所示。

注意：通常，矩阵 $D$ 是零矩阵。当且仅当系统具有前馈特性时，$D$ 矩阵才是非零矩阵，一个示例如下。

**例 7.7**

柴油发动机原动机的刚性输出轴正以已知的角速度 $\Omega(t)$ 运行着。它通过摩擦离合器连接到柔性轴，而这又反过来驱动了液压泵(如图 7-8a 所示)。该系统的线性模型如图 7-8b 所示。离合器由阻尼常数为 $B_1$ 的黏性旋转阻尼器表示(转矩/角速度)，柔性轴刚度为 $K$(转矩/旋度)，泵由惯性矩 $J$ 表示(转矩/角加速度)，其流体负载由阻尼常数为 $B_2$ 的黏性阻尼器表示。

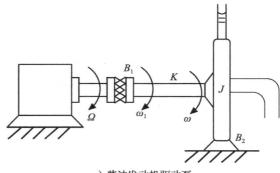

a)柴油发动机驱动泵

我们可以为此二阶系统写出两个状态方程，将状态变量 $T$ 和 $\omega$ 相关联到输入 $\Omega$，其中 $T$ 是柔性轴中的转矩，$\omega$ 是泵速度。接下来，考虑系统输出的两种情况：

(a)输出 $\omega_1$ 是轴左端的角速度。

(b)输出 $\omega$ 是泵速度。

状态方程的推导如下：

轴 $K$ 的本构(物理)关系如下：

$$\frac{\mathrm{d}T}{\mathrm{d}t} = K(\omega_1 - \omega) \tag{i}$$

阻尼器 $B_1$ 的本构关系如下：

$$T = B_1(\Omega - \omega_1) \tag{ii}$$

将式(ii)代入式(i)，可以得到：

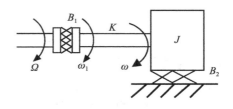

b)线性模型

图 7-8

$$\frac{\mathrm{d}T}{\mathrm{d}t} = -\frac{K}{B_1}T - K\omega + K\Omega \tag{iii}$$

这是第一个状态方程。

惯性 $J$ 的本构方程为：

$$J\dot{\omega} = T - T_2 \tag{iv}$$

阻尼器 $B_2$ 的本构关系为：

$$T_2 = B_2 \omega \tag{v}$$

把式（v）代入式（iv），可以得到：

$$\frac{\mathrm{d}\omega}{\mathrm{d}t} = -\frac{B_2}{J}\omega + \frac{1}{J}T \tag{vi}$$

这是第二个状态方程。

状态方程（iii）和（vi）的向量矩阵形式为：

$$\begin{bmatrix} \dfrac{\mathrm{d}T}{\mathrm{d}t} \\ \dfrac{\mathrm{d}\omega}{\mathrm{d}t} \end{bmatrix} = \begin{bmatrix} -\dfrac{K}{B_1} & -K \\ \dfrac{1}{J} & -\dfrac{B_2}{J} \end{bmatrix} \begin{bmatrix} T \\ \omega \end{bmatrix} + \begin{bmatrix} K \\ 0 \end{bmatrix} \Omega$$

其中，状态矢量 $\boldsymbol{x} = [T\omega]^T$；输入 $\boldsymbol{u} = [\Omega]$。

现在我们考虑输出的两种情况。

情况（a）：输出方程由式（ii）给出，可以写为 $\omega_1 = \Omega - (T/B_1)$。模型的相关矩阵为：

$$\boldsymbol{A} = \begin{bmatrix} -\dfrac{K}{B_1} & -K \\ \dfrac{1}{J} & -\dfrac{B_2}{J} \end{bmatrix}; \quad \boldsymbol{B} = \begin{bmatrix} K \\ 0 \end{bmatrix}; \quad \boldsymbol{C} = \begin{bmatrix} -\dfrac{1}{B_1} & 0 \end{bmatrix}; \quad \boldsymbol{D} = [1]$$

在此情况下，我们注意到通过离合器 $B_1$ 将输入 $\Omega$ 直接"前馈"到输出 $\omega_1$ 中。

情况（b）：在此情况下，输出只是第二个状态变量。于是我们得到了新矩阵 $\boldsymbol{C}$ 和 $\boldsymbol{D}$：

$$\boldsymbol{C} = \begin{bmatrix} 0 & 1 \end{bmatrix}; \quad \boldsymbol{D} = \begin{bmatrix} 0 \end{bmatrix}$$

## 7.5.2 系统响应

系统将响应初始条件 $\boldsymbol{x}(0)$ 和输入 $\boldsymbol{u}$，总体响应可以表示如下：

$$\boldsymbol{x}(t) = \mathrm{e}^{At}\boldsymbol{x}(0) + \int_0^t \mathrm{e}^{A(t-\tau)}\boldsymbol{B}(\tau)\boldsymbol{u}(\tau)\mathrm{d}\tau = \boldsymbol{\Phi}(t)x(0) + \int_0^t \boldsymbol{\Phi}(t-\tau)\boldsymbol{B}u(\tau)\mathrm{d}\tau \tag{7-43}$$

矩阵指数是状态转移矩阵：

$$\boldsymbol{\Phi}(t) = \mathrm{e}^{At} \tag{7-44}$$

根据线性代数中的 Cayley-Hamilton 定理，状态转移矩阵可以表示为：

$$\boldsymbol{\Phi}(t) = \mathrm{e}^{At} = \alpha_0 \boldsymbol{I} + \alpha_1 \boldsymbol{A} + \cdots + \alpha_{n-1} \boldsymbol{A}^{n-1} \tag{7-45}$$

其中系数 $\alpha_j$ 是 $A$ 的特征值 $\lambda_i$ 的指数函数。它们可以确定代数方程组的解：

$$\mathrm{e}^{\lambda_1 t} = \alpha_0 + \alpha_1 \lambda_1 + \cdots + \alpha_{n-1} \lambda_1^{n-1} \tag{7-46}$$
$$\vdots$$
$$\mathrm{e}^{\lambda_n t} = \alpha_0 + \alpha_1 \lambda_n + \cdots + \alpha_{n-1} \lambda_n^{n-1}$$

## 7.5.3 可控性与可观测性

可控性（可达性）确保状态向量可以在有限时间内通过使用输入移动到任何期望值（向量），而可观测性（可构造性）确保我们通过使用测量得到的输出计算状态向量，以下定义准确呈现了动态系统的这两个属性：

**定义 7.1** 如果我们能够在有限时间 $t_1$ 内，可将任意状态 $\boldsymbol{x}(t_0)$ 转移到原点（$\boldsymbol{x}=0$）的输入 $\boldsymbol{u}$，那么这个线性系统在时间 $t_0$ 内就是可控的。如果以上结果对于任意时刻 $t_0$ 都是成立的，那么这个系统称为完全可控。

对于一个线性时不变系统：

当且仅当 $\mathrm{Rank}[\boldsymbol{B}\,|\,\boldsymbol{AB}\,|\,\cdots\,|\,\boldsymbol{A}^{n-1}\boldsymbol{B}]=n$ 才可控(可达)　(7-47a)

针对例 7.7 中的动态系统，可控性矩阵为

$$[\boldsymbol{B},\boldsymbol{AB}]=\begin{bmatrix} K & -\dfrac{K^2}{B_1} \\ 0 & \dfrac{K}{J} \end{bmatrix}$$

由于该矩阵的秩为 2(行列式非零)，因此该系统是可控的(或者说可达到的)。

**定义 7.2**　如果我们能够在时间段 $[t_0，t_1]$(其中 $t_1$ 是有限的)内，利用输出测量结果 $\boldsymbol{y}$ 完全决定状态 $\boldsymbol{x}(t_0)$，那么这个线性系统在 $t_0$ 时刻就是可观察的(可构造的)。

对于一个线性时不变系统：

当且仅当 $\mathrm{Rank}[\boldsymbol{C}^T\,|\,\boldsymbol{A}^T\boldsymbol{C}^T\,|\,\cdots\,|\,\boldsymbol{A}^{n-1}\,\boldsymbol{C}^T]=n$ 时可观测(可构造)　(7-48a)

注：iff(if and only if)代表"当且仅当"。

在例 7.7 的动态系统中，对于(a)，可观察矩阵为：

$$[\boldsymbol{C}^T,\boldsymbol{A}^T\boldsymbol{C}^T]=\begin{bmatrix} \dfrac{-1}{B_1} & -\dfrac{K}{B_1^2} \\ 0 & \dfrac{K}{B_1} \end{bmatrix}$$

由于该矩阵的秩为 2(因为行列式非零)，所以这个系统是可观测的。

在例 7.7 的动态系统中，对于(b)，可观察矩阵为：

$$[\boldsymbol{C}^T,\boldsymbol{A}^T\boldsymbol{C}^T]=\begin{bmatrix} 0 & \dfrac{1}{J} \\ 1 & -\dfrac{B_2}{J} \end{bmatrix}$$

同样，由于该矩阵的秩为 2(行列式非零)，因此该系统是可观测的。

## 7.5.4　离散时间状态空间模型

离散时间的卡尔曼滤波方程基于以下离散时间状态空间模型，它相当于由式(7-41)和式(7-42)给出的连续时间状态空间模型：

$$\boldsymbol{x}_i=\boldsymbol{F}\boldsymbol{x}_{i-1}+\boldsymbol{G}\boldsymbol{u}_{i-1}+\boldsymbol{v}_{i-1} \tag{7-49}$$
$$\boldsymbol{y}_i=\boldsymbol{C}\boldsymbol{x}_i+\boldsymbol{D}\boldsymbol{u}_i+\boldsymbol{w}_i \tag{7-50}$$

向量 $\boldsymbol{v}$ 和 $\omega$ 分别表示输入干扰(或模型误差，假设有可加性)和输出(测量)噪声，假定它们为独立的高斯白噪声(即具有恒定功率谱密度函数的零均值高斯随机信号)，其协方差矩阵为 $\boldsymbol{V}$ 和 $\boldsymbol{W}$。

注：$\boldsymbol{V}=E[\boldsymbol{v}\,\boldsymbol{v}^T]，\boldsymbol{W}=E[\boldsymbol{\omega}\,\boldsymbol{\omega}^T]$

在由式(7-49)和式(7-50)给出的离散模型中，信号在恒定周期(采样周期)$T$ 内进行采样，在每个采样周期内，信号值假定为常数(即假设为零阶保持)。因此，下标 $i$ 表示离散时间点 $iT$ 处的信号值，具体来说，$\boldsymbol{x}_i=\boldsymbol{x}(iT)$。

离散模型中的矩阵 $\boldsymbol{F}$ 和 $\boldsymbol{G}$ 与连续模型中的矩阵 $\boldsymbol{A}$ 和 $\boldsymbol{B}$ 有关，因为离散模型是从连续模型中导出的，它们的适用关系如下所示：

$$\boldsymbol{F}=\boldsymbol{\Phi}(T)=\mathrm{e}^{\boldsymbol{A}T} \tag{7-51}$$
$$\boldsymbol{G}=\int_0^T\mathrm{e}^{\boldsymbol{A}T}\mathrm{d}\tau\boldsymbol{B}=\int_0^T\boldsymbol{\Phi}(\tau)\mathrm{d}\tau\boldsymbol{B}\approx T\boldsymbol{\Phi}(T)\boldsymbol{B} \tag{7-52}$$

其中，$\boldsymbol{\Phi}$ 是状态转移矩阵。

离散时间可控性方程如下所示：

当且仅当　$\mathrm{Rank}[\boldsymbol{G}\,|\,\boldsymbol{FG}\,|\,\cdots\,|\,\boldsymbol{F}^{n-1}\boldsymbol{G}]=n$ 时可控(可达到)　(7-47b)

离散时间可观测性方程如下：

当且仅当　$\mathrm{Rank}[\boldsymbol{F}^T\,|\,\boldsymbol{F}^T\boldsymbol{C}^T\,|\,\cdots\,|\,\boldsymbol{F}^{n-1}\,\boldsymbol{C}^T]=n$ 时可观测(可构造)　(7-48b)

### 7.5.5　线性卡尔曼滤波器算法

接下来介绍标准线性动态卡尔曼滤波器的离散时间方程，在推导这些方程之前，首先给出以下假设：

1. 动态系统是线性时不变的，相关的模型矩阵($F$、$G$、$C$、$D$)是已知的。
2. 所有输出 $y$ 都是可测量的(可能有测量噪声)。
3. 动态系统是可观测的。
4. 输入干扰(或模型误差)和输出(测量)噪声是具有可加性、独立的，且为高斯白噪声，具有已知协方差矩阵 $V$ 和 $W$。

通常，也假定在式(7-42)中 $D=0$，调整包括 $D$ 的卡尔曼滤波器方程是简单直接的。

卡尔曼滤波器是一种"最优"估计方法，其中随着时间推向无限远，在给定测量数据的情况下通过最小化估计的误差协方差来估计未知变量(状态向量)(即在滤波器递归中进行)。具体地说，在时间步 $i$ 中，假设实际状态向量为 $x_i$，其估计值(使用测量数据)为 $\hat{x}_i$，则相关的估计误差为

$$e_i = x_i - \hat{x}_i \tag{7-53}$$

其协方差矩阵(误差协方差矩阵)$P_i$ 由下式给出

$$P_i = E[e_i e_i^T] \tag{7-54}$$

当 $t\to\infty$ 时，卡尔曼滤波器使误差协方差矩阵$P_i$的轨迹最小化。此外，卡尔曼滤波器默认为误差是零均值，因此

$$E[x_i] = \hat{x}_i \tag{7-55}$$

如前所述，卡尔曼滤波器使用预测和校正两个步骤。在预测步骤中，分别确定状态估计和估计误差协方差的先验值$\hat{x}_i^-$ 和$P_i^-$(注：上标"－"表示先验估计)。在校正步骤中，使用实际输出测量值$y_i$，将这些先验估计值"校正为"后验估计$\hat{x}_i$ 和$P_i$。相关方程如下所示：

**预测步骤**(先验估计)：

$$\hat{x}_i^- = F\hat{x}_{i-1} + Gu_{i-1} \tag{7-56}$$
$$P_i^- = FP_{i-1}F^T + V \tag{7-57}$$

**校正步骤**(后验估计)：

$$K_i = P_i^- C^T(CP_i^- C^T + W)^{-1} \tag{7-58}$$
$$\hat{x}_i = \hat{x}_i^- + K_i(y_i - C\hat{x}_i^-) \tag{7-59}$$
$$P_i = (I - K_iC)P_i^- \tag{7-60}$$

**递归的初始值**

在开始卡尔曼滤波器递归时，需要估计状态向量和误差协方差矩阵的初始值$\hat{x}_0$和$P_0$，这些是使用先前的信息或直觉来选择的，特别地，用

$$P_0 = V$$

初始估计$\hat{x}_0$通常是状态向量的初始值 $x(0)$，这是已知的。

离散卡尔曼滤波器的计算过程如图 7-9 所示，观察此"动态"卡尔曼滤波器的预测和校正阶段，将其与图 7-5 所示的仅有校正阶段的"静态"卡尔曼滤波器进行比较。矩阵$K_i$称为"卡尔曼增益"，注意分辨该矩阵的表达式与静态标量卡尔曼滤波器的标量表达式(7-40c)的相似性。此外，式(7-59)对应于式(7-40a)，式(7-60)对应于式(7-40b)。

---

**例 7.8**

考虑例 7.7 给出的柴油发动机系统。假设系统参数为 $J=0.5$、$K=1.0$、$B_1=0.2$、$B_2=0.25$。如前所述，输入是 $\Omega$，这是柴油发动机的速度，并且状态变量是 $T$，这是柔性轴的转矩，$\omega$ 是泵的转速。以泵速作为系统输出。然后，定义系统的矩阵是

$$\boldsymbol{A} = \begin{bmatrix} -5.0 & -1.0 \\ 2.0 & -0.5 \end{bmatrix}; \quad \boldsymbol{B} = \begin{bmatrix} 1.0 \\ 0 \end{bmatrix}; \quad \boldsymbol{C} = \begin{bmatrix} 0 & 1 \end{bmatrix}; \quad \boldsymbol{D} = \begin{bmatrix} 0 \end{bmatrix}$$

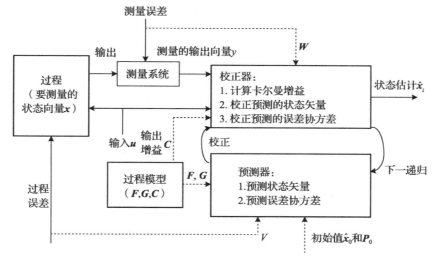

图 7-9 离散动态卡尔曼滤波器的计算方案

通常情况下，测量轴的转矩比速度要困难得多，特别是当轴旋转时。因此，在本示例中，假设当输入速度为 2.0 时，我们估计柔性轴中的转矩。

**注意**：系统是可观测的(可构造的)，因为

$$\begin{bmatrix} \boldsymbol{C}^T, \boldsymbol{A}^T \boldsymbol{C}^T \end{bmatrix} = \begin{bmatrix} 0 & 2 \\ 1 & -0.5 \end{bmatrix}$$

此矩阵是满秩的。

首先，我们使用 MATLAB 来确定系统的特征值：

```
>> A=[-5.0 -1.0; 2.0 -0.5];
>> eig(A)
ans =
   -4.5000
   -1.0000
```

可以看出，该系统是稳定的，因为两个特征值都是负的，此外，特征值的单位是 Hz(1/s)。所以，我们选择采样周期 $T = 0.02s$ 来离散系统。

接下来，我们使用 MATLAB 来确定与给定连续时间系统相对应的离散时间系统：

```
>> B=[1.0;0];
>> C=[0 1];
>> D=[0.0];
>> [F,G]=c2d(A,B,0.02);
```

所得到的状态转移矩阵 $\boldsymbol{F}$ 和输入转移矩阵 $\boldsymbol{G}$ 如下：

```
>> F
F =
    0.9045   -0.0189
    0.0379    0.9897
>> G
G =
    0.0190
    0.0004
```

**注意**：在离散化过程中使用了零阶保持。

给定输入速度为 2.0，泵速的测量值约为其稳态值(约为 0.9)加上随机噪声(来自随机数发生器)。模型(输入扰动)和测量协方差矩阵为

$$\boldsymbol{V} = \begin{bmatrix} 0.05 & 0 \\ 0 & 0.02 \end{bmatrix}; \quad \boldsymbol{W} = \begin{bmatrix} 0.02 \end{bmatrix}$$

我们使用以下测量泵速(带有随机噪声)的 MATLAB 程序来估计轴转矩以及泵速。
注意：估计的泵速取为修正值，不同于具有噪声的测量值，误差是这两个量的差。

```
>> V=[0.05,0;0,0.02]; % model (input disturbance) error covariance
>> W=[0.02]; % measurement error covariance
>> xe=[0;0]; Pe=V; %initialize state estimate and estimation error
covariance
>> it=[]; meas=[]; est1=[]; est2=[]; err=[]; % declare storage vectors
for measurements, estimated states, and error between measured and
estimated outputs
>> kalmest    %call the defined function kalmest.m with the following
script:
for i=1:100
it(end+1)=i; % store the recursion number
u=2.0; % engine speed input
xe=F*xe+G*u;  % predict the state error
Pe=F*Pe*F'+V;  % predict the estimation error covariance matrix
K=Pe*C'*inv(C*Pe*C'+W);  % compute Kalman gain
y=0.9+randn/20.0; % simulate the speed measurement with noise
xe=xe+K*(y-C*xe); % correct the state error
Pe=(eye(2)-K*C)*Pe; % correct the estimation error covariance
meas(end+1)=y; % store the measured data
est1(end+1)=xe(1);  % store the first state (torque)
est2(end+1)=xe(2);  % store the second state (speed)
err(end+1)=y-C*xe;  %store the speed measurement error
end

% plot the results
>> plot(it,meas,'-',it,est1,'-',it,est1,'o',it,est2,'x',it,err,'*')
>> xlabel('Recursion Number')
>> gtext('Measured speed')
>> gtext('X: Estimated pump speed')
>> gtext('Estimated shaft torque')
>> gtext('Speed measurement error')
>> Pe  %final estimation error covariance
Pe =
    0.2566    0.0049
    0.0049    0.0124
```

结果如图 7-10 所示，注意，在两种模型(即输入干扰)和测量值中存在显著误差的情况下，卡尔曼滤波器已经有效地为轴转矩提供了合理的估计。特别地，通过比较测量速度(由实心曲线所示，该曲线使用稳态值加上随机噪声来模拟，并且具有显著误差的)和估计速度(由"x"表示的曲线)，显然卡尔曼滤波器实际上消除了测量误差。

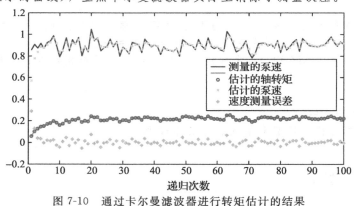

图 7-10    通过卡尔曼滤波器进行转矩估计的结果

## 7.6    扩展卡尔曼滤波器

通常，线性模型只是非线性实际系统的近似。另外，测量值可能与状态变量不是线性相关的。当非线性效应比较显著时，线性时不变模型将不再有效，于是，不能使用 7.5 节给出的线性卡尔曼滤波器，因为它的前提是模型为线性时不变模型。"扩展"卡尔曼滤波器为了考虑系统非线性而调整了线性卡尔曼滤波算法。

当系统具有不可忽略的非线性特性时候，状态方程(7-49)与输出(测量)方程(7-50)需要使用适当的非线性表达方式来进行调整，具体如下：

$$x_i = f(x_{i-1}, u_{i-1}) + v_{i-1} \tag{7-61}$$

$$y_i = h(x_i) + w_i \tag{7-62}$$

其中 $f$ 和 $h$ 分别是 $n$ 阶和 $m$ 阶的非线性向量函数。注意：在输出方程(7-62)中，输入项已被省略。因为在线性情况下，如果系统具有"前馈"特性，则它已经由一个简单直接的方式所包含。

正如我们将看到的，在 EKF 方程中，在非线性形式下，非线性方程(7-61)和(7-62)可用来处理状态向量和测量向量。然而，当处理误差协方差矩阵时，它们需要线性化，因为当随机信号通过非线性传递时，其随机特征(特别是协方差矩阵)将以复杂的方式改变。直接将这种非线性变换并入卡尔曼滤波算法不是一个简单或直接的任务。

具体来说，对于协方差变换，我们使用以下线性化状态转换矩阵和输出(测量)增益矩阵

$$F_{i-1} = \frac{\partial f}{\partial x_{i-1}} \tag{7-63}$$

$$C_i = \frac{\partial h}{\partial x_i} \tag{7-64}$$

式(7-63)给出了系统的雅可比矩阵(即梯度)，式(7-64)给出输出过程的雅可比矩阵。线性化的矩阵项[式(7-63)和式(7-64)]不是常数，在 EKF 的每个递归步骤中必须利用该采样周期中状态向量和输入向量的当前值进行评估。这里假设函数 $f$ 和 $h$ 是可微分的，也可以通过分析法或数值法进行评估。

注意：$G_{i-1} = \partial f / \partial u_{i-1}$，但是 EKF 不需要这个结果。

### 扩展卡尔曼滤波器算法

为了获得 EKF 方程，线性的卡尔曼滤波方程经过调整后得到下式：

**预测步骤(先验估计)：**

$$\hat{x}_i^- = f(\hat{x}_{i-1}, u_{i-1}) \tag{7-65}$$

$$P_i^- = F_{i-1} P_{i-1} F_{i-1}^T + V \tag{7-66}$$

**校正步骤(后验估计)：**

$$K_i = P_i^- C_i^T (C_i P_i^- C_i^T + W)^{-1} \tag{7-67}$$

$$\hat{x}_i = \hat{x}_i^- + K_i [y_i - h(\hat{x}_i^-)] \tag{7-68}$$

$$P_i = (I - K_i C) P_i^- \tag{7-69}$$

接下来，我们给出一个 EKF 在实际应用中的例子。

---

**例 7.9**

具有活塞气缸机构的被动减振器单元如图 7-11 所示，气缸是固定的而且是刚性的，并且填充有不可压缩的液压油(在活塞两侧)。活塞质量为 $m$，面积为 $A$。它有一个小开口，液压流体可以通过该小开口从气缸的一侧流入到另一侧。随着活塞的移动，液体产生流体阻力，阻力是非线性的(具体地说，压降与通过开口的流量体积的二次方相关)。刚度为 $k$ 的弹簧阻止活塞的运动。假设施加到减振器(活塞)的输入力为 $f(t)$，重要变量的定义如下所示：

$v$ 是活塞的运动速度；

$Q$ 是通过活塞小开口的流体体积的流速(从左到右为正)；

$P = P_2 - P_1$ 是活塞两侧压力差；

$f_k$ 是弹簧的弹力。

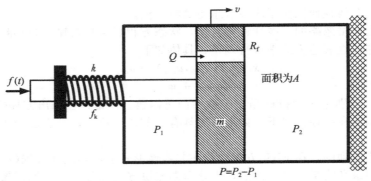

图 7-11    被动减振单元

在系统的状态空间模型中，我们使用以下变量：

状态向量：$\boldsymbol{x} = [v,\ f_k]^T$

输入向量：$\boldsymbol{u} = [f(t)]$

我们将作出如下的假设：

1. 活塞和气缸之间没有摩擦。

2. 活塞两侧的面积相等，大约为 $A$，也就是说忽略活塞杆的面积。

我们可以看出系统的状态方程为：

$$m\dot{v} = -cv^2 - f_k + f(t) \tag{i}$$
$$\dot{f}_k = kv$$

其中 $c$ 是流体阻力参数。注意第一个状态方程是非线性的，因为速度比弹簧弹力更加容易测量，我们将只测量速度。因此输出（测量）增益矩阵为 $\boldsymbol{C} = [1,\ 0]$。

假设当系统为离散系统时，我们得到以下非线性离散时间状态空间模型：

$$x_1(i) = -a_1 x_1(i-1) - a_2 x_1^2(i-1) - a_3 x_2(i-1) + b_1 u(i-1) + v_1(i-1)$$
$$x_2(i) = a_4 x_1(i-1) + a_5 x_2(i-1) + b_2 u(i-1) + v_2(i-1) \tag{ii}$$

式中已经包括了"加性"随机模型误差（或输入干扰）项 $v_1$ 与 $v_2$，我们将要使用如下的参数值 $a_1 = 0.4$，$a_2 = 0.1$，$a_3 = 0.2$，$a_4 = 0.3$，$a_5 = 0.5$，$b_1 = 1.0$，$b_2 = 0.2$。

鉴于模型的非线性，在这个例子中我们将使用 EKF，而不是线性卡尔曼滤波器。此外由于弹簧弹力比速度更难以测量，所以我们将通过测量减振器的速度来估计它。

假设减振器的输入压力是正弦函数

$$u = 2\sin 6t \tag{iii}$$

为了实现本例的目的，减振器速度的测量是由非线性模型生成的（近似）值伴随着随机噪声（来自随机数发生器）进行模拟的，模型（输入干扰）和测量协方差矩阵取为

$$\boldsymbol{V} = \begin{bmatrix} 0.02 & 0 \\ 0 & 0.04 \end{bmatrix}; \quad \boldsymbol{W} = [0.05] \tag{iv}$$

离散模型（ii）可以表达为：

$$\begin{bmatrix} x_1(i) \\ x_2(i) \end{bmatrix} = \begin{bmatrix} -a_1 - a_2 x_1(i-1) & -a_3 \\ a_4 & a_5 \end{bmatrix} \begin{bmatrix} x_1(i-1) \\ x_2(i-1) \end{bmatrix} + \begin{bmatrix} b_1 \\ b_2 \end{bmatrix} u(i-1) + \begin{bmatrix} v_1(i-1) \\ v_2(i-1) \end{bmatrix} \tag{v}$$

关于线性化（使用泰勒级数展开式的第一项），我们可以得到：

$$\boldsymbol{F}_{i-1} = \frac{\partial f}{\partial x_{i-1}} = \begin{bmatrix} -a_1 - 2a_2 x_1(i-1) & -a_3 \\ a_4 & a_5 \end{bmatrix} \tag{vi}$$

同时：

$$\boldsymbol{G} = \begin{bmatrix} b_1 \\ b_2 \end{bmatrix} \tag{vii}$$

我们使用以下 MATLAB 程序利用测量的减振器速度（带有随机噪声）来估计弹簧弹力

（以及减振器速度）。

注意：估计速度取为校正值，而测量的速度有噪声且不准确，测量误差是这两者之间的差。

```
>> F=[-0.4, -0.2; 0.3, 0.5]; % define the linear F matrix (nonlinear
term will be added)
>> G=[1.0; 0.2]; % define the G matrix
>> C=[1 0]; % define the output (measurement) gain matrix
>> V=[0.02,0;0,0.04]; % model (input disturbance) error covariance
>> W=[0.05]; % measurement error covariance
>> n=2; m=1; % define system order and output order
>> extkalm
>> extkalm %call the defined function kalmest.m with the following
script:

Fsim=F; % simulation model
xe=zeros(n,1); % initialize state estimation vector
Pe=V; % initialize estimation error covariance matrix
xsim=xe; %initialize state simulation vector
it=[]; meas=[]; est1=[]; est2=[]; err=[];  % declare storage vectors
it=0; meas=0; est1=0; est2=0; err=0; %initialize plotting variables
for i=1:100
it(end+1)=i; % store the recursion number
t=i*0.02;  % time
u=2.0*sin(6*t); % absorber force input (harmonic)
x1=xe(1);
F(1,1)=-0.4-0.1*x1; % include nonlinearity
xe=F*xe+G*u; % predict the state estimate
F(1,1)=-0.4-0.2*x1; % linearize F
Pe=F*Pe*F'+V; % predict the estimation error covariance matrix
K=Pe*C'*inv(C*Pe*C'+W); % compute Kalman gain
Fsim(1,1)=-0.4-0.1*xsim(1); % include nonlinearity for simulation
xsim=Fsim*xsim+G*u;
for j=1:m
yer(j,1)=rand/5.0; % simulated measurement error
end
y=C*xsim+yer; % simulate the speed measurement with noise
xe=xe+K*(y-C*xe); % corrected state estimate
Pe=(eye(2)-K*C)*Pe; % corrected estimation error covariance
x1=xe(1); % update state 1 (speed)
meas(end+1)=y(1); % store the measured data
est1(end+1)=xe(1);  % store the first state (speed)
est2(end+1)=xe(2);  % store the second state (spring force)
err(end+1)=y(1)-C*xe;  %store the speed measurement error
end
% plot the results
plot(it,meas,'-',it,est1,'-',it,est1,'o',it,est2,'x',it,err,'*')
xlabel('Recursion Number')
```

结果如图 7-12 所示，请注意，在两个模型（输入干扰）与测量值之间存在误差，EKF已经有效地对弹力提供了合理的估计。特别是通过比较测量速度（实线曲线）和估计速度（曲线表示为"o"）。鉴于附加的随机噪声，因此它有明显的误差，显然 EKF 实际上已经消除了测量误差。

当然，在处理非线性系统时，EKF 是对常规（线性）卡尔曼滤波器的改进。但是它也有缺点。误差的主要来源是随机信号，当通过非线性系统传播时，该随机信号可能具有与通过非线性系统的线性化模型传播完全不同的统计特性。这个问题在接下来将介绍的UKF 中被消除了。

## 7.7　无迹卡尔曼滤波器

在线性动态卡尔曼滤波器中，我们假设过程干扰（包括模型误差）和测量噪声为高斯（正态）零均值白噪声。此外我们假设过程模型和测量模型（输出增益或测量增益）是线性的，如果一个过程是线性的，则任何的高斯随机信号输入都会在输出端保持高斯特性。一个高斯随机信号只需要均值和方差（标准差）即可得到其完整表示。另外，根据中心极限定理可知，许多实际（工程）随机信号（其中有很多独立随机因素）可以近似看作高斯分布。

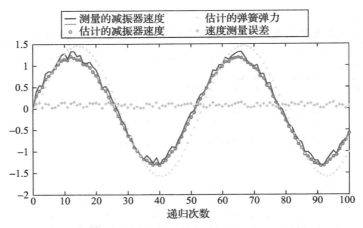

图 7-12　使用扩展卡尔曼滤波器后力的估计结果

如果过程（包括测量过程）是非线性的，则一个解决的方法是围绕工作点进行局部线性化。（注意，工作点本身是随着时间变化的）。线性卡尔曼滤波器可以随着工作点的变化在每个工作点处使用相应的线性化模型，这是 EKF 背后的原理。EKF 的一个明显缺点是高斯随机信号在通过非线性传递时不会保持高斯特性，因此只有均值和方差是不足以表示传递结果的。更加重要的是，在相同输入信号下，线性化模型输出的均值和方差与实际非线性过程所得到均值和方差是不一致的。在 EKF 中，即使数据通过准确的非线性进行传递，由于协方差通过线性化模型进行传递，所以协方差也会改变。对于噪声的零均值假设，在卡尔曼滤波中协方差是非常重要的。EKF 的另外一个缺点是它需要对非线性过程 $f$ 和非线性测量 $g$ 进行求导（即雅可比）。在有些情况下（如库仑摩擦力），其导数是不存在的，总而言之，EKF 的不足之处如下所示：

1. 模型必须线性化。对于不可微的非线性来说，这是不可行的。

2. 由于线性化模型必须在每个时间步长上进行重新计算，所以计算所花费的努力远远大于卡尔曼滤波器。

3. 高斯随机信号在通过非线性模型传递时不保持高斯特性。因此，保留了传递信号高斯特性的线性化模型，不能正确反映传递信号的真实随机行为。

通过 UKF 已经找到了解决 EKF 中这些缺点的方案。UKF 通过设法恢复利用非线性传递的真实均值和方差来解决 EKF 所存在的不足之处，而不是尝试将非线性信号线性化。具体来说，在 UKF 中，通过非线性传递的不是测量的数据而是统计学上的表示，它叫作数据的 $\sigma$ 点，$\sigma$ 点更加真实地表示了数据的统计参数（均值和协方差）。特别地，已经发现与 UKF 相比，协方差结果比通过 EKF 所得的结果更加准确，这两种非线性卡尔曼滤波方法在图 7-13 中进行了比较。

### 7.7.1　无迹变换

接下来会介绍 UKF 使用的"无迹变换"（UT）。假设一组数据向量 $x$（具有随机性）通过非线性 $z = f(x)$ 传递，我们使用 UT 来确定非线性输出 $z$ 的统计特性。UT 主要涉及两个步骤：(1)产生 $\sigma$ 点向量和数据集对应的权重；(2)计算结果（非线性输出 $z$）的统计特性（均值向量和协方差矩阵）。这两个步骤如下：

#### 7.7.1.1　$\sigma$ 点向量和权重的产生

1. 构建 $2n+1$ 个 $\sigma$ 点，得到：

$$
\begin{aligned}
\chi_0 &= \hat{x} \\
\chi_j &= \hat{x} + \left[\sqrt{(n+\lambda)P_x}\right]_j \\
\chi_{j+n} &= \hat{x} - \left[\sqrt{(n+\lambda)P_x}\right]_j, \quad j = 1, 2, \cdots, n
\end{aligned}
\tag{7-70}
$$

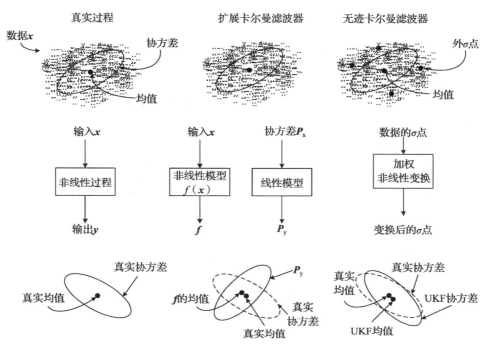

图 7-13 扩展卡尔曼滤波器和无迹卡尔曼滤波器的比较

其中，$\hat{x}$ 是采样数据的均值；$P_x$ 是采样数据的协方差矩阵；$[\sqrt{A}]_j$ 是矩阵 $A$（正定）第 $j$ 列的 Cholesky 分解；$n$ 是数据向量 $x$ 的维度（阶数）；$\lambda = \alpha^2 n - n$ 是缩放参数，其中 $\alpha$ 是控制 $\sigma$ 点扩散的参数（通常大约为 $0.001$）。

注意：正定矩阵的 Cholesky 分解是下三角矩阵以及其共轭转置（上三角矩阵）的乘积，它有点类似于矩阵平方根。Chol() 的 MATLAB 结果是一个上三角矩阵。下三角矩阵或上三角形矩阵都可以用于本方法，下三角矩阵和上三角矩阵（按顺序）的乘积可以得出原始矩阵。

**例 7.10**

```
>> A=[2 0.5 0.2;0.6 3 0.1;0.3 0.4 5];
>> L=chol(A)
L =
    1.4142      0.3536      0.1414
         0      1.6956      0.0295
         0           0      2.2314
>> B=L*L'
B =
    2.1450      0.6036      0.3156
    0.6036      2.8759      0.0658
    0.3156      0.0658      4.9791
>> C=L'*L
C =
    2.0000      0.5000      0.2000
    0.5000      3.0000      0.1000
    0.2000      0.1000      5.0000
```

可以看出 $\sigma$ 点的数量（$2n+1$）是直接与数据向量 $x$ 的维度 $n$ 相关的，需要对数据进行充分的覆盖传递。一个 $\sigma$ 点是数据的均值本身，剩下的 $2n$ 个 $\sigma$ 点在均值周围适当选择，以充分覆盖随机性数据。

2. 构建 $2n+1$ 个权重，得到：

$$\omega_0^m = \frac{\lambda}{n+\lambda}$$

$$\omega_0^c = \frac{\lambda}{n+\lambda} + (1 - \alpha^2 + \beta) \tag{7-71}$$

$$\omega_j^m = \omega_j^c = \frac{1}{2(n+\lambda)}, \quad j = 1, 2, \cdots, 2n$$

其中，$\beta$ 是表示概率分布 $x$ 的先验知识的参数（对于高斯分布，$\beta=2$）；上标 m 表示均值；上标 c 表示协方差。

可以看出，中心 $\lambda$ 点（均值）的权重更高，这是直观的。更重要的是，可以很容易地验证 $2n+1$ 个 $\lambda$ 点矢量加权和的均值和协方差与随机数据的均值和协方差相等。

### 7.7.1.2　输出统计特性的计算

1. 通过非线性传递 $\sigma$ 点向量：

$$\boldsymbol{\xi}_j = \boldsymbol{f}(\chi_j), j = 0, 1, 2, \cdots, 2n \tag{7-72}$$

2. 计算输出 $z$ 的均值和协方差矩阵作为加权和：

$$均值\ \overline{\boldsymbol{z}} = \sum_{j=0}^{2n} \omega_j^m \boldsymbol{\xi}_j$$

$$协方差\ \boldsymbol{P}_z = \sum_{j=0}^{2n} \omega_j^c (\boldsymbol{\xi}_j - \overline{\boldsymbol{z}})(\boldsymbol{\xi}_j - \overline{\boldsymbol{z}})^T \tag{7-73}$$

可以看出，在 UT 中，通过非线性传递的是 $\sigma$ 点向量而不是实际的数据点，这些 $\sigma$ 点向量充分代表了数据的随机行为。UT 使用输入数据的统计信息来确定非线性输出的统计信息。特别地，从式(7-70)可以看出

1. 数据 $\sigma$ 点向量的加权和等于样本数据的平均值 $\hat{x}$；
2. 数据 $\sigma$ 点向量的加权样本协方差等于数据的协方差 $\boldsymbol{P}_x$。

因此人们可能会认为，通过非线性传递的数据是数据随机性的充分表征。UT 实现了这一点并同时保持了该过程（不需要线性化）的非线性，并且也不必传递每个数据点（这会使计算的负担减少），这些是 UKF 相比 EKF 的重要优势。

### 7.7.2　无迹卡尔曼滤波器算法

如前所述，我们现在使用 UT 来构造 UKF，考虑以下非线性动态系统，它以离散时间状态空间形式表示，如前所述：

$$\boldsymbol{x}_i = \boldsymbol{f}(\boldsymbol{x}_{i-1}, \boldsymbol{u}_{i-1}) + \boldsymbol{v}_{i-1} \tag{7-61}$$

$$\boldsymbol{y}_i = \boldsymbol{h}(\boldsymbol{x}_i) + \boldsymbol{\omega}_i \tag{7-62}$$

其中 $\boldsymbol{f}$ 和 $\boldsymbol{h}$ 分别是 $n$ 阶和 $m$ 阶的非线性向量函数，它们分别表示非线性动态过程和非线性输出/测量关系。矢量 $v$ 和 $\omega$ 分别表示输入干扰（过程模型误差）和输出（测量）噪声，它们认为是协方差矩阵为 $\boldsymbol{V}$ 和 $\boldsymbol{W}$ 的加性独立高斯白噪声。

在其他卡尔曼滤波算法中，虽然 UKF 还具有预测阶段（先验估计）和校正阶段（后验估计），但是现在 UT 用于这些阶段。相关的计算步骤如下：

1. 初始化状态向量的均值 $\hat{x}_0$ 和协方差 $\boldsymbol{P}_0$ 计算（在 $i=0$ 时）。我们选择 $\hat{x}_0$ 作为第一个（中心）$\sigma$ 点向量，即 $x(0)$，需要计算出相对于这个初始时间点的其他 $2n$ 个外部 $\sigma$ 点向量（以及递归计算未来时间点 $i$），请注意，状态向量的阶数是 $n$。我们选择：

$$\boldsymbol{P}_0 = \boldsymbol{V}$$

对于矩阵 $\boldsymbol{V}$ 来说，它必须是一个正定的矩阵（根据 Cholesky 分解的要求）。

2. 计算固定参数和 $\sigma$ 点权重：

$$\lambda = \alpha^2 n - n$$

$$\omega_0^m = \frac{\lambda}{n+\lambda}$$

$$\omega_0^c = \omega_0^m + (1 - \alpha^2 + \beta) \tag{7-74}$$

$$\omega_j^m = \omega_j^c = \frac{1}{2(n+\lambda)}, j = 1, 2, \cdots, 2n$$

关于权重的另外一个选择是：

$$\omega_0^m = w_0^c = w_0 < 1$$

$$\omega_j^m = \omega_j^c = \frac{1 - w_0}{2n} = \frac{1}{2c}, j = 1, 2, \cdots, 2n \tag{7-75}$$

注意：在这个替代选择中，我们首先选择 $\omega_0$ 为小于 1 的一个值。然后，选择剩余的 $2n$ 个权重相等，使得所有权重的和为 1。在式（7-76）中，使用 $c = n/(1 - \omega_0)$ 在替代权重选择的情况下代替 $n + \lambda$。

3. 对于所有时间点 $i = 1$，2，3，…递归地执行以下操作。

**在以下递归的第一个阶段中，我们计算类似于其他类型卡尔曼滤波器的预测估计（即先验估计）。**

a. 计算 $2n + 1$ 个 $\sigma$ 点向量

$$\chi_{0, i-1} = \hat{\boldsymbol{x}}_{i-1}$$

$$\chi_{j, i-1} = \hat{\boldsymbol{x}}_{i-1} + \left[ \sqrt{(n+\lambda)\boldsymbol{P}_{i-1}} \right]_j \tag{7-76}$$

$$\chi_{j+n} = \hat{\boldsymbol{x}}_{i-1} - \left[ \sqrt{(n+\lambda)\boldsymbol{P}_{i-1}} \right]_j, \quad j = 1, 2, \cdots, n$$

b. 通过过程非线性传递 $\sigma$ 点向量[见（式 7-61）]：

$$\chi_{j, i \mid i-1} = f(\chi_{j, i-1}, u), \quad j = 0, 1, 2, \cdots, 2n \tag{7-77}$$

c. 计算"预测"状态估计作为加权和：

$$\hat{x}_i^- = \sum_{j=0}^{2n} \omega_j^m \chi_{j, i \mid i-1} \tag{7-78}$$

d. 计算"预测"状态估计误差协方差矩阵作为加权和以及输入/模型干扰的额外贡献：

$$\boldsymbol{P}_i^- = \sum_{j=0}^{2n} \omega_j^c \left[ \chi_{j, i \mid i-1} - \hat{x}_i^- \right] \left[ \chi_{j, i \mid i-1} - \hat{x}_i^- \right]^T + \boldsymbol{V} \tag{7-79}$$

e. 通过测量非线性来传递 $\sigma$ 点向量[见式（7-62）]：

$$\gamma_{j, i \mid i-1} = h(\chi_{j, i-1}) \quad j = 0, 1, 2, \cdots, 2n \tag{7-80}$$

f. 计算"预测"测量矢量作为加权和：

$$\hat{y}_i^- = \sum_{j=0}^{2n} \omega_j^m \gamma_{j, i \mid i-1} \tag{7-81}$$

**在递归之后的第二个阶段，我们通过结合实际的输出测量值来计算"校正"估计（即后验估计），类似于其他类型卡尔曼滤波器中的过程。**

g. 计算输出估计误差自协方差矩阵作为加权和以及来自测量噪声的附加贡献：

$$\boldsymbol{P}_{yy, i} = \sum_{j=0}^{2n} \omega_j^c \left[ \gamma_{j, i \mid i-1} - \hat{y}_i^- \right] \left[ \gamma_{j, i \mid i-1} - \hat{y}_i^- \right]^T + \boldsymbol{W} \tag{7-82}$$

h. 计算状态输出的估计误差互协方差矩阵加权总和：

$$\boldsymbol{P}_{xy, i} = \sum_{j=0}^{2n} \omega_j^c \left[ \chi_{j, i \mid i-1} - \hat{x}_i^- \right] \left[ \gamma_{j, i \mid i-1} - \hat{y}_i^- \right]^T \tag{7-83}$$

i. 计算卡尔曼增益矩阵：

$$\boldsymbol{K}_i = \boldsymbol{P}_{xy, i} \boldsymbol{P}_{yy, i}^{-1} \tag{7-84}$$

j. 计算"已校正"状态估计：

$$\hat{x}_i = \hat{x}_i^- + K_i(y_i - \hat{y}_i^-) \tag{7-85}$$

其中 $y_i$ 是在时间点 $i$ 处的实际输出测量值。

k. 计算"已校正"状态估计误差协方差矩阵：

$$P_i = P_i^- - K_i P_{yy,i} K_i^T \tag{7-86}$$

正如人们所期望的那样，考虑到相关矩阵的特定结构和特征，在 UKF 的计算步骤中可以节省成本。这些考虑超出了本书的讨论范围。

---

**例 7.11**

在此例中，尽管我们解决了例 7.9 提出的相同问题，但是这一次使用的是 UKF。具体来说，我们通过以下 MATLAB 程序，使用测量减振器速度（带有随机噪声）的方式来估计弹簧力（以及减振器速度）。

```
>> F=[-0.4, -0.2; 0.3, 0.5]; % define the F matrix
>> G=[1.0; 0.2]; % define the G matrix
>> C=[1 0]; % define the output (measurement) gain matrix
>> V=[0.02,0;0,0.04]; % model (input disturbance) error covariance
>> W=[0.05]; % measurement error covariance
>> n=2; m=1; % system order and output order
>> ukalm    %call the defined function ukalm.m with the following script:

Fsim=F; % simulation model
xe=zeros(n,1); % initialize state estimation vector
Pe=V; % initialize estimation error covariance matrix
xsim=xe; %initialize state simulation vector
alpha=0.001; % define sigma-point spread parameter
lambda=alpha^2*n-n; % scaling parameter
beta=2; % Gaussian distribution
wm(1)=lambda/(n+lambda); % central weighting for mean
wc(1)=wm(1)+(1-alpha^2+beta); % central weighting for covariance
wm(2:2*n+1)=1/(2*(n+lambda)); % outer weighting for mean
wc(2:2*n+1)=wm(2:2*n+1); % outer weighting for covariance
it=[]; meas=[]; est1=[]; est2=[]; err=[];  % declare storage vectors
it=0; meas=0; est1=0; est2=0; err=0; %initialize plotting variables
for i=1:100
it(end+1)=i; % store the recursion number
t=i*0.02;  % time
u=2.0*sin(6*t); % input (harmonic)
xlam(:,1)=xe; % central lambda-point vector
L=chol((n+lambda)*Pe); % Cholesky cannot be used if not +ve definite
for j=2:n+1
xlam(:,j)=xe+L(:,j-1); % outer lambda-point vectors
xlam(:,n+j)=xe-L(:,j-1); % outer lambda-point vectors
end
sumx=zeros(n,1); % initialize sum
for j=1:2*n+1
x1=xlam(1,j); % first element of lambda-point vector
F(1,1)=-0.4-0.1*x1; % include nonlinearity
xlamx=xlam(:,j); % jth lambda-point vector
xlam(:,j)=F*xlam(:,j)+G*u;  % nonlinear state propagation of lambda-
point vector
sumx=sumx+xlam(:,j)*wm(j); % weighted sum
end
xe=sumx; % predicted state estimate
Pe=zeros(n,n); % initialize sum for covariance computation
for j=1:2*n+1
xlamx=xlam(:,j); % jth lambda-point vector
xlamx=xlamx-xe; %subtract mean
Pe=Pe+wc(j)*xlamx*xlamx'; % estimate error covariance matrix
end
Pe=Pe+V; % add contribution from model/input disturbances
sumy=zeros(m,1); % initialize sum
for j=1:2*n+1
xlamx=xlam(:,j); % jth lambda-point vector
xlamy(:,j)=C*xlamx;  % output (measurement) lambda-point vector
sumy=sumy+xlamy(:,j)*wm(j); % weighted sum
end
```

```
ye=sumy; % predicted output estimate
Pyy=zeros(m,m); % initialize the output auto-covariance matrix
for j=1:2*n+1
ylam=xlamy(:,j); % output lambda-point vector
ylam=ylam-ye; %subtract mean
Pyy=Pyy+wc(j)*ylam*ylam'; % estimate error covariance matrix
end
Pyy=Pyy+W; % add contribution from measurement noise
Pxy=zeros(n,m); % initialize the state-output cross-covariance matrix
for j=1:2*n+1
xlamx=xlam(:,j); % jth lambda-point vector
ylam=xlamy(:,j); % jth output lambda-point vector
xlamx=xlamx-xe; %subtract mean
ylam=ylam-ye; %subtract mean
Pxy=Pxy+wc(j)*xlamx*ylam'; % estimate error covariance matrix
end
K=Pxy*inv(Pyy); % Kalman gain
Fsim(1,1)=-0.4-0.1*xsim(1); % include nonlinearity
xsim=Fsim*xsim+G*u;
for j=1:m
yer(j,1)=rand/5.0; % simulated measurement error
end
y=C*xsim+yer; % simulated measurement with noise
xe=xe+K*(y-ye); % corrected state estimate
Pe=Pe-K*Pyy*K'; % corrected estimation error covariance
meas(end+1)=y(1); % store the measured data
est1(end+1)=xe(1); % store the first state (speed)
est2(end+1)=xe(2); % store the second state (spring force)
err(end+1)=y(1)-xe(1); %store the speed measurement error
end
% plot the results
plot(it,meas,'-',it,est1,'-',it,est1,'o',it,est2,'x',it,err,'*')
xlabel('Recursion Number')
```

在这个程序中，我们使用了式(7-74)给出的原始加权方案，结果如图 7-14 所示。从图中可以看出，无论是在模型(输入扰动)还是测量中，无迹卡尔曼滤波器(UKF)都可以有效地估计弹簧力。特别地，通过比较测量速度(实线曲线)和估计速度(由 "o" 表示的曲线)，很明显可以看出 UKF 实际上消除了测量误差，其中测量速度由于附加的随机噪声而具有显著误差。此外，通过比较图 7-14 和图 7-12 也可以很清楚地看出，使用 UKF 可以得到更平滑、更接近正弦的速度估计曲线，使得曲线更接近准确值(正弦)。

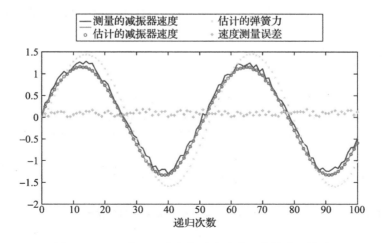

图 7-14 通过使用无迹卡尔曼滤波器后力估计的结果

在另一个此方法的实际运用中，我们使用了式(7-75)中可选的加权方案，结果与式(7-14)呈现的结果相似。

## 关键术语

**数据误差的来源**：(1)测量对象的产生过程；(2)测量过程(传感器和其他硬件的安装、误差等)；(3)数据处理和计算(包括计算使用的模型)。

**两种主要误差类型**：(1)模型误差；(2)测量误差。

**通过感测数据进行估计**：估计量可能是系统的一个参数(如质量)或变量(如电压)；也可能是标量或矢量。系统可能是静态(变量的变化率影响可忽略)的，也可以是动态(变量的变化率不可忽略)的。

**数据和估计的随机性**：假定：数据集$\{\varUpsilon_1, \varUpsilon_2, \cdots, \varUpsilon_N\}$是相互独立和同分布的(iid)。随机性可能是由其方差或者标准偏差(std)体现的。估计的标准偏差($\hat{m}$)和测量值的标准偏差通过公式$\sigma_{\hat{m}} = \sigma_m / \sqrt{N}$是相关的。

**无偏估计**：若估计的均值＝估计量，则属于无偏估计。

**样本均值($\overline{\varUpsilon}$)**：$\overline{\varUpsilon} = 1/N \sum\limits_{i=1}^{N} \varUpsilon_i$ (因为$E(\overline{\varUpsilon}) = E(\varUpsilon_i) = \mu$，所以是无偏估计)。

**样本方差($S^2$)**：$S^2 = 1/(N-1) \sum\limits_{i=1}^{N} (\varUpsilon_i - \overline{\varUpsilon})^2$ (因为$E(S^2) = \text{Var}(\varUpsilon_i) = \sigma^2$，所以是无偏估计)。

**最小二乘法估计(LSE)**：数据和估计值之间的最小均方误差。

**最小二乘点估计**：(1)测量$N$个数值$\{\varUpsilon_1, \varUpsilon_2, \cdots, \varUpsilon_N\}$；(2)最小化估计值和数据之间的误差平方和：

$e = \sum\limits_{i=1}^{N} (\varUpsilon_i - m)^2$。估计值$\hat{m} = 1/N \sum\limits_{i=1}^{N} \varUpsilon_i$，它为数据的样本均值。

**最小二乘线估计**：最小化数据集与线之间的平方误差(线性、二次等)。

**线性回归线**：拟合曲线是线性的(即直线)。需要估计直线的两个参数(斜率$m$和截距$a$)。公式：

$$m = \frac{1/N \sum\limits_{i=1}^{N} X_i \varUpsilon_i - \overline{X}\,\overline{\varUpsilon}}{1/N \sum\limits_{i=1}^{N} X_i^2 - \overline{X}^2}; \varUpsilon - \overline{\varUpsilon} = m(X - \overline{X}); a = \overline{\varUpsilon} - m\overline{X}$$

**估计的质量**：它取决于(1)数据准确度；(2)数据集的规模；(3)估计的方法；(4)估计所采用的模型(线性拟合、二次拟合等)；(5)估计参数的数量。

**误差平方和(SSE)**：$\text{SSE} = \sum\limits_{i=1}^{N} (\varUpsilon_i - \hat{\varUpsilon}_i)^2$；注：$\hat{\varUpsilon}_i$是一个估计值。

**均方误差(MSE)**：$\text{MSE} = 1/(N-M) \sum\limits_{i=1}^{N} (\varUpsilon_i - \hat{\varUpsilon}_i)^2$。$M$为系数(拟合曲线)的估计数；$N-M$为剩余自由度。

**均方根误差(RMSE)**：均方误差MSE开根号。

**R平方(R-Square)**：$1 - \text{SSE}/\left[\sum\limits_{i=1}^{N} (\varUpsilon_i - \overline{\varUpsilon})^2\right]$。

**校正R-Square**：$1 - (\text{MSE}/\text{VAR})$；MSE为均方误差，VAR为样本方差。

注意：对于给定的一组数据，当拟合曲线中系数的数量增加的时候，估计的准确性会下降。

**最大似然估计(MLE)**：考虑到我们拥有的数据集(即估计用于随机过程的正确参数值，以便"最有可能"生成我们需要的数据集)，最大化估计值的可能性。

注意：高斯(正态)概率分布仅需要两个参数(均值和方差)就可以完整表示。如果数据是高斯分布，则最小二乘法估计与最大似然估计结果相等；如果数据不是高斯分布，则使用最小二乘法的估计值更优。

**最大似然估计的目的**：找到参数矢量$\boldsymbol{m}$的估计值$\hat{m}$，从而最大化似然函数：$L(\boldsymbol{m}|\boldsymbol{y}) = f(\boldsymbol{y}|\boldsymbol{m})$。

注意：在给定$\boldsymbol{m}$时，$f(\boldsymbol{y}|\boldsymbol{m})$为$\boldsymbol{y}$的条件概率密度函数(pdf)，这是关于$\boldsymbol{m}$的函数。

**贝叶斯定理(公式)**：$\Pr(\boldsymbol{m}|\boldsymbol{y}) = \dfrac{\Pr(\boldsymbol{y}|\boldsymbol{m})\Pr(\boldsymbol{m})}{\Pr(\boldsymbol{y})}$

$\Pr(\boldsymbol{m}|\boldsymbol{y})$为$\boldsymbol{m}$的后验概率；$\Pr(\boldsymbol{m})$为$\boldsymbol{m}$的先验概率；$\Pr(\boldsymbol{y})$为$\boldsymbol{y}$的先验概率，有

→$\Pr(\boldsymbol{m}|\boldsymbol{y}) \propto \Pr(\boldsymbol{m})L(\boldsymbol{m}|\boldsymbol{y})$

→给定$\boldsymbol{m}$的一个估计值，最佳估计值(后验估计)可以最大化似然函数$L(\boldsymbol{m}|\boldsymbol{y})$。

MLE 具有正态分布：

$$\hat{\mu} = \frac{1}{N} \sum_{i=1}^{N} y_i; \qquad \hat{\sigma}^2 = \frac{1}{N} \sum_{i=1}^{N} (y_i - \hat{\mu})^2$$

注意：该协方差估计（MLE）不是无偏的，当 $N$ 足够大时，$N$ 与 $N-1$ 在分母中的差异是可忽略的。

递归 MLE：$\hat{m}_i = \hat{m}_{i-1} - c(1/(\partial^2 L/\partial m_{i-1}^2))(\partial L/\partial m_{i-1})$，其中 $L$ 为似然函数，$c$ 为定值。

递归 MLE（零均值高斯分布）：

$$\hat{m}_i = \frac{\sigma_\omega^2}{\sigma_{m_{i-1}}^2 + \sigma_\omega^2} \hat{m}_{i-1} + \frac{\sigma_{m_{i-1}}^2}{\sigma_{m_{i-1}}^2 + \sigma_\omega^2} y_i; \frac{1}{\sigma_{m_i}^2} = \frac{1}{\sigma_{m_{i-1}}^2} + \frac{1}{\sigma_\omega^2}$$

离散MLE：估计值 $\boldsymbol{m} = [m_1, m_2, \cdots, m_n]^T$，测量值 $\boldsymbol{y} = [y_1, y_2, \cdots, y_n]^T$

$$L(\boldsymbol{m} \mid \boldsymbol{y}) = P(\boldsymbol{y} \mid \boldsymbol{m}) = \begin{bmatrix} p_{11} & p_{12} & \cdots & p_{1n} \\ p_{21} & p_{22} & \cdots & p_{2n} \\ \cdot & \cdot & \cdot & \cdot \\ p_{n1} & p_{n2} & \cdots & p_{mn} \end{bmatrix}$$

贝叶斯公式→给定数据 $\boldsymbol{y}$，$\boldsymbol{m}$ 的估计概率矢量为：$P(\boldsymbol{m} \mid \boldsymbol{y}) = aP(\boldsymbol{y} \mid \boldsymbol{m})P(\boldsymbol{m})$

注：$P(\boldsymbol{m})$ 为先验估计的概率矢量，选择 $a$ 使矢量的概率元素 $P(\boldsymbol{m} \mid \boldsymbol{y})$ 为 1。

标量静态卡尔曼滤波器算法：$\hat{m}_i = \hat{m}_{i-1} + K_i(y_i - C\hat{m}_{i-1})$；$\sigma_{m_i}^2 = \sigma_{m_{i-1}}^2(1 - CK_i)$，其中（卡尔曼增益）$K_i = C\sigma_{m_{i-1}}^2 / (C^2\sigma_{m_{i-1}}^2 + \sigma_\omega^2)$。

假设：(1)当没有测量误差时，被测（估计）参数 $m$ 和测量值（数据）$y$ 通过已知的恒定增益 $C$（输出/测量增益）线性相关。(2)模型误差（例如，产品的制造误差、使用期间的产品安装）和测量误差（例如，传感器误差、信号采集误差）是独立的，并且是高斯（正态）随机变量。(3)模型误差为零均值且有标准偏差 $\sigma_m$，使用 $\sigma_{m_0} = \sigma_m$（尚未使用任何测量）。(4)测量误差 $\omega$ 有零均值和标准偏差 $\sigma_\omega$。

注意：(1)如果相比较于测量误差（$\sigma_\omega$）模型误差可忽略（即 $\sigma_m = 0$），则估计更依赖于最初值（并非测量值）。(2)如果相比较于模型误差，测量误差可以忽略（即 $\sigma_\omega = 0$），则估计更依赖于测量值（并非初始值）。

状态空间模型（连续时间）：$\dot{\boldsymbol{x}} = \boldsymbol{Ax} + \boldsymbol{Bu}$；$\boldsymbol{y} = \boldsymbol{Cx} + \boldsymbol{Du}$；$\boldsymbol{x} = [x_1, x_2, \cdots, x_n]^T$ 为 $n$ 阶状态向量；$\boldsymbol{u} = [u_1, u_2, \cdots, u_r]^T$ 为 $r$ 阶输入向量；$\boldsymbol{y} = [y_1, y_2, \cdots, y_m]^T$ 为 $m$ 阶输出向量；$\boldsymbol{A}$ 为系统矩阵；$\boldsymbol{B}$ 为输入分布/增益矩阵；$\boldsymbol{C}$ 为输出/测量形成/增益矩阵；$\boldsymbol{D}$ 为输入前馈矩阵。

系统响应：$\boldsymbol{x}(t) = e^{\boldsymbol{A}t}\boldsymbol{x}(0) + \int_0^t e^{\boldsymbol{A}(t-\tau)}\boldsymbol{B}(\tau)\boldsymbol{u}(\tau)\mathrm{d}\tau = \boldsymbol{\Phi}(t)\boldsymbol{x}(0) + \int_0^t \boldsymbol{\Phi}(t-\tau)\boldsymbol{Bu}(\tau)\mathrm{d}\tau$

其中，$\boldsymbol{\Phi}(t) = e^{\boldsymbol{A}t} =$ 状态转移矩阵 $= \alpha_0\boldsymbol{I} + \alpha_1\boldsymbol{A} + \cdots + \alpha_{n-1}\boldsymbol{A}^{n-1}$

注意：$\alpha_j$ 是 $\boldsymbol{A}$ 的特征值为 $\lambda_i$ 的函数，由下列方程组解出：

$$e^{\lambda_1 t} = \alpha_0 + \alpha_1\lambda_1 + \cdots + \alpha_{n-1}\lambda_1^{n-1}$$
$$\vdots$$
$$e^{\lambda_n t} = \alpha_0 + \alpha_1\lambda_n + \cdots + \alpha_{n-1}\lambda_n^{n-1}$$

可控性（可达性）：在有限次数下使用输入量 $\boldsymbol{u}$，状态向量 $\boldsymbol{x}$ 可以移动到任何期望的数值（向量），当且仅当 $\mathrm{Rank}[\boldsymbol{B} \mid \boldsymbol{AB} \cdots \mid \boldsymbol{A}^{n-1}\boldsymbol{B}] = n$ 时可控，其中 $n$ 是系统阶数，即状态向量的阶数。

可观测性（可构造性）：在有限持续时间内测量的输出向量 $\boldsymbol{y}$ 可确定状态向量 $\boldsymbol{x}$，当且仅当 $\mathrm{Rank}[\boldsymbol{C}^T \mid \boldsymbol{A}^T\boldsymbol{C}^T \mid \cdots \mid \boldsymbol{A}^{n-1}\boldsymbol{C}^T] = n$ 时可观测。

状态空间模型（离散时间）：$\boldsymbol{x}_i = \boldsymbol{F}\boldsymbol{x}_{i-1} + \boldsymbol{G}\boldsymbol{u}_{i-1} + \boldsymbol{v}_{i-1}$；$\boldsymbol{y}_i = \boldsymbol{C}\boldsymbol{x}_i + \boldsymbol{D}\boldsymbol{u}_i + \boldsymbol{\omega}_i$

$\boldsymbol{v}$ 为输入扰动（假设为加性的模型误差），$\boldsymbol{\omega}$ 为输出（测量值）噪声，它与高斯白噪声（即具有恒定功率谱密度函数的零均值高斯随机信号）是相互独立的，以及协方差矩阵 $\boldsymbol{V}$ 和 $\boldsymbol{W}$。（$\boldsymbol{V} = E[\boldsymbol{v}\boldsymbol{v}^T]$；$\boldsymbol{W} = E[\boldsymbol{w}\boldsymbol{w}^T]$）；$\boldsymbol{F} = \Phi(T) = e^{\boldsymbol{A}T}$；$\boldsymbol{G} = \int_0^T e^{\boldsymbol{A}T}\mathrm{d}\tau\boldsymbol{B} = \int_0^T \boldsymbol{\Phi}(\tau)\mathrm{d}\tau\boldsymbol{B} \approx T\boldsymbol{\Phi}(T)\boldsymbol{B}$。

离散时间的可控性：当且仅当 $\mathrm{Rank}[\boldsymbol{G} \mid \boldsymbol{FG} \cdots \mid \boldsymbol{F}^{n-1}\boldsymbol{G}] = n$ 时，可控（可达）

离散时间的可观测性：当且仅当 $\mathrm{Rank}[\boldsymbol{F}^T \mid \boldsymbol{F}^T\boldsymbol{C}^T \mid \cdots \mid \boldsymbol{F}^{n-1}\boldsymbol{C}^T] = n$ 时，可观测（可构造）

线性卡尔曼滤波器算法（多变量动态）：估计值为 $\hat{\boldsymbol{x}}$，状态向量为 $\boldsymbol{x}$。

假定：(1)动态系统具有线性和时间不变性，同时相关的模型矩阵（$\boldsymbol{F}$、$\boldsymbol{G}$、$\boldsymbol{C}$、$\boldsymbol{D}$）是已知的。(2)所有输出 $\boldsymbol{y}$ 是可测量的（可能存在测量噪声）。(3)动态系统可观测。(4)输入扰动（或者模型误差）和输出（测量值）噪声是加性的、相互独立的高斯白噪声伴随已知的协方差矩阵 $\boldsymbol{V}$ 和 $\boldsymbol{W}$。注：通常，$\boldsymbol{D} = 0$（但可以容易地包括在内）。

预测步骤(先验估计)：$\hat{x}_i^- = F\hat{x}_{i-1} + Gu_{i-1}$；$P_i^- = FP_{i-1}F^T + V$

校正步骤(后验估计)：$K_i = P_i^- C^T (CP_i^- C^T + W)^{-1}$；$\hat{x}_i = \hat{x}_i^- + K_i(y_i - C\hat{x}_i^-)$；$P_i = (I - K_iC)P_i^-$

初始值：$\hat{x}_0 = x(0)$，$P_0 = V$，注：$P_i$ 为时间点 $i$ 处的误差协方差矩阵。

**扩展卡尔曼滤波器(EKF)算法(针对非线性系统)：**

非线性系统：$x_i = f(x_{i-1}, u_{i-1}) + v_{i-1}$；$y_i = h(x_i) + \omega_i$

使用非线性的雅可比矩阵(梯度)：$F_{i-1} = \partial f / \partial x_{i-1}$；$C_i = \partial h / \partial x_i$

预测步骤(先验估计)：$\hat{x}_i^- = f(\hat{x}_{i-1}, u_{i-1})$；$P_i^- = F_{i-1}P_{i-1}F_{i-1}^T + V$

校正步骤(后验估计)：$K_i = P_i^- C_i^T (C_i P_i^- C_i^T + W)^{-1}$；$\hat{x}_i = \hat{x}_i^- + K_i[y_i - h(\hat{x}_i^-)]$；$P_i = (I - K_iC)P_i^-$

**扩展卡尔曼滤波器缺点：**(1)模型必须线性化(如果非线性不可微分，则不能使用该方法)；(2)必须在每个时间段都计算线性化模型，这导致了高计算负担；(3)在非线性传递过程中，高斯随机信号并没有保持高斯特性，这导致了通过非线性→线性化模型(保留信号的高斯特性)时并不能准确地反映传递信号的真实随机性。

**无迹卡尔曼滤波器(UKF)算法(针对非线性系统)：**

注意：在无迹卡尔曼滤波器中，通过非线性传递的并不是数据，而是数据"$\sigma$ 点"的统计表示，$\sigma$ 点可以更真实地表示数据的统计参数(均值和协方差)。

初始化：$\hat{x}_0 = x(0)$；$P_0 = V$；$\alpha$ 为控制 $\sigma$ 点扩散的参数(约为 0.001)；缩放参数 $\lambda = \alpha^2 n - n$；权重：$\omega_0^m = \lambda/(n+\lambda)$；$\omega_0^c = \omega_0^m + (1 - \alpha^2 + \beta)$；$\omega_j^m = \omega_j^c = 1/[2(n+\lambda)]$。

注意：另一种权重表达：$\omega_0^c = \omega_0^m = \omega_0$；$\omega_j^m = \omega_j^c = (1-\omega_0)/2n = 1/(2c)$，$j = 1, 2, \cdots, 2n$。

之后，对于下面的表达式，在 $\sqrt{(n+\lambda)P_{i-1}}$ 中使用 $c$ 代替 $(n+\lambda)$。

**预测(即先验)估计：**

(a) 计算 $2n+1$ 个 $\sigma$ 点的向量：

$$\chi_{0,i-1} = \hat{x}_{i-1};\quad \chi_{j,i-1} = \hat{x}_{i-1} + \left[\sqrt{(n+\lambda)P_{i-1}}\right]_j;$$

$$\chi_{j+n} = \hat{x}_{i-1} - \left[\sqrt{(n+\lambda)P_{i-1}}\right]_j; j = 1, 2, \cdots, n$$

(b) 通过非线性过程传递 $\sigma$ 点向量：

$$\chi_{j,i\,|\,i-1} = f(\chi_{j,i\,|\,i-1}, u), j = 0, 1, 2, \cdots, 2n$$

(c) 计算"预测的"状态估计作为加权和：

$$\hat{x}_i^- = \sum_{j=0}^{2n} \omega_j^m \chi_{j,i\,|\,i-1}$$

(d) 计算"预测的"状态估计误差协方差矩阵：

$$P_i^- = \sum_{j=0}^{2n} \omega_j^c \left[\chi_{j,i\,|\,i-1} - \hat{x}_i^-\right]\left[\chi_{j,i\,|\,i-1} - \hat{x}_i^-\right]^T + V$$

(e) 通过测量值的非线性传递 $\sigma$ 点的向量：

$$\gamma_{j,i\,|\,i-1} = h(\chi_{j,i-1}); j = 0, 1, 2, \cdots, 2n$$

(f) 计算预测的测量矢量作为加权和：

$$\hat{y}_i^- = \sum_{j=0}^{2n} \omega_j^m \gamma_{j,i\,|\,i-1}$$

**校正(即后验)估计：**

(g) 计算输出估计误差自协方差矩阵：

$$P_{yy,i} = \sum_{j=0}^{2n} \omega_j^c \left[\gamma_{j,i\,|\,i-1} - \hat{y}_i^-\right]\left[\gamma_{j,i\,|\,i-1} - \hat{y}_i^-\right]^T + W$$

(h) 计算状态输出估计误差互协方差矩阵：

$$P_{xy,i} = \sum_{j=0}^{2n} \omega_j^c \left[\chi_{j,i\,|\,i-1} - \hat{x}_i^-\right]\left[\gamma_{j,i\,|\,i-1} - \hat{y}_i^-\right]^T$$

(i) 计算卡尔曼增益矩阵：$K_i = P_{xy,i}P_{yy,i}^{-1}$

(j) 计算"校正后的"(即后验)状态估计：

$$\hat{x}_i = \hat{x}_i^- + K_i(y_i - \hat{y}_i^-)$$

注：$y_i$ 为时间点 $i$ 处的实际输出测量值。

(k) 计算"校正后的"(即后验)状态估计误差协方差矩阵：

$$P_i = P_i^- - K_i P_{yy,i} K_i^T$$

## 思考题

**7.1** 使用高斯随机数生成器[MATLAB 中的 normrnd($\mu$, $\sigma$)]，取 $\mu=1.0$、$\sigma=0.2$，以产生有 21 个随机数 $\Upsilon_i$ 的序列，然后，根据以下公式递归计算 21 个样本的均值 $\overline{\Upsilon}$ 和样本的标准偏差 $S$：

$$\overline{\Upsilon}_1 = \Upsilon_1$$

$$\overline{\Upsilon}_{i+1} = \frac{1}{i+1}(i \times \overline{\Upsilon}_i + \Upsilon_{i+1}), i = 1, 2, \cdots$$

$$S_1^2 = 0$$

$$S_{i+1}^2 = \frac{1}{i}[S_i^2 \times (i-1) + (\Upsilon_{i+1} - \overline{\Upsilon}_{i+1})^2]$$

分别绘制 $\Upsilon_i$ 和 $S_i$ 关于 $i$ 的曲线，然后生成并使用 51 个数据值来获得相同的曲线，讨论结果。

注意：尽管在数学符号中，正态分布由 $N(\mu, \sigma^2)$ 表示，其中 $\sigma^2$ 为方差，但是，相应的 MATLAB 函数是使用"标准偏差" $\sigma$ 的 normrnd($\mu$, $\sigma$)。

**7.2** 传感器的理想校准曲线由 $y=ax^p$ 给出，其中 $x$ 是被测量，$y$ 是测量值（传感器读数），$a$ 和 $p$ 是校准（模型）参数。

注：$x$ 必须根据 $(y/a)^{1/p}$ 来确定测量值 $y$。

假设在校准过程中，使用一组已知的被测量值，并收集相应的测量值，通过 $y=(a+v)x^p$ 模拟校准实验，其中 $v$ 表示模型误差。

(a) 取 $a=1.5$，$p=2$，$v=N(0.1, 0.2^2)$（即均值为 0.1，标准偏差为 0.2 的高斯随机分布），产生 25 个校准数据点 $(\Upsilon_i, \Upsilon_i)$，$i=1$，2，$\cdots$，$n$，其中 $n=25$ 时，$X_1=e\approx2.718\,282$，$x$ 的增量为 0.5。

(b) 在对数尺度上，使用线性最小二乘误差估计法(LSE)估计参数 $a$ 和 $p$。

(c) 评估估计结果。

**7.3** 考虑随机信号 $\Upsilon$，其平均值为 $\mu$，方差为 $\sigma^2$。测量信号并且彼此独立地收集 $N$ 个数据值 $\Upsilon_i$，$i=1$，2，$\cdots$，$N$，根据以下公式，使用该数据样本计算样本平均值和样本方差。

$$\text{样本均值：} \overline{\Upsilon} = \frac{1}{N} \sum_{i=1}^{N} \Upsilon_i$$

$$\text{样本方差：} S^2 = \frac{1}{N-1} \sum_{i=1}^{N} (\Upsilon_i - \overline{\Upsilon})^2$$

(a) 证明这两个量是信号均值和方差的无偏估计。

(b) 特别评价一下方差估计。

**7.4** 在高应变值下半导体应变片呈现非线性特点(见第 9 章)。通常在测量设置中，应变片是电阻电桥的一部分。使用电桥电路，电阻的部分变化($\delta R/R$)是可测量的，使用校准曲线则可计算出应变($\varepsilon$)。p 型半导体应变片的典型校正曲线如下式：

$$\frac{\delta R}{R} = S_1 \varepsilon + S_2 \varepsilon^2$$

其中，$R$ 是应变片电阻($\Omega$)；$\varepsilon$ 是应变。

在 p 型应变片的校准测试中，获得以下 15 个数据对(应变、部分电阻增量)：

[0,0.0095; 0.0005,0.0682; 0.0010,0.1322; 0.0015,0.1952;
0.0020,0.2541; 0.0025,0.3248; 0.0030,0.3926; 0.0035,0.4667;
0.0040,0.5411; 0.0045,0.6149; 0.0050,0.6807; 0.0055,0.7628;
0.0060,0.8355; 0.0065,0.9170; 0.0070,1.0054]

已知校准曲线中参数的实际值是 $S_1=117$，$S_2=3600$。依据给定的数据，计算

(a)线性拟合；

(b)二次拟合。

最后比较和讨论从最小二乘拟合中获得的两个结果。

**7.5** 测试额定电阻值为 $100\Omega$ 的 20 个商用电阻样品，记录得到的电阻值如下所示：

$x = $ [100.5377　101.8339　97.7412　100.8622　100.3188　98.6923　99.5664　100.3426
103.5784　102.7694　98.6501　103.0349　100.7254　99.9369　100.7147　99.7950　99.8759
101.4897　101.4090　101.4172]

使用极大似然估计来估计均值和标准偏差，接着计算样本均值和样本标准偏差，并比较和讨论两种结果。

**7.6** 该题涉及使用实验数据估计减振器的阻尼参数、在实验装置中，减振器的一端牢固地安装在负载单元上；另一端使用振动器(线性执行器)施加速度输入，实验设置如图 P7-1 所示。

图 P7-1　减振器的实验装置

测量由振动器施加的速度 $v(\mathrm{m/s})$ 和负载单元(N)上产生的力 $f$，并记录 41 对数据。首先，使用以下 MATLAB 脚本获取一组模拟数据：

```
% Problem 7.6
t=[]; v=[]; f=[];% declare storage vectors
dt=0.05; % time increment
v0=0.15; om= 3.0; b1=2.2; b2=0.2; % parameter values
t(1)=0.0; v(1)=0.0; f(1)=0.0; % initial values
for i=2:41
t(i)=t(i-1)+dt; % time increment
v(i)=v0*sin(om*t(i))+normrnd(0,0.01);  % velocity measurement
f(i)=b1*v(i)+b2*v(i)^2+normrnd(0.01,0.02);  % force measurement
end
t=t'; % convert to column vector
v=v'; %convert x data to a column vector
f=f'; %convert y data to a column vector
plot(t,v,'-')
plot(t,f,'-')
plot(v,f,'x')
```

(a) 在估计阻尼参数的过程中列举出可能的误差来源。

(b) 使用 MATLAB 程序将数据(最小二乘拟合)曲线拟合到线性黏滞阻尼模型 $f=b_0+b_1v$，并估计阻尼参数 $b_0$ 和 $b_1$，最后给出与估计误差和"拟合优度"相关的统计数据。

(c) 使用 MATLAB 程序将数据(最小二乘拟合)曲线拟合到二次阻尼模型 $f=b_0+b_1v+b_2v^2$，并估计阻尼参数 $b_0$、$b_1$ 和 $b_2$，最后给出与估计误差和"拟合优度"相关的统计数据。

(d) 比较两者的结果。特别地，线性拟合是否符合要求，或者你是否建议对这些数据进行二次(或更高阶)拟合？

注：要提供数据曲线和曲线拟合的结果。

**7.7** 制造商生产了一批公称直径为 10mm 的螺栓，为了控制质量，从该生产批次中随机抽取 50 个螺栓作为随机样本，准确测量它们的直径。获得的数据(mm)由以下 MATLAB 仿真给出：

```
% Bolt diameter data
d=[]; % declare data vector
for i=1:50
d(i)=normrnd(10.0,0.1); % data
end
d=d'; % change data to column vector
```

使用 MATLAB(最小二乘点估计)计算数据的样本均值和样本标准差。同样地，在 MATLAB 里使用极大似然估计法来估计数据的均值和标准差。比较两组结果，哪个结果更准确，为什么？

**7.8** 给出一个极大似然估计(MLE)相对于最小二乘估计(LSE)的优点，再给出一个最小二乘估计(LSE)相对于极大似然估计(MLE)的优点。

在产品质量监督过程中，从一批产品中随机抽取 $N$ 个产品进行独立仔细的测试。在测试期间，每个产品被接受(用"A"表示)或被拒收(用"R"表示)。假设此过程产生了 $M$ 个拒收产品，则可以使用这些数据并利用最大似然估计法来估计最大似然概率 $\hat{p}$，此概率是此批次中随机选择的产品是可接受的概率。

(a) 推导出与此估计相拟合的似然函数。

(b) 根据该似然函数确定最大似然估计 $\hat{p}$。

(c) 分析地验证结果更符合最大似然而不是最小似然。

**7.9** 为了能够有效监测一批灯泡的质量，随机抽取和测试 $n$ 个灯泡。在检测过程中，用有效(D)或无效

$(\overline{D})$来标记每个灯泡,估计从此批次中随机选择的产品是可接受的最可能概率$\hat{P}$。

**7.10** 在相似条件下使用传感器获得有相同量的两个数据集,其中一个有 10 个测量值,另一个有 20 个测量值。为了模拟这些测量值,使用相同的高斯随机数生成器 $N(1.0, 0.3^2)$ 生成以下两个数据集:

$$y_1 = [0.6077, 0.8699, 1.1028, 2.0735, 1.8308, 0.5950,$$
$$1.9105, 1.2176, 0.9811, 1.2144]$$

$$y_2 = [0.9385, 0.9628, 1.4469, 1.4227, 1.4252, 1.2014, 0.6378, 1.2152, 1.4891,$$
$$1.1467, 1.3104, 1.2181, 0.9090, 1.0882, 0.7638, 1.2665, 0.6559, 0.6793,$$
$$0.7572, 0.1167]$$

分别使用 MLE 估计两组均值和标准偏差。然后,假设组合数据集(30 个点)为高斯分布,讨论结果,并与利用 LSE 法得出的结果进行比较。

**7.11** 给出 $m$(待估计)的测量值 $y$。数据 $y$ 有模型误差 $\sigma_\omega$(也可由 $\sigma_v$ 表示),其对应于表示 $m$ 或影响 $m$ 真实值的未知扰动中的模型误差)和测量误差 $\sigma_\omega$。标准偏差 $\sigma_m$ 和 $\sigma_\omega$ 是已知的。使用递归公式以获得 $m$ 的估计值 $\hat{m}$。此外,求用于确定估计误差方差的递归公式。

假设:(a)系统为高斯分布,(b)系统为零均值模型误差和零均值测量误差。

**7.12** 离散传感器用于测量物体的大小。尺寸 $m$ 为离散量,可以是以下 3 个值中的一个: $m_1$ = 小、$m_2$ = 中等、$m_3$ = 大。

该传感器将用矢量 $y = [y_1 y_2 y_3]$ 中的离散测量值表示这三个物体对应的大小。传感器有下述似然矩阵:

|  | $y_1$ | $y_2$ | $y_3$ |
|---|---|---|---|
| $m_1$ | 0.75 | 0.05 | 0.20 |
| $m_2$ | 0.05 | 0.55 | 0.40 |
| $m_3$ | 0.20 | 0.40 | 0.40 |

(a) 表明传感器的显著性能。

(b) 假设在传感过程开始时,我们没有关于物体大小的先验信息,然后假设传感器读数为 $y_1$,什么是测量的后验概率? 根据 MLE,测量值是什么?

**7.13** 移动机器人具有两个距离传感器:激光测距仪和超声波测距仪。

在静止状态下,机器人使用这两个传感器检测障碍物的位置,并且获得 15 个距离读数(m),如下所示:

(a) 激光测距仪:使用 $N(5.0, 0.01^2)$ 产生 15 个数值来仿真数据;

(b) 超声波测距仪:使用 $N(5.0, 0.02^2)$ 产生 15 个数值来仿真数据。

假设机器人位置(定位)具有标准偏差 $\sigma_v = 0.04$m 的零均值随机误差。此外,激光测距仪具有标准偏差 $\sigma_\omega = 0.01$m 的零均值随机误差,超声波测距仪具有标准偏差 $\sigma_\omega = 0.02$m 的零均值随机误差。使用递归静态卡尔曼滤波器,利用两组数据以及相关联的标准差估计和绘制障碍物的距离。比较两组结果。

**7.14** 数字转速计通过对每转的时钟脉冲进行计数来测量速度(参见第 11 章),以 25 圈的磁盘为例,得到以下数据:

y = [803　809　789　804　802　793　798　802　818　814
793　815　804　800　804　799　799　807　807　807　803
794　804　808　802]

其中,1 个脉冲 = 0.5ms,使用以下内容递归估计和绘制估计速度(rev/s)和相关估计误差的标准偏差:

(a) 使用带有以下算法的递归 LSE:

$$\overline{r}_1 = r_1$$
$$\overline{r}_{i+1} = \frac{1}{i+1}(i \times \overline{r}_i + r_{i+1}), i = 1, 2, \cdots$$
$$S_1^2 = 0$$
$$S_{i+1}^2 = \frac{1}{i}[S_i^2 \times (i-1) + (r_{i+1} - \overline{r}_{i+1})^2]$$

(b) 在 800 个测量脉冲附近，使用模型误差标准偏差为 2 个脉冲和测量误差的标准偏差为 3 个脉冲的静态卡尔曼滤波器，比较两种结果。

**7.15** (a) 使用卡尔曼滤波器估计动态系统的变量时，需要什么信息？

(b) 根据测量得到的数据，给出卡尔曼滤波器的两个优点，并作为估计未知动态变量的方法。

(c) 对比线性卡尔曼滤波器，给出扩展卡尔曼滤波器的优势。

(d) 对比扩展卡尔曼滤波器，给出无迹卡尔曼滤波器的一个优点。

**7.16** 木材旋转切割机以角速度 $u$(rad/s) 来驱动，相关切割转矩 $T = c|u|u\text{N}\cdot\text{m}$，参见图 P7-2，使用有噪声（方差为 $W$）的转速计测量角速度。在每个采样周期 $T$(s) 中使用这些测量值来估计切割转矩。

根据 $u = a_0 t$(rad/s) 考虑刀具的恒定加速度；速度测量值的方差 $W = 0.2^2$；参数值为 $a_0 = 2.0\text{rad/s}^2$，$c = 0.5\text{N}\cdot\text{m/s}^2$；采样周期为 $T = 0.05\text{s}$。

将测量噪声模拟为具有方差 $W$ 的零均值高斯分布，使用无迹变换来估计 $T$。

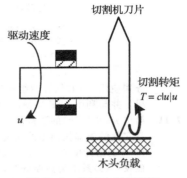

图 P7-2　旋转木材切割机

**7.17** 一个二阶非线性时不变系统的离散时间模型由以下公式给出：

$$\begin{bmatrix} x_1(i) \\ x_2(i) \end{bmatrix} = \begin{bmatrix} -a_1 - a_2 x_1(i-1) & -a_3 \\ a_4 & a_5 - a_6 x_1(i-1) \end{bmatrix} \begin{bmatrix} x_1(i-1) \\ x_2(i-1) \end{bmatrix} + \begin{bmatrix} b_1 \\ b_2 \end{bmatrix} u(i-1) + \begin{bmatrix} v_1(i-1) \\ v_2(i-1) \end{bmatrix}$$

已知参数值：$a_1 = 0.4$，$a_2 = 0.1$，$a_3 = 0.2$，$a_4 = 0.3$，$a_5 = 0.5$，$a_6 = 0.1$，$b_1 = 1.0$，$b_2 = 0.2$，采样周期 $T = 0.02$。

测量值 $y$ 是第一个状态（$x_1$），使用具有加性随机噪声的全非线性模型来模拟 $y$，输入由 $u = 2\sin 6t$ 给出。

应用线性系统矩阵

$$F = \begin{bmatrix} -a_1 & -a_3 \\ a_4 & a_5 \end{bmatrix}$$

（即对应于初始状态 $x(0) = 0$ 的 $F$ 矩阵）的线性卡尔曼滤波器来估计两种状态。

注：

$$G = \begin{bmatrix} b_1 \\ b_2 \end{bmatrix}, \quad C = \begin{bmatrix} 1 & 0 \end{bmatrix}$$

分别对输入干扰和测量噪声使用以下协方差：

$$V = \begin{bmatrix} 0.02 & 0 \\ 0 & 0.04 \end{bmatrix}; \quad W = \begin{bmatrix} 0.05 \end{bmatrix}$$

**7.18** 对于问题 7.17 中的系统，使用扩展卡尔曼滤波器来估计这两个状态变量。

**7.19** 对于问题 7.17 中的系统，使用无迹卡尔曼滤波器来估计这两个状态变量。

**7.20** 一个非线性时变系统如下

$$x_i = ae^{-p \times i} x_{i-1} + d\sin\left(\frac{i}{i^2+1} x_{i-1}\right) + u_{i-1} + v_{i-1}$$

$$y_i = x_i + w_i$$

系统参数为 $a = 0.8$，$p = 0.0001$，$d = 0.5$。

输入扰动的方差和测量噪声为 $V = 0.3^2 = 0.09$，$W = 0.5^2 = 0.25$

输入 $u = u_0\sin 2\pi f_0 t$，$u_0 = 2.0\text{rad/s}$，$f_0 = 6.0\text{rad/s}$

使用扩展卡尔曼滤波器来估计 $x$。

**7.21** 考虑二阶非线性时不变的离散时间系统：

$$x_{1,i} = a_1 |x_{1,i-1}|^{\frac{1}{3}} \text{sgn}(x_{1,i-1}) + a_2 x_{2,i-1} + b_1 u_{1,i-1} + v_{1,i-1}$$

$$x_{2,i} = -a_3 x_{1,i-1} + a_4 |x_{1,i-1}|^{\frac{1}{3}} \text{sgn}(x_{1,i-1}) + a_5 x_{2,i-1}$$

$$- a_6 |x_{2,i-1}|^{\frac{1}{3}} + a_7 |x_{1,i-1}|^{\frac{1}{3}} \text{sgn}(x_{1,i-1})|^{\frac{1}{3}} + b_2 u_{2,i-1} + v_{2,i-1}$$

系统参数值为 $a_1 = 1.0$，$a_2 = 1.0$，$a_3 = 0.25$，$a_4 = 1.0$，$a_5 = 1.0$，$a_6 = 1.0$，$a_7 = 1.0$，$b_1 = 1.0$，$b_2 = 1.0$，输入 $u = u_0\sin 2\pi f_0 t$，$u_0 = 2.0\text{rad/s}$，$f_0 = 6.0\text{rad/s}$，测量增益矩阵：$C = [1, 0]$，计算噪声协方差矩阵，我们得到

$$\boldsymbol{V} = \begin{bmatrix} 0.02 & 0 \\ 0 & 0.04 \end{bmatrix}; \quad \boldsymbol{W} = [0.05]$$

测量第一个状态 $x_1$（用加性高斯噪声进行模拟），并使用无迹卡尔曼滤波器估计第二个状态（$x_2$）。

**7.22**　一个计算机数控（CNC）铣床系统，如图 P7-3a 所示。铣削过程的简化模型如图 P7-2b 所示。注：轴将电动机连接到铣刀。

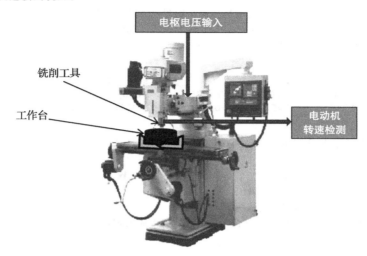

a）数控铣床和仪表

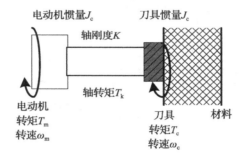

b）铣削过程的简化模型

图　P7-3

（a）对于该模型，证明状态空间表示为如下形式：

$$\boldsymbol{A} = \begin{bmatrix} 0 & 0 & \dfrac{-1}{J_\mathrm{m}} \\ 0 & \dfrac{-B_\mathrm{c}}{J_\mathrm{c}} & \dfrac{B_\mathrm{c}}{J_\mathrm{c}} \\ K & \dfrac{-K}{B_\mathrm{c}} & 0 \end{bmatrix}; \quad \boldsymbol{B} = \begin{bmatrix} \dfrac{1}{J_\mathrm{m}} \\ 0 \\ 0 \end{bmatrix}; \quad \boldsymbol{C} = \begin{bmatrix} 1 & 0 & 0 \end{bmatrix}$$

状态向量 $\boldsymbol{x} = [x_1, x_2, x_3]^T = [$电动机转速，切割机转矩，轴转矩$]^T$，输入 $u$ 为电动机电枢输入电压，测量值，电动机转速 $y = x_1$。

（b）证明系统是可观测的（可构造的）。

（c）参数值为 $J_\mathrm{m} = 0.5$，$J_\mathrm{c} = 1.0$，$K = 5000$，$B_\mathrm{c} = 20.0$ 时，证明系统稳定。根据系统特征值，验证 $T = 2.0 \times 10^{-3}$ s 是系统所需的采样周期（离散时间），并获得相应的离散时间状态空间模型。

**7.23**　考虑问题 7.22 中的数控铣床。将电压 $u$ 施加到铣床驱动电动机的电枢电路，以便加速（升高）刀具到正确的切削速度。由于难以测量切削转矩（这是衡量切割质量和切割器性能的指标），因此测量电动机转速 $\omega_\mathrm{m}$ 很容易。测量的电动机速度用于卡尔曼滤波器中来估计切割转矩。给出以下信息：铣床切割系统的离散时间非线性状态空间模型如下：

$$x_1(i) = a_1 x_1(i-1) + a_2 x_2(i-1) + a_3 x_2^2(i-1) - a_4 x_3(i-1) + b_1 u(i-1) + v_1(i-1)$$

$$x_2(i) = a_5 x_1(i-1) + a_6 x_1^2(i-1) + a_7 x_2(i-1)$$
$$+ a_8 x_3(i-1) + a_9 x_3^2(i-1) + b_2 u(i-1) + v_2(i-1)$$

$$x_3(i) = a_{10} x_1(i-1) - a_{11} x_2(i-1) - a_{12} x_2^2(i-1) + a_{13} x_3(i-1) + b_3 u(i-1) + v_3(i-1)$$

其中 $i$ 表示时间步长，

状态矢量 $x = [x_1, x_2, x_3]^T = [$电动机转速，切割机转矩，轴转矩$]^T$，输入 $u$ 为电动机电枢的输入电压，为升高刀具，使用公式 $u = a[1 - \exp(-bt)]$，其中 $a = 2.0$、$b = 30$，测量得到的电动机速度 $y = x_1$，电动机速度 $y$ 和时间 $t$ 用采样周期 $T = 2.0 \times 10^{-3}$ s 来测量。

模型参数值如下：

$$a1=0.98; \quad a2=0.001; \quad a3=0.0002;$$

a4=0.004; a5=0.19; a6=0.04; a7=0.95; a8=0.038; a9=0.008; a10=9.9; a11=0.48; a12=0.1; a13=0.97; b1=0.004; b2=0.0003; b3=0.02.

输出矩阵 $C = [1\ 0\ 0]^T$

输入（扰动）协方差 $V$ 和测量（噪声）协方差 $W$ 为

$$V = \begin{bmatrix} 0.0002 & 0 & 0 \\ 0 & 0.09 & 0 \\ 0 & 0 & 0.1 \end{bmatrix}; \quad W = [0.0004]$$

注意：两者均为高斯白噪声，均值为零。

作为测量数据（51 个点），使用 MATLAB 脚本仿真生成内容：

```
% Prob 7.23 Simulation of measured data
n=3; m=1; % system and output order
F=[a1, a2, -a4;a5, a7, a8;a10, -a11, a13]; % linear system matrix
G=[b1; b2; b3]; % input distribution matrix
C=[1 0 0]; % output gain matrix
Fsim=F; % simulation model
a=2.0;b=30.0; %input parameters
xe=zeros(n,1); % initialize state estimation vector
xsim=xe; %initialize state simulation vector
it=[]; meas=[]; st1=[]; st2=[]; st3=[]; err=[];  % declare storage
vectors
it=0; meas=0; st1=0; st2=0; st3=0; err=0; %initialize plotting
variables
for i=1:50
it(end+1)=i; % store the recursion number
t=i*0.002;  % time
u=a*(1-exp(-b*t)); % input
Fsim(1,2)=a2+a3*xsim(2); % include nonlinearity for simulation
Fsim(2,1)=a5+a6*xsim(1); % include nonlinearity for simulation
Fsim(2,3)=a8+a9*xsim(3); % include nonlinearity for simulation
Fsim(3,2)=-a11-a12*xsim(2); % include nonlinearity for simulation
xsim=Fsim*xsim+G*u;
for j=1:m
yer(j,1)=rand/100.0; % simulated measurement error
end
y=C*xsim+yer; % simulate the speed measurement with noise
meas(end+1)=y(1); % store the measured data
st1(end+1)=xsim(1); % store the first state (motor speed)
st2(end+1)=xsim(2); % store the second state (cutting torque)
st3(end+1)=xsim(3); % store the third state (shaft torque)
err(end+1)=y(1)-C*xe; %store the speed error
end
```

(a) 应用线性卡尔曼滤波器来估计切割转矩（即状态 $x_2$）。

(b) 应用扩展卡尔曼滤波器来估计切割转矩。

(c) 应用无迹卡尔曼滤波器来估计切割转矩。

(d) 比较这 3 种方法的结果，特别指出哪一个方法在本实验中是最合适的以及为什么。

注意：请提供卡尔曼滤波器的数据和结果图，以及你用于生成结果的 MATLAB 脚本。

# 第8章

# 模拟运动传感器

**本章主要内容**

- 传感器和换能器
- 相关术语
- 传感器的类型及其选型
- 传感器的机电应用
- 运动传感器
- 电位计
- 可变电感传感器
- 线性可变差动变压器（LVDT）
- 性能方面的考量
- 旋转变压器
- 永磁传感器
- 直流转速计
- 交流转速计
- 涡流传感器
- 可变电容传感器
- 压电传感器
- 压电加速度计
- 电荷放大器
- 陀螺仪传感器
- 科里奥利力器件

## 8.1 传感器和换能器

传感器和换能器在工程系统中的仪表设备检测方面至关重要。传感器用在工程系统当中时可能有多种多样的目的。本质上来说，传感器需要监视并且"学习"对象系统。这种认知在许多种类的应用当中都有用，举例来说，有以下过程：

- 过程监控
- 操作和控制系统
- 试验模型（即模型识别）
- 产品测试和质量认证
- 产品质量评估
- 故障预测、探测和诊断
- 警报和警告的生成
- 监测

特别是在一个控制系统当中，传感器用于以下目的：

- 测量反馈控制的系统输出
- 测量某些前馈控制类型的系统输入（未知输入、扰动等）
- 测量用于系统监测的输出信号、参数适应、自调节和监视控制

- 测量工厂试验模型的输入和输出信号对（即对于系统识别来说）

术语传感器和换能器经常表示相同的意思。然而，严格来说，传感器感知需要观察或测量的量（称为"被测量"），而换能器则将这些量转换为可观察或在随后操作中可使用的一种形式。除非有必要，我们将使用术语传感器和换能器来表示相同的设备。传感器和换能器的正确选择和集成是检测仪表工程系统的一项必需而重要的任务。有时，我们可能需要设计和开发新的传感器或修改现有的传感器，这取决于具体应用的需求。此类活动基于所需传感器的一组性能指标。第 5 章介绍了理想传感器和换能器的特性。即使一个真正的传感器无法实现这样的理想性能，在设计和检测一个工程系统时，我们还是希望使用系统组件的理想性能作为参考，从而可以产生和实现性能指标。模型在代表传感器的性能方面很有用。具体来说，一个模型可以用来分析、模拟、设计、集成、测试和评估一个传感器。

在本章，将指出在一个工程系统中传感器和换能器的角色和重要性；呈现出在工程应用中传感器和换能器选择的重要标准；并且会描述几个具有代表性的用于运动测量的模拟传感器和换能器及其概念、操作原理、模型、特点、配件和应用。具体来说，在本章讨论了"宏观"尺度上的模拟运动传感器。特别是，我们研究用于机电（或机电一体化）应用的传感器。第 9 章介绍了力学传感器（用于测量力、转矩、触觉、机械阻抗等）。其他种类的模拟传感器包括光学传感器、热流体传感器和有助于监测水质的传感器（如 pH 值、溶解氧和氧化-还原电位）会在第 10 章中讨论。第 11 章研究了包括图像传感器和霍尔传感器在内的数字换能器。在第 12 章中，研究了微机电系统（MEMS）传感器以及其他实用问题，如传感器数据融合和传感器网络等。

### 8.1.1 相关术语

电位计、差动变压器、旋转变压器、转速计、压电器件和陀螺仪都是工程系统中使用的传感器的例子。

#### 8.1.1.1 被测量和测量值

被测量的变量称为被测量。例如，汽车的加速度和速度，机器人关节的转矩、结构零件的应变，工厂的温度和压力，以及通过一个电路的电流。传感器单元的读数（输出）是测量值。被测量的性质和传感器输出量的性质通常是完全不同的。例如，当加速度计的被测量是一个加速度时，加速度计的输出可能是电荷或电压。类似地，应变片电桥的被测量是应变，电桥的输出则是电压。然而，传感器输出可以在被测量单元中进行校准（如在加速单元或应变单元中）。

#### 8.1.1.2 传感器和换能器

测量设备在测量信号时要经过两个主要阶段。首先，被测量由传感设备感觉或感知到，然后，感知到的信号转换（或转变）为设备输出的形式。事实上，感知到响应的传感器会将响应转化（即转换）成传感器的输出，即传感设备的响应。例如，一个压电加速度计感知到加速度并将其转换为电荷；一个电磁转速计感知到速度并将其转换为电压；而轴编码器则感知到旋转并将其转换成电压脉冲序列。由于传感和换能过程一起出现，因此传感器和换能器可以互换使用以表示整个传感器-换能器单元。传感器和换能器阶段是按照功能划分的，有时，绘制一条线来分开它们或单独识别与之关联的物理量是不容易甚至是不可行的。此外，这种分离在使用现有设备时并不十分重要。然而，在设计新的测量仪器时，正确分离传感器和换能器的阶段（物理上和功能上）是至关重要的。

#### 8.1.1.3 模拟和数字传感器-换能器设备

通常，感知到的信号会转换（或转变）为一种特别适合于传输、记录、调理、处理、监控、激活控制器或驱动执行器的形式。由于这个原因，传感器的输出通常是一个电信号。

被测量通常是模拟信号，因为它表示动态系统的输出。例如，在压电加速度计中产生的电荷信号必须转换成一个电压信号，并且相对电荷放大器来说具有适当的电平。要使其在数字控制器中使用，必须使用模-数转换器（ADC）进行数字化。然后，模拟传感器和 ADC 可以结合在一起作为数字换能器。还有其他的传感设备，其输出是脉冲形式，因而不使用ADC。一般来说，在数字换能器中，输出是离散的，通常是脉冲序列。这样的离散输出可以用数字形式来计数和表示。这使得拥有数字处理器的数字换能器的直接接口变得非常便利。

#### 8.1.1.4　传感器信号调理

　　一个复杂的测量设备可以有多个传感阶段。通常，在实际应用之前，被测量会经过传感器的几个阶段。此外，可能还需要过滤掉测量噪声和其他类型的进入被测量的噪声和干扰（包括过程噪声和外部干扰输入）。因此，传感器和应用之间通常需要信号调理。电荷放大器、锁定放大器、功率放大器、开关放大器、线性放大器、脉冲宽度调制放大器、跟踪滤波器、低通滤波器、高通滤波器、带通滤波器和陷波滤波器都是在传感和仪表化应用中的信号调理器。信号调理的主题在第 3 章中已进行了讨论，并对典型的信号调理设备进行了描述。在一些文献中，电子放大器等信号调理器也归类为换能器。由于我们分别从测量设备中分离信号调理和信号修整设备，所以应尽可能地避免这种统一的分类，并且术语"换能器"主要用于与测量仪表相关的方面。值得注意的是，把电-电的传感器-换能器作为测量设备是有些多余的，因为电信号在用来执行一项有用的任务之前需要进行调理。从这个意义上说，电-电的转换应该看作是一个调理功能，而不是一个测量函数。在工程系统的仪表中经常需要额外的部件，如电源、隔离器和电源保护设备，但它们只是间接地与传感和执行功能有关。继电器和其他开关设备、调制器和解调器（见第 4 章）也可能包括在信号调理设备内（更准确地说，是信号转换）。现代的传感器-换能器可能会将信号调理电路集成到它们中，特别是在单片集成电路中。然而，将传感器、换能器和信号调理器在整个硬件单元中进行物理分离是相当困难的。图 8-1 给出了传感过程及其应用的示意图。

图 8-1　传感和应用阶段

#### 8.1.1.5　纯无源和有源器件

　　纯换能器在转换阶段依赖于非耗散耦合。无源换能器（有时被称为"自发电换能器"）在工作时依赖于它们的能量转换特性，从而不需要外部电源。从本质上说，纯换能器是无源器件。一些例子是电磁、热电、放射性、压电和光伏换能器。有源传感器/换能器需要提供外部能量来工作，并且它们不依赖于自身的能量转换特性来实现这一目的。对于有源器件来说，一个很好的例子是电阻式换能器，如电位计依赖于通过电阻的功率损耗来产生输出信号。具体来说，一个有源换能器在工作时需要一个单独的能量源（电源），而一个无源换能器则从测量的信号（被测量）中汲取能量。由于无源换能器几乎完全从被测量汲取能量，所以它们通常比有源换能器对测量信号的扭曲（或负载效应）更大。可以采取预防措施来减少这种负载效应。另一方面，无源换能器在设计上通常很简单，更可靠，成本也更低。在目前的换能器分类中，我们正在处理与被测量相关的直接换能阶段的功率，而不是在随后信号调理中所使用的功率。例如，压电电荷的生成是一个被动过程。但是，一种使用辅助电源的电荷放大器，将需要一个压电设备来调理产生的电荷。

### 8.1.2　传感器的类型与选型

　　传感器可以用不同的方式进行分类。一种分类是基于测量的量（被测量）的性质。另一种是基于传感器本身所使用的物理原理或技术。显然，这两种分类并不是直接相关的。

### 8.1.2.1    基于被测量的传感器分类

在传感器选择中，最重要的是知道需要测量量（变量、参数）的性质。在基于此的传感器分类中，以下是传感器的分类领域（学科或应用领域），以及在这些分类中一些使用被测量的例子。

生物医学：运动、力、血液成分、血压、温度、流量、尿液成分、排泄成分、心电图（ECG）、呼吸声、脉搏、X射线图像、超声波图像

化学：有机化合物、无机化合物、浓度、热传递速率、温度、压力、流量、湿度

电气/电子：电压、电流、电荷、无源电路参数、电场、磁场、磁通量、电导性、介电常数、磁导率、磁阻

机械：力（包括转矩）、运动（包括位置和挠度）、光学图像、其他图像（x光、声音等）、应力、应变、材料性能（密度、杨氏模量、剪切模量、硬度、Poisson比值）

热流体：流速、传热率、红外波、压力、温度、湿度、液体水平、密度、黏度、雷诺数、热传导系数、传热系数、比奥数、图像

### 8.1.2.2    基于传感器技术的传感器分类

传感器是基于各种物理原理和技术进行开发的，并且可以根据它们进行分类。这种分类在传感器的设计、开发和评估中特别有用，而不是针对传感器特定应用的选择。尽管如此，传感器的概念、原理和技术在传感器建模方面还是很有用的。该模型不仅可以用来评估传感器的性能，还可以用来研究传感器集成系统的性能。一些基于物理原理和技术的传感器是有源的、模拟的、数字的、电的、IC的、机械的、光学的、无源的、压电的、压阻的、光弹性的。

### 8.1.2.3    传感器的选型

在为特定应用场合选择传感器或传感器组时，我们需要了解应用场合及其目的，以及需要在应用中测量哪些量（变量和参数）。然后，我们应该进行彻底的搜索，确定哪些传感器可用来进行必需的测量，哪些量是无法测量的（由于不可接触、缺少传感器等）。在后一种情况下，选择包括以下内容：

- 通过使用可以测量的其他量来估计要测量的量。
- 为这个目的开发一个新的传感器。

作为特定应用传感器选择过程的开始步骤，我们可以完成表 8-1 中给出的信息。随后的信息收集、分析、模拟和评估步骤旨在将可用的传感器与应用需求相匹配。这也是一个将可用设备规范与所需规范相匹配的过程。在这里，我们应该有超过两组信息的简单匹配。特别注意诸如灵敏度和带宽等方面的考虑（请参阅第 5 章和第 6 章，以在仪表和设计中使用基于灵敏度的方法和基于带宽的方法），并且可以使用多种性能参数。

表 8-1    传感器选型的初步信息

| 项　　目 | 信息（请完成） |
| --- | --- |
| 需要在应用场景中测量的参数或变量 | |
| 特定应用中所需信息（参数和变量）的性质（模拟、数字、调制、解调、功率级、带宽、精度等） | |
| 所需测量的规格[测量信号类型、测量水平、范围、带宽、精度、信噪比（SNR）等] | |
| 应用场景所需的可用传感器列表及其参数说明书 | |
| 每个传感器所能提供的信息（类型——模拟、数字、调制——等功率级、频率范围） | |
| 传感器所需的信号调理或转换类型（滤波、放大、调制、解调、ADC、DAC、VFC、FVC等） | |
| 其他评论 | |

如果这种匹配是不可能的，则我们必须研究其他的硬件或进行修改从而使之可实现该匹配（这可能有包括放大和阻抗匹配的信号修改）。如果所有这些努力都不能正确地选择传

感器，则我们可能不得不修改该应用场景的指标，或者为该应用场景开发新的传感器。这种传感器选择的过程可以在最终选择和获取之前进行几次迭代。

如今，传感器的可选性很宽，而且种类繁多。因此，在仪表实践中，系统性能的限制不是来自于传感器，而是来自于其他组件（信号调理器、转换器、发射器、执行器、电源等）。

## 8.2  传感器的机电应用

现在，我们分析了几种在仪器仪表工程系统中常用的模拟传感器-换能器设备。这里的分析并不是要对所有类型的传感器进行详尽的讨论，而是要对运动传感器考虑一个具有代表性的选型。这种方法是合理的，因为尽管各种传感器背后的科学原理可能不同，但许多其他方面（如性能参数和规格、选型、信号调理、接口、建模过程、分析）在很大程度上是相通的。

本章的论述特别关注机电应用或机电一体化中的运动传感器。具体来说，我们研究的是运动传感器的主要类型（包括位置、接近度、直线、角速度和加速度）。第 9 章阐述了力学传感器（力、转矩、触觉、阻抗等）。其他类型的传感器包括光学传感器、超声波传感器、磁致伸缩传感器、热流体传感器和将在第 10 章介绍的有助于监测水质的传感器（如 pH 值、导电性、溶解氧和氧化-还原电位）。第 11 章研究了包括轴编码器和图像传感器（数码相机）在内的数字换能器，以及包括全效传感器在内的其他一些创新传感器。MEMS 传感器，以及诸如网络传感和传感器融合等其他高级课题，将在第 12 章中讨论。

### 运动传感器

通过运动，我们特别指的是以下 4 个运动学变量中的一个或多个：
1. 位移（包括位置、距离、接近度、尺寸和容量）
2. 速度（位移变化率）
3. 加速度（速度变化率）
4. 急动度（Jerk，加速度变化率）
在这种分类中每一种变量都是前一种的时间导数。

在工程系统中，运动测量对于控制机械响应和相互作用非常有用，特别是在机电系统中。这里列举了大量的例子：测量工件的转速和刀具的进料速度是用于控制加工操作的。机械臂关节（转动和移动）或一个连杆的位移和速度（角和平移）在控制机械手轨迹时使用。在高速地面交通工具中，测量加速度和急动度可用于控制车辆的主动悬架，以提高车辆的行驶质量。角速度是一种重要的测量方法，它用于旋转机械的控制，如涡轮机、泵、压缩机、电动机、传动单元或齿轮箱、机床和发电机组的发电机。接近传感器（用来测量位移和距离）和加速度计（测量加速度）是机器保护系统中最常用的两种测量设备，用于状态监测、故障预测、检测、诊断和对大型复杂机械的控制。加速度计通常是控制动态测试设备（如在振动测试中）的唯一测量设备。在生产工艺中，采用位移测量法进行阀门控制。钢板厚度（或测量）由轧钢机的自动计量控制系统连续监测。

我们可能会质疑单独的传感器是否需要测量 4 个运动学变量，即位移、速度、加速度和急动度，因为任何一个变量通过简单的积分或微分都与另一个变量相关。理论上，在这 4 个变量中，应该有一个是可以测量的，并且可以使用模拟处理（通过模拟电路硬件）或数字处理（通过专用处理器或微控制器）来获得其余运动变量中的任何一个。然而，这种方法的可行性是非常有限的，而且它主要取决于以下几个因素：
1. 被测信号的性质（如稳定度、高瞬态、周期、窄带、宽带）
2. 要处理信号需要的频率（或感兴趣的频率范围与传感器工作的频率范围）
3. 测量的信噪比（SNR）

4. 可用的处理功能[如模拟或数字处理，数字处理器和接口的限制（如处理速度、采样率和缓冲区的大小）]

5. 控制器的要求和设备性质（如时间常数、延迟、复杂性、硬件限制）

6. 在应用中所需要的精度（它的基础是处理需求和硬件成本）

例如，对于噪声和高频窄带信号来说，信号（在时域中）的微分通常是不可接受的，因为它将大大增强不可接受的高频分量。在任何情况下，在对信号进行微分之前，都可能需要昂贵的信号调理硬件。根据经验可知，在低频应用中（以 1Hz 为单位），位移测量通常能提供良好的精度。在中等频率的应用中（小于 1kHz），速度测量通常比较有利。在测量有高噪声的高频运动时，加速度测量是首选。在地面运输（运输质量）、制造（锻造、滚动、切割和类似的冲击式操作）和冲击隔离应用（针对精密和敏感设备）中，急动度非常有用，它考虑到高度的瞬态（和高频率）信号。

**多用途传感装置**

在测量设备和所测变量之间，可能并不总是存在一对一的关系。此外，一种特殊类型的传感装置可用于多种类型的传感器。例如，尽管应变片是测量应变的设备（压力和力），但它们可以通过使用合适的前端辅助传感器装置来测量位移，如悬臂（或弹簧）。此外，一个测量设备可以利用适当的数据解释技术来测量不同的变量。例如，内置微型电子集成电路（IC）的压电加速度计当作压电速度换能器来销售。提供角位移的旋转变压器信号，与获得的角速度是有区别的。脉冲生成（或数字）换能器（如光学编码器和数字转速计），可以作为位移换能器和速度换能器，这取决于脉冲的绝对数量，或者被测脉冲的速率。注意，脉冲速率可以通过计算单位时间间隔内的脉冲数来测量（即脉冲计数）或通过脉冲宽度来控制一个高频时钟信号（即脉冲时序）。此外，在原则上，任何力传感器都可以用作加速度传感器、速度传感器或位移传感器，这取决于所使用的具体的前端辅助装置（如惯性、阻尼、弹簧）。

**运动传感器的选型**

在选择运动传感器时，我们需要考虑几个因素。一些初步的考虑如下：

- 测量量的动力学特性（位置、接近度、位移、速度、加速度等）
- 直线（通常称为线性）或旋转运动
- 接触或非接触型
- 测量范围
- 所需的精度
- 需要频率的工作范围（时间常数、带宽）
- 尺寸
- 成本
- 操作环境（例如，磁场、温度、压力、湿度、振动、冲击）
- 预期寿命

## 8.3　电位计

尽管在早期，电位计主要用来作为一种设备来对电路提供可变电压或为某些应用提供可变电阻（通过手动转动旋钮），我们在这里讨论它作为位移换能器的应用。这是一种有源传感器，由均匀的线圈或有高阻材料的薄膜组成，如碳、铂、陶瓷（陶瓷基底上的金属电阻元件）或导电塑料，其电阻值与长度成比例。该原理可测量直线位移（使用线性电位计）和角位移（使用旋转电位计）。

一个商用线性（或者更准确地说是"直线式"）电位计，如图 8-2a 所示。使用外部直流（DC）电压供电，在线圈（或薄膜）上施加一个恒压 $v_{ref}$。换能器的输出信号 $v_o$ 是在线圈上可移动触点（滑片臂或滑动条）和线圈端子参考电压之间的直流电压，如图 8-2b 所示。滑动条的位移 $x$ 与输出电压成比例：

$$v_{\circ} = kx \tag{8-1}$$

这种关系称为电位计的"定律"或"锥度"。

a）线性电位计（由 Alps Electric，Auburn Hills，MI 提供）

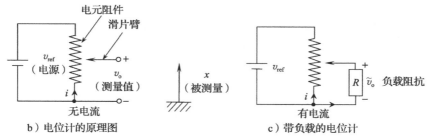

b）电位计的原理图　　　　　　　　　　c）带负载的电位计

图 8-2　电位计

**负载误差**

式(8-1)假设输出端开路，即在输出端存在有无限阻抗（或直流情况下的电阻）的负载，因此输出电流为零。然而，在实际操作中，电负载（它指的是电路系统输入了电位计的信号，如信号调理、接口、处理或控制电路）存在一个有限的阻抗。因此，输出电流（流过负载的电流）是非零的，如图 8-2c 所示。输出电压因此下降到 $\tilde{v}_{\circ}$，参考电压 $v_{ref}$ 即使在负载变化下仍然是恒定的（即电压源的输出阻抗为零）。这一结果称为换能器的"负载效应"（特别是电负载），正如第 2 章所述。在这些条件下，式(8-1)给出的线性关系不再有效，这会导致位移读数出现误差。

电负载可以通过两种方式影响换能器读数：

1. 它改变了参考电压（即负载电压源）。

2. 它加载到了换能器上。

为了减少这些影响，电压源不会因为负载变化而改变输出电压（如一种受控或稳定的电源，它的输出阻抗很低），并且数据采集电路（包括信号调理电路）应该使用高的输入阻抗。

电位计作为一种接触传感器，也会产生一些机械负载误差。具体来说，物体位移是由电位计感觉到的，它的移动部分必须直接连接到电位计的滑动条上，这是与电阻元件相接触的。相关的滑动摩擦力直接作用于被感知的物体，并将影响它的运动。为了减少机械负载效应，我们必须减少滑动摩擦（导电塑料优于碳）和滑块的质量。

减少摩擦（低机械负载）、减少磨损、减轻质量和提高分辨率是在电位计中使用导电塑料的优点。

### 8.3.1　旋转电位计

测量角（旋转）位移的电位计更常见，也更方便，因为在传统的直线（平移）电位计设计中，电阻元件的长度必须随着测量范围或行程成比例地增加。一个电位计的电阻值范围为 $10\Omega \sim 1M\Omega$。功率等级可以从 10mW 到几瓦特，它们可以有很小的尺寸（直径为 5mm）。图 8-3a 显示了一个商用旋转电位计，图 8-3b 显示了旋转电位计的电路，图 8-3c 表示了该电位计的外观，它包括三个端子，对应参考电压端 1（接地），电源端 3（相线），输出电位计读数(伏特)的输出端 2。螺旋形旋转电位计可用于测量超过 360°的绝对角度。同样的功能也可以通过一个标准的单循环旋转电位计来完成，它包括一个计数器来简单地记录完全的 360°旋转。

角位移换能器(如旋转电位计)，可用于测量大约 3m 这样等级的较大的直线位移，这可采用电缆扩展机构来完成此工作。一束缠绕在卷轴上的光缆与换能器的旋转组件一起移动，这就是电缆扩展机构。电缆的自由端与移动物体相连，电位计的外壳安装在固定的结构上。该设备要进行适当的校准，以便当物体移动时，旋转计数和部分旋转读数可直接提供直线位移。当物体向换能器移动时，一个弹簧负载的反冲装置(如弹簧马达)，将缠绕电缆向后转。

**负载非线性**

考虑图 8-3 所示的旋转电位计。现在让我们讨论连接到电位计上的纯电阻电负载所引起的非线性误差的意义。对于电位计上滑动臂所处的一般位置 $\theta$，假设线圈输出段(传感器端子 2)的电阻为 $R_\theta$。

a)旋转电位计(资料来源：Alps Electric，Auburn Hills，MI)

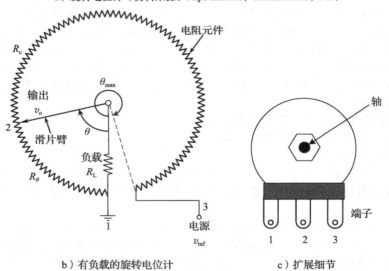

b)有负载的旋转电位计　　　　c)扩展细节

图　8-3

假设线圈均匀，一边有：

$$R_\theta = \frac{\theta}{\theta_{max}} R_c \tag{8-2}$$

$R_c$ 是电位计线圈的总电阻，在滑片接触点的电流平衡位置(节点 2)有：

$$\frac{v_{ref} - v_o}{R_c - R_\theta} = \frac{v_o}{R_\theta} + \frac{v_o}{R_L} \tag{i}$$

$R_L$ 是负载电阻。式(i)两边同时乘以 $R_c$ 并使用式(8-2)，我们得到 $(v_{ref} - v_o)/[1-(\theta/\theta_{max})] = v_o/(\theta/\theta_{max}) + v_o/(R_L/R_c)$。通过简单的代数运算我们得到：

$$\frac{v_{\mathrm{o}}}{v_{\mathrm{ref}}} = \frac{(\theta/\theta_{\max})(R_{\mathrm{L}}/R_{\mathrm{c}})}{R_{\mathrm{L}}/R_{\mathrm{c}} + (\theta/\theta_{\max}) - (\theta/\theta_{\max})^2} \tag{8-3}$$

图 8-4 中绘制出了式(8-3)所示的曲线。负载误差在 $R_{\mathrm{L}}/R_{\mathrm{c}}$ 比值较低时似乎比较高。较好的精确度大概在 $R_{\mathrm{L}}/R_{\mathrm{c}}$ 比值大于 10 的情况下，特别是对于 $\theta/\theta_{\max}$ 的比值较小的时候。

应该明确的是，可以采取以下措施减少电位计的负载误差：

1. 增加 $R_{\mathrm{L}}/R_{\mathrm{c}}$（增加负载阻抗，减少线圈阻抗）。

2. 使用电位计来测量较小 $\theta/\theta_{\max}$ 的值（或只校准电阻元件的一小部分，用于线性读数）。

负载非线性误差定义为：

$$e = \frac{v_{\mathrm{o}}/v_{\mathrm{ref}} - \theta/\theta_{\max}}{\theta/\theta_{\max}} \times 100\% \tag{8-4}$$

负载电阻的 3 个比值在 $\theta/\theta_{\max} = 0.5$ 时的误差列在了表 8-2 中。

注意这个误差总是负的。只使用电阻元件的一部分作为电位计的范围，这等于给元件增加了两个末端电阻。

众所周知，这往往会使电位计线性化。如果已知的负载电阻很小，则电压跟随器（见第 3 章）可以使用在电位计的输出端，以便消除负载误差，因为它给电位计提供了一个具有高负载阻抗和低输出阻抗的放大器。

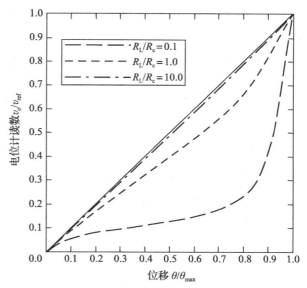

图 8-4　电位计的非线性电负载

**表 8-2　电位计的负载非线性误差**

| 负载电阻比 $R_{\mathrm{L}}/R_{\mathrm{c}}$ | 在 $\theta/\theta_{\max} = 0.5$/% 时 负载非线性误差 $e$ |
| --- | --- |
| 0.1 | −71.4 |
| 1.0 | −20 |
| 10.0 | −2.4 |

## 8.3.2　性能方面的考量

电位计是电阻耦合型换能器。它是一种有源器件，在工作时需要外部电源。移动滑片臂所需要的力来自于正在测量的移动物体，而由此产生的能量会通过滑臂的摩擦而消散。这种能量转换不像纯机电转换，涉及相对大的力，能量会浪费掉而不是转化为换能器的输出信号。此外，来自参考源的电能也通过该电位计的电阻元件（线圈或薄膜）而消散，从而导致不希望的温度上升和元件消耗。这是电位计两个明显的缺点。

### 8.3.2.1　电位计的额定值

行程（用于线性运动）、元件阻值、参考电压和功率（全电阻）是电位计关键的额定参数。一个线性电位计最大的滑块运动称为"行程"。它可以小到几毫米，大至 75cm。电位计的阻值应仔细选择。一方面，具有高电阻的元件更受青睐，因为这能降低给定参考电压的功耗，有助于降低热效应，增加电位计寿命。另一方面，变大的电阻增加了电位计的输出阻抗，并导致负载非线性误差的相应增加，除非负载电阻也相应增加。低阻电位计的电阻小于 $10\Omega$。高阻电位计的电阻高达 $100\mathrm{k}\Omega$。导电塑料可以提供高电阻，它通常是 $100\Omega/\mathrm{mm}$，并且这在电位计中越来越多地开始使用。电位计的外壳上覆盖着一层全电阻元件。有时，这个值是用一个代码来表示的（如，$10^3$ 代表"10"后面 3 个 0，或 $10\,000\Omega$）。

　　另一个对其使用安全很重要的额定参数是介电电压。这是电阻元件与外界（外壳和轴）之间可以安全承受的绝缘电压（如 2.5kV）。其他的预防措施包括使用非金属（如塑料）滑动条（用于线性电位计）、非金属轴（用于旋转电位计）和适当的接地。

### 8.3.2.2　分辨率

　　一种线圈型电位计有一个有限的分辨率。当一个线圈用作电位计的电阻元件时，滑动器的接触点会在运动过程中从一个位置转向另一个位置。因此，线圈型电位计的分辨率是由线圈的匝数决定的。对于有 $N$ 匝的线圈，其分辨率 $r$ 表示输出范围的百分比为：

$$r = \frac{1}{N}100\% \tag{8-5}$$

　　要想分辨率比 0.1%（即 1000 匝）好（更小）可用线圈电位计。事实上，在今天的高质量电阻膜电位计中，使分辨率几乎无穷小（有时错误地称为无限）是有可能的，它使用的是导电塑料或陶瓷。然而，该分辨率受到其他因素的限制，如机械限制和信噪比（SNR）。尽管如此，使用良好的直线电位计可以实现 0.01mm 的分辨率。

　　在为特定的应用场景选择电位计时，需要考虑几个因素。正如前面提到的，它们包括元件阻值、功耗、负载、分辨率和大小。

### 8.3.2.3　灵敏度

　　电位计的灵敏度表示输出信号的变化量（$\Delta v_o$），其结果来自于测量量（对象位移）的一个给定的小变化（$\Delta \theta$）。灵敏度通常是无量纲的，使用输出信号（$v_o$）的实际值和位移（$\theta$）的实际值。特别是对于旋转电位计，灵敏度 $S$ 由下式给出：

$$S = \frac{\Delta v_o}{\Delta \theta} \quad \text{或者极限形式，} \quad S = \frac{\partial v_o}{\partial \theta} \tag{8-6}$$

　　这些关系可以通过乘以 $\theta/v_o$ 来去量纲化。$S$ 的表达式可以简单地用式（8-3）代入式（8-6）获得。

　　以下给出了作为位移测量设备的电位计的一些局限性和不足之处：

　　1. 移动滑块（防止摩擦和滑片臂惯性）所需的力是由位移源（被感测到的移动物体）提供的。这种机械载荷扭曲了测量信号本身。

　　2. 高频（或高度瞬态）测量是不可行的，因为在滑片臂和主要电阻元件上有滑块反弹、摩擦、惯性阻力和电压等因素。

　　3. 供电电压的变化会导致误差。

　　4. 当负载电阻较低时，电气负载误差可能非常大。

　　5. 分辨率受到线圈的转动次数和线圈均匀性（在一个线圈型电位计中）的限制。这限制了小位移的测量。

　　6. 电阻元件（线圈或薄膜）中的磨损和加热（相关氧化）和滑块接触会加速退化。

　　不过，与电位计相关的优点有很多，包括以下内容：

　　1. 它们设计简单且耐久度良好。

　　2. 它们相对便宜。

　　3. 它们提供高电压（低阻抗）输出信号，在大多数应用中不需要放大。

　　4. 换能器阻抗可以通过改变元件电阻和电源电压来改变。

---

### 例 8.1

　　测试一个滑块臂水平移动的直线电位计。结果发现，当以 1cm/s 的速度移动时，需要 $7 \times 10^{-4}$N 的动力。在以 10cm/s 的速度移动时，需要 $3 \times 10^{-3}$N 的动力。滑块的质量是 5g，而电位计的行程是 ±8cm。如果用这个电位计来测量一个简单的机械振荡器的阻尼固有频率，并且它的质量是 10kg，刚度为 10N/m，阻尼系数 2N·s/m，则估计机械负载的百分比误差。估计阻尼并证明这个过程。

**解：** 用 $M$、$K$ 和 $B$ 分别表示简单振荡器的质量、刚度和阻尼系数。简单振荡器的自由运动方程是由 $M\ddot{y} + B\dot{y} + Ky = 0$ 给出的，其中 $y$ 表示质量从静态平衡位置开始的位移。这个方程是 $\ddot{y} + 2\zeta\omega_n\dot{y} + \omega_n^2 y = 0$ 的形式，其中 $\omega_n$ 是振荡器的无阻尼固有频率，$\zeta$ 是阻尼比。通过对这两个式子的直接比较可以看出，$\omega_n = \sqrt{K/M}$ 和 $\zeta = B/(2\sqrt{MK})$。

阻尼固有频率为：$\omega_d = \sqrt{1-\zeta^2}\,\omega_n$ 且 $0 < \xi < 1$。因此，

$$\omega_d = \sqrt{\left(1 - \frac{B^2}{4MK}\right)\frac{K}{M}}$$

现在，如果滑片臂的质量和电位计的阻尼系数分别用 $m$ 和 $b$ 来表示，则阻尼固有频率（通过使用电位计）由下式给出：

$$\widetilde{\omega}_d = \sqrt{\left[1 - \frac{(B+b)^2}{4(M+m)K}\right]\frac{K}{M+m}} \tag{8-7}$$

假设有线性黏性摩擦，电位计的等效阻尼系数 $b$ 可以估计为：

$$b = 阻尼力 / 滑片的稳态速度$$

对于这个例子，在速度为 1cm/s 时，$b_1 = 7 \times 10^{-4}/1 \times 10^{-2} \text{N·s/m} = 7 \times 10^{-2} \text{N·s/m}$ 并且在速度为 10cm/s 时，$b_2 = 3 \times 10^{-3}/10 \times 10^{-2} \text{N·s/m} = 3 \times 10^{-2} \text{N·s/m}$。

我们应该用某种形式的插值来估计实际测量条件下的 $b$ 值。现在我们来估计一下滑片的平均速度。振荡器的固有频率等于 $\omega_n = 1\text{rad/s} = 1/(2\pi)\text{Hz}$。由于一个振荡周期对应 4 个行程的运动，因此滑片在一个周期内的最大距离为 $4 \times 8\text{cm} = 32\text{cm}$。因此，滑片的平均运行速度可以估计为 $32/(2\pi)\text{cm/s}$，它大约等于 5cm/s。因此，工作阻尼系数可以估计 $b_1(1\text{cm/s})$ 和 $b_2(10\text{cm/s})$；$b = 5 \times 10^{-2}\text{N·s/m}$。有了前面的数值，我们可以得到：

$$\omega_d = \sqrt{\left(1 - \frac{2^2}{4 \times 10 \times 10}\right)\frac{10}{10}} = 0.994\,99\text{rad/s}$$

$$\widetilde{\omega}_d = \sqrt{\left(1 - \frac{2.05^2}{4 \times 10.005 \times 10}\right)\frac{10}{10.005}} = 0.994\,99\text{rad/s}$$

$$误差率 = \left[\frac{\widetilde{\omega}_d - \omega_d}{\omega_d}\right] \times 100\% = 0.05\%$$

---

尽管旋转电位计主要用作位移换能器，但使用合适的辅助传感器（前端）元件，可以用它们来测量其他类型的信号，例如，压力和力。例如，一个低音管或风箱可将压力转化为位移，而一个悬臂组件可以将力或转矩转化为位移，然后用一个旋转电位计来测量它。

### 8.3.3　光学电位计

图 8-5a 所示为光学电位计，它是一个位移传感器。一层光阻材料夹在一层普通电阻材料和一层导电材料之间。电阻材料层具有总电阻 $R_c$，并且是均匀的（即单位长度内电阻是恒定的）。这相当于传统电位计的电阻元件。当没有光投射在上面时，光阻层实际上是电子绝缘体。需测位移的移动物体会使移动的光束投射在光阻层的一个矩形区域上。该光激活区获得的阻值为 $R_p$，$R_p$ 将阻值高于光阻层的电阻层和阻值低于光阻层的导电层连接起来。电位计的电源电压为 $v_{ref}$，电阻层的长度为 $L$。根据图 8-5 所示，光斑投影到与电阻元件的参考端距离为 $x$ 的位置。

光学电位计的等效电路如图 8-5b 所示。在这里，假设在电位计的输出中存在一个负载电阻 $R_L$ 并且其两端电压为 $v_o$。流过负载的电流为 $v_o/R_L$。因此，电阻 $(1-\alpha)R_c + R_L$ 的压

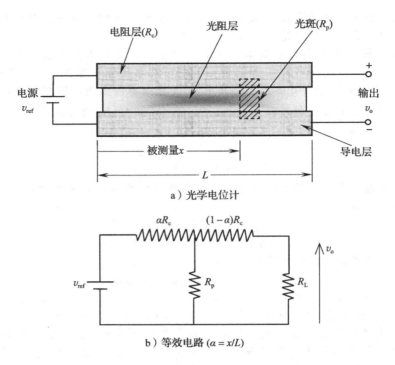

a）光学电位计

b）等效电路 $(\alpha = x/L)$

图 8-5

降也是 $R_p$ 的压降，由 $[(1-\alpha)R_c + R_L]v_o/R_L$ 给出。注意 $\alpha = x/L$ 是分束光斑的位置。在图 8-5b 中，3 个电阻连接处的电流平衡：

$$\frac{v_{ref} - [(1-\alpha)R_c + R_L]v_o/R_L}{\alpha R_c} = \frac{v_o}{R_L} + \frac{[(1-\alpha)R_c + R_L]v_o/R_L}{R_p}$$

我们可以写为：

$$\frac{v_o}{v_{ref}}\left\{\frac{R_c}{R_L} + 1 + \frac{x}{L}\frac{R_c}{R_p}\left[\left(1 - \frac{x}{L}\right)\frac{R_c}{R_L} + 1\right]\right\} = 1 \tag{8-8a}$$

当负载电阻 $R_L$ 远大于电阻元件 $R_c$ 时，我们有 $R_c/R_L \approx 0$。因此，式（8-8a）变为

$$\frac{v_o}{v_{ref}} = \frac{1}{(x/L)(R_c/R_p) + 1} \tag{8-8b}$$

这种关系在 $x/L$ 中仍然是非线性的。但是，通过减小 $R_c/R_p$ 的比值可以降低非线性。可以看到通过给定 $R_c/R_p$ 几个值，然后利用式（8-8b）绘制的曲线如图 8-6 所示。然后，对于 $R_c/R_p = 0.1$ 的情况，对于负载电阻的几个比值，式（8-8a）在图 8-7 中绘制出来。据观察，正如所料，光学电位计的性能随着负载电阻的增大而变得更加线性。

注：许多其他原理也可以用于电位计中来测量位移。例如，光学电位计的

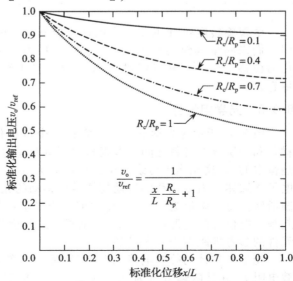

$$\frac{v_o}{v_{ref}} = \frac{1}{\dfrac{x}{L}\dfrac{R_c}{R_p} + 1}$$

图 8-6　光学电位计在高负载电阻下的性能

另一种可能应用是有一个固定光源并在移动物体上定位一个位移需要测量的光传感器。根据光线强度随光源与光传感器之间距离的不同来校准设备，这样就可以测量距离。当然，这样的设备将会是非线性和不可靠的（因为它会受到环境照明的影响等）。

### 数字电位计

数字电位计是一种可以根据数字指令提供数字式递增电阻或电压的设备。它可以提供的离散电阻的范围取决于设备的位宽度（如 8 位能够提供 256 个离散的电阻值）。通过使用微控制器或其他数字设备（这取决于应用场景），可以对增量进行线性、对数等编程。很明显，数字电位计不是位移传感器，而是电阻分离器或电压分离器。这里提到它是为了避免有误解。

数字电位计有一些缺点，如负载问题（机械和电气）、操作速度有限、时间常数大、磨损、噪声和热效应。这些问题中的许多都是因为它是一个接触型设

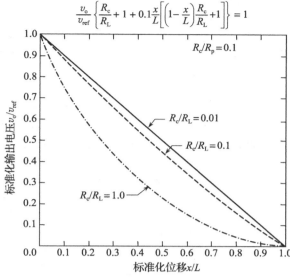

$$\frac{v_\text{o}}{v_\text{ref}}\left\{\frac{R_\text{c}}{R_\text{L}}+1+0.1\frac{x}{L}\left[\left(1-\frac{x}{L}\right)\frac{R_\text{c}}{R_\text{L}}+1\right]\right\}=1$$

图 8-7　光学电位计在 $R_\text{c}/R_\text{p}=0.1$ 下的性能

备，所以它的滑块必须与电位计的电阻相接触，而且滑块必须是需要测量位移的移动物体上的不可分割的一部分。接下来，我们考虑几个没有这些缺点的非接触型运动传感器。

## 8.4　可变电感传感器

利用电磁感应原理的运动传感器称为可变电感传感器。当磁通链（被定义为磁通量密度乘以导线的匝数）通过一个电流变化的导体时，导体中所感应的电压与磁通量的变化率成正比。这是电磁感应的基础。这种电压称为"电动势"（emf），电动势反过来会产生一个对抗原始（一次）磁场的磁场。因此机械力是维持磁通链变化的必要条件。

磁通的变化率有两种主要的方式可"感应出"导体电压：

1. 通过改变产生磁场的电流。

2. 通过物理的方式移动以下设备：（a）提供磁场的线圈或磁铁，（b）穿过导体磁通链的介质（如软铁心），（c）以某种速度感应电压的导体。

第 2 种在运动传感器中特别有用。在电磁感应中，如果磁通链的变化是由相对运动引起的，则相关的机械能就会直接转化（感应）为电能。这是发电机的工作原理，也是可变电感式传感器的工作原理。具体来说，第 2 种方式中的（b）可以用在一个无源位移传感器中（如差动变压器），而第 2 种方式中的（a）、（b）可以用在无源速度传感器（转速计）上。

需要注意的是，这些传感器中，由机械运动和机电能量转移而引起的磁通链变化是在接近理想条件下发生的。电感中的感应电压或变化可作为运动量的测度。因此，很明显，它们是"无源"传感器。此外，还可以看到可变电感式传感器通常是通过磁场进行耦合的机电设备。

环境磁场的影响：所有可变电感式传感器的一个共同特性（缺点）是，它们的读数将受到环境磁场的影响。考虑到地球磁场的磁场强度很低，一般情况下它的影响是微不足道的，除了非常精密的仪器之外。当环境磁场不可忽略时，必须采取防护措施，它包括屏蔽（使用钢壳）、噪声过滤和补偿（如通过感测周围的磁场）。

有许多不同类型的可变电感式传感器。有 3 种主要类型：

1. 互感传感器
2. 自感传感器
3. 永磁（PM）传感器

此外，这些可变电感式传感器使用非磁化铁磁介质改变磁通路径的磁阻，这称为"可变磁阻传感器"。一些互感传感器和大多数自感传感器都属于这种类型。严格来说，永磁传感器不是可变磁阻传感器。

**互感传感器**

互感传感器的基本装置包括一次线圈和二次线圈两个线圈。一个具有交流（AC）励磁的线圈（一次线圈），在另一个线圈（二次线圈）中产生一个稳定的交流电压。感应电压的能级（振幅、有效值等）取决于线圈之间的磁通链。它是用来测量运动的，而且它会影响感应电压。这些传感器都没有使用接触滑块、集电环和电刷作为电阻耦合传感器（电位计）。因此，它们具有更高的设计寿命和较低的机械负载误差。

在互感传感器中，两种常用技术中的一种影响着磁通链的变化。一种方法是在一次线圈和二次线圈间的磁通路径中移动一个由铁磁材料制成的物体。这改变了磁通量路径的磁阻，在二次线圈中磁通链也会有一个相关的变化。例如，这也是线性可变差动变压器（LVDT）、旋转可变差动变压器（RVDT）和互感式接近探头的工作原理。所有这些都是位移传感器，事实上，它们也是可变磁阻传感器。另一种改变磁通链的常用方法是将一个线圈相对于另一个线圈移动起来。这是旋转变压器、同步变压器，以及一些交流转速计的工作原理。这些都不是可变磁阻传感器，因为一个移动的铁磁元件不参与操作。

运动可以用二次信号来测量（即二次线圈中的感应电压）。例如，通过滤除载波信号（即处在激励频率中的信号分量），可以解调二次线圈中的交流信号（见第 4 章）。代表运动的信号是直接测量的。该方法特别适合测量瞬态运动。或者，可以测量二次（感应的）电压的振幅或有效值。另一种方法是使用电感桥电路等设备（见第 4 章），直接测量二次电路中电感或电抗的变化。

## 8.4.1 电感、电抗和磁阻

磁通链 $\phi$ 是一个与导体（线圈）相联系的磁场的测度。它的单位是韦伯（Wb），它取决于磁通密度、线圈匝数和线圈面积（而不是导线面积）。如果磁场是由电流产生的（即电生磁），则磁场依赖于电流 $i$，它的单位是安培（A），然后我们可以写出

$$\phi = Li \tag{8-9}$$

其中，$L$ 是电感并且其为单位 Wb/A 或者亨利（H）。

由于磁通量的变化而在线圈中感应出的电压 $v$ 称作"电动势"（emf），所以我们有

$$v = L\frac{\mathrm{d}i}{\mathrm{d}t} \tag{8-10}$$

通过电感产生的广义电阻称为"电抗"或"电阻抗"，用 $X$ 表示，这是复阻抗的"虚部"。根据式（8-10）可知，在频域内（时间导数 $\mathrm{d}i/\mathrm{d}t$ 变为 $\mathrm{j}\omega$），电抗表示为

$$X = L\mathrm{j}\omega \tag{8-11}$$

其中 $\omega$ 是信号的频率。

对于磁路的一部分（或介质的磁通路径）来说，磁通密度（单位是特斯拉（T），或 Wb/m²）和磁场强度（单位为 At/m）的比值，称为"导磁系数"（或磁导率），并且用 $\mu$ 表示。它也是磁路段上单位长度的电感。磁导率的单位为特斯拉·米每安培（T·m/A）或亨利每米（H/m）。我们有

$$\mu = \frac{B}{H} = \frac{L}{l} \tag{8-12}$$

其中，$B$ 表示磁通密度；$H$ 表示磁场强度。

自由空间(真空)的磁导率大约是 $\mu_0=4\pi\times10^{-7}\,\mathrm{H/m}=1.257\times10^{-6}\,\mathrm{H/m}$。磁路的相对磁导率是其与自由空间磁导率的比值，由 $\mu_r=\mu/\mu_0$ 给出，并且它没有单位。表 8-3 给出了一些材料的相对磁导率。从这些值中可以计算出绝对磁导率，因为已知自由空间的磁导率。

表 8-3　一些材料的相对磁导率(近似)

| 材　　料 | 相对磁导率 $\mu_r$ |
| --- | --- |
| 空气，铝，混凝土，铜，铂，聚四氟乙烯，水，木头 | 1.0 |
| 碳钢 | 100 |
| 钴铁 | $1.8\times10^4$ |
| 铁 | $2.0\times10^5$ |
| 镍 | $100\sim600$ |
| 不锈钢 | $40\sim1800$ |

磁场阻力(或简称磁阻)是磁路段(磁场通过的介质)的磁场阻力。它由下式给出，

$$\mathfrak{R}=\frac{1}{\mu A} \tag{8-13}$$

其中，$l$ 是磁路段的长度；$A$ 是磁路的横截面面积(它是线圈的横截面积，而不是导线的)。

可见，磁导率是表征磁场在介质中传播得容易程度的度量，而磁阻则代表了它的逆。磁阻的倒数就是磁导。从式(8-13)看出，磁阻单位是由亨利的倒数来表示的。严格地说，它也取决于电感线圈的匝数。因此，磁阻的单位也为"匝每亨利"(t/H)或"安培·匝每韦伯"(At/Wb)。

注意：从式(8-12)和式(8-13)中我们可以看出，磁阻是与电感成反比的。因此，磁阻可以使用电感电桥来测量。由于磁阻与磁路段的长度成正比，所以如果一个物体的位移造成了长度的变化，则我们可以通过测量相应的磁阻或电感来测量位移。这构成了可变磁阻位移传感器的原理。或者，在导体线圈中可将物体移动到磁场中来产生感应电压，该电压与线圈速度成正比，这就是转速计的原理。

### 8.4.2　线性可变差动变压器式传感器

差动变压器是一种非接触式位移传感器，没有电位计的很多缺点。它属于可变电感式传感器的范畴，同时也是可变磁阻传感器和互感传感器。此外，与电位计不同，差动变压器是一种无源器件。现在，我们讨论线性可变差动变压器(LVDT)，它用于测量直线(或平移)位移。稍后，我们描述旋转可变差动变压(RVDT)，它用于测量角度(或旋转)位移。

线性可变差动变压器是一种无源传感器，因为被测量位移本身提供了改变二次线圈中感应电压的能量。尽管需要外部电源给一次线圈充电，反过来这在二次线圈的载波频率上感应出稳定的电压，但它与无源传感器的定义无关。

在线性可变差动变压器最简单的形式中(见图 8-8)，它由一个绝缘的非磁性形式(一种由线圈缠绕的圆柱体并且与外壳构成整体的结构)构成，这种结构在中部有一次线圈和一个对称分布在两端的二次线圈，正如图 8-8b 中所描绘的那样。外壳由磁化的不锈钢制成，以保护传感器不受外界磁场的影响。一次线圈由电压为 $v_{\mathrm{ref}}$ 的交流电源供电。通过互感作用能够在二次线圈中产生一个相同频率的交流电。一种由铁磁材料构成的铁心同轴地插入圆柱体的外壳中而实际不接触它，如图所示。随着铁磁心的移动，一次线圈和二次线圈之间的磁通路磁阻也随之改变。磁通链的强度取决于铁磁心的轴向位置。由于两个二次线圈

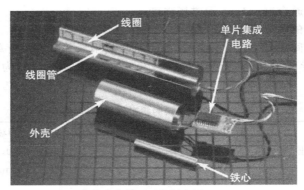

a）一个商业化单元（资料来源：Scheavitz
Sensors，Measurement Specialties，Inc.）

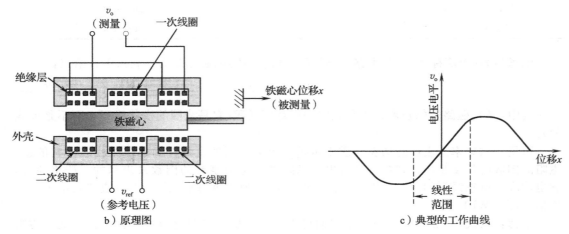

b）原理图                  c）典型的工作曲线

图 8-8    线性可变差动变压器式传感器

是串联在一起的（如图 8-9 所示），所以两个二次线圈
段产生的电位方向相反。因此，当铁磁心位于两个二
次线圈段中间时，网络中的电压为零。这就是所谓的
"零位置"。当铁磁心离开这个位置，会产生一个非零
电压。在稳态下，该电压的振幅 $v_o$ 与线性（操作）区域
内的铁磁心位移 $x$ 成正比（见图 8-8c）。因此，$v_o$ 是位
移的测度。

　　注意：由于具有相反的二次绕组，所以线性可变
差动变压器提供了位移方向以及大小。当输出信号被
解调时，它的符号就会给出方向。如果输出信号没有
解调，则方向是由一次（参考）电压和包括载波信号的
二次（输出）电压之间的相角决定的。

　　用线性可变差动变压器可精确测量瞬态运动，参
考电压的频率（载波频率）必须至少是测量运动中最大有

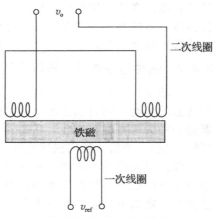

图 8-9    线性可变差动变压器式传感器
中二次绕组的串联反向连接

效（有用）频率分量的 10 倍，而且通常高达 20kHz。对于准动态位移和只有几赫兹的慢速动态
信号来说，一个标准的交流电源（60Hz 的频率）就足够了。然而，已知的性能（尤其是灵敏度
和准确度）会随着激励频率而提高。由于输出信号的振幅与一次信号的振幅成正比，所以应
该对参考电压进行调节以得到准确的结果。特别地，电源应该有一个低输出阻抗。

商用线性可变差动变压器通常在一个印制电路板上有附带的信号调理硬件。它将包含振荡器、放大器、过滤器、解调器等功能硬件。它可用一个直流电源供电(如 15V),信号调理硬件可提供理想的高输入阻抗(如 0.2MΩ)。

#### 8.4.2.1　校准和补偿

在以 mm/V 为单位的线性范围内,可以对线性可变差动变压器进行校准。另外,可以提供位移偏移(mm),这通常代表一组校准数据的最小二乘拟合。由于环境温度和其他环境条件会影响线性可变差动变压器的输出,所以除了一次和二次线圈外,还可以使用参考线圈来补偿线性可变差动变压器的输出。另一种方法是使用电感电桥电路来产生线性可变差动变压器的输出,在此电路中,两个二次线圈构成了电桥的两臂。因此,在任何桥电路中都自动实现了对环境影响的补偿(包括温度补偿)。

#### 8.4.2.2　相移和零点电压

一种名为“零点电压”(或残余电压)的误差可能会出现在一些差动变压器中。这表现为在零位置(即在零位移处)的非零读数。这通常是主输出信号的 90° 相位处,因此,称为“正交误差”。线圈上的不一致(两个二次线圈的阻抗不同)是引起这个误差的主要原因。零点电压也可能是由一次信号中的谐波噪声和设备的非线性产生的。如果它不超过满量程输出的 1%,则可以忽略零点电压。通常情况下,它是相当低的(大约是满量程的 0.1%)。这种误差可以通过采用适当的信号调理和校准方法来消除。这些方法包括通过同步解调(与载波信号同步输出)和抵消(通过测量零点电压和校准输出或通过偏移电路)来消除输出的相移和零点电压。现在提出了一些与之相关的概念。

差动变压器的输出信号通常与参考电压的相位不同。一次线圈的电感和二次线圈的漏电感是造成这个相移的主要原因。由于解调是通过从二次信号中剔除载波频率分量来提取调制信号的,因此了解相移的大小是很重要的。这个话题现在进行讨论。在图 8-10 中显示了一个差动变压器的等效电路。一次线圈的电阻由 $R_p$ 表示,相应的电感由 $L_p$ 表示。二次级线圈的总电阻为 $R_s$。在这两部分中由磁通量泄漏引起的净漏电感由 $L_l$ 表示。负载电阻是 $R_L$,负载电感是 $L_L$。首先,让我们推导输出信号中相移的表达式。

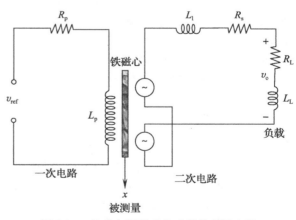

一次线圈的磁化电压是由 $v_p = v_{ref}[(j\omega L_p)/(R_p + j\omega L_p)]$ 在频域给出的。现在,假设长度为 $L$ 的铁磁心从零位置移动到距离 $x$ 处,二次线圈中一段($a$)的感应电压是 $v_a = v_p k_a(L/2+x)$,并且在另一段($b$)中的感应电压是 $v_b = v_p k_b(L/2-x)$。这里 $k_a$ 和 $k_b$ 是铁磁心位置的非线性函数,

图 8-10　差动变压器式传感器的等效电路

也是频率变量 $\omega$ 的复函数。此外,每个函数都依赖于一次线圈和相应的二次线圈之间的互感特性。由于两个二次线圈段的反向串联,产生的网络二次电压将是

$$v_s = v_a - v_b = v_p\left[k_a\left(\frac{L}{2}+x\right) - k_b\left(\frac{L}{2}-x\right)\right] \tag{8-14}$$

在理想情况下,两个函数 $k_a(\cdot)$ 和 $k_b(\cdot)$ 是相同的。然后,在 $x=0$ 处,我们有 $v_s=0$。因此,在理想情况下零点电压是零。假设在 $x=0$ 时,$k_a(\cdot)$ 和 $k_b(\cdot)$ 的大小是相等的,但有一个很小的相位差。然后,“差别向量” $k_a(L/2) - k_b(L/2)$ 将有一个小的幅值,但关于 $k_a$ 和 $k_b$ 的相角都将近 90°。这就是正交误差。

对于较小的位移 $x$，给出式(8-14)中的泰勒级数

$$v_s = v_p \left[ k_a \left( \frac{L}{2} \right) + \frac{\partial k_a}{\partial x} \left( \frac{L}{2} \right) x - k_b \left( \frac{L}{2} \right) + \frac{\partial k_b}{\partial x} \left( \frac{L}{2} \right) x \right]$$

然后，假设 $k_a(\cdot) = k_b(\cdot)$ 并且用 $k_o(\cdot)$ 来表示，我们有 $v_s = 2v_p(\partial k_o / \partial x)(L/2)x$ 或者 $v_s = v_p k x$，其中 $k = 2(\partial k_o / \partial x)(L/2)$。在这种情况下，净感应电压与 $x$ 成正比并且由下式给出

$$v_s = v_{ref} \left( \frac{j\omega L_p}{R_p + j\omega L_p} \right) k x$$

由此可以得负载的输出电压为

$$v_o = v_{ref} \left[ \frac{j\omega L_p}{R_p + j\omega L_p} \right] \left[ \frac{R_L + j\omega L_L}{(R_L + R_s) + j\omega(L_L + L_1)} \right] k x \tag{8-15}$$

因此，对于较小的位移，线性可变差动变压器的净输出电压的振幅与位移 $x$ 成正比。输出的超前相位由下式给出

$$\phi = 90° - \tan^{-1} \frac{\omega L_p}{R_p} + \tan^{-1} \frac{\omega L_L}{R_L} - \tan^{-1} \frac{\omega(L_L + L_1)}{R_L + R_s} \tag{8-16}$$

通过增大负载阻抗，可以减少相移在负载上（包括二次电路）的依赖程度。

### 8.4.2.3 信号调理

与差动变压器相关的信号调理包括滤波和放大。滤波可以提高输出信号的信噪比。放大是为了进行数据采集、传输和处理而提高信号强度的必要条件。由于参考频率（载波频率）包含在（并嵌入）输出信号中，因此也需要正确地解释输出信号，特别是对于瞬态运动。

线性可变差动变压器的二次（输出）信号是一个调幅信号，在载波频率上的信号分量由铁磁心运动（$x$）产生的低频瞬态信号所调制。两种方法通常用于解释从差动变压器输出的原始信号：整流和解调。在第一种方法（整流）中，整流差动变压器的交流输出被整流以获得直流信号。这个信号放大后，经过低通滤波，以消除任何高频噪声分量。由此产生的信号振幅提供了传感器的读数。在这种方法中，线性可变差动变压器输出的相移必须单独检测以确定运动方向。在第二种方法（解调）中，通过对一次（参考）信号中的相移信号和调幅后的信号进行比较，可将载波频率分量从输出信号中剔除出去。相移是必要的，因为正如前面所讨论的，输出信号与参考信号的相位是不同步的。调制后的信号（正比于 $x$）经过了放大和滤波。

由于微型集成电路技术的进步，所以带有内置微电子信号调理器件的差动变压器在今天变得很容易获得。直流差动变压器使用直流电源（通常为 $\pm15V$）来供电，内置的振荡器电路产生载波信号。设备的其余部分与交流差动变压器相同，经过放大的满量程输出电压可高达 $\pm10V$。

图 8-11a 给出了一个线性可变差动变压器信号调理的解调方法。图 8-11b 显示了一个线性可变差动变压器简化的信号调理的原理图。系统变量和参数如图 8-11 所示。特别是，$x(t)$ 是线性可变差动变压器中铁磁心（将要测量的被测量）的位移，$\omega_c$ 载波电压的频率，并且 $v_o$ 是系统的输出信号（测量量）。电阻 $R_1$、$R_2$、$R_3$ 和 $R$ 和电容 $C$ 作为标记。此外，我们可根据需要为线性可变差动变压器引入一个变压器参数 $r$。

一次线圈是由一个交流电压 $v_p \sin\omega_c t$ 激发的。运动物体上的铁磁心位移是 $x(t)$，这是要测量的。因为两个二次线圈反向串联在一起，所以线性可变差动变压器的输出在零位置是零，并且运动方向也可以检测到。这个放大器是一种反相放大器。它放大线性可变差动变压器的输出信号，这是一个频率为 $\omega_c$ 的交流（载波）信号，该信号由铁磁心的位移 $x(t)$ 所调制。乘法电路产生一次（载波）信号和二次（线性可变差动变压器的输出）信号的乘积。这是解调线性可变差动变压器输出的重要步骤。从乘法电路中获得的乘积信号拥有高频（$2\omega_c$）载波分量，并且会添加到调制分量（$x(t)$）中去。低通滤波器滤除了这个不需要的高频分量，以获得解调信号，这个信号与铁磁心的位移 $x(t)$ 成正比。

放大器方程：运算放大器（见图 8-11b）+和－端子的电位几乎是相等的。此外，通过

这些引线的电流几乎为零。（对于运算放大器来说，这是两个常用的假设。）然后，电流在节点 $A$ 处平衡，有 $v_1/R_1+v_2/R_2=0$。因此，$v_2=-kv_1$ 且放大器增益 $k=R_2/R_1$。

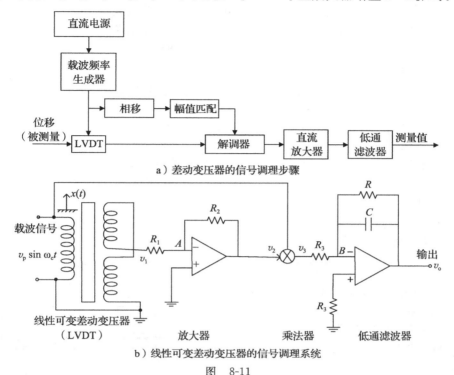

a）差动变压器的信号调理步骤

b）线性可变差动变压器的信号调理系统

图 8-11

**低通滤波器**：由于该运算放大器的＋端子有接近零的电位（接地），所以节点 $B$ 的电压也接近于零。节点 $B$ 的电流平衡表达式为 $(v_3/R_3)+(v_o/R)+C\dot{v}_o=0$。因此，$\tau(\mathrm{d}v_o/\mathrm{d}t)+v_o=-(R/R_3)v_3$，其中滤波器时间常数 $\tau=RC$。滤波器的传递函数是 $v_o/v_3=-k_o/(1+\tau s)$，其中滤波器增益为 $k_o=R/R_3$。在频域中，$v_o/v_3=-k_o/(1+\tau\mathrm{j}\omega)$。

最后，忽略线性可变差动变压器的相移，我们有 $v_1=v_p rx(t)\sin\omega_c t$，$v_2=-v_p rx(t)\sin\omega_c t$，并且 $v_3=-v_p^2 rx(t)\sin^2\omega_c t$ 或 $v_3=-(v_p^2 rk)/2x(t)(1-\cos 2\omega_c t)$。

载波信号将由低通滤波器以适当的截止频率输出。然后有，$v_o=[(v_p^2 rkk_o)/2]x(t)$。

如果位移 $x(t)$ 是线性增加的（即速度是恒定的），则信号 $u(t)$、$v_1$、$v_2$、$v_3$ 和 $v_o$ 都可表示在图 8-12 中。

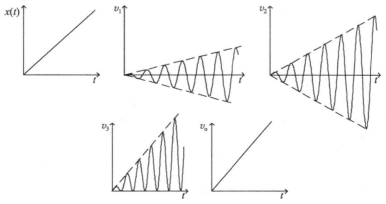

图 8-12 在线性可变差动变压器测量电路中各位置信号的性质

**例8.2**

假设在图 8-11b 中，载波频率 $\omega_c = 500\mathrm{rad/s}$，滤波器的内阻为 $R = 100\mathrm{k}\Omega$。如果有不超过 5% 的载波分量通过滤波器，则估计滤波器电容 $C$ 的要求值。同样，用这些参数值测量设备的有用频率范围（测量带宽）是多少（单位为 rad/s）？

**解：** 滤波器的振幅为 $k_o / \sqrt{1 + \tau^2 \omega^2}$

对于有不超过 5% 的载波分量（$2\omega_c$）通过滤波器的情况，我们必须有 $k_o / [\sqrt{1 + \tau^2 (2\omega_c^2)}] \leqslant (5/100)k_o$ 或 $\tau \omega_c \geqslant 10$（近似）。我们将选择 $\tau \omega_c = 10$。

并且 $R = 100\mathrm{k}\Omega$ 且 $\omega_c = 500\mathrm{rad/s}$，我们有 $C \times 100 \times 10^3 \times 500 = 10$。

因此，$C = 0.2\mu\mathrm{F}$。

基于载波频率（500rad/s），我们应该可以测量直到大约 50rad/s 的位移 $x(t)$。但是由于滤波器的平滑区域大约为 $\omega\tau = 0.1$，且当前 $\tau = 0.02\mathrm{s}$，所以给出线性可变差动变压器的带宽仅为 5rad/s。

---

线性可变差动变压器的优点如下所示：

1. 它本质上是一个无摩擦阻力的非接触设备。接近理想的机电能量转换，轻量级铁磁心将产生非常小的阻力。磁滞（和机械反弹）可以忽略不计。

2. 输出阻抗低，通常在 $100\Omega$ 左右。（信号放大通常不需要信号调理电路。）

3. 它可以提供方向测量（正/负）。

4. 它也有微型尺寸（如长度为 1mm 或 2mm，位移测量值为毫米的分数，1mm 的最大行程或"量程"）。

5. 它有一个简单而坚固的结构（廉价和耐用）。

6. 它有良好的分辨率（理论上，有无穷小的分辨率；实际上，它比线圈电位计更好）。

### 8.4.2.4　旋转可变差动变压器式传感器

旋转可变差动变压器（RVDT）的操作原理与线性可变差动变压器（LVDT）相同，只是在一个旋转可变差动变压器中，一个旋转（而不是翻转）铁磁心用作移动部分。旋转可变差动变压器用于测量角位移。图 8-13a 中显示了它的原理图，图 8-13b 中显示了典型的操作曲线。旋转铁磁心的形状之所以制造成这样是因为这能够获得一个相当宽的线性操作区域。本质上旋转可变差动变压器的优点与之前提及的线性可变差动变压器的优点相同。因为旋转可变差动变压器可以直接测量角运动，所以不需要非线性转换（在旋转变压器中也是这样的），它的使用在角速度应用中很方便，如位置伺服。线性范围通常是 ±40° 且全量程测量的非线性误差小于 ±0.5%。

**速率误差**

如前所述，在可变电感设备中，感应电压是通过磁通链的变化率产生的。因此，位移读数被

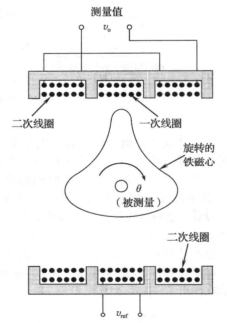

a）旋转可变差动变压器式传感器的原理图

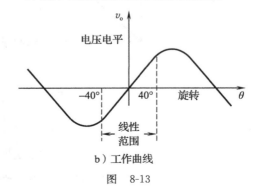

b）工作曲线

图　8-13

运动构件的速度所扭曲；同样，速度读数也受到运动构件加速度的影响。对于相同的位移值，传感器的读数取决于测量对象在位移（位置）处的速度。这个误差称为"速率误差"。对于线性可变差动变压器来说，它随比值（铁磁心的旋转速度）/（载波频率）的增加而增加。因此，增加载波频率可以降低速率误差。现在讨论这个问题的原因。

在高载波频率中，由于变压器效应感应的电压拥有一次信号的频率，所以该电压远远大于由运动构件的速率（速度）效应而产生的电压。因此，误差很小。为了降低速率效应对可接受等级的影响应评估一个对于载波频率有更低的限制，我们可以继续下面的分析：

1. 对于一个线性可变差动变压器，设：

$$\frac{最大工作速度}{\text{LVDT 的行程}} = \omega_0 \qquad (8-17)$$

一次线圈的激励频率（即载波频率）应选择为 $\omega_0$ 或更大。

2. 对于旋转可变差动变压器：在初期规范中对于参数 $\omega_0$，应使用旋转可变差动变压器的最大操作（转子）角频率。

### 8.4.3　互感接近传感器

这种位移换能器同样也遵循互感原理。图 8-14a 中显示了该设备的原理图。绝缘铁磁心在其中间悬臂上带有一次线圈。两个端部悬臂带有串联的二次线圈。与线性可变差动变压器和旋转可变差动变压器不同，在这种情况下，二次线圈段感应的两个电压是累加的。面对着线圈的移动表面（目标物体）的区域必须由铁磁材料制成，因此当物体运动时，在一次和二次线圈间的磁阻和磁通链就会发生变化。这反过来又改变了二次线圈中的电压，而这种电压变化就是位移的度量。

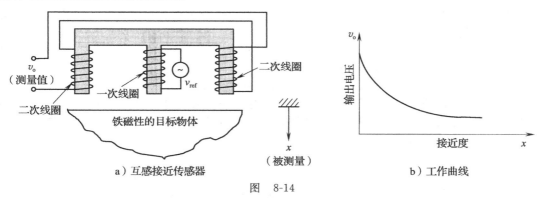

a）互感接近传感器　　　　　　　　b）工作曲线

图　8-14

注意，与具有轴向位移配置的线性可变差动变压器不同，接近探头有横向（或侧面）位移配置。因此，它特别适合测量运动物体（如横杆或旋转轴的横向运动）的横向位移或接近度。我们可以从图 8-14b 所示的工作曲线中观察到，靠近探头的位移-电压关系是非线性的。因此，这些接近传感器只能测量小位移（如在 8.0mm 或 0.2in 的典型线性范围内），除非精确的非线性校准曲线是可用的。

由于接近传感器是一种非接触式设备，所以其机械负载很小，并且产品寿命也很高。由于铁磁物体用来改变磁通路径的磁阻，所以互感式接近传感器也是一种可变磁阻设备。工作频率的极限约为一次线圈（载波频率）励磁频率的 1/10。对于一个线性可变差动变压器，感应电压（二次电压）的解调要求可获得直接（直流）输出读数。

接近传感器在非接触位移感知和尺寸测定方面有着广泛的应用。一些典型的应用有：

1. 测量和控制机器人焊接头与工作台表面间的距离
2. 在制造业中测定金属板的厚度（如轧制和成型）
3. 检测机械零件表面的不规则度
4. 计算单位时间内旋转次数，测量角速度

5. 旋转机械和结构(机器健康监测和控制等)中的振动测量

6. 液位检测(如在填料、灌装和化学加工行业中)

7. 轴承组装过程的监测

一些互感位移传感器利用一次线圈和二次线圈之间的相对运动来产生磁通链的变化。旋转变压器和同步变压器是这样的两个设备。它们不是可变磁阻传感器，因为它们没有使用铁磁性运动部件。接下来将讲述旋转变压器。

### 8.4.4 旋转变压器

旋转变压器是一种广泛用于测量角位移的互感传感器。严格地说，它是一种无源器件，因为它使用磁感应，即使载波信号(交流)需要外部电源。它是一个鲁棒性好的设备，并且应用在许多操作环境恶劣的(温度范围为－45～＋125℃)工程应用中，例如，机器人、风力涡轮机、起重机械、运输系统和工厂。旋转变压器的测量精度高(如±5分；1°＝60分)，即使输出是非线性的(三角函数)。

图 8-15 显示了旋转变压器的简化示意图。转子包含一次绕组。它由一个双极绕组组成，这个绕组由交流电源电压 $v_{ref}$ 供电。转子直接连接到被测的旋转物体上。定子由放置成 90°的两套绕组组成。如果转子与一对定子绕组的角位置用 $\theta$ 来表示，则这对绕组的感应电压是由下式给出

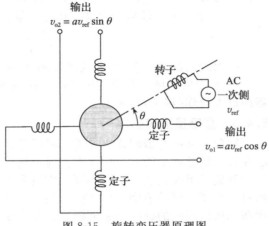

图 8-15　旋转变压器原理图

$$v_{o1} = av_{ref}\cos\theta \tag{8-18}$$

在另外一对绕组上感应的电压由下式给出

$$v_{o2} = av_{ref}\sin\theta \tag{8-19}$$

注意，这些是调幅信号——载波信号 $v_{ref}$，这是一个关于时间的正弦函数，由运动量 $\theta$ 调制。常数 $a$ 主要取决于设备的几何形状和材料特性，例如，转子和定子绕组的匝数比。

两个输出信号 $v_{o1}$ 和 $v_{o2}$ 都可以用来确定第一象限(0≤$\theta$≤90°)中的角位置。然而，这两个信号需要在所有四个象限(在整个范围 0≤$\theta$≤360°)中都可以确定位移(方向和大小)，这样才不会引起歧义。例如，在 90°＋$\theta$ 和 90°－$\theta$ 处可以获得相同的正弦值(即相对于 90°的正旋转和负旋转位置)，但相应的余弦值符号相反，因此可以提供正确的方向。

#### 8.4.4.1　信号解调

对于差动变压器(线性可变差动变压器和旋转可变差动变压器)，解调(调制)它的输出，可以提取旋转变压器的位移信号(瞬态)。与以往一样，这是通过滤除载波信号来实现的，因此可提取出调制信号(即位移信号)。两个输出信号 $v_{o1}$ 和 $v_{o2}$ 称为正交信号。假设载波(一次)信号是

$$v_{ref} = v_a\sin\omega t \tag{8-20}$$

然后从式(8-18)和式(8-19)可知方波信号为 $v_{o2} = av_a\cos\theta\sin\omega t$ 和 $v_{o2} = av_a\sin\theta\sin\omega t$。它们都乘以 $v_{ref}$，我们得到

$$v_{m1} = v_{o1}v_{ref} = av_a^2\cos\theta\sin^2\omega t = \frac{1}{2}av_a^2\cos\theta(1 - \cos2\omega t)$$

$$v_{m2} = v_{o2}v_{ref} = av_a^2\sin\theta\sin^2\omega t = \frac{1}{2}av_a^2\sin\theta(1 - \cos2\omega t)$$

由于载波频率 $\omega$ 大约是角位移 $\theta$ 中最大感兴趣信号频率的 10 倍，所以可以使用一个截止频率为 $\omega/10$ 的低通滤波器剔除 $v_{m1}$ 和 $v_{m2}$ 中的载波分量。下面给出了解调后的输出：

$$v_{f1} = \frac{1}{2}av_a^2\cos\theta \tag{8-21}$$

$$v_{f2} = \frac{1}{2}av_a^2\sin\theta \tag{8-22}$$

注意，这些式子提供 $\cos\theta$ 和 $\sin\theta$，因此包含 $\theta$ 中的大小和符号。

#### 8.4.4.2　转子输出的旋转变压器

另一种形式的旋转变压器使用两个由数字信号发生器产生的相位相差 90°的交流电压给两个定子绕组供电。转子在此情况下包含二次绕组。感应电压的相移决定了转子的角位置。这种装置的优点是它不需要集电环和电刷来激励绕组(现在它是静止的)，在之前的装置中，转子有一次绕组。然而，它需要一些机制来从转子上获得输出信号。为了说明这种替代设计，假设两个定子绕组的励磁信号为 $v_1 = v_a\sin\omega t$，$v_2 = v_a\cos\omega t$。当转子绕组与定子绕组 2 之间的角度为 $\theta$ 时，这对于定子绕组 1 来说，它将在 $\pi/2-\theta$ 的角位置上(假设转子绕组在第一象限，$0\leqslant\theta\leqslant\pi/2$)。因此，定子 1 在转子上感应的电压为 $v_a\sin\omega t\sin\theta$，并且定子 2 在转子上感应的电压为 $v_a\cos\omega t\cos\theta$。接着可以得到转子上总的感应电压为 $v_r = v_a\sin\omega t\sin\theta + v_a\cos\omega t\cos\theta$ 或者为

$$v_r = v_a\cos(\omega t - \theta) \tag{8-23}$$

我们可以看到，转子输出信号的相角关于定子励磁信号 $v_1$ 和 $v_2$ 为转子位置 $\theta$ 提供了大小和方向。

旋转变压器的输出信号是旋转角度的非线性(三角)函数。(历史上，旋转变压器用于计算三角函数或将矢量分解成正交分量。)在机器人应用中，这有时作为一种优势。例如，在计算机械臂的转矩控制方面，为了计算所需的输入信号(参考关节转矩值)，需要计算关节角度的三角函数。因此，当旋转变压器用来测量机械臂的关节角时，控制输入信号的处理时间会有相应减少，因为三角函数本身是可以直接测量的。

旋转变压器的主要优点包括：
- 良好的分辨率并且精度高
- 低输出阻抗(高电平)
- 尺寸小(如直径为 10mm)
- 坚固耐用的结构(高鲁棒性)
- 测量角的正弦和余弦函数的直接可用性

旋转变压器的主要限制如下：
- 非线性输出信号(在某些需要用到三角函数的应用中，这是优势)。
- 带宽受到电源(载波)频率的限制。
- 如果需要测量完整和多次旋转(这需要增加机械负载，还会产生部件磨损、氧化、热和噪声问题)，则需要集电环和电刷。

#### 8.4.4.3　自感传感器

自感传感器都是基于自感原理的。与互感传感器不同，自感传感器只使用一个线圈。这个线圈是由一个频率足够高的交流电源 $v_{ref}$ 所激发的。电流产生与线圈本身相连的磁通。磁通链(自感应)的能级是随着一个在磁场中移动的铁磁物体(其位置需要测量)而变化的。这个运动改变了磁通链路径的磁阻和线圈的电感。自感的变化可以用电感测量电路来测量(如一个电感电桥)。用这种方式可以测量物体的位移(被测量)。自感传感器通常也是可变磁阻设备。

典型的自感传感器是一种自感接近传感器，如图 8-16 所示。该设备可作为测量横向位移的

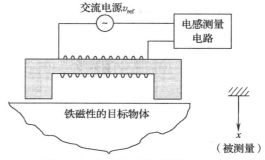

图 8-16　自感接近传感器的原理图

位移传感器。例如，传感器尖端和移动物体(如横梁或轴)铁磁表面间的距离是可以用它测量的。其他的应用也包括在互感接近传感器章节部分提到的。当使用可变电感位移传感器(包括自感传感器)时，高速的位移测量可能会导致速度误差(速率误差)。增加载波频率可以减少这种效应，就像在其他交流电供电的可变电感传感器中一样。

接近传感器的测量结果为毫米级别。输出是非线性的，最大探测距离通常限制在几毫米。操作频率的范围为 25～1000Hz。如果激励来自线路电压(60Hz)，则测量信号的带宽将限制在 5～10Hz。自感传感器的优缺点本质上与互感传感器的优缺点相同。

## 8.5    永磁和涡流传感器

现在，我们讨论可变电感传感器中的第三种：永磁(PM)传感器。具体来说，我们将讨论几种类型的速度传感器(转速计)。另外，我们还将讨论另一种叫作涡流传感器的传感器。(注意：涡流传感器不是一般的永磁传感器)。

永磁传感器：永磁传感器的一个显著特征是它由一个永久磁铁来产生一个均匀和稳定的磁场。在转速计中，磁场与导体之间的相对运动会感应出电压，该电压与导体穿过磁场的速度成正比(即磁通链的变化率)。这种电压可以度量速度。在某些设计中，由直流电源产生的单向磁场(即电磁铁)可以代替永久磁铁。然而，它们通常称为永磁传感器。一般来说，永磁传感器不是可变磁阻设备。

由于永磁铁的磁场是稳定的而且与任何其他磁场(如由感应电压产生的磁场)都无关，因此永磁传感器往往比其他类型的可变电感传感器的线性度更好。永磁传感器有其他优势。例如，它们可以在磁铁和移动物体之间包含较大的气隙(大于 1cm)。在可变磁阻传感器中，其他非目标对象的铁磁物体可以引发虚假信号。这种错误在永磁传感器中是不可能发生的。

涡流传感器：一个波动磁场可以产生电流，即使是在非常薄和小的导电表面。如果磁场的波动是由机械运动引起的，则涡流就会提供一种测量运动的方法。该原理用于如接近传感器等涡流传感器中。

### 8.5.1    直流转速计

直流转速计是一种使用电磁感应原理的永磁速度传感器，它的磁场由直流电或永磁体产生。由于线圈和磁场之间有相对运动(与磁通链的变化率成正比)，所以会在导电线圈中会感应出电压。

根据它的结构，可以测量直线速度或角速度。图 8-17 显示了这两种结构的示意图。它们是无源传感器，因为传感器输出信号 $v_o$ 的能量来自于运动(即被测信号)本身。整个设备通常密封在一个钢外壳中，以将其从周围的磁场中屏蔽(隔离)起来。

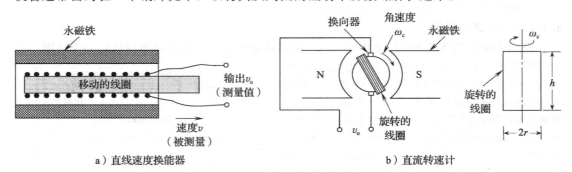

a) 直线速度换能器                            b) 直流转速计

图 8-17    永磁直流换能器

在直线速度换能器(见图 8-17a)中，导体线圈缠绕在一个铁磁心上，并放置在两个磁极中间，从而产生一个交叉磁场。铁磁心与被测速度为 $v$ 的运动物体相连，这个速度正比

于感应电压 $v_o$。另外，移动磁铁和固定线圈可以作为速度换能器(直线或旋转)。后一种布置可能更可取，因为它消除了对输出引线有滑动触点(集电环和电刷)的需要，从而减少了机械负载误差、磨损和相关问题。

直流转速计(或测速发电机)是测量角速度的常用传感器。它的工作原理与直流发电机(或驱动直流电动机)相同。这个工作原理如图 8-17b 所示。转子与旋转物体直接相连。旋转线圈感应的输出信号是使用适合的换向器后获得的直流电压 $v_o$，换向器通常由一对低阻碳电刷组成，它是固定的但却通过分离集电环与旋转的线圈相接触，这样就让感应电压在每次线圈旋转的时候保持方向不变(见直流电动机中的换向器)。根据法拉第定律，感应电压与磁通链的变化率成正比。对于一个有 $n$ 匝的线圈，其高度为 $h$ 且宽度为 $2r$，在一个磁通密度为 $\beta$ 的均匀磁场中以角速度 $\omega_c$ 运动，表达式由下式给出

$$v_o = (2nhr\beta)\omega_c = k\omega_c \tag{8-24}$$

$v_o$ 和 $\omega_c$ 之间的比例常数 $k$ 是转速计的灵敏度，并且作为测量 $\omega_c$ 时的比例因子。比例常数 $k$ 也称为"反电动势常数"或"电压常数"，因为 $k$ 的值越大，感应电压越大。通常直流转速计可用的灵敏度范围为 $0.5\sim3$，$1\sim10$，$11\sim25$ 或 $25\sim50\text{V}/1000\text{rmp}$ 中。对于低电压转速计，电枢电阻可以是 $100\Omega$ 这个量级的数值。对于高电压转速计，电枢电阻可以约为 $2000\Omega$。它的长度大约为 $2\text{cm}$。它是一个相当线性的设备(线性度通常是 $0.1\%$)。

### 8.5.1.1　电子换向器

在使用了电子换向器的直流转速计中，集电环和电刷及相关的缺点可以被消除掉。在本例中，使用了一个永磁转子和一组定子线圈。转速计的输出是由静止的(定子)线圈产生的。转速计的输出必须使用一个电子转换设备转换成一个直流信号，它必须与转速计的旋转同步(就像在无刷直流电动机中那样)。由于输出信号的转换和在磁场中的相关变化，所以将会产生名为"转换瞬变"的外部电压。这是电子换向器的缺点。

### 8.5.1.2　直流转速计的建模

图 8-18 显示了直流转速计的等效电路和机械自由体受力图。场线圈由直流参考电压 $v_f$ 供电。在输入端跨接变量是测量的角速度 $\omega_i$。相应的转矩 $T_i$ 是输入端的通过变量。电枢电路的输出电压 $v_o$ 是输出端的跨接变量。相应的电流 $i_o$ 是输出端的通过变量。我们现在得到了这个转速计的转移函数模型。此外，还将研究将此结果解耦为转速计的实用的输入-输出模型。我们将讨论相应的设计含义，特别是机械时间常数和转速计的电气时间常数的重要性。

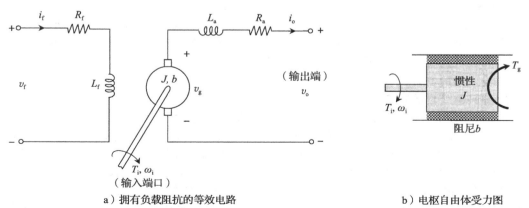

a) 拥有负载阻抗的等效电路　　　　b) 电枢自由体受力图

图 8-18　一个直流转速计

电枢(转子)生成的电压 $v_g$ 与场线圈的磁场强度(反过来它与场电流 $i_f$ 成正比)和电枢角速度 $\omega_i$ 成正比。因此，$v_g = K'i_f\omega_i$。现在假设场电流恒定，我们有 $v_g = K\omega_i$。转子的磁转

矩 $T_g$（它抵抗施加的转矩 $T_i$）与场线圈和电枢绕组的磁场强度成正比。因此，$T_g = K' i_f i_o$。如果假设 $i_f$ 是常数，我们就得到 $T_g = K i_o$。

注意：常数 $K$ 是转速计的增益或灵敏度。它也是感应电压常数和转矩常数。当同样的单位用于测量机械功率（N·m/s）和电功能（W）时，并且当内部的能量耗散机制在相关的内部耦合中不显著时（即假设是理想的能量转换），这也是有效的。

电枢电路方程是 $v_o = v_g - R_a i_o - L_a (di_o/dt)$，其中 $R_a$ 是电枢电阻，$L_a$ 电枢电路的漏感。

参照图 8-18b，惯性为 $J$ 和阻尼系数为 $b$ 的转速计电枢以牛顿第二定律表示为 $J(d\omega_i/dt) = T_i - T_g - b\omega_i$。现在，我们把之前的结果代入这个式子来消去 $v_g$ 和 $T_g$。接下来，用拉普拉斯变量 $s$ 取代了微分。这将导出两个代数关系：$v_o = K\omega_i - (R_a + sL_a)i_o$ 和 $(b + sJ)\omega_i = T_i - Ki_o$。

注意：在这些式子中变量 $v_i$、$i_o$、$\omega_i$ 和 $T_i$ 实际上是拉普拉斯变换（$s$ 的函数），不是 $t$ 的函数，就像在前面的时域方程中一样。为了标记简单，我们在两个域中都保留相同的符号。

最后，第一个式中的 $i_o$ 用第二个式消除了。下面给出了矩阵的传递函数。

$$\begin{bmatrix} v_o \\ i_o \end{bmatrix} = \begin{bmatrix} K + \dfrac{(R_a + sL_a)(b + sJ)}{K} & -\dfrac{R_a + sL_a}{K} \\ -\dfrac{b + sJ}{K} & \dfrac{1}{K} \end{bmatrix} \begin{bmatrix} \omega_i \\ T_i \end{bmatrix} \tag{8-25}$$

只需用 $j\omega$ 代替 $s$ 即可获得相应的频域关系，其中 $\omega$ 表示频谱信号中的角频率（rad/s）。

### 8.5.1.3 设计方面的考量

当作为双端口元器件时换能器的建模将更精确，每个端口都有与之相关的两个变量（见图 8-18）。然而，在作为测量器件实际使用时，它是有用且通常是必不可少的，只在输入端（被测量）和输出端（测量值）各关联一个变量。然后，只需要指定与这两个变量相关的一个（标量）传递函数（或增益或灵敏度）。为此，在真正的模型中需要某种形式的解耦。如果解耦假设在换能器的操作范围内不成立，则就会造成测量误差。

#### 8.5.1.3.1 模型解耦

在当前的转速计示例中，我们根据测量到的角速度 $\omega_i$ 表达输出电压 $v_o$。因此，式(8-25)中的非对角项 $(R_a + sL_a)/K$ 必须忽略掉。在模型方程中[式(8-25)中的 RHS 中的第一个]必须这样做，我们要比较整个"耦合项" $T_i(R_a + sL_a)/K$ 与整个"直接项" $\omega_i[K + (R_a + sL_a)(b + sJ)]/K$，这不仅包括参数，还包括变量 $T_i$ 和 $\omega_i$。只有这样，我们才会得到一个有效的比较（并且我们会比较有相同单位的电压）。可以看到，当我们增加转速计增益（或灵敏度）参数 $K$ 并减少电枢电阻 $R_a$ 和漏感 $L_a$ 时，应该忽略的这一项会变得更小。然而，这也将减少另一项（保留的）。由于漏感在开始时是微不足道的，所以对于正确设计的转速计（或电动机），仅考虑 $K$ 和 $R_a$ 是足够的。然而，当在解耦模型的过程中比较各项时，除了模型参数值（$K$、$R_a$、$L_a$、$b$、$J$），我们应该考虑（至少是极限值）的值有：

1. 输入端的变量（$T_i$ 和 $\omega_i$）
2. 感兴趣变量的频率（$\omega$）

在式(8-25)中可以看到，当我们增加 $K$ 时，动态项（包含拉普拉斯变量"$s$"）将会减小。然后，不仅整个耦合项变小，而且直接项的动态部分也会减小。这些都是令人满意的结果。从模型推导给出的公式中可知，增加磁场电流 $i_f$ 可以增加转速计增益 $K$。然而，如果场线圈已经饱和，这将是不可行的。此外，$K(K')$ 取决于匝数、定子线圈的尺寸、定子铁心的磁特性等参数。由于转速计的物理尺寸和结构材料有一定的限制，所以很明显 $K$ 不能任意增加。仪器设计者应该考虑这些因素并开发一个在许多方面都是最优的设计。在实际换能器中，为了将耦合项（和非线性、频率依赖等）的影响减小到最小应指定工作范围，并利用校正/校准曲线来计算剩余误差。这种方法比使用耦合模型更方便[见式(8-25)]，它引入了 3 个（标量）的转移函数（通常）到模型中。

#### 8.5.1.3.2  时间常数

实用换能器的另一个理想特性是具有静态（即代数的非动态的）的输入-输出关系，使输出瞬时达到输入值（或被测变量），并且消除了换能器特性的频率依赖。然后，换能器的传递函数变成纯增益（独立于频率）。这种情况发生在换能器的时间常数很小（即换能器带宽很高）的时候，正如在第 5 章和第 6 章中所讨论的那样。回到转速计的例子中，从式(8-25)可以清楚地看出，当电气时间常数和机械时间常数小到可以忽略不计时，传递函数关系就变成静态的（与频率无关）。电气时间常数为：

$$\tau_e = \frac{L_a}{R_a} \tag{8-26}$$

并且机械时间常数为：

$$\tau_m = \frac{J}{b} \tag{8-27}$$

电动机/发电机的电气时间常数通常小于机械时间常数的数量级。因此，我们必须首先关注机械时间常数。注意在式(8-27)中，减小转子惯性和增加转子阻尼可以减小 $\tau_m$。不幸的是，正如我们之前看到的，转子惯性依赖于转子的尺寸，这又决定了增益参数 $K$。因此，我们在减少 $K$ 的时候会面临一些设计限制。而且，当转子尺寸减小（为了减小 $J$）时，线圈的匝数也应该减少。因此，转子和定子之间的气隙会变得不均匀，从而在感应电压（转速计输出）中产生波动。由此产生的测量误差非常大。接下来转向阻尼，我们直观地知道，如果增加了阻尼 $b$，则就需要更大的转矩来驱动转速计。这将加载到被测量对象上其中它的速度是被测量。换句话说，这将扭曲测量值 $\omega_i$ 本身（即机械加载）。因此，增加阻尼 $b$ 也必须小心谨慎。回到式(8-25)中，我们注意到随着 $K$ 的增加，在 $\omega_i$ 和 $v_o$ 之间传递函数的动态项会减小。因此，我们注意到增加 $K$ 的好处：

1. 增加灵敏度和输出信号的能级
2. 减少耦合，因此测量结果直接并只依赖于被测量
3. 减少动态效应（即减少系统的频率依赖从而增加有效的频率范围、带宽或响应速度）

以下是减小时间常数的好处：

1. 减小了动态项（使传递函数为静态）
2. 增加了操作带宽
3. 使传感器更灵敏

---

**例 8.3**

商用直流转速计的数据表列出下列参数值：

电枢电阻 $R_a = 35\Omega$，漏感 $L_a = 4\text{mH}$，转子转动惯量 $J = 8.5 \times 10^{-7} \text{kg} \cdot \text{m}^2$。

在 4000r/min 时，摩擦转矩为 $3.43 \times 10^{-3} \text{N} \cdot \text{m}$；在 1000r/min 时，输出电压的灵敏度为 3.0V。

(a)估计电气时间常数、机械时间常数和转速计的工作频率范围。

(b)检查解耦假设是否有效（即与直接输入项相比，耦合输入项可以忽略不计）。

**解：** 电气时间常数：

$$\tau_e = \frac{L_a}{R_a} = \frac{4 \times 10^{-3}}{35} = 1.14 \times 10^{-4}\text{s}$$

$$4000\text{r/min} = \frac{4000}{60} \times 2\pi \text{rad/s} = 419.0 \text{rad/s}$$

→估计出阻尼常数为

$$b = \frac{3.43 \times 10^{-3}}{419}\text{N} \cdot \text{m} \cdot \text{s/rad} = 8.2 \times 10^{-6}\text{N} \cdot \text{m} \cdot \text{s/rad}$$

机械时间常数为

$$\tau_m = \frac{J}{b} = \frac{8.5 \times 10^{-7}}{8.2 \times 10^{-6}} = 0.104s$$

注意：$\tau_e \ll \tau_m$

转速计的工作范围应该小于

$$\omega_o = \frac{1}{\tau_m} = \frac{1}{0.104}s = 9.6rad/s$$

$$1000r/min = \frac{1000}{60} \times 2\pi rad/s = 104.7rad/s$$

→电压灵敏度=增益=转矩常数=$K = 3.0/104.7$V/(rad·s)    或    (N·m/A)=$2.9 \times 10^{-2}$V/rad·s。

我们在419rad/s时取最大转矩为 $3.43 \times 10^{-3}$N·m。

此外，我们取最大工作频率为 $\omega_o = 9.6rad/s$

现在，我们计算大小：

直接项

$$\omega_{max}|[K + (R_a + j\omega_o L_a)(b + j\omega_o J)]/K| = 419 \times |[2.9 \times 10^{-2} + (35 + j \times 9.6$$
$$\times 4 \times 10^{-3})(8.2 \times 10^{-6} + j \times 9.6 \times 8.5 \times 10^{-7})]/2.9 \times 10^{-2}|$$
$$= 419 \times 2.91 \times 10^{-2}V = 12.2V$$

耦合项：$T_i(R_a + sL_a)/K = 3.43 \times 10^{-3}|(35 + j \times 9.6 \times 4 \times 10^{-3})|/2.9 \times 10^{-2} = 4.14V$

可以看到在最大工作频率（9.6rad/s）下，由于给定的灵敏度（增益），所以动态项和耦合项都不能忽略。很明显，传感器的精确度是不可接受的（误差可能高达34%）。

注意：我们可以将转速计灵敏度加倍到 $K = 5.8 \times 10^{-2}$V·s/rad，然后，直接项是24.3V，并且耦合项是2.1V。

然后，传感器的精度会好得多（最坏的误差小于9%）。

### 8.5.1.4  负载方面的考量

如前所述，驱动转速计所需的转矩与产生的电流（在直流输出中）成正比。相关联的比例常数称为"转矩常数"。对于一致的单位，在理想的能量转换下，这个常数等于电压常数和转速计的灵敏度。由于转速计的转矩作用于需要测速的运动物体上，高转矩对应于高机械负载，这是不理想的。因此，最好尽可能减小转速计的电流。对于转速计来说，应使采集设备（即电压读数和接口硬件）的输入阻抗尽可能大。此外，转速计输出信号（电压）的畸变是由于转速计的电抗（电感和电容）负载而造成的。当直流转速计用来测量瞬时速度时，一些误差将由于速率（加速度）效应而输入进来。这个速率误差通常会随着在瞬时速度信号中必须保持的最大频率而增加，而这反过来又取决于测量量的最大速度。增加负载阻抗，可以减少所有这些类型的误差。

为了说明，请考虑与图 8-18 所示的电枢电路输出端连接的负载阻抗等效的转速计电路。感应电压 $K\omega_c$ 由电压源表示。常数 $K$ 取决于线圈的几何形状、匝数和磁通密度[见公式(8-25)]。线圈电阻是由 $R$ 表示的，漏感是用 $L_l$ 表示的。负载阻抗是 $Z_L$。在频域内直接分析电路，负载的输出电压由下式给出

$$v_o = \left(\frac{Z_L}{R + j\omega L_l + Z_L}\right)k\omega_c \tag{8-28}$$

可以看到，因为有漏电感，所以输出信号在瞬态速度的更高频率 $\omega$ 下变弱。此外，还存在一个负载误差。然而，如果 $Z_L$ 远远大于线圈阻抗，就会获得一个理想的比例关系：$v_o = K\omega_c$。

注意：数字转速计是一种速度换能器，由一些不同的原理来控制。它以与角速度成比例的频率来产生电压脉冲。因此，它被认为是数字换能器，正如第 11 章所讨论的那样。

### 8.5.2　交流转速计

交流转速计也是一种速度换能器。典型的交流转速计有两套定子线圈。一个线圈由交流载波信号供电,它会在另一个定子线圈中以相同的频率感应出一个交流信号。转子的旋转速度将调制感应信号,并且这可以用来测量速度。有两种主要类型的交流转速计。其中一种采用永磁转子,另一种采用短路线圈作为转子。

#### 8.5.2.1　永磁交流转速计

一个永磁交流转速计有一个永磁转子和两组独立的定子线圈,如图 8-19a 所示。一组线圈(一次侧)由交流参考(载波)电压供能。另一组线圈(二次侧)的电压是转速计的输出。当转子是静止的或以准静态方式运动时,输出电压是一个与参考电压同频率(载波)的恒幅信号,就像在电力变压器中一样。当转子以某种速度运动时,在二次线圈中会感应出附加电压,该电压调制载波频率的电压。该调制信号与转子转速成正比,是由旋转磁铁在二次线圈中的磁通链变化率产生的。

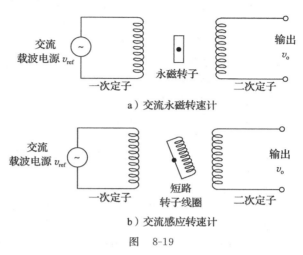

a) 交流永磁转速计

b) 交流感应转速计

图　8-19

可见,二次线圈的总输出是一种调幅信号(见第 4 章),它可能被解调以提取瞬态速度信号(即调制信号)。速度方向是由调制信号与载波信号的相位角决定的。如果转子速度是稳定的,则输出信号的振幅将测量速度(不需要解调输出)。

注意:在线性可变差动变压器中,交流磁通(链)的振幅由铁磁心的位置来改变。但在交流永磁转速计中,磁转子产生直流磁通量,并且当转子静止时,它不会在线圈中感应出电压。由于转子的旋转,所以与定子线圈有关的磁通会发生变化,并且相关的磁通变化率正比于转子速度。

对于低频应用(5Hz 或更少),在线路频率(60Hz)上标准的交流电源可能足以驱动一个交流转速计。对于中频应用,可以使用 400Hz 的电源。对于高频(高带宽)应用,高频信号发生器(振荡器)可以作为主要信号。在高带宽应用中,通常使用的载波频率高达 1.5kHz。典型的交流永磁转速计的灵敏度是 50～100mV/rad/s。

#### 8.5.2.2　交流感应转速计

交流感应转速计的结构与双相感应电动机相似。如前面所提到的,定子的结构与交流永磁转速计相同。转子有线圈,它是短路的并且不用外部电源对其进行供电,如图 8-19b 所示。一次定子线圈由交流电源供电。它会在二次定子线圈中感应出电压,就像在永磁交流转速计中一样。当转子线圈旋转时(在由一次定子线圈产生的磁场中),也会产生感应电压。该信号在二次定子线圈中调制了载波频率的感应信号。在二次定子线圈中解调输出信号,以提取出转子速度。

#### 8.5.2.3　交流转速计的优点和缺点

交流转速计相比于直流转速计的主要优点是没有集电环和电刷,因为输出是从定子中获得的。直流转速计的输出信号通常有一个称为"换向器纹波"或"电刷噪声"的电压纹波,它产生于通过电刷的集电环两端以及触点颤动等。换向器波纹的频率与操作速度成正比;因此,用一个陷波滤波器来过滤它是很困难的(因为需要一个快速跟踪的陷波滤波器)。同时,在直流转速计中还存在与摩擦负载和触点颤动有关的问题,这些问题在交流转速计中是不存在的。然而,请注意,尽管带有电子换向的直流转速计不使用集电环和电刷,但是它们产生的暂态过电压也同样是不理想的。

在转速计中对于任何传感器而言，噪声分量在低能级的输出信号中占主导地位。特别地，由于转速计的输出与测量速度成正比，所以在低速时，信噪比将会很低。因此，噪声的消除在低速时更加重要。

交流转速计在稳定状态下提供了无漂移测量。这是与直流转速计相比的另一个优点。

众所周知，在高转速下，交流转速计的输出有点非线性（主要原因是饱和效应）。此外，信号解调是必需的，尤其在测量瞬时速度时。交流转速计的另一个缺点是输出信号的电平取决于电源电压；因此，一个具有非常小输出阻抗的受控电压源是非常理想的。此外，测量带宽（频率极限）取决于载波频率（约为载波频率的 1/10）。

### 8.5.3  涡流传感器

如果一个导电（即低电阻率）介质受到波动磁场的影响，则在介质中会产生涡流。涡流强度随磁场强度和磁通量的频率而增加。该原理可用于涡流接近传感器。涡流传感器可作为尺寸测量设备或位移传感器。

图 8-20a 显示了一个涡流接近传感器的原理图。与可变电感接近传感器不同，涡流传感器的目标对象不必由铁磁材料制成。但是它需要有一个具有导电性的目标对象（即该目标对象要有一层导电材料），如粘在不导电目标物体上的家用铝箔片就足够了。探头有两个相同的线圈，它们构成了阻抗桥的两臂。靠近探头的线圈是有效线圈。另一个线圈是补偿线圈，它可以补偿周围环境的变化，尤其是热效应带来的变化。桥的其余两臂由纯电阻元件组成（见图 8-20b）。这个桥由射频电压源所激发。频率范围为 1~100MHz。这个信号由一个射频发射器（一个振荡器）产生，它通常由 20V 直流电源供电。当目标对象（感知对

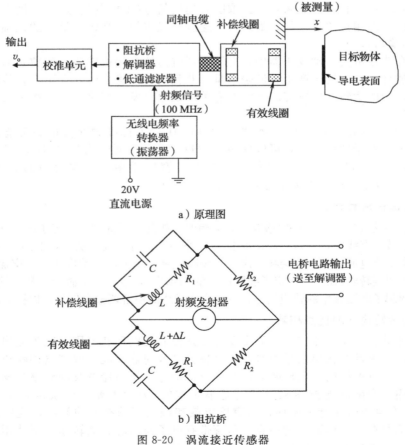

a）原理图

b）阻抗桥

图 8-20   涡流接近传感器

象)不存在时,阻抗桥的输出为零,这与平衡状态相对应。当目标物体靠近传感器时,由于有效线圈中有射频磁通量,所以在导电介质中产生涡流。涡流的磁场与产生这些电流的原磁场相反。因此,有效线圈的电感会增加,从而在阻抗桥上造成不平衡。阻抗桥上产生的输出是一种包含射频载波的调幅信号。解调这个信号以滤除载波。由此产生的信号(调制信号)测量目标对象的瞬态位移。低通滤波器在已经滤除载波的输出信号中滤除高频残余噪声。

对于大位移,涡流传感器的输出与位移没有线性关系。此外,传感器的灵敏度取决于导电介质性质的非线性,尤其是电阻率。例如,对于低电阻率,灵敏度随着电阻率的增加而增加;对于高电阻率,则下降。一个校准单元通常可用在商用涡流传感器中来适应不同的目标对象和非线性。测量系数通常用伏特/毫米(V/mm)表示。注意,利用对金属电阻率的影响,涡流探头也可以用来测量电阻率和表面硬度。

在涡流检测中,目标对象的导电介质的表面积必须比涡流探头的正面面积略大。如果目标对象有一个弯曲的表面,则其曲率半径至少是探头直径的 4 倍。这些都不是严格的限制,因为典型探头的直径约 2mm。涡流传感器是介质-阻抗型设备;典型的输出阻抗是 $1000\Omega$。灵敏度是 $5V/mm$。涡流传感器的优点如下:

1. 由于载波频率非常高,因此涡流设备适用于高瞬态位移测量——例如,带宽可达 100kHz。

2. 涡流传感器是一种非接触式设备,因此它不会对移动(目标)物体施加机械载荷。

3. 即使在肮脏的环境中涡流传感器也能精确完成任务(只要导电物体不干扰测量环境)。

4. 它只需要一个比探头稍宽的导电表面。

## 8.6　可变电容传感器

可变电感设备和可变电容设备是可变电抗设备。[注意:电感 $L$ 的电抗是 $j\omega L$ 并且电容 $C$ 的电抗是 $1/(j\omega C)$,因为 $v=L(di/dt)$ 且 $i=C(dv/dt)$]。由于这个原因,电容传感器属于电抗传感器的范畴。它们通常是高阻抗传感器,特别是在低频的时候,就像电容器的阻抗(电抗)表达式一样。此外,电容传感器也是非接触设备。它们需要特定的信号调理硬件。除了模拟电容传感器外,如数字转速计等数字电容传感器(生成脉冲)也是可用的。

电容器由两块极板组成,它们可以存储电荷。存储的电荷在两块极板之间产生了电位差,这个电位差可以用外部电压来维持。一个双极板电容器的电容 $C$ 是由下式给出

$$C = \frac{kA}{x} \tag{8-29}$$

其中,$A$ 是两块极板的公共(重叠)区域;$x$ 是两块极板之间的间距;$k$ 是介电常数($k=\varepsilon=\varepsilon_r\varepsilon_0$,$\varepsilon_r$ 相对介电常数,$\varepsilon_0$ 是真空介电常数),其取决于两块极板间介质的介电性质。

式(8-29)中的任何一个参数的改变都可以用作传感器原理。进一步考察,式(8-29)可写成 $\ln C = -\ln x + \ln A + \ln k$。对该式中每一项取微分,我们有

$$\frac{\delta C}{C} = -\frac{\delta x}{x} + \frac{\delta A}{A} + \frac{\delta k}{k} \tag{8-30}$$

这个结果可以用来测量较小的横向位移、较大的旋转和较大的液位。

注意:式(8-30)只对 $x$ 的小增量有效,但对 $A$ 和 $k$ 的大增量也有效,因为式(8-29)对 $x$ 来说是非线性的,而对 $A$ 和 $k$ 是线性的。然而,如果使用对数分度,则对于 $x$ 来说也会变成线性。

图 8-21 显示了使用式(8-30)中 3 个变量变化量的电容传感器的原理图。在图 8-21a 中,一块极板的横向位移使 $x$ 发生了变化。在图 8-21b 中,一块极板的角位移使 $A$ 发生了变化。最后,在图 8-21c 中,电容极板之间的液面变化引起 $k$ 的变化。在这三种情况下,电容的相关变化是可直接测量(使用电容桥或振荡电路)或间接测量的(如从电桥电路或电位计电路获得输出电压),并且可用于估算被测量。

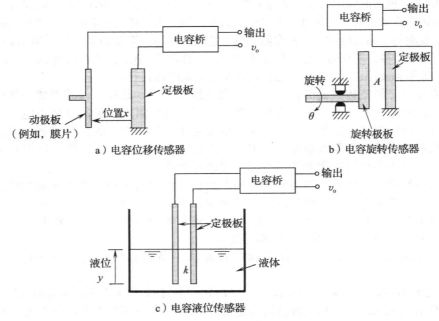

a）电容位移传感器

b）电容旋转传感器

c）电容液位传感器

图 8-21    电容传感器的原理图

### 8.6.1　电容传感器的测量电路

在可变电容传感器中，电容的变化可以直接或间接地测量以为被测量提供一个测量值。传感器电容的变化如果不是由被测量的变化（如由于湿度、温度和老化等因素）而导致的传感器的读数误差，则应该得到补偿，则用于电容感测的常见电路类型是电容桥、电位计电路、反馈电容（电荷放大器）电路和电感电容（LC）振荡器电路。现在分别来介绍它们。

#### 8.6.1.1　电容桥测量电路

测量电容变化的一种常用方法是使用电容桥电路（见第 4 章），传感器形成电桥的一个臂，和传感器特性相同的电容器构成另一个臂。这是补偿电容，由于环境的变化，因此其变化规律与电容传感器本身相似。剩下的两个臂（在一个全桥上）有相同的阻抗。电桥的电源是一个高频交流电源。最初，电桥是平衡的，所以输出是零。当传感器的电容在传感过程中发生变化时，电桥的输出是一个非零信号，该信号由一个载波分量组成，其频率与电桥激励（参考交流电压）频率相同，该电桥激励由传感器电容的变化所调制。

考虑图 8-22 所示的电桥电路。在这个电路中，$Z_2 = 1/(j\omega C_2)$，它是电容传感器（电容值为 $C_2$）的电抗（即电容阻抗）；$Z_1 = 1/(j\omega C_1)$，它是补偿电容 $C_1$ 的电抗；$Z_4$、$Z_3$ 是电桥电路中另外两臂的阻抗（通常是电抗）；$v_{ref} = v_a \sin\omega t$，它是高频电桥激励交流电压；电桥输出 $v_o = v_b \sin(\omega t - \phi)$；与激励相关的电桥输出的滞后相位为 $\phi$。

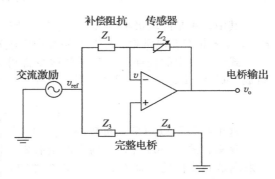

图 8-22    电容传感器的电桥电路

使用运放的两个假设（正极和负极的输入端是等电位的，并且通过这些导线的电流是零；见第 3 章），我们可以写出电流平衡方程：$(v_{ref} - v)/Z_1 + (v_o - v)/Z_2 = 0$ 和 $(v_{ref} - v)/Z_3 + (0 - v)/Z_4 = 0$，其中 $v$ 是运放两个端子上的共同电压。接下来，在这两个式中消去 $v$，我们得到

$$v_o = \frac{Z_4/Z_3 - Z_2/Z_1}{1 + Z_4/Z_3} v_{ref} \tag{8-31}$$

注意，当 $Z_2/Z_1 = Z_4/Z_3$ 时，电桥的输出 $v_o = 0$，因此电桥是平衡的。由于传感器和补偿电容器同样受到环境变化的影响，因此平衡电桥即使在环境变化下也会保持这种状态。在此之前，环境影响得到了电桥补偿（至少是一阶的补偿）。

从式(8-31)中可以很明显看出，由于被测量的变化，所以当传感器电抗 $Z_2$ 有了一个变化量 $\delta Z$ 后，从一个平衡状态出发，电桥的输出由下式给出

$$\delta v_o = -\frac{v_{ref}}{Z_1(1 + Z_4/Z_3)} \delta Z \tag{8-32}$$

传感器电容的阻抗（电抗）变化 $\delta Z$ 调制载波信号 $v_{ref}$。对于瞬态测量，必须解调电桥的"调制"输出以获得测量结果。对于稳态测量，关于 $v_{ref}$ 的 $\delta v_o$ 的振幅和相位角足以确定 $\delta Z$，假设 $Z_1$ 和 $Z_4/Z_3$ 是已知的。

注意：在电桥输出中，不用图 8-21 所示的运算放大器，而使用仪表放大器（见第 3 章）可以得到更好的结果。

### 8.6.1.2 电位计测量电路

取代阻抗桥，更简单的电位计电路可以用于电容传感器，如图 8-23 所示。

在这个电路中，传感器阻抗 $Z_s$ 与一个已知的阻抗 $Z$ 相连，电路的输出由下式给出

$$v_o = \frac{Z_s}{Z + Z_s} v_{ref} \tag{8-33}$$

该输出具有由传感器阻抗（电容）的变化所调制的载波信号 $v_{ref}$。解调这个信号可以得到传感器阻抗（瞬态）的变化量。

这是一个相对简单的电路。然而，它也有所有电位计电路的缺点。例如，它不能补偿环境变化，此外，载波的变化将影响测量。

### 8.6.1.3 电荷放大器测量电路

一个带有反馈电容 $C_f$ 的运算放大器类似于电荷放大器，它可以用于可变电容传感器。这种类型的电路如图 8-24 所示。传感器电容是由 $C_s$ 表示的。

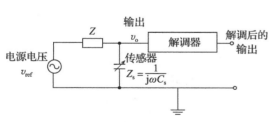

图 8-23 可变电容传感器的电位计电路

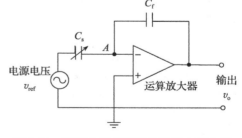

图 8-24 可变电容传感器的反馈电容电路

在节点 $A$ 上电荷平衡 $v_{ref}C_s + v_oC_f = 0$。电路输出由下式给出

$$v_o = -\frac{C_s}{C_f} v_{ref} \tag{8-34}$$

同样，这与传感器电容的变化所调制的载波信号相对应。在瞬态条件下，可以对其进行解调，以获得传感器的测量值。

### 8.6.1.4 电感-电容振荡器电路

另一种测量传感器电容的方法是，使传感器成为 LC 振荡器电路的一个组成部分，其中电感 $L$ 是已知的。振荡电路的谐振频率为 $1/\sqrt{LC}$。因此，可以通过测量电路的谐振频率来测量传感器电容。注意：此方法也可测量电感。

#### 8.6.2 电容位移传感器

图 8-21a 所示的装置提供了测量横向位移和接近距离($x$)的传感器。其中一个电容极板附着在运动物体上(注意：移动物体本身也可以形成移动的电容极板)，另一个极板保持静止。在这种情况下，由式(8-29)给出的传感器关系是非线性的。如果包括整个非线性(不是式(8-30)中的小增量)，则由位移变化而产生的传感器电容的变化由下式给出

$$\Delta C = kA\left[\frac{1}{x+\Delta x}-\frac{1}{x}\right]\quad 或 \quad \frac{\Delta C}{C}=\left[\frac{1}{1+\Delta x/x}-1\right] \tag{8-35}$$

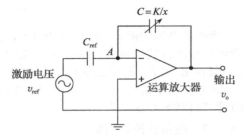

图 8-25    电容横向位移传感器的线性化电路

注意：对于 $x$ 的小增量，这种非线性关系可以近似为式(8-30)给出的线性关系 $\delta C/C = -\delta x/x$。

对横向位移传感器进行线性化的一种简单方法是使用反相放大器，以使其结果对任意大小的位移变化都能进行有效测量而不丢失精度，如图 8-25 所示。注意，$C_{ref}$ 是一个固定的参考电容，它的值是准确已知的。由于运算放大器的增益非常高，所以对于大多数实际的应用，负极(节点 $A$)电压为零(因为正极是接地的)。此外，由于运算放大器的输入阻抗也很高，所以通过输入引线的电流是可以忽略的。这是在运算放大器分析中使用的两个常见假设(见第 3 章)。因此，节点 $A$ 的电荷平衡方程是 $v_{ref}C_{ref}+v_oC=0$。现在，代入式(8-29)，我们得到了输出电压 $v_o$ 与位移 $x$ 的线性关系

$$v_o = -\frac{v_{ref}C_{ref}}{K}x \tag{8-36}$$

其中 $K=kA$。因此，$v_o$ 的电路输出可以通过线性校准来给出位移。增加 $v_{ref}$ 和 $C_{ref}$ 可以提高设备的灵敏度。参考激励(载波)电压的频率可能高达 25kHz(对于高带宽测量)。如前所述，根据式(8-36)可知，输出电压是调制信号，它必须解调以测量瞬态位移。

#### 8.6.3 测量旋转和角速度的电容传感器

在图 8-21b 所示的装置中，电容器的一块极板是(或附加到)旋转的目标物体(轴)。另一块极板是固定的。由于重叠区域 $A$ 与旋转角 $\theta$ 成正比，所以从式(8-29)可知，传感器方程可以写成

$$C = K\theta \tag{8-37}$$

其中 $K$ 是传感器增益。

这是一个 $C$ 和 $\theta$ 之间的线性关系。如前所述，可能使用任何方便的方法通过测量电容而测量出旋转角 $\theta$。然后，传感器进行线性校准，以给出旋转的角度。

图 8-26 所示为使用旋转极板电容器的角速度传感器的原理图。它有直流电源电压 $v_{ref}$ 和电流传感器。由于电流传感器必须具有可忽略的电阻，所以电容器的电压几乎等于 $v_{ref}$，并且是常量。由此可知，电路中的电流是由 $i = (d/dt)(Cv_{ref}) = v_{ref}(dC/dt)$ 给出的，鉴于式(8-37)，可以写成

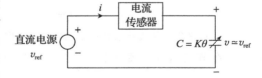

图 8-26    旋转极板电容器的角速度传感器

$$\frac{d\theta}{dt} = \frac{i}{Kv_{ref}} \tag{8-38}$$

电流与角速度是线性关系，但是在测量电流 $i$ 时，要想确保电流测量设备不干扰(如不加载)基本电路，就必须小心谨慎。

#### 8.6.4 电容液位传感器

图 8-21c 所示的装置可以用来测量液位($y$)，这是基于电容器的介电常数($k$)的变化

的，而 $A$ 和 $x$ 在式(8-29)中保持不变。由于电容器的悬空段($a$)和液体段($l$)的电压是相同的，因而电荷是累加的，所以电容也是累加的：

$$C = C_a + C_1 = \frac{1}{x}(k_a A_a + k_1 A_1) = \frac{b}{x}[k_a \times (h - y) + k_1 y]$$

因此，我们可以将液位写成

$$y = \frac{xC}{b(k_1 - k_a)} - \frac{h}{k_1/k_a - 1} \tag{8-39}$$

其中，$x$ 是极板间隙；$h$ 是极板高度；$b$ 是极板宽度；$k_a$ 是空气的介电常数；$k_1$ 是液体的介电常数。

如前所述，液位 $y$ 可以用任何测量电容 $C$ 的方法来确定。

图 8-21c 所示的装置可以测量位移。在这种情况下，一个固体的介电元件可以自由地沿着电容板的纵向方向移动，它与被测的移动物体相连。电容器的介电常数在介电元件和电容器极板之间的共同区域间因运动而发生变化时变化。因此，式(8-39)可以确定位移。在这种情况下，"$l$"表示固体介电介质，其与需要测量位移的移动物体一起移动。

### 8.6.4.1 电介质的介电常数

除了液位和位移传感器，许多其他类型的电容传感器是基于电容电介质的介电常数的。本质上，被测量(如湿度)改变电介质的介电常数，是通过测量电容器中产生的电容变化量来测量的。一些材料的相对介电常数列在表 8-4 中。这些值表示相对真空的介电常数，其中 $\varepsilon_o = 8.8542 \times 10^{-12}\,\mathrm{F/m}$，这近似等于空气的介电常数。因此，空气的相对介电常数约为 1。

**表 8-4　一些材料的相对介电常数(近似)**

| 材料 | 相对介电常数 $\varepsilon_r$ |
|---|---|
| 钛酸钡 | 1250～10 000 |
| 混凝土 | 4.5 |
| 乙二醇 | 37 |
| 甘油 | 43 |
| 石墨 | 10～15 |
| 锆钛酸铅 | 500～6000 |
| 纸、二氧化硅 | 4 |
| 聚苯乙烯、尼龙、聚四氟乙烯 | 2.3 |
| 派热克斯玻璃(玻璃) | 4～10 |
| 橡胶 | 7 |
| 盐 | 3～15 |
| 硅 | 12 |
| 二氧化钛 | 85～170 |
| 水 | 80 |

### 8.6.5　电容传感器的应用

考虑到它们的优点，电容传感器直接或间接地应用于许多实际场景。它们也有几个缺点。

### 8.6.5.1　优点和缺点

电容传感器有很多优点，主要包括以下几点：

1. 它们是非接触设备(移动极板与目标对象是一体的；机械负载效应可以忽略不计)。

2. 在高分辨率下可以进行非常精细的测量(如亚纳米、$10^{-5}$ 微微法拉的电容分辨率，$1\mathrm{pF} = 10^{-12}\mathrm{F}$)。

3. 测量对目标物体(电容器极板)的材料不敏感。

4. 外部电容的补偿(如电缆电容)是比较简单的(使用电荷放大器、电桥电路等)。

5. 成本相对较低。

6. 可进行线性和高带宽的测量(如 10kHz 的带宽；0～10V 的电桥输出；10～500$\mu$m 的位移测量范围；探头直径为 8mm，质量为 8g、线性度为 0.25%)。

主要的缺点如下所示：

1. 操作需要一个清洁的环境(一个电容受到湿度、温度、压力、污垢、灰尘、老化等因素的影响)。

2. 大的极板间隙会导致大的误差。

3. 低灵敏度(对于横向位移传感器，灵敏度＜1pF＝$10^{-12}$F)。注意：高电源电压和放大器电路可以提高传感器的灵敏度。

由于电容器依靠它的电荷和产生的电场，所以任何影响电场的情况都会产生误差。电容传感器通常有一个保护设备在它周围创造一个额外的场。这个场是由在传感器电容中存在的相同电压产生的。保护设备基本上是一种补偿电容器，它可以补偿任何影响传感器的外来电容。

### 8.6.5.2　电容传感器的应用

电容传感器可以直接测量影响其电容的量[即可以改变式(8-29)中的 $x$、$a$ 或 $k$ 的一个被测量]或一个与这种被测量相关的(如通过辅助元件)物理量(利用负载单元、压力传感和加速度传感等方式对力进行测量)。电容传感器的应用如下所示：

1. 运动传感(如半导体工业中的晶片定位、磁盘驱动器控制、机床控制)
2. 测量和计量(如钢板厚度、为质量控制测定加工生产部分)
3. 对象检测(如在生产线上对零件计数，装瓶厂中检测瓶盖的位置以及电梯的按钮开关)
4. 液位传感(如在制炼厂)
5. 材料测试(如物体表面的性质、探测燃料中的水)
6. 环境传感(如水分、土壤)

---

**例 8.4**

相对湿度电容传感器的平均灵敏度为 $2.0\%$ RH/$\mu$F，并且有 $-5.0\%$ RH 的偏移。当电容读数为 $50\mu$F 时，相对湿度百分比($\%$ RH)是多少？

**解：**假设一个线性传感器的校准曲线 $RH = RH_0 + m \times C$。

**注意：**根据实验数据，证实这个假设是令人满意的。

鉴于：$RH_0 = -5.0\%$ 并且 $m = 2.0\%$ RH/$\mu$F

对于 $C = 50\mu$F，我们有 $RH = -5 + 2.0 \times 50 = 95\%$ RH。

---

## 8.7　压电传感器

某些物质如钛酸钡、单晶石英、锆-钛酸铅(PZT)、镧化合的 PZT、铌酸锂和压电聚合物聚乙烯基二烯，在受到机械应力或应变的影响时，会产生电荷和相应的电位差。这种压电效应是压电传感器的主要原理。它们是无源传感器，因为在检测被测量时通过压电效应发生了能量转换(机电耦合)。

压电效应直接应用在压力和应变测量设备，计算机显示器的触摸屏，复杂的传声器，汽车发动机中的爆振传感器，温度传感器(晶体谐振频率随温度变化的非线性可以用于温度检测；例如，谐振频率在 $-20$℃～$+20$℃时增加，并且从 $+20$℃～$+50$℃时减小)，还可用于各种各样的微型传感器中。也有许多间接应用，它们包括压电加速度计和速度传感器，压电转矩传感器和力学传感器。当然，也需要"无源"压电传感器和信号调理(如需要外部能量的电荷放大器)。

同样有趣的是，当受到电位差(或电荷、电场)时，压电材料会变形，并且可以作为执行器。这就是"逆"压电效应。一些精密的测试设备(在非破坏性的动态测试中)使用这种压电驱动组件(经过反向压电动作)来产生精细的运动。同时，电压信号直接驱动的压电阀(如挡板阀门和喷油嘴)可用于气动和液压控制应用当中，例如在喷墨打印机和汽车发动机中的应用。压电执行器可用于各种应用，包括在医学成像和高级扬声器中产生声波。基于反向压电的微型步进电动机也可以使用。使用压电效应的微驱动器存在于许多应用中，包括硬盘驱动器(HDD)。压电材料的这种多功能特性(传感和驱动)使它成为一种"智能材料"，可用于复杂的工程应用和微电子机械系统中，见第 12 章。

　　压电效应

压电效应是由各向异性材料(具有非对称分子结构)中的电荷极化引起的。具体来说，电荷(或电场)在材料应变时被释放，这是一种可逆效应。特别地，当电场被应用到材料上时，它会改变离子的极化状态，并且材料可以变形或释放现有的应变（即移走这种应变，材料恢复原来的形状）。天然压电材料是由大晶体制成的，而合成压电材料往往是陶瓷材料。当电场方向和应变方向（或应力）相同时，我们有纵向灵敏度。在有 3 个正交轴和 3 个旋转轴的 6×6 矩阵中，也可以定义横向灵敏度。

考虑一种压电晶体，它在相反的面上粘有一个带两个电极的圆盘。由于晶体是一种电介质，所以这个元件本质上是一个电容器，因此可以由电容来建模。因此，压电传感器可以作为一个并联有电容 $C_s$ 的电荷源 $q_s$，如图 8-27 所示。这是诺顿等效电路。当然，压电组件（电极之间）也有内阻，可以用串联的电荷源来表示。但是，它对电荷源没有影响（因为它是串联的），并且在当前电路中可省略（或认为是在电荷源的内部）。在图 8-27 中，电路中

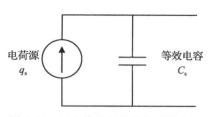

图 8-27　压电传感器的诺顿等效电路

忽略的其他影响是压电组件中与电荷源并联的绝缘电阻（非常高）（注意：通过这种绝缘电阻的任何电荷泄漏可以忽略）以及与电荷源并行的电缆电容（注：电缆的影响可以单独处理或补偿）。

另一个等效电路（戴维南等效电路）也给出来，其中电容是与等效电压源串联的。这完全等同于图 8-27 所示的诺顿电路。

电容器的阻抗为

$$Z_s = \frac{1}{j\omega C_s} \tag{8-40}$$

从式（8-40）可以清楚地看出，压电传感器的输出阻抗非常高，特别是在低频时。例如，石英晶体可能会在 100Hz 的时候出现很大的阻抗，频率降低后的阻抗大幅增大。这就是为什么压电传感器用于低频时有限制的原因之一，即不能忽略电荷泄漏。如我们所见，电荷放大器可以解决这个问题。

注意：即使压电晶体的电阻（直流）很高，它也不会对电荷源产生影响（就像串联一样）。绝缘电阻 $R_l$ 提供与压电组件并联的漏电路径（即电容 $C_s$）。然而，输出阻抗受 $C_s$ 控制，因为它的阻抗（电抗）比绝缘体电阻小得多。然而，以后所有这些多余的阻抗都是通过电荷放大器来补偿的。

### 8.7.1　电荷灵敏度和电压灵敏度

压电晶体的灵敏度可以由它的电荷灵敏度或电压灵敏度来表示。电荷灵敏度 $S_q$ 定义为

$$S_q = \frac{\partial q}{\partial F} \tag{8-41a}$$

其中，$q$ 表示生成的电荷；$F$ 表示施加的力。

对于一个表面积为 $A$ 的晶体，式（8-41a）可以写成

$$S_q = \frac{1}{A}\frac{\partial q}{\partial p} \tag{8-41b}$$

其中 $p$ 是向晶体表面施加的应力（正常或剪切）或压力。电压灵敏度 $S_v$ 是由电压的变化给出，电压灵敏度 $S_v$ 是由电压的变化给出的，这种电压变化是由于晶体中单位厚度上压力（或应力）的单位增量而产生的。在极限情况下，我们有

$$S_v = \frac{1}{d}\frac{\partial v}{\partial p} \tag{8-42}$$

其中 $d$ 是晶体的厚度。现在，由于压电组件的电容方程为 $\delta q = C\delta v$，所以通过使用 $C=(kA)/d$［见式（8-29）］，可以获得电荷灵敏度和电压灵敏度的关系：

$$S_q = kS_v \tag{8-43}$$

其中 $k$ 是晶体电容器的介电常数（电容率）。压电元件的整体灵敏度可以通过使用适当设计的多单元结构来提高（双压电晶片零件）。

**例 8.5**

钛酸钡晶体的电荷灵敏度为 150.0pC/N。（注意：1pC＝1×10⁻¹²C；库仑＝法拉×伏特）。晶体的介电常数为 $1.25\times10^{-8}$F/m。由式(8-43)可以计算出晶体的电压灵敏度

$$S_v = \frac{150.0\text{pC/N}}{1.25\times10^{-8}\text{F/m}} = 12.0\times10^{-3}\text{V}\cdot\text{m/N} = 12.0\text{mV}\cdot\text{m/N}$$

压电组件的灵敏度取决于负载方向，这是因为灵敏度取决于分子结构（如晶体轴）。表 8-5 中列出了几种压电材料在其最灵敏的晶体轴上的直接灵敏度。

表 8-5    几种压电材料的直接灵敏度

| 材料 | 电荷灵敏度 $S_q$ (pC/N) | 电压灵敏度 $S_v$ (mV·m/N) |
| --- | --- | --- |
| 锆-钛酸铅 | 110 | 10 |
| 钛酸钡 | 140 | 6 |
| 石英 | 2.5 | 50 |
| 罗谢尔盐 | 275 | 90 |

机电耦合：压电效应是机电耦合的结果。具体来说，当拉紧一个组件时，外部设备就会对其进行"机械操作"。这种操作使组件变形，进入组件的能量存储为"应变能"。它可以建模为一个储存"弹性势能"的弹簧。一个电荷在这个过程中释放。这是直接压电效应。该设备可以作为一种机械位移传感器。电场必须通过外部方式来施加，以让组件恢复形变并释放储存的应变能。或者，一开始不受拉力作用的组件也可以通过外部电场（使用外部电能）来发生形变。这是逆压电效应，其中压电组件就像一个执行器。然而，图 8-27 所示的电路只包括电气动力学。若想完整表示压电组件，机械动力学也必须包括在内。在图 8-27 所示的电路中，这隐藏在电荷源的 $q_s$ 中。一个简化的力学模型可能仅仅包括组件的刚度和惯量。然后，电荷 $q_s$ 将会是组件中拉力、应力或压力的结果，并且可以通过电荷灵敏度来进行相关表示[见式(8-41)]。根据牛顿第二定律可知，相应的应力、压力或力将导致传感器的惯性（质量）。从本质上讲，这种耦合设备可以由一个二端口元器件来表示，其中一个端口具有机械能量流，另一个端口具有静电能量流。

## 8.7.2  电荷放大器

使用低阻抗设备无法获得压电信号。两个主要原因如下所示：

1. 传感器中的高输出阻抗会导致较小的输出信号和大的负载误差。

2. 电荷很快就会从负载中泄漏出去。

为了尽量克服这些问题，电荷放大器通常用作压电传感器中主要的信号调理设备。电荷放大器的输入阻抗相当高，因此，压电传感器的电负载会降低。此外，由于阻抗变换，电荷放大器的输出阻抗会相当小（比压电传感器的输出阻抗小得多）。这实际上消除了负载误差，并为诸如监视、信号获取、通信、记录、处理和控制等目的提供了低阻抗输出。此外，使用一个有相对较大时间常数的电荷放大器电路，可以减少电荷泄漏的速度。

电荷放大器不过是一个带有电容反馈（$C_f$）的运算放大器。通常，我们还加入一个电阻反馈（$R_f$）。例如，考虑压电传感器电路和电荷放大器的组合，如图 8-28 所示。

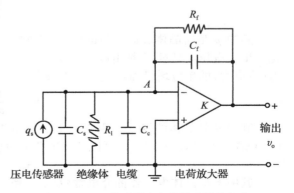

图 8-28  压电传感器和电荷放大器的组合

我们将研究如何减少电荷泄漏的速度，并利用这种装置来补偿外部电容（以及其他阻抗/电阻）。传感器电容、电荷放大器的反馈电容和反馈电阻分别由 $C_s$、$C_f$ 和 $R_f$ 来表示。将传感器与电荷放大器连接起来的电缆电容是由 $C_c$ 表示的。压电传感器的绝缘电阻（提供了电荷泄漏的路径）是由 $R_l$ 表示的。与以往一样，压电组件的内部电阻不包括在电路中，因为它与电荷源是串联的，因此它对电路方程没有影响。

由于运算放大器中这两个输入端的电位几乎相等，所以它们处于地电位（零）。因此，电流/电荷泄漏通过传感器的平行路径是可以忽略的（注意：因为相应的阻抗也很高，所以进一步支持了它）。节点 $A$ 的电流平衡方程为

$$\dot{q} + C_f \dot{v}_o + \frac{v_o}{R_f} = 0 \tag{8-44}$$

相应的传递函数为

$$\frac{v_o(s)}{q(s)} = -\frac{R_f s}{R_f C_f s + 1} \tag{8-45a}$$

其中 $s$ 是拉普拉斯变量。现在，在频域中（$s = j\omega$），我们有

$$\frac{v_o(j\omega)}{q(j\omega)} = -\frac{R_f j\omega}{R_f C_f j\omega + 1} \tag{8-45b}$$

通过适当校准的电荷放大器（因子 $-1/C_f$），整个系统的频率传递函数可以写成

$$G(j\omega) = \frac{j\tau_s \omega}{j\tau_s \omega + 1} \tag{8-46}$$

因此，在传感-放大器单元的一阶系统中时间常数 $\tau_s$ 表示为

$$\tau_s = R_f C_f \tag{8-47}$$

这完全由电荷放大器的反馈元件所控制，这些元件可以精确和适当地选择。

设在零频率（$\omega = 0$）下的输出是零。因此，压电传感器不能用于测量常数（直流）信号。另一方面，在很高的频率上，传递函数的幅值 $M = (\tau_s \omega)/\sqrt{\tau_s^2 \omega^2 + 1}$ 趋于统一。因此，在无限频率上没有传感器误差。测量的准确度取决于 $M$ 到 1 的距离。

## 例 8.6

对于带有电荷放大器的压电加速度计，若有 $M = (\tau_s \omega)/\sqrt{\tau_s^2 \omega^2 + 1} > 0.99 \rightarrow \tau_s \omega > 7.0$，则得到的准确度会好于 99%。

传感器信号瞬态的最低频率可以符合这种准确度要求，其中最低频率是 $\omega_{min} = 7.0/\tau_s$。

因此，对于指定的准确度，可以通过增加时间常数（即增加 $R_f$、$C_f$，或两者一起增大）来达到指定的操作频率下限。可行的频率下限（$\omega_{min}$）可以通过调整时间常数来实现。

压电传感器的优点如下：
1. 它们提供高速响应和高的操作带宽（非常小的时间常数）。
2. 它们可以在小尺寸的设备（作为微型设备）生产。
3. 它们是无源的，因此鲁棒性好，操作起来也相对简单。
4. 使用适当的压电材料可以提高灵敏度。
5. 通过简单的信号调理，可以很容易地补偿外部效应（如电荷放大器）。
6. 它们是多功能的（可以在同一个系统中作为传感器或执行器）。
压电传感器的缺点如下：
1. 高输出阻抗
2. 高温度灵敏度
3. 考虑到其多功能的能力（优点），一种功能可能会受到其他功能的影响（如杂散电场

能影响传感精度）。

4. 不适合低频或直流传感。

### 8.7.3 压电加速度计

加速度计：根据牛顿第二定律可知，力（$f$）是加速一个物体（或惯性组件）的必要条件，它的大小是由质量（$m$）和加速度（$a$）的乘积给出的，这个乘积（$ma$）通常称为"惯性力"。这个术语的基本原理是，如果一个大小为 $ma$ 的力作用在与加速度方向相反的一个正在加速的物体上，那么这个系统就可以用静平衡方法来分析。这称为"达朗贝尔原理"（见图 8-29）。引起加速度的力本身就是加速度的度量（注意：质量是保持不变的）。因此，质量可以作为一个前端辅助装置，以使加速度转化为力。这是加速计常用的操作原理。有许多不同类型的加速计，从应变设备到使用电磁感应的设备。例如，引起加速的力可以用弹簧组件将其转换成比例位移，这种位移

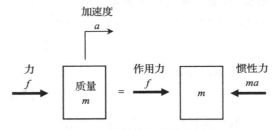

图 8-29　达朗贝尔原理的阐释

可以用方便的位移传感器来测量。这种类型的例子有差动变压器式加速度计、电位计式加速度计和可变电容式加速度计。另外，由于惯性力的影响，合适位置处的应变可能是用应变片来确定的。该方法用于应变片式加速度计。振动弦式加速度计使用加速的力来拉伸导线，该力是通过检测振动弦的固有振动频率来测量的，其与拉力的平方根成正比。在伺服力平衡（或零平衡）加速度计中，惯性组件通过检测运动和反馈力（或转矩）来完全抵消加速力（转矩），从而平衡加速度。例如，这种反馈力是通过电动机电流而确定的，并且它是加速度的度量。

**压电加速度计**

压电加速度计（或晶体加速度计）是一种加速度传感器，它使用压电组件来测量由加速度引起的惯性力。压电速度传感器是一种压电加速度计，在微型集成电路中内部有积分放大器。

压电加速计优于其他类型加速度计的优点是它们质量小和高频响应（最高可达 1MHz）。然而，压电传感器本身就是具有高输出阻抗的器件，它可产生小电压（量级为 1mV）。因此，需要特殊的阻抗转换放大器（如电荷放大器）去调节输出信号并减少负载误差。

图 8-30 显示了压缩式压电加速度计的原理图。晶体和惯性组件（质量）由一个刚度非常高的弹簧所约束。因此，该设备的基本固有频率或谐振频率很高（一般为 20kHz）。这提供了一个相当宽且有用的频率范围或工作范围（一般为 5kHz）和高速操作。有用频率范围的下限（一般为 1Hz）是由信号调理系统的限制、安装方法、压电组件的电荷泄漏、电荷产生动力学的时间常数和信噪比等因素决定的。图 8-31 显示了压电加速度计典型的频率响应曲线。

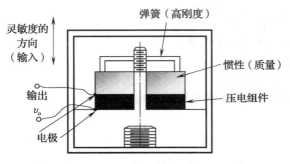

图 8-30　压缩式压电加速度计

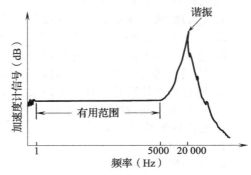

图 8-31　压电加速度计典型的频率响应曲线

对于加速度计来说，加速度是要测量的信号（被测量）。因此，加速度计的灵敏度通常表示为每单位加速度的电荷数或每单位加速度的电压［将其与式(8-60)和式(8-61)相比较］。加速度的单位与重力加速度(g)的单位相同，电荷是用皮库伦(pC，$1pC=1×10^{-12}C$)来测量的。典型加速度计的灵敏度为 10pC/g 和 5mV/g。灵敏度取决于压电特性（见表 8-5）、惯性力施加于压电组件的方式（如压缩、拉伸、剪切）和惯性组件的质量。如果一个质量很大的物体施加在上面，那么对于给定的加速度，晶体上的惯性力就会变大，从而产生一个相对较大的输出信号。然而，质量较大的加速度计有几个缺点。特别是，

1．加速度计的质量扭曲了测量的运动变量（机械负载效应）。

2．重型加速度计的谐振频率较低，因此有用频率范围更低（见图 8-31）。

在压缩式晶体加速度计中，惯性力视为压电组件上的普通压缩应力。在其他一些压电加速度计中，惯性力作为剪切应变或拉伸应变施加于压电组件。

**加速度计的结构**：对于给定尺寸的加速度计，可以通过使用剪切应变结构而不是普通应变来获得更好的灵敏度。在剪切结构中，可以在加速度计的外壳内使用一些剪切层（如使用三角形布局），这增加了有效的剪切面积，从而增加了与剪切面积成正比的灵敏度。选择加速度计的另一个因素是它具有的交叉灵敏度或横向灵敏度。由于压电组件在正交方向的力和力矩（或转矩）的作用下可以产生电荷，因此交叉灵敏度是存在的。由于压电组件制造得不均匀，包括材料的不均匀和传感元件方向的不正确，以及设计不良，这个问题可能会进一步恶化。交叉灵敏度应该小于设备允许的最大误差（百分比）（通常为 1%）。

**安装方法**：在一个对象上安装加速计的技术可以显著地影响加速计的有用频率范围。一些常见的安装技术是：

1．旋入式底座

2．胶、水泥或蜡

3．磁底座

4．弹簧底座

5．手持探头

使用第 2～5 种方法，可以避免在物体上钻孔，但是当使用弹簧底座或手持探头时，有用的频率范围会显著减小（典型上限为 500Hz）。前两种方法通常完全保证了有用的频率范围（如 5kHz），而磁底座法在某种程度上降低了上限（通常是 3kHz）。

从理论上讲，可以用一个黏性阻尼装置将速度转换为力来测量速度，并且可以用压电传感器测量产生的力。该原理可用于开发压电速度传感器。然而，速度-力传感器的实际实现是相当困难的，主要原因是阻尼材料的非线性。因此，商用压电速度传感器使用压电加速度计和内置（微型）的集成放大器。图 8-32 显示了这种压电速度传感器的原理图。这个单元的外形可以小到 1cm。它采用双集成硬件。采用相同原理可以获得压电式位移传感器。当使用积分器测量位置时，需要一个自动导引方法来确定参考位置（初始条件）。此外，数值积分减慢了传感过程（操作频率的限制）。或者，可以将位移转换成力（或弯曲力矩或应变）的理想弹簧组件（或悬臂），可以在压电组件上施加压力，从而在位移传感器上得到测量结果。由于压电组件的低频特性较差，这种设备通常不适合低频（几赫兹）应用。

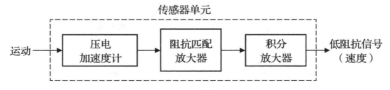

图 8-32　压电速度传感器的原理图

## 8.8    陀螺仪传感器

陀螺仪传感器用于测量各种应用领域中的角方向和角速度，这些领域包括飞机、船只、车辆、机器人、导弹、雷达系统、机械、摄像机和其他机械设备。这些传感器通常用于车辆稳定系统的控制系统。因为一个旋转的主体（陀螺仪）需要一个外部转矩去转动（旋进）它的自旋轴，如果这个陀螺安装（以无摩擦的方式）在一个刚性单车上，则在陀螺仪和车辆之间就有足够数量的无摩擦自由度（最多 3 个），无论车辆怎么运动，自旋轴将在空间保持不变。因此，陀螺仪的自旋轴为车辆的方向提供了参考（如方位角或偏航角、倾斜角和滚角），并且可以测量角速度。可以使用安装在车载陀螺仪枢轴结构上的角度传感器来测量方位。例如，利用应变计传感器或通过测量，或利用位置传感器，如旋转变压器得到的旋转转矩（与角速度成正比）可以获得相对于正交方向的角速度，扭力弹簧的挠度会抑制旋进。在后一种情况下，角度偏移正比于旋进转矩，进而可以得到角速度。

### 8.8.1    速率陀螺仪

速率陀螺仪是用来测量角速度的。图 8-33a 所示的装置可以用来解释其工作原理。

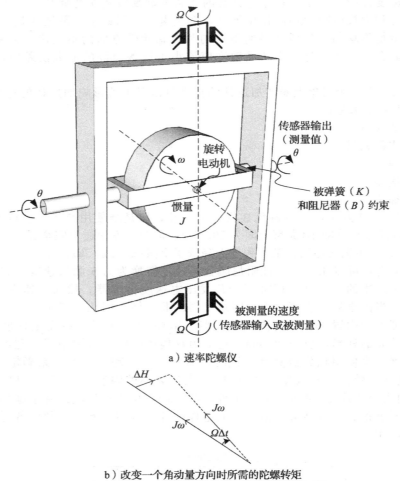

a）速率陀螺仪

b）改变一个角动量方向时所需的陀螺转矩

图  8-33

刚性圆盘（陀螺圆盘）的极惯性矩 $J$ 在恒速电动机的无摩擦轴承中以角速度 $\omega$ 旋转，且与该轴承是同轴旋转。这个轴的角动量 $H$ 是

$$H = J\omega \tag{8-48}$$

这个向量由图 8-33b 所示的实线来表示。由于角速度（速率）$\Omega$ 是被测量（或传感器输入），所以矢量 **H** 将在无穷小的时间 $\Delta t$ 内旋转通过角 $\Omega \cdot \Delta t$，如图所示。由此产生的角动量变化为 $\Delta H = J\omega \cdot \Omega \cdot \Delta t$ 或角动量的变化率是 $dH/dt = J\omega \cdot \Omega$。为了执行这个旋转（旋进），转矩必须施加在正交方向上（图 8-33b 中 $\Delta H$ 的方向），这与图 8-33 所示的转角 $\theta$ 有相同的方向。如果这个方向是由刚度为 $K$ 的扭力弹簧和旋转阻尼常数为 $B$ 的阻尼器所约束，那么相应的抗转矩是 $K\theta + B\dot{\theta}$。根据牛顿第二定律（转矩＝角动量的变化率）有 $J\omega\Omega = K\theta + B\dot{\theta}$ 或

$$\Omega = \frac{K\theta + B\dot{\theta}}{J\omega} \tag{8-49}$$

从这个结果可以看出，当 $B$ 很小时，万向架轴承的旋转角 $\theta$（如通过旋转变压器的被测量），将与被测角速度（$\Omega$）成正比。这种读数适当地校准后可以读出角速度。

陀螺仪中误差的主要来源是漂移。必须经常进行重新校准以消除这个误差。这是在被测量为零时进行归零读数来完成的。

### 8.8.2　科里奥利力设备

考虑一个质量为 $m$ 的物体以速度 $v$ 朝着一个刚体运动。如果这个刚体本身以角速度 $\omega$ 旋转，则众所周知，$m$ 的绝对加速度（利用牛顿第二定律的方程）中有一项为 $2\omega \times v$。这称为"科里奥利加速度"。相关的力 $2m\omega \times v$ 是科里奥利力。这个力可以直接使用一个力传感器感知到或者在一个柔性元件中测量结果偏移，并且可确定科里奥利力中的变量（$\omega$ 或 $v$）。

注意，科里奥利力有点类似于回转力，尽管概念是不同的。出于这个原因，基于科里奥利效应的设备也通常称为陀螺仪。科里奥利的概念在基于微电子机械系统的传感器中越来越流行，该种传感器使用微电子机械系统技术（见第 12 章）。

## 关键术语

**被测量**：被测量的变量。

**测量**：测量设备的输出或读数。

**测量器件的两个阶段**：(1)"感觉"或敏感到被测量，(2)测量信号换能（或转换）为设备输出的形式。

**传感器的应用**：过程监控；测试和质量鉴定；系统识别（实验建模）；产品质量评估；故障预测、检测和诊断；生成警告；监视；控制系统。

**控制中的使用**：测量中的应用为反馈控制的输出；前馈控制的输入类型（未知输入、扰动等）；系统监视的输出、参数适应、自调节和监控；用于实验建模的输入-输出信号对（即系统识别）。

**传感器系统**：这可能意味着以下两个方面，(1)多个传感器，传感器/数据融合；(2)传感器及其附件。

**人类感官系统**：5 种感为视觉（视觉的）、听觉（听觉的）、触觉（触觉的）、嗅觉（嗅觉的）和味觉（味觉的）。传感过程为受体/神经树突（传感器和换能器）→神经轴突（通信）→中枢神经系统（信号处理）。

**人类的其他感官特征**：平衡感、压力、温度、疼痛和运动。

**传感器的分类**：(a)基于技术方面有以下分类。有源型：传感的能量并非来自传感对象（来自外部源）；模拟型：输出为模拟量；数字型：输出为数字、脉冲、计数、电子、集成电路、机械、光学等；无源型：传感的能量来自传感对象；压电型：施加了压力的传感器生成一个电荷或电压；压敏电阻：施加了压力/应力/应变的传感器改变其电阻；光弹性：施加了应力/应变的传感器改变其光学性质。

(b)基于被测量有以下分类。生物医学：运动、力、血液成分、血压、温度、流量、尿液成分、排泄成分、心电图、呼吸声音、脉搏、X 射线图像、超声图像。化学：有机化合物、无机化合物、浓度、传热率、温度、压力、流量、湿度；电气/电子：电压、电流、电荷、无源电路参数、电场、磁场、磁通、电导率、介电常数、磁导率、磁阻；机械：力（包括转矩）、运动（包括位置和挠度）、光学图像、其他图像（X 光、声等）、压力、应变和材料性质（密度、杨氏模量、剪切模量、硬度、泊松比）；热流体：流量、传热率、红外波、压力、温度、湿度、液位、密度、黏度、雷诺数、导热系数、传热系数、毕奥数和图像。

**传感器的选型**：使应用（要求/规范）"匹配"传感器（额定值）。(a)研究其应用目的、需要测量什么量（变

量和参数)，(b)确定什么样的传感器可用并且哪些量无法测量(由于不可取性、缺乏传感器等)，并且如果不能测量，则使用其他可测量的量去估计或为此开发一个新的传感器。

**传感器选型的过程**：(1)在应用场景中要测量哪些参数或变量；(2)应用(模拟信号、数字信号、调制、解调、功率等级、带宽、准确度等)所需信息的性质(参数和变量)；(3)测量所需的规格(测量信号的类型、级别、范围、带宽、准确度、信噪比等)；(4)应用中可用的传感器及其数据手册；(5)每个传感器可提供的信号(种类——模拟量、数字量、调制信号等；功率级，频率范围)；(6)传感器所需的信号调理或转换的类型(滤波、放大、调制、解调、模-数转换、数-模转换、电压频率转换、频率电压转换等)。

**纯换能器**：在传导阶段依靠非耗散耦合(信号功率无损耗)。

**理想的测量设备**：(1)测量设备的输出可立即到达测量值(快速响应)；(2)传感器的输出足够大(高增益、低输出阻抗、高灵敏度)；(3)设备的输出保持为测量值(没有漂移或受环境和其他不良扰动和噪声的影响)，除非被测量本身发生了变化(稳定性和鲁棒性)；(4)传感器输出信号的电平与被测量的信号电平成比例地变化(静态线性)；测量设备不扭曲被测量本身(无负载效应和阻抗匹配)；并且功耗很小(高输入阻抗)。

**运动传感器**：位移(位置、距离、接近度、尺寸、量规等)，速度，加速度和急动度。注意：每个变量为前一个变量关于时间的导数。

**前端辅助设备**：惯性组件：将加速度转换为力；阻尼组件：将速度转换成力；弹簧组件：将位移转换为力。

**运动变量之间的转换限制**：(1)测量信号的性质(稳定度、高度瞬态、周期性、窄/宽带等)；(2)处理信号所需要的频率(感兴趣频率的范围)；(3)测量的信噪比(SNR)；(4)可用的处理能力(例如，模拟或数字处理，数字处理器和接口的限制、处理速度、采样率、缓冲区大小等)；(5)控制器要求和设备性质(如控制带宽、操作带宽、时间常数、延迟、复杂性、硬件限制)；(6)要求的任务精度(处理要求、硬件成本依赖于此)。

**例如**：噪声和高频窄带信号的差分是不可接受的。在预处理前，可能需要昂贵的信号调理硬件。

**基本规则**：低频应用(~1Hz)：用于位移测量；中频应用(<1kHz)：用于速度测量；具有高噪声水平的高频运动：用于加速度测量。

**运动传感器**：电位计(电阻耦合设备)；可变电感传感器(电磁耦合设备)；涡流传感器；可变电容传感器；压电传感器。

**运动传感器选型时的考虑**：被测量的动力学性质(位置、接近度、位移、速度、加速度等)，直线(一般称为线性)或旋转运动，接触或非接触型，测量范围，所需精度，所需的工作频率范围(时间常数和带宽)，尺寸，成本，操作环境(如磁场、温度、压力、湿度、振动、冲击)和寿命。

**电位计的特点**：当一个具有有限阻抗的负载接入时输出电压下降→负载效应→线性关系失效[也会影响电源(参考)电压]。

**减少负载效应**：使用具有低输出阻抗的规范/稳定的电源并且使用有高输入阻抗的信号调理电路。

注意：元件阻抗高→降低功耗；更少的热效应(缺点：增加输出阻抗→增加负载的非线性误差)。

**旋转电位计**：导电塑料：高电阻(100Ω/mm)，低摩擦(低机械负载)，减少了磨损，减轻了重量并且提高了分辨率。旋转电位计的负载为 $v_o/v_{ref} = \{[(\theta/\theta_{max})(R_L/R_C)]/[R_L/R_C + (\theta/\theta_{max}) - (\theta/\theta_{max})^2]\}$ (非线性)→误差 $e = [(v_o/v_{ref} - \theta/\theta_{max})/(\theta/\theta_{max})] \times 100\%$。

**性能限制**：移动滑块需要力(对应于惯性摩擦和惯性力臂)⇒机械负载⇒扰动被测信号；对于滑块反弹、摩擦、惯性阻力、滑片臂和一次线圈中的感应电压高频(高瞬态)测量是困难的；电源内部的电压变化；在低负载电阻中高的电气负载误差；磨损和加热(氧化)。

**优点**：鲁棒性好、简单，并且相对便宜；可提供高电压(低阻抗)输出信号；阻抗可以通过改变线圈电阻而改变。

**光学电位计**：

$$\frac{v_o}{v_{ref}} \left\{ \frac{R_c}{R_L} + 1 + \frac{x}{L} \frac{R_c}{R_p} \left[ \left(1 - \frac{x}{L}\right)\frac{R_c}{R_L} + 1\right] \right\} = 1$$

$$\rightarrow \frac{v_o}{v_{ref}} = \frac{1}{(x/L)(R_c/R_p) + 1} \text{(对于高负载阻抗)}$$

**可变电感传感器**：(1)互感传感器；(2)自感传感器；(3)永磁传感器。

**可变磁阻传感器**：可变电感传感器用非磁化铁磁介质改变磁通路径(磁路)的磁阻。

注意：一些互感传感器和大多数自感应传感器都属于这种类型。

**注意：**永磁传感器属于可变磁阻传感器。

**定义：**磁通链 $\phi=Li$，单位为韦伯(Wb)；它取决于磁通密度、线圈匝数和线圈面积(不是导线面积)；$i$ 为电流，单位为安培(A)；$L$ 为电感，单位为 Wb/A 或亨利(H)。

**感应电压：**电动势 $v=L(\mathrm{d}i/\mathrm{d}t)$。

**电抗**为电感的阻抗 $X=Lj\omega$，单位为欧姆($\Omega$)。

**磁导率** $\mu=B/H=$[磁通密度(单位为特斯拉或 T；Wb/m²)]/[磁场强度(单位为安培匝每米或 At/m)]$=L/l$ 单位长度的电感[单位为特斯拉米每安培(T·m/A)或亨利每米(H/m)]→磁场通路导通能力的度量。

**相对磁导率**为相对自由空间的磁导率 $\mu_r=\mu/\mu_o$，其中 $\mu_o=4\pi\times10^{-7}=1.257\times10^{-6}$H/m。

**磁阻** 磁路段的磁阻 $\Re=l/(\mu A)$，$l$ 为长度，$A$ 为磁路的横截面积；单位为 t/H 或 At/Wb；与电感成反比→使用电感桥来测量

**磁导** 为磁阻的倒数。

**互感传感器：**(1)在磁通量路径中移动的铁磁材料(如线性可变差动变压器、旋转可变差动变压器、互感接近探测器)；(2)相对另一个线圈移动一个线圈(如旋转变压器、同步变压器、交流感应式转速计)。

**差动变压器：**(1)线性可变(线性可变差动变压器)；(2)旋转可变(旋转可变差动变压器)。通有交流电的一次线圈，两个二次线圈段反向串联，一个可移动的铁磁心。它是一个可变电感传感器、可变磁阻传感器、互感传感器和无源传感器。感应电压是调幅信号。解调：由载波和低通滤波器相乘而得到。

**差动变压器(线性可变差动变压器)的优点：**非接触，低输出阻抗(约为 $100\Omega$)，定向测量(正/负)，可以在小尺寸内测量(如长 2mm 且行程 1mm)，简单而坚固的结构(便宜耐用)，精细的分辨率。

**速率误差：**速度扭曲了位移测量；加速度扭曲了速度测量；这可以通过增加载波频率(合适的比值>5)来降低。

**互感式接近传感器：**一次线圈中有交流电、二次线圈、横向铁磁对象。这是用来测量横向位移和小位移(非线性)的并且可检测脉冲的存在或缺失了(如限位开关)。

**旋转变压器：**用于测量角位移的互感传感器；转子具有一次绕组并由交流电源供电，定子有两套相互放置为 90°的绕组。调制二次电压[正弦 $v_{f2}=(1/2)av_a^2\sin\theta$ 和余弦 $v_{f1}=(1/2)av_a^2\cos\theta$]→给出旋转方向和大小；非线性(几何)，机器人应用中的一个优势。

**更改设计：**在 90°移相时激发两个定子绕组。输出：转子绕组电压 $v_r=v_a\cos(\omega t-\theta)$。

**自感传感器：**单个线圈(自感)；线圈是由交流电源电压激发的→电流产生的磁通与相同的线圈连接。这些传感器基于自感的原理：磁通链(自感)的能级是随着磁场中的移动铁磁物体(目标物体)而变化的。

**永磁(PM)传感器：**使用永磁铁产生磁场，永磁铁用于传感；如直流转速计；磁场与导电体之间的相对速度→感应电压；感应电压正比于导体穿越磁场的速度。根据结构可以测量，(1)直线速度；(2)角速度。

**特点：**灵敏度范围：$0.5\sim3$，$1\sim10$，$11\sim25$ 或每 1000rmp $25\sim50$V；电枢电阻：低压转速计为 $100\Omega$；高压转速计为 $2000\Omega$；尺寸：2cm；良好的线性(通常是 0.1%)。

**模型：**有两个端口。输入：角速度 $\omega$，转矩 $T_i$；输出：电枢电压 $v_o$，电枢电路电流 $i_o$；场线圈是由直流电压 $v_f$(恒定)供电的。

$$\begin{bmatrix} v_o \\ i_o \end{bmatrix}=\begin{bmatrix} K+\dfrac{(R_a+sL_a)(b+sJ)}{K} & -\dfrac{R_a+sL_a}{K} \\ -\dfrac{b+sJ}{K} & \dfrac{1}{K} \end{bmatrix}\begin{bmatrix} \omega_i \\ T_i \end{bmatrix}$$

电气时间常数：$\tau_e=L_a/R_a$；机械时间常数 $\tau_m=J/b$。

**增加 $K$ 的好处：**可增加灵敏度和输出信号的能级；减少耦合，因此测量直接依赖于被测量；减少动态效应(即减少系统的频率依赖→增加有用的频率范围和带宽或响应速度)；

**减小时间常数的好处：**减少动态项(使传递函数变为静态)；增加工作带宽；使传感器更快。

**永磁交流转速计：**转子是一个永磁铁；使用两个定子线圈，其中一个由交流电供电。当转子静止或轻微移动时，第二个定子线圈中感应(输出)的电压将是恒定的。随着转子开始运动→在二次线圈中产生附加的感应电压，该电压调制载波频率的原始感应电压。这个调制信号正比于转子的转速；感应输出等于调幅信号并且正比于转子的转速。它可以解调以测量瞬时速度。利用输出的相位角可以得到方向。对于低频应用(~5Hz)，一个具有 60Hz 的电源是足够的；永磁交流转速计典型的灵敏度是 $50\sim100$mV/(rad·s$^{-1}$)。

**交流感应转速计：**其定子线圈与永磁交流转速计相同；与感应电动机相似；转子线圈不提供能量(即短

接）；信号解调方式与永磁交流转速计相同。

**交流转速计的优点（相比于直流转速计）**：无集电环或电刷；无输出漂移（处于稳定状态时）。缺点：瞬态测量需要解调；输出是非线性的。

**涡流传感器**：其有效线圈和补偿线圈；高频（射频）电压加载于有效线圈；两个线圈形成电感桥的两个桥臂。原理：在波动的磁场中时导电材料产生涡流；当目标物体靠近传感器时，有效线圈的电感会发生变化。电桥输出：调幅信号。解调→位移信号。

    **特点，优势**：目标对象：小而细的薄层导电材料（如黏铝箔）；典型直径约为 2mm（最大 75mm）；目标对象应略微大于探头面；输出阻抗约为 1kΩ（介质阻抗）；灵敏度约为 5V/mm；测量范围：0.25～30mm；适合瞬态测量（最高约为 100kHz）。应用：位移/接近传感、机器健康监测、故障检测、金属探测和制动。

**可变电容传感器**：$C=(kA)/x$，$A$ 为两块极板的公共（重叠）区域，$x$ 为两块极板之间的间隙宽度和 $k$ 为介质的介电常数（介电常数 $k=\varepsilon=\varepsilon_r\varepsilon_o$，$\varepsilon_r$ 为相对介电常数并且 $\varepsilon_o$ 为真空的介电常数）；传感：改变其中任何一个参数。例子：横向位移 $(x)$，旋转 $(A)$，液面或水分含量 $k \rightarrow \delta C/C = -(\delta x/x) + (\delta A/A) + (\delta k/k)$；信号采集方法：电容桥、电荷放大器和电感电容振荡器电路。

    **电容位移传感器（带有线性化运算放大器）**：$v_o = -[(v_{ref}C_{ref})/K]x$。

    **电容旋转传感器**：$C=K\theta$。

    **电容式角速度传感器**：$d\theta/dt = i/Kv_{ref}$（$i$ 为电容器电流）。

    **液位测量**：液位 $y = (xC)/[b(k_1-k_a)] - h/(k_1/k_a-1)$；$x$ 为极板间距，$h$ 为极板高度，$b$ 为极板宽度，$k_a$ 为空气的介电常数，$k_1$ 为液体的介电常数。

    **通过 $k$ 进行测量的位移传感器**：将移动物体（感应物体）附在两极板间的一个固体介电元件上。$k$ 测量位移。

**压电传感器**：钛酸钡、二氧化硅（水晶形式的石英），锆钛酸铅（PZT）等，在承受压力（应变）时产生电荷。

    **应用**：压力和应变测量设备、触摸屏、加速度计、转矩/力传感器。

    **逆压电效应**：当施加电压时，压电材料会发生形变。

    **应用**：压电式阀门、微执行器和微电子机械系统。

    **特性**：高输出阻抗（随频率变化；在 100Hz 时大约为 MΩ 级别）。

    **电荷灵敏度**：$S_q = \partial q/\partial F = (1/A)(\partial q/\partial p)$；电压灵敏度：$S_v = (1/d)(\partial v/\partial p)$（$d$ 为厚度）。$\delta q = C\delta v$，$\delta q = C\delta v \rightarrow S_q = kS_v$，并且 $k$ 为晶体电容器的介电常数。

    **压电加速度计**：质量轻，高频响应（1MHz），高输出阻抗→小电压（约为 1mV），灵敏度为 10pC/g 或 5mV/g（这取决于压电属性和惯性力是如何应用的）。

    **电荷放大器**：具有电阻-电容反馈的运算放大器→低输出阻抗，减少压电传感器的电荷泄漏。

**陀螺仪传感器**：从速率陀螺仪上感应到速度 $\Omega = (K\theta + B\dot{\theta})/J\omega$，$\theta$ 为在万向架轴承上的旋转角位移，$J$ 为陀螺圆盘的极惯性矩，$\omega$ 为旋转角速度，$K$ 为在万向架上的扭转弹簧刚度，$B$ 为在万向架上的转动阻尼常数。

**科里奥利力设备**：它们使用 $2m\omega \times v$，这类似于陀螺仪（但不相同）。

## 思考题

**8.1**  在下面的每一个例子中，至少指出一个（未知的）输入，其中应该测量哪一个输入并用于前馈控制以提高控制系统的准确性。

    （a）定位机械负载的伺服系统。伺服电动机是一种现场控制的直流电动机，具有使用电位计的位置反馈和使用转速计的速度反馈。

    （b）一种输送液体的管道电加热系统。液体的出口温度是用热电偶测量的，并且用来调节加热器的功率。

    （c）一个房间的供暖系统。测量室内温度并与设定值进行比较。如果低于设定值，则打开蒸汽散热器的阀门；如果偏高，则阀门关闭。

    （d）装配机器人，在不损坏零件的前提下，它能抓住一个精巧的零件。

    （e）一个焊接机器人，它跟踪一个部件的焊缝。

**8.2**  针对下面的每个动态系统，请确定一个典型的输入变量。为每个系统提供至少一个输出变量。

    （a）人体：神经电脉冲

    （b）公司：信息

    (c) 发电厂：燃料价格

    (d) 汽车：方向盘运转

    (e) 机器人：连接电动机的电压

**8.3** 测量设备(传感器-换能器)测量反馈控制过程的输出。

    (a) 给出在其他情况下，信号测量是非常重要的。

    (b) 列出汽车发动机中至少 5 个不同的传感器。

**8.4** 为了所选系统能够进行正确的控制，给出一种需要测量输出的情况；给出另一种需要测量输入的情况。在每一个案例中都证明其必要性。

**8.5** 举个例子来讨论使用同样的测量设备来测量一种以上的运动变量的情况(a)优势，(b)不利的情况。

**8.6** 说明为特定应用选择传感器的主要步骤或指导方针。

**8.7** 从角位移、最大位移(行程)、电位计电阻和负载电阻的角度，推导出旋转电位计的电负载非线性误差(百分数)的表达式。针对以下 3 种情况：$R_L/R_c = 0.1$、1.0 和 10.0，将百分数误差作为部分位移的函数。

**8.8** 在负载非线性误差最大时，确定旋转电位计的角位移(无量纲)。使用问题 8.7 的结果。

**8.9** 据说终端电阻可以有助于线性化电位计的输出。本题探讨这种可能性。一种具有电阻 $R_c$、相等的终端电阻 $R_e$ 和负载电阻 $R_L$ 的电位计电路，如图 P8-1 所示。

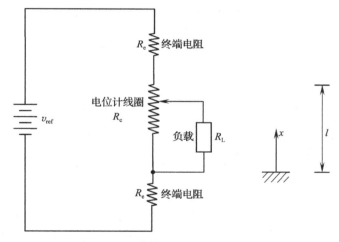

图 P8-1 具有终端电阻的电位计电路

    (a) 推导出相应的位移-输出电压关系。将最大位移(行程)和最大输出电压之间的关系标准化。评价终端电阻对传感器输出(或灵敏度)的影响以及电源电压变化。

    (b) 考虑负载电阻 $R_L$ 等于元件电阻 $R_c$ 的情况。确定电位计在中程且误差为零时所需的终端电阻的阻值。

    (c) 将电位计的标准化输出与标准化位移相比较，以得到终端电阻的"最佳"值，并将其与以下 4 种情况进行比较：$R_e/R_c = 0$、0.1、1.0 和 10.0。

**8.10** 推导旋转电位计灵敏度(标准化的)表达式，并将其作为位移(标准化)的函数。在 $R_L/R_c = 0.1$、1.0 和 10.0 时对 3 个负载值在无量纲形式中绘制相应的曲线。最大灵敏度出现在哪里？用分析表达式来验证你的观察。

**8.11** 卷材式电位计的量程是 10cm。如果导线直径为 0.1mm，则确定该设备的分辨率。

**8.12** 一个高精度的移动机器人使用一种与驱动轮相连的卷材式电位计来记录在自动导航过程中的行程。机器人运动所需的分辨率为 1mm，机器人驱动轮的直径为 20cm。给出在此应用中使用标准(单线圈)旋转电位计的设计注意事项。

**8.13** 差动变压器(比方说是线性可变差动变压器)的输出连接的数据采集系统具有非常高的电阻负载。仅从一次绕组的阻抗角度，获得差动变压器相位超前的输出信号(在负载)的表达式(关于变压器一次绕组的电源)。

**8.14** 在零位置上，一个线性可变差动变压器中两个二次绕组段的阻抗大小是相等的，但在相位上是不相等的。其正交误差(零电压)与开路条件下输出信号大约相差 90°。

提示：这可以通过分析两种旋转方向线（相位差）之间的微小角度来分析或图形化进行证明。

8.15　一个振动系统的参数为有效质量为 $M$，有效刚度为 $K$，有效阻尼常数为 $B$。在 $A$ 点相对平衡位置 $y$ 有一个主要振动模式。

(a) 写出无阻尼固有频率和有阻尼固有频率的表达式，以及该系统第一种振动模式的阻尼比。

(b) 位移传感器用来测量系统的基本无阻尼固有频率和阻尼比，系统在初始激发态且在一个合适的位置（在图 P8-2 上沿着 $y$ 的点 $A$ 上）记录位移轨迹。该轨迹提供了阻尼振荡周期和指数衰减的对数递减。从这些值中可以使用已知的关系来计算所需参数。然而，结果表明，位移传感器运动部分的质量 $m$ 和相应的等效黏性阻尼常数 $b$ 是不可忽略的。利用图 P8-2 所示的模型，推导出无阻尼固有频率和阻尼比的表达式。

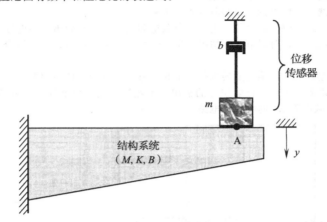

图 P8-2　使用位移传感器去测量一个系统的无阻尼固有频率和阻尼比

(c) 假设 $M=10\mathrm{kg}$，$K=10\mathrm{N/m}$，并且 $B=2\mathrm{N/m/s}$。考虑一种线性可变差动变压器，其铁心质量为 5g，具有可忽略的阻尼和一个电位计，电位计的滑动臂质量为 5g，并具有的等效黏性阻尼常数为 0.05N/m/s。利用这两个位移传感器的测量结果，估计该结果的固有频率和阻尼比的误差百分比。

8.16　在许多应用中，直线运动是通过一种合适的传动装置（如齿条、齿轮或导螺杆、螺母），从旋转运动中产生的。在这些情况下，可以通过测量相关的旋转运动来确定直线运动，假设在传输装置中由齿隙、柔韧性等引起的误差可以忽略。对于直线运动的直接测量，可以采用标准的直线位移传感器，如线性可变差动变压器和电位计。这种方法可以测量的位移值最大为 25cm。在这个范围内，可获得高达 ±0.2% 的精度。为了测量 3m 的大位移，使用电缆扩展位移传感器，它使用一个角位移传感器作为基本的传感单元。在这种方法中，一个具有线轴的角度运动传感器与一个传感器的旋转部件（编码器的码盘，见第 11 章），耦合在一起还在缠绕在卷轴上的电缆。电缆的另一端连在物体上，它的直线运动是要被感知的。旋转传感器的外壳牢固地安装在一个静止的平台上，如被监视系统的支撑结构，这样电缆就能延伸到运动的方向上了。当物体移动时，电缆就会延伸，致使线轴旋转。这个角度运动是由旋转传感器测量的。通过适当的校准，该装置可以直接进行直线测量。一个这样的位移传感器使用旋转电位计和一根轻电缆，轻电缆缠绕在一个线轴上，它绕着旋转电位计的滑片臂旋转。画出草图，描述位移传感器的工作过程。讨论这个设备的缺点。

8.17　在为特定应用场景选择线性可变差动变压器时需要考虑的因素有线性、灵敏度、响应时间、核心的质量和尺寸、外壳的大小、一次激励频率、输出阻抗、一次和二次电压之间的相位变化，零点电压、行程和环境影响（温度补偿、磁屏蔽等）。解释为什么这些因素都是重要的考虑因素。

8.18　线性可变差动变压器的信号调理系统有以下组件：电源、振荡器、同步解调器、滤波器和电压放大器。使用系统框图，显示这些组件是如何连接到线性可变差动变压器的。描述每个组件的用途。高性能的线性可变差动变压器在 0.1～1.0V 的交流输出范围内，线性度为 0.01%，已知线性可变差动变压器的响应时间为 10ms，对于一次激励（载波交流）来说，什么才应该是合适的频率？

8.19　与线性可变差动变压器相比，列出电位计作为位移传感器的优点和缺点。给出几种提高电位计测量线性度的方法。

假设一个电阻 $R_1$ 添加到常规电位计电路中，如图 P8-3 所示。其中 $R_1 = R_L$，

$$\frac{v_o}{v_{ref}} = \frac{(R_L/R_c + 1 - x/x_{max})x/x_{max}}{R_L/R_c + 2x/x_{max} - 2(x/x_{max})^2}$$

其中，$R_c$ 是电位计线圈的电阻（总电阻）；$R_L$ 是负载电阻；$v_{ref}$ 是为线圈供电的电源电压；$v_o$ 是输出电压；$x$ 是滑片位移；$x_{max}$ 是滑片的量程（最大位移）。解释为什么 $R_1$ 会产生线性效应。

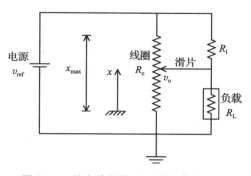

8.20 再考虑图 P8-3 所示的电位计电路。输出式为

$$\frac{v_o}{v_{ref}} = \frac{1/(1-\alpha) + (1/\beta)}{1/\alpha + [1/(1-\alpha)] + (1+\beta) + (1+\gamma)}$$

其中

$$\frac{x}{x_{max}} = \alpha, \quad \frac{R_1}{R_c} = \beta, \quad \frac{R_L}{R_c} = \gamma$$

当 $(R_L/R_c) = \gamma = 1$ 时，确定传感器中间行程（$x/x_{max} = \alpha = 0.5$）的输出。显示 $R_1 = R_c$ 的零点误差。比较没有 $R_1$、小 $R_1$ 和大 $R_1$（相对于 $R_c$）的性能。

图 P8-3 具有线性化电阻的电位计电路

8.21 假设一个正弦载波频率加载到线性可变差动变压器的一次绕组。当铁磁心静止在（a）零位置，（b）零位置的左边，（c）零位置的右边时，画出线性可变差动变压器的输出电压的形状。

8.22 使用线性可变差动变压器进行方向传感时，有必要确定传感信号的相位角。换句话说，需要进行相敏解调。

(a) 首先，考虑一个从正值开始的线性铁心的位移，移动到零，然后在相等的时间段内回到相同的位置。为这个三角形的铁心位移画出线性可变差动变压器的输出。

(b) 下一步，如果铁心继续以相同的速度移动到负极，则画出输出。

通过比较两种输出结果，显示出相敏解调需要区分位移的两种情况。

8.23 "同步器"在操作上与旋转变压器有点相似。主要差异是同步器使用了两个相同的转子-定子对并且每个定子有 3 组绕组，它们分别放置在转子轴周围相差 120°的位置。图 P8-4 显示了这种装置的原理图。两个转子都有单相绕组。其中一个转子由交流电源 $v_{ref}$ 供电。这在相应定子的 3 个绕组段中感应出电压。这些电压有不同的振幅，这取决于转子的角位置。（注意：在这 3 个定子绕组中由感应电流所引起的合成磁场必须与转子磁场的方向相同。）这种驱动转子-定子对称为"发射机"。另一个转子-定子对是"接收机"或"控制变压器"。发射机定子绕组与接收机定子绕组对应连接，如图 P8-4 所示。因此，接收机定子的合成磁场必须与发射机定子（当然同样针对发射机转子）的合成磁场方向相同。在接收机定子中产生的合成磁场，在接收机的转子中感应出电压 $v_o$。假设发射机转子与定子中的一个绕组（它与测量发射机转子角度的参考绕组相同）之间的角度用 $\theta_t$ 表示。接收机转子的角度用 $\theta_r$ 表示。

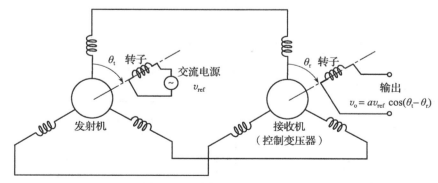

图 P8-4 同步变压器的原理图

(a) 写出一个方程来描述同步变压器作为一个位置伺服系统的操作过程。给出必要的信号调理程序。

(b) 列出设备的一些应用场景。同时，指出同步变压器的一些优点和缺点。

8.24 关节角和角速度是用于直接（低水平）控制机械臂的两种基本度量。一种机器人手臂使用旋转变压器来测量角度和区分信号（数字）以获得角速度。一个齿轮系统用于加强测量（典型齿轮比为 1:8）。由

于齿轮是铁磁的，所以另一种测量设备是齿轮上的自感或互感接近传感器。这种装置称为脉冲转速计，产生脉冲（或近似正弦）信号，这个信号可以用来确定角位移和角速度。讨论这两种装置在这个特别应用中（旋转变压器和脉冲转速计）的优缺点。

**8.25** 为什么运动传感在轨迹测量、跟随机械臂的控制中很重要？识别 5 种可能用于机械臂的运动传感器。

**8.26** 比较直流转速计和交流转速计的操作原理（还有永磁和感应类型）。这两种转速计的优点和缺点分别是什么？

**8.27** 描述 3 种不同类型的接近传感器。在某些应用中，可能需要只传感两个状态（如存在与否，去或不去）。接近传感器可以在这种应用中使用，在这种情况下，它们称为接近开关（或限位开关）。例如，在自动化生产中，考虑一个部件处理应用，机器人末端执行器抓住部件并将其从传送带移动到机床上。在机器人抓取过程中可以找出 4 个独立步骤：

(a) 确保部件在传送带上的预期位置。

(b) 确保抓手打开。

(c) 确保末端执行器移动到正确的位置，这样部件就夹在手指之间。

(d) 确保当抓手闭合时，部件不会滑动。

解释一下接近开关在每一步中是如何使用的。

注意：在木材厂中也发现了类似的限制开关的应用，在那里，原木切成小的木材，去除（剥落）树皮，用一个"削片锯"将木材切割成正方形或矩形，并锯成小的尺寸（如 2×4 的横截面）用于销售。

**8.28** 讨论位移传感、距离传感、位置传感和接近传感的关系。解释为什么下列特征在使用某种运动传感器时很重要：

(a) 移动（或目标）物体的材料

(b) 移动物体的形状

(c) 移动物体的大小（包括质量）

(d) 目标物体的距离（大或小）

(e) 运动物体的运动性质（瞬态与否、速度等）

(f) 环境条件（湿度、温度、磁场、灰尘、灯光条件、冲击、振动等）。

**8.29** 在一些工业过程中，有必要检测系统在某个位置的状况，根据这些情况，在远离这个位置的某处启动一个操作。例如，在制造环境中，当完成部件的计数值超过某个值时，在存储区域中会感应到它，因此铣床可能必须关闭或启动。为了过程控制，接近开关可传感和连网（如基于以太网）控制系统。由于远程过程的激活通常需要一个额定电流大的接近开关，所以可能需要使用继电器电路，该电路可由接近开关操作。图 P8-5 中显示了这样的装置。继电器电路可操作一些设备，如阀门、电动机、水泵或重型开关。讨论在食品包装行业中该装置的应用，如图 P8-5 所示。在此应用中使用了一个具有以下额定值的互感接近传感器：

$$传感器直径 = 1cm$$
$$感知距离（接近） = 1mm$$
$$一次线圈的电源为 60Hz, 110V 交流电$$
$$负载额定电流（二次线圈） = 200mA$$

讨论这个接近传感器的局限性。

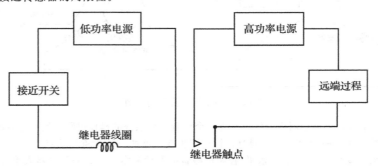

图 P8-5    接近开关的继电器电路

**8.30** 压缩模塑用于制造具有复杂形状和不同尺寸的零件。一般来说，模具由两个压板组成，底部压板固定在压台上，顶部压板由水压机控制。金属或塑料外壳——例如，对于汽车行业——可以采用这种方式进行压缩。控制的主要要求是准确地将顶部压板位置放置在底部压板上（比方说，可以有 0.001in 或 0.025mm 的公差），并且它必须快速完成（比如几秒钟）。在控制模具的过程中有多少个自由度需要感知（需要多少个位置传感器）？建议在此应用中进行典型的位移测量，以及可以使用的传感器类型。指在出这个应用中不能完全补偿的误差来源。

**8.31** 动态条件下，在机器人弧焊中进行焊缝跟踪需要精确的位置控制。焊枪必须准确地跟踪焊缝。一般情况下，位置误差不应超过 0.2mm。接近传感器可用于感知焊枪与焊接部分之间的间隙。传感器必须安装在机器人末端执行器上，这样它就能在焊枪前的一定距离内跟踪焊缝（通常是 1in 或 2.5cm）。解释为什么这很重要。如果焊接速度不恒定，且焊枪和接近传感器之间的距离是固定的，那么在控制末端执行器的位置时需要什么样的补偿呢？在这种位置控制应用中，需要传感器灵敏度的单位为 V/mm。你会推荐什么类型的接近传感器？

**8.32** 一个角度运动传感器的工作原理有点像传统的旋转变压器，它是在赖特州立大学开发的。这个旋转变压器的转子是一个永久磁铁。其采用直径为 2cm 的阿尔尼科二代永磁合金圆盘，并直接磁化为一个两极转子。而不是像传统旋转变压器那样采用两个相差 90° 的固定绕组，两个霍尔传感器（见第 11 章）放置在永磁转子周围并相差 90° 以用于检测正交信号。注意：霍尔传感器可以探测到移动的磁场源。描述这个改进的旋转变压器的工作过程，并解释该设备如何能够连续地测量角运动。将此设备与传统的旋转变压器进行比较，从而写出其优点和缺点。

**8.33** 获取可变电容横向位移传感器和旋转角度传感器灵敏度的表达式。讨论这些结果的含义。

**8.34** 考虑如图 P8-6 所示的电容器，它两端的极板是固定的，并且中间极板连接到需要测量位移（$\delta x$）的移动物体上。假设电容极板连接在图 4-18a 所示的电桥电路上，形成阻抗 $Z_3$ 和 $Z_4$。最初，中间极板放置在一个以 $x$ 等分的距离上。获得电桥输出 $v_o$ 和极板移动 $\delta x$ 之间的关系。这种关系是线性的。

注意：这个装置是一个差分（推挽式）位移传感器。

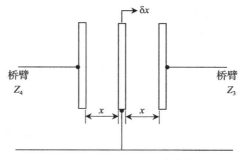

图 P8-6　推挽式电容位移传感器

**8.35** 打算采用电容原理设计一种湿度传感器。这个设备是线性的还是非线性的（注意：静态非线性可以通过适当的校准来消除）？说明此传感器的优点和缺点。

**8.36** 讨论决定下列传感器输出频率下限和上限的因素：

(a) 电位计

(b) 线性可变差动变压器

(c) 旋转变压器

(d) 涡流接近传感器

(e) 直流转速计

(f) 压电传感器

**8.37** 针对高速运动的地面交通工具，提出了一种主动悬架系统，以对乘坐质量提供显著的改善。该系统能从道路扰动中感知到急动度（加速度的变化率），并相应地调整系统参数。

(a) 为这个控制系统绘制一个合适的原理图，并描述恰当的测量设备。

(b) 建议一种方法以为给定类型的车辆指定所需的乘坐质量。（你是否会指定一个急动度，一个急动度范围，或者是关于时间和频率的急动度曲线吗？）

(c) 根据可靠性、成本、可行性和准确性等方面对该控制系统的缺点和局限性进行讨论。

**8.38** 在许多控制系统应用中，设计目标是实现小的时间常数。一个例外是对压电传感器时间常数的要求。解释为什么一个大的时间常数(大约 1.0s)，对于压电传感器和它的信号调理系统来说是比较理想的。

在图 P8-7 中显示的是使用石英晶体作为传感设备的压电加速度计的等效电路。由 $q$ 表示生成的电荷，而在加速度计电缆末端的输出电压是 $v_o$。压电传感器的电容值为 $C_p$，主要来源为电缆电容和整个传感器输出的电容，用 $C_c$ 表示。加速度计的电气绝缘电阻用 $R$ 表示。写出关于 $v_o$ 和 $q$ 的微分方程。相应的传递函数是什么？利用这个结果，表明当传感器时间常数较大和当测量加速度的频率较高时，加速度计的准确性会提高。石英晶体传感器的参数为 $R = 1 \times 10^{11}\,\Omega$，$C_p = 300\text{pF}$ 和 $C_c = 700\text{pF}$，计算时间常数。

**8.39** 加速度计应用用于以下领域：

(a) 交通工具[汽车(尤其是用于气囊传感的微型传感器)、飞机、轮船等]

(b) 电力电缆监测

(c) 机床控制

(d) 对建筑物和其他民用工程结构的监测

(e) 冲击和振动测试

(f) 位置和速度感知

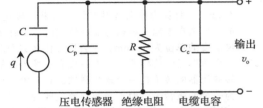

图 P8-7　石英晶体(压电)加速度计的等效电路

请描述在每个应用领域中如何直接使用加速度计进行测量。

**8.40** (a) 一个标准加速度计的质量是 100g，安装在一个相当于 3kg 的测试对象上。用这种装置测量物体的第一固有频率的精度，考虑机械负载时要单独考虑加速度计的质量。如果使用一个质量为 0.5g 的微型加速度计，那么结果的准确度是多少？

(b) 一种半导体应变片加速度计安装在悬臂的根部，并在悬臂的自由端安装激振体。假设悬臂有一个 1.5mm×1.5mm 的正方形截面。悬臂的等效长度为 25mm，并且激振体的等效质量为 0.2g。如果悬臂由杨氏模量为 $E = 69 \times 10^9\,\text{N/m}^2$ 的铝合金制成，则估计加速度计的有用频率范围(Hz)。

提示：当力 $F$ 是施加于悬臂的自由端，这个位置的挠度 $y$ 可近似用公式 $y = Fl^3/3EI$ 表示，其中 $l$ 是悬臂长度，$I$ 是悬臂横截面积关于弯曲轴 $= bh^3/12$ 的面积二阶矩，$b$ 是截面宽度，$h$ 是截面高度。

**8.41** 压电传感器的应用有很多：按钮和开关、汽车中安全气囊的微机电传感器、压力和力传感、机器人触觉传感、加速度计、计算机硬盘磁头的顺滑测试、动态测试中的励磁传感、医学诊断中的呼吸传感、可穿戴走动监测单元，它包括用于移动传感的加速度计和陀螺仪以及用于计算机的图形输入设备。

讨论压电传感器的优点和缺点？传感器的交叉灵敏度是什么？表明压电晶体的各向异性(即当沿着一个特殊的晶体轴时，其电荷灵敏度会变得相当大)在减小压电传感器的交叉灵敏度方面是很有用的。

**8.42** 随着微电子技术的进步，压电传感器(如加速计和阻抗探头)现在可以以微型形式且单个集成封装在内置电荷放大器中使用。当使用这些单元时，尽管额外的信号调理电路通常是不必要的，但是，需要一个外部电源来为放大器电路供电。讨论内置微型信号调理功能的压电传感器的优点和缺点。

压电加速度计与电荷放大器相连。图 P8-8 显示了此装置的等效电路。

(a) 获得电荷放大器输出 $v_o$ 的微分方程，加速度 $a$ 作为输入，根据以下参数：$S_a$ 是加速度计的电荷灵敏度(电荷/加速度)，$R_f$ 是电荷放大器的反馈电阻，并且 $\tau_c$ 是系统的时间常数(电荷放大器)。

(b) 如果在加速度计上施加一个持续时间为 $T$ 且大小为 $a_o$ 的加速脉冲，则绘制放大器输出 $v_o$ 的时间响应。指出此响应随 $\tau_c$ 是如何变化的。

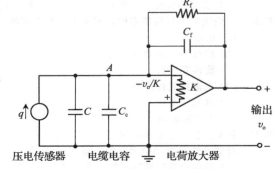

图 P8-8　压电传感器和电荷放大器的等效电路

利用这个结果，表明 $\tau_c$ 越大测量结果越准确。

8.43　给出下列测量设备的输出阻抗的典型值和时间常数：(a)电位计，(b)差动变压器，(c)旋转变压器，(d)压电加速度计。

一个电阻温度探测器(见第 10 章)的输出阻抗为 $500\Omega$。如果负载误差必须维持在 5% 左右，则估计负载阻抗的合适值。

8.44　有一个由 IBM 公司开发的签名验证笔。其目的是通过检测用户是否伪造了别人的签名来验证签名。这支仪器化笔有模拟传感器。传感器信号使用笔内置的微电路进行调理，数据样本通过无线通信链路以 80 个样本/s 的速度传入微控制器当中。通常，每个签名大约收集 1000 个数据样本。在使用这支笔之前，真正的签名将离线收集并存储在参考数据库中。当一个签名和相应的识别代码提供给计算机进行验证时，处理器中的一个程序通过引用识别代码从数据库中检索出真实的签名，然后比较两组数据的真实性。这个过程大约需要 3s。讨论可以在笔中使用的传感器类型。估计信号验证所需的总时间。这种方法的优点和缺点是什么？与一个单独识别代码中的用户密钥或在没有标识代码的情况下提供签名的过程相比，这种方法有什么优点和缺点？

8.45　一个简单的速率陀螺仪可以用来测量角速度，如图 P8-9 所示。旋转的角速度为 $\omega$，它是已知的且保持不变。陀螺仪关于万向架中轴的旋转角(或扭力弹簧的扭转角)是 $\theta$，并且使用位移传感器来测量。陀螺仪角速度是 $\Omega$，它关于转轴和万向架中的轴均正交。这是支撑结构(车辆)的角速度，它需要测量。根据以下参数获得 $\Omega$ 与 $\theta$ 之间的关系：$J$ 是旋转轴的转动惯量，$k$ 是万向架轴承上约束弹簧的旋转刚度，$b$ 是关于万向架和旋转速度的旋转运动的阻尼常数。你如何提高这个设备的灵敏度？

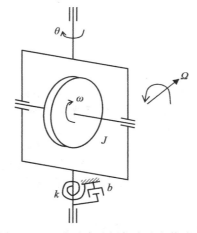

图 P8-9　一个速率陀螺仪式速度传感器

## 本章主要内容

- 力传感器的简介
- 用于运动测量的力传感器
- 力传感器的位置
- 应变片
- 温度自动(自我)补偿
- 转矩传感器
- 设计方面的注意事项
- 挠度转矩传感器
- 反作用转矩传感器
- 电动机电流转矩传感器
- 触觉传感
- 阻抗传感

## 9.1 传感器

前一章研究了模拟运动传感器。本章涵盖了一类不同的传感器，即力传感器，包括力、转矩、触觉和阻抗。其他类型的传感器包括光学传感器、超声波传感器、磁致伸缩传感器、热流体传感器和在水质监测方面很有用的传感器(如 pH 值、溶解氧和氧化-还原电位)，这些将会在第 10 章讨论。数字传感器包括轴编码器、图像传感器(数码相机)、二进制传感器和霍尔效应传感器，将在第 11 章中进行学习。微机电系统(MEMS)传感器，以及其他一些传感方面的高级主题(如网络传感和传感器融合)将在第 12 章中讨论。

### 9.1.1 力传感器

机械系统响应(产生一个输出)激励(输入)是通过"力"(如施加的力或转矩)实现的。除了集中力和转矩，作用力可以作为一种"接触"的如同触觉力的分散力或转矩去施加。从这个意义上说，作用力是驱动系统的动力，并且是在涉及机械动力系统相关应用中的重要考虑因素。此外，许多应用的性能指标都是依据力和转矩而决定的。例子包括机床操作，如磨削、切割、锻造、挤压和轧制；机械臂的任务，如处理零件、组装、雕刻和机器人的精细操作；触觉(力反馈)远程操控的设备以及驱动任务，如定位。"机械阻抗"也与作用力相关，因为它在频域(独立变量为频率)中定义为(广义的力)/(广义的运动)的比值。因此，机械阻抗的传感也可以被视作作用力的传感。

动态系统中存在的力和转矩通常是关于时间的函数。性能的监测和评估、故障检测和诊断、测试、实验建模(模型识别)和机械动态系统的控制，可以在很大程度上依赖于相关力和转矩的精确测量。其中的一个例子是，力(和转矩)的感测在钻孔机器人中可以非常有用。钻头由机器人的抓手固定在末端执行器上，并且工件可由夹钳紧紧地固定在支撑结构上。尽管位移传感器(如电位计或差动变压器)可以测量钻头的轴向运动方向，但这并不能确定钻头的性能。这依赖于以下因素：工件材质的特性(如硬度)和钻头的性质(如磨损程度)，进给(轴向运动)或速度(钻头的转动速度)中的微小轴心差或轻微偏差就会产生较大的标准(轴向)以及横向力和阻力转矩。这就会产生一些问题，比如过度振动和打颤、不均匀的钻孔、过度的刀具磨损以及低劣的产品质量。最终，这可能导致重大的机械故障或危险。例如，检测轴向力或电动机转矩，并利用该信息来调整过程变量（速度、进给速率等），甚至提供警告信号并最终停止进程，这将显著改善系统性能。利用力传感的另一个例子是在机械臂等机械系统的非线性反馈控制（或反馈线性化技术）中。其中，系统非线性是通过测量的力来表示的，该力又反馈到系统中以消除系统的非线性行为。

由于力和转矩都是作用力变量，所以术语力（更恰当地说是广义上的力）可以用来表示这两个变量。在这里采用这一广义化术语，除非有必要区别这两种作用力，例如，当特别讨论转矩传感器和它们的具体应用时。

## 9.1.2 用于运动测量的力传感器

至少在原则上，任何力传感器都可以作为加速度传感器、速度传感器或位移传感器，这取决于所使用的特殊的前端辅助装置。

具体地说，我们可以使用：
- 惯性组件（将加速度按比例转换成力）
- 阻尼组件（将速度按比例转换成力）
- 弹簧组件（将位移按比例转换成力）

然后，如图 9-1 所示，我们可以使用力传感器来测量加速度、速度或位移。

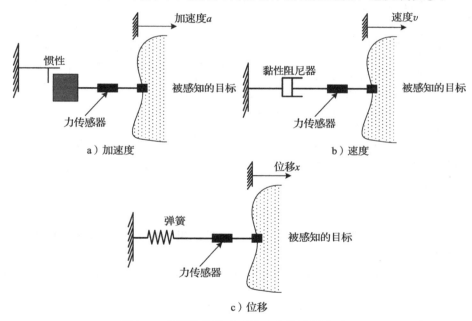

图 9-1  使用前段辅助元件和力传感器的测量

注意：理想的速度-力传感器的实际实现是相当困难的，主要原因是阻尼组件的非线性（在许多实际应用中，线性黏性阻尼器的假设不太现实）。

## 9.1.3 力传感器的位置

从精确度的角度来看，力传感器必须准确定位在需要力信息的地方。然而，有时在所需的位置（不可接近、监测位置的移动、危险性等）放置传感器可能是困难的（甚至是不可能的）。因此，可以将传感器放置在不同的位置，然后使用测量数据"估计"所需位置的力。

还可能存在与传感器位置相关的其他问题。例如，从反馈控制系统稳定性的角度来看，最好将传感器放置在驱动位置上，即使需要测量（如对于反馈控制来说）的运动负载离驱动点更远(如电动机位置)。特别是在力反馈控制中，力传感器相对于驱动的位置对系统性能有重要影响，特别是稳定性。例如，在机械臂应用中，根据经验可知，在机器人末端执行器中力感知手腕的一些位置和分布，对于在力反馈环中控制增益的一些(较大)值，在机械臂响应中会出现动态不稳定性。在大多数情况下，这些不稳定性出现于极限环形运动。一般来说，当力传感器距离机械系统的驱动执行器越远时，系统越有可能在力反馈控制下显示出不稳定性。因此，当使用力反馈时，使力的测量非常接近执行器是最合适的。

考虑一个机械处理任务，机床执行器产生的加工力施加于工件，力传感器测量机床传送到工件上的力，反馈控制器以此来产生正确的执行力。机床是一个动态系统，它由机床子系统(动态)和机床执行器(动态)组成。工件也是一个动态系统。

力传感器(在机床-工件连接处)关于机床执行器的相对位置可以影响反馈控制系统的稳定性。一般来说，传感器越接近执行器，反馈控制系统就越稳定。图 9-2 中显示的两个场景可用于研究整个系统的稳定性。在这两种情况下，在机床和工件连接处的加工力是用力传感器测量的，并且反馈控制器以此来产生执行器的驱动信号。在图 9-2a 中，产生执行器驱动信号的机床执行器位于力传感器的旁边。在图 9-2b 中，加工机器的动态系统将力传感器和机床执行器分离开。由此可知，图 9-2b 所示的装置比图 9-2a 所示的装置更不稳定。原因很简单，因为图 9-2b 所示的装置将更多动态延迟引入到反馈控制回路中。众所周知，时间延迟对反馈控制系统会产生不稳定的影响，特别是有较高的控制增益时。

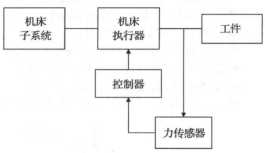

a）力传感器定位在执行器的旁边

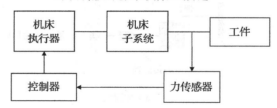

b）通过动态系统将力传感器和执行器分离

图　9-2

## 9.2　应变片

许多类型的力和转矩传感器都采用应变片进行测量。尽管应变片测量的是应变，但其测量结果与应力和力是直接相关的。因此，在力和转矩传感器下讨论应变片是合适的。

注意：应变片可采用某种间接方式(使用前端辅助装置)来测量其他类型的变量，这些变量包括位移、加速度、压力和温度。在这种情况下，前端元件可将需要测量的量(即被测量)物理地转化为应变，然后用应变片进行测量。

接下来讨论两种常见的电阻式应变片。在随后的部分中讨论特定类型的力和转矩传感器。

### 9.2.1　应变片测量的公式

当产生机械形变时，材料的电阻变化是电阻式应变片所使用的电阻材料的性质。长度为 $l$、横截面面积为 $A$ 的导体的电阻是由下式给出的。

$$R = \rho \frac{l}{A} \tag{9-1}$$

其中 $\rho$ 是材料的电阻率。对式(9-1)取对数，我们得到了 $\log R = \log \rho + \log(l/A)$。再对每个项取微分，我们得到

$$\frac{\delta R}{R} = \frac{\delta \rho}{\rho} + \frac{\delta(l/A)}{l/A} \tag{9-2}$$

这个式子右边的第一项是电阻率的微小变化，第二项表示微小形变。由此可见，材料中电阻的变化来自于其形状的变化，以及电阻率（材料特性）的变化。对于线性形变，式(9-2)右边的两项是应变 $\varepsilon$ 的线性函数；特别地，第二项的比例常数取决于材料的泊松比。因此，应变片的关系式可表示如下：

$$\frac{\delta R}{R} = S_s \varepsilon \tag{9-3}$$

常量 $S_s$ 称为应变片的"灵敏系数"或"灵敏度"。对于大多数金属应变片，该参数的范围为 $2 \sim 6$；而对于半导体(SC)应变片，该参数的范围为 $40 \sim 200$。这两种类型的应变片稍后讨论。用一个合适的电路（通常是电桥电路）来测量一个应变片的电阻变化，该电阻变化决定了相关的应变[见式(9-3)]。

间接应变片传感器：包括位移、加速度、压力、温度、液位、应力、力和转矩等在内的许多变量，都可以用应变测量来确定。有些变量（如应力、力和转矩）可以通过在合适的位置测量动态目标本身的应变来确定。在其他情况下，可能需要一个辅助前端元件来将被测量转换为比例的应变。例如，可以用膜片、波纹管或弯曲元件将压力或位移转换成可测量的应变。加速度测量的方法是首先通过将其转换成适当质量（激振质量）元件的惯性力，然后将惯性力施加于悬臂梁（应变构件）上，最后在悬臂的高灵敏度位置测量其应变（见图 9-3）。温度可以通过测量双金属元件的热膨胀或形变来测量。

热敏电阻是由单晶材料制成的温度传感器，其电阻随温度而变化。电阻温度探测器的操作原理与它是相同的，只不过它们是由金属制成的，而不是由单晶材料制成的。不要将这些温度传感器（见第 10 章）和第 8 章讨论过的压电传感器与应变片相混淆。电阻应变片是基于应变或材料的压阻特性而产生的电阻变化。

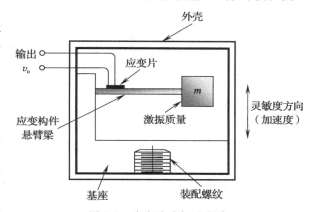

图 9-3　应变片式加速度计

早期的应变片是金属细丝。现代应变片主要是用金属箔加工而成的（如使用称为康铜的铜镍合金）或单晶元件（如带有微量杂质硼的硅）。首先将金属或单晶材料制成薄膜（箔），然后将其切割成合适的网格状，无论是使用机械手段还是使用光蚀刻技术。这个过程比用金属细丝制作应变片更经济、更精确。应变片是在一层电绝缘材料（如聚酰胺塑料）的基底层上形成的。它用环氧树脂黏合或结合到需要测量应变的构件上。另一种方法是将绝缘陶瓷基底薄膜熔化在测量面上，然后直接在土面安装应变片。灵敏度方向是应变片伸长的主要方向（见图 9-4a）。为了测量多个方向的应变，多重方向应变片（如多方向簇型构造）可作为单个测量单元来使用。这些测量单元有多个灵敏度方向。给定平面（安装应变片的目标物体的表面）的主要应变可以通过使用这些多重方向应变片单元来确定。图 9-4b 中显示了典型的薄膜型应变片，图 9-4c 中显示了一个半导体应变片。

一种直接获取应变片测量值的方法是将一个恒定的直流电压施加于串联的应变片（电阻 $R$）和一个合适的（互补的）电阻 $R_c$ 上，并在开路条件下（即使用高输入阻抗的设备）测量应变片的输出电压 $v_o$。这种装置称为"电位计电路"或"镇流器电路"，它有几个缺点，因为应变片电阻和连接电路的电阻的变化都与环境温度的变化有关，所以这将直接引入误差。另外，测量精度也会受到电源电压 $v_{ref}$ 变化的影响。此外，除非负载阻抗非常高，否则电负载误差将会非常大。这种电路最严重的缺点是，由应变而产生的信号变化通常只是电路输出信号总电平的一小部分。这个问题在一定程度上可以通过减少 $v_o$ 来解决，这可以

通过增加电阻 $R_c$ 来实现。然而，这将降低电路的灵敏度。由于环境变化而造成的应变片电阻的变化都会直接影响应变片读数，除非 $R$ 和 $R_c$ 对环境变化有相同的系数。

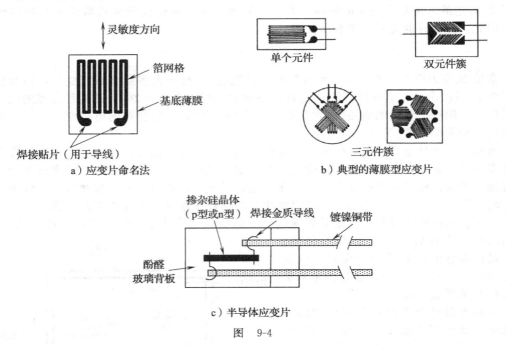

a）应变片命名法          b）典型的薄膜型应变片

c）半导体应变片

图　9-4

在应变片测量中，更适合使用惠斯登电桥，如第 4 章所述。在电桥上 4 个电阻 $R_1$、$R_2$、$R_3$ 和 $R_4$ 中的一个或多个（见图 9-5）可能表示应变片。惠斯登桥电路的输出关系由下式给出（见第 4 章）：

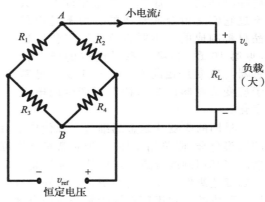

图 9-5　惠斯登电桥电路

$$v_o = \frac{R_1 v_{ref}}{R_1 + R_2} - \frac{R_3 v_{ref}}{R_3 + R_4}$$
$$= \frac{R_1 R_4 - R_2 R_3}{(R_1 + R_2)(R_3 + R_4)} v_{ref} \qquad (9\text{-}4)$$

当输出电压为零时，电桥是平衡的。从式（9-4）中可以得到，对于平衡电桥，

$$\frac{R_1}{R_2} = \frac{R_3}{R_4} \qquad (9\text{-}5)$$

这个公式对负载电阻 $R_L$（连接到电桥输出端的电阻）的任何值都有效，并不只是对较大的 $R_L$，因为当电桥平衡时，即使是小 $R_L$，通过负载的电流 $i$ 也会变为零。

### 9.2.1.1　电桥灵敏度

以平衡桥为基准对应变片测量值进行校准。当电桥上的应变片处在形变状态时，平衡就会被打破。如果电桥的一个桥臂上有一个可变电阻，则可以调整它以恢复电桥的平衡。调整的数值可以测量应变片电阻变化的量，从而测量施加的应变，这称为应变测量的"零平衡法"。这种方法固有的特点是比较慢，因为每次获取读数时都需要在电桥上保持平衡。一种更常用的方法尤其适用从应变片电桥上动态读数，这种方法是测量电桥中由活动应变片形变引起的不平衡所产生的输出电压。为了确定应变片电桥的校准系数，应该知道电桥上 4 个电阻的变化对电桥输出的灵敏度。对于电阻的微小变化，使用简单的微积分[通过对式（9-4）两边取微分并且重新整理结果]，校准常数可以表示为

$$\frac{\delta v_o}{v_{ref}} = \frac{R_2 \delta R_1 - R_1 \delta R_2}{(R_1 + R_2)^2} - \frac{R_4 \delta R_3 - R_3 \delta R_4}{(R_3 + R_4)^2} \tag{9-6}$$

这个结果满足式(9-5)，因为变化是由平衡条件来测量的。注意在式(9-6)中，如果 4 个电阻是相同的(在阻值和材料上)，则由环境效应引起的电阻变化在一阶项($\delta R_1$、$\delta R_2$、$\delta R_3$、$\delta R_4$)中抵消，从而电桥不会影响输出电压。对式(9-6)进行进一步研究表明只有相邻的电阻对(如 $R_1$ 与 $R_2$、$R_3$ 与 $R_4$)是相同的，才能达到环境补偿的目的。甚至这个要求也可以放松。事实上，如果 $R_1$ 和 $R_2$ 也具有相同的温度系数，并且如果 $R_3$ 和 $R_4$ 也有相同的温度系数(可以与 $R_1$ 和 $R_2$ 的系数不同)，则补偿也是可以实现的。

**例 9.1**

假设在图 9-5 中 $R_1$ 表示唯一的活动应变片，$R_2$ 表示一个完全相同的补偿应变片。电桥的另外两部分是桥接电阻，不必与应变片相同。对于平衡电桥，必须有 $R_3 = R_4$，但它们不需要等于应变片的电阻。请确定电桥的输出。

在本例中，只有 $R_1$ 变化。因此，从式(9-6)中，我们得到

$$\frac{\delta v_o}{v_{ref}} = \frac{\delta R}{4R} \tag{9-7*}$$

其中，$R$ 是应变片电阻。

### 9.2.1.2　电桥常数

式(9-7*)假设在惠斯登电桥(见图 9-5)中只有一个电阻(应变片)是活动的。然而也有可能有许多其他活动应变片的组合，例如，$R_1$ 处于拉伸状态且 $R_2$ 处于压缩状态，就像两个应变片对称地安装在扭转轴成 45° 的情况下。这种方式可以提高应变片电桥的整体灵敏度。从式(9-6)中可以清楚地看出，如果电桥上的 4 个电阻都是活动的，则可获得最佳的灵敏度。例如，如果 $R_1$ 和 $R_4$ 处于拉伸状态且 $R_2$ 和 $R_3$ 处于压缩状态，那么所有 4 个微分项都有相同的符号。如果超过一个应变片是活动的，则电桥的输出可以表示为

$$\frac{\delta v_o}{v_{ref}} = k \frac{\delta R}{4R} \tag{9-7}$$

其中 $k$＝(电桥在正常情况下的输出)/(如果只有一个应变片是活动的情况下电桥的输出)。

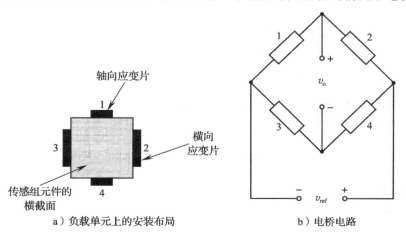

a) 负载单元上的安装布局　　　　b) 电桥电路

图 9-6　4 个活动应变片的例子

这个常数称为"电桥常数"。电桥常数越大，电桥的灵敏度就越高。

**例 9.2**

一个应变片负载单元(力传感器)由 4 个相同的应变片组成，并形成一个惠斯登电桥，安装在一个横截面为方形的杆上。一组相对的应变片安装在轴向上，另一对安装在横向上，如图 9-6a 所示。为了最大限度地提高电桥的灵敏度，应变片与电桥如图 9-6b 所示进行连接。当杆材料的泊松比为 $v$ 时，确定电桥常数 $k$。

**解:** 假设 $\delta R_1 = \delta R$。然后对于给定的布局，有

$$\delta R_2 = -v\delta R, \quad \delta R_3 = -v\delta R, \quad \delta R_4 = \delta R$$

注意，泊松比的定义为：

$$横向应变 = (-v) \times 纵向应变$$

现在，由式(9-6)可知 $\delta v_o / v_{ref} = 2(1+v)(\delta R/4R)$。据此，电桥常数由式 $k = 2(1+v)$ 给出。

### 9.2.1.3 校准常数

应变片电桥的校准常数 $C$ 关系到测量电桥输出的应变。具体地说，

$$\frac{\delta v_o}{v_{ref}} = C\varepsilon \tag{9-8}$$

现在，鉴于式(9-3)和式(9-7)，校准常数可以表示为

$$C = \frac{k}{4}S_s \tag{9-9}$$

其中，$k$ 是电桥常数，$S_s$ 是应变片的灵敏度(或应变片灵敏系数)。

理想情况下，校准常数应在电桥的测量范围内保持恒定(即应该独立于应变 $\varepsilon$ 和时间 $t$)，并且应该是关于环境条件稳定的(无漂移)。特别要注意的是，不应该有任何的蠕变、非线性，如滞后或热效应。

**例 9.3**

图 9-7a 显示了一个应变片加速度计的原理图。一个重量为 $W$ 的物块作为加速度计传感器。在加速度计的外壳内安装一个有矩形截面的轻型悬臂，它将物块的惯性力转换成应变(注意：这是前端辅助装置)。用 4 个相同的活动单晶应变片测量悬臂根部的最大弯曲应变。两个应变片(A 和 B)在悬臂顶部的表面进行轴向安装，其余的两个(C 和 D)安装在底部的表面上，如图 9-7b 所示。为了最大限度地提高加速度计的灵敏度，请指出 4 个应变片(A、B、C 和 D)连接到惠斯登桥电路的方式。产生电路的电桥常数是多少？

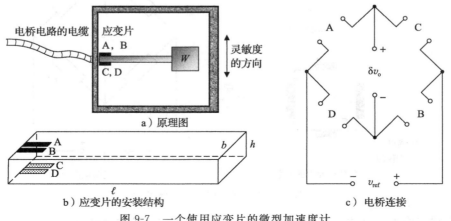

a) 原理图

b) 应变片的安装结构

c) 电桥连接

图 9-7 一个使用应变片的微型加速度计

根据以下参数，获得一个加速度 $a$（$g$ 表示重力加速度）与电桥输出 $\delta v_\circ$（利用在零加速度时平衡的电桥进行测量）之间的表达式：

$W = Mg$ 是悬臂处在自由状态下激振物块的重量，$E$ 是悬臂的杨氏模量，$\ell$ 是悬臂的长度，$b$ 是悬臂的横断面宽度，$h$ 是悬臂的横截面高度，$S_s$ 是每个应变片的应变片灵敏系数（灵敏度），$v_{ref}$ 是电桥的电源电压。

如果 $M = 5g$、$E = 5 \times 10^{10} \, N/m^2$、$\ell = 1cm$、$b = 1mm$、$h = 0.5mm$、$S_s = 200$ 和 $v_{ref} = 20V$，确定加速度计的灵敏度（单位为 mV/g）。

如果悬臂的屈服强度（屈服应力）是 $5 \times 10^7 \, N/m^2$（或 $5 \times 10^7 \, Pa$），则可以使用加速度计测量的最大加速度是多少？如果模-数转换器（ADC）将应变信号读到微控制器的范围是 $0 \sim 10V$，那么电桥的输出将需要如何进行放大（电桥放大器增益）才可以将最大加速度对应于 ADC 的上限（10V）？

你的应变片电桥装置的交叉灵敏度（即对张力和其他弯曲方向的灵敏度）小吗？请解释。

提示：在悬臂的自由端施加一个力 $F$，其根部的最大应力是 $\sigma = (6Fl)/(bh^2)$ 且符号与现在相同。

注意：MEMS 加速度计中的悬臂构件、惯性组件和应变已全部集成到单晶（硅）单元中，它已商业化，可用于汽车安全气囊的激活传感器（见第 12 章）。

**解：** 很明显，电桥的灵敏度是通过将应变片 A、B、C 和 D 连成电桥来实现最大化的，如图 9-7c 所示。注意式（9-6），当 $\delta R_1$ 和 $\delta R_4$ 是正数并且 $\delta R_2$ 及 $\delta R_3$ 是负数时，所有 4 个应变片的总贡献是正的。这个装置的电桥常数 $k = 4$。因此，由式（9-7）可知，$\delta v_\circ / v_{ref} = \delta R/R$ 或由式（9-8）和式（9-9）可知，$\delta v_\circ / v_{ref} = S_s \varepsilon$。同时，$\varepsilon = \sigma/E = (6Fl)/Ebh^2$，其中 $F$ 表示惯性力，$F = (W/g)\ddot{x} = Wa$。

注意：$\ddot{x}$ 是在灵敏度方向上的加速度，并且 $\ddot{x}/g = a$ 是以 $g$ 为单位加速度的。

因此，

$$\varepsilon = \frac{6W\ell}{Ebh^2}a \quad 或 \quad \delta v_\circ = \frac{6W\ell}{Ebh^2}S_s v_{ref} a$$

代值计算可得：

$$\frac{\delta v_\circ}{a} = \frac{6 \times 5 \times 10^{-3} \times 9.81 \times 1 \times 10^{-2} \times 200 \times 20}{5 \times 10^{10} \times 1 \times 10^{-3} \times (0.5 \times 10^{-3})^2} V/g = 0.94 V/g$$

$$\frac{\varepsilon}{a} = \frac{1}{S_s v_{ref}}\frac{\delta v_\circ}{a} = \frac{0.94}{200 \times 20} strain/g = 2.35 \times 10^{-4} \varepsilon/g = 235 \mu\varepsilon/g$$

$$屈服应变 = \frac{屈服强度}{杨氏模量} = \frac{5 \times 10^7}{5 \times 10^{10}} = 1 \times 10^{-3} strain$$

$$\rightarrow 屈服点的重力加速度 = \frac{1 \times 10^{-3}}{2.35 \times 10^{-4}}g = 4.26g$$

相应的电压 $= 0.94 \times 4.26 V = 4.0 V \rightarrow$ 放大器增益 $= 10.0/4.0 = 2.25$。

交叉灵敏度来自于 $y$ 和 $z$ 两个方向的加速度，它们与灵敏度的方向（$x$）正交，在侧向（$y$），惯性力导致横向弯曲。这就在 B 和 D 上产生了的相等的拉伸（或压缩）应变，并且在 A 和 C 上产生了相等的压缩（或拉伸）应变。根据电桥电路，我们看到这些贡献相互抵消。在轴向（$z$）方向上惯性力在所有 4 个应变片中产生相等的拉伸（或压缩）应力。这些也约掉了，从式（9-6）的关系中可以清楚地看出

$$\frac{\delta v_\circ}{v_{ref}} = \frac{(\delta R_A - \delta R_C - \delta R_D + \delta R_B)}{4R}$$

因此，这种布置弥补了交叉灵敏度所产生的问题。

## 9.2.1.4　数据采集

为测量动态应变，应采用伺服零位平衡法或不平衡输出方法（见第 2 章）。图 9-8

展示了不平衡输出方法的原理图。在此方法中，活动电桥的输出直接以电压信号进行测量并校准以提供测量的应变。图 9-8 对应于交流电桥的使用。在这种情况下，电桥是由交流电源供电的。电源频率应该是动态应变信号（带宽）最大频率的 10 倍左右。电源频率通常大约为 1kHz。这个信号由振荡器产生，并送入电桥。电桥输出中的瞬态分量很小（一般小于 1mV，可能只有几微伏）。这个信号必须经过放大和解调（特别是信号是瞬态时），并经过滤波以提供应变读数。为了将输出电压转换为应变，电桥的校准常数应该是已知的。

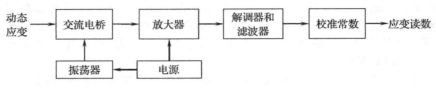

图 9-8    使用交流电桥测量动态应变

由直流电源供电的应变片电桥是比较常见的。它们对于基本电路具有简易性和可移植性的优点。交流电桥的优点是增强稳定性（降低漂移）、提高准确度并降低功耗。

#### 9.2.1.5    准确度方面的注意事项

应变片电阻可以低至 50Ω，也可以高达几千欧姆。电桥电路的功耗随着电阻的增加而减小。其额外好处是减少了热量。电桥可以具有高测量范围（如最大应变限度为 0.04m/m）。准确度取决于电桥的线性度、环境影响（特别是温度）和安装技术。例如，当安装应变片的水泥或环氧树脂变干燥时产生的附加应变而引起的零漂，将会导致校准误差。蠕变会在静态和低频测量期间引入误差。黏结水泥（或环氧树脂）的弹性和迟滞在高频应变测量中会带来误差。分辨率大约在 1μm/m 量级（即微应变）是比较常见的。

如前所述，应变片的交叉灵敏度是与被测应变正交的应变的灵敏度。这种交叉灵敏度应该是比较小的（比方说，不到直接灵敏度的 1%）。制造商通常为他们的应变片提供交叉灵敏度系数。当在一个给定的应用场景中这个系数由于交叉应变而增加时，那么就会由于交叉灵敏度而造成应变读数的误差。

移动部件的检测：通常，在工程应用中需要感测移动部件的应变。例子包括机床的实时监控和故障检测、功率测量、动态系统中前馈和反馈控制的力和转矩的测量、生物机械装置的仪表和在工业机器人中使用感知手臂进行触觉传感。安装在移动部件上的应变片需要为连接电路提供电源（通常是固定电源），并通过固定装置（如计算机）采用一些方法来获取被感知的信号（应变、电阻或电桥输出的变化）。如果运动较小或移动部件的行程有限，那么安装在移动构件上的应变片可以通过弯曲的柔性电缆直接连接到电源、信号调理电路和数据采集系统上。对于较大的运动，特别是在旋转轴上的运动，必须使用某种形式的换向装置。集电环和电刷可用于此目的。当使用交流电桥时，可以使用互感设备（旋转变压器），其中一个线圈固定在移动构件上，另一个线圈保持静止。为适应并补偿由换向引起的误差（如输出信号中的损耗和毛刺），最好将电桥的 4 个桥臂都放在移动构件上，而不只是活动桥臂。一种更现代的方法是对于移动部件到固定的本地数据采集装置使用遥测或无线通信（无线电频率）。信号调理电子设备也可以安装在移动部件上，因为单片微型硬件可以实现这个目标。传感器和移动部件上的本地硬件还可以通过能量收集来供电（如电磁感应、光电）。

### 9.2.2    半导体应变片

在一些低应变应用中（如动态转矩测量），应变片的灵敏度不足以产生一个可接受的应变片信号。在这种情况下，单晶应变片显得特别有用。单晶应变片的应变元件是由单一晶体的压电材料（如硅）掺杂微量杂质（如硼）构成的，典型结构如图 9-9 所示。单晶应变片的应变片灵敏系数（灵敏度）（通常是 40～200）大约高于金属应变片两个数量级，从表 9-1 所示的数据来看，硅材料就是如此。

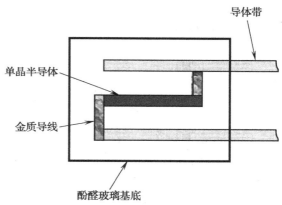

　　这种应变片的电阻率更高，这可以降低功耗，减少热量的产生。单晶应变片的另一个优点是它们在形变时弹性地断裂（脆性材料的共同特性）。特别是，机械迟滞是可以忽略不计的。此外，它们更小更轻，有更小的交叉灵敏度，可减少分散误差（即提高了空间分辨率），并且机械负载的误差可忽略。使用单晶应变片可测量的最大应变通常是 0.003m/m（即 3000$\mu\varepsilon$）。对于单晶应变片来说，其电阻可以比金属应变片的电阻大一个数量级，例如，金属箔应变片的电阻仅为几百欧姆（通常是 120Ω 或 350Ω），而单晶应变片的电阻却高达几千欧姆（5000Ω）。有几个与单晶应变片相关的缺点，可以解释为金属箔应变片的优点。单晶应变片的不良特性包括：

1. 应变-电阻的关系是非线性的。
2. 易碎，而且很难安装在曲面上。
3. 可以测量的最大应变值比金属箔应变片小一至两个数量级（一般小于 0.001m/m）。
4. 更昂贵。
5. 有更大的温度灵敏度。

图 9-9　半导体应变片的组件细节

表 9-1　普通应变片材料的特性

| 材料 | 成分 | 应变片灵敏系数（灵敏度） | 电阻温度系数（$10^{-6}$/℃） |
|---|---|---|---|
| 康铜 | 45%镍，55%铜 | 2.0 | 15 |
| 恒弹性合金 | 36%镍，52%铁，8%铬，4%（锰，硅，钼） | 3.5 | 200 |
| 卡玛合金 | 74%镍，20%铬，3%铁，3%铝 | 2.3 | 20 |
| 蒙乃尔合金 | 67%镍，33%铜 | 1.9 | 2000 |
| 硅 | p 型 | 100～170 | 70～700 |
| 硅 | n 型 | −140～100 | 70～700 |

　　第一个缺点如图 9-10 所示。有两种类型的单晶应变片，一种是 p 型，由掺杂了受主杂质（如硼）的单晶（如硅）制成；另一种是 n 型，由掺杂了施主杂质（如砷）的单晶制成。在 p 型应变片中，灵敏度的方向是沿着（1，1，1）晶体轴的，并且在响应正应变时，元件在电阻中生成正电荷。在 n 型应变片中，灵敏度的方向是沿着（1，0，0）晶体轴的，并且在响应正应变时，元件在电阻中生成负电荷。在这两种类型中，响应都是非线性的，并且可以用二次关系近似表示：

$$\frac{\delta R}{R} = S_1\varepsilon + S_2\varepsilon^2 \tag{9-10}$$

　　参数 $S_1$ 表示线性应变系数（线性灵敏度），对于 p 型应变片来说是正的，而对 n 型应变片来说是负的。由于它通常在 p 型仪表上比较大，因此在 p 型仪表上有更好的灵敏度。参数 $S_2$ 表示非线性的程度，通常对两种类型的应变片来说都是正的。然而，对于 p 型应变片来说，它通常要小一些。因此 p 型应变片的非线性程度较低，并具有较高的应变灵敏度。当用单晶应变片测量中等到较大的应变时，应使用式（9-10）或非线性特性曲线（见图 9-10）

所给出的非线性关系。否则，非线性误差就会过大。

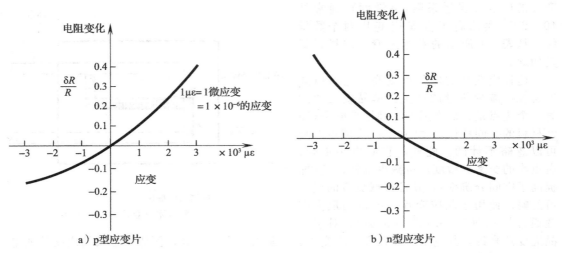

图 9-10　半导体(硅-硼)应变片的非线性特性

**例 9.4**

对于一个以式(9-10)所示的二次应变-电阻关系表征的单晶应变片来说，可获得一个具有等价应变片灵敏系数(线性灵敏度)$S_s$的表达式，它使用线性最小二乘法误差逼近(见第 7 章)并且假设测量的应变误差必须在 $\pm\varepsilon_{max}$。推导出非线性百分比表达式。

取 $S_1 = 117$，$S_2 = 3600$，并且 $\varepsilon_{max} = 1 \times 10^{-2}$，计算 $S_s$ 和非线性百分比。

**解：**式(9-10)的线性逼近可以表示为

$$\left[\frac{\delta R}{R}\right]_L = S_s\varepsilon$$

误差为

$$e = \frac{\delta R}{R} - \left[\frac{\delta R}{R}\right]_L = S_1\varepsilon + S_2\varepsilon^2 - S_s\varepsilon = (S_1 - S_s)\varepsilon + S_2\varepsilon^2 \tag{i}$$

二次积分误差为

$$J = \int_{-\varepsilon_{max}}^{\varepsilon_{max}} e^2 \,\mathrm{d}\varepsilon = \int_{-\varepsilon_{max}}^{\varepsilon_{max}} \left[(S_1 - S_s)\varepsilon + S_2\varepsilon^2\right]^2 \,\mathrm{d}\varepsilon \tag{ii}$$

我们必须定义导致最小二次积分误差的 $S_s$，并且让 $\partial J / \partial S_s = 0$。因此，从式(ii)中得到

$$\int_{-\varepsilon_{max}}^{\varepsilon_{max}} (-2\varepsilon)\left[(S_1 - S_s)\varepsilon + S_2\varepsilon^2\right]^2 \,\mathrm{d}\varepsilon = 0$$

在积分和求解该式的过程中，我们得到

$$S_s = S_1 \tag{9-11}$$

二次曲线和其线性逼近如图 9-11 所示。其中最大误差发生在 $\varepsilon = \pm\varepsilon_{max}$ 处。由式(i)得出最大误差值，其中 $S_s = S_1$ 并且当 $e_{max} = S_2\varepsilon_{max}^2$ 时 $\varepsilon = \pm\varepsilon_{max}$。

从 $-\varepsilon_{max}$ 到 $+\varepsilon_{max}$ 真正的电阻变化(无量纲)是利用式(9-10)获得的

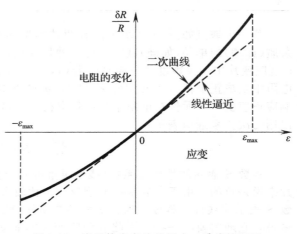

图 9-11　半导体应变片的最小二乘线性逼近

$$\frac{\Delta R}{R} = (S_1 \varepsilon_{max} + S_2 \varepsilon_{max}^2) - (-S_1 \varepsilon_{max} + S_2 \varepsilon_{max}^2) = 2S_1 \varepsilon_{max}$$

因此，非线性百分比由下式给出

$$N_p = \frac{\text{误差最大值}}{\text{范围}} \times 100\% = \frac{S_2 \varepsilon_{max}^2}{2S_1 \varepsilon_{max}} \times 100\%$$

或者

$$N_p = \frac{50 S_2 \varepsilon_{max}}{S_1}\% \qquad (9\text{-}12)$$

代入给定的值，有

$$S_s = 117 \text{ 并且 } N_p = \frac{50 \times 3600 \times 1 \times 10^{-2}}{117}\% = 15.4\%$$

我们得到了比较大的非线性值，因为给定的应变极限很高。通常，线性逼近对于 $\pm 1 \times 10^{-3}$ 的应变来说是足够的。

---

更高的温度灵敏度可能是单晶应变片相对金属应变片的缺点，但在某些情况下也可能是一种优势。例如，在压电温度传感器中使用的是高温灵敏度的特性。此外，利用单晶应变片的温度灵敏度可以精确测量的特点，可以使用精确的方法在应变片电路中进行温度补偿，并且温度校准也可以精确完成。特别地，一个无源单晶应变片可作为精确的温度传感器以达到补偿的目的。

### 9.2.3 温度自动补偿（半导体应变片）

在金属箔应变片中，由典型的温度变化而产生的电阻变化很小。然后，线性（一阶）逼近足够表示电桥的每个桥臂对输出信号的作用，就如式（9-6）所给出的。此外，如果我们正确选择应变片和电桥补偿电阻，如 $R_1$ 与 $R_2$ 相同并且 $R_3$ 与 $R_4$ 相同，则这些作用就会被抵消。如果是这样的话，那么温度变化对电桥输出信号唯一剩余的影响来自于参数值 $k$ 和 $S_s$ 的变化[参见式（9-8）和式（9-9）]。对于金属箔应变片，这种变化通常可以忽略不计。因此，对于小到中等的温度变化，在正常工作条件下，当在电桥电路中使用金属箔应变片时不需要额外的温度补偿。

在单晶应变片中，随着温度的变化（和应变的变化），不仅是电阻发生了变化，而且 $S_s$ 也发生了变化，与金属箔应变片的变化相比它们都更大。因此，在温度变化的条件下，式（9-6）给出的线性逼近对单晶应变片来说可能不够准确。此外，电桥的灵敏度可能随温度的变化而产生较大的变化。在这种情况下，温度的补偿是必需的。

计算温度变化的一种直接方法是直接测量温度，并使用热校准数据来修正应变器读数。现在描述另一种温度补偿方法。该方法假设式（9-6）给出的线性逼近是有效的，因此，式（9-8）是合适的。

一个单晶应变片的电阻 $R$ 和应变灵敏度（或应变片灵敏系数）$S_s$ 高度依赖于微量杂质的浓度，并呈现非线性的关系。图 9-12 显示了 p 型单晶应变片中两个参数的温度系数的典型表现。电阻温度系数 $\alpha$ 和温度灵敏系数 $\beta$ 定义为

$$R = R_o (1 + \alpha \cdot \Delta T) \qquad (9\text{-}13)$$
$$S_s = S_{so}(1 + \beta \cdot \Delta T) \qquad (9\text{-}14)$$

其中 $\Delta T$ 表示温度的增加。注意从图 9-12 可以看出，$\beta$ 是一个负数并且表示掺杂的浓度，其值小于电阻温度系数（$\alpha$）。该特性可用于 p 型单晶（硅）应变片的温度自补偿。

考虑一个恒压电桥电路，其中补偿电阻 $R_c$ 与电源导线连接，如图 9-13a 所示。可以证明，如果根据应变片温度系数将 $R_c$ 设置为预先确定的值，则可以实现自补偿。考虑负载阻抗非常高并且电桥有 4 个相同的单晶应变片的情况，其中每一个都有电阻 $R$。在这种情况下，电桥可以由图 9-13b 所示的电路来表示。

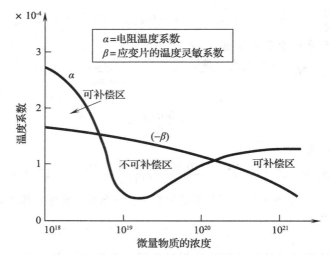

图 9-12    p 型半导体应变片的电阻温度系数和温度灵敏系数

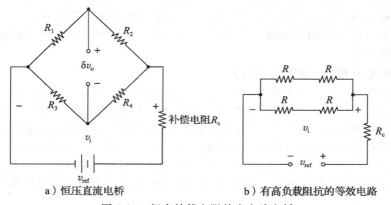

a）恒压直流电桥　　　　　　b）有高负载阻抗的等效电路

图 9-13    拥有补偿电阻的应变片电桥

由于串联阻抗和并联导纳（阻抗的逆）是相加的，所以电桥的等效电阻是 $R$，因此，提供给电桥的电压允许在 $R_c$ 上的电压降不是 $v_{ref}$ 而是 $v_i$。它由下式给出

$$v_i = \frac{R}{(R+R_c)} v_{ref} \tag{9-15}$$

现在，由式（9-8）和式（9-9），我们有

$$\frac{\delta v_o}{v_{ref}} = \frac{R}{(R+R_c)} \frac{kS_s}{4} \varepsilon \tag{9-16}$$

注意：这里我们假设电桥常数 $k$ 不随温度变化。另外，如果校准常数 $C$ 代替了应变片灵敏系数 $S_s$［见式（9-9）］，则以下的步骤仍然成立。

对于自动补偿，在温度变化了 $\Delta T$ 后还必须有相同的输出。因此，从式（9-16）中可知，我们必须有

$$\frac{R_o}{R_o+R_c} S_{so} = \frac{R_o(1+\alpha \cdot \Delta T)}{R_o(1+\alpha \cdot \Delta T)+R_c} S_{so}(1+\beta \cdot \Delta T)$$

其中下标 o 表示温度变化之前的值。消去常数项和叉乘项 $R_o\beta+R_c(\alpha+\beta)=(R_o+R_c)\alpha\beta\Delta T$。现在，因为 $\alpha \cdot \Delta T$ 和 $\beta \cdot \Delta T$ 通常远小于 1，我们可以忽略上面结果中右边的二阶项。这给出了补偿电阻的下列表达式：

$$R_c = -\left(\frac{\beta}{\alpha+\beta}\right)R_o \tag{9-17}$$

　　注意：由于应变片灵敏度的温度系数($\beta$)是负的，因此补偿是有可能的。

　　图 9-12 显示了对应于正 $R_c$ 的可行的操作范围。这种方法要求 $R_c$ 在温度变化下保持选择值不变。其中一种方法是选择一种温度系数可以忽略不计的材料。另一种方法是将 $R_c$ 置于一个单独的、温度可控的环境中（如冰浴）。

## 9.3　转矩传感器

　　转矩和力的传感在许多应用中都是很有用的，包括以下几方面：

　　1. 在机器人触觉（分布式触摸）和制造应用中，如抓取、搬运、精细操作、表面测量和材料成形，对一个物体施加足够的负载是该任务的主要目的。

　　2. 在精细运动的控制方面（例如，精细操作和显微操作）和装配任务中，一个小的运动误差会导致巨大且有破坏性的力或性能下降。

　　3. 在控制系统中，当单独施加运动反馈时，它的速度不够快，因此可以使用力反馈和前馈力控制来提高准确度和带宽（速度）。

　　4. 在过程测试、监控和诊断应用中，转矩传感可以检测、预测和识别异常操作、功能故障、部件故障或过度磨损（例如，机床监控中的铣床和钻头）。

　　5. 在通过旋转装置传输的功率测量中，功率由转矩和相同方向上的角速度的乘积给出。

　　6. 在控制复杂非线性机械系统时，可以利用力和加速度的测量来估计未知的非线性项。估计项的非线性反馈将线性化或简化系统（此方法称为非线性反馈控制或线性化反馈技术或 LFT）。

　　7. 在实验建模中（即在模型识别中，模型通过对输入-输出数据的分析来确定），系统输入是转矩。

　　在大多数应用中，传感是通过检测转矩的影响或来源来进行的。此外，还有直接测量转矩的方法。转矩传感的常用方法包括：

　　1. 使用应变片电桥在驱动组件（或执行器）和被驱动组件（或负载）之间测量传感部件的应变。

　　2. 测量传感部件的位移（如第一种方法），或者直接使用位移传感器，或间接测量随位移变化的变量，如励磁电感或电容等。

　　3. 测量支持结构或外壳的反作用力（如测量所需的力和相关的杠杆臂长度）。

　　4. 在电动机中，测量励磁电流或电枢电流，它们产生电动机转矩，并且在液压或气动执行器中测量执行器压力。

　　5. 例如，使用压电传感器直接测量转矩。

　　6. 采用一种伺服方法——主动装置产生的反馈转矩平衡未知转矩（如一个伺服电动机），其转矩特性是精确已知的。

　　7. 在已知的惯性组件中测量由未知转矩引起的角加速度。

　　本节的其余部分将研究如何使用这些方法测量转矩。力传感类似于转矩传感，可以使用基本相同的技术来完成。然而为了简便起见，我们的论述重点放在转矩传感上，这可以解释为传感"广义上的力"。然而，转矩传感技术在力传感方面的推广具有一定的挑战性。

### 9.3.1　应变片转矩传感器

　　转矩传感的最直接方法是在驱动单元（如驱动器）和驱动装置（负载）之间串联一个受扭构件，如图 9-14 所示，并测量受扭构件的转矩。

　　如果一个圆轴（实心或空心的）用作受

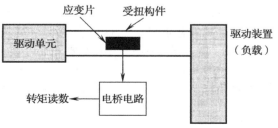

图 9-14　使用受扭构件进行转矩传感

扭构件，那么转矩–应变关系就会变得相对简单，并由下式给出

$$\varepsilon = \frac{r}{2GJ}T \tag{9-18}$$

其中，$T$ 是通过构件传递的转矩；$\varepsilon$ 是构件中在半径 $r$ 处的主应变（与轴心线成 $45°$）；$J$ 是构件横截面面积的极矩；$G$ 是材料的剪切模量。

此外，在轴的半径 $r$ 处的剪应力 $\tau$ 为

$$\tau = \frac{Tr}{J} \tag{9-19}$$

由式（9-18）可知，转矩 $T$ 可以通过测量轴表面沿着主应变方向的直接应变 $\varepsilon$（即与轴心线成 $45°$ 的方向）来确定。这是利用测量应变进行转矩传感的基础。在式（9-18）中使用通用电桥方程（9-8）和式（9-9），得到转矩 $T$ 与电桥输出 $\delta v_o$ 的关系：

$$T = \frac{8GJ}{kS_s r}\frac{\delta v_o}{v_{\text{ref}}} \tag{9-20}$$

其中 $S_s$ 是应变片的应变片灵敏系数（或灵敏度）。电桥常数 $k$ 取决于使用的活动应变片的数量。假定应变片沿一个主要方向进行安装。3 种可能的结构如图 9-15 所示。在图 9-15a、b 中，只使用了两个应变片且电桥常数 $k=2$。注意：在给定的结构中，轴向和弯曲负载都得到了补偿，因为两个应变片的电阻都以相同的量（相同的符号和大小）来变化，所以抵消了一阶项，电桥电路的连接如图 9-15 所示。

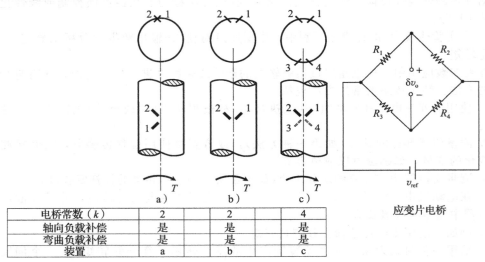

| 电桥常数（$k$） | 2 | 2 | 4 |
|---|---|---|---|
| 轴向负载补偿 | 是 | 是 | 是 |
| 弯曲负载补偿 | 是 | 是 | 是 |
| 装置 | a | b | c |

图 9-15    圆轴转矩传感器的应变片装置

图 9-15c 所示的装置有两对应变片安装在轴的两个相反表面上。这个装置的电桥常数翻了一倍，在这里，对于轴向和弯曲负载的传感器补偿相当于一阶项 $[O(\delta R)]$。

### 9.3.2    设计方面的注意事项

用于转矩传感的扭力部件在设计中有两个相互矛盾的要求，它们是灵敏度和带宽。部件必须具有足够的灵活性以获得一个可接受的传感器灵敏度水平（即一个足够大的输出信号）。根据式（9-18），这需要一个小的扭力刚度 $GJ$ 为给定的转矩产生一个大的应变。不幸的是，由于该扭力传感器在驱动组件与被驱动组件之间串联，扭力组件弹性的增加会导致系统整体的刚度降低。具体来说，参照图 9-16，在连接扭力组件之前总刚度 $K_{\text{old}}$ 是

$$\frac{1}{K_{\text{old}}} = \frac{1}{K_{\text{m}}} + \frac{1}{K_{\text{L}}} \tag{9-21}$$

图 9-16　由于转矩传感器的灵活性而导致的刚度退化

在连接了扭力组件之后刚度 $K_{new}$ 为

$$\frac{1}{K_{new}} = \frac{1}{K_m} + \frac{1}{K_L} + \frac{1}{K_s} \qquad (9\text{-}22)$$

其中，$K_m$ 是驱动单元(电动机)的等效刚度；$K_L$ 是负载的等效刚度；$K_s$ 是转矩传感器的刚度。

从式(9-21)和式(9-22)中可以清楚地看出，$1/K_{new} > 1/K_{old}$。因此 $K_{new} < K_{old}$。这种刚度的降低与自然频率和带宽的减少有关，从而导致在整个系统中控制指令的响应会变慢。此外，刚度的降低会导致环路增益的减小。因此，一些运动变量的稳态误差会增加，这需要控制器更多的努力来达到要求的准确度水平。扭力元件的一个设计方面是保证元件的刚度小到足以提供足够的灵敏度，但还要大到足以维持足够的带宽和系统增益。在 $K_s$ 增大到没有严重危害传感器灵敏度的情况下，系统带宽可以通过减少负载惯性或驱动单元(电动机)惯性来提高。

**例 9.5**

考虑一个刚性负载，它的极转动惯量为 $J_L$，并由一个具有刚性转子的电动机驱动，电动机具有惯量 $J_m$。在转子和负载之间连接了一个刚度为 $K_s$ 的受扭构件，它可以测量传输到负载的转矩，如图 9-17a 所示。

(a) 确定电动机转矩 $T_m$ 和受扭构件的扭转角 $\theta$ 之间的传递函数。系统的扭转固有频率 $\omega_n$ 是多少？讨论为什么系统带宽取决于 $\omega_n$。说明通过增加 $K_s$，减少 $J_m$，或者减少 $J_L$，可以提高带宽。给出在电动机输出中引入变速器的优点和缺点。

(b) 如果刚度为 $0.5K_s$ 的受扭构件安装在轴的负载端(串联)，那么系统的原始扭转带宽(即转矩传感器允许的工作频率范围)的百分比会减少多少？

**解：**根据图 9-17b 所示的自由体受力图，可以写出下列运动方程：

对于电动机：$J_m\ddot{\theta}_m = T_m - K_s(\theta_m - \theta_L)$ 　　　　(i)

对于负载：$J_L\ddot{\theta}_L = K_s(\theta_m - \theta_L)$ 　　　　(ii)

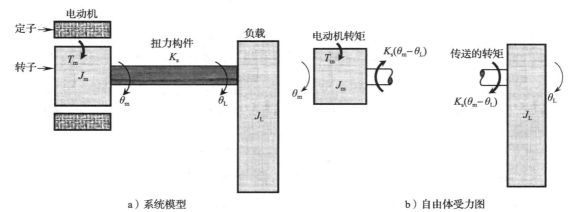

a) 系统模型　　　　　　　　　　　　　　b) 自由体受力图

图 9-17　拥有转矩传感器的系统带宽分析

其中，$\theta_m$ 是电动机的转动角度；$\theta_L$ 是负载的转动角度。

将式(i)除以 $J_m$，将式(ii)除以 $J_L$，然后用第一个式子减去第二个式子：

$$\ddot{\theta}_m - \ddot{\theta}_L = \frac{T_m}{J_m} - \frac{K_s}{J_m}(\theta_m - \theta_L) - \frac{K_s}{J_L}(\theta_m - \theta_L)$$

这个公式可以用扭转角来表达：

$$\theta = \theta_m - \theta_L \tag{iii}$$

$$\ddot{\theta} + K_s\left(\frac{1}{J_m} + \frac{1}{J_L}\right)\theta = \frac{T_m}{J_m} \tag{iv}$$

该式与系统的扭转动态模式（扭转模式）相对应。输入 $T_m$ 和输出 $\theta$ 之间的传递函数 $G(s)$ 是通过引入拉普拉斯变量 $s$ 替换时间导数 $d/dt$ 获得的。具体地说，我们有

$$G(s) = \frac{1/J_m}{s^2 + K_s(1/J_m + 1/J_L)} \tag{v}$$

扭曲系统的特征方程为：

$$s^2 + K_s\left(\frac{1}{J_m} + \frac{1}{J_L}\right) = 0 \tag{vi}$$

由此可见，扭转（扭曲）固有频率 $\omega_n$ 由下式给出

$$\omega_n = \sqrt{K_s\left(\frac{1}{J_m} + \frac{1}{J_L}\right)} \tag{vii}$$

除了这个固有频率之外，在整个系统中也有一个零固有频率，它对应于整个系统的旋转，系统是一个刚体且其扭力构件没有任何扭曲（变形）。这是**刚体模式**。如果输出是 $\theta_m$ 或 $\theta_L$ 而不是扭曲角 $\theta$ 则可以有自然频率。当扭转角 $\theta$ 作为输出时，测量响应与刚体模式相关；因此，特征方程的零频项会消失，并且动力学方程中只剩下扭转振动模式（扭曲模式）。

式(v)给出的传递函数可以写成

$$G(s) = \frac{1/J_m}{s^2 + \omega_n^2} \tag{viii}$$

在频域中 $s = j\omega$，因此得到的频率传递函数为

$$G(j\omega) = \frac{1/J_m}{\omega_n^2 - \omega^2} \tag{ix}$$

如果 $\omega$ 比 $\omega_n$ 小，则传递函数可以近似为

$$G(j\omega) = \frac{1/J_m}{\omega_n^2} \tag{x}$$

这是一种静态关系，意味着没有任何动态延迟的即时响应。由于系统带宽代表响应足够快（对应于传递函数中取值非常平稳的区域）的系统中的激励频率范围 $\omega$，由此可见，当 $\omega_n$ 增加时系统带宽也会增加。因此，$\omega_n$ 是系统带宽的度量。

现在，观察式(vii)会发现当 $K_s$ 增加，$J_m$ 减小，或者 $J_L$ 减小时，$\omega_n$（和系统带宽）就会增加。如果将变速器加到系统中，则等效惯性就会增加，并且等效刚度会降低。这会降低系统带宽，导致响应速度变慢。变速器的另一个缺点是它有齿轮间隙和摩擦，这是导致系统非线性的原因。其主要的优点是，通过电动机和负载之间的减速，传输到负载的转矩会被放大。然而，使用没有任何减速装置的转矩电动机或使用如谐波驱动器和牵引（摩擦）驱动器等无间隙传输，可以实现高转矩和低转速。

对于串联的两个刚度分别为 $K_s$ 和 $0.5K_s$ 的扭转部分，等效刚度 $K_e$ 为

$$\frac{1}{K_e} = \frac{1}{K_s} + \frac{1}{0.5K_s} = \frac{3}{K_s} \rightarrow K_e = \frac{K_s}{3}$$

对于一个给定的转动惯量，固有频率与刚度的平方根成正比

→带宽由一个因子降低了 $1/\sqrt{3} \approx 0.58$。

→带宽减少了大约 42%。

用于转矩传感的扭力元件的设计可以看作对元件的截面极惯性矩 $J$ 的选择，以满足以下 4 种要求：

1. 不超过应变片制造商规定的极限应变能力。

2. 对于线性操作，不超过该应变片规定的非线性上限。

3. 传感器灵敏度可以根据电桥电路中微分放大器的输出信号等级（见第 2 章）进行选择。

4. 系统的整体刚度（带宽、稳态误差等）是可以接受的。

在这种情况下，转矩传感器不仅能完成传感功能，而且还可以成为原系统结构的一部分。特别是，整个系统的强度、动力学特性和带宽都受到转矩传感器的影响。因此，传感器的设计在这里具有特殊意义，并且还要需要考虑系统动力学特性的特定要求。现在，我们为转矩传感器前面列出的 4 个需求制定设计标准。

### 9.3.2.1　应变片的应变能力

应变片能够处理的最大应变受到强度、黏接材料（环氧树脂）的蠕变问题和滞后等因素限制。极限 $\varepsilon_{max}$ 是应变片制造商规定好的。对于一个典型的单晶应变片，最大应变极限大约是 $3000\mu\varepsilon$ 这个量级。如果传感器应该处理的最大转矩是 $T_{max}$，则从式（9-18）中我们有：

$$\frac{r}{2GJ}T_{max} \leqslant \varepsilon_{max} \rightarrow$$

$$J \geqslant \frac{r}{2G}\frac{T_{max}}{\varepsilon_{max}} \tag{9-23}$$

其中 $\varepsilon_{max}$ 和 $T_{max}$ 是规定好的。

### 9.3.2.2　应变片的非线性限制

对于较大的应变，应变片的特征方程会变得越来越非线性。对于单晶应变片来说尤为严重。如果我们假设二次方程［见式（9-10）］，那么非线性百分比 $N_p$ 是由式（9-12）给出。对于指定的非线性，可以使用这个结果来确定应变的上限：

$$\frac{r}{2GJ}T_{max} = \varepsilon_{max} \leqslant \frac{N_pS_1}{50S_2} \tag{9-24}$$

相应的 $J$ 为

$$J \geqslant \frac{25S_2}{GS_1}\frac{T_{max}}{N_p} \tag{9-25}$$

其中 $N_p$ 和 $T_{max}$ 是规定好的。

### 9.3.2.3　灵敏度的要求

应变片电桥的输出信号由微分放大器提供（见第 3 章），它检测电桥的两个输出节点（在图 9-5 中为 $A$ 和 $B$）的电压，以获得电压差，并通过增益 $K_a$ 放大。这个输出信号提供给 ADC（见第 4 章），它向计算机提供一个数字信号以执行进一步的处理和控制。放大器输出信号的能级必须足够高，以使信噪比足够大。否则会产生严重的噪声问题。通常，最大电压大约在 ±10V 是比较理想的。

放大器输出 $v$ 由下式给出

$$v = K_a\delta v_o \tag{9-26}$$

其中 $\delta v_o$ 是放大前的电桥输出。由此可见，只要简单增大放大器的增益，就可以获得所需的信号能级。然而，这种方法是有限制的。特别是较大的增益增加了放大器对饱和以及不稳定性问题的敏感性，如漂移和由参数变化而产生的错误。因此，根据机械方面的考虑，灵敏度必须尽可能地提高。

通过将式（9-20）代入式（9-26），我们得到了信号电平的要求

$$v_o \leqslant \frac{K_a kS_s rv_{ref}}{8GJ}T_{max}$$

其中 $v_o$ 是规定好的电桥放大器输出的信号下限并且 $T_{max}$ 也是规定好的。然后，$J$ 的极限设计值由下式给出

$$J \leqslant \frac{K_a k S_s r v_{ref}}{8G} \frac{T_{max}}{v_o} \tag{9-27}$$

其中 $v_o$ 和 $T_{max}$ 是规定好的。

### 9.3.2.4 刚度要求

系统整体刚度的下限受到诸如响应速度（由系统带宽表示）和稳态误差（由系统增益表示）等因素的约束。应该选择截面极惯性矩 $J$ 从而使扭转组件的刚度不低于指定的极限 $K$。首先，我们必须得到一个圆轴扭转刚度的表达式。对于长度为 $L$ 半径为 $r$ 的轴，一个旋转角 $\theta$ 对应的剪切应变为

$$\gamma = \frac{r\theta}{L} \tag{9-28}$$

在外表面相应的剪切应变表达式为

$$\tau = \frac{Gr\theta}{L} \tag{9-29}$$

现在考虑到式(9-19)，轴的扭转刚度由下式给出

$$K_s = \frac{T}{\theta} = \frac{GJ}{L} \tag{9-30}$$

注意，增加 $GJ$ 可以增加刚度。但是，这降低了传感器的灵敏度，因为根据式(9-18)可知，当 $GJ$ 增加时，对于给定的转矩，直接测量的应变 $\varepsilon$ 将会下降。还有另外两个可以操控的参数：外部半径 $r$ 和扭转组件的长度 $L$，虽然对于一个半径为 $r$ 的实心轴来说，$J$ 会增加（按四次方），但对于空心轴，它可以根据实际的局限性独立地操控 $J$ 和 $r$。因此空心构件通常可用作转矩感应元件。利用这些设计自由，对于给定的 $GJ$ 值，我们可以通过增加 $r$ 来增加应变桥的灵敏度，而不改变系统的刚度，并且我们可以通过降低 $L$ 来增加系统刚度，而不影响电桥的灵敏度。

假设使用最短长度为 $L$ 的传感器，在特定刚度限制 $K$ 下，应该有 $GJ/L \geqslant K$，然后，$J$ 的极限设计值为

$$J \geqslant \frac{L}{G} K \tag{9-31}$$

其中 $K$ 是规定好的。

整体设计问题：转矩传感器的环形扭转构件的设计问题可以用前面推导的公式（不等式）进行设计。根据前面所讨论的 4 个标准，在表 9-2 中总结出了转矩传感器的截面极惯性矩 $J$ 的控制公式。特别要注意每个不等式的方向。若要使用它就要使不等式中的任何值都能满足特定的规范（尽管保守），并且最佳值是与等式相对应的值。同时，很明显，对于这 3 个 $J$ "$\geqslant$" 的值，我们必须选择最大的一个。

表 9-2    应变片转矩传感器的设计标准

| 标准 | 规范 | 截面极惯性矩($J$)的控制公式 |
|---|---|---|
| 应变片的应变能力 | $\varepsilon_{max}$ 和 $T_{max}$ | $\geqslant \dfrac{r}{2G} \cdot \dfrac{T_{max}}{\varepsilon_{max}}$ |
| 应变片的非线性 | $N_p$ 和 $T_{max}$ | $\geqslant \dfrac{25rS_2}{GS_1} \cdot \dfrac{T_{max}}{N_p}$ |
| 传感器灵敏度 | $V_o$ 和 $T_{max}$ | $\leqslant \dfrac{k_a k S_s r v_{ref}}{8G} \cdot \dfrac{T_{max}}{v_0}$ |
| 传感器刚度（系统带宽和增益） | $K$ | $\geqslant \dfrac{L}{G} \cdot K$ |

然后，其他两个规范将得到适当的满足。如果在确定传感器灵敏度规范时 $J$ 的最大下

限值小于其上限值(表 9-2 中的第三个不等式),那么最大的下限便是 $J$ 的最佳选择。如果后者大于前者,那么就没有合适的设计选择了,并且我们必须改变一些规范然后重复设计计算。

注意:即使满足了表 9-2 中给出的所有 4 个需求,也可能需要在传感器设计中处理其他需求。例如,对于表 9-2 所示的 4 个标准,最优的扭转构件的壁厚可能太小,这可能会导致结构不稳定(屈曲)。当考虑到这些因素时,传感构件的最终设计在表 9-2 所示的 4 个标准中可能不是"最佳的"。

**例 9.6**

图 9-18 画了一个直接驱动的机械臂关节。驱动电动机的转子是驱动链路的一个组成部分,它并且没有齿轮或任何其他减速装置。此外,电动机定子也是驱动链路的一个组成部分。转速计测量的是关节速度(相对),而旋转变压器测量关节的旋转(相对)。齿轮传动装置用于改善旋转变压器的性能,并且它不影响关节的负载传递特性。忽略传感器和齿轮传动装置的机械负载,但考虑轴承摩擦,绘制沿着关节轴的转矩分布。建议在一个位置(或多个位置)使用应变片转矩传感器测量传送到驱动环节的净转矩。

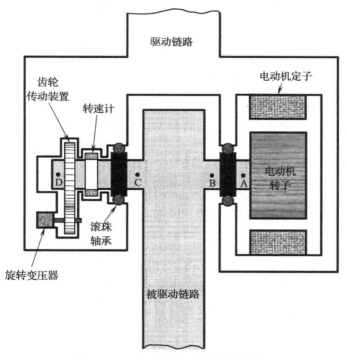

图 9-18　一个直接驱动的机械臂关节

**解:** 为了简单起见,假设为点力矩。用 $T_m$ 来表示电动机(磁)转矩,电动机的总转子惯性转矩和电动机的摩擦转矩用 $T_1$ 表示,以及用 $T_{f1}$ 和 $T_{f2}$ 表示两个轴承的摩擦转矩,转矩分布绘制在图 9-19 中。传递到被驱动链接的净转矩为 $T_L$。可以安装应变片的位置有 $A$、$B$、$C$ 和 $D$。注意 $T_L$ 在 $B$ 和 $C$ 点的转矩不同,因此,应变片转矩传感器应安装在 $B$ 和 $C$ 点,并且读数之差应精确测量 $T_L$。由于在大多数实际应用中,轴承摩擦都比较小,所以一个位于 $B$ 点的转矩传感器可以提供合理准确的结果。当轴承摩擦和电动机负载(惯性和摩擦)的影响可以忽略时,电动机转矩 $T_m$ 大约相当于传输转矩。这就是为什么在某些应用中使用电动机电流(电场或电枢)来测量关节转矩的原因(如在机器人中)。

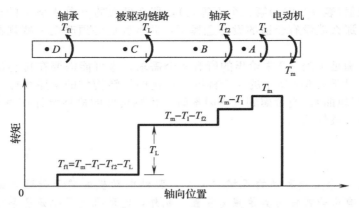

图 9-19　在直接传动机械臂关节轴上的转矩分布

## 例 9.7

考虑一个管状转矩组件的设计。使用表 9-2 所示的符号，以下给出设计要求：$\varepsilon_{max}=3000\mu\varepsilon$，$N_p=5\%$，$v_o=10V$，并且 $K=2.5\times10^3 N\cdot m/rad$，以使系统带宽达到 50Hz。用 4 个有活动应变片的电桥测量扭转构件的转矩。提供以下参数值：

1. 应变片：$S_s=S_1=115$，$S_2=3500$。
2. 扭转构件：外半径 $r=2cm$，剪切模量 $G=3\times10^{10}N/m^2$，长度 $L=2cm$。
3. 电桥电路：$v_{ref}=20V$ 且 $K_a=100$。
4. 期望的最大转矩是 $T_{max}=10N\cdot m$。

使用这些值，为传感器设计一个扭转构件。计算所设计传感器的操作参数范围。

**解：** 让我们假设安全系数为 1（即使用设计公式的实际限制值）。我们可以用表 9-2 所给出的 4 个标准来计算截面极惯性矩 $J$。

1. 对于 $\varepsilon_{max}=3000\mu\varepsilon$：$J=\dfrac{0.02\times10}{2\times3\times10^{10}\times3\times10^{-3}}m^4=1.11\times10^{-9}m^4$

2. 对于 $N_p=5$：$J=\dfrac{25\times0.02\times3500\times10}{3\times10^{10}\times115\times5}m^4=1.01\times10^{-9}m^4$

3. 对于 $v_o=10V$：$J=\dfrac{100\times4\times115\times0.02\times20\times10}{8\times3\times10^{10}\times10}m^4=7.67\times10^{-8}m^4$

4. 对于 $K=2.5\times10^3 N\times m/rad$：$J=\dfrac{0.02\times2.5\times10^3}{3\times10^{10}}m^4=1.67\times10^{-9}m^4$

由此可见对于一个可接受的传感器，应该满足

$J\geqslant$（$1.11\times10^{-9}$、$1.01\times10^{-9}$、$1.67\times10^{-9}$ 中的最大值）且 $J\leqslant7.67\times10^{-8}m^4$

$\rightarrow 1.67\times10^{-9}\leqslant J\leqslant7.67\times10^{-8}m^4$

我们选择 $J=7.67\times10^{-8}m^4$，这是满足所有设计规范最大的 $J$。如果只考虑表 9-2 中的 4 个设计规范，那么这不是最佳选择。然而，这种选择是为了使管的厚度足够大以在传输负载时不弯曲或不变形。为了说明这一点，让我们将这个"非最优"设计选择与最优值进行比较。

对于管状轴，$J=(\pi/2)(r_o^4-r_i^4)$，其中 $r_o$ 为外半径且 $r_i$ 为内半径 $\rightarrow7.67\times10^{-8}=(\pi/2)(0.02^4-r_i^4)\rightarrow r_i=1.8cm$。

现在，根据 $J$ 的选择值可以计算得到：

$$\varepsilon_{max}=\frac{7.67\times10^{-8}}{1.11\times10^{-9}}3000\mu\varepsilon=2.07\times10^5\mu\varepsilon$$

$$N_p=\frac{1.01\times10^{-9}}{7.67\times10^{-8}}\times5\%=0.07\%$$

$$v_o = 10V$$

$$K = \frac{7.67 \times 10^{-8}}{1.67 \times 10^{-9}} \times 2.5 \times 10^3 = 1.15 \times 10^5 N \cdot m/rad$$

由于固有频率与刚度的平方根成正比，所以对于给定的惯量，我们注意到 $50\sqrt{(1.15 \times 10^5)/(2.5 \times 10^3)} = 339Hz$ 的带宽在这个设计中是可行的。

注意：在转矩传感的情况下，传感器的带宽（即转矩传感的操作频率范围）和整个动态系统的机械带宽（由两个惯量的扭件固有频率所控制并且惯量是通过柔性轴连接的）密切相关。因此，即使我们可以指定测量过程的传感器带宽，但是也间接地限制了整个系统的机械带宽。传感器带宽和系统带宽的紧密耦合可能不存在于其他的传感情况下。

现在，考虑 $J$ 的最优值，$J = 1.67 \times 10^{-9} m^4$。

我们有 $1.67 \times 10^{-9} = (\pi/2)(0.02^4 - r_i^4) \rightarrow r_i = 1.997cm$。

显然，这对 $J$ 来说不是一个好的选择，因为相应的壁厚非常薄，容易导致弯曲和其他结构问题。另外，这种选择将导致电桥的输出灵敏度过高（远大于 10V），因此，最理想的是使用先前给出的"非最优"选择。

注意：通常，空心传感器用于感应高达 50N·m 的转矩，实心传感器用于更高的转矩。

应变片在转矩传感器上的配置方式可以用来补偿因拉伸和弯曲负载等因素引起的交叉灵敏度效应，从而在转矩测量中产生误差。然而，明智的做法是使用一种对这些因素具有低灵敏度的转矩传感器。因为设计参数的相关表达式很简单，因此本节中讨论的管状扭转构件便于分析这个目标。它的机械设计和在实际系统中的集成也很方便。不幸的是，对于传输过程中的弯曲和拉伸负载，这个构件在硬度（刚度）方面不是最佳的。当固有硬度（刚度）要进行交叉负载时，必须考虑不同的形状和结构设计。此外，管状构件在构件表面的所有位置都有相同的主应变。这并没有给我们一个安装应变片的最佳位置，这个位置可以最大限度地提高转矩传感器的灵敏度。基本管状扭转构件的另一个缺点是，由于其有弯曲的曲面，所以在安装脆弱的单晶应变片时需要非常小心，因为即使轻微弯曲也容易损坏。所以一个具有平坦表面的传感器安装在应变片上是比较理想的。

一种具有前面所提的理想特性的转矩传感器（即对交叉负载固有的不灵敏性、表面非均匀应变分布和安装在应变片上的平滑表面）如图 9-20 所示。注意，两个传感部件在驱动构件和被驱动构件之间径向连接。在这个设计中，传感部件会经受弯曲来传送驱动构件和被驱动构件之间的转矩。弯曲应变在具有高灵敏度的位置测量，并且与传输的转矩成比例。对于这种复杂的传感部件，校准系数的解析测定并不容易实现，但实验测定却是比较直接的方式。有限元分析法也可用于此目的。

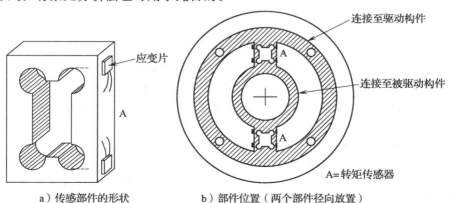

a）传感部件的形状　　　　b）部件位置（两个部件径向放置）

图 9-20　转矩传感器的弯曲部件

注意：应变片转矩传感器同时测量转矩的方向以及通过它传输的转矩大小。

表面声波（SAW）转矩传感器：SAW传感器是由压电材料制成的微型声学谐振器，其谐振频率（在MHz范围内）随传感器位置的表面应变而变化。因此，可以认为它是一个应变传感器，可以用来测量转矩。频率的变化由一个固定的检测器来感知。SAW转矩传感器的优点包括可以无线操作（适用于感知移动部件）和具有高测量带宽（在kHz范围内）。

### 9.3.3 挠度转矩传感器

取代传感器的应变，可以测量实际的挠度或形变（扭曲或弯曲），并通过适当的校准常数来确定转矩。对于圆轴（实心或空心）扭转部件，与扭转角（$\theta$）对应的转矩（$T$）的约束关系由式（9-30）给出，也可以写成下面的形式

$$T = \frac{GJ}{L}\theta \tag{9-32}$$

校准常数为$GJ/L$，为了达到高灵敏度，其值必须是非常的。这意味着部件的刚度应该很低。这限制了衡量响应速度的带宽和决定整个系统稳态误差的增益。对于带宽非常高的系统，扭转角$\theta$应该非常小（如，零点几度）。因此，在这种类型的转矩传感器中需要非常准确地测量$\theta$。下面描述了3种类型的基于位移或形变的转矩传感器。第一个传感器直接测量扭转角。第二个传感器使用与传感器形变相关的磁感应变化。第三个传感器使用反向磁致伸缩。

#### 9.3.3.1 直接挠度转矩传感器

可以用角位移传感器直接测量扭转构件两个轴向位置的扭转角，测量得到的扭转角可以用来确定转矩。该方法的难点在于，在动态条件下，当扭转部件旋转时必须测量相对挠度。这里可以使用一种位移传感器，它也是一台同步变压器。假设同步变压器的两个转子安装在扭转构件的两端。同步输出给出两个转子相对的旋转角度。

另一种类型的位移传感器可以用于相同的目的，如图9-21a示。两个铁磁齿轮花键联接在扭转部件的两个轴向位置上。两个固定的磁感应式（自感或互感）接近探头被放置在面朝齿轮齿顶的两个径向位置上。当轴旋转时，齿轮齿顶会在接近传感器的线圈中引起磁通链的变化。这两个探头产生的输出信号是脉冲序列，形状有点像正弦波。一个信号相对于另一个信号的相移决定了一个齿轮相对于另一个齿轮的相对角度挠度，假设两个探头在无转矩条件下是同步的。利用该方法可确定传输转矩的大小和方向。360°相移对应于齿轮节距整数倍的相对挠度。因此，在这种装置中可准确测量还不到齿轮齿节一半的挠度。假设两个探头的输出信号是正弦波（窄带滤波可以实现这一目标），相移$\phi$正比于扭转角$\theta$。如果齿轮有$n$个齿，则$2\pi$的主相移对应于$2\pi/n$弧度的扭转角。因此，$\theta = \phi/n$，且由式（9-32）我们得到

$$T = \frac{GJ\phi}{Ln} \tag{9-33}$$

其中，$G$是扭转部件的剪切模量；$J$是扭转部件的极面积惯性矩；$\phi$是两个接近探头的信号之间的相移；$L$是接近探头之间的轴向间距；$n$是每个齿轮的齿数。

注意：接近探头是非接触式设备。涡流接近探头（见第8章）和霍尔效应接近探头可以在转矩感应方法中代替磁感应探头。

#### 9.3.3.2 可变磁阻转矩传感器

可变磁阻转矩传感器是一种基于传感器形变且不需要接触换向器的转矩传感器，如图9-21b所示。这是一种可变磁阻设备，其工作方式与第8章中的差动变压器（RVDT或LVDT）类似。转矩传感部件是一根铁磁管，它有两组狭缝，在扭力作用下它的方向通常为沿管子的两个主要应力方向（即与轴向成45°的方向）。当转矩施加在扭转构件上时，

一组狭缝关闭，另一组由于主应力与狭缝轴正交而打开。一次和二次线圈放置在缝隙管周围，它们保持静止。二次线圈的一部分被放置在一组狭缝的周围，第二段被放置在另一组狭缝（垂直）周围。一次线圈由交流电源供电，测量在二次线圈中感应出的电压 $v_o$。当铁磁管发生形变时，它改变了磁通链路中的磁阻，从而改变了感应电压。为了获得最佳的灵敏度，图 9-21b 所示的二次线圈的两个部分应该连接起来，使感应电压是加性合成的（代数相减），因为一个电压增加，而另一个降低。应该解调输出信号（通过剔除载波频率分量）来有效地测量瞬变转矩。

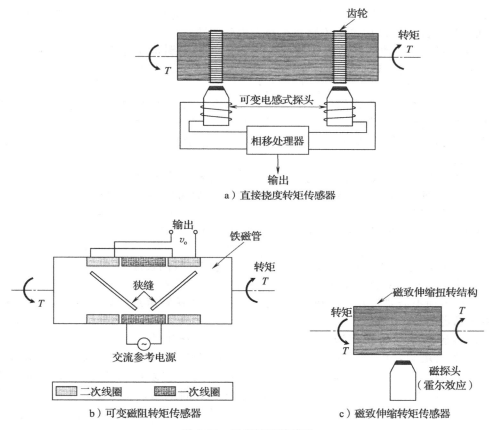

a）直接挠度转矩传感器

b）可变磁阻转矩传感器　　　　　　c）磁致伸缩转矩传感器

图 9-21　挠度转矩传感器

注意：转矩的方向由解调信号的符号给出。

### 9.3.3.3　磁致伸缩转矩传感器

磁致伸缩转矩传感器采用反向磁致伸缩原理。在直接磁致伸缩现象中，磁致伸缩材料在磁场的作用下会发生形变。在反向磁致伸缩现象（或维拉里效应）中，磁致伸缩材料的形变改变了它的磁化。注意：能量转换发生在弹性势能（机械）和磁能之间。在磁致伸缩扭转构件中磁化的变化可以通过固定的探头（如霍尔效应传感器）来感知并且构件的形变（因此产生的转矩）也可以感知。

常用的磁致伸缩材料是镍及其合金、某些铁氧体、某些稀土和铝铁合金（86％的铁和14％的铝合金）。它们在机械传感（如转矩传感）方面一个重要特性是应变灵敏度 $\partial B/\partial \sigma$，即对于单位压力的变化（单位为 $N/m^2$）导致磁通密度的变化（单位为 $Wb/m^2 = T$）。

表 9-3 给出了部分磁致伸缩材料及其应变灵敏度。图 9-21c 给出了磁致伸缩转矩传感器的示意图。

表 9-3　一些磁致伸缩材料

| 材料 | 应力灵敏度 $\partial B/\partial\sigma(T \cdot m^2/N)$ |
| --- | --- |
| 82%镍-18%钴合金 | $12.7\times10^{-9}$ |
| 铝铁合金(86%铁-14%铝) | $6.5\times10^{-9}$ |
| 镍 | $6.1\times10^{-9}$ |

注：应力＝杨氏模量×应变。通过这种关系可以确定应变灵敏度。

### 9.3.4　反作用转矩传感器

迄今为止所描述的转矩传感方法都使用了连接在驱动组件(执行器)和被驱动组件(负载)之间的传感部件。这种转矩传感器有两个主要的缺点：

1. 传感部件以一种不好的方式改变了原始系统，特别是通过降低系统的刚度和增加惯性改变了原始系统。因此，不仅系统的整体带宽减少了，而且由于包含了辅助传感部件，所以原有的转矩也发生了变化(机械负载)。

2. 在动态条件下，传感部件处于运动状态，从而使转矩测量更加困难。然后，需要使用某种形式的换向(如集电环和电刷)、旋转变压器或无线遥测去读出传感器信号。

转矩传感的反作用方法在很大程度上消除了这些问题。特别地，该方法可以方便地测量旋转机械的转矩。

在这种方法中，旋转机械(如电动机、泵、压缩机、涡轮机、发电机)的支撑结构(或外壳)都是通过使用固定装置来实现的，而且要测量保持结构不变(即固定)的力。该方法的示意图如图 9-22a 所示。一般情况下，杠杆臂安装在机构的外壳上，并且用一个力传感器(负载单元)来测量维持外壳保持静止所需的力。外壳上的反作用转矩为

$$T_R = F_R \cdot L \tag{9-34}$$

其中，$F_R$ 是用负载单元测量的反作用力；$L$ 是杠杆臂的长度。

应变片或其他类型的力传感器可以直接安装在外壳的固定位置(如安装在螺栓上)，以测量反作用力而不需要将外壳放在支架上。然后，反作用转矩是根据轴线到固定位置的已知距离来确定的。

转矩传感的反作用转矩法广泛应用于测力计(反作用测力计)中，通过测量转矩和轴的转速来确定旋转电动机中的传输功率。可以用图 9-22b 来解释反作用力转矩传感器的缺点。如图 9-22 所示，旋转惯量为 $J$ 的电动机，它以角加速度 $\ddot{\theta}$ 旋转。根据牛顿第三定律(作用力＝反应力)可知，电动机转子产生的电磁转矩 $T_m$ 会反作用到定子和外壳上。在 9-22 图中，$T_{f1}$ 和 $T_{f2}$ 表示两个轴承的摩擦转矩，$T_L$ 是传递到驱动负载的转矩。

当将牛顿第二定律应用于整个系统时，可以看到摩擦转矩和电动机(磁)转矩都抵消了，则 $J\ddot{\theta}=T_R-T_L$ 或者

$$T_L = T_R - J\ddot{\theta} \tag{9-35}$$

注意：$T_L$ 是必须测量的。

在加速或减速条件下，所测量的反作用转矩 $T_R$ 不等于所传输的实际转矩 $T_L$。对该误差，进行补偿的方法是测量轴加速度，计算惯性转矩，并利用惯性转矩调整测量的反作用转矩。

注意：轴承的摩擦转矩没有进入最后的公式中，这是该方法的另一个优点。

### 9.3.5　电动机电流转矩传感器

电动机的转矩是由电动机转子磁场与定子磁场之间的电磁的相互作用而产生的。因此，产生磁场的电流可以用来估计电动机转矩。在这里，我们将考虑直流和交流电动机。

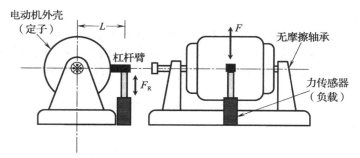

a）反作用转矩传感器装置（反作用测力计）的示意图

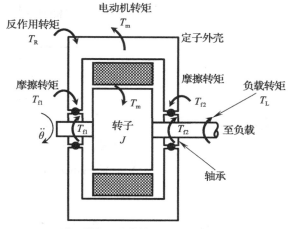

b）反作用转矩与负载转矩之间的关系

图　9-22

### 9.3.5.1　直流电动机

在直流电动机中，转子可能有电枢绕组，而定子可能有励磁绕组。考虑一个直流电动机，其中转子和定子都有电磁铁（载流线圈）。产生的（磁性）转矩 $T_m$ 可由下式得出

$$T_m = k i_f i_a \tag{9-36}$$

其中，$i_f$ 是励磁电流；$i_a$ 是电枢电流；$k$ 是转矩常数。

从式（9-36）可以看出，当 $k$ 为一个恒定的已知值（或由永久磁体提供了相应的磁场）时，电动机转矩可以通过测量 $i_a$ 或 $i_f$ 来确定。特别是在电枢控制中，假设 $i_f$ 是常量，并且假设在磁场控制中 $i_a$ 也是常量。

如前所述（见图 9-22b），电动机的磁转矩与传输转矩不完全相等，后者是大多数应用中需要测量的。由此可知，电动机电流只提供所需转矩的近似值。通过电动机轴传输的实际转矩（负载转矩）与电动机定子和转子接口处产生的电动机（磁）转矩不同。这种差异对于克服电动机组运动部件（特别是转子惯量）的惯性转矩和摩擦转矩（尤其是轴承摩擦力）是有必要的。可用一些方法来调整（或补偿）磁转矩，以便在足够的准确度下估计传输的转矩。其中一种方法是为电动机和负载的机电系统找到一个合适的动态模型并且将该动态模型，在卡尔曼滤波器（见第 7 章）中输入是测量电流，估计输出是传输负载。对这种方法的详细介绍超出了本书的范围。

电动机电流可以通过几种方式来测量，例如，通过测量串联电路中的已知电阻（低电阻）的电压，或者测量电流产生的磁场（如使用霍尔传感器）。高达 100A 的电流可以使用微型导体（$60\mu\Omega$）在快速响应时间（$1\mu s$）下进行测量。一种商用电流传感器（尺寸：1cm），可用于电动机驱动、电力调节系统、建筑供热、通风系统和空调系统中；其外形如图 9-23 所示。

### 9.3.5.2 交流电动机

过去，直流电动机主要用于复杂的控制应用。在过去交流同步电动机主要局限于恒速应用，但由于固态驱动器的迅速发展，它们在变速应用（例如，机械手）和伺服系统中也有着广泛的用途。今天，交流电动机驱动系统采用先进的单晶技术将频率控制和电压控制结合起来。

交流电动机的转矩也可以通过测量电动机电流来确定。例如，请考虑图 9-24 所示的三相同步电动机的原理。

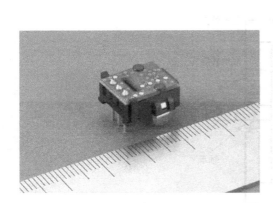

图 9-23　一种电流传感器（资料来源：Alps Electric，Auburn Hills，MI）

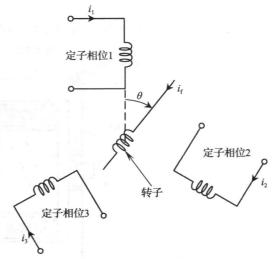

图 9-24　三相同步电动机的示意图

传统的同步电动机的电枢绕组缠绕在定子上（与直流电动机的情况相反）。假设三相电流（电枢电流）用 $i_1$、$i_2$ 和 $i_3$ 表示。转子绕组的直流场电流是由 $i_f$ 表示的。然后，电动机转矩 $T_m$ 可以表示为

$$T_m = ki_f \left[ i_1 \sin\theta + i_2 \sin\left(\theta - \frac{2\pi}{3}\right) + i_3 \sin\left(\theta - \frac{4\pi}{3}\right) \right] \tag{9-37}$$

其中，$\theta$ 是转子的旋转角；$k$ 是同步电动机的转矩常数。

如果假设 $i_f$ 是固定的，则可以通过测量相电流来确定电动机的转矩。对于三相对称交流电源而言，我们有 $i_1 = i_a \sin\omega t$，$i_2 = i_a \sin(\omega t - 2\pi/3)$ 和 $i_3 = i_a \sin(\omega t - 4\pi/3)$，其中 $\omega$ 是线频率（每个电源相的电流频率），$i_a$ 是相电流的振幅。把这些代入式（9-37）并使用众所周知的三角恒等式进行化简，我们得到了 $T_m = 1.5ki_f i_a \cos(\theta - \omega t)$。每相有一对磁极的三相同步电动机的角速度等于频率 $\omega$。因此，$\theta = \theta_o + \omega t$，其中 $\theta_o$ 是转子在 $t = 0$ 时的角位置。由此可见，通入三相对称交流电的同步电动机的转矩为

$$T_m = 1.5ki_f i_a \cos\theta_o \tag{9-38}$$

这个表达式与式（9-36）给出的直流电动机的表达式很相似。

### 9.3.6　力传感器

力传感器在许多应用中都很有用。例如，可以监控机床产生的切削力以检测工具磨损和即将发生的故障，并诊断其原因；通过反馈控制机床；确定实验模型；评估产品质量。在车辆测试中，力传感器可用来监测车辆和测试假人碰撞的冲击力。机器人处理和组装任务是通过测量末端执行器上产生的力来控制的。当与工作环境交互时，使用主机械手和从机械手的触觉远程操作可以在机器人末端执行器上使用力感应。然后，主机械臂的操作员远程操控任务，在工作环境下执行任务的从机械臂传递回来的力感应信息可以给主机械臂

的操作员产生一个真实的"感觉"。在机械系统的实验建模(模型识别)中采用了测量激励力和对应的响应。在机械系统的非线性反馈控制中,对力的直接测量是比较有用的,其中测量的力用来确定非线性动态过程,可以使用合适的控制器从整个动态系统中减去非线性,这将使系统以线性方式运行。

　　采用应变片或内置微电子器件的压电晶体(石英)的力传感器是比较常见的。例如,利用应变片原理测量力和压力的薄膜和金属箔传感器可商用。一个使用了应变片方式的工业测力负载单元如图 9-25 所示。脉冲力和缓慢变化的力都可以用这个传感器来监测。一些类型的力传感器是基于由力引起的挠度来测量的。相对较大的挠度(毫米级)是这项技术可行的必要条件。商用传感器可以用来检测敏感装置,也可以用来处理非常大的重型负载单元(如 10 000N)。已经讨论过的转矩传感技术[如磁致伸缩,表面声波(SAW)转矩传感器]可以用简单的方式扩展到力检测。因此,这里没有讨论这个主题。表 9-4 给出了几种传感器的典型额定参数。

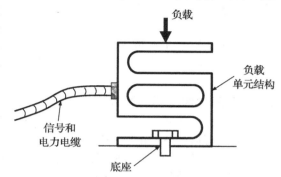

图 9-25　工业用力传感器(负载单元)

表 9-4　几种传感器的额定参数

| 传感器 | 被测量 | 被测量的频率(最大/最小) | 输出阻抗 | 典型分辨率 | 精度 | 灵敏度 |
|---|---|---|---|---|---|---|
| 电位计 | 位移 | 10Hz/DC | 低 | ≤0.1mm | 0.1% | 200mV/mm |
| 线性差动变压器 | 位移 | 2500Hz/DC(最大值,被载波频率所限制) | 适中 | ≤0.001mm | 0.1% | 50mV/mm |
| 旋转变压器 | 角位移 | 500Hz/DC(最大值,被载波频率限制) | 低 | 2min | 0.2% | 10mV/° |
| 直流转速计 | 速度 | 700Hz/DC | 适中(50Ω) | 0.2mm/s | 0.5% | 5mV·s/mm<br>75mV·s/rad |
| 涡流接近传感器 | 位移 | 100kHz/DC | 适中 | 0.001mm,<br>0.05%全量程 | 0.5% | 5V/mm |
| 压电加速度计 | 加速度(速度等) | 25kHz/1Hz | 高 | 1mm/s$^2$ | 0.1% | 0.5mV·s$^2$/m |
| 半导体应变片 | 应变(位移、加速度等) | 1kHz/DC(由疲劳度限制) | 200Ω | 1~10$\mu\varepsilon$<br>(1$\mu\varepsilon$ = 10$^{-6}$应变) | 0.1% | 1V/$\varepsilon$,<br>2000$\mu\varepsilon$·max |
| 负载单元 | 力(1~1000N) | 500Hz/DC | 适中 | 0.01N | 0.05% | 1mV/N |
| 激光器 | 位移/形状 | 1kHz/DC | 100Ω | 1.0$\mu$m | 0.5% | 1V/mm |
| 光学编码器 | 运动 | 100kHz/DC | 500Ω | 10 位 | ±⅛位 | 10$^4$脉冲/转 |

## 9.4　触觉传感

　　触觉传感通常解释为触摸感知,但触觉传感与简单的"夹紧"不同,在这种情况下,可以进行很少的离散力测量。触觉传感采用一个紧密排列的力传感器阵列,并且通常利用传感器阵列的表面特性来测量力的"分布"。

　　触觉传感在两种操作中尤为重要:(1)抓取,处理和精细操作;(2)物体识别。在抓取、处理和精细操作的过程中,物体必须以稳定的方式进行保持,而不允许滑动和破坏。物体识别包括识别或确定物体的形状、位置和方向,以及探测或识别物体的表面属性（如密度、硬度、质地、灵活性）和缺陷。理想情况下，这些任务需要两种类型的感知：

1. 以时间为变量的接触力的连续空间传感
2. 表面形变轮廓的感应（以时间为变量）

这两种类型的数据通常是通过触觉传感器接触表面或被抓取物体的基本结构关系（物理性质，如应力-应变关系）进行联系的。因此，无论是触觉力的持续空间传感，还是触觉挠度轮廓的传感，都称为触觉传感。注意"学习"也是触觉感知的重要组成部分。例如，捡起一个易碎的物体（如一个鸡蛋），它和捡起一个形状相同但却由柔性材料制成的物体相比并不是一个完全相同的过程；它们需要通过触摸来学习，特别是当不能用视觉的时候。另外，在某些物体处理的应用中，学习"即将到来的"事情可能是非常重要的。

### 9.4.1　触觉传感器的要求

在机器人领域，触觉传感取得了重大进展。该传感器的应用非常普遍和广泛，包括对表面轮廓和关节（如焊接或胶合部件）缺陷的自动检验、材料处理或部件转移（如挑选和放置）、用触摸来检测材料的性能（如一块鲱鱼籽的质地）、部件组装（如部件装配）、制造应用中的部件识别和测定（如确定从箱子中取出的涡轮机叶片的大小和形状）、在远程位置使用主操纵器来操纵从操作器、精细操作任务（如艺术和工艺品的生产、机器人雕刻和机器人显微外科的活动）。注意：如果部件已经正确定位，并且已经获取了关于过程和目标物体足够的信息，则这些应用中的一部分可能只需要简单的触摸（力-转矩）。

当然，触觉传感装置常用的设计目标是模仿人类手指的能力。具体来说，触觉传感器应该具有与皮肤相似的特性，并具有足够的灵活性和灵活度，对信息获取有足够的灵敏度和分辨率，有足够的鲁棒性和稳定性从而可以完成不同的任务，以及一些用于识别和学习的局部智能。尽管人类指尖的空间分辨率大约为 2mm，但如果其他感官（如视觉）、先前的经验和智慧在触摸期间同时使用，那么也可以实现更小的空间分辨率（小于 1mm）。人类指尖的力分辨能力（或触觉感觉）大约为 1gm。同时，人类的手指可以在抓取过程中预测"即将发生的滑动"，以便在物体实际滑动之前采取纠正措施。在初级阶段，需要了解物体与手的共同表面上的剪应力的分布和摩擦特性。还需要额外的信息和"智能"处理能力来准确地预测和采取纠正措施以防止下滑。当然，这些都是触觉传感器的理想目标，但并不是完全不切实际的。

传感器的密度或分辨率、动态范围、响应时间或带宽、强度和物理鲁棒性、尺寸、稳定性（动态鲁棒性）、线性、灵活性和局部智能（包括数据处理、学习和重组）都是重要的因素，必须将它们纳入分析、设计或选择触觉传感器的整个过程中。由于需要大量的传感器组件，所以触觉传感器的信号调理和处理面临着挑战。工业触觉传感器的典型性能规范如下所示：

1. 大约 1mm 的空间分辨率（大约 100 个传感器组件）
2. 力的分辨力大约是 2g
3. 动态范围 60dB
4. 力的承受上限（最大接触力）大约 1 公斤
5. 响应时间为 5ms 或更少（带宽超过 200Hz）
6. 低滞后（低能量耗散）
7. 在严酷和艰苦的工作条件下具有耐久性（和强度）
8. 对环境条件（温度、灰尘、湿度、振动等）的变化有鲁棒性和不敏感性
9. 能够探测甚至预测滑动

所选择的规范依赖于特定的应用环境和相关的限制（尺寸、形状、强度、成本等）。

虽然触觉传感技术的发展还没有达到峰值，而且在工业中触觉传感器的应用却很广泛，但达到甚至超过前述规格的触觉传感器在商用上也是可行的。在触觉传感器的设计和发展中，通常会讨论两组不同的问题：

1. 改进触觉传感器的机械特性和设计，以使传感器能够快速获得具有高分辨率的精确数据。

2. 改进信号采集、分析和处理的能力，以使有用的信息可以通过触觉传感获得的数据准确、快速地提取出来。

在第二个类别下，我们还考虑在动态过程的反馈控制中使用触觉信息技术。在此背景下，控制算法、规则和推理技术的发展与使用触觉信息的智能控制器是相关的。

**灵活度**

在使用触觉感知的精密机械臂和机械手中，灵活度是一个重要的考虑因素。装置的灵活度通常定义为

$$\text{灵活度} = \frac{\left[\text{装置中自由度的数量}\right]}{\left[\text{装置的运动分辨率}\right]}$$

我们称之为"运动灵活度"。

我们可以定义另外一个称为"力灵活度"的灵活度，它为：

$$\text{力灵活度} = \frac{\text{自由度的数量}}{\text{力分辨率}} \tag{9-39}$$

这两种灵活度在使用触觉传感的机械操作中都是有用的。

### 9.4.2　触觉传感器的结构和操作

触觉传感器的触摸表面通常由弹性垫或柔性膜制成。从这一共同的基础出发，触觉传感器操作原理的差异主要取决于所感知的分布力或感知到的触觉表面的挠度。触觉传感的常用方法包括：

1. 使用一组间隔紧密的应变片或其他类型的力传感器来感知分布力。

2. 使用导电弹性体作为触觉表面。当发生形变时，其电阻的变化将决定分布力。

3. 使用一个紧密排列的挠度传感器或接近传感器（如光学传感器）用来确定触觉表面的挠度轮廓。

由于力和挠度与触觉传感器（触摸板）的结构定律相关，所以只有一种测量方法，但力和挠度在触觉传感中不是必需的。以这种方式获得的力分布轮廓或挠度轮廓可以被视为一个二维数组或"图像"，它可以被处理（滤波、函数拟合等）并显示为一个"触觉图像"或在应用中使用（对象识别、操作控制等）。

触觉传感器中接触力的分布通常使用位于柔性膜下的一组力传感器来测量。在足够密度（单位面积上的元件数）的条件下，压电传感器阵列（见第 8 章）和金属或单晶应变片（压电传感器）可以测量触觉力的分布。单晶组件的机械强度较差，但灵敏度高。像皮肤一样的薄膜本身也可以由导电弹性体（如石墨-铅氯丁橡胶）制成，它的电阻变化可以被感知并用于确定力和挠度的分布。特别地，随着触觉压力的增加，特定弹性段的电阻会减小，并且流过它的电流（使用恒定电压）就会相应增加。导体可以在弹性垫的下方蚀刻，以通过适当的信号采集电路来检测弹性垫的电流分布。导电弹性体的常见问题是电噪声、非线性、滞后、低灵敏度、漂移、低带宽和材料强度差。

触觉表面的挠度轮廓可以用接近传感器或挠度传感器矩阵来确定。电磁和电容传感器可用于获取这些信息。已经在第 8 章讨论了这些类型传感器的操作原理。光学触觉传感器利用感光元件（光传感器）来感知从触觉表面反射的光强度（或激光束）（见第 10 章）。光学方法的优点是不受电磁噪声的影响，在爆炸环境中它是安全的，但由于到达传感器的杂散光、光源强度的波动和环境条件的变化（如泥土、潮湿和烟雾），使它们也可能会产生误差。

**例 9.8**

触觉传感器垫由一个导电弹性体元件矩阵组成。每一个触觉元件的电阻 $R_t$ 都是由 $R_t = a/F_t$ 给出的，其中 $F_t$ 是施加在元件上的触觉力，$a$ 是一个常数。图 9-26 所示的电路是用来获取触觉传感器信号 $v_o$ 的，它测量的是局部触觉力 $F_t$。通过适当的开关装置，可以通过对相应元件的寻址来扫描整个触觉元件矩阵。

对于图 9-26 所示的信号采集电路，如果有必要的话，可以从参数 $a$、$R_o$ 和其他参数中获得它们与输出电压 $v_o$ 和 $F_t$ 的关系。并表明触觉元件在没有被寻址的情况下 $v_o = 0$（即当电路切换到参考电压 2.5V 时）。

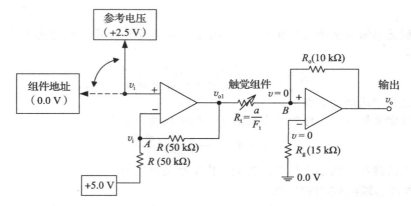

图 9-26　一种导电弹性触觉传感器的信号采集电路

**解：**定义：$v_i$ 是电路的输入（2.5V 或 0.0V），而 $v_{o1}$ 是第一个运算放大器的输出。我们使用运算放大器的下列特性（见第 3 章）：

1. 两个输入端的电压相等。
2. 通过两个输入端的电流是零。

因此，请注意对于相同的 $v_i$ 第一个运算放大器（和在节点 $A$）的输入端和第二个运算放大器（以及节点 $B$）的输入端有相同的零电压，因为其中一个端子是接地的。

$A$ 点的电流平衡方程为

$$\frac{5.0 - v_i}{R} = \frac{v_i - v_{o1}}{R} \Rightarrow v_{o1} = 2v_i - 5.0 \tag{i}$$

$B$ 点的电流平衡方程为

$$\frac{v_{o1} - 0}{R_t} = \frac{0 - v_o}{R_o} \Rightarrow v_o = -v_{o1}\frac{R_o}{R_t} \tag{ii}$$

将式（i）代入式（ii）中，并代入到已经给出的 $R_t$ 的式子。我们得到 $v_o = (R_o/a)F_t(5.0 - 2v_i)$。代入 $v_i$ 的两个交换值，我们有

$$v_o \begin{cases} = \dfrac{5R_o}{a}F_t & \text{当寻址时} \\[2mm] = 0 & \text{当作为参考电压时} \end{cases}$$

### 9.4.3　光学触觉传感器

光学触觉传感器的原理图（在麻省理工学院人机系统实验室开发的）如图 9-27 所示，其使用了光学接近传感器的原理（见第 10 章）。在该系统中，柔性触觉元件由高强度橡胶外层（触摸板）、中间层为薄的光反射面和透明橡胶的内层构成。光纤均匀、坚固地安装在橡胶的内层上，这样光就可以直接投射到反射面上。

光源、光束分离器和固态数码相机组成一个完整的单元，如果相机的一个图像帧不能覆盖整个阵列，则它可以在已知的步骤中横向移动以扫描整个光纤阵列。分隔板将部分来自光源的光反射到一束光纤上。这些光被反射面反射，并由相机接收。由于相机所接收到的光的强度取决于反射面的接近程度，因此由相机检测到的图像的灰度强度将决定触觉表面的挠度轮廓。为触觉传感器板使用适当的构成关系也可以确定触觉力的分布。图像处理器将会以图像采集卡接收到的连续图像帧为条件（滤波器、片段等），并以此方法计算挠度轮廓和相关的触觉力分布。图像分辨率取决于每个图像帧的像素大小（如 512×512 像素、1024×1024 像素等）以及光纤矩阵的间距。触觉传感器的力分辨率（或触觉感觉）可以以减少弹性层的厚度为代价来提高，而弹性层的厚度又决定了传感器的鲁棒性。

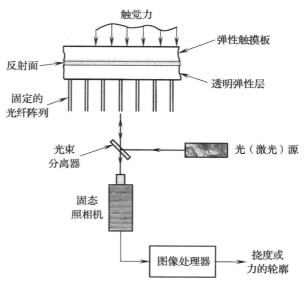

图 9-27　光纤触觉传感器的原理图

在所描述的光纤触觉传感器（见图 9-27）中，光纤作为光或激光传输到触觉位点的介质。这是光纤传感的"外在"应用。另外，可以开发一种光纤作为传感组件"内在"的应用。具体来说，触觉压力直接应用于光纤网。由于通过光纤传输的光量将因由触觉压力引起的形变而减小，因此接收器的发光强度可用于确定触觉压力的分布。

还有另一种光学触觉传感器的替代品。在这个设计中，光源和接收器位于触觉位点本身且不使用光纤。这种触觉传感器的工作原理如图 9-28 所示。当弹性触摸板被按在特定位置时，在这个点上与这个板相连的一个针脚便会移动（在 $x$ 方向

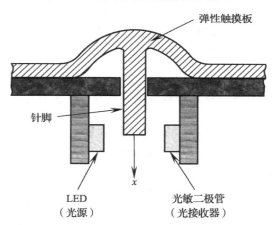

图 9-28　拥有局部光源和光敏传感器的光学触觉传感器

上），从而阻碍光敏二极管从发光二极管接收到的光。光敏二极管的输出信号测量针脚的移动。

### 9.4.4　应变片触觉传感器

位于密歇根州特洛伊市的伊顿公司开发了一种应变片触觉传感器。它的意义在于，它可以用来确定点接触力的大小和位置，例如，这在部件装配的应用中是很有用的。在应变片负载单元的 4 个角上，一个长度为 $a$ 的方形板由无摩擦铰链支撑，如图 9-29a 所示。通常施加于平板的一个点力 $P$ 的大小、方向和位置，可以用 4 个（应变片）负载单元的读数来确定。

为了进一步说明这一原理，请考虑图 9-29b 所示的自由体受力图。力 $P$ 的位置是由笛卡儿坐标系 $(x, y, z)$ 的坐标 $(x, y)$ 给出的，如图 9-29b 所示，原点位于 1 处。在位置 $i$ 处的负载单元的读数表示为 $R_i$。$z$ 方向的平衡状态给出了力的平衡方程：

$$P = R_1 + R_2 + R_3 + R_4 \tag{9-40}$$

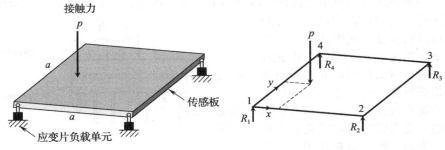

a）一种点式接触的应变片传感器的原理图　　　b）自由体受力图

图　9-29

关于 $y$ 轴的力矩平衡方程为：

$$Px = R_2 a + R_3 a \rightarrow$$

$$x = \frac{a}{P}(R_2 + R_3) \tag{9-41}$$

同样地，关于 $x$ 轴的平衡方程为：

$$y = \frac{a}{P}(R_3 + R_4) \tag{9-42}$$

从式（9-40）～式（9-42）可知，力 $P$（方向和大小）和它的位置（$x$，$y$）完全由负载单元的读数决定。板长度 $a$ 和最大力 $P$ 的典型值分别为 5cm 和 10kg。

### 例9.9

在一个特定的部件装配过程中使用应变片触觉传感器的原理，假设力位置的测量误差的公差限制为 $\delta r$。请确定在负载单元上误差的公差 $\delta F$。

**解：** 取式（9-40）和式（9-41）的微分：

$$\delta P = \delta R_1 + \delta R_2 + \delta R_3 + \delta R_4 \text{ 和 } P\delta x + x\delta P = a\delta R_2 + a\delta R_3$$

直接替换为

$$\delta x = \frac{a}{P}(\delta R_2 + \delta R_3) - \frac{x}{P}(\delta R_1 + \delta R_2 + \delta R_3 + \delta R_4)$$

注意到 $x$ 介于 0 和 $a$ 之间，而且每个 $\delta R_i$ 可以在 $\pm\delta F$ 之间变化。因此，$x$ 最大的误差为 $(2a/P)\delta F$，这受限于 $\delta r$。因此，我们有

$$\delta r = \frac{2a}{P}\delta F$$

或

$$\delta F = \frac{P}{2a}\delta r$$

这就给出了力误差的公差。考虑 $y$ 而不是 $x$ 得到的结果是相同的。

## 9.4.5　其他种类的触觉传感器

另一种类型的触觉传感器（压缩电阻的）使用了单晶应变片，它安装在刚性基座的触摸板下。在这种方式下，触摸板上分布的力可以直接测量。

例如，超声触觉传感器是基于脉冲回声测距的。在这种方法中，触觉表面由两层被气隙隔开的薄膜构成。超声波脉冲穿过气隙并反射回接收器的时间尤其取决于气隙的厚度。由于这个时间间隔随着触觉表面的形变而发生变化，因此在给定位置它可以作为触觉表面

形变的度量。

触觉传感器的其他可能性包括在物体接触时化学效应的使用，以及掌握一组传感组件固有频率的影响。

**例 9.10**

什么时候触觉感知优于点力感知了？一个压电触觉传感器每平方厘米有 25 个力感应元件。传感器中的每一个传感组件都能承受的最大负载为 40N，并且可以检测到的负载变化大约为 0.01N。触觉传感器的力分辨率是多少？传感器的空间分辨率是多少？传感器的动态范围(dB)是多少？

**解：** 当它不是一个简单的触摸应用时，触觉传感是首选。触觉感知可以确定操纵物体的形状、表面特征和灵活性特征。

$$力分辨率 = 0.01N$$

$$空间分辨率 = \frac{\sqrt{1}}{\sqrt{25}}cm = 2mm$$

$$动态范围 = 20\log_{10}\left(\frac{40}{0.01}\right) = 72dB$$

## 9.5 阻抗传感和控制

考虑一个机械操作，其中我们推动一个具有恒定刚度的弹簧。在这里，力的大小完全决定了位移的大小，同样，位移的大小也完全决定了力的大小。因此，在这个例子中，我们不能同时独立地控制力和位移。同样，在本例中，不可能应用与位移有任何指定关系的控制力。换句话说，刚度控制是不可能的。现在假设我们推动一个复杂的动态系统，而不是一个简单的弹簧组件。在这种情况下，我们应该能够控制一个与动态系统的位移响应对应的推力，从而使力与位移的比值以一种特定的方式变化。这是一种刚度控制(或顺应性控制)动作。

在频域中动态刚度定义为：(输出力)/(输入位移)。动态刚度的倒数是动态柔性、顺应性或可接受性。在频域内，机械阻抗定义为：(输出力)/(输入速度)。机动性是机械阻抗的倒数。注意，刚度和阻抗都与机械系统中的力和运动变量有关。阻抗控制的目标是使阻抗函数等于某个指定的函数(没有单独控制或与独立约束相关的力和速度变量)。

可以认为力控制和运动控制是阻抗控制(和刚度控制)的极限情形。由于力控制的目标是使力变量不偏离理想的水平，所以在相关的运动变量(输入)独立变化的情况下，力是输出变量，它与期望值的偏离(增量)必须控制为零。因此，当速度作为运动变量时(或当选择位移为运动变量时的零刚度控制)，力控制可以解释为零阻抗控制。相反，位移控制可以认为是无限刚度控制，并且速度控制可以认为是无限阻抗控制。

阻抗控制必须通过主动方法来完成，通常是将力作为相关位移的指定函数来实现的。在顺畅装配和加工任务的情况下，阻抗控制在机械操作中特别适用于不"硬"的物理约束。特别地，高阻抗存在于运动约束的方向上，并且低阻抗在自由运动的方向上。如果应用了刚度控制或阻抗控制，则在运动控制应用中，可以在一定程度上避免了由小运动误差产生较大力的问题。此外，适当地限制阻抗参数值，可以保证整个系统的稳定性，提高系统的鲁棒性。

在精细和灵活操作的任务中，阻抗控制尤其有用。应用的例子包括灵活和不均匀的自然材料的加工，如肉类加工、机器人外科手术和将平面物体制成不同形状的打槽机(如皮革、木材和塑料）。在这些任务中，任务界面（即在加工对象与机械加工或与被加工物体的相互作用区域中）的机械阻抗对该过程提供了有价值的特性，其可以在精细控制的处理任务中使用。由于阻抗将输入速度与输出力联系起来，所以它是一个传递函数。阻抗控制的概念可以应用于输入不是速度且输出也不是力的情况。在文献中也使用阻抗控制这个术语，即使对应的传递函数严格来说不是阻抗。

**例 9.11**

可以从阻抗控制的角度来处理机床和机器人机械臂等过程控制。例如，考虑一个在工件上执行直切的铣床，如图 9-30a 所示。机床的位置是固定的，并且机床的工作台固定住工件，沿着水平轴以速度 $v$ 的进料速率移动。进料方向上的切削力为 $f$。假设机床是用速度偏差来驱动的，根据定律：

$$F = Z_d(V_{ref} - V) \tag{9-43}$$

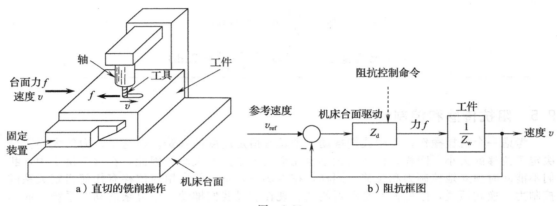

a）直切的铣削操作     b）阻抗框图

图 9-30

其中，$Z_d$ 是台面的驱动阻抗；$V_{ref}$ 是参考（控制）的进料速率。

（大写字母用来表示系统的频域变量）工件的切割阻抗 $Z_w$ 满足关系：

$$F = Z_w V \tag{9-44}$$

注意 $Z_w$ 依赖于系统属性，我们通常不能直接控制它。整个系统由图 9-30b 所示的框图表示。一个阻抗控制问题是调整（或适应）驱动阻抗 $Z_d$ 以将进料速率保持在 $V_{ref}$ 附近并且将切削力保持在 $F_{ref}$ 附近。我们将确定 $Z_d$ 的自适应控制律。

**解：** 最小化目标函数可以得到控制目标：

$$J = \frac{1}{2}\left(\frac{F - F_{ref}}{f_o}\right)^2 + \frac{1}{2}\left(\frac{V - V_{ref}}{v_o}\right)^2 \tag{9-45}$$

其中，$f_o$ 是力的公差；$v_o$ 是速度的公差。

例如，如果我们想要严格控制进料速率，则就需要选择一个小的 $v_o$ 值，在 $J$ 中它是对应于进料速率项的重要权重，因此，这两个公差参数在成本函数中也是权重参数。

下式给出了最优解

$$\frac{\partial J}{\partial Z_d} = 0 = \frac{(F - F_{ref})}{f_o^2}\frac{\partial F}{\partial Z_d} + \frac{(V - V_{ref})}{v_o^2}\frac{\partial V}{\partial Z_d} \tag{9-46}$$

现在，从式（9-43）和式（9-44），我们得到

$$V = \left(\frac{Z_d}{Z_d + Z_w}\right)V_{ref} \tag{9-47}$$

$$F = \left(\frac{Z_d Z_w}{Z_d + Z_w}\right)V_{ref} \tag{9-48}$$

对这些公式进行微分，我们得到

$$\frac{\partial V}{\partial Z_{\mathrm{d}}} = \frac{Z_{\mathrm{w}}}{(Z_{\mathrm{d}} + Z_{\mathrm{w}})^2} V_{\mathrm{ref}} \tag{9-49}$$

并且

$$\frac{\partial F}{\partial Z_{\mathrm{d}}} = \frac{Z_{\mathrm{w}}^2}{(Z_{\mathrm{d}} + Z_{\mathrm{w}})^2} V_{\mathrm{ref}} \tag{9-50}$$

接下来，我们将式(9-49)和式(9-50)代入式(9-46)并且除以共同项得到

$$\frac{F - F_{\mathrm{ref}}}{f_{\mathrm{o}}^2} Z_{\mathrm{w}} + \frac{V - V_{\mathrm{ref}}}{v_{\mathrm{o}}^2} = 0 \tag{9-51}$$

代入式(9-47)和式(9-48)后将这个公式展开，以获得所需的 $Z_{\mathrm{d}}$ 的表达式：

$$Z_{\mathrm{d}} = \frac{Z_{\mathrm{o}}^2 + Z_{\mathrm{w}} Z_{\mathrm{ref}}}{Z_{\mathrm{w}} - Z_{\mathrm{ref}}} \tag{9-52}$$

其中

$$Z_{\mathrm{o}} = \frac{f_{\mathrm{o}}}{v_{\mathrm{o}}} \text{ 和 } Z_{\mathrm{ref}} = \frac{F_{\mathrm{ref}}}{V_{\mathrm{ref}}}$$

该式为台面驱动的阻抗控制定律。特别地，因为 $Z_{\mathrm{w}}$ 取决于工件特性、刀具特性和刀具转速，它是通过一个合适的模型或可能通过监控 $v$ 和 $f$ 进行实验确定的，并且因为 $Z_{\mathrm{d}}$ 和 $Z_{\mathrm{ref}}$ 是指定好的，所以我们能够使用式(9-52)确定必要的驱动阻抗 $Z_{\mathrm{d}}$。台面驱动控制器的参数(特别是增益)可以调整以匹配这个最佳阻抗。不幸的是，精确匹配实际上是不可能的，因为 $Z_{\mathrm{d}}$ 通常是关于频率的函数。如果带宽分量很高，那么我们可以假设阻抗函数与频率无关，并且这会稍微简化阻抗控制任务。

从式(9-44)中可以看出，对于理想的 $V = V_{\mathrm{ref}}$ 和 $F = F_{\mathrm{ref}}$ 的情况，我们有 $Z_{\mathrm{w}} = Z_{\mathrm{ref}}$。然后，从式(9-52)中可以看出，精确控制需要一个无穷大的驱动阻抗。然而，在实际中这是不可能实现的。当然，在任何实际的阻抗控制方案中都应该设置驱动阻抗的上限。

## 关键术语

### 应变片

**金属箔(铜镍合金-康铜)**：$\delta R/R = S_{\mathrm{s}} \varepsilon$；应变片灵敏系数(灵敏度)$S_{\mathrm{s}}$ 的范围为 2～4；线性度更高，电阻温度系数 $\alpha$ 更小。

**半导体(掺杂硅)**：$\delta R/R = S_1 \varepsilon + S_2 \varepsilon^2$；应变片灵敏系数 $S_{\mathrm{s}}$ 的范围为 40～200；电阻率较高(5kΩ)→降低功耗，体积更小且质量轻。非线性度更高→非线性 $N_{\mathrm{p}} = 50 S_2 \varepsilon_{\max}/S_1 \%$。

**传感**：电阻变化→电桥电路：

$$\frac{\delta v_{\mathrm{o}}}{v_{\mathrm{ref}}} = \frac{R_2 \delta R_1 - R_1 \delta R_2}{(R_1 + R_2)^2} - \frac{R_4 \delta R_3 - R_3 \delta R_4}{(R_3 + R_4)^2}$$

**测量**：位移、加速度、压力、温度、液位、应力、力矩等。注意：间接测量是使用前端辅助装置将被测量转换成应力(应变)。

**电桥输出**：$\delta v_{\mathrm{o}}/v_{\mathrm{ref}} = k(\delta R/4R)$。

**电桥常数**：$k = $(一般情况下的电桥输出)/(只有一个应变片工作时的电桥输出)。

**校准常数**：$C = (k/4) S_{\mathrm{s}}$ 且 $\delta v_{\mathrm{o}}/v_{\mathrm{ref}} = C \varepsilon$。

如果所有 4 个电阻都是活动的→最大 $k$→最大灵敏度。

**温度的自动补偿(p 型单晶应变片)**：使用串联电阻 $R_{\mathrm{c}}$ 以及电源 $R_{\mathrm{c}} = -[\beta/(\alpha+\beta)]R_{\mathrm{o}}$；$\beta$ 为灵敏度温度系数。

### 应变片转矩传感器

**方程**：在半径为 $r$ 的传感器中主应变(与轴成 45°角)为 $\varepsilon = (r/2GJ)T$；通过构件传递的转矩为 $T = (8GJ/kS_{\mathrm{s}}r)(\delta v_{\mathrm{o}}/v_{\mathrm{ref}})$；$G$ 为材料的剪切模量；$J$ 为横截面的极惯性矩。

**设计方面的注意事项**：

$$\text{刚度减小} \leftarrow \frac{1}{K_{\mathrm{new}}} = \frac{1}{K_{\mathrm{m}}} + \frac{1}{K_{\mathrm{L}}} + \frac{1}{K_{\mathrm{s}}} = \frac{1}{K_{\mathrm{old}}} + \frac{1}{K_{\mathrm{s}}}$$

扭转(扭曲)固有频率 $\omega_n = \sqrt{K_s\left[(1/J_m)+(1/J_L)\right]}$；传感器刚度 $K_s = T/\theta = GJ/L$；应变片的应变能力 $J \geqslant (r/2G) \cdot (T_{max}/\varepsilon_{max})$；应变片的非线性 $J \geqslant (25rS_2/GS_1) \cdot (T_{max}/N_p)$；传感器灵敏度 $J \leqslant (K_akS_srv_{ref}/8G) \cdot (T_{max}/v_o)$；传感器刚度(系统带宽和增益)$J \geqslant (L/G) \cdot K$。

**表面声波(SAW)传感器：** 压电材料制成的微型声学谐振器，其谐振频率(MHz 范围)随应变变化→应变传感器；优点：可以无线操作(适用于运动部件的传感)和具有高测量带宽(kHz)。

**直接挠度转矩传感器：** 测量扭转角，如齿轮上的接近探头→相移→扭转→转矩(大小和方向)。

**可变磁阻转矩传感器：** 有两个狭缝的铁磁管在主应力方向上；施加转矩→一个狭缝打开且另一个关闭→磁阻变化→感应电压→转矩。

**磁致伸缩转矩传感器：** 使用"反向"磁致伸缩(维拉里效应)→磁致伸缩材料的形变改变了其磁化强度→通过固定的磁探头进行感知(如霍尔效应传感器)；材料：镍及其合金、铁氧体、稀土和铝铁合金(86%铁和14%铝的合金)。

**反作用转矩传感器：** 把旋转机械的外壳放在支架上→测量支撑力。

优点：转矩感应元件降低了系统刚度和系统带宽但增加了系统的额外负载←反作用转矩传感器消除了这些问题；摩擦转矩不影响测量。注意：不考虑支撑，可以感知到支撑位置的反作用以得到反作用转矩。

**电动机电流转矩传感器：** 直流电动机：$T_m = ki_fi_a$；三相同步电动机：$T_m = 1.5ki_fi_a\cos\theta_o$。

## 思考题

**9.1** 举例说明有哪些辅助前端元件，讨论如何使用力传感器测量 (a)位移，(b)速度，(c)加速度。

**9.2** 位移控制在什么条件下能够有效地替代力控制？描述一种不可行的情形。

**9.3** 考虑机器人机械臂的关节，如图 P9-1 所示。转矩传感器安装在位置 1、2 和 3 上。用 $T_m$ 表示电动机转子生成的磁转矩，写出传递到链路 2 的转矩方程、在轴承 A 和 B 处的摩擦转矩和链路 1 的反作用转矩，根据测量得到的转矩，写出转子的惯性转矩和 $T_m$。

**9.4** 电动机转子与机器人关节接头处的连接轴是半径为 $r$ 的实心圆，且剪切模量为 $G$。它太硬不适合安装应变片。为了对关节转矩进行应变测量，将较软的套筒沿着连接轴紧密地套在上面(见图 P9-2)。套筒的外半径为 $R$，剪切模量为 $G_s$。根据测量得到的套筒表面(与轴方向呈 45°)的主应变 $\varepsilon$ 确定传递转矩 $T$ 的表达式。

提示：从材料力学的角度可知，复合圆轴 $GJ$ 的等效值为 $GJ + G_sJ_s^\ominus$。

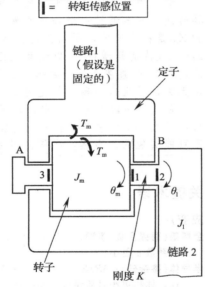

图 P9-1　机械臂关节的转矩传感位置

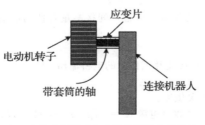

a) 一个带有转矩感应套筒的机器人关节轴

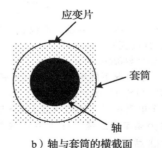

b) 轴与套筒的横截面

图　P9-2

⊖ De Silva, C. W., *Mechanics of Materials*, CRC Press, Taylor & Francis Group, Boca Raton, FL, 2014.

**9.5** 一个加工操作的模型如图 P9-3 所示。切削力用 $f$ 表示，刀具及其夹具由弹簧（刚度为 $k$）和黏滞阻尼器（阻尼常数为 $b$）和质量为 $m$ 的物块进行模拟。带有控制器的执行器（液压）是由主动刚度 $g$ 表示的。假设 $g$ 是线性的，获得执行器输入 $u$ 和切削力 $f$ 的传递关系。现在确定梯度 $\partial g/\partial u$ 的近似表达式。讨论一种控制策略，以抵消切削力中随机变化的影响。注意：这对于控制产品质量很重要。

提示：您可以使用一个参考自适应的前馈控制策略，其中 $g$ 和 $u$ 的参考值是机床的输入值。当 $u$ 的变化为 $\Delta u$ 时，使用梯度 $\partial g/\partial u$ 参考 $g$ 是合适的。

**9.6** 一种用于测量电动机转矩 $T_m$ 的应变片传感器如图 P9-4 所示。电动机在无摩擦轴承上浮动。一个均匀的矩形杠杆臂紧固地连接在电动机外壳上，它的另一端由一个关节接头所约束。如图所示，在杠杆臂上安装了 4 个相同的应变片。3 个应变片在 $A$ 点，它距电动机轴的距离为 $a$，第 4 个应变片在 $B$ 点，它距电动机轴的距离为 $3a$。关节接头距电动机轴的距离为 $l$。应变片 2、3、4 在杠杆臂的上表面，应变片 1 在底面。通过电桥输出 $\delta v_o$ 和以下额外的参数获得 $T_m$ 的表达式：$S_s$ 是应变片灵敏系数（应变片灵敏度），$v_{ref}$ 是电桥的电源电压，$b$ 是杠杆臂截面的宽度，$h$ 是杠杆臂截面的高度，$E$ 是杠杆臂的杨氏模量。

验证电桥的灵敏度与 $a$ 和 $l$ 无关，描述提高电桥灵敏度的意义。解释为什么传感器读取的传输到负载的转矩只是一个近似值。利用电桥输出，给出确定轴承的净正反作用力的关系。

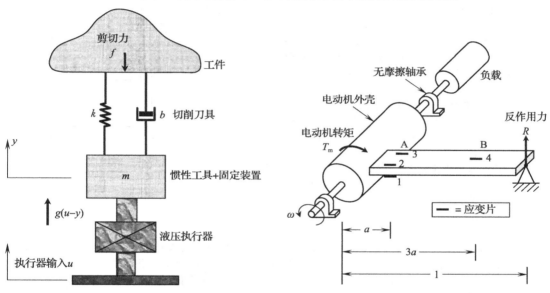

图 P9-3　一个机械操作模型　　　　　图 P9-4　测量电动机转矩的应变片传感器

**9.7** 应变片灵敏度 $S_s$ 由两部分构成：材料电阻率的变化所造成的影响和变形时应变片形变所造成的直接影响。证明第二部分可以近似为 $(1+2v)$，其中 $v$ 表示应变片材料的泊松比。

**9.8** 讨论以下技术在测量瞬态信号时的优缺点：

（a）直流电桥电路与交流电桥电路

（b）集电环和电刷式换向器与交流变压器式换向器

（c）应变片转矩传感器和可变电感转矩传感器

（d）压电加速度计与应变片加速度计

（e）转速计式速度传感器与压电速度传感器

（f）无线遥测换相与变压器换相

**9.9** 半导体应变由二次应变-电阻关系表征为：$\delta R/R = S_1\varepsilon + S_2\varepsilon^2$，使用最小二乘误差线性逼近获得的等效应变片灵敏度系数 $S_s$ 的表达式。假设只测量了正应变 $\varepsilon_{max}$。推导出非线性度的百分比表达式。取 $S_1 = 117$、$S_2 = 3600$、$\varepsilon_{max} = 0.01$ 应变，计算 $S_s$ 和非线性度的百分比。

**9.10** 简要描述如何使用应变片测量下列量：

（a）力

（b）位移

（c）加速度

(d) 压力

(e) 温度

证明如果一个补偿电阻 $R_c$ 与电源电压为 $v_{ref}$ 的应变片电桥串联，且电桥有 4 个相同的成员，每个电阻为 $R$，则在一般旋转下，输出式为：

$$\delta v_o / v_{ref} = [R/(R+R_c)](kS_s/4)\varepsilon$$

一个金属箔应变片负载单元使用一个简单的(1D)拉伸构件来测量力。假设 $k$ 和 $S_s$ 对温度变化不敏感。如果 $R$ 的温度系数是 $\alpha_1$，串联的补偿电阻 $R_c$ 的温度系数为 $\alpha_2$，并且拉伸构件杨氏模量的温度系数为 $(-\beta)$，则确定一个 $R_c$ 的表达式，其中 $R_c$ 可实现温度效应的自动（自身）补偿。这种装置在什么条件下可以实现？

**9.11** 绘制一个机器人单关节的框图，识别输入和输出。利用该图，当将关节的位移传感和速度传感相比，解释转矩传感的优点和缺点？

**9.12** 图 P9-5 显示了测量装置的原理图。

(a) 识别该装置中的各种组件。

(b) 描述该装置的工作方式，解释各部件的功能，并确定被测量和装置输出的关系。

(c) 列出该装置的优点和缺点。

(d) 描述该装置的一个可能应用。

**9.13** 讨论电动机电流法在转矩传感方面的优点和缺点。对于一个具有三相平衡电源的同步电动机而言，证明转子-定子接口所产生的电磁转矩为

$$T_m = k i_f i_a \cos(\theta - \omega t)$$

其中，$i_f$ 是转子（场）绕组中的直流电流；$i_a$ 是定子（电枢）的每一相中电源电流的振幅；$\theta$ 是旋转角；$\omega$ 是交流电源的频率（角频率）；$t$ 是时间；$k$ 是电动机转矩常数。

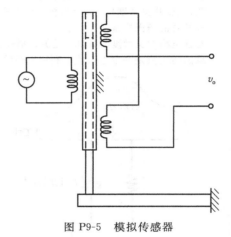

图 P9-5　模拟传感器

**9.14** 讨论从以下器件中获得下限频率和上限频率的限制因素：

(a) 应变片

(b) 转轴转矩传感器

(c) 反作用转矩传感器

**9.15** 简要描述移动带或电缆的张力必须在瞬态下进行测量的情况。在移动构件中测量张力有什么困难？图 P9-6 所示为皮带传动系统的应变片拉力传感器。两个相同的正常工作的应变片 $G_1$ 和 $G_2$ 安装在一个有矩形截面的悬臂的根部，如图所示。一个轻质无摩擦的滑轮安装在悬臂的自由端。经过滑轮的时候皮带转了 90°。

(a) 使用电路图表示连接应变片 $G_1$ 和 $G_2$ 所需要惠斯登电桥，从而使悬臂构件的轴向力产生的应变对电桥的输出没有影响（即对轴向负载的影响进行了补偿），并使弯曲负载的灵敏度达到最大。

(b) 根据以下的额外参数，获得一个皮带张力 $T$ 和电桥输出 $\delta v_o$ 的公式：

$S_s$ 是各应变片的应变片灵敏系数（灵敏度）；$E$ 是悬臂的杨氏模量；$L$ 是悬臂的长度；$b$ 是悬臂横截面的宽度；$h$ 是悬臂横截面的高度。

特别地，证明这个式中不包含滑轮的半径。给出推导过程中的主要假设。

**9.16** 在数字计算机中硬盘驱动器的读写头应该漂浮在磁盘表面上一个恒定但较小的高度上（比如，几分之一微米）。由于表面粗糙度和磁盘表面形变导致的空气动力，所以磁头可以激发产生振动从而引起磁头和磁盘的接触。这些接触称为磁头-磁盘干扰（HDI），这显然是不希望发生的。它们可以发生在非常高的频率（如 1MHz）的情况下。滑行测试的目的是检测 HDI 并确定这些干扰的性质。滑行测试可以用来确定磁头飞行高度和磁盘速度等参数的影响，以及对于特定类型操作条件证明（认证质量）磁盘驱动单元是合格的。请说明在滑行测试中需要的基本仪器。特别是，说明可以使用的传

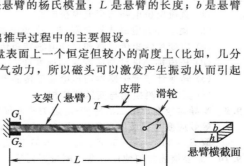

图 P9-6　运动皮带的应变片拉力传感器

感器类型及其优点和缺点。

9.17 转矩、力和触觉传感在许多应用领域都非常有用,特别是在制造业。对于下列每一种应用,请指出能够正确执行下列任务的传感器类型:

(a) 使用机器人末端执行器将印制电路板插入插件箱的控制操作

(b) 控制机器人末端执行器,将螺纹部件钉入洞中

(c) 钻井作业的故障预测和诊断

(d) 用机械手抓取脆弱、精致、灵活的物体,且不会损坏物体

(e) 用像两个手指的夹子抓住金属部分

(f) 从许多不同部件的箱子中快速识别并挑选一个复杂部件

9.18 重量传感器用于机械手腕。这个传感器的用途是什么?如何将从重量传感器获得的信息用于机械臂的控制?

描述使用半导体应变片的重量传感器的 4 个优点和 4 个缺点。

9.19 (a) 与金属箔应变片相比,列举半导体应变片的 3 个优点和 3 个缺点。

(b) 飞轮装置示意图如图 P9-7 所示。轮子由 4 个辐条构成,这些辐条的一端带着集中质量的物块,另一端夹在一个旋转的轮毂上,如图所示。假设辐条的惯量与集中质量物块的惯性相比可以忽略不计。

在电桥电路中使用 4 个应变片来测量速度。

(i) 如果校准的电桥可以测量每个辐条上的拉伸力 $F$,则写出可用于测量转速($\omega$)的动态方程。可以使用下面的参数:$m$ 是在一个辐条末端的集中质量,$r$ 是集中质量到旋转中心的旋转半径。

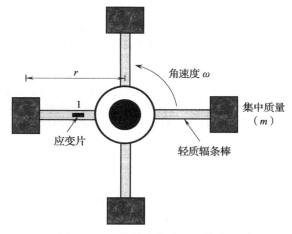

图 P9-7 飞轮的应变片速度传感器

(ii) 对于高灵敏度的电桥,为了得到好的结果也为了弥补平面外弯曲等副作用,请指出 4 个应变片(1,2,3,4)应位于辐条的哪个位置并且它们应该以怎样的布局方式连接到直流电桥中。

(iii) 将这种速度传感方法与使用转速计和电位计的方法进行比较,给出应变片方法的 3 个优点和 2 个缺陷。

9.20 (a) 考虑一个简单的机械手。解释为什么在某些类型的操作任务中单独的运动传感可能不足以实现精确控制,也可能需要转矩或力的传感。

(b) 为了测量从执行器传递到旋转负载的转矩,讨论安装转矩传感器时应考虑哪些因素。

(c) 谐波驱动包括以下 3 种主要部件:

(i) 带椭圆波形发生器的输入轴(凸轮)

(ii) 带外齿的柔性圆形花键

(iii) 带内齿的刚性圆形花键

考虑图 P9-8 所示的自由体受力图。定义以下变量:$\omega_i$ 是输入轴的速度(波形发生器),$\omega_o$ 是输出轴的速度(刚性花键),$T_o$ 是通过输出轴(刚性花键)传输到驱动负载的转矩,$T_i$ 是通过输入轴施加于

谐波驱动的转矩，$T_f$是由柔性花键传输到刚性花键的转矩，$T_r$是在固定装置上的柔性花键的反作用转矩，$T_\omega$是波形发生器传输的转矩。

如果要用应变片测量输出转矩 $T_o$，则请指出它的安装位置，并讨论如何以这种方式实现转矩的测量。使用该系统框图，表明你是否认为 $T_o$是谐波驱动器的输入或输出。这种考虑的含义是什么？

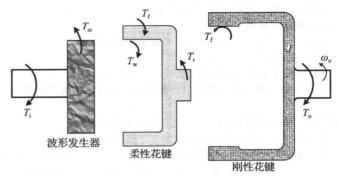

图 P9-8   谐波驱动的自由体示意图

**9.21**  (a) 描述 3 种不同的转矩传感原理。讨论这 3 种方法的优缺点。

(b) 需要一个转矩传感器来测量传输到机器人链路上的驱动转矩（即关节转矩）。在为这个应用选择合适的转矩传感器时，应该考虑传感器的哪些特点、规格，以及系统的要求。

**9.22**  工业触觉传感器的典型要求是什么？解释触觉传感器与简单触摸传感器的区别。定义触觉传感器的空间分辨率和力分辨率（或灵敏度）。

指尖的空间分辨率可以用两个针和一个助手的一个简单实验来确定。闭上你的眼睛，指导助手将一个针或两个针随机地面向指尖施加力，这样你就能感受到针尖的压力。应该告诉助手你是感觉有两根针还是只有一根针。如果你觉得有两根针，那么在下一轮测试中，助手应该减少两根针脚的间距。以这种方式重复测试，依次减少两根针脚之间的间距，直到你只感觉有一根针为止，但实际上是两根针。然后，用毫米来测量两根针之间的距离。导致这种不完全正确感觉的两根针之间最大的距离就是指尖的空间分辨率。对所有手指重复这个实验，在每个手指上重复测试几次。计算平均值和标准差。然后，对其他物体进行测试。讨论你的结果。你注意到结果有很大的变化吗？

**9.23**  讨论机械手的灵活度与刚度之间是否有关系。在抓取过程中，机械手的刚度可以通过使用适当的固定装置暂时减少手部的自由度来提高。这个操作的目的是什么？

**9.24**  装置的运动灵活度定义为（装置中自由度的数量）/［装置的运动分辨率］的比值。力灵活度可以定义为［装置中自由度的数量］/［装置的力分辨率］的比值。给出两种灵活度是相同的情况和两种灵活度是不同的情况。概述如何利用触觉传感器提高装置（如机器人的末端执行器）的力灵活度。为下列任务提供灵活度要求，说明在每种情况下运动灵活度或力灵活度哪个应该优先考虑：

(a) 拿起锤子，用它钉住钉子

(b) 穿针引线

(c) 机器人弧焊中复杂部件的焊缝跟踪

(d) 使用机器人打磨完成复杂金属零件表面的打磨任务

**本章主要内容**
- 激光器
- 激光干涉仪
- 激光多普勒干涉仪
- 光纤位置传感器
- 光纤陀螺仪
- 光学传感器
- 超声波传感器
- 磁致伸缩位移传感器
- 声发射传感器
- 压力传感器
- 流量传感器
- 温度传感器
- pH 值传感器
- 溶解氧传感器
- 氧化-还原电位传感器

## 10.1 引言

前面的章节研究了模拟运动传感器和力传感器，包括力、转矩、触觉和阻抗。包括光学传感器、超声波传感器、磁致伸缩传感器、声发射(AE)传感器、热流体传感器以及用于监测水质的传感器[例如，pH 值，溶解氧(DO)和氧化-还原电位(ORP)]的其他几种类型的传感器将在这一章进行讨论。包括轴编码器、图像传感器(数码相机)、二进制传感器和霍尔效应传感器的数字传感器在第 11 章进行研究。微机电系统(MEMS)传感器和其他传感领域的高级话题(如网络传感和传感器融合)在第 12 章中进行讨论。

激光这样的"光学"传感器可以在可见光范围之外工作，比如在红外线和紫外线范围内。光学传感器与其他类型的传感器相比具有特别的优势和应用。此外，它们作为传感器可以在"固有"模式下运行，或在"外部"模式中作为传输传感器信号的介质。同样，超声波传感器使用的频率要比人能听到的声音的频率高。它们也可以在固有模式和外部模式下运行。热流体传感器包括测量温度、压力和流速的传感器。

## 10.2 光学传感器和激光器

有许多传感器使用光或激光作为测量的基础。而且，照相机图像广泛用于检测任务。本节介绍光学传感器。数码相机作为传感器的使用在第 11 章中有详细的讨论。

### 10.2.1 激光器

激光(通过受激辐射的光放大)是一种光源，它是光谱在紫外线、可见光或红外波段发射的电磁辐射的集中光束，光谱通常以一个或两个频率(波长)同相地进行传播。通常，它的频带非常窄(即单色的)，并且每个频率中的波是同相的(即相干的)。此外，激光的能量高度集中(功率密度约为 10 亿 W/cm² 这个数量级)。因此，激光束可以很小的色散(即具有可忽略的光束扩散)在一个长距离(如 30m)上进行直线传播。激光器利用了每种元素的原子或分子的振荡。

由于可以认为激光是单色和相干的"结构化"光源，因此，它可以产生一个非常窄的光束，这束光可以几乎不变地进行长距离传播，并且可以聚焦在物体的一个点上。它在光纤中很有用。但它也可以直接用于传感和测量应用。例如，激光器可用于成像、测量和校准应用。它们可以在利用光感应和光纤的各种各样的传感器(例如，运动传感器、触觉传感器、激光多普勒速度传感器和 3D 成像传感器)中使用。而且，激光器还用于医疗应用，特别是显微手术。激光已用于加工制造和材料切除，如各种材料的精密焊接、切割和钻孔，这些材料包括金属、玻璃、塑料、陶瓷、橡胶、皮革和布料。激光器可用于部件的检查(检测故障和不规则性)和测量(尺寸测量)。激光的其他应用包括合金的热处理、无损检测的全息方法、通信、信息处理和高质量印刷。

激光器可以分为固体、液体、气体和半导体。在固体激光器(例如，红宝石激光器、玻璃激光器)中，使用具有反射端的实心棒作为激光介质。液体激光器(例如，染料激光器、盐溶液激光器)的激光介质是具有染料有机溶剂或者具有溶解盐化合物的无机溶剂。液体激光器可以实现非常高的峰值功率。气体激光器[例如，氦氖(He-Ne)激光器，氦镉(He-Cd)激光器，二氧化碳($CO_2$)激光器]使用气体作为激光介质。半导体激光器(例如，砷化镓激光器)使用类似于边缘发射发光二极管(LED)的半导体二极管。一些激光器的主要辐射分量在可见光谱之外。激光器也根据其在真空中的波长进行表征。例如，$CO_2$ 激光器(波长约 110 000Å)主要发射红外辐射。氦氖(He-Ne)激光器和半导体激光器通常用于光学传感器的应用中。理论上，激光器具有单一的波长。但实际上，激光可能包含几个略微不同的波长。但是，它们的生成方法均是受激发射的。

在传统的激光单元中，激光束是通过首先产生的激发闪光而生成的。这将启动激光介质内分子发射光子的过程。然后在光束作为激光发射之前，这束光在两个反射面之间来回反射。这些波将被限制在一个非常窄的频段(单色)内，并且相位一致(相干)。例如，考虑图 10-1 所示的 He-Ne 激光器。空腔谐振器中的氦气和氖气混合物由灯丝加热，并使用高直流电压(2000V)进行电离化。在此过程中释放的电子由高电压加速并与原子碰撞，从而释放出光子(光)。这些光子碰撞其他分子释放更多的光子。这个过程称为"激光"。以这种方式产生的光线被空腔谐振器中的镀银表面和部分反射透镜(分束器)来回反射，从而激发它。这有点类似于共鸣。激发的光被玻璃管集中成一束窄光束，并作为激光束通过部分镀银的透镜发射出去。

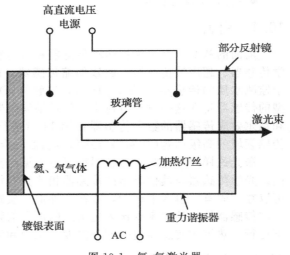

图 10-1    氦-氖激光器

半导体激光器有点类似于 LED。激光元件通常由砷化镓(GaAs)或铟镓砷化物(InGaAsP)等半导体材料形成的 pn 结(二极管)制成。pn 结的边缘是反射性的(自然地或者沉积一层银)。随着电压施加到半导体激光器，在 pn 结附近的离子注入和自发复合就会像 LED 那样发光。这种光在反射表面之间来回反射，多次经过耗尽区，产生更多的光子。受激光束(激光)通过 pn 结的边缘发射。半导体激光器经常保存在非常低的温度下以获得更长的元件寿命。半导体激光器可以制造得非常小。与传统的激光器相比，它们成本更低，功耗更低。表 10-1 给出了几种激光器的波长和功率的输出特性。

表 10-1　几种类型的激光器特性

| 激光器类型 | 波长/Å | 输出功率/W |
|---|---|---|
| 固体 | | |
| 红宝石 | 7000 | 0.1~100 |
| 玻璃 | 1000 | 0.1~500 |
| 液体 | | |
| 染料 | 4000~10 000 | 0.001~1 |
| 气体 | | |
| 氦-氖气体 | 6330 | 0.001~2 |
| 氦-镉气体 | 4000 | 0.001~1 |
| 二氧化碳 | 110 000 | 1~1×10⁴ |
| 半导体 | | |
| 砷化镓 | 9000 | 0.002~0.01 |
| 铟镓砷化物 | 13 000 | 0.001~0.005 |

注：$1Å=1\times10^{-10}m$。

激光传感器的应用：激光传感器用于距离测量、目标定位、尺寸测量、物体质量监测和系统检测(如制造零件和接头)、轮廓分析和机械(如起重机)定位。

**例 10.1**

飞行时间(TOF)传感器用于测量储罐中的液位。它的测量高度为 3m，准确度优于 2mm。在测量中，发现激光脉冲的 TOF 为 15ns。估算传感器头部液面的深度。指出这种方法的一些优点和缺点(比如与超声波传感器相比)。

**解：** 取光速为 $300\times10^6 m/s$，测得的深度 $d$(飞行距离的一半)由下式给出：

$$d = \frac{1}{2} \times 300 \times 10^{-6}(m/s) \times 15 \times 10^{-9}(s) = 2.25m$$

### 10.2.1.1　优点

1. 读数几乎不受环境温度、压力、温度和介电性能的影响。
2. 可以测量很高的高度。
3. 可以进行非常快速的测量。
4. 可以提供很好的分辨率。
5. 是一个非接触式传感器。

### 10.2.1.2　缺点

1. 可能受到环境中的灰尘和尘埃的影响。
2. 整个系统往往比较昂贵。
3. 可能造成一些危险(如对眼睛)。
4. 可能受到液体性质和液体表面的影响。

### 10.2.2　光纤传感器

光纤传感器的特征部件是一束可以承载光的玻璃纤维(通常为几百根)。每根光学纤维的直径可以是从几微米至约 0.01mm 这个数量级。有两种基本类型的光纤传感器。一种是"间接"或"外在"类型，光纤的作用就像传感器光线传输的媒介一样。在这种类型中，传感装置本身不包含光纤。第二种是"直接"或"内在"类型，光纤本身作为传感装置。当传感介质的状态在改变时，光纤的光传播特性也会随之改变(例如，由施加的力而导致直纤维的微弯曲），从而造成测量值的改变。第一种（外在）类型的传感器包括光纤位置传感器、接近传感器和触觉传感器。在光纤陀螺仪和光纤水听器，以及一些类型的微型位移或力传感器中可以找到第二种（内在）类型的传感器。作为光纤在传感中的内在应用，应考虑支撑在两端的直光纤元件。在这种结构中，源端的光将几乎 100% 通过光纤传输到检测器（接收器）端。现在，假设在光纤段的中间施加轻微的负载。由于负载的原因它会略微发生形变，所以检测器接收到的光量会明显下降。例如，只有 $50\mu m$ 的微小偏差可能导致探测器的强度下降至原测量值的 1/25。这样的装置可用于反射、力和触觉传感。如下所述，另一个本征应用是光纤陀螺仪。

### 10.2.2.1　优点

光纤的优点包括对电噪声和磁噪声不敏感（由于光耦合），在爆炸性、高温、腐蚀性和危险环境中操作较安全，灵敏度高。此外，机械负载和磨损问题都不存在，因为光纤位置传感器是非接触式设备而且没有移动部件。

### 10.2.2.2　缺点

光纤的缺点包括对光源强度变化的直接敏感性以及对环境条件（温度、污垢、湿度、烟雾等）的依赖。但是就温度而言，可以进行补偿。

### 10.2.3　光学传感器例子

下面介绍几种采用激光器和光纤的传感器。

### 10.2.3.1　激光干涉仪

激光干涉仪可以精确测量小位移。这是光纤用于光传输而不是用于光传感的外在应用。在这个光纤位置传感器中，相同的光纤束用于发送和接收单色光束（激光）。或者使用仅传输单色光（特定波长）的单模光纤实现此目的。在任何一种情况下，可使用分束器（A）使部分光线直接反射回光纤束的一端，另一部分到达目标物体（如图 10-2 所示），并从目标物体反射回光纤束的一端（使用安装在物体上的反射器）。以这种方式，返回光束的部分光线没有经过分束器，而另一部分已在分束器（A）和物体之间行进（通过等于分束器与目标物体之间两倍的额外距离）。结果，光的两个分量将具有相位差 $\phi$，由此给出

$$\phi = \frac{2x}{\lambda} \times 2\pi \tag{10-1}$$

其中，$x$ 是目标物体与分束器之间的距离；$\lambda$ 是单色光的波长。

使用分束器（B）将返回的光导向光传感器。使用干涉原理来处理传感信号以确定相位差 $\phi$，并且利用式（10-1）获得距离 $x$。使用这种类型的光纤位置传感器可以获得比几分之一微米（$\mu m$）的更好的分辨率。

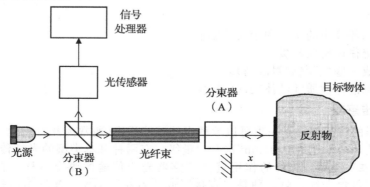

图 10-2　激光干涉仪位置传感器

#### 10.2.3.2　激光多普勒干涉仪

激光多普勒干涉仪用于精确的速度测量。它基于两个原理：多普勒效应和光波干涉原理。后面的现象已用在前面讨论过的激光干涉仪位置传感器中。为了解释前一种现象，考虑相对于接收器（观察者）移动的波源（例如，光源或声源）。如果信号源向接收器移动，则接收波的频率似乎增加了，而如果信号源远离接收器，则接收波的频率看起来似乎减少了。频率的变化与信源相对于接收器的速度成正比。这种现象称为"多普勒效应"。

现在考虑由激光源发射的频率为 $f$（例如，$5 \times 10^{14}$ Hz）的单色（单频）光波。如果这个光束被目标物体反射并由光探测器接收到，则接收到的频率将是 $f_2 = f + \Delta f$。频率增量 $\Delta f$ 将与目标物体的速度 $v$ 成正比，当朝向光源移动时，其被假定为正的。特别地，

$$\Delta f = \frac{2f}{c} v = kv \tag{10-2}$$

其中 $c$ 是在特定介质（通常为空气）中的光速。现在通过比较反射波的频率 $f_2$ 和原始波的频率 $f_1 = f$，我们可以确定 $\Delta f$，从而确定目标物体的速度 $v$。

由多普勒效应而导致的 $\Delta f$ 的变化可以通过观察光波干涉引起的条纹图案来确定。为了便于理解，考虑两束波 $v_1 = a\sin2\pi f_1 t$ 和 $v_2 = a\sin2\pi f_2 t$，如果我们将两束波相加，则得到的波为 $v = v_1 + v_2 = a(\sin2\pi f_1 t + \sin2\pi f_2 t)$，可以表示为

$$v = 2a\sin\pi(f_2 + f_1)t\cos\pi(f_2 - f_1)t \tag{10-3}$$

由此可见，组合信号在拍频 $\Delta f/2$ 下跳动。由于 $f_2$ 与 $f_1$ 非常接近（因为 $\Delta f$ 与 $f$ 相比较小），所以这些跳动将在所产生的光波中以明暗线（条纹）出现。这就是所谓的"波的干涉"。频率变化 $\Delta f$ 可以通过两种方法来确定：

- 测量条纹的间距
- 在给定的时间间隔内对跳动进行计数，或通过使用高频时钟信号对连续的节拍跳动计时

目标物体的速度可以以这种方式确定。位移可以简单地通过数字整合（或通过累积计数）来获得。

激光多普勒干涉仪的示意图如图 10-3 所示。工业干涉仪通常使用氦氖激光器，其具有两个频率相近的波。在这种情况下，图 10-3 所示的装置必须加以修改，以便考虑两个频率分量。

注意：前面讨论的激光干涉仪（见图 10-2）直接测量位移而不是速度。它是基于测量直接和返回激光束之间的相位差的，而不是多普勒效应（频率差）。

#### 10.2.3.3　光纤位置传感器

光纤位置传感器（或接近传感器、位移传感器）的示意图如图 10-4 所示。

光纤束分为两组：传输光纤和接收光纤。来自光源的光沿着第一束纤维束传送到位置需要测量的目标物体。被目标表面反射（或散射）到接收区的光传送到光电探测器。光电探测器接收到的光的强度将取决于目标物体的位置 $x$。特别地，如果 $x = 0$，则传输光纤束将会完全阻

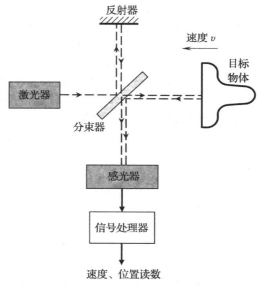

图 10-3　测量速度和位移的激光多普勒干涉仪

塞，并且接收器端的发光强度将为零。随着 $x$ 的增加，接收端光的强度将增加，因为越来越多的光会反射到接收光纤束端上。这将在 $x$ 为某个值时达到峰值。当 $x$ 超过这个值时，

越来越多的光线会反射到接收束之外；因此，接收器端的发光强度将会下降。一般来说，光学接近传感器的近似强度曲线是非线性的，并具有图 10-5 所示的形状。一旦已知在光电传感器处接收的发光强度，使用这个（校准）曲线就可以确定位置（$x$）。光源可以是激光（结构光）、红外光源或其他类型，例如 LED。光敏二极管、光敏场效应晶体管（photo-FET）等可以作为光传感器（光电探测器）。带有合适前端设备（如波纹管和弹簧）的这种类型的光纤传感器可以测量压力、力、触摸（触觉传感器；参见第 9 章）等。

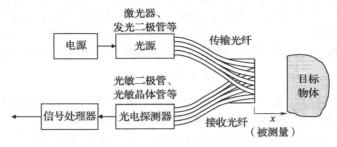

图 10-4　光纤位置传感器

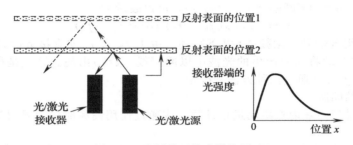

图 10-5　光纤接近传感器的原理

### 10.2.3.4　光纤陀螺仪

这是使用光纤的角速度传感器。然而，与它的名字相反，它不是传统意义上的陀螺仪（见第 8 章）。在这个传感器中两个光纤环缠绕在圆柱体上，它们以相同的角速度与圆柱体一起旋转，需要感测该角速度。一个光纤环沿顺时针方向传送单色光（激光），另一个光纤环沿逆时针方向传送来自同一光源的光束（见图 10-6）。由于在圆柱体旋转方向上传播的激光束的频率比其他激光束的频率高，所以在公共位置接收到的两个激光束的频率差（称为"萨格纳克效应"）可以测量圆柱体的角速度。这可以通过干涉测量来完成，因为组合信号是正弦节拍。因此，在检测到的光线中将出现明暗图案（条纹），并且它们代表光纤的频率差，从而可以测量出光纤的旋转速度。

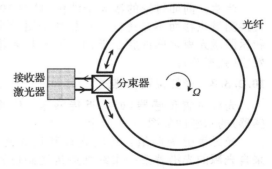

图 10-6　光纤激光陀螺仪

在激光（环形）陀螺仪中，激光器没有必要具有圆形路径。也可使用三角形和方形的路径。通常，两个激光束在相反方向上传播的组合光的拍频 $\Delta\omega$ 由下式给出：

$$\Delta\omega = \frac{4A}{p\lambda}\Omega \tag{10-4}$$

其中，$A$ 是行程路径所包围的区域面积（半径为 $r$ 的圆柱体为 $\pi r^2$）；$p$ 是行驶路径的长度

(周长)(圆柱体为 $2\pi r$)；$\lambda$ 是激光的波长；$\Omega$ 是物体(或光纤)的角速度。

　　缠绕在旋转物体上的光纤长度可以超过 100m，甚至达到 1km。利用激光陀螺仪简单地计数周期数和时钟周期数可以测量角位移。可以通过数字方式确定速度的变化率来确定加速度。在激光陀螺仪中，有一个替代方案是使用两个单独的以相反方向缠绕的光纤环，可以使用相同的光纤环来从光纤的相对端传输来自相同激光器的激光。在这种情况下，必须使用分束器，如图 10-6 所示。

### 10.2.4　光传感器

　　光电子学需要基于半导体的光传感器以及光源。光传感器(也称为"光电探测器"或"光电传感器")是一种对光敏感的设备。通常，它是相关信号调理(放大、滤波等)电路的一部分，利用信号调理电路可以获得表征落在光电传感器上发光强度的电信号。一些光电传感器也可以作为能源(电池)。光电传感器可以是光隔离器或其他光耦合系统的组成部分。特别地，商用光耦合器通常在同一封装中有 LED 光源和光电传感器，有连接到其他电路的引线以及电源引线。

　　根据定义可知，光电探测器或光电传感器的目的是感测可见光。但是，在感测到电磁频谱(即红外辐射和紫外辐射)相邻频带的应用中，这是比较有用的。特别地，这些不可见频带不会被环境光(可见光)破坏。由于物体即使在低温下也能发出适当水平的红外辐射，因此红外传感可用于需要在黑暗中对物体进行成像的应用。这些应用包括红外摄影、安防系统和导弹制导。而且，由于红外辐射基本上是热能，所以红外感测可以有效地用于热传感和热控制系统。紫外线感应并不像红外感应那样广泛。

　　通常，光电传感器是电阻器、二极管或引起了电路变化(例如，电位的产生或电阻的变化)的晶体管，以响应照射在传感器上的光。输出信号的功率主要来自激励电路的电源。因此，它们是有源传感器。光电池也可以用作光电传感器。在后一种情况下，照射在电池上的光能量转换成输出信号的电能。因此，光电池是无源传感器(或能源)。典型地，光电传感器可作为具有由圆形窗口(透镜)组成的传感器头的微小圆柱形元件。下面介绍几种类型的光电传感器。

#### 10.2.4.1　光敏电阻

　　光敏电阻器(或光电导体)具有随着照射在其上的发光强度的增加而电阻降低(电导率增加)的性质。通常情况下，光敏电阻在黑暗中具有非常高的阻值(兆欧姆)而在明亮时具有非常低的阻值(小于 100Ω)。因此，光敏电阻对光线的敏感度非常高。一些光电池可以起到光敏电阻的作用，因为随着发光强度的增加，它们的阻抗会降低(输出增加)。以这种方式使用的光电池称为光电导电池。图 10-7a 给出了光敏电阻的电路符号。在两个电极之间加入硫化镉(CdS)或硒化镉(CdSe)等光电导晶体材料可以形成光敏电阻。铅硫化物(PbS)或硒化铅(PbSe)可用于红外光敏电阻器中。

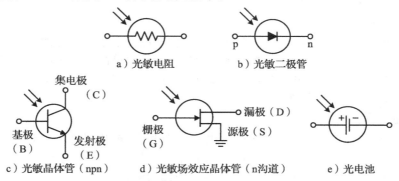

图 10-7　光电传感器的一些电路符号

#### 10.2.4.2　光敏二极管

光敏二极管是半导体材料的 pn 结，这些材料对光的响应产生电子–空穴对。光敏二极管的符号如图 10-7b 所示。有两种类型的光敏二极管可供选择，一种是光伏二极管，其在结点处产生足够高的电位以响应照射在其上的光（光子），因此，光伏二极管不需要外部偏置电压源；另一种是光导二极管，它在结点处发生电阻变化以响应光子。这种类型的光敏二极管工作在反向偏置区；二极管的 p 引线连接到电路的负极，n 引线连接到电路的正极。大约 10V 时可能发生击穿，并且相应的电流将与落在光敏二极管上的光的强度成正比。因此，这个电流可以用来衡量发光强度。光敏二极管的灵敏度相当低，特别是反向偏置操作时。由于输出电流通常较低（几分之一毫安），所以在将其用于后续应用（例如，信号传输、驱动、控制、显示）之前，可能需要放大。硅、锗、硫化镉和硒化镉等半导体材料通常用于制造光敏二极管。光敏二极管的响应速度很高。具有本征层的二极管仍然可以提供比常规 pn 二极管更快的响应。

#### 10.2.4.3　光敏晶体管

带有放大电路的任何半导体光电传感器都可称为光敏晶体管。因此，在单个单元中具有放大电路的光敏二极管可以称为光敏晶体管。严格地说，光敏晶体管是以常规双极结型晶体管的形式制造的，其具有基极（B）、集电极（C）和发射极（E）引线。

光敏晶体管的符号如图 10-7c 所示。这是一个 npn 型晶体管。基极是晶体管的中心（p）区域。集电极和发射极是两个端部区域（n）。在光敏晶体管工作的条件下，集电极–基极结是反向偏置的（即电路的正极连接到集电极，电路的负极连接到 npn 型晶体管的基极）。或者，可以将光敏晶体管作为双端器件来连接，其中基极端子浮空且集电极端子适当偏置（对于 npn 晶体管为正）。对于给定的源电压（通常施加在晶体管的发射极与负载之间，负电位在发射极处），集电极电流（通过集电极的电流）$i_c$ 几乎与落在晶体管的集电极–基极结上的发光强度成正比。因此，$i_c$ 可以作为发光强度的度量。锗或硅是光敏晶体管中常用的半导体材料。

#### 10.2.4.4　光敏场效应晶体管

光敏场效应晶体管类似于传统的场效应晶体管。图 10-7d 所示的符号为 n 沟道光敏场效应晶体管。这由称为"沟道"的 n 型半导体器件（如掺杂有硼的硅）组成。小得多的 p 型材料连接到 n 型材料上。在 p 型上的引线形成栅极（G）。漏极（D）和源极（S）是沟道上的两条引线。场效应晶体管的操作取决于施加到场效应晶体管引线的电位所产生的静电磁场。

在光敏场效应晶体管的操作条件下，栅极被反向偏置（即负电位施加到 n 沟道光敏场效应晶体管的栅极）。当光投射在栅极时，漏极电流 $i_d$ 将增加。因此，可以使用漏极电流（D 处的电流）作为发光强度的量度。

#### 10.2.4.5　光电池

光电池类似于光电传感器，除了光电池被用作电源而不是检测光的传感器。在阳光下效率更高的太阳能电池通常是可用的。典型的光电池是由单晶硅、多晶硅和硫化镉等材料制成的半导体结。电池阵列用于中等功率的应用。典型的功率输出是 $10mW/cm^2$，电压约为 1.0V。光电池的电路符号如图 10-7e 所示。

#### 10.2.4.6　电荷耦合器

电荷耦合器（CCD）是由半导体材料制成的集成电路（单片器件）。图 10-8 所示为由硅制成的 CCD 示意图。硅晶片（p 型或 n 型）被氧化以在其表面上产生 $SiO_2$ 层。金属电极矩阵沉积在氧化层上，并连接到 CCD 输出引线。当光线落在 CCD 上时（从物体上），在衬底硅晶片内产生电荷包。现在，如果将外部电位施加到 CCD 的特定电极上，则在电极下面会形成势阱，并且在那里沉积电荷包。这个电荷包可以通过外部脉冲电压顺序地激励电极而通过使 CCD 移动到输出电路。这种电荷包对应于物体图像的像素（图像元素）。电路输出是图像的视频信号（见第 11 章）。脉冲频率可以高于 10MHz。CCD 通常用于图像应用，特别是在照相机中。面积为几平方厘米的典型 CCD 可以检测 $576 \times 485$ 个像素，也可以获得较大的图像（如 $4096 \times 4096$ 像素）。电荷注入设备（CID）类似于 CCD。然而在 CID 中，有半导体电容器对形成的矩阵。每个电容器对都可以通过电压脉冲直接寻址。当寻址特定的元素时，那里的势阱会收缩，从而将少数载流子注入基底中，形成视频信号。由于较高的电容，所以 CID 的信号电平明显小于 CCD 的信号电平。

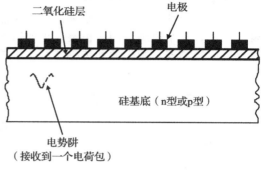

图 10-8　电荷耦合器

### 10.2.5　光学耦合器的应用

　　光耦合的一个直接应用是隔离电路。当两个电路通过硬件（电缆、电线等）直接连接时，在接口处会产生电信号的双向路径。换句话说，电路 A 中的信号会影响电路 B，电路 B 中的信号也会影响电路 A。这种相互作用意味着一个电路中的"噪声"将直接影响另一个电路。此外，还会有负载问题；源电路将受到负载的影响。这两种情况都是不可接受的。如果两个电路是光耦合的，那么在这两个电路之间只有一个单向的相互作用（见图 10-9）。输出电路（负载电路）的变化不会影响输入电路。因此，输入电路与输出电路是隔离的。电路中的连接电缆会引入噪声分量，如电磁干扰、线路噪声和接地回路噪声（见第 3 章）。这些噪声分量影响整个系统的可能性也可以通过使用光耦合来减少。总之，两个电路之间的隔离以及电路与噪声之间的隔离可以通过光耦合来实现。由于这些原因，所以光耦合广泛用于通信网络（电话、计算机等）以及高精度信号调理电路中（例如，复杂的传感器和控制系统）。

　　然而，来自光源的光通过介质到达光传感器时会产生噪声。如果介质是开放的（见图 10-9），则环境照明条件将影响输出电路，导致引入误差。此外，环境杂质（灰尘、污垢、烟雾、湿气等）也会影响光电传感器接收到的光线。因此，控制更好的传输媒介是比较理想的。在光耦合系统中使用光纤连接光源和光电传感器是减少由环境条件引起问题的好方法。

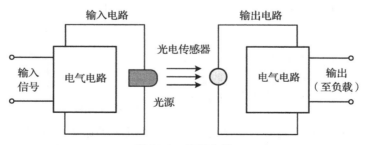

图 10-9　光耦合器

　　光耦合可以用在使用小功率电路来控制大功率电路的继电器电路中。如果使用光耦合器激励操作大功率电路的继电器，则可以消除小功率电路上的反作用（噪声和负载）。光耦合以这种方式用于电力电子和控制系统中。

　　基于光学方法的许多类型的传感器和换能器都利用了光耦合原理（例如，光学编码器、光纤触觉传感器）。光学传感器在工业中广泛用于零件计数、零件检测和液位检测。在这些传感器中，光束从光源投射到光电探测器，这两个单元都是静止的。通过零件时光通道的光束被中断，这将在检测器上产生一个脉冲，这个脉冲由计数器或零件检测器读取（见第 11 章）。此外，如果光束水平地位于所需的高度，则当物质进入容器并达到该水平时可触发中断，这个原理可用于包装业中的填充控制。注意，如果使用反射镜将来自光源的光线反射回检测器，则光源和传感器可位于单个封装内。进一步的应用包括计算机磁盘驱动器系统，以检测写保护凹槽以及记录磁头的位置。

## 10.3　几种传感器技术

下面介绍另外三种用于工程应用中的传感器。它们是超声波、磁致伸缩和声发射（AE）传感器。

### 10.3.1　超声波传感器

可听声波的频率范围为 20Hz～20kHz。超声波就像声波一样是压力波，但它们的频率比可听声波的频率高（"超"）。超声波传感器广泛应用于医疗成像、带有自动对焦功能照相机的测距系统、液位传感和速度传感。在医疗应用中，通常使用频率为 40kHz、75kHz、7.5MHz 和 10MHz 的超声波探头。

利用几个原理可以产生超声波。例如，压电晶体中的高频（千兆赫）振荡器受到电势的作用能够产生频率非常高的超声波。另一种方法是使用材料的磁致伸缩特性，该材料在受到磁场作用时可发生形变。利用这个原理产生的响应振荡可以产生超声波。产生超声波的另一种方法是将高频电压施加到金属片电容器上。传声器可以作为超声波的检测器（接收器）。

　　内在和外在的传感器：类似于光纤传感，在传感器中使用超声波有两种常见的方法。一种方法是内在方法，由于物体的声阻抗和吸收特性，超声信号在通过物体时会发生变化。所得到的信号（图像）可用来确定对象的特性，如纹理、硬度和形变量。这种方法已经用于检测鲱鱼卵的创新性感测传感器中。这也是医学超声成像原理。另一种方法是外在方法，测量超声波从其发射源到物体然后返回到接收器的飞行时间（TOF）。这种方法用于距离和位置测量、液位传感以及尺寸测量。这种类型的超声波传感器已用于鱼的厚度测量。这也是照相机自动对焦所使用的方法。

在使用超声波测量距离（距离、接近度、位移）时，将超声波脉冲投射到目标物体，并且记录回波所需要的时间。信号处理器计算目标物体的位置，并尽可能补偿环境条件。这个装置如图 10-10 所示。适用的关系为

$$x = \frac{ct}{2} \qquad (10\text{-}5)$$

其中，$t$ 是超声脉冲的飞行时间（TOF）（从发生器到接收器）；$x$ 是超声波发生器/接收器与目标物体之间的距离；$c$ 是介质中的声速（通常是空气）。

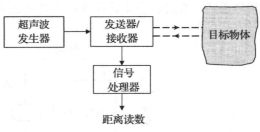

图 10-10　超声波飞行时间位置传感器

通过这种方法可以准确地测量小至几厘米到大到几米的距离，并且具有很好的分辨率（如毫米或更小）。由于超声波传播的速度取决于介质（通常是空气）和介质温度，所以误差将进入超声波读数中，除非传感器补偿了介质的变化，特别是温度变化。

另外，通过测量（计时）发射波与接收波之间的频率变化，可以使用多普勒效应来测量目标物体的速度。这里利用的是"拍频"现象。适用的关系是式（10-2）；现在，$f$ 是超声波信号的频率，$c$ 是声速。

### 10.3.2　磁致伸缩位移传感器

磁致伸缩特性和其如何用于应变或应力的感测已在第 9 章进行了讨论,在磁致伸缩位移传感器中可使用基于超声波的 TOF 方法(例如,由 Temposonics 公司制造的传感器)。这个方法的原理如图 10-11 所示。传感器探头产生询问的电流脉冲,该脉冲沿着围绕在保护罩中的磁致伸缩线或棒(称为"波导")进行传播。在发送询问脉冲时启动定时器。这个携带磁场的脉冲与永久磁铁的磁场相互作用并产生超声波(应变)脉冲(通过波导中的磁致伸缩作用)。该脉冲在传感器探头处被接收并定时。TOF 与磁铁距离传感器探头的距离成正比。目标物体附着在传感器的磁体上,其位置($x$)像平常一样使用 TOF 来确定。

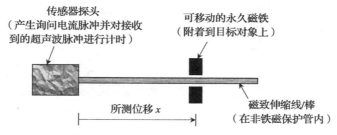

图 10-11　磁致伸缩超声波位移传感器

这些传感器的行程(最大位移)从几厘米到 1m 或 2m 不等且分辨率优于 $50\mu m$。使用 15V 直流电源,传感器可以提供范围为 $\pm 5V$ 的直流输出。由于传感器使用带有非磁性保护管的磁致伸缩介质,因此使用空气作为介质的超声波传感器中的一些常见误差源可以避免。

### 10.3.3　声发射传感器

当一个物体内部的微观结构发生快速而不可逆的变化时,它会以声波形式释放出应变能。可以感测到这样的声发射(AE)并且用于定位(即确定位置)发射它的物体,并且还可确定产生该种变化的性质(裂缝、破裂、磨损等)。通过这种方式,AE 可以用于预测、检测和诊断故障和失灵、机器健康监测、计划结构维护、目标无损检测、质量控制、过程控制、新材料的开发等。AE 传感的具体应用包括评估焊接质量;监测压力容器、飞机和地面车辆的裂缝和其他缺陷;检测混凝土结构中的腐蚀;监测运输天然气和石油的管道。

声发射(AE)传感器是可以检测声波的任何传感器。通常,压电装置可用于此目的(例如 PZT;参见第 8 章)。因此,AE 传感器可能看起来像压电加速度计。这些传感器信号需要一些预处理,特别是前置放大。一些 AE 传感器可能包含一个内置的前置放大器。电缆用于将传感器连接到计算机的信号处理器或数据采集板。AE 传感器的尺寸非常小(例如,2mm 和几毫克)。AE 传感器安装在监测物体上的方式可以与加速计相同。常见的安装方式包括旋入式底座、磁性底座和胶水黏接。

AE 波可能以数十 kHz 至超过几 MHz 的超声波频率出现。传感器通常使用谐振条件来检测 AE 信号,这样可以提高传感器的灵敏度。宽频带型号也没有专门使用的谐振方法。特别是在宽频带的传感器中,在压电组件上粘贴阻尼器可缓和元件的谐振。AE 传感器也可分为低频(如 $20 \sim 100kHz$)、中频(例如,$100 \sim 400kHz$)和高频(例如,大于 400kHz)类型。应用 AE 传感器的选择可以取决于监测对象的性质、尺寸和材料,背景噪声(声音和其他干扰)以及感兴趣的频率范围。

作为 AE 传感器的应用,考虑图 10-12 所示的装置。其目的是监测机器齿轮传动的性能。AE 传感器和加速度计都在监测系统中使用。在这种情况下,故障状态对应于齿轮传动中损坏的轴承。在时间信号中,我们注意到这两种情况有明显的差别,齿轮传动装置的损坏会导致 AE 信号的强度增加。频谱显示相似的特征，并且也表示临界频段，这对诊断故障状况特别有用。

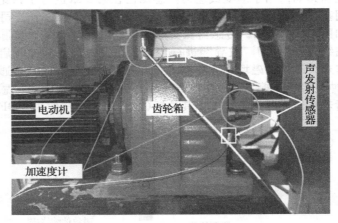

图 10-12　使用声发射（AE）传感器来诊断齿轮传动中的故障

## 10.4　热流体传感器

常见的热流体传感器包括测量压力、流体流量、温度和传热速率的传感器。这种传感器在各种工程应用中都是很有用的。下面介绍几种常见的传感器。

### 10.4.1　压力传感器

压力传感的常用方法如下所示：

1. 用一个反作用力去平衡压力，并测量这种力。如液体压力计和活塞。

2. 将压力施加到一个灵活的前端（辅助）部件上并测量所产生的偏差。如弹簧管、波纹管和螺旋管。

3. 将压力施加到前端辅助部件上并测量所产生的应变（或应力）。例子是膜片和膜盒。

其中一些装置如图 10-13 所示。

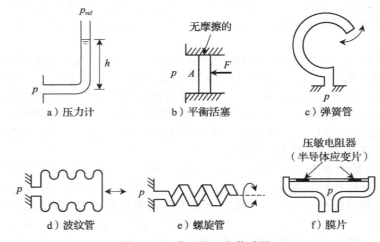

图 10-13　典型的压力传感器

压力计：在图 10-13a 所示的压力计中，高度为 $h$ 和密度为 $\rho$ 的液柱提供了一个平衡压头，以支撑相对于参考（环境）压力 $p_{ref}$ 的被测压力 $p$。相应地，这个装置测量的表压由下式给出

$$p - p_{\text{ref}} = \rho g h \tag{10-6}$$

其中 $g$ 是重力加速度。

**平衡活塞**：在图 10-13b 所示的压力传感器中，面积为 $A$ 的无摩擦活塞通过外力 $F$ 支撑压力负载。控制方程为

$$p = \frac{F}{A} \tag{10-7}$$

压力是通过使用力传感器测量 $F$ 来确定的。

**弹簧管**：图 10-13c 所示的弹簧管因内部压力而发生变形。可以使用位移传感器（通常是旋转传感器）或移动指针来测量这种偏差。

**波纹管**：波纹管单元会因内部压力的影响而产生直线运动，如图 10-13d 所示。可以使用 LVDT 或电容传感器等传感器测量这个偏移（见第 8 章），然后校准来指示压力。

**螺旋管**：图 10-13e 所示的螺旋管在受到内部压力时会发生扭转（旋转）运动。可以通过角位移传感器（RVDT、旋转变压器、电位计等；参见第 8 章）测量这种偏转，通过适当的校准后来提供压力读数。

**膜片压力传感器**：图 10-13f 显示了使用隔离膜片来测量压力的示意图。膜片（通常是金属）由于压力而产生应变。压力可以通过安装在膜片上的应变片（即压阻式传感器；参见第 9 章）来测量。利用这个原理的微机电系统（MEMS）压力传感器也是可采用的（见第 12 章）。在这样的装置中，隔离膜片与硅晶片基底结为一体。通过适当的掺杂（使用硼、磷等），可以形成微型半导体应变片。实际上，可以在膜片上蚀刻多个压阻式传感器，然后通过适当的校准在电桥电路中使用以提供压力读数。压阻式传感器中更接近膜片边缘的位置最敏感，应变达到最大值。通过在隔膜中使用磁致伸缩材料，磁致伸缩应变片也可用于压力传感器。

### 10.4.2  流量传感器

流体的体积流量 $Q$ 与质量流量 $Q_m$ 有关，$Q_m = \rho Q$，其中 $\rho$ 是流体的质量密度。另外，对于平均速度为 $v$ 且面积为 $A$ 的流体，我们有

$$Q = Av \tag{10-8}$$

当流量不均匀时，此式中使用的速度必须包含一个合适的校正因子。接下来，对于不可压缩的理想流（无能量耗散），根据伯努利方程，我们有

$$p + \frac{1}{2}\rho v^2 = 常数 \tag{10-9}$$

这个定理可以解释为能量守恒。此外，注意由高度为 $h$ 的流体压头引起的压力 $p$ 由 $\rho g h$（引力势能）给出。使用式（10-8）和式（10-9）并考虑到耗散（摩擦），面积为 $A$ 的压缩部分（即流体阻力组件，如流量计、喷嘴、阀门等）的流量可以表示为下式

$$Q = c_{\text{d}} A \sqrt{\frac{2\Delta p}{\rho}} \tag{10-10}$$

其中，$\Delta p$ 是通过压缩的压降；$c_{\text{d}}$ 是压缩的流量系数。

测量流体流量的常用方法可以分为以下几类：

1. 测量已知压缩或开口的压力。例子包括喷嘴、文氏管计量仪和节流孔板。

2. 测量使流体处于静态的压力。这些例子包括皮托管和使用浮子的液位传感器。

3. 直接测量流量（体积或质量）。涡轮流量计和角动量流量计就是例子。

4. 测量流速。例如，科里奥利流量计、激光多普勒测速仪和超声波流量计。

5. 测量流量的影响并使用该信息估算流量。热线（或热膜）风速仪和磁感应流量计是例子。

流量计的几个例子如图 10-14 所示。

**孔板流量计**：对于图 10-14a 所示的孔板流量计，可应用式（10-10）来测量体积流量。使用前面讲述的技术来测量压降。

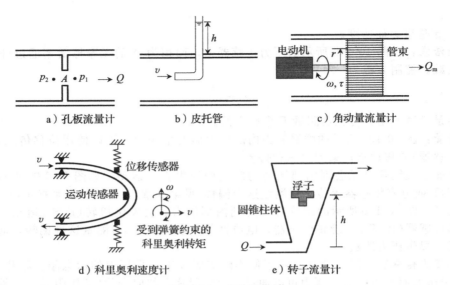

图 10-14　几种流量计

**皮托管**：对于图 10-14b 所示的皮托管，可应用伯努利式(10-9)，注意管的自由表面处的流速为零。下式给出了流速

$$v = \sqrt{2gh} \tag{10-11}$$

注意：确定流量时需要修正系数，因为流动部分的流速是不均匀的。

**角动量流量计**：在图 10-14c 所示的角动量方法中，流体流经的管束由电动机带动进行旋转。测量电动机转矩 $\tau$ 和角速度 $\omega$。当流体通过管束时，它将以由流体流量 $Q_m$ 决定的速率产生角动量。电动机转矩为该角动量的变化率提供所需的转矩。忽视损耗，控制方程为

$$\tau = \omega r^2 Q_m \tag{10-12}$$

其中 $r$ 是旋转流体质心的半径。

**涡轮流量计**：在涡轮流量计中，测量流体中涡轮的旋转，校准后直接给出流量。

**科里奥利速度计**：在图 10-14d 所示的科里奥利方法中，流体流过一个 "U" 部件，该部件铰接在平面外(以角速度 $\omega$)摆动，并由弹簧(已知刚度)横向约束。如果流体速度为 $v$，则由此产生的科里奥利力(科氏加速度为 $2\omega \times v$)由弹簧提供。平面外的角速度由运动传感器测量。另外，使用合适的传感器(例如，位移传感器)来测量弹簧力。这些信息决定了流体粒子的科里奥利加速度以及它们的速度。

**激光多普勒测速仪**：在激光多普勒测速仪中，激光束投射到流体上(通过一个窗口)，测量由多普勒效应引起的频移。这是流体粒子速度的一个度量。

**超声波流量传感器**：在这种流体速度检测方法中，超声波脉冲沿流量方向发送，并测量 TOF。传播速度的增加是由流体速度造成的，并可以像往常一样确定它。

**热线式风速仪**：在热线式风速计中，载流电流为 $i$ 的导体置于流体中。导线的温度 $T$ 和周围流体的温度 $T_f$ 与电流一起测量。已知导线与流体边界处的传热系数(强制对流)随 $\sqrt{v}$ 变化，其中 $v$ 是流体速度。在稳定条件下，导线进入流体的热量损失由导线(其电阻为 $R$)产生的热量完全平衡。热平衡方程由下式给出

$$i^2 R = c(a + \sqrt{v})(T - T_f) \tag{10-13}$$

这个关系可以用于确定 $v$。可以使用金属薄膜(例如，镀铂玻璃管)代替导线。

**转子流量计**：转子流量计(见图 10-14e)是测量流体流量的另一种装置。该装置由圆锥管组成，其横截面积沿垂直方向均匀地增加。圆柱形物体浮在圆锥管中并随着流体浮动。

浮动物体的重量由物体上的压力差来平衡。当流速增加时，物体在圆锥管内上升，从而使物体和管之间的间隙更大以使流体通过。然而，压力差仍能平衡物体的重量并且它是恒定的。式(10-10)用于测量流体流量，因为 $A$ 随着物体的高度呈平方增加。因此，校准物体的高度可以得出流量。

　　还有其他测量流体流量的间接方法。一种方法是测量悬浮在流体中的物体上的拖曳力（使用夹在悬臂端部的应变片传感器），该物体由悬臂悬挂从而悬浮在流体中。已知这种力与流体速度呈平方变化。

### 10.4.3　温度传感器

　　在大多数(不是全部)温度测量装置中，都是利用从源头到测量装置的热传递来感测温度。由热传递引起的设备中的物理(或化学)变化是传感设备的换能阶段。下面概述几个温度传感器。

#### 10.4.3.1　热电偶

　　当由两个不同导体形成的连接处的温度发生变化时，由于所产生的热传递，其电子结构会发生变化。这种电子重构产生一个电压[电动势(emf)]，它称为"塞贝克效应"或"热电效应"。热电偶的两个结点(或多个)由两种不同的导体(如铁和康铜，铜和康铜，铬和铝镍合金等)制成。一个结点位于温度为 $T_0$ 的参考源(冷端)中，另一个结点位于温度为 $T$ 的温度源(热端)中，如图 10-15 所示。测量两个结点之间的电压 $V$，以得出相对于冷结点的热结点的温度。相关的关系(近似)为

$$V = \alpha(T - T_0) + \gamma(T^2 - T_0^2) \tag{10-14}$$

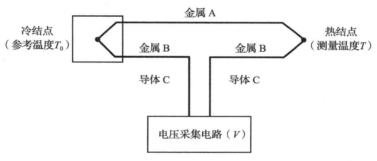

图 10-15　热电偶

　　只要这些导线保持在相同的温度，存在的任何其他结点(如通过连接到电压传感器的导线形成的结点)都不会影响读数。可以使用热电偶测量非常低的温度(如 $-250℃$)以及非常高的温度(如 $3000℃$)。由于温度-电压关系是非线性的，所以在测量温度变化时必须进行校正。通常使用多项式关系进行校正。热电偶的灵敏度约为 $0.1mV/℃$，并且取决于金属对的种类。通常，在使用传感器信号之前需要进行信号调理。热电偶的"类型"基于所使用的金属对，例如，E 型(铬-康铜)、J 型(铁-康铜)、K 型(镍铬合金-铝镍合金)、N 型(镍铬硅－镍硅镁)和 T 型(铜-康铜)。其中，E 型具有最高的灵敏度($70\mu V/℃$)。使用具有低时间常数(如 1ms)的微型热电偶可以进行快速测量。选择热电偶(或任何温度传感器)的重要考虑因素包括(1)温度范围；(2)灵敏度；(3)速度(时间常数)；(4)鲁棒性(对振动和包括化学品在内的环境影响)；(5)易用性(安装等)。

#### 10.4.3.2　电阻温度探测器

　　电阻温度探测器(RTD)是一种热电阻温度传感器。它由金属元件(在陶瓷管中)组成，根据已知的功能，其电阻通常随着温度的升高而增加。线性逼近由下式给出

$$R = R_0(1 + \alpha T) \tag{10-15}$$

其中 $\alpha$ 是电阻的温度系数。RTD 通过电阻的变化来测量温度（例如，使用电桥电路测量温度；参见第 4 章）。当温度变化不太大时，使用式（10-15）就足够了。RTD 中使用的金属包括铂、镍、铜和各种合金。表 10-2 给出了几种可用于 RTD 的金属的电阻温度系数（$\alpha$）。RTD 的有效温度范围约为 $-200 \sim +800℃$。在高温下，这些装置可能没有热电偶那么精确。响应速度也更低（例如，几分之一秒）。商用 RTD 单元如图 10-16 所示。

**表 10-2　几种 RTD 金属的电阻温度系数**

| 金属 | 电阻温度系数 $\alpha$/K |
| --- | --- |
| 铜 | 0.0043 |
| 镍 | 0.0068 |
| 铂 | 0.0039 |

### 10.4.3.3　热敏电阻

与 RTD 不同，热敏电阻由半导体材料（例如，铬、钴、铜、铁、锰和镍等金属氧化物）制成，其电阻变化通常具有负温度变化（即负 $\alpha$）。电桥电路或分压器电路可检测电阻的变化。热敏电阻提供的准确度比 RTD 的要好些，且温度-电阻关系更为非线性，

$$R = R_0 \exp\left[\beta\left(\frac{1}{T} - \frac{1}{T_0}\right)\right] \tag{10-16}$$

这里，温度 $T$ 以 K 为单位。典型地，在 $T_0 = 298K$（即 $25℃$）时，$R_0 = 5000\Omega$。特征温度 $\beta$（大约 4200K）本身与温度有关，从而增加了装置的整体非线性。因此，在很宽的温度范围（比如大于 $50℃$）内进行适当的校准是非常重要的。热敏电阻非常耐用，它们提供了快速响应和高灵敏度（与 RTD 相比），特别是由于它们的高电阻（几千欧），因此电阻变化很大。

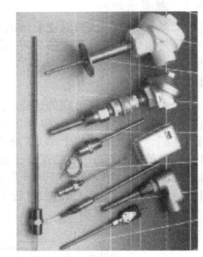

图 10-16　商用电阻温度探测器单元（资料来源新罕布什尔州哈得逊市的 RdF 公司）

**例 10.2**

热敏电阻（半导体）的 Steinhart-Hart 模型由下式给出

$$\frac{1}{T} = A + B\ln(R) + C[\ln(R)]^3 \tag{10-17}$$

其中，$T$ 是温度（K）；$R$ 是温度 $T$ 时的电阻（$\Omega$）；$A$、$B$ 和 $C$ 是 Steinhart-Hart 系数。

这些模型系数取决于热敏电阻的特性和工作的温度范围。

考虑表 10-3 给出的数据（温度和相应的电阻）。这些数据与式（10-16）给出的热敏电阻模型一致。使用这些数据的前三项（即表格中的前三行数据），确定式（10-17）中的模型系数。然后使用 Steinhart-Hart 模型，确定与温度 310K 和 350K 相对应的电阻值。将这些结果与给定数据进行比较，并对模型的准确性进行评价。

**表 10-3　从一个热敏电阻中获取的数据**

| $T$/K | 电阻数据/$\Omega$ | 由 SH 模型计算出的电阻值 |
| --- | --- | --- |
| 273.0 | 18 176.0 | 17 176.0 |
| 298.0 | 5000.0 | 5000.0 |
| 320.0 | 1897.4 | 1897.4 |
| 310.0 | 2897.5 | 2897.556 |
| 350.0 | 616.0 | 616.0075 |

**解：** 使用以下 MATLAB.m 文件：

```
%%% Example 10.2
clc;
clear;
T = [273.0, 298.0, 320.0];
R = [18176.0, 5000.0, 1897.4];
syms A B C
eq1=1/T(1)-A-B*log(R(1))-C*((log(R(1)))^3);
eq2=1/T(2)-A-B*log(R(2))-C*((log(R(2)))^3);
eq3=1/T(3)-A-B*log(R(3))-C*((log(R(3)))^3);
[A,B,C] = solve(eq1,eq2,eq3,'A','B','C');
A
B
C

%%%% T=310, calculate R
T=310.0;
syms R
eq = 1/T-A-B*log(R)-C*((log(R))^3);
result = real(double(solve(eq,'R')));
vpa(result,7)
%%%% T=350, calculate R
T=350.0;
syms R
eq = 1/T-A-B*log(R)-C*((log(R))^3);
result = real(double(solve(eq,'R')));
vpa(result,7)
```

模型系数的计算值如下：$A = 78213551462176$，$B = 134868437908$，$C = -7867863224518618$。

传感器电阻的相应值已在表 10-3 的第三栏中给出。可以看出，模型结果[见式(10-17)]与给定数据以及根据模型算出的值[见式(10-16)]几乎相同。可以得出结论，两个热敏电阻模型几乎相同并且是准确的。事实上，很容易看出模型[式(10-16)]是模型[式(10-17)]的一个特例，对应于系数 $C=0$ 的时候。

### 10.4.3.4　双金属片温度计

双金属片温度计利用不同材料不同的热膨胀来测量温度。如果两种材料（通常是金属）的条带粘在一起，则热膨胀会导致向较少膨胀的材料一侧弯曲。该运动可以使用位移传感器来测量，或者使用指针和刻度来指示。家用恒温控制器通常将这个原理用于温度感测和控制（开-关）。

### 10.4.3.5　谐振温度传感器

谐振温度传感器使用单晶二氧化硅（$SiO_2$）谐振频率的温度依赖性。它们之间的关系相当准确和精确，灵敏度较高。因此，这些温度传感器非常精确，特别适用于测量非常小的温度变化。

## 10.5　监测水质的传感器

监测水质对于人类生存和保护自然环境等许多因素都很重要。许多参数影响水的质量。它们包括温度、pH 值、溶解氧（DO）、氧化-还原电位（ORP）、电导率、流量、浊度、氮（包括硝酸盐、亚硝酸盐和氨化合物）、磷酸盐含量、有机碳以及各种有机物和细菌。至少要对这些参数中的一些进行监测，以确定水质和相关趋势。根据这些信息作出决策，提供预测、警告和建议，并采取纠正措施。上一节已经介绍了流量和温度的感测。接下来将介绍几种其他类型的用于确定水质的传感器。

### 10.5.1 pH 值传感器

术语 pH 代表"氢的力量"，并且是水溶液中酸度或碱度的量度。特别表明水溶液接收或提供氢离子的能力。它是由氢离子($H^+$)活性产生的电流来测量的。具体来说，pH 值由下式给出

$$pH = - \log_{10}(a_{H^+}) = \log_{10}\left(\frac{1}{a_{H^+}}\right) \tag{10-18}$$

其中 $a_{H^+}$ 表示水溶液中氢离子的活性。纯水为中性，既不是酸性也不是碱性（基准），pH 值为 7。pH 值小于 7 的溶液是酸性的，而 pH 值大于 7 的溶液是碱性的。

在 pH 值传感器中，读取的是传感器电极（离子选择电极）的电势 $E$，其给出 pH 值。这是由能斯特方程给出的

$$E = E^0 + \frac{RT}{F}\ln(a_{H^+}) = E^0 - \frac{2.303RT}{F}pH \tag{10-19}$$

其中，$E^0$ 是标准电极电位；$R$ 是气体常数；$T$ 是开尔文温度；$F$ 是法拉第常数。

可以看出传感器的读数取决于温度。这意味着温度校准（补偿）是 pH 检测中的一个要求。这种校准可以通过使用传感器模型［见式(10-19)］或通过传感器在不同温度下的参考数据来完成。

### 10.5.2 溶解氧传感器

水中的溶解氧(DO)对水生生物来说是必不可少的。特别是鱼依靠 DO 来呼吸。水中的 DO 可能有多种来源，包括大气中的氧气和水中的生物。

DO 传感器的工作原理如图 10-17 所示。传感器由与电解液（例如，氯化钾水溶液）相接触的两个电极——阳极（如银）和阴极（如铂）——组成。探头末端有一个薄膜，用于阻隔探头内的电解液。整个单元放置在一个带有防水盖的管状容器中。它还内置一个用于温度补偿的热敏电阻。

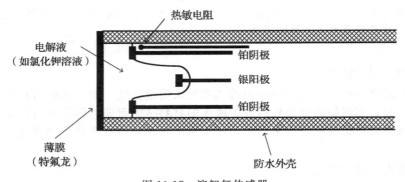

图 10-17 溶解氧传感器

当探头置于水中时，水中的 DO 将通过膜扩散到探头的电解液中。在阳极发生氧化反应，并与扩散速度成正比地释放电子（即产生电流）。对应于该电流的电压可以通过产生传感器读数的阳极读取。读数可以 mg/L（毫克每升）为单位校准。除了温度，还可能需要补偿盐度和压力。

### 10.5.3 氧化-还原电位传感器

氧化-还原电位(ORP)是水溶液释放或接受电子能力的度量。这类似于 pH 值所表示的接受或捐赠氢离子的能力，并且它也是水质的度量。利用从进入水中的物质接受（即除去）电子的性质，物质与氧反应（即氧化）的亲和力将增加。这是一个氧化系统，并且在水溶液中存在"氧化电位"。另一方面，当电子释放（或给予）进入水中的物质时，物质释放氧（或"减少"）的能力将增加。这是一个还原系统，并且在水中存在一个"还原电位"。

水的 ORP 值将根据进入水中的物质的性质和浓度(氧化或还原)而发生变化。这在水质方面非常有用。例如,细菌在水中的存活时间将取决于水的 ORP。使用放置在水中的电极与参考电极可以测量水中的 ORP。我们实验室(加拿大不列颠哥伦比亚省温哥华市不列颠哥伦比亚大学的工业自动化实验室)开发的一个用于监测水质的传感器节点如图 10-18 所示。它有 5 个传感探头用于感测 ORP、DO、pH 值、温度、电导率、总溶解固体和盐度。此外,它还有一个微控制器单元和数据通信硬件。以下信息与此相关:

全球移动通信系统(GSM):这是一个欧洲标准,适用于手机网络(手机)。为了并入该网络(即用于网络访问),传感器节点需要用户识别模块卡。

2G(第二代)GSM 网络工作在 900MHz 或 1800MHz 频段。很少使用 400MHz 和 450MHz 频段(因为 1G 系统以前使用这些频率)。在欧洲大多数 3G 网络运行在 2100MHz 频段。

SD(安全数字)卡是非易失性存储卡。

SD 卡托:这是携带 SD 卡的外壳。

信号通信需要天线。Wi-Fi 可用于互联网的接入。对于短距离多个设备之间的通信,可以使用蓝牙(无线技术标准)。它使用 2.4～2.485GHz 频率范围内的短波无线电波。

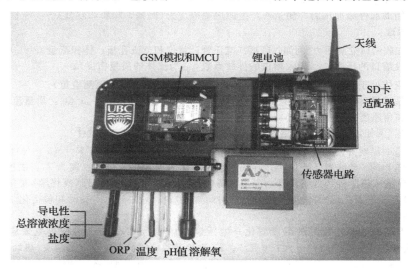

图 10-18  用于水质监测的传感器节点

## 关键术语

**激光**:受激辐射的光放大。在紫外、可见光或红外波段产生电磁辐射。可以提供单频(单色)信号源,它们是相干的(所有的波都具有恒定的相位角)。使用原子或分子的振荡。在光纤领域很有用。也可以直接用于传感和测量应用。氦氖(He-Ne)和半导体激光器是较为常见的。

**光纤传感器**:可以携带光线的玻璃纤维束(有几百根,直径从几毫米至 0.01mm)。间接(外在)类型:光纤仅作为光传输介质。示例:位置传感器、接近传感器和触觉传感器。直接(内在)型:光纤本身作为传感组件→被测量改变光纤的光传播特性。示例:光纤陀螺仪、光纤水听器,以及一些位移或力传感器。

**激光干涉仪**:外在:准确测量小位移。同一束光纤发送和接收单色光束(激光)。干涉测量法→相位差→位移。

**激光多普勒干涉仪**:外在:精确测量速度。反射光的频率变化→反射物体的速度。测量方法:(1)条纹间距;(2)在一段时间内的节拍数。

**光纤陀螺仪**:在这个传感器中,以相反方向环绕的两个光纤环用于感测圆柱体的角速度。利用在公共位置接收到的两个激光束的频率差(萨格纳克效应)将测量出圆柱体的角速度(例如,通过干涉测量法)。

**光传感器**：光敏电阻、光敏二极管、光敏晶体管、光敏场效应晶体管、光电池和电荷耦合器(CCD)。

**光耦合器**：设备通过光纤连接。一个设备的噪声/干扰不会影响其他设备。

**超声波**：可听到的声波频率范围为 20Hz～20kHz。超声→＞20kHz。例如，频率为 40kHz、75kHz、7.5MHz 和 10MHz 的医疗超声波探头。在受到电位作用的压电晶体中，高频(千兆赫兹)振荡、材料的磁致伸缩特性(当受到磁场时物体变形时)，向金属薄膜电容器施加高频电压都可产生超声波。超声波探测器(接收器)是一个传声器。

**超声波传感器**：内在方法：由于声阻抗和物体的吸收特性，超声信号在通过物体时发生变化。外在方法：测量超声波从源到被测物并返回到接收器的飞行时间。多普勒效应：测量物体反射波的频率变化，该物体的速度为被测量。

**磁致伸缩位移传感器**：传感器探头产生询问电流脉冲，它沿着防护罩内的磁致伸缩线/棒(波导)传导。脉冲磁场与连接到感应物体的永磁体磁场相互作用→超声波(应变)脉冲(由波导中的磁致伸缩作用产生的)。计时这个超声波脉冲→得到磁体/物体距传感器探头的距离。

**声发射(AE)传感器**：内部微观结构的快速和不可逆的变化释放应变能(声波)。这就是声发射(AE)。频率从几十 kHz 到几 MHz。通常使用压电组件作为传感器。

**压力传感器的原理**：

1. 用反作用力(或探头)平衡压力并测量这个平衡力(如液体压力计和活塞)。
2. 将压力施加到一个灵活的前端(辅助)部件上并测量所产生的偏差(例如，弹簧管、波纹管、螺旋管)。
3. 对前端辅助部件施加压力并测量所产生的应变或应力(例如，隔膜和膜盒)。

**流量传感器的原理**：

1. 测量已知收缩口处的压力(例如，喷嘴、文氏管计量仪和节流孔板；体积流量 $Q = c_d A \sqrt{2\Delta p/\rho}$，$\Delta p$ 为通过收缩口的压降，$c_d$ 为收缩口的排放系数，$\rho$ 为流体的质量密度)。
2. 测量使流体处于静态的压力(例如，皮托管 $v = \sqrt{2gh}$，使用浮子感测液位)。
3. 直接测量流量(体积或质量)(例如，涡轮流量计、角动量流量计 $\tau = \omega r^2 Q_m$：质量流量 $Q_m$、电动机转矩 $\tau$ 和角速度 $\omega$ 都是被测量)。
4. 测量流速(例如，科里奥利流量计、激光多普勒测速仪、超声波流量计)。
5. 测量流量的影响并使用该影响估算流量(例如，热线或热膜风速仪 $i^2 R = c(a + \sqrt{v})(T - T_f)$：其中载流电流为的 $i$ 导线置于流体中，导线的温度为 $T$ 并且周围流体的温度为 $T_f$；磁感应流量计)。

**温度传感器**：热量从热源传到测量设备→测量设备(换能阶段)中产生的物理(或化学)变化。选型的考虑因素：(1)温度范围；(2)灵敏度；(3)速度(时间常数)；(4)鲁棒性(对振动和包括化学品等的环境)；(5)易用性(安装等)。

**热电偶**：两个不同导体的连接处的温度变化→电压(电动势或 emf)，称为"塞贝克效应"或"热电效应"。非线性：$V = \alpha(T - T_0) + \gamma(T^2 - T_0^2)$；$T_0$ 为参考源(冷端)温度，$T$ 为源头(热端)温度。可以测量非常低的温度(如−250℃)和非常高的温度(如 3000℃)。有 E 型(铬-康铜)，J 型(铁-康铜)，K 型(镍铬合金-铝镍合金)，N 型(镍铬硅−镍硅镁)和 T 型(铜-康铜)。其中，E 型具有最高的灵敏度(70$\mu$V/℃)。可以进行快速测量(例如，1ms)。

**电阻温度探测器(RTD)**：热电阻温度传感器。金属元素(铂、镍、铜和各种合金置于陶瓷管中)→电阻随温度而增大；$R = R_0(1 + \alpha T)$；其中 $\alpha$ 为电阻的温度系数。线性；有效的温度范围为−200℃～＋800℃；在高温下比热电偶精确度低。响应速度较慢(例如，几分之一秒)。

**热敏电阻**：由半导体材料(如铬、钴、铜、铁、锰、镍的氧化物)制成。感应电阻变化：$R = R_0 \exp\{\beta[(1/T) - (1/T_0)]\}$。典型地，在 $T_0 = 298$K(即 25℃)时 $R_0 = 5000\Omega$；特征温度 $\beta$(约 4200K)。由于高电阻所以其具有鲁棒性好、响应速度快和灵敏度高(与 RTD 相比)的特点→电阻变化较大。非线性。

**双金属片温度计**：两条金属带紧紧黏合在一起→热膨胀导致弯曲→测量位移(例如，家用恒温器)。

**谐振温度传感器**：使用单晶二氧化硅(SiO$_2$)谐振频率的温度依赖特性。准确、精确、灵敏度高且适合测量非常小的温度变化。

**pH 值传感器**："氢的力量"。测量水溶液的酸度或碱度→水溶液接受或提供氢离子的能力。用氢离子($H^+$)活性 $a_{H^+}$ 产生的电流来进行测量；$pH = -\log_{10}(a_{H^+}) = \log_{10}(1/a_{H^+})$；传感器电极(离子选择性电极)的电势 $E$ 由能斯特方程给出：

$$E = E^0 + \frac{RT}{F}\ln(a_{H^+}) = E^0 - \frac{2.303RT}{F}pH$$

$E^0$ 是标准电极电位；$R$ 是气体常数；$T$ 是开尔文温度；$F$ 是法拉第常数。对温度的依赖关系→需要进行校准（补偿）。

**溶解氧(DO)传感器**：溶解在水中的氧将通过传感器膜扩散到传感器的电解液中→阳极氧化反应→释放电子→与扩散速率成比例的电流。以 mg/L（毫克每升）为单位进行标定。

**氧化−还原电位(ORP)传感器**：测量水溶液释放或接受电子的能力。与 pH 值传感器相反。接受（去除）物质中的电子→物质与氧（氧化）反应的亲和力将增加→氧化电位；释放（给予）电子到物质→物质释放氧（还原）的能力将增加→还原电位。使用相对于参考电极的电极进行测量。

## 思考题

**10.1** 液位传感器应用广泛，包括软饮料灌装、食品包装、储存容器监测、混合罐和管道。考虑以下类型的液位传感器，并简要解释液位传感中每种类型的操作原理。另外，每种类型传感器的限制因素是什么？

  (a) 电容传感器

  (b) 电感传感器

  (c) 超声波传感器

  (d) 振动传感器

**10.2** 考虑以下类型的位置传感器：电感、电容、涡流、光纤和超声波。对于以下情况，请指出哪些类型不合适，并解释原因：

  (a) 湿度变化的环境

  (b) 铝制目标物体

  (c) 钢制目标物体

  (d) 塑料制的目标物体

  (e) 距离传感器几英尺的目标物体

  (f) 温度波动明显的环境

  (g) 烟雾缭绕的环境

**10.3** 超声波测厚仪的制造商声称，该设备可用于测量冷轧钢板厚度、确定机器人装配中的零件位置、分拣木材、测量刨花板和胶合板的厚度、检测瓷砖尺寸、感测罐中食品的高度、测量管子直径、定位制造期间的橡胶轮胎、测量制造中的汽车部件、边缘检测、识别产品中缺陷的位置以及零件。讨论以下类型的传感器是否同样适用于上述的一些或全部应用：(a)光纤位置传感器，(b)自感接近传感器，(c)涡流接近传感器，(d)电容测量仪(e)电位计，(f)差动变压器。

  一些传感器不适用于特定的应用场景，请说明理由。

**10.4** (a) 考虑图 P10-1 所示的运动控制系统。

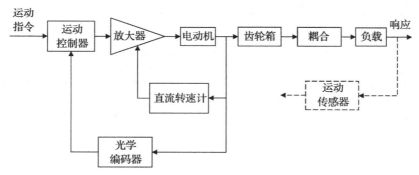

图 P10-1 运动控制系统框图

  (i) 给出典型情况的例子，解释在这个系统中表示为"负载"的框图的含义。

  (ii) 指出将运动传感器从电动机轴移动到负载响应点的优点和缺点，如图中的虚线所示。

  (b) 说明哪种类型的传感器适用于以下应用并给出原因：

  (i) 在软饮料装瓶生产线上，在线检测玻璃瓶上装配不当的金属瓶盖

  (ii) 在造纸厂，同时测量新闻纸卷的直径和偏心率

  (iii) 测量在操作期间从机器人传输到支撑结构的动力

(iv) 在胶合板制造机器中，在线测量胶合板的厚度

(v) 在食品罐头工厂中，检测有缺陷的罐(例如，破损和侧缝，盖子膨胀)

(vi) 阅读食品包装上的代码

**10.5** 在机器运行状况监测应用中，声发射(AE)传感器和加速度计都安装在齿轮传动装置的几个不同位置上。

(a) 这两种类型的传感器应放置在什么位置，为什么?

(b) 在几个位置上都使用这两种类型传感器的原因是什么?

(c) 一种传感器相对于另一种传感器的优缺点是什么?

**10.6** 一些传感器(如声发射(AE)传感器和加速度计)具有内置的信号调理(例如，前置放大器)电路。通过集成内置前置放大器，无源传感器可转换成有源传感器。将信号调理硬件集成到传感器中的优点和缺点是什么?

**10.7** 对比下列温度传感器的优点：热电偶、RTD 和热敏电阻。

**10.8** (a) 比较两种热敏电阻的模型：

$$\frac{1}{T} = A + B\ln(R) + C[\ln(R)]^3 \quad \text{和} \quad R = R_0 \exp\left[\beta\left(\frac{1}{T} - \frac{1}{T_0}\right)\right]$$

其中 $R$ 是温度为 $T$ 的热敏电阻的电阻。其余为模型参数。哪个模型更精确?

(b) 考虑热敏电阻模型 $R = R_0 \exp\left[\beta\left(\frac{1}{T} - \frac{1}{T_0}\right)\right]$。

(i) 模型参数 $T_0$ 和 $R_0$ 分别代表什么? 请说明。

(ii) 通过确定模型方程右侧表达式的导数，确定一个关于工作点 $(T_0, R_0)$ 的线性化模型。使用 $T$ 和 $R$ 的增量变量 $\hat{T}$ 和 $\hat{R}$ 来表示线性模型。

(iii) 通常，线性化模型仅在工作点附近的小范围内才有效。为了说明非线性程度，在线性模型和非线性模型中绘制 $T/T_0$ 对 $R/R_0$ 的曲线，$T/T_0$ 的区间为 $0.95 \sim 1.05$，$\beta = 4200K$，$T_0 = 298K$。

(iv) 建议给出另一种方法对给定的热敏电阻模型进行线性化，以便使 $T$ 和 $R$ 的任何值都是较为准确的。

**10.9** 下表给出了 5 个商用传感器的一些指标参数。

| 传感器规格 | 温度 | pH 值 | 溶解氧 | 电导率 | 氧化-还原电位 |
|---|---|---|---|---|---|
| 时间常数 | 750ms | 378ms | 650ms | 1s | 1s |
| 阻抗(Ω) | 2000 | 1650 | 702 | 165 | 227.6 |
| 分辨率 | 0.0625℃ | 0.01 | 0.01mg/L | 0.1μs | 0.1mV |
| 精确度读数范围 | −55～125℃ | 0.01～14.00 | 0～20mL | 5～200 000+μs | −1019.9～1019.9mV |

给出一种所有这些传感器都可以使用的应用场景。要使这些传感器获得准确的数据可能需要哪种类型的补偿? 给定的传感器指标是否适合特定的应用? 为什么?

**10.10** 已经注意到，水溶液中 pH 值的变化(随着时间的推移)与氧化-还原电位(ORP)的变化相反。据此，ORP 传感器可以由 pH 值传感器所代替，反之亦然。然而，这两种类型的传感器对于精确感测水质都是很重要的。请解释说明。

**10.11** 讨论光纤传感器的优缺点。考虑光纤位置传感器。在受光强度对 $x$ 的曲线中，你希望在哪个区域操作传感器，以及相应的限制是什么?

## 第11章

# 数字传感器

**本章主要内容**
- 数字传感器的优点
- 增量式光电编码器及其硬件特性
- 方向、位置和转速感测
- 分辨率和误差考虑因素
- 绝对式光电编码器
- 线性编码器
- 数字二进制传感器
- 数字旋转变压器、转速计
- 莫尔条纹式位移传感器
- 霍尔效应传感器
- 数码相机和图像采集

## 11.1 创新的传感器技术

传感器和换能器可用于各种工程应用之中。众多的例子包括运输系统、计算系统、过程监控和控制、能源系统、材料加工、制造、采矿、食品加工、服务业、林业、土木工程结构和系统等。前几章研究了包括力、转矩、触觉和阻抗的模拟运动传感器和力学传感器以及一些其他类型的传感器，包括光电传感器、超声波传感器、磁致伸缩传感器、声发射传感器、热流体传感器和可用于监测水质（例如，pH 值、溶解氧和氧化-还原电位）的传感器。

在本章中，我们研究数字传感器和一些其他创新传感器技术。我们主要关注的是含有运动传感器的机电一体化系统中的传感器。正如第 9 章特别提到的，使用合适的附加前端传感器，可以将其他被测量（如力、转矩、温度和压力）转换成运动，随后使用运动传感器进行测量。例如，在飞机或航天领域的高度（或压力）测量中，可以运用波纹管或膜片装置等压力感测前端，再结合光电编码器（一种数字传感器）来测量所得到的位移。类似地，双金属设备可以将温度转换成位移，再使用位移传感器来测量它。第 12 章研究了其他重要的传感器技术，如微机电系统传感器、多传感器数据融合和无线传感器网络。

可以将模拟换能器称为模拟传感器，因为它的传感阶段和换能阶段都是模拟的。通常，数字传感器的传感阶段也是模拟的，例如，物理系统中的运动在时间上是连续的。故而通常我们不会说数字运动传感器。在数字测量装置中，换能阶段产生离散的输出信号（例如，脉冲串、计数、频率、编码数据），因此，数字感测装置可以称为数字换能器或数字传感器。

### 11.1.1 模拟与数字传感

以离散样本表示数据并且以数字形式表示读数时不引入量化误差的测量装置称为数字传感器。根据该定义可知集成了模-数转换器（ADC）的热电偶等模拟传感器不是数字传感器。这是因为 ADC 转换过程引入量化误差（参见第 4 章）。特别地，以下任意类型的测量装置都可以归为数字传感器：

1. 不需要 ADC 就能产生离散或数字输出的测量装置。

2. 输出为脉冲信号或计数的传感器。

3. 输出是频率的传感器(可以精确地转换成计数或速率)。

注意：当输出为脉冲信号时，使用计数器计数的脉冲或者计数一个脉冲宽度的时钟周期数，这两者都是离散读数。

比较示例：为了比较数字传感器和模拟传感器的基本特性，请参考图 11-1 所示的传感装置。该系统拥有液压执行器，它使负载沿着直线移动(即线性执行器)。在负载的一侧，有一个电位计，其电阻元件由导电塑料制成(见第 8 章)，这个电位计产生与负载位移成比例的连续输出电压 $v_o$。在负载的另一侧有一个指针，它能够在负载通过它时触发限位开关。系统中有 8 个限位开关。显然，能够表示 8 个离散值的 3 位寄存器可以在指针接触到相应的限位开关时感应到负载的绝对位置。

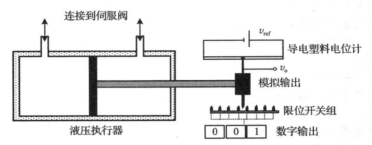

图 11-1   位移感测的模拟方法和数字方法

让我们比较这个例子中的两种检测方法，包括准确性、复杂性、成本、有用性、鲁棒性等。为了比较的公平性，我们假设电位计输出 $v_o$ 由 3 位 ADC 采样和数字化。然后，模拟和数字设备都在 3 位寄存器中表示数据。

1. 模拟感测方式：使用带 3 位模-数转换器的电位计

a. 使用 ADC 获取计算机需要的数据。

b. 数据采样过程中有精度损失(即混叠误差)并且无法恢复；信号/传感器噪声直接进入读数。

c. 可以识别高分辨率的连续信号，使用更高位的 ADC(例如 4 位)可以提高数字信号的分辨率。

d. 由于 b、f 和 g 的原因而使鲁棒性较低。

e. 传感是直接和简单的，但是进入计算机的数据采集(DAQ)则更为复杂和昂贵(如滤波和放大、采样和保持、ADC)。

f. 如果传感器(电位计)发生故障，则设备将完全失效。

g. 当采样数据值被数字化(以 3 位形式表示)时引入量化误差。

h. 相对慢(传感器时间常数、信号调理、采样、数字化和寄存)。

2. 数字感测方式：使用 8 个限位开关

a. 这种方法使得数据采集到计算机更容易(例如，限位开关的 1 位输出通常与 TTL 兼容，并且可以由微控制器直接获取)。

b. 即使限位开关信号具有高噪声，它也能精确地保持 3 位的精度[因为限位开关仅需要 1 位信息(即触发或未触发)]。

c. 分辨率由限位开关的数量决定。

d. 由于 b 和 f，所以鲁棒性更高。

e. 组件更多(潜在的可靠性更低)，但是即使某一个限位开关发生故障它也能运行，剩余的限位开关仍具有理想的精度。

f. 无量化误差的问题，并且可以精确测定限位开关的实际位置。

g. 相对快速(限位开关是二进制的，不需要进一步的信号处理、采样和数字化)。

可以看出，数字感测方法具有明显的优势，而模拟方法也同样具有其自己的优势。

## 11.1.2　数字传感器的优点

如前所述，在模拟装置上使用数字装置进行感测有一定的优势。数字感测装置（或众所周知的数字传感器）产生离散的输出信号（如脉冲串或编码数据），在随后的使用中它们可以展现更多的优点。尤其是数字传感器的输出可以由数字处理器直接读取，而不需要采样和数字化（或 ADC）阶段。通过将被测信号和其他已知量进行复杂的处理，数字处理器在感测数据中起关键作用。例如，它可以用作数字控制系统中的控制器，该系统产生装置（即正被控制的系统）的控制信号。另一方面，如果得到的是模拟测量信号，则在进入数字处理器处理之前需要采样和数字化。

然而，数字感测装置的传感阶段通常与模拟传感器的十分相似。有些结合微处理器的数字测量设备在本地就可进行数字操作和调理，并以数字形式或模拟形式提供输出信号。当所需变量不能直接测量但可以使用一个或多个测量输出进行计算时（如功率＝力×速度），这些测量系统特别有用。尽管在这种情况下微处理器是测量装置的组成部分，但它执行调理任务而不是测量任务。在此方面，我们分别考虑这两个任务。

当数字传感器的输出是脉冲信号时，读取信号的常见方法是使用计数器来计数脉冲（对于高频脉冲）或对一个脉冲宽度的时钟周期数进行计数（对于低频脉冲）。该计数以数字量形式放置在缓冲器/寄存器中，并且计算机可以以恒定频率（称为采样率）访问它。如果数字传感器的输出是编码形式（如自然二进制码或格雷码），则它可以由计算机直接读取。然后，编码信号通常由一组并行的脉冲信号产生，每个脉冲产生数字字的一位，并且该位字的数值由产生的脉冲的方式决定。在这种情况下，如本章后面所述，可以使用绝对式编码器。一般使用通用的输入/输出（I/O）或 DAQ 卡（见第 4 章）来实现数字传感器的 DAQ（即计算机接口）。例如，一种运动控制（伺服）卡可以适配多个传感器（如 8 输入通道的编码器拥有 24 位计数器），或使用针对特定传感器而专门使用的 DAQ 卡。

与模拟方法相比，数字传感器（或信息的数字表示）具有一定的优势。以下是值得注意的：

1. 它们不会引入量化误差。

2. 数字信号不太容易受到仪器中噪声、干扰或参数变化的影响，因为数据可以由位组成的二进制字产生、表示、传输和处理，这些位具有两个可识别的状态（噪声阈值为半位）。

3. 利用数字处理方式（硬件实现快于软件实现）可以实现高精度和高速度的复杂信号处理。

4. 最小化模拟硬件组件可以实现系统的高可靠性。

5. 可以使用紧凑、高密度的数据存储方法来存储大量数据。

6. 数据可以存储或保持很长一段时间，且没有任何漂移或被恶劣环境所破坏。

7. 与模拟信号相比，可利用现有的通信手段进行远距离快速数据传输，无衰减且动态延迟更少。

8. 数字信号所需的电压低（如 0～12V 直流）、功率低。

9. 在通常情况下数字设备总体成本低。

这些优势有助于在工程系统中建立支持数字测量和信号传输设备的强有力案例。

## 11.2　轴编码器

任何一个产生（数字）编码测量的传感器都可以称为编码器。轴编码器是测量角位移和角速度的数字传感器。这些装置应用于机械臂、机床、工业生产过程（如食品加工和包装、纸浆和贴纸）、数字化数据存储设备、定位台、卫星反射镜定位系统、车辆、建筑机械、行星探测装置、战场设备和旋转机械（如电动机、泵、压缩机、涡轮机和发电机）等运动设备的性能监测和控制。特别地，数字传感器与模拟传感器相比，尤其是轴编码器，它的一些相对优势有：高分辨率(取决于编码器输出的字大小和编码器每转产生的脉冲数)、高精度(特别取决于数字信号的抗干扰性、可靠性以及优良的结构)。随着系统成本的降低和系统可靠性的提高，更易于在数字系统中采用(因为传感器输出可以以数字量形式读取)它们。

## 编码器类型

根据传感器输出的性质和对输出的解译方法，轴编码器可分为两类：(1)增量式编码器；(2)绝对式编码器。

**增量式编码器**：当传感器圆盘在测量中因运动而旋转时，增量式编码器产生的输出是脉冲信号。通过时钟信号计数脉冲或定时脉冲宽度，可以确定角位移和角速度。增量式编码器是相对于一些参考点来测量位移的，参考点可以是移动组件的初始位置(由限位开关决定)或者编码器圆盘的参考点，参考点由编码器圆盘在该位置产生的参考脉冲(标志脉冲)所指示。此外，标志脉冲计数值确定全部的转数。

**绝对式编码器**：绝对式编码器(或全字编码器)在其传感器圆盘上具有许多条脉冲轨道。当绝对式编码器的圆盘旋转时，同时产生与圆盘上轨道数量相等的一些脉冲序列。在给定的时刻，每个脉冲信号的幅值将由电平指示器(或边缘检测器)来确定，它们是两种信号电平(即二进制状态)，信号电平对应于二进制数字(0 或 1)。因此，在任意时刻，脉冲序列集给出了编码的二进制数。为了从传感器上获得编码的输出数据，轨道窗口的间距是不相等的，并以特定的方式排列。轨道上的脉冲窗口可以组织成某种方式(编码)，以便于在特定瞬间产生的二进制数字对应于当时编码器圆盘的特定角位置。脉冲电压可以与一些数字接口逻辑(如 TTL)兼容。因此，使用绝对式编码器可以直接得到角位置的数字读数，从而加速数字 DAQ 和处理，并且如果错过脉冲(与增量式编码器不同)，也可以消除误差的累积。绝对式编码器通常用于测量转角，然而在使用增量式编码器的情况下，可以使用附加的轨道来测量完整的转数，该轨道产生 I 脉冲。

在两种类型的传感器(增量式和绝对式)中可以采用同一种信号产生(和获取)机制。

## 编码器技术

可用于轴编码器的 4 种传感器信号发生的技术：

1. 光学(光电传感器)方法
2. 滑动接触(导电)方法
3. 磁饱和(磁阻)法
4. 接近传感器方法

到目前为止，最常见和具有成本效益的是光电编码器。其他 3 种方法在光学方法不适用(例如，在极端温度或存在灰尘、烟雾的情况下)或光学方法多余(例如，齿轮之类的编码盘可作为运动构件的组成部分)的特殊情况下使用。只要编码器给定类型(增量式或绝对式)，对于先前列出的 4 种类型的信号发生技术，信号的解译方法是相同的。现在，我们简要介绍对于所有 4 种技术的信号发生原理，并且在讲述信号解译和处理时仅仅考虑光电编码器。

## 光电编码器

光电编码器使用具有一个或多个圆形轨道的不透明圆盘(编码盘)，每个轨道具有相同的透明窗口(狭缝)，并以一定图案(序列)来排列。平行光束(例如，来自一组发光二极管)从盘的一侧投射到所有轨道。用圆盘另一侧的一组光电传感器获取透射光，通常每个轨道拥有一个光电传感器。这种布置如图 11-2a 所示，它只表示一个轨道和一个获取传感器。光电传感器可以是硅光敏二极管或光敏晶体管(参见第 10 章)。由于来自光源的光由轨道的不透明区域遮盖，因此来自光电传感器的输出信号是一系列电压脉冲，解译该信号(例如，通过边缘检测或电平检测)可以获得角位置的增量以及盘的角速度。在标准术语中，这种测量装置的传感元件是编码器盘，其连接到旋转物体(直接地或通过齿轮机构)上。换能阶段对应于圆盘运动(模拟)转换成脉冲信号,该过程将模拟运动编码成数字字。

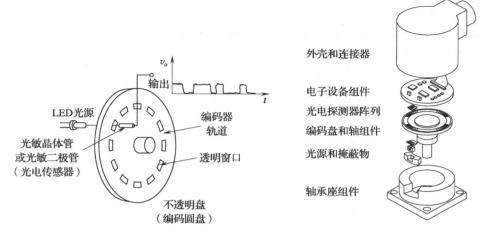

a) (增量式)光电编码器的示意图

b) 商用增量式编码器的组件示意图 (由BEI Electronics, Inc., Franksville, WI提供)

图　11-2

　　编码器圆盘上透明窗口(窗型)的不透明背景可以通过接触印刷技术生成。该生产工序的精密度是决定光电编码器精度的主要因素。如果旋转方向是固定的(或不重要的),则增量式编码器的码盘仅需要一个具有等间距且窗口(获取)区域相同的主轨道。可以使用仅具有一个窗口的参考轨道来产生 I 脉冲,为角位置测量启动脉冲计数和检测完整的转数。

　　注意:轨道具有不透光区域的透明盘与光电编码器的编码盘工作效果相同。在任意一种形式中,轨道具有 50% 的占空比(即透明区域的长度等于不透明区域的长度)。商用光电编码器的组件如图 11-2b 所示。

## 滑动接触编码器

　　在滑动接触编码器中,传感器盘由电绝缘材料制成。在圆盘上,通过植入导电区域的图案形成圆形轨道。这些导电区域对应于光电编码器盘的透明窗。所有导电区域都与编码器轴上的公共集电环相连。使用刷状结构将恒定电压 $v_{ref}$ 施加到集电环。刷状滑动触点接触每个轨道,当盘旋转时,获取电压脉冲信号。脉冲图案取决于每个轨道上的导电-不导电区域的图案以及圆盘旋转的类型。信号解译过程与光电编码器中的类似。滑动接触编码器的优点包括高灵敏度(取决于电源电压)和简单的构造(低成本),缺点包括接触和整流装置的常见不足之处(如由于振动而引起的摩擦、磨损、刷子反跳以及由于电弧而产生的信号毛刺和金属氧化)。传感器的精度非常依赖于编码器盘的导电图案的精密性,电镀是在盘上产生导电图案的一种方法。

## 磁编码器

　　磁编码器使用蚀刻、冲压或记录(类似于磁数据记录)等技术将高强度磁区印在编码盘上。这些磁性区域对应于光电编码器盘上的透明窗口。信号获取装置是微型变压器,其圆形铁磁心上具有一次和二次线圈。获取传感器类似于以往主机中的核心存储元件。高频(通常为 100kHz)的一次电压在二次线圈中感应出同频率的电压,像变压器一样工作。然而,具有足够强度的磁场会使磁心饱和,从而显著增加磁阻并降低感应电压。解调感应电压可以获得脉冲信号,该信号可以通过常用的方法来解译。在每个轨道上,脉冲峰值对应于非磁性区域,脉冲谷值对应于磁性区域。磁编码器的一个优点是它具有非接触的获取传感器。然而,因为产生输出信号的变压器和解调电路的成本,它们比接触装置更为昂贵。

**接近传感器式编码器**

接近传感器式编码器使用接近传感器作为信号获取部件。可以使用任何类型的接近传感器，如第8章所述的磁感应探头或涡流探头。在磁感应探头中，圆盘由铁磁材料制成，编码器轨道上有由相同材料制成的凸点，其作用类似于光电编码器盘上的窗口。随着一个凸点接近探头，由于相关磁阻的降低，所以使得磁链增加，感应电压提高。输出电压是脉冲调制信号，它与接近传感器的电源（一次）电压的频率相同。之后进行解调，解译得到的脉冲信号。铁磁齿轮可以与放置在径向方向上的接近传感器一起使用，从而代替轨道具有凸起区域的圆盘，原则上，该装置与传统的数字转速计一样工作。如果使用涡流探头，则必须用导电材料对轨道中的脉冲区域进行电镀。

**方向感测**：如稍后将详细说明的一样，增量式编码器要将第二探头放置在与第一探头距离四分之一间距（间距为相邻窗口间中心之间的距离）的位置上，以产生正交信号，它可以识别旋转方向。一些增量式编码器设计成有两个相同的轨道，其中一个轨道偏移另一个轨道四分之一间距，并且两个获取传感器不带偏移地径向放置。用这种布局获得的两个（正交）信号将与之前的布局相似。包括生成参考脉冲的轨道在内，增量式编码器在其编码盘上有3个轨道。

在许多应用中，编码器放置于监测设备的内部，而不是安装在外旋转轴上。例如，在机器人手臂中，编码器是关节电动机的一部分，并且可以位于其壳体内，这样减少了耦合误差（例如，由间隙、轴灵活性以及传感器和固定装置所附加的谐振引起的误差），安装误差（例如，失准和偏心）以及总成本。编码器的直径尺寸可小至2cm，高达15cm。

对于基于不同信号发生原理的各种类型的编码器，它们的信号解译技术非常相似，所以我们仅对光电编码器进一步讨论。信号解译的区别在于具体的光电编码器是增量式装置还是绝对式装置。

## 11.3　增量式光电编码器

具有方向检测功能的增量式编码器圆盘的轨道和探头结构有两种可能的设计：

1. 偏移探头结构（有两个探头和一个轨道）
2. 偏移轨道结构（有两个探头和两个轨道）

第一种结构如图11-3所示。圆盘的单个圆形轨道具有相同且等间隔的透明窗口，相邻窗口之间的不透明区域的面积等于窗口区域的面积。注意：在给定50%占空比的情况下，半个周期有输出脉冲，另外半个周期无输出脉冲。两个光敏二极管传感器（图11-3中的探头1和2）以四分之一间距（窗口长度的一半）面向轨道放置。在通过脉冲整形电路（理想化）后，输出信号（$v_1$和$v_2$）在两个旋转方向上的形状如图11-4a、b所示。

注意：两个探头之间的圆周偏移可以增加整数个周期，这为探头提供了更多的空间。注意：一个周期是两个连续相似窗口间的角度间隔。两个信号之间的延迟将改变360°的整数倍（假定延迟速度恒定），因此相当于没有变化。

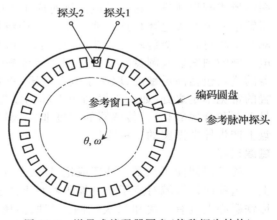

图11-3　增量式编码器圆盘（偏移探头结构）

增量式编码器的第二种结构使用两个相同的轨道，一个轨道与另一个轨道偏移四分之一间距。每个轨道都有自己的探头（光电传感器），它们面向相应的轨道。两个探头沿着盘的径向线定位，与先前的结构不同，它们没有任何圆周偏移。然而，两个传感器的输出信号与前面的信号相同(见图 11-4)。

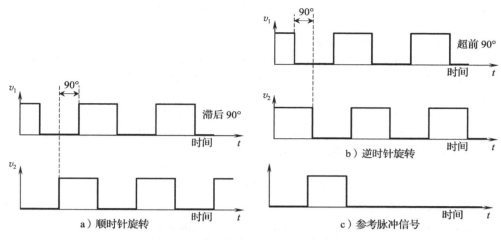

图 11-4　增量式编码器的整形脉冲信号

在这两种结构中，通常都有一个带有单个窗口和相关探头的附加轨道。圆盘每旋转一周该轨道产生一个参考脉冲(I 脉冲)(见图 11-4c)。该脉冲启动计数操作，并且在测量绝对旋转角度时，还可以计数所需的完整转数。

注意：当圆盘以恒定的角速度旋转时，在每个传感器输出中，脉冲宽度和脉冲周期(编码器周期)是恒定的(就时间而言)。当圆盘加速时，脉冲宽度会不断下降；当圆盘减速时，脉冲宽度会增加。

### 11.3.1　旋转方向

增量式编码器通常具有以下 5 个引脚：

1. 地
2. I 通道
3. A 通道
4. +5V 直流电源
5. B 通道

通道 A 和通道 B 引脚给出的正交信号如图 11-4a、b 所示，I 引脚给出的参考脉冲信号，如图 11-4c 所示。

探头位置(或轨道位置)中四分之一间距的偏移可确定圆盘的旋转方向。例如，图 11-4a 显示了圆盘顺时针(cw)方向旋转时整形后(理想化)传感器输出($v_1$ 和 $v_2$)，图 11-4b 显示了圆盘逆时针(ccw)方向旋转时的输出。使用这两个"正交信号"时有几种方法可确定旋转方向。例如，

1. 两个信号之间的相位角。
2. 两个信号的两个相邻上升沿间的时钟数。
3. 当一个信号为"高"时，检查另一个信号的上升沿或下降沿。
4. 当一个信号由高到低转换时，检查另一个信号的下一次转换。

方法 1：从图 11-4a 和 b 可以看出，在 cw 旋转中，$v_1$ 滞后于 $v_2$ 四分之一周期(即有 $90°$ 的相位滞后)；而在 ccw 旋转中，$v_1$ 超前 $v_2$ 四分之一个周期。因此，可以通过使用相位检测电路确定两个输出信号的相位差来获得旋转方向。

方法 2：可以在固定时间段内比较相邻信号的电平来确定脉冲的上升沿(硬件和软件都可以完成)，可以使用高频时钟的脉冲数来测量上升沿的时间。假设当 $v_1$ 信号开始上升时(即检测到上升沿时)开始计数(定时)，令 $n_1$ 是直到 $v_2$ 开始上升时的时钟周期(时间)数，

$n_2$ 是直到 $v_1$ 开始再次上升时的时间周期数。然后，用以下逻辑：

如果 $n_1 > n_2 - n_1$，则是顺时针旋转方向。

如果 $n_1 < n_2 - n_1$，则是逆时针旋转方向。

从图 11-4a、b 可以清晰地得到方向检测原理。

**方法 3**：在这种情况下，我们首先检测信号 $v_2$ 中的高电平（逻辑高或二进制 1），然后在 $v_2$ 为"高"期间检查信号 $v_1$ 中的边沿是否为上升或下降。从图 11-4a、b 可以看出，可用以下逻辑：

当 $v_2$ 处于逻辑高电平时，如果 $v_1$ 的边沿为上升，则为顺时针旋转方向。

当 $v_2$ 处于逻辑高电平时，如果 $v_1$ 的边沿为下降，则为逆时针旋转方向。

**方法 4**：检测信号 $v_1$ 中从高到低的转换。

如果信号 $v_2$ 中的下一次转换是从低到高，则为顺时针旋转方向。

如果信号 $v_2$ 中的下一个转换是从高到低，则为逆时针旋转方向。

### 11.3.2  编码器的硬件特性

商用编码器的实际硬件不像图 11-2a 和图 11-3 所示的那样简单。商用编码器的主要部件与图 11-2b 所示的相同。增量式光电编码器的信号发生机制的更详细原理图如图 11-5a 所示。由 LED 产生的光使用透镜进行准直化（形成平行光线），这些平行光线穿过旋转的编码盘窗口。掩蔽（光栅）盘是静止的，而且它的轨道窗口与编码盘相同。因为掩蔽盘的存在，来自 LED 的光将通过多个编码盘窗口，从而提高由光电传感器接收到的光的强度，由于光束直径大于窗口长度，所以不会引入由光束直径引起的任何误差。当编码盘的窗口面对掩蔽盘的不透明区域时，光电传感器实际上接收不到光。当编码盘的窗口对着掩蔽盘的透明区域时，光电传感器接收到最大光量。因此，随着编码盘的移动，光电传感器接收到三角形（和正的）的光脉冲序列。

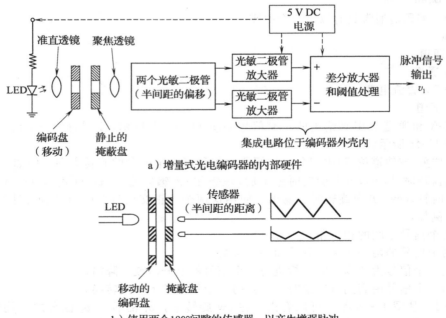

a）增量式光电编码器的内部硬件

b）使用两个 180°间隙的传感器，以产生增强脉冲

图  11-5

**注意**：所得到的三角形脉冲的宽度是整个周期（即它对应于窗口间距，而不是占空比为 50% 的矩形脉冲的半个周期）。可以通过对三角形脉冲序列进行阈值化来获得矩形脉冲序列。

## 信号调理

编码器光源的供电电压的波动直接影响光电传感器接收到的光照水平。如果光电传感器的灵敏度不够高，则低光线可能解译为无光，这将导致测量误差。使用两个光电传感器，一个沿着轨道窗口放置并且距离另一个半间距，这可以消除不稳定性和由电源电压变化引起的此类误差，如图 11-5b 所示。这种结构用于对比度检测，并且不应该与方向检测所需的四分之一间距的偏移结构相混淆。面对掩蔽盘的不透明区域时传感器将始终读取低电平信号，另一个传感器将读取一个三角形信号，当运动窗口与掩蔽盘窗口完全重叠时，其峰值出现；当运动窗口面对掩蔽盘的不透明区域时其出现谷值。来自这两个传感器的两个信号分别放大后输入至差分放大器（见第 3 章），其结果是高强度三角形脉冲信号。通过从该信号中减去阈值并且识别所得到的正（或二进制 1）和负（或二进制 0）区域，可以产生整形（或二进制）脉冲信号，这个过程将产生一个更明显（或二进制的）并且不受噪声影响的脉冲信号。

信号放大器是单片集成电路（IC），并且封装在编码器内，还有附加的脉冲整形电路。它的电源由一个外部供电的编码器提供。输出脉冲信号的电压电平和脉冲宽度是逻辑兼容的（如 TTL），以便于用数字 DAQ 卡来直接读取它们。应当注意，如果输出电平 $v_1$ 为正值且为高，则我们具有逻辑高（或二进制 1）状态。否则，我们有一个逻辑低（或二进制 0）状态。按照这种方式，即使在供电电压不稳定的条件下，也可以获得稳定和准确的数字输出。图 11-5 所示的原理图显示了两个正交脉冲信号中只有一个（$v_1$）的产生过程，另一个脉冲信号（$v_2$）用相同的硬件产生，但是有四分之一间距的偏移，I 脉冲（参考脉冲）信号也以类似的方式产生。编码器的电缆（通常为带状电缆）具有多针连接器（前面提到的 5 个引脚）。

注意：图 11-5 所示的系统中唯一运动的部分是编码盘。

### 11.3.3　线性编码器

在直线编码器（通常称为线性编码器，其中“线性”不意味着线性关系而是指直线运动）中，矩形平板而不是旋转盘沿直线移动，其与轴编码器（旋转）有着相同类型的信号发生和解译机制。透明板上有一系列不透明线，它们沿横向方向平行地布置，从而形成传感器的固定板（光栅板或相位板），这称为掩蔽板。具有相同线条布置的第二块透明板形成移动板（或编码板）。两个板上的线间隔均匀，线宽等于相邻线之间的间距。将光源放置在移动板侧，并且使用一个或多个光电传感器在另一侧检测透过两个板公共区域的光。当两个板上的线重合时，最大光量将通过两个板的公共区域。当一个板上的线落在另一个板的透明空间上时，几乎没有光穿过这两个板。因此，当一个板相对于另一个板移动时，光电传感器产生脉冲串，并且在用增量式编码器的情况下时可以确定直线位移和速度。

合适的结构如图 11-6 所示，编码板与要测量直线运动的物体相连。使用 LED 光源和光敏晶体管光电传感器来检测运动脉冲，同旋转编码器所用的方法一样，可以解译该脉冲，同轴编码器一样，使用相位板来增强检测信号的强度和分辨力。如图 11-6 所示，需要用两个正交窗（即有四分之一间距偏移）轨道来确定运动方向。在相位板上，使用与主轨道相距半间距偏移的另一个窗轨（图 11-6 中未示出）来进一步增强检测脉冲的识别。具体来说，当主轨道上的传感器读

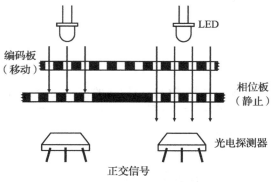

图 11-6　直线光电编码器

取高强度（即当编码板和相位板上的窗口对准时）信号时，在半间距距离处轨道上的传感器将读取低强度（因为相位板的相应窗口被编码板的不透明区域阻挡）信号。

## 11.4  编码器的运动感测

光电编码器可以测量位移和速度。并且编码器可以设计成（线性移动编码板或旋转编码盘）测量直线运动或角运动。增量式编码器将位移作为脉冲计数来测量，并将速度作为脉冲频率来测量。数字处理器能够使用相关的转换因子，并以工程单位（弧度、度数、弧度/秒、转/秒、转速等）表示这些读数，这取决于物理系统的参数值。

我们将考虑角运动，因为相同的概念可以直接扩展到线性（即直线）运动。我们将介绍使用编码器输出计算位移和速度的公式。此外，我们将讨论关于编码器位移分辨率和速度分辨率的重要概念。

### 11.4.1  位移测量

假设增量式编码器可能的最大计数为 $M$ 个脉冲，编码器的范围为 $\pm\theta_{max}$。对应于 $n$ 个计数脉冲的角位置 $\theta$ 为

$$\theta = \frac{n}{M}\,\theta_{max} \tag{11-1}$$

#### 11.4.1.1  数字分辨率

编码器的分辨率在测量中代表可以实际测量到的最小变化。由于可以使用编码器来测量位移和速度，因此我们可以辨识每种情况下的分辨率。这里我们考虑位移分辨率，它是由编码盘的窗口数量 $N$ 和存储计数值输出的缓冲器或寄存器的数字字大小（位数）来控制的。现在，我们讨论数字分辨率。

增量式编码器的位移分辨率由相关计数（$n$）单位变化时产生的位移变化给出。从式（11-1）可以看出，位移分辨率由下式给出

$$\Delta\theta = \frac{\theta_{max}}{M} \tag{11-2}$$

数字分辨率对应于位值的单位变化。假设编码器计数存储为 $r$ 位数字字。允许有一个符号位，因此我们有 $M=2^{r-1}$。将其代入式（11-2），我们有数字分辨率

$$\Delta\theta_d = \frac{\theta_{max}}{2^{r-1}} \tag{11-3*}$$

通常，$\theta_{max}=\pm 180°$ 或 $360°$。然后，

$$\Delta\theta_d = \frac{180°}{2^{r-1}} = \frac{360°}{2^r} \tag{11-3}$$

注意：最小计数对应于所有位为 0 的情况，最大计数对应于所有位为 1 的情况。假设这两个读数表示角位移 $\theta_{min}$ 和 $\theta_{max}$。我们有

$$\theta_{max} = \theta_{min} + (M-1)\Delta\theta \tag{11-4}$$

代入 $M=2^{r-1}$，我们有 $\theta_{max}=\theta_{min}+(2^{r-1}-1)\Delta\theta_d$。这给出了数字分辨率的常规定义：

$$\Delta\theta_d = \frac{(\theta_{max}-\theta_{min})}{(2^{r-1}-1)} \tag{11-5}$$

该结果与式（11-3）给出的结果完全相同。

如果 $\theta_{max}=2\pi$ 且 $\theta_{min}=0$，则 $\theta_{max}$ 和 $\theta_{min}$ 对应于编码盘上相同的位置。为了避免这种歧义，我们用

$$\theta_{min} = \frac{\theta_{max}}{2^{r-1}} \tag{11-6}$$

注意，如果我们将式（11-6）代入式（11-5），则根据需要得到式（11-3*）。然后，数字分辨率由 $(360°-360°/2^r)/(2^r-1)$ 给出，它与式（11-3）相同。

### 11.4.1.2　物理分辨率

编码器的物理分辨率由编码盘的窗口数量 $N$ 决定。如果仅使用一个脉冲信号（即没有方向感测），并且仅检测脉冲的上升沿（即对编码器信号的全部周期进行计数），则物理分辨率由轨道的间距角（即相邻窗口之间的角度间隔）给出，它为 $(360/N)°$。然而，当有正交信号（即有两个脉冲信号，一个与另一个相差 $90°$ 或有四分之一间距角），并且它也有能力检测脉冲的上升沿和下降沿，则可以对每个编码器周期进行 4 次计数，从而将分辨率提高 4 倍。在这些条件下，编码器的物理分辨率下式给出：

$$\Delta\theta_{\mathrm{p}} = \frac{360°}{4N} \tag{11-7}$$

为了理解这一点，注意图 11-4a（或图 11-4b），当增加两个信号 $v_1$ 和 $v_2$ 时，得到的信号在编码器的每四分之一周期处都有一次转换，如图 11-7 所示。通过检测每次转换（通过边沿检测或电平检测），可以在每个主周期内计数 4 个脉冲。应该提到的是，每个信号（$v_1$ 或 $v_2$）分别具有一半间距的分辨率，用来检测和计数所有转换（上升沿和下降沿），而不是计数脉冲（或高信号电平）。因此，如果仅使用一个脉冲信号（并且检测到所有上升沿和下降沿），则具有 10 000 个窗口的圆盘的分辨率为 $0.018°$。当使用两个信号（具有四分之一周期的相移）时，分辨率提高到 $0.009°$。该分辨率直接由传感器的结构实现，不涉及插值。然而，它假设脉冲几乎是理想的，尤其转换是完美的。实际上，如果脉冲信号有噪声，则无法实现。因此如之前所提到的脉冲整形

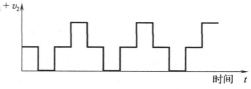

图 11-7　添加正交信号以提高物理分辨率

就是必要的。式（11-3）的数字分辨率和式（11-7）的物理分辨率中的较大值支配编码器的位移分辨率。

---

**例 11.1**

对于增量式编码器的理想设计，获得与下列参数有关的式子：$d$ 是编码器盘的直径，$\omega$ 是圆盘上每单位直径的窗口数，$r$ 是角度测量的字大小（位）。假设正交信号可用。

如果 $r=12$ 且 $\omega=500/\mathrm{cm}$，则确定合适的圆盘直径。

**解：** 在这个问题中，我们采用理想设计，即物理分辨率等于数字分辨率。由物理约束（假设存在正交信号）引起的位置分辨率由式（11-7）给出。因此，$\Delta\theta_{\mathrm{p}} = (1/4)(360/\omega d)°$。由缓冲器数字字大小限制的分辨率由式（11-3）给出：$\Delta\theta_{\mathrm{d}} = (360/2^r)°$。对于理想设计，我们需要 $\Delta\theta_{\mathrm{p}} = \Delta\theta_{\mathrm{d}}$，得到 $(1/4)(360°/\omega d) = (360°/2^r)$。化简，我们有 $\omega d = 2^{r-2}$。

代入 $r=12$ 和 $\omega=500/\mathrm{cm}$，得到 $d = (2^{12-2}/500)\mathrm{cm} = 2.05\mathrm{cm}$。

---

### 11.4.1.3　步进齿轮传动

可以使用步进齿轮传动来提高编码器的物理分辨率，使得所监测的移动物体的一次旋转对应于编码器码盘的几次旋转。这种改进与步进传动比（$p$）成正比。具体来说，从式（11-7）可以看出

$$\Delta\theta_{\mathrm{p}} = \frac{360°}{4pN} \tag{11-8}$$

然而，齿轮间隙引入了一个新的误差。为获得最佳结果，无间隙分辨率应当成倍地大于此间隙误差。

如果存储编码器计数的缓冲器/寄存器的大小对应于运动物体的最大旋转角（如 $360°$），则数字分辨率不会提高。然后，缓冲器中最低有效位（LSB）的变化对应于运动物体旋转时

相同角度的变化。事实上，如果存在过大的间隙，则在这种情况下总位移分辨率可能会受到损害。然而，如果缓冲器或寄存器大小对应于编码盘的完全旋转（即该物体 $360°/p$ 的旋转），输出寄存器（或缓冲器）在每次这样的旋转结束时被擦除，并且保留编码盘完全旋转时的单独计数，则数字分辨率也将随着因子 $p$ 的提高而提高。具体来说，从式（11-3）得到数字分辨率

$$\Delta\theta_{\mathrm{d}} = \frac{180°}{p2^{r-1}} = \frac{360°}{p2^r} \qquad (11\text{-}9)$$

## 例 11.2

使用高精度技术可在编码盘上压印窗口轨道，从而可以得到 500 个窗口/cm（直径）的窗口密度。考虑一个有 3000 个窗口的圆盘。假设步进齿轮传动用于提高分辨率，传动比为 10。如果输出寄存器的字长为 16 位，则检测该器件在以下两种情况下的位移分辨率：（1）寄存器大小对应于物体的完全旋转；（2）寄存器大小对应于编码盘的完全旋转。

**解：** 首先，考虑不存在传动装置的情况。用正交信号时，物理分辨率为 $\Delta\theta_{\mathrm{p}} = 360°/(4\times 3000) = 0.03°$。

对于 $\pm180°$ 的测量范围，16 位输出提供的数字分辨率为 $\Delta\theta_{\mathrm{d}} = (180°/2^{15}) = 0.005°$。

因此，在没有传动装置的情况下，总位移分辨率为 0.03°。

接下来，考虑传动比为 10 的齿轮编码器，并忽略齿轮间隙。物理分辨率提高到 0.003°。然而，在第一种情况下，数字分辨率仍然保持不变。因此，由于存在齿轮传动，总位移分辨率提高到 0.005°。在情况 2 中，数字分辨率提高到 0.0005°。因此，总位移分辨率为 0.003°。

总之，增量式编码器的位移分辨率取决于以下因素：
- 编码轨道上的窗口数（或圆盘直径）
- 传动比
- 测量寄存器的字大小

## 例 11.3

定位台采用无间隙、高精度的导程为 2cm/转的导螺杆，它由伺服电动机驱动，并内置光电编码器进行反馈控制。如果所需的定位精度为 $\pm10\mu m$，则请确定编码器轨道所需的窗口数。另外，对编码器计数的数字寄存器/缓冲器所需的最小位数是多少？

**解：** 为了达到所需的精度 $\pm10\mu m$，线性位移传感器所需的分辨率为 $\pm5\mu m$，导螺杆的导程为 2cm/转。为了达到所需的分辨率，编码器每转的脉冲数为

$$\frac{2\times 10^{-2}\mathrm{m}}{5\times 10^{-6}\mathrm{m}} = 4000 \text{ 脉冲数 / 转}$$

假设使用正交信号（分辨率提高 4 倍），编码器轨道中所需的窗口数为 1000。物理分辨率的百分比为 $(1/4000)\times 100\% = 0.025\%$。考虑一个包括一个符号位的 $r$ 位缓冲器的大小。因此，我们需要 $2^{r-1} = 4000$ 或 $r = 13$ 位。

### 11.4.1.4　插值

插值可以进一步增强编码器的输出分辨率，这是通过在编码器电路产生的每对脉冲之间加上等间隔的脉冲来实现的。这些辅助脉冲不是真实测量得到的，它们可以解释为实际脉冲之间的线性内插方案。实现该内插的一种方法是使用编码器产生的两个探测信号（正

交信号），这些信号在整形（通过电平检测）之前几乎是正弦（或三角）波形，对它们进行滤波可以获得相差 90°的两个正弦信号（即正弦信号和余弦信号）。加权组合这两个信号，能产生一系列正弦信号，每个信号都可以以任意度数滞后于先前的信号。通过电平检测或边沿检测（上升沿和下降沿），这些正弦信号可以转换为方波信号。然后，通过方波的逻辑组合，可以在每个编码器周期内产生整数个脉冲。这些都是用来提高编码器分辨率的内插脉冲。实际上，可以在 2 个相邻的主脉冲之间加上约 20 个内插脉冲。

### 11.4.2　速度测量

使用增量式编码器时，有两种方法可用于确定速度：

1. 脉冲计数法
2. 脉冲定时法

第一种方法是在固定时间段（读取数据寄存器的连续时间段）内进行脉冲计数来计算角速度。对于给定的数据读取时间段，有一个较低的速度限制，这使得该方法不是很准确。为了使用该方法计算角速度 $\omega$，假设在一段时间 $T$ 内计数 $n$ 个脉冲。因此，一个脉冲周期的平均时间（即窗口到窗口的间距角）是 $T/n$。如果圆盘上有 $N$ 个窗口，假设不使用正交信号，则在一个脉冲周期内角度移动 $2\pi/N(\text{rad})$。因此，

$$\text{对于脉冲计数法：速度 } \omega = \frac{2\pi/N}{T/n} = \frac{2\pi n}{NT} \tag{11-10}$$

如果使用正交信号，则将式(11-10)中的 $N$ 替换为 $4N$。

第二种方法使用高频时钟信号测量一个编码器脉冲周期（即窗口到窗口间距角）。该方法特别适用于精准低速测量。在这种方法中，假设时钟频率为 $f$。如果在编码器的一个脉冲周期（即窗口间距，假设没有使用正交信号时，它是两个相邻窗口之间的间隔）内，时钟信号计数了 $m$ 个周期，则该编码器周期（即旋转通过编码器一个间距的时间）由 $m/f$ 给出。在轨道上总共有 $N$ 个窗口，在此周期内，旋转角度如前所述为 $2\pi/N$ (rad)。因此，

$$\text{对于脉冲定时法：速度 } \omega = \frac{2\pi/N}{m/f} = \frac{2\pi f}{Nm} \tag{11-11}$$

如果使用正交信号，则将式(11-11)中的 $N$ 替换为 $4N$。

我们注意到，单个增量式编码器可以用作位置传感器和速度传感器。因此，在控制系统中，可以使用单个编码器来闭合位置环和速度环，而不必使用转速计之类的常规（模拟）速度传感器（参见第 8 章）。可以选择编码器的速度分辨率（这取决于速度计算方法——脉冲计数或脉冲定时）来满足速度控制回路的精度要求。使用编码器而不是常规（模拟）运动传感器的另一个优点是不需要 ADC，例如，编码器产生的脉冲可以直接读入微控制器，或者，脉冲可以用作计算机的中断。然后这些中断在计算机内直接计数（通过增/减计数器或分度器）或定时（通过 DAQ 系统中的时钟），从而提供位置和速度读数。

#### 11.4.2.1　速度分辨率

增量式编码器的速度分辨率取决于确定速度的方法。由于脉冲计数法和脉冲定时法均是基于计数的，所以速度分辨率由角速度的变化给出，它对应于计数 1 的变化（增量或减量）。

对于脉冲计数法，从式(11-10)可以清晰得到，计数 $n$ 的单位变化对应速度变化

$$\Delta\omega_{\text{c}} = \frac{2\pi}{NT} \tag{11-12}$$

其中，$N$ 是编码轨道中的窗口数；$T$ 是读取一个脉冲计数的时间。

这种方法给出了速度分辨率。请注意，该分辨率的工程值（rad/s）与角速度本身无关，但以速度百分比表示时，分辨率会在较高速度下变得更好（更小）。从式(11-12)可知，分辨率随着窗口数量和计数读数（采样）周期的增加而提高。在瞬时条件下，速度读数的精度

随着 $T$ 的增加而减小（参见第 6 章的香农采样定理，因为采样频率必须至少是速度信号中最高频率的两倍）。因此，采样周期不应随意增加。通常，如果使用正交信号，则式(11-12)中的 $N$ 应用 $4N$ 代替（即分辨率提高 4 倍）。

在脉冲定时法中，速度分辨率由下式给出[参见式(11-11)]

$$\Delta\omega_t = \frac{2\pi f}{Nm} - \frac{2\pi f}{N(m+1)} = \frac{2\pi f}{Nm(m+1)} \tag{11-13*}$$

其中 $f$ 是时钟频率。若 $m$ 比较大时，$(m+1)$ 可以近似为 $m$。然后，将式(11-11)代入式(11-13*)，得到

$$\Delta\omega_t \approx \frac{2\pi f}{Nm^2} = \frac{N\omega^2}{2\pi f} \tag{11-13}$$

请注意，在这种情况下，分辨率随着速度增加而二次方地下降。此外，即便考虑其相对测量速度的分数，分辨率也随着速度增加而降低：

$$\frac{\Delta\omega_t}{\omega} = \frac{N\omega}{2\pi f} \tag{11-14}$$

这一观察证实了先前的建议，即脉冲定时法适用于低速情况。对于给定的速度和时钟频率，分辨率随着 $N$ 的增加而进一步降低。这是正确的，因为当 $N$ 增加时，脉冲周期会缩短，因此每个脉冲周期内的时钟周期数也减少。然而，通过增加时钟频率，可以提高分辨率。

---

**例 11.4**

轨道上有 500 个窗口的增量式编码器用于速度测量。假设如下：

(a) 在脉冲计数法中，以 10Hz 的频率读取计数（在缓冲器中）。

(b) 在脉冲定时法中，使用频率为 10MHz 的时钟。

当测量出速度分别为(1)1 转/秒，(2)100 转/秒时，分别确定这两种方法的百分比分辨率。

**解：** 假设不使用正交信号。

情况 1：当速度为 1 转/秒时

对于有 500 个窗口的情况，我们有 500 个脉冲/秒。

(a) 脉冲计数法

$$计数周期 = \frac{1}{10Hz} = 0.1s$$

$$脉冲计数(0.1s 内) = 500 \times 0.1 = 50$$

$$百分比分辨率 = \frac{1}{50} \times 100\% = 2\%$$

(b) 脉冲定时法

$$在 500 脉冲/s 时，脉冲周期 = \frac{1}{500}s = 2 \times 10^{-3}s$$

$$使用 10MHz 时钟时，时钟计数 = 10 \times 10^6 \times 2 \times 10^{-3} = 20 \times 10^3$$

$$百分比分辨率 = \frac{1}{20 \times 10^3} \times 100\% = 0.005\%$$

情况 2：当速度为 100 转/秒时

对于有 500 个窗口的情况，我们有 50 000 个脉冲/秒。

(a) 脉冲计数法

$$脉冲计数(0.1s 内) = 50\,000 \times 0.1 = 5000$$

$$百分比分辨率 = \frac{1}{5000} \times 100\% = 0.02\%$$

（b）脉冲定时法

$$在 50\ 000 个脉冲/s 时，脉冲周期 = \frac{1}{50\ 000}s = 20 \times 10^{-6}s$$

$$使用 10MHz 时钟时，时钟计数 = 10 \times 10^{6} \times 20 \times 10^{-6} = 200$$

$$百分比分辨率 = \frac{1}{200} \times 100\% = 0.5\%$$

结果总结在表 11-1 中。

表 11-1　增量式编码器速度分辨率的比较

| 速度（转/秒） | 百分比分辨率脉冲计数法（%） | 脉冲定时法（%） |
| --- | --- | --- |
| 1.0 | 2 | 0.05 |
| 100.0 | 0.02 | 0.5 |

表 11-1 中给出的结果证实，在脉冲计数法中，分辨率随着速度增加而提高，因此它更适合于在高速下测量。此外，在脉冲定时法中，分辨率随速度增加而降低，因此它更适合于在低速下测量。

### 11.4.2.2　采用步进齿轮传动的速度

考虑一个增量式编码器，它的每个轨道具有 $N$ 个窗口，并且通过步进传动比为 $p$ 的齿轮传动装置连接到旋转轴。在这种情况下，通过脉冲计数法和脉冲定时法来计算轴的角速度公式很容易从式（11-10）和式（11-11）中得到。具体地说，轴的旋转角对应于编码器盘的一个窗口距离（间距），现其为 $2\pi/(pN)$。因此，可以通过将式（11-10）和式（11-11）中的 $p$ 替换为 $pN$ 来获得对应的公式。我们有

$$对于脉冲计数法：\omega = \frac{2\pi n}{pNT} \tag{11-15}$$

$$对于脉冲定时法：\omega = \frac{2\pi f}{pNm} \tag{11-16}$$

注意：可以用更直接的方式获得这些关系，即简单地将编码器圆盘的速度除以传动比 $p$ 来得到物体速度。

### 11.4.2.3　采用步进齿轮传动的速度分辨率

如前所述，速度分辨率由单位计数变化所对应的速度变化给出。因此，

$$对于脉冲计数法：\Delta\omega_c = \frac{2\pi(n+1)}{pNT} - \frac{2\pi n}{pNT} = \frac{2\pi}{pNT} \tag{11-17}$$

因此，在脉冲计数法中，步进齿轮传动导致了分辨率的提高。

$$对于脉冲定时法：\Delta\omega_t = \frac{2\pi f}{pNm} - \frac{2\pi f}{pN(m+1)} = \frac{2\pi f}{pNm(m+1)} \approx \frac{pN}{2\pi f}\omega^2 \tag{11-18}$$

注意：在脉冲定时法中，对于给定的速度，分辨率随着 $p$ 的增加而降低。

总而言之，增量式编码器的速度分辨率取决于以下因素：

- 窗口数量 $N$
- 计数读取（采样）周期 $T$
- 时钟频率 $f$
- 速度 $\omega$
- 传动比 $p$

特别地，在脉冲定时法中步进传动对速度分辨率有不利影响，但脉冲计数法对其有有利影响。

## 11.5 编码器数据的采集和处理

增量式编码器通常具有 5 个引脚，它们分别是：(1)地；(2)标志(I)通道；(3)A 通道；(4)＋5V 直流电源；(5)B 通道。通道 A 和 B 提供正交信号(相位差 90°的位置增量信号)，I 通道给出标志(全旋转)脉冲。产生这 3 个通道的光电传感器信号由编码器内的集成电路调理，产生的数字信号(TTL 兼容)可以由微控制器或任何 DAQ 计算机直接读取。增量式编码器的 TTL 兼容输出信号的类型如图 11-8 所示。

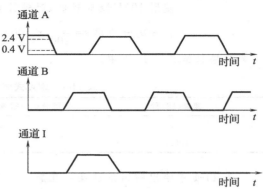

图 11-8　增量式编码器的输出

### 11.5.1 利用微控制器进行数据采集

编码器的输出引脚可以直接连接到微控制器的引脚。为了避免在读取编码器数据时有 TTL 负载(即微控制器)所导致的编码器输出失真(加载)，编码器的输出引脚必须连接到有高阻值的上拉电阻(如 3kΩ)。通常，负载(微控制器)本身可以提供所需的上拉电阻(即微控制器内部的上拉电阻)。当电压在 0～0.4V 之间时，TTL 输出是"低"(或二进制 0)，当电压在 2.6～5V 之间时，TTL 输出是"高"(或二进制 1)(见图 11-8)。注意：为了防止噪声干扰(在这种情况下高达 0.4V)必须适配这种类型的电压范围。利用增量式编码器和微控制器进行监测和控制直流电动机运动的应用如图 11-9 所示。

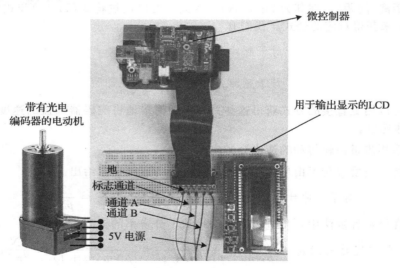

图 11-9　使用增量式编码器和微控制器进行电动机运动感测

如前所述，检测编码器输出信号的电平(高或低)和转换(从高到低或从低到高)，可以对编码器脉冲进行计数和确定旋转方向(微控制器寄存器中的脉冲计数由它们来改变)。例如，

如果通道 A 从高到低并且通道 B 为低，则为递增计数。

如果通道 A 从高到低并且通道 B 为高，则为递减计数。

这个逻辑可以从图 11-4 清楚地得到，这个操作是参考微控制器的内部时钟完成的。所需的操作频率取决于编码器的类型和特定传感应用的要求。具体来说，首先为该应用选

择合适的编码器。接下来，估算编码器的每秒最大脉冲数。通常，计数操作频率两倍于最
大脉冲频率是足够的。

应当安装微控制器的驱动软件，导入编程库，对微控制器进行编程（例如，使用台式
计算机，它带有与微控制器相连接的 USB 电缆从而读取编码器并且计算位移和速度。以
下给出了用于此目的的伪代码（计算机程序的高级描述）：

```
IMPORT GPIO
IMPORT time
SET a GPIO port for A channel
SET a GPIO port for B channel
COMPUTE angle of each window in the disk
WHILE until the pulse of B channel is high
    OBTAIN GPIO input value of B channel
ENDWHILE
WHILE UNTIL the detection of high to low transition in B channel
  OBTAIN GPIO input value of B channel
  IF GPIO input value of B channel is low THEN
    OBTAIN GPIO input value of A channel
    IF GPIO input value of A channel is low
      DISPLAY "Froward rotation"
    ELSE
      DISPLAY "Backward rotation"
    ENDIF
  ENDIF
ENDWHILE
COMPUTE the displacement
COMPUTE the time
COMPUTE the speed
```

将该程序导入库，并为 DAQ 设置端口（GPIO 端口，参见第 4 章），并在"while 循
环"中执行 DAQ 和运动计算。旋转角度和速度的计算过程如下所示：

1. 将从通道 B 转换（从高到低或从低到高）到下一个通道 A 转换（从高到低或从低到
高）之间的时钟脉冲计数为 $n$。

2. 计算 $A = 2\pi/(4N)$，其中 $N$ 是编码器圆盘轨道中的窗口数（已给定）。注意：这可
以离线计算。

3. 修正位移和时间：$D = D + A$，时间：$T = T + n \times \Delta T$，其中 $\Delta T$ 是时钟脉冲周期
（以秒为单位）。

4. 计算速度：$W = A/(n \times \Delta T)$。

## 11.5.2  利用台式机进行数据采集

增量式编码器与台式机之间的接口可以通过放置在计算机扩展槽中的标准 DAQ 卡来
完成（参见第 4 章）。然而，与使用微控制器相比，这是一种更昂贵的解决方案。由于编码
器的输出是 TTL 兼容脉冲，因此 DAQ 的最大要求是有 3 个数字通道，现代的 DAQ 可以
轻松满足这一要求。DAQ 的主要操作如图 11-10 所示。

来自编码器的脉冲信号送到 DAQ 的数字通道。增/减计数器检测脉冲（例如，通过上
升沿检测、下降沿检测或电平检测）并且确定运动方向。一个方向的脉冲（如顺时针方向）
会使计数值加一（向上计数），相反方向的脉冲将使计数值减一（向下计数）。计数被送入锁
存缓冲器，以便于测量值从缓冲器中读取而不是从计数器本身中读取。这种布置提出了有
效的 DAQ 方案，因为当计算机从锁存缓冲器中读取计数时，计数过程可以持续而不中断。

计算机利用地址来识别测量系统中的各种组件，并且该信息通过地址总线传送到各个
组件。计算机通过控制总线将操作的开始、结束和类型（如数据读取、清除计数器、清除
缓冲器）传送到各种设备。计算机可以在总线的一个方向上向组件发出操作指令，并且组
件可以在相反方向上进行信息响应（如任务完成）。数据（如计数值）通过数据总线传输。当
计算机从缓冲器读取（采样）数据时，控制信号可保证没有数据从计数器传输到该缓冲器。

很明显，DAQ由计算机的主处理器和辅助部件之间的"握手操作"组成。计算机可以通过同样的3条总线来对多个编码器进行寻址、控制和读取。注意：如第4章所述，总线是导体，如携带并行逻辑信号的多芯电缆。编码器的内部电子元件可以由计算机的5V直流电源供电。

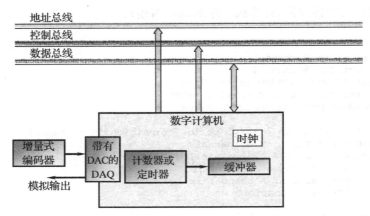

图 11-10　使用增量式编码器的计算机接口

当使用增量式编码器测量物体位移（位置）时，计算机只能以有限的时间间隔（例如5ms）读取脉冲数。净计数给出位移。由于在位移测量中需要累积计数，所以当计算机读取计数值时，不会清除缓冲器。

在通过脉冲计数法进行速度测量时，它以固定时间间隔 $T$ 读取缓冲器，这也是计数周期。每次将计数值传输到缓冲器时，计数器都将被清除，以便可以开始新的计数。采用这种方法，每次采样时都可以获得新的读数。

在利用脉冲定时法进行速度计算时，计数器实际上是一个定时器。编码器周期使用时钟（内部或外部）来定时，并且计数值被传递到缓冲器，然后清除计数器，并开始下一个定时周期。计算机周期性地读取缓冲器。使用这种方法，每个编码器周期都可以得到新的读数。注意，在瞬时速度下，编码器周期是可变的并且与数据采样周期无直接关系。在脉冲定时法中，最好使采样周期略小于编码器周期，使得处理器不会错过计数。

使用中断程序可以使得数字处理器的运用更为高效。对于这种方法，当新计数准备就绪时，计数器（或缓冲器）向处理器发送一个中断请求，然后，处理器暂时停止当前操作并读入新数据。在这种情况下，处理器不会一直等待读取。

## 11.6　绝对式光电编码器

绝对式编码器用直接生成的编码数字字来表示其码盘的每个离散角位置（扇区）。这是通过产生与读数字大小（位数）相等的一组脉冲信号（数据通道）来实现的。与增量式编码器不同，绝对式编码器不涉及脉冲计数。如之前对增量式编码器所述，绝对式编码器可以使用各种技术（例如，光学、滑动接触、磁饱和和接近传感）来生成传感器信号。然而，使用编码盘的光学方法是最常见的传感器信号生成技术，它拥有透明和不透明区域以及光源和光电传感器对。

绝对式编码器圆盘上的简化编码如图 11-11a 所示，它使用直接的二进制编码。在这种情况下，轨道数 $(n)$ 为 4，但是实际上 $n$ 大约为 14，甚至可以高达 22，圆盘分成 $2^n$ 个扇区。因此，所形成的矩阵的每个分块区域对应于一位数据。例如，透明区域对应于二进制 1，不透明区域对应于二进制 0。每个轨道拥有类似于增量式编码器中所用的探头。该组 $n$ 个探头沿着径向线排布并且面向圆盘一侧的轨道。光源（如 LED）照亮圆盘的另一侧。当圆盘旋转时，探头组产生脉冲信号，它们发送到 $n$ 个并行的数据通道（或引脚）上。在给定的时刻，数据通道中信号电平的特定组合将给出唯一确定当时圆盘位置的编码数据字。

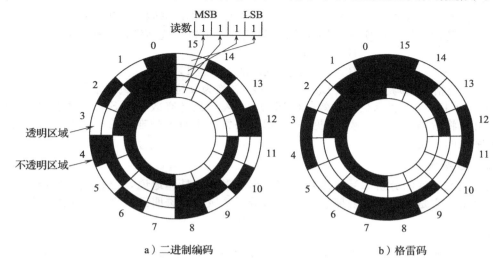

图 11-11　绝对式编码器的码盘图

## 11.6.1　格雷码

　　在绝对式编码器中，存在与直接二进制编码相关的数据解译问题。如表 11-2 所提到的，在使用直接二进制代码时，从一个扇区到相邻扇区的转换可能需要二进制数据中多位的转变。例如，从 0011 到 0100 或从 1011 到 1100 的转换需要三位的转变，从 0111 到 1000 或从 1111 到 0000 的转换需要四位的转变。如果光探头没有沿着编码器盘的半径正确地对准，或者在圆盘上刻印码型的制造误差公差较大，或者环境影响导致扇区矩阵存在较大的不规则性，或者电子设备中的延迟不均匀，则都会使从一个读数到下一个读数的位转变可能不会同时发生，这将导致在转换期间读数有歧义。例如，在从 0011 变为 0100 时，如果 LSB 首先转变，则读数变为 0010。在十进制形式中，这不正确地表示了从角度 3 到角度 2 的旋转，而实际上它应是从角度 3 到角度 4 的旋转。如图 11-11b 所示，使用格雷码可以避免数据解译中的这种歧义。表 11-2 给出了扇区的编码表示。注意：在使用格雷码的情况下，每个相邻的转换只涉及一位的转变。

　　在绝对式编码器中，格雷码对于消除位转变中的歧义并不是不可或缺的。例如，对于给定的绝对读数，两个相邻的绝对读数可自动获知。根据这两种有效的可能性（或者已知旋转方向的唯一可能）可以检查读数，并查看读数是否正确。另一种方法是在读取输出时引入延迟（如施密特触发器），以这种方式，只有所有的位转变都完成之后才能进行读取，从而消除中间歧义读取的可能性。

表 11-2　4 位绝对式编码器的扇区编码

| 扇区编号 | 直接二进制编码（最高有效位→最低有效位） | 格雷码（最高有效位→最低有效位） |
| --- | --- | --- |
| 0 | 0000 | 0000 |
| 1 | 0001 | 0001 |
| 2 | 0010 | 0011 |
| 3 | 0011 | 0010 |
| 4 | 0100 | 0110 |
| 5 | 0101 | 0111 |
| 6 | 0110 | 0101 |
| 7 | 0111 | 0100 |
| 8 | 1000 | 1100 |
| 9 | 1001 | 1101 |
| 10 | 1010 | 1111 |
| 11 | 1011 | 1110 |
| 12 | 1100 | 1010 |
| 13 | 1101 | 1011 |
| 14 | 1110 | 1001 |
| 15 | 1111 | 1000 |

### 编码转换逻辑

使用格雷码的缺点是需要额外的逻辑，以将格雷码数字转换为相应的二进制数字。该逻辑可以在硬件或软件中实现。特别地，"异或"门可以实现所需的逻辑，正如下

$$B_{n-1} = G_{n-1}$$
$$B_{k-1} = B_k \oplus G_{k-1}, k = n-1, \cdots, 1 \tag{11-19}$$

该逻辑将 $n$ 位格雷编码字 $[G_{n-1}, G_{n-2}, \cdots, G_0]$ 转换为 $n$ 位二进制编码字 $[B_{n-1}, B_{n-2}, \cdots, B_0]$，其中下标 $n-1$ 表示最高有效位（MSB），0 表示最低有效位（LSB）。对于大小比较小的字，可以将编码作为查找表（参见表 11-2）。格雷码本身不是唯一的，其他格雷码可提供相邻数字之间一位的转变。

### 11.6.2 分辨率

绝对式编码器的分辨率受输出数据字大小的限制。具体地说，位移（位置）分辨率由扇区角度给出，它是编码盘最外侧轨道上相邻透明区域和不透明区域之间的角度间隔：

$$\Delta\theta = \frac{360°}{2^n} \tag{11-20}$$

其中 $n$ 是圆盘上的轨道数（等于数字读数的位数）。在图 11-11a 中，数据的字长为 4 位，这可以表示的十进制数为 0~15，它由圆盘的 16 个扇区给出。在每个扇区中，最外侧轨道所表示的位是 LSB，最内侧的是 MSB。表 11-2 给出了圆盘扇区（角位置）的直接二进制表示。在这个简单的例子中，角度分辨率为 $(360/2^4)°$ 或 $22.5°$。如果 $n=14$，则角度分辨率提高到 $(360/2^{14})°$ 或 $0.022°$。如果 $n=22$，则分辨率进一步提高到 $0.000\,086°$。

绝对式编码器可以采用步进传动机构来提高编码器的分辨率。然而这会有与前面提到的增量式编码器相同的缺点（例如，间隙、附加重量和负载以及增加的成本）。此外，当包含齿轮时，读数的绝对范围将被限制在主轴旋转的一小部分内，特别是 $360°/$ 传动比。我们可以通过计数编码圆盘的总转数来克服这个限制。

一种提高绝对式编码器分辨率的巧妙方法是在编码字的位切换之间产生辅助脉冲。这需要一个比 LSB 轨道间距更为精细的辅助轨道（通常是位于最外面的轨道）和一些方向检测手段（例如，两个光探头间隔四分之一间距，以产生正交信号）。在一个完整单元中，这相当于除了绝对式编码器外还拥有了更高分辨率的增量式编码器。知道了绝对式编码器（通常从其编码输出）和运动方向（从正交信号）的读数，可以在下一个绝对字读数到来前，确定对应于连续增量脉冲（从更细的轨道）的角度。当然，如果在绝对读数之间发生数据错误，则由增量脉冲提供的附加精度（和分辨率）将会丢失。

### 11.6.3 速度测量

绝对式编码器也可用于角速度测量。为此，可以使用脉冲定时法或角度测量法。在使用增量式编码器的情况下，第一种方法使用高频选通（时钟）信号来选通（即定时）两个连续读数之间的间隔，典型选通频率为 1MHz。选通的开始和停止由编码器的编码数据来触发。在使用增量式编码器的情况下，时钟周期由计数器计数，并且在每个计数周期之后复位（清零）计数。如前面对增量式编码器所述，可以使用这些数据来计算角速度。当从一个绝对角度读数变化到下一个时，可使用第二种方法测量角度的变化，角速度计算为[角度变化]/[采样周期]。

### 11.6.4 优点和缺点

绝对式编码器的主要优点是能够给出绝对角度读数（对于完全的 360° 旋转）。因此，尽管可能会错过一个读数，但它不会影响下一个读数。具体来说，数字输出唯一地对应于编码盘的物理旋转，因此特定读数不依赖于之前读数的精度，这使其免于数据错误。增量式编码器中丢失的脉冲（或某种数据错误）会把误差带入后续的读数中，直到计数器清零为止。

增量式编码器必须在设备的整个操作过程中都通电。因此，除非读数被重新初始化（或校准），否则电源故障可能引入误差。绝对式编码器的优势在于只有在读数时才需要对其进行供电和监测。

因为绝对式编码器圆盘上的编码矩阵更为复杂，并且需要更多的光电传感器，所以绝对式编码器的价格可能几乎是增量式编码器的两倍。此外，由于分辨率取决于当前的轨道数量，因此若想获得更精细的分辨率需要花费更高。绝对式编码器不需要数字计数器和缓冲器，除非使用辅助轨道增强分辨率或者用脉冲定时法来进行速度计算。

## 11.7  编码器误差

轴编码器读数误差可能来源于几种因素。这些误差的主要来源如下：

1. 量化误差（由于数字字大小的限制）
2. 装配误差（旋转偏心等）
3. 耦合误差（齿轮间隙、皮带滑动、松动的接合、轴的灵活性等）
4. 结构限制（由负载而导致的圆盘变形和轴变形）
5. 制造公差（印制编码图案不精确、拾取传感器位置不准确、信号发生及感测硬件的限制和不规则性等引起的误差）
6. 环境影响（振动、温度、光线噪声、湿度、灰尘、烟雾等）

这些因素将导致不正确的位移和速度读数以及运动方向的错误检测。

编码器读数的一种误差形式是滞后。对于给定运动物体的位置，如果编码器读数取决于运动方向，则测量具有滞后误差。在这种情况下，例如，如果物体从位置 $A$ 旋转到位置 $B$ 并返回到位置 $A$，则编码器的初始和最终读数将不匹配。滞后的原因包括齿轮联轴器中的间隙、松动的接合、编码盘和轴的机械变形、电子电路和组件的延迟（电气时间常数、非线性等）和使脉冲检测（如通过电平检测或边缘检测）不准确的噪声脉冲信号。

来自光电编码器的未经处理的脉冲信号有些不规则，并不能构成理想的矩形脉冲。这主要是由于光电传感器接收到的光强的变化（或多或少是三角形的），因为码盘通过窗口时是移动的，并且信号发生电路中含有噪声，它由不理想的光源和光电传感器产生的噪声，噪声脉冲具有不理想的边沿。因此，利用边沿检测的脉冲检测法可能导致误差，如多次触发脉冲的相同边沿。这可以在边沿检测电路中使用施密特触发器（具有电子迟滞的逻辑电路）来避免，使得噪声电平在触发器的滞后带内，这样脉冲沿轻微的不规则将不会引起错误的触发。然而，该方法的缺点在于，即使编码器本身是理想的，也将存在迟滞。如果同时使用两个光电传感器检测轨道上相邻的透明和不透明区域，并且使用单独的电路（比较器）来产生脉冲，该脉冲取决于两个传感器信号电压差的符号，则可以产生几乎无噪声的脉冲。这种脉冲整形方法在前面已经进行了描述，可参考图 11-5。

### 偏心误差

编码器偏心距（由 $e$ 表示）的定义为码盘的旋转中心 $C$ 与圆形编码轨道的几何中心 $G$ 之间的距离。非零偏心距引起的测量误差称为偏心误差。偏心距主要由下列因素引起：

- 轴偏心（$e_s$）
- 装配偏心（$e_a$）
- 轨道偏心（$e_t$）
- 径向游隙（$e_p$）

如果编码盘的旋转轴安装不理想，使得旋转轴心与几何轴心不一致，则会产生轴偏心。如果编码盘没有正确地安装在轴上，以使编码盘的中心没有落在轴的轴心上，则会导致装配偏心。轨道偏心源自于编码轨道在印制过程中的不规则性，从而使轨道圆的中心与圆盘的标准几何中心不一致。径向游隙是由径向装配中的任意松动引起的。这 4 个参数全部都是随机变量，设它们的均值分别为 $\mu_s$、$\mu_a$、$\mu_t$ 和 $\mu_p$，标准差分别为 $\sigma_s$、$\sigma_a$、$\sigma_t$ 和 $\sigma_p$。

总体偏心距均值的保守上限由各个绝对均值的总和给出，有效值给出了更为合理的估计值，如下

$$\mu = \sqrt{\mu_s^2 + \mu_a^2 + \mu_t^2 + \mu_p^2} \tag{11-21}$$

此外，假设单个偏心距是独立的随机变量，则总偏心距的标准偏差由下式给出

$$\sigma = \sqrt{\sigma_s^2 + \sigma_a^2 + \sigma_t^2 + \sigma_p^2}$$

$$(11-22)$$

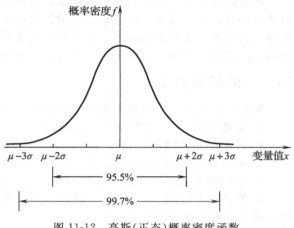

若知道了总偏心距的平均值 $\mu$ 和标准偏差 $\sigma$，就可以获得可能发生最大偏心距的合理估计。假设偏心距具有高斯（或正态）分布是合理的，如图 11-12 所示。偏心距在两个给定值之间的概率可通过 $x$ 轴上这两个值（点）的概率密度曲线下的面积（见附录 C）来获得。特别地，对于正态分布，偏心距在 $\mu-2\sigma$ 和 $\mu+2\sigma$ 内的概率为 95.5%，偏心距在 $\mu-3\sigma$ 和 $\mu+3\sigma$ 内的概率为 99.7%。例如，我们

图 11-12    高斯（正态）概率密度函数

可以说，在 99.7% 的置信水平下，净偏心距不会超过 $\mu+3\sigma$。

**例 11.5**

引起轴编码器产生偏心距的 4 个主要因素（以毫米为单位）的平均值和标准偏差如下：轴偏心距（0.1，0.01），装配偏心距（0.2，0.05），轨道偏心距（0.05，0.001）和径向游隙（0.1，0.02）。估计总偏心距的置信水平为 96%。

**解：**使用式（11-21），利用各个均值的有效根来估算总偏心距的平均值：

$$\mu = \sqrt{0.1^2 + 0.2^2 + 0.05^2 + 0.1^2} = 0.025\text{mm}$$

使用式（11-22），总偏心距的标准差估计为

$$\sigma = \sqrt{0.01^2 + 0.05^2 + 0.001^2 + 0.02^2} = 0.055\text{mm}$$

现在，假设为高斯分布，则在 96% 的置信水平下所估计的总偏心距由下式给出：

$$\hat{e} = 0.25 + 2 \times 0.055 = 0.36\text{mm}$$

以上述方式估计总偏心距时，能确定相应的测量误差。假设真正的旋转角为 $\theta$，对应的测量值为 $\theta_m$。偏心误差由下式给出

$$\Delta\theta = \theta_m - \theta \tag{11-23}$$

图 11-13 给出了当偏心线（CG）对称地位于旋转角内时所存在的最大误差。对于这种结构，三角形的正弦定理给出了 $\sin(\Delta\theta/2)/e = \sin(\theta/2)/r$，其中 $r$ 是编码轨道半径，在大多数实际应用中可以将其视为圆盘半径。因此，偏心误差由下式给出

$$\Delta\theta = 2\sin^{-1}\left(\frac{e}{r}\sin\frac{\theta}{2}\right) \tag{11-24}$$

很清楚的是，偏心误差不应该输入完全旋转的测量值。当 $\Delta\theta = 0$ 时，这可以通过将 $\theta = 2\pi$ 代入式（11-24）来进行验证。对于多次旋转，当偏心误差是以 $2\pi$ 为周期的。

较小数的反正弦近似等于它本身，以弧度表示。因此，对于较小的 $e$，式（11-24）中的偏心误差可以表示为

$$\Delta\theta = \frac{2e}{r}\sin\frac{\theta}{2} \tag{11-25}$$

此外，对于小的旋转角度，分数形成的偏心误差由下式给出

$$\frac{\Delta\theta}{\theta} = \frac{e}{r} \tag{11-26}$$

这实际上是最坏情况下的分数误差。随着旋转角度的增加，分数误差减小（如图 11-14 所示），当旋转一圈时达到零。从粗大误差的角度来看，当 $\theta = \pi$ 时，出现最坏值，这时对应于半圈的旋转。从式(11-24)可以看出，由偏心引起的最大的粗大误差由下式给出

$$\Delta\theta_{\max} = 2\sin^{-1}\frac{e}{r} \tag{11-27}$$

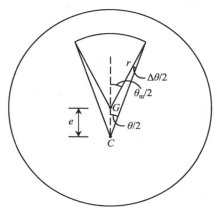

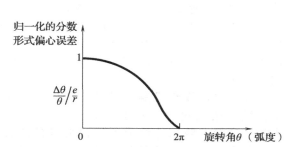

图 11-13　偏心误差的命名法（$C$ 是旋转中心，$G$ 是　图 11-14　当旋转角变化时，编码器分数偏心误差
　　　　　编码轨道的几何中心）　　　　　　　　　　　　　的变化

如果该值小于编码器分辨率的一半，则偏心误差无关紧要。对于所有的实际用途，由于 $e$ 远小于 $r$，因此我们可以使用以下表达式来求解最大偏心误差：

$$\Delta\theta_{\max} = \frac{2e}{r} \tag{11-28}$$

---

**例 11.6**

假设在例 11.5 中，编码圆盘的半径为 5cm。估算由偏心距引起的最大误差。如果每个轨道有 1000 个窗口，则请确定偏心误差是否显著。

**解：** 使用给定的置信水平，我们计算出总偏心距为 0.36mm。现在，由式(11-27)或式(11-28)可知，最大角度误差由下式给出

$$\Delta\theta_{\max} = \frac{2 \times 0.36}{50} = 0.014\text{rad} = 0.83°$$

假设使用正交信号来提高编码器分辨率，我们有

$$分辨率 = \frac{360°}{4 \times 1000} = 0.09°$$

注意，由偏心距引起的最大误差是编码器分辨率的 10 倍以上。因此，偏心距将显著影响编码器的精度。

---

如果使用一个轨道和两个探头（带圆周偏移），则增量式编码器的偏心距也会影响正交信号之间的相位角。使用双轨布置可以减少该误差，两个探头沿径向线放置，以使偏心距同样地影响两个输出。

## 11.8 各种数字传感器

现在，介绍在工程应用中很有用的一些其他类型的数字传感器。典型应用包括工业过程的输送系统、$x-y$ 定位台、机床、阀门执行器、硬盘驱动器和其他数据存储系统中的读写头、机械手（如棱形连接）和机器人手臂。这些设备的信号采集、解译、调理等技术或多或少地目前为止所描述的相同。

### 11.8.1 二进制传感器

数字二进制传感器是双态传感器。这种设备提供的信息只表示两种状态（开/关、出现/消失、移动/未移动、高/低等），并且由 1 位表示。例如，限位开关是检测物体是否达到特定位置（或极限）的传感器，并且应用在感测出现/消失和物体计数中。在这个意义上，可认为限位开关是数字传感器，如果还需检测接近方向，则需要额外的逻辑。限位开关可用于直线和角运动。商用的限位开关如图 11-15 所示，它可以检测从任何方向到达的物体（即它是双向的）。

图 11-15　双向限位开关（由 Alps Electric，Auburn Hills，MI 提供）

为了闭合线路或触发脉冲，利用简单接触机制的机械方法来检测运动的极限。尽管由联动装置、齿轮、棘轮和棘爪等组成的纯粹的机械装置可以作为限位开关，但由于速度、精度、耐用性、低起动力要求（实际上为零）、低成本、尺寸小等原因，通常更倾向于选择电子固态开关。任何接近传感器都可以用作限位开关的感测元件，以检测物体的出现，然后用一种期望的方式来使用接近传感器信号（例如，起动计数器、机械开关或继电器电路），或简单地作为计算机或数字控制器的输入，以指示物体的位置（出现）从而进一步采取行动。微型开关是可用作限位开关的固态开关，它通常用于计数操作，例如，在工厂仓库中计数已完成的产品数量。

有许多类型的二进制传感器适用于物体检测和计数。它们包括

- 机电开关
- 光电设备
- 磁感应（霍尔效应、涡流）设备
- 电容设备
- 超声波设备

机电开关是一种机械起动且弹簧加载的电开关。它与到达的物体相接触来使开关打开，从而完成电路连通并提供电信号，该信号表示物体的"出现"状态。当物体移走时，触点消失，开关由收缩弹簧关闭，这对应于"消失"状态。

在前面列出的其他 4 种类型的二进制传感器中，信号（光束、磁场、电场或超声波）由源（发射器）产生并由接收器接收，而经过的物体中断了该信号。利用接收器接收到的信号，以常见的方式可以检测该事件。特别地，可以使用信号电平、上升沿或下降沿来检测该事件。以下 3 种发射器–接收器对的布置是常见的：

1. 直通（相对）结构
2. 反射（反作用）结构
3. 漫射（接近、截断）结构

在直通结构中（见图 11-16a），接收器直接放置在发射器对面。在反射结构中，发射器–信号源对位于单个封装中。发射信号由反射器反射，反射器放置在发射器–接收器组件的对面（见图 11-16b）。在漫射结构中，发射器–反射器对也在同一个封装中。在这种情况下，

传统的接近传感器可以使用从拦截对象扩散出来的信号来检测物体的出现(见图 11-16c)。当使用光电方法时，LED 可以用作发射器，并且光敏晶体管可以用作接收器(参见第 10 章)。对于光敏晶体管，发射器更倾向于选择红外 LED，因为它们的峰值光谱响应相匹配，并且也不受环境光的影响。

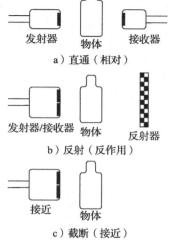

a) 直通 (相对)

b) 反射 (反作用)

c) 截断 (接近)

图 11-16　双态传感器配置

用于物体检测的数字传感器的性能由许多因素决定。它们包括：

1. 感应范围(传感器和物体之间的操作距离)
2. 响应时间
3. 灵敏度
4. 线性度
5. 物体的大小和形状
6. 物体的材料(如颜色、反射率、通透性、介电常数)
7. 方向和对齐(光轴、反射器、对象)
8. 环境条件(光、灰尘、湿度、磁场等)
9. 信号调理的考虑(调制、解调、整形等)
10. 可靠性、鲁棒性和设计寿命

**例 11. 7**

用于物体计数的二进制传感器的响应时间是传感器检测物体从消失到出现状态或从出现到消失状态，并产生计数信号(例如，脉冲)的最快(最短)时间。如图 11-17 所示，考虑传送带上包裹的计数过程。假设，长度为 20cm 的包裹在传送带上以 15cm 的间距放置，响应时间为 10ms 的传感器对包装进行计数。估计输送带的允许最大运行速度。

**解：** 设传输带的速度为 $v$(cm/ms)。然后，

$$包裹出现时间 = \frac{20.0}{v}ms$$

$$包裹消失时间 = \frac{15.0}{v}ms$$

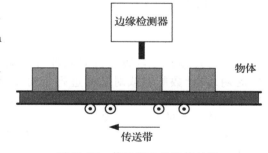

边缘检测器

物体

传送带

图 11-17　传送带上的物体计数

选择传感器时，我们必须使用这两次时间中较短的一次。因此，传感器响应时间最多为 $(15.0/v)ms \rightarrow 10.0 \leqslant (15.0/v)$ 或 $v \leqslant 1.5cm/ms$。

最大允许运行速度为 1.5cm/ms 或 15.0m/s。这对应的计数速率为 1.5/(20.0+15.0) 个包裹数/ms 或约 43 个包裹数/s。

### 11.8.2　数字旋转变压器

数字旋转变压器或互感编码器在某种程度上，其工作原理类似于模拟旋转变压器，它们都使用互感原理，在工业上称为"感应同步器"。数字旋转变压器具有两个面对面(但不接触)的盘，一个(定子)固定件和另一个(转子)耦合于其运动需要测量的旋转物体。如图 11-18 所示，该转子上印制有精细的导电箔。印制图案是脉冲形状，紧密间隔，并与高频的交流电压(载波)$v_{ref}$ 连接。尽管定子盘具有与转子相同的两个独立的印制图案，但是定子上的一个图案偏移另一图案四分之一间距(注：间距是指箔的两个连续峰值之间的间距)。转子回路中的一次电压以相同的频率在箔中感应出两个二次(定

子)电压，也就是说，转子和定子电感耦合。这些感应电压是正交信号（即相位差为90°）。当转子转动时，感应电压的电平根据两个圆盘上箔片图案的相对位置而改变。当箔片脉冲图案重合时，感应电压为最大值（正或负），当转子箔片图案与定子箔片图形以一半间距偏移时，相邻部分的感应电压相互抵消，产生的输出为零。在定子中两个箔片的输出（感应）电压 $v_1$ 和 $v_2$ 具有与电源同频率的载波分量和对应于圆盘旋转的调制分量。后者（调制分量）可以通过解调来提取（参见第 4 章和第 8 章），并且就像增量式编码器一样利用脉冲整形电路将其转换为适当的脉冲信号。当旋转速度恒定时，两个调制分量是周期性的，接近于正弦波，且相位偏移 90°（即正交）。当速度不恒定时，脉冲宽度随时间而变化。

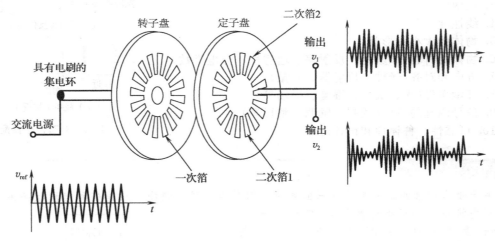

图 11-18    数字旋转变压器示意图

增量式编码器可以通过对脉冲计数来确定角位移，也可以在固定时间段（计数器采样周期）内计数脉冲或对脉冲进行定时来确定角速度。旋转方向由两个调制（输出）信号的相位差来决定（一个方向上相移为 90°，另一方向为 −90°）。利用数字旋转变压器可以获得非常精细的分辨率（如 0.0005°），因此通常不需要使用步进传动或其他技术来提高分辨率。这些传感器通常比光电编码器更昂贵，使用集电环和电刷来提供载波信号是它的缺点。

考虑第 8 章讨论的常规旋转变压器，使用适当的硬件可使其输出转换为数字形式。严格来说，这样的设备不能被分类为数字旋转变压器。

### 11.8.3　数字转速计

如果一个脉冲发生传感器的脉冲序列与机械运动同步，那么它可被视为用于测量运动的数字传感器。特别地，脉冲计数可以用于位移测量，并且脉冲速率（或脉冲定时）可以用于速度测量。如第 8 章所述，转速计是用来测量角速度的装置。根据该术语可知，轴编码器（特别是增量式光电编码器）可以认为是数字转速计。然而根据通俗术语，数字转速计用齿轮来测量角速度的装置。

**磁感应数字转速计：**图 11-19 所示为数字转速计示意图，这是一种可变磁阻型磁感应脉冲转速计。轮上的齿由铁磁材料制成，两个磁感应（并且磁阻可变）接近探头面对齿以四分之一间距（间距是齿与齿间的距离）径向放置。当齿轮旋转时，两个探头产生 90° 异相（即正交信号）的输出信号。在某个旋转方向上一个信号在超前于另一个信号，而在相反方向上一个信号在滞后于另一个信号。以这种方式，可以获得方向的读数（即速度而不是速率）。在使用增量式编码器的情况下，速度可以通过在一个采样周期内对脉冲进行计数或对脉冲宽度进行定时来计算。

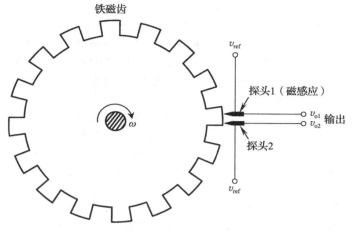

图 11-19　脉冲转速计示意图

**涡流数字转速计**：其他类型的数字转速计使用涡流接近探头或电容式接近探头（见第 8 章）。在使用涡流转速计的情况下，脉冲轮的齿由导电材料制成（或电镀）。由主动线圈组成的探头连接到由射频（即在 1～100MHz 范围内）信号激发的交流电桥电路上。所产生的射频磁场由齿转动进行调制。电桥输出通过解调和整形产生脉冲信号。在使用电容转速计的情况下，电容器的一块极板由齿轮组成，另一块是保持静止的探头。当齿轮转动时，电容器的间隙会发生波动。如果电容器被高频（通常为 1MHz）的交流电压所激励，则可以获得与载波频率近似的脉冲调制信号。这可以通过涡流探头等电桥电路进行检测，但使用的是电容桥而不是电感桥。特别地，解调输出信号可以提取出调制信号，该调制信号经过整形产生脉冲信号，以这种方式产生的脉冲信号可计算角速度。

**优点**：数字（脉冲）转速计配合光电编码器的优点包括简便性、鲁棒性、对环境影响和其他常见污染机制（磁效应除外）的抗干扰性、成本低。两者都是非接触式设备。

**缺点**：脉冲转速计的缺点包括由齿数和尺寸（比光电编码器更大和更重）所决定的低分辨率和由于负载、滞后（即输出不对称并且取决于运动方向）、制造不规范而引起的机械误差。注意：如果齿轮已经作为原感测系统的组成部分，则机械负载将不会成为影响因素，数字分辨率取决于 DAQ 所用的数字大小。

### 11.8.4　莫尔条纹位移传感器

假设将一片透明织物放在另一片相似的织物上。如果一片相对于另一片移动或变形，则我们将在运动中看到各种各样的明暗图案（线条），这种暗线条称为莫尔条纹。事实上，法语中术语莫尔是指一种产生莫尔条纹图案的丝状织物。图 11-20 所示为莫尔条纹图案的一个例子，考虑前面描述的线性编码器，当一个板的窗口狭缝与另一个板的窗口狭缝重叠时，我们得到了交替的明暗图案，这是莫尔条纹的特殊情况。这种类型的莫尔装置可测量传感器的一个板相对于另一个板的刚体运动。

莫尔条纹技术的应用不仅局限于感测直线运动，该技术还可以用于感测一个板相对于另一个板的角运动（旋转）和更为一般的分布式变形（如弹性变形）。考虑两个板，它们拥有间距为 $p$ 的相同的光栅（光学线）。假设最初两个平板的光栅完全重合，现在，如果一个

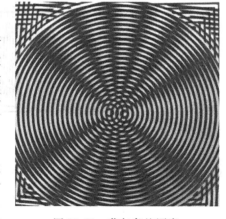

图 11-20　莫尔条纹图案

板在光栅线的方向上变形，则通过两个板的透射光不会改变，然而，如果板在与光栅线垂直的方向上变形，则该板的窗口宽度也将相应地变形。在这种情况下，根据板变形的性质，一块板上的一些透明线将被另一块板的不透明线完全覆盖，并且第一块板上的一些其他透明线将与第二块板的透明线重合。因此，观察到图像的暗线（莫尔条纹）与两块板上透明-不透明重叠区域相对应，亮线则与两块板上透明-透明重叠区域相对应。所得到的莫尔条纹图案将提供一个板相对于另一个板的变形图案。这样的 2D 条纹图案既可以通过有电荷耦合器（CCD）的光电传感器阵列来检测和观察，又可以通过照相装置来检测和观察。特别地，由于条纹的出现是二进制信息，所以二进制光学感测技术（如光电编码器）和数字成像技术可以与这些传感器一起使用。因此，这些装置可以被分类为数字传感器。由于莫尔条纹技术使用更细的线间距（结合更宽的光电传感器），所以它可以实现非常小的分辨率（如 0.002mm）。

为了进一步了解和分析莫尔条纹技术的基本原理，考虑两个线间距（窗口之间的间距）$p$ 相同的光栅板。如图 11-21 所示，让我们保持一块板固定，这是母光栅（或参考光栅或主光栅）板。另一块是含有 I 光栅或模型光栅的板，放置在固定板上方并旋转，使得 I 光栅与主光栅形成一个角度 $\alpha$。图 11-21 所示的线实际上是不透明区域，它与不透明区域之间的窗口尺寸和间隔相同。在重叠的一对板的一侧放置均匀的光源，在另一侧观察透过它们的光。如图 11-21 所示，所看到的黑带称为莫尔条纹。

莫尔条纹对应于两个板不透明线的一系列交点所连成的线，因为没有光可以穿过这些点，这将在图 11-22 中进一步显示。注意，在当前的布局中，两个板的线间距相同并且等于 $p$，形成的条纹线如图 11-22 中的虚线所示。由于在两个板中线的图案是相同的，所以通过布局的对称性，不透明线相交所形成的钝角 $(\pi-\alpha)$ 应该由条纹线所平分。换句话说，条纹线与固定光栅形成的角度为 $(\pi-\alpha)/2°$。此外，莫尔条纹的垂直距离（或固定光栅方向上的距离）为 $p/\tan\alpha$。

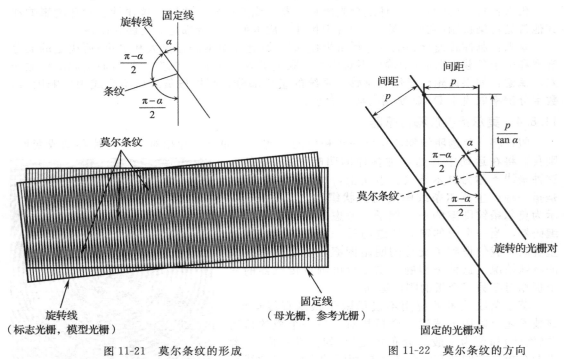

图 11-21　莫尔条纹的形成　　　　　　图 11-22　莫尔条纹的方向

总而言之，感测条纹线相对于固定（主或参考）光栅的方向可以测量 I 板相对于参考板的旋转。此外，在参考光栅方向上的条纹线间距是 $p/\tan\alpha$，当 I 板直线地移动一个光栅间距时，条纹也以 $p/\tan\alpha$ 为周期垂直偏移（见图 11-22）。很明显，I 板的直线位移可以通过感测条纹间距来测量。在莫尔条纹的 2D 图案中，这些事实可用作局部信息来感测全局的运动和变形。

**例 11.8**

假设莫尔条纹变形传感器中每个板的线间距为 0.01mm。在垂直于线的方向上对一个板施加拉伸载荷。在张力作用下，10cm 长的莫尔图像上可观察到 5 个莫尔条纹。则板中的拉伸应变是多少？

**解：** 在板的每 $10/5 = 2$cm 处有一个莫尔条纹。因此，板的 2cm 处局部延伸为 0.01mm，而且

$$拉伸应变 = \frac{0.01\text{mm}}{2 \times 10\text{mm}} = 0.0005\varepsilon = 500\mu\varepsilon$$

在这个例子中，我们假设板的应变分布（或变形）是均匀的。在非均匀应变分布下，观察到的莫尔条纹图案通常不是平行的直线，而是复杂的形状。

## 11.9　霍尔效应传感器

考虑一个有直流电压 $v_{\text{ref}}$ 的半导体器件，如果在垂直于该电压的方向施加磁场，则在半导体器件内的第三个正交方向上将产生电压 $v_o$，这称为霍尔效应（由 E. H. Hall 于 1879 年观察到）。霍尔效应传感器的示意图如图 11-23 所示。

### 11.9.1　霍尔效应运动传感器

霍尔效应可以以多种方式进行运动检测，如模拟接近传感器、限位开关（数字式）或轴编码器。因为在图 11-23 中，随着磁源到半导体器件之间距离的减小，输出电压 $v_o$ 会增加，所以输出信号 $v_o$ 可以用作接近程度的度量，这是模拟接近传感器的原理。或者可以使用输出电压 $v_o$ 的某个阈值电平来产生二进制输出，用以表示对象出现/未出现，该原理用于数字限位开关。又或者基于霍尔效应改变磁通量，来使用铁磁齿轮（如数字转速计）构造轴编码器。

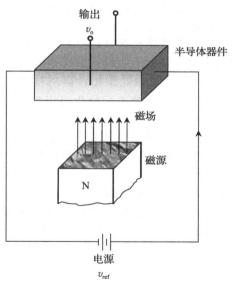

图 11-23　霍尔效应传感器的示意图

在接近传感器的纵向结构中，移动部件迎面地靠近传感器，但它不适用于部件超过传感器的危险情况，因为它会损坏传感器。更理想的结构是横向结构，其中移动部件沿着传感器的感测面滑动。然而，这种横向结构的灵敏度将会更低。输出电压 $v_o$ 和 $x$ 之间的关系是非线性的，其中 $x$ 为霍尔效应传感器与移动部件间的距离。线性霍尔效应传感器用校准来使其输出线性化。

基于霍尔效应的运动传感器实际上是将半导体器件和磁源相对于彼此固定在一个封装中。随着铁磁构件靠近传感器封装，磁通链将发生变化，输出电压 $v_o$ 也将相应地改变。这种布置适用于模拟接近传感器和限位开关。如图 11-24 所示，使用铁磁齿轮可以改变 $v_o$，然后对结果信号进行整形，可以产生与齿轮旋转成比例的脉冲序列，这是一种轴编码器或数字转速计。除了运动检测这种熟悉的应用之外，霍尔效应传感器还可用于无刷直流电动机的电子换向，其中电动机的励磁回路根据转子相对于定子的角位置来适

当地切换。

### 11.9.2 特性

实际的霍尔效应传感器的灵敏度约为 $10V/T$(注：T 为"特斯拉"，是磁通量密度的单位，$1T = 1Wb/m^2$)。对于霍尔效应设备，电阻的温度系数为正，灵敏度的温度系数为负。鉴于这些性质，该设备可以实现温度自补偿(参见第 9 章的半导体应变片)。

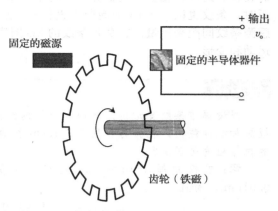

图 11-24    霍尔效应轴编码器或数字转速计

霍尔效应运动传感器是比较坚固的设备，具有许多优点。它们不受速率效应的影响(具体来说，产生的电压不受磁场变化率的影响)。并且，其性能不受磁场外的常见环境因素的严重影响。它们是非接触传感器，拥有之前所述的相关优点。它存在一些迟滞，但在数字传感器中这并不是严重的缺点。另一个可能的缺点是传感器的输出可能被环境磁场污染。有微型霍尔效应设备(大小为毫米尺度)可供选择。

## 11.10    图像传感器

物体的图像是关于该物体宝贵的信息来源。在这种情况下，成像装置是传感器，图像就是感测到的数据。根据成像装置，图像可以以多种形式产生，如光学、热学或红外线、X 射线、紫外线、声波、超声波等。由于在这些成像装置中图像处理方法十分相似，因此我们仅考虑将数码相机视为传感器。这是一种非常受欢迎的光学成像装置，用于各种工程应用之中，如工业过程监控和视觉引导机器人。

### 11.10.1    图像处理和计算机视觉

对原始图像进行分析可以获得更精细的图像，并由此确定有用的信息，如边缘、外形、面积和其他几何信息。这个精细化过程称为图像处理。计算机视觉超越图像处理，使用从图像处理中提取出的信息来执行对象识别、模式识别和分类、抽象和基于知识的决策等操作。因此，计算机视觉涉及比图像处理更高层次的操作，类似于人类根据所看到的东西进行推断。

### 11.10.2    基于图像的感觉系统

一个完整的基于图像的视觉系统由相机(例如，CCD 相机或互补金属氧化物半导体[CMOS]相机)、DAQ 系统(例如，帧捕捉器)、计算机和相关软件组成，这种系统如图 11-25 所示。图中不包括其他有用的组件，如结构光源，它在捕获无阴影的高质量清晰图像时会用到。

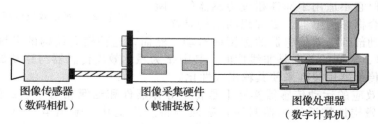

图像传感器
(数码相机)

图像采集硬件
(帧捕捉板)

图像处理器
(数字计算机)

图 11-25    基于照相机的视觉系统

### 11.10.3    相机

数码相机具有半导体器件阵列或矩阵，它们对来自物体的光亮度(通过照相机镜头)十分敏感。当今数码相机的图像传感器通常采用 CCD 技术或 CMOS 技术，还有一些不常见的技术，如电荷注入装置。CMOS 图像传感器的成本较低，因为它们与批量生产 IC 芯片的工艺相同，而且功耗较低。此外，可认为 CMOS 图像传感器是对应于图像元素（像素）的数字元素矩阵，在图像数据检索时它可以直接访问（并行）。另一方面，以一定顺序检索 CCD 图像传感器单元格中产生的电荷，然后将其数字化以生成图像。CCD 技术比 CMOS 技术更成熟，且能产生更高质量的图像。然而，一旦数码相机生成了图像，无论其图像传感器使用了什么技术，计算机都可以以相同的方式（例如，使用帧捕捉板或 USB 链接）获取和处理图像。因此，我们将在接下来的讨论中仅考虑 CCD 图像传感器。

**电荷耦合器图像传感器**

假设来自检测对象的 2D 光束直接经过照相机镜头到达相机背面透镜焦平面的 CCD 矩阵（例如，4000×4000）上。CCD 传感器的每个单元都产生与光的亮度成比例的电荷。相机中的集成电路通过时钟和其他硬件控制和同步的行偏转操作，逐行（顺序地从底行到顶行）读取单元格中的这些电荷电平。每个 CCD 单元的模拟信号被数字化并表示为"图像元素"或像素，像素中的位数表示可存储的灰度级数。例如，8 位像素可以表示 $2^8 = 256$ 种灰度级数，即从 0～255（黑色到白色）。2D 图像的像素生成过程如图 11-26 所示。

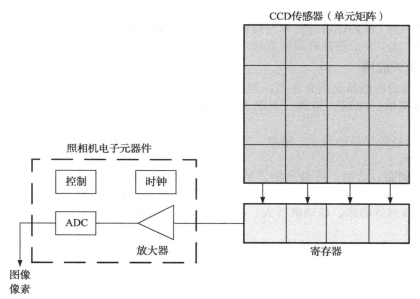

图 11-26　通过电荷耦合器相机产生数字图像

## 11.10.4　图像帧的采集

CCD 摄像机缓冲器中的图像像素可以整合成数字数据的图像帧，并提供给图像处理计算机。该 DAQ 设备（通常称为"帧捕捉板"）可以放置在图像处理计算机的插件槽中。一旦计算机中安装了相关的驱动软件，能够高速（如 200MB/s）采集图像。USB 摄像头的应用使得 USB 图像流的采集过程更为方便。在计算机的控制下，将图像从照相机存储器复制到计算机存储器中是一个缓慢的文件传输过程。

## 11.10.5　彩色图像

灰度图像可以由单个图像帧表示。相反，彩色图像至少需要 3 个图像帧。例如，在 RGB 模型中，用红色、绿色和蓝色过滤器形成红色（R）图像、绿色（G）图像和蓝色（B）图像。所得到的 3 个独立的图像帧可以组合成原始的彩色图像。即使人眼对颜色 R、G 和 B 十分敏感，人们也根本不可能感知/描述视觉图像的 RGB 组成。鉴于人类对视觉图像的感知/描述，更适合的模型是 HIS 模型。在该模型中，色调（H）代表的是图像的主色，饱和度（S）表示与图像主色相混合的白光程度，强度（I）表示图像的亮度水平，也有将 RGB 模型转换为 HIS 模型的解析关系。

## 11.10.6　图像处理

一定程度的"模拟"图像处理过程也可以由数码相机中的电子设备完成（例如，模拟滤波和放大）。然而，这里的重点是由计算机完成的"数字"图像处理。数字图像处理的目的是消除图像中不需要的元素和噪声，增强重要的特征，并从已处理的数据中提取所需的几何信息。以下列出了在图像处理过程中几个有用的操作：

1. 滤波（去除噪声和增强图像），包括方向滤波（增强边沿以进行边沿检测）。

2. 阈值处理（为了产生一个二级黑白图像，其中若灰度级高于指定阈值则指定为白色，若低于阈值则灰度级指定为黑色）。

3. 分割（细分增强的图像、识别几何形状/物体，并获得所识别几何实体的面积和尺寸等属性）。

4. 形态处理（有序地收缩、过滤、拉伸等，以消除不需要的图像分量并提取重要的图像分量）。

5. 减法（如从图像中减去背景）。

6. 模板匹配（将处理后的图像与模板相匹配——用于对象识别）。

7. 压缩（减少表示图像有用信息所需的数据量）。

## 11.10.7　有关应用

基于图像的传感器应用有很多，列出一些如下所示：

1. 通过抓取、操纵、运输、组装、机械加工（加工、切割、研磨）等，测量物体的位置。

2. 测量/估计产品的尺寸、形状、重量、颜色、质地、坚实度等，以便对产品进行质量评估或分级。

3. 视觉伺服。这里，测量出物体的实际位置（使用照相机图像），并与机器人末端执行器（抓手、手臂、工具等）的位置进行比较。差值（偏差）用于生成机器人的运动命令，使得末端执行器到达物体。移动机器人、自动化车辆、无人驾驶飞行器等设备的导航也都采用同样的方法。

4. 在安防、安全、机器健康监测和自动化处理等各种应用中的对象识别。

5. 在远程医疗中，从远程检查病人。

# 关键术语

**数字传感器：**不使用 ADC 就能产生离散或数字输出的测量装置；或者是其输出为脉冲信号或计数的传感器；或者其输出为频率（它可精确地转换为计数或速率）的传感器。

**数字传感器的优点：**无量化误差；不易受噪声、干扰或参数变化（位→两个状态→噪声阈值＝半位）的影响；复杂的信号处理具有非常高的精度和速度（硬件实现比软件实现更快）；高可靠性（较少的模拟硬件）；可以存储大量的数据，在很长一段时间内准确保存；利用现有通信手段在远距离快速准确地传输数据；使用时电压低（例如 0-12VDC）和功率低；通常整体成本较低。

**增量式编码器：**输出是与位移成比例的脉冲信号。

**绝对式编码器：**输出是表示绝对位移的数字字。

**编码器信号发生技术：**光学（光电传感器）；滑动接触（导电）；磁饱和（磁阻）；接近传感器。

**方向感测：**使用正交信号（相位差为 90°）。方法：（1）两个信号之间的相位角；（2）时钟计数两个信号的两个相邻上升沿（如果 $n_1 > n_2 - n_1 \Rightarrow$ cw 旋转，如果 $n_1 < n_2 - n_1 \Rightarrow$ ccw 旋转）；（3）当一个信号处于"高"时，检测另一个信号的上升沿或下降沿；（4）对于一个信号由高到低转换时，检查另一个信号的下一个转换。

**位移测量：**与 $n$ 个脉冲计数相对应的角位置 $\theta = (n/M)\theta_{max}$，编码器的范围为 $\pm\theta_{max}$。

**编码器位移分辨率**：对应于脉冲计数的单位变化→$\Delta\theta = \theta_{max}/M$，$\Delta\theta_d = (\theta_{max} - \theta_{min})/(2^{r-1} - 1)$。

**数字分辨率**：对应于位值的单位变化。$M = 2^{r-1} \rightarrow \Delta\theta_d = \theta_{max}/2^{r-1}$。通常，$\theta_{max} = \pm 180°$ 或 $360° \rightarrow \Delta\theta_d = 180°/2^{r-1} = 360°/2^r$。$\Delta\theta_d = (\theta_{max} - \theta_{min})/(2^{r-1} - 1)$，其中 $\theta_{min} = \theta_{max}/2^{r-1}$。

**物理分辨率**：由编码盘的窗口数量 $N$ 控制→当使用正交信号时 $\Delta\theta_p = 360°/(4N)$。

**采用步进齿轮传动**：$\Delta\theta_p = 360°/(4pN)$ 和 $\Delta\theta_d = (180°/p2^{r-1}) = (360°/p2^r)$，$p$＝传动比。注意：最大计数←编码器盘的完全旋转。

**速度测量**：对于脉冲计数法

$$\text{速度 } \omega = \frac{2\pi/N}{T/n} = \frac{2\pi n}{NT}$$

分辨率

$$\Delta\omega_c = \frac{2\pi}{NT}$$

对于脉冲定时法

$$\text{速度 } \omega = \frac{2\pi N}{m/f} = \frac{2\pi f}{Nm}$$

分辨率

$$\Delta\omega_t = \frac{2\pi f}{Nm} - \frac{2\pi f}{N(m+1)} = \frac{2\pi f}{Nm(m+1)} \rightarrow \Delta\omega_t \approx \frac{2\pi f}{Nm^2} = \frac{N\omega^2}{2\pi f}$$

若使用正交信号，将 $N$ 替换为 $4N$。

使用步进齿轮传动

$$\text{脉冲计数法，} \omega = \frac{2\pi n}{pNT}$$

$$\text{脉冲定时法，} \omega = \frac{2\pi f}{pNm}$$

速度分辨率：

$$\text{对于脉冲计数法，} \Delta\omega_c = \frac{2\pi(n+1)}{pNT} - \frac{2\pi n}{pNT} = \frac{2\pi}{pNT}$$

$$\text{对于脉冲定时法，} \Delta\omega_t = \frac{2\pi f}{pNm} - \frac{2\pi f}{pN(m+1)} = \frac{2\pi f}{pNm(m+1)} \approx \frac{pN}{2\pi f}\omega^2$$

**数字二进制传感器**：双态传感器。机电开关；光电设备；磁感应（霍尔效应，涡流）装置；电容设备；超声波设备。

**结构**：直通（相对）；反射（反作用）；漫射（接近，截断）。

**决定性能的因素**：感测距离（传感器和物体之间的操作距离）；响应时间；灵敏度；线性度；物体的大小和形状；物体材料（如颜色、反射率、通透性、介电常数）；方向和对齐（光轴、反射器、物体）；环境条件（光、灰尘、湿度、磁场等）；信号调理的考虑因素（调制、解调、整形等）；可靠性，鲁棒性和设计寿命。

**数字旋转变压器**：互感编码器、感应同步器。具有固定盘（定子）和与感测对象耦合的旋转盘（转子）。转子上印制有精细的导电箔（脉冲成型，紧密间隔，连接到高频交流载波）。定子具有与转子图案相同的两个印制图案，但它们具有四分之一间距的偏移。

**数字转速计**：脉冲转速计。磁感应型使用铁磁齿轮，探头是磁感应接近传感器。或者也可以使用涡流接近探头（带导电齿）或带绝缘齿的电容式接近探头。

**莫尔条纹传感器**：一个板的窗口狭缝与其他板的窗口狭缝重叠→交替的明暗图案（莫尔条纹的特殊情况）。用于感测一个板相对于另一个板的直线运动、角运动（旋转）和分布式变形（例如，弹性变形）。可通过光电传感器阵列（数码相机）检测和观察 2D 条纹图案。

**霍尔效应**：如果半导体器件在一个方向上受到直流电压，并且在垂直于该电压的方向上施加磁场，则在第三个正交方向上将产生电压。

**霍尔效应传感器**：模拟接近传感器、限位开关（数字）、轴编码器、磁场传感器（如用于直流电动机的换向）。

**图像传感器**：光学、热学或红外线、X 射线、紫外线、声波、超声波等，其图像处理方法都相似。

**数码相机**：电荷耦合器（CCD）技术和互补金属氧化物半导体（CMOS）技术十分常见。

**CMOS 图像传感器**：采用与 IC 芯片相同的工艺→较便宜；功率较低；数字元素矩阵对应于图像元素（像素），图像数据检索时可直接被访问（并行）。

**CCD 图像传感器**：依次检索并数字化传感器单元中产生的电荷。它是一种更为成熟的技术，产生的图像质量比 CMOS 技术更高。

**图像帧采集**：一旦数码相机生成图像，就可以由计算机以类似的方式（例如，使用帧捕捉板或 USB 链接）来获取和处理。

**图像处理**：过滤（消除噪声和增强图像），包括方向滤波（增强边缘）；阈值处理（生成黑白图像←灰度级＞阈值则为白色，灰度级＜阈值则为黑色）；分割（细分增强的图像，识别几何形状/物体，获得所识别实体的属性——面积、尺寸）；形态处理（顺序地收缩、过滤、拉伸等，以清除不需要的图像组分并提取重要的图像组分）；减法（例如，从图像中减去背景）；模板匹配（在对象识别中有用）；压缩（减少表示有用信息所需的数据）。

## 思考题

**11.1** 识别出以下轴编码器中的有源传感器，并证明你的想法。另外，讨论以下 4 种编码器的优点和缺点：
    （a）光电编码器
    （b）滑动接触编码器
    （c）磁编码器
    （d）接近传感器编码器

**11.2** 考虑增量式编码器上的两个正交脉冲信号（如 A 和 B）。用这些信号的简图表示：在一个旋转方向上，在信号 A 由低向高的转换期间，信号 B 处于高电平；在相反的旋转方向上，在信号 A 由低向高的转换期间，信号 B 处于低电平。利用这种方式，可以在一个信号由低向高的转换期间使用另一个信号的电平检测来确定运动方向。

**11.3** 解释为什么轴编码器的速度分辨率取决于速度本身？影响速度分辨率的其他因素有哪些？直流电动机的转速从 50r/min 增加至 500r/min。如果使用增量式编码器测量速度，则速度分辨率如何变化。
    （a）通过脉冲计数法。
    （b）通过脉冲定时法。

**11.4** 描述提高编码器位移分辨率和速度分辨率的方法。一个增量式编码器圆盘有 5000 个窗口，输出数据的字大小为 12 位，设备的角位移分辨率是多少？假设使用正交信号，但不使用插值。

**11.5** 一个增量式光电编码器中每个轨道具有 $N$ 个窗口，并且通过传动比为 $p$ 的齿轮传动系统连接到轴。根据以下方法计算轴的角速度的导出公式
    （a）脉冲计数法
    （b）脉冲定时法
    每种情况下的速度分辨率是多少？步进齿轮传动装置对速度分辨率有什么影响？

**11.6** 光电编码器的迟滞性是什么？列出几个产生迟滞的原因，并讨论如何最小化迟滞。

**11.7** 光电编码器每厘米直径上（在每个轨道上）有 $n$ 个窗口，则读数不受偏心误差影响的偏心公差 $e$ 是多少？

**11.8** 证明在单轨、双传感器的增量式编码器设计中，由偏心造成的相位角误差（正交信号）与给定窗口密度下编码盘半径的二次方成反比。提出减少这个误差的方法。

**11.9** 假设编码器轨道上有 1000 个窗口，且能够提供正交信号。位移分辨率 $\Delta\theta_r$ 以弧度表示为多少？当偏心误差对传感器读数没有影响时，可以得到无量纲偏差 $e/r$ 的值。对于这个极限值，$\Delta\theta_r/(e/r)$ 是多少？通常，由编码器制造商给出的该参数范围为 3～6。注意：$e$ 是轨道偏心距，$r$ 是轨道半径。

**11.10** 在编码器中使用格雷码而不是直接二进制码的主要优点是什么？给出一个关于格雷码的表格，且与表 11-2 中给出的 4 位绝对式编码器不同。在这种情况下，编码器盘上的编码是什么？

**11.11** 讨论测量线性（直线）位移和速度的光电编码器的结构特点和操作方法。

**11.12** 特定类型的多路复用器可以处理 96 个传感器。每个传感器都产生脉冲宽度可变的脉冲信号。多路复用器每次扫描一个输入脉冲序列，并将信息传递到控制计算机。
    （a）使用多路复用器的主要目的是什么？
    （b）什么类型的传感器可以与该多路复用器一起使用？

**11.13** 离心机是分离混合物中各组分的装置。在工业离心过程中，待分离的混合物放置在离心机中并高

速旋转。颗粒的离心力取决于颗粒的质量、径向位置和角速度，该力负责分离混合物中的颗粒。容器的角运动和温度是在离心机中必须控制的两个关键变量。特别地，所用的离心曲线具体包括加速段、恒速段和制动(减速)段。这与梯形速度曲线相对应。在离心机中，光电编码器可用作基于微控制器的速度控制传感器。讨论绝对式编码器是否是首选。给出在本应用中使用光电编码器的优点和可能的缺点。

11.14　假设反馈控制系统(见图 P11-1)对于响应变量 $y$ 可以提供 $\pm\Delta y$ 内的精度。阐明为什么测量值为 $y$ 的传感器应该具有 $\pm(\Delta y/2)$ 或比这个精度更高的分辨率。$x$—$y$ 定位平台的行程为 2m，反馈控制系统在理想情况下提供 $\pm$1mm 的精度。光电编码器在每个方向($x$ 和 $y$)上测量用于反馈的位置。每个编码器输出缓冲器所需的最小位数是多少？如果所用的运动传感器是绝对式编码器，则编码器圆盘上应有多少条轨道和多少个扇区？

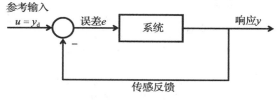

图 P11-1　反馈控制回路

11.15　市售的编码器可以以 $\pm$1 的计数精度提供 50 000 次计数/转。这样的编码器的分辨率是多少？描述具有该分辨率的编码器的物理结构。

11.16　增量式光电编码器的编码盘所生成的脉冲形状近似为三角形(实际上是向上偏移的正弦曲线)，解释此原因。描述将这些三角形(或偏移的正弦)脉冲转换成规整的矩形脉冲的方法。

11.17　解释通过脉冲内插法如何提高轴编码器的分辨率。具体来说，请考虑图 P11-2 所示的布置。当掩蔽窗被移动盘的不透明区域完全覆盖时，光电传感器接收不到光。当移动盘的窗口与掩蔽盘的窗口一致时，接收到光的峰值电平。发光强度从最小电平到峰值电平的变化大致是线性的(产生三角形脉冲)，但更准确地是正弦曲线，并且可以下式给出

$$v = v_0\left(1 - \cos\frac{2\pi\theta}{\Delta\theta}\right)$$

其中，$\theta$ 是编码器窗口相对于掩蔽窗口的角位置；$\Delta\theta$ 是窗口间距角。

在为矩形脉冲时，脉冲在区间 $\Delta\theta/4 \leqslant \theta \leqslant 3\Delta\theta/4$ 之间运动。如前所述，对脉冲进行

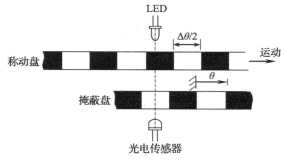

图 P11-2　带有掩蔽盘的编码器

正弦近似，说明在利用高频时钟信号的情况，以时钟周期间隔来测量每个脉冲的形状，可以无限地提高编码器的分辨率。

11.18　施密特触发器是一种半导体器件，可用作电平检测器或开关，具有迟滞效应。例如，迟滞现象在开关期间可以消除由开关信号中的噪声引起的抖动。在光电编码器中，光电传感器检测到的噪声信号通过这种方式可以转换为纯净的矩形脉冲信号。施密特触发器的 I/O 特性如图 P11-3a 所示。如果输入信号如图 P11-3b 所示，则请确定输出信号。

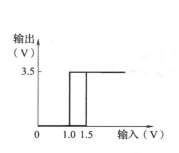

a) 施密特触发器的输入输出特性

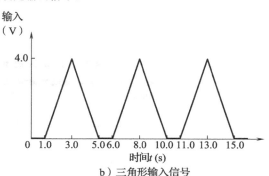

b) 三角形输入信号

图　P11-3

**11.19** 位移检测和速度检测在位置伺服中至关重要。如果使用数字控制器来产生伺服信号，则可以使用模拟位移传感器和模拟速度传感器以及 ADC 起来产生必要的数字反馈信号。或者，也可以使用增量式编码器来提供位移和速度反馈，在后一种情况中，不需要 ADC。编码器脉冲将为数字控制器提供中断，利用计数中断来获得位移，利用对中断进行定时来获得速度。在某些应用中，需要模拟速度信号，说明如何使用增量式编码器和频率-电压转换器来产生模拟速度信号。

**11.20** 将增量式光电编码器与电位计进行比较和对比，当涉及旋转运动感测应用时，给出它们的优点和缺点。

图 P11-4 给出了一个机器臂个关节的伺服控制回路示意图。机器人每个关节的运动命令都由机器人控制器根据所需的轨迹生成，增量式光电编码器在每个伺服回路中用于位置和速度反馈，六自由度机器人将有 6 个这样的伺服回路。描述图中所示的每个硬件的功能，并说明伺服回路的运转过程。

经过几个月的运行之后，发现机器人一个关节的电动机发生故障。一位热心的工程师很快就用相同的电动机将其替换，却没有意识到新电动机的编码器是不同的。特别是，原来的编码器产生 200 个脉冲/转，而新的编码器产生 720 个脉冲/转。当机器人运行时，工程师注意到有问题关节处的无规律和不稳定行为。讨论这个故障的原因，并提出一种纠正这种情况的方法。

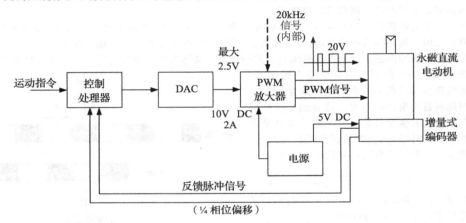

图 P11-4　机器人的伺服回路

**11.21** (a) 位置传感器应用在基于微控制器的反馈控制系统之中，用于精确地移动自动切肉机的切割刀片，该机器是肉类加工厂生产线的组成部分。在此应用中，选择位置传感器时需要考虑的主要因素是什么？在此背景下，讨论与线性可变差动变压器（参见第 8 章）相比，使用光学编码器的优缺点。

(b) 图 P11-5 所示为在线性增量式编码器中光学部件的一种布置。

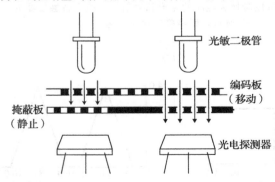

图 P11-5　线性光学编码器的光敏二极管-检测器布置

移动编码板通常具有间隔均匀的窗口，固定掩蔽板具有两组相同的窗口，分别位于两个光电检测器的上方。这两组固定窗口定位于一半间距且异相，因此当一个检测器接收到的光是从光源直接通过两个板的对准窗口时，另一个检测器上来自光源的光实际上由掩蔽板遮蔽。

说明两组光敏二极管检测器单元的用途，给出必要的电子元器件的示意图。能否用图 P11-5 所示的方式确定运动方向？如果是这样，则请说明如何做到这一点。如果没有，则说明检测运动方向的适当结构。

**11.22**　(a) 数字传感器的哪些特性和优点将其与纯模拟传感器区分开来？

(b) 考虑用于测量线性（直线）位置和速度的线性增量式编码器。移动部件是非磁性板，它包含沿其长度方向均匀分布的一系列相同的磁化区域。拾取应答器是由环形铁心构成的互感型接近传感器（即变压器），并且铁心上具有一次绕组和二次绕组。编码器的原理图如图 P11-6 所示，一次绕组的激励 $v_{ref}$ 是高频正弦波。

解释这个位置编码器的工作过程，指出要想获得纯粹的脉冲信号需要什么类型的信号调理装置。另外，当编码板非常缓慢地移动时，简述接近传感器的输出 $v_o$。编码板的哪个位置表示脉冲信号高值，哪个位置表示低值？

假设当使用该编码器时，用脉冲定时法来测量速度 $(v)$。板上磁区的间隔距离为 $p$，如图 P11-6 所示。如果脉冲周期定时器的时钟频率为 $f$，则用时钟周期数 $m$ 给出关于速度 $v$ 的表达式。

说明在该方法中速度分辨率 $\Delta v$ 可以近似为 $\Delta v = (v^2/pf)$。

因此，动态范围为 $v/\Delta v = pf/v$。

如果时钟频率为 20MHz，则编码间距为 0.1mm，所需的动态范围为 100（即 40dB），通过此方法可测量的最大速度（m/s）是多少？

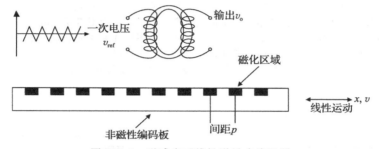

图 P11-6　磁感应型线性增量式编码器

**11.23**　考虑一个有 4 位输出的绝对式编码器和一个有 4 位 ADC 的非常精确的旋转电位计，它们用于测量物体达到全旋转时的角运动。据说在该应用中，即使电位计非常准确，绝对式编码器也可以提供更准确的结果，因为它精确地给出了物体的绝对位置。验证这个说法。

**11.24**　(a) 给出传感器或换能器的分辨率的定义。

(b) 列出数字传感器优于模拟传感器的 4 个优点。

(c) 增量式编码器提供正交信号 $v_1$ 和 $v_2$。时钟脉冲的计数从脉冲 $v_1$ 的上升沿开始，直到 $v_2$ 的下一个上升沿为止时，时钟脉冲计数为 $n_1$，到 $v_1$ 的下一个上升沿为止时，总时钟脉冲计数为 $n_2$。考虑两种情况：(i) $n_1 = 60$ 和 $n_2 = 100$，(ii) $n_1 = 80$ 和 $n_2 = 100$。在两种情况下，圆盘是否以相同的方向还是相反的方向旋转？给出编码器信号的简图（理想化）以证明你的答案。

**11.25**　增量式编码器（光学）的编码盘有 1500 个窗口。编码器输出寄存器的字大小为 12 位，它对应于编码盘的全旋转（带符号）。注意：假定正交信号可用于分辨率计算。

(a) 在测量物体旋转角度时给出关键步骤，并计算编码器的整体分辨率。

(b) 如果从被测物体到编码盘使用传动比为 5 的无间隙步进齿轮传动装置，那么总位移分辨率是多少？给出推导的主要步骤。

**11.26**　给你一个增量式编码器来测量旋转角度和角速度（单位分别为 rad 和 rad/s），并且包括轴方向。编码器的引脚分配为：(1) 地；(2) 标志；(3) A 通道；(4) +5V 直流电源；(5) B 通道。

A 通道和 B 通道给出正交脉冲信号（即 90°异相），旋转方向可以由下确定：当 B 通道输出为"低"时，如果 A 通道从低到高转换→cw 旋转，或 A 通道从高到低转换→ccw 旋转。

在你的应用中，必须完成以下步骤：(1) 从编码器中获取脉冲序列（A 和 B）（输入到需要购买的微控制器中）；(2) 确定旋转方向；(3) 计算旋转角度（以弧度为单位，相对于参考位置）；(4) 在任意时刻计算速度（rad/s）。

(a) 寻找并选择你需要的其他主要硬件（增量式光电编码器外）。

(b) 给出简图以指明在最终系统中这些硬件组件如何连接。

(c) 给出此应用中的伪代码(C++ 代码或 MATLAB 代码，按你所需)来执行前面列出的 4 个操作。

**11.27** 在生产过程中，移动传送带上的物体进行计数是由以下步骤完成的：物体以一定间距单列放置，传送带以加工所需的速度移动。固定传感器感测物体，并且产品计数值以 1 递增。假设物体尺寸(在传送带运动方向)在 2～4cm 之间，传送带上的产品间距范围为 1～2cm 之间，传送带速度在 0.5～1.0m/s 之间。

(a) 如果用二进制(双态)传感器(如限位开关)来进行物体计数，则传感器的最大允许响应时间是多少(给出计算的关键步骤)？

(b) 相反，假设在物体计数中使用模拟传感器(例如，接近传感器)。具体来说，采样和处理来自传感器的信号以确定物体的出现。传感器允许的最小采样速度是多少(给出计算的关键步骤)？

(c) 在此应用中你推荐哪种方法？为什么？

**11.28** 什么是霍尔效应转速计？与光学运动传感器(如光电编码器)相比，讨论霍尔效应运动传感器的优点和缺点。

**11.29** 讨论固态限位开关优于机械限位开关的优点。固态限位开关可用在许多应用中，特别是在飞机和航空航天工业之中。一种应用是起落架控制，以检测起落架的上升、下降和锁定状态，在这些应用中高可靠性是极为重要的。使用固态限位开关，平均故障间隔时间(MTBF)可能超过 100 000 小时。用你的工程学判断，给出机械限位开关的 MTBF 值。

**11.30** 机械力开关应用在只有一个限制力，而不是检测持续力信号的场合中。示例包括检测阀关闭时的闭合力(转矩)、检测零件装配中的匹配性、自动夹紧装置、机器人夹持器和手、过程/机械监控中的过载保护装置以及集装箱中按重量进行产品填充。因为不需要力信号连续工作，所以在这种应用中可能不需要昂贵复杂的力传感器。此外，力限位开关通常坚固可靠，可以在危险环境中安全运行。使用简图描述一个简单的弹簧-负载力开关的结构。

**11.31** 考虑以下 3 种类型的光电物体计数器(或物体检测器、限位开关)：

(a) 直通(相对)型

(b) 反射(反作用)型

(c) 漫射(接近，截断)型

将这些设备分类为长距离检测(可达几米)，中距离检测(可达 1m)和短距离检测(不到 1m)。

**11.32** 某个品牌的自动对焦相机运用了由 CCD 成像系统、微控制器、驱动电动机和光电编码器组成的反馈控制系统。控制系统根据 CCD 单元矩阵感测到的物体图像来自动对焦相机。注意：作为 CCD 图像传感器的替代品，也可以使用金属氧化物半导体(CMOS)图像传感器。来自物体的光线通过透镜落在 CCD 矩阵上。这将产生电荷信号矩阵，它一次移位一个，逐行地数字化并放置在微控制器的数据缓冲器中。微控制器分析图像数据以确定相机是否对焦，如果没有，则利用电动机移动透镜以实现对焦。绘制自动对焦控制系统的原理图，并解释控制系统中每个组件(包括编码器)的功能。

**11.33** 输出为频率的测量装置可以被认为是数字传感器，证明这个说法。

**11.34** 正在开发一种智能安全带，如果驾驶员在驾驶时入睡，则它可以提醒他们。这基于感测驾驶员的心率和呼吸，然后警告他们。

(a) 除了心率和呼吸，驾驶员的哪些方面还可用于该目的感测？

(b) 在此应用中可以使用什么类型的传感器？

(c) 哪种类型的警报机制可能是合适的？

# 第12章
# 微机电系统与多传感器系统

**本章主要内容**
- 微机电系统传感器
- 微机电系统的特性与建模
- 微机电系统的材料与制造
- 无线传感器网络（WSN）体系结构
- 无线传感器网络的优势与应用
- 无线传感器网络的能量管理
- 无线传感器网络的通信问题和标准
- 使用无线传感器网络进行定位
- 多传感器数据融合的性质和类型
- 传感器融合的贝叶斯方法
- 基于卡尔曼滤波器的传感器融合
- 传感器融合的 Dempster-Shafer 证据理论
- 传感器融合的模糊神经网络

## 12.1　先进的多传感器技术

　　在先前的章节中，我们对传感器和传感器系统的许多方面（物理结构、原理和应用）进行了研究，包括：组件互连，信号采集，调理和信号转换（滤波、放大、模-数转换、数-模转换、电桥电路等），性能指标，数据采集和带宽的考虑因素，检测精度，误差传递，测量数据的估计。同时，我们研究了不同类型的传感器和换能器，如模拟运动传感器，力传感器（包括力、转矩、触觉和阻抗），光学传感器，超声波传感器，磁致伸缩传感器，声发射传感器，热流传感器，水质监测传感器［如 pH 值、溶解氧（DO）和氧化-还原电位（ORP）］，数字传感器以及其他一些新兴的传感器技术。在本章中，我们将对传感器与传感器系统进行前瞻性的研究，特别是基于微机电系统（Micro ElectroMechanical System，MEMS）的传感器。此外，我们将研究在无线传感器网络（Wireless Sensor Network，WSN）中工作的多传感器系统。传感器系统的另一个重要问题是多传感器的数据融合，我们也将研究这个主题，同时介绍几种流行的传感器融合方法。

## 12.2　微机电系统传感器

　　微机电系统传感器是由微电子元器件组成的微型设备。例如，将传感器、执行器与信号处理器集成并嵌入到一个芯片中，使芯片同时具有这些元器件的电气和机械特性。该设备的尺寸一般在亚毫米级（$0.01 \sim 1.0$mm），微电子元器件的尺寸可以小到微米级（$0.001 \sim 0.1$mm）。MEMS 传感器的制造过程采用了集成电路（Integrated Circuit，IC）技术，这使得我们可以将许多组件（少到几个多至百万个）集成到单一设备之中。

### 12.2.1　微机电系统的优点

　　微机电系统的优点主要就是集成电路设备的优点。这些优点是：
- 尺寸小与重量极轻
- 表面积与体积的比值大（在相同计量单位下比较得出的）

- 组件与电路的大规模集成(LSI)
- 高性能
- 高速(开关速度为 20ns)
- 低功耗
- 易于批量生产
- 价格低廉(可大批量生产)

值得注意的是，微机电系统的超小型尺寸意味着系统的机械负载可以忽略不计，响应速度快，功耗小(相关的电气负载低)。

### 12.2.1.1　特别注意事项

典型的微机电系统设备主要集成了以下功能：

- 传感
- 执行
- 信号处理

在同一机电结构中，可以使用不同种类的 MEMS 传感器，常用的包括：加速度传感器(压电、电容等)，流量传感器(基于压差传感、加热组件在流体中的温度传感等)，陀螺仪(科里奥利等)，湿度传感器(电容式等)，光学传感器(半导体光电探测器等)，磁力计(测量磁场、磁阻等)，微流体传感器[涉及多传感(温度、压力、流量、电流等)和微致动]，传声器(压电等)，压力传感器(压阻隔膜、压电等)，接近传感器(电容等)和温度传感器(齐纳击穿电压等)。

### 12.2.1.2　额定参数

尽管有明显的优势，但 MEMS 传感器仍使用了许多与普通传感器相同的额定参数来表示其性能。这些额定参数包括灵敏度、带宽、线性度、动态范围、分辨率、稳定性(无漂移性能)和鲁棒性[信噪比(SNR)，承受冲击和其他干扰的能力，对环境因素(包括温度)的补偿]。这些参数已在第 5 章中讨论。此外，MEMS 设备有广泛的应用，如汽车、工厂、电子消费、医疗诊断和治疗系统、机械系统监控等。

### 12.2.2　MEMS 传感器建模

通常，MEMS 传感器使用的一些技术(如压电、电容、电磁、压阻)与大型(中型与小型同理)传感器所使用的技术是一致的。但是，由于 MEMS 传感器的尺寸极小，因此普通传感器建模中常用的物理方程在 MEMS 传感器中可能不完全准确。此外，即使 MEMS 传感器的分析模型与大的传感器一致，实际的物理原理也会在微尺度上出现偏差。因此在一般情况下，宏观上的物理概念不能直接扩展到微观来用于 MEMS 设备的建模与分析。

而且，MEMS 设备通常会在电路结构中包含多个具有不同功能的部件。组合式 MEMS 传感器具有多种传感功能，更可以将多传感器融合技术嵌入其中。举例来说，一个六轴惯性测量单元(IMU)由一个三轴加速度计和一个三轴陀螺仪组成。而集成的 MEMS 封装可以包含加速度计、位移传感器、陀螺仪、磁力计和压力传感器的功能。这类设备具有的多功能运动感知能力，在消费类电子产品(如智能手机和平板电脑)中占主导地位。

### 能量转换机理

在理解和建模 MEMS 传感器的物理特性时，首先要考虑的就是能量转换的相应机理。其中特别要注意的是，压电、静电与静电能转换是有关联的，它们的关系如图 12-1 所示。

压电：如图 12-1a 所示。压电材料内的机械应力使电荷分离并产生电压。机械功使材料变形，其所产生的应变能转化为了静电能。这是一个无源设备。

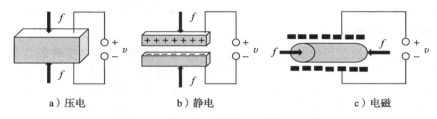

a）压电　　　　　　b）静电　　　　　　c）电磁

图 12-1　微机电系统装置中的能量转换

**静电：**如图 12-1b 所示。在电压作用下，正（＋）和负（－）电荷分别进入电容器的两个极板。极板间的吸引力由外部的"机械"力平衡。若增大极板距离，则外部力做功，电容减少，电压增大，机械能转化为电能。这是一个无源设备。

**电磁：**如图 12-1c 所示。当线圈在磁场中移动时，线圈中会感应出电流。在这个过程中，机械能转换成电能。这是一个无源设备。

### 12.2.3　MEMS 的应用

MEMS 传感器及其相关设备的应用非常广泛，包括运输、结构监测、智能手机、能源探测、人类健康监测和医疗。MEMS 传感器种类多样，特别是在生物医药、机械（包括热流体和材料工程）、化工、工业、国防、能源、服务和电信领域。其中，MEMS 传感器在生物和医药领域的应用尤为广泛，BioMEMS（生物微机电系统）一词就是用来指称它们的。如今，MEMS 设备和技术的市场份额已达 250 亿美元，并以每年接近 10％ 的速度增长。现在，这种增长的主要障碍并不是 MEMS 的技术能力，而是在严酷的实际环境中如何实现与工作。因此，MEMS 设备的封装和鲁棒性成为关键的实际考虑因素。MEMS 传感器和执行器在多领域中广为应用，这些领域包括：

- 汽车。例如，MEMS 可用于控制安全气囊打开的加速度计、陀螺仪或惯性测量单元，也可用于检测操纵控制、安防和避撞、乘坐质量、动态稳定性，还有制动器以及汽车轮胎压力传感器。
- 生物医学应用。除上文提到的 BioMEMS 外，MEMS 可用于制造微流控芯片，基于芯片的检测实验室用它进行体液诊断、艾滋病检测和妊娠检查；微观总分析（生物传感器和化学传感器）；支架等植入物；在显微外科工具领域，微型机器人可用于血管成形术、导尿术、内窥镜、腹腔镜手术与神经外科手术；在组织工程领域，MEMS 可应用于细胞生物学、蛋白质组学和基因组学的研究；MEMS 还可用来制造一次性血压传感器，并可以在眼内进行眼压测量，在头骨内测量颅内压，或进行宫内压力测量；除颤器和起搏器中的惯性测量单元也是对 MEMS 技术的运用；传声器助听器；微针、贴片等，该技术可用于药物控释/缓释、生物信号记录电极、体液萃取取样、癌症治疗、微透析；假肢、矫形器、轮椅制造等。
- 计算机。消费类电子产品和家用电器，主要包括：触摸屏控制器，喷墨打印机的喷嘴和墨盒，用于手机、笔记本电脑、平板电脑、游戏控制器、个人媒体播放器、数码相机和耳机的惯性测量单元和传声器，计算机的硬盘驱动器、计算机外设、无线设备，以及使用了干涉式调制器的平板显示器。
- 重型机械、运输和土木工程结构。包括车辆、飞机的机翼表面传感和控制等。此外，MEMS 还用于工程机械、航天业、运动和娱乐机械制造，建筑物、桥梁、导轨的应力和应变传感器，无线传输与控制。
- 光学 MEMS。包括微镜、扫描仪、微透镜、无雾透镜、红外成像光传感器、20ns 的高速光开关等。
- 能源方面。建筑物内由传感器驱动的加热和冷却、油气勘探、能量收集、微冷却等。

● 全球定位系统(GPS)传感器。可用于车辆、智能手机和快递包裹的跟踪与处理。

## 12.2.4　MEMS 的材料与制造

在 MEMS 设备制造过程中关键特征如下：必须是微型的；应由多种部件集成，这些部件具有不同的功能结构；可以批量生产。功能结构(例如，传感器或执行器的功能结构)与集成电路芯片中的电路结构类似。幸运的是，半导体集成电路的制造工艺已经相当成熟，因此也可以用于 MEMS 设备的制造。和集成电路芯片一样，MEMS 设备也是通过在基底上形成所需的功能结构而形成的。基底可以是硅(集成电路芯片使用的就是硅)、聚合物(更便宜和更容易制造)、金属(如金、镍、铝、铜、铬、钛、钨、铂、银)或陶瓷(如硅、铝或钛的氮化物、碳化硅，它们可以为传感器和执行器等提供期望的材料特性)。

### 12.2.4.1　集成电路的制造过程

由于 MEMS 设备的制造过程与集成电路芯片相似，因此，我们首先要对集成电路芯片的制造过程进行总结。集成电路封装的制造过程的主要步骤有：基底制备、薄膜生成、掺杂、光刻、刻蚀、光刻胶去除、划片和封装。下面我们将概述这些内容。

**基底制备**：集成电路制造的过程是从一层薄片开始的，在这张薄片上集成了由数百万个互连晶体管和其他元器件组成的电路，这就是基底。通常，这是一块薄薄的抛光硅薄片(硅片)。

**薄膜生成**：在基底上沉积薄膜，薄膜通常使用硅、二氧化硅、氮化硅、多晶硅或金属制成。在薄膜上，我们完成了集成电路的组件和互连。相对于基底晶体结构，该薄膜具有明确的晶体取向。

**掺杂**：受控痕量掺杂材料(原子杂质)被注入膜中(如通过热扩散或离子注入)。这种低浓度的掺杂材料(如硼、磷、砷、锑)将使电路结构的后续成型成为可能。

**光刻**：通过旋涂和预烘焙，使基底上形成薄而均匀的光敏材料(光刻胶)层。利用"掩膜"(一块涂上镀铬膜电路图案的玻璃板)可施加强光，这会将对应于电路结构的图案转印到光刻胶上。

**蚀刻**：使用化学试剂(干湿均可)去除未被光刻胶图案保护的薄膜或基底区域。

**光刻胶去除**：去除已在基底上形成电路结构的光刻胶。这一过程称为灰化。

**划片**：将包含集成电路结构的晶圆(晶片)切割成方形。

**封装**：将切块晶圆封入保护外壳中。外壳上有电触点，它们可将集成电路芯片连接到电路板。

最后，对集成电路芯片进行测试。

### 12.2.4.2　MEMS 的制造过程

MEMS 制造的基本过程与集成电路芯片的基本相同。具体而言，分为淀积、图案化、蚀刻、模具制备和划片。其中，淀积是指在基底上沉积一层薄膜，常用的方法有物理淀积和化学淀积；图案化是将图案或 MEMS 结构转移到薄膜上，这通常使用光刻方法来实现；蚀刻是指去除 MEMS 结构之外的薄膜或基底上不需要的部分，有湿法蚀刻(当基底浸入化学溶液中时，不受薄膜保护材料会溶解掉)与干法蚀刻(使用反应离子溅射或溶解材料)两种方法；模具制备是指将晶片上已形成 MEMS 结构的模具去除；划片是指将晶片切割或研磨成适当的形状，即一个方形薄片。

MEMS 设备中的复杂功能结构(传感、驱动、信号处理等)主要是由以下几种方式制造的：

1. 体微加工
2. 表面微加工
3. 微成型

**体微加工**：将所需的 MEMS 结构三维地搭建(蚀刻)在基底上。晶片可以和其他晶片结合，以形成特殊的功能结构，如压电、压阻、电容传感器和电桥电路。

　　**表面微加工**：所需的 MEMS 结构是通过薄膜材料的多次沉积和蚀刻（微机械加工）工艺在基底上逐层形成的。一些层可以在结构层之间形成必要的间隙（如电容器的板间隙）。

　　**微成型**：在微成型中，使用模具制造所需的 MEMS 结构，以沉积结构层。因此，与体微加工和表面微加工不同，微成型不需要蚀刻。应用后，使用化学物质溶解模具，选用的化学物质应具有不影响沉积 MEMS 结构材料的特性。

### 12.2.5　MEMS 传感器例子

　　常见的 MEMS 传感器使用压电、电容、压阻（应变片）和电磁原理。由于这些已经讨论过，所以这里不再重复。下面我们将展示 MEMS 传感器在几个应用类别中的例子，以说明 MEMS 传感器的范围、多样性和实用性。

　　**MEMS 加速度计**：MEMS 加速度计的原理是将质量块的加速度转换为惯性力。质量块连接着一个微小的悬臂。一种结构是悬臂的自由端与质点（质量块）相连，当悬臂由于该质点的惯性力而变形（弯曲）时，相关的位移可以通过电容、压阻或压电方法来检测。另一种是以电容法为例，电容式加速度计由两个"梳子"组成，其中一个"梳子"固定，另一个可动。活动的"梳子"支撑在悬臂（弹簧）上，与质量块相连（见图 12-2）。两个"梳子"的梳齿形成了电容板，固定板位于活动板之间。梳子由于质量块的惯性力发生移动时，电容发生变化。测量这个电容的变化就可以得到加速度。MEMS 悬臂/电容式加速度计的额定参数如下：量程 $=\pm 70g$，灵敏度 $=16\text{mV/g}$，带宽 $(3\text{dB})=22\text{kHz}$，电源电压 $=3\sim 6\text{V}$，电源电流 $=5\text{mA}$。

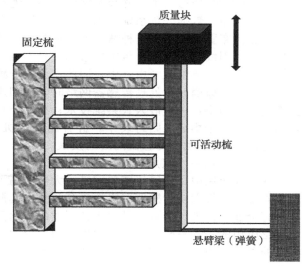

图 12-2　微机电系统电容加速度计

　　**MEMS 热加速度计**：在这个传感器中，加热的气泡代替了质量块，并用两个热敏电阻来检测温度。其原理是：由于加速度，气泡在两个热敏电阻之间移动，使一个热敏电阻的温度升高，另一个降低。通过检测温度差就可以求出加速度。

　　**MEMS 陀螺仪**：MEMS 陀螺仪有两种，一种是测量角度和方位的陀螺仪，另一种是测量角速度的速率陀螺仪。这两种传感都是利用科里奥利力或陀螺的转矩来进行测量的。当陀螺仪的速度或角动量矢量发生变化时，力或转矩也会发生变化。通过检测力或转矩即可得出陀螺仪的读数，如观测悬臂梳电容的变化（同 MEMS 电容式加速度计一样）。一台利用科里奥利力进行传感的三轴 MEMS 陀螺仪的额定参数为：量程为 $\pm 250°/s$，灵敏度为 $7\text{mV/(°\cdot s^{-1})}$，带宽 $(3\text{dB})$ 为 $2.5\text{kHz}$，电源电压为 $4\sim 6\text{V}$，电源电流为 $3.5\text{mA}$。

　　**MEMS 血细胞计数器**：该装置具有两个电极，电极间有电流脉冲。当血样通过电极之间的电流路径时，电阻会发生变化。测量由此产生的电阻变化（或电阻脉冲），便可得到血细胞数量的一些指标。注意：应同时检测电阻脉冲的数目和脉冲高度，脉冲数目给出血细胞的数量；脉冲高度可以区分红细胞和白细胞。

　　**MEMS 压力传感器**：其中一种传感器使用两个电极之间的悬浮膜（硅基底）来测量压力。随着压力的增加，电容器极板发生移动，因此电极间的电容随之改变。通过测量电容就可得到压力读数。另一种类型的 MEMS 压力传感器使用压阻（应变片）悬臂。电桥电路受到压力时，电路由于两侧的压力差而发生变形，通过电桥电路可以测量因变形而产生的电阻变化。

该传感器在生物医学中有广泛应用，如神经肌肉疾病的诊断和治疗。这种传感器的额定参数如下：测量范围为 $260\sim1260$mbar，电源电压为 $1.7\sim3.6$V，传感器质量为 10mg。

**MEMS 磁力计：**该传感器利用 MEMS 中元器件的磁阻特性来测量磁场，常用于电子罗盘、GPS 导航、磁场检测等领域。

**MEMS 温度传感器：**该传感器使用齐纳二极管，齐纳二极管的击穿电压与热力学温度成正比。传感器的额定参数如下：灵敏度为 10nV/K，电流范围为 $450\mu$A$\sim5$mA。

**MEMS 湿度传感器：**该传感器使用聚合物作为介质的电容器。当湿度发生变化时，聚合物电容器的电容也会变化。通常可同时使用 MEMS 湿度传感器测量湿度和温度。

## 12.3 无线传感器网络

无线传感器网络（Wireless Sensor Network，WSN）由多个传感器节点组成，它们彼此处于无线（无线电）通信中，并与基站（网关）相连接。每个传感器节点包含一个或多个传感器、微控制器、数据采集系统和无线电收发器。在实际应用中，传感器系统中的多个传感器常常分散布置。甚至在这种情况下，用线缆连接每个传感器变得非常困难而昂贵，在极端情况下，用线缆连接每个传感器根本就是不可行的。同时，当需要多个传感器时，每个传感器的成本也要纳入考虑之中。因此，无线传感器网络可能是许多情况下的最佳解决方案。由于上述原因，在处理传感器网络时，我们通常只关注无线网络。无线传感器网络的关键技术有两个：一是嵌入式系统技术；另一个是如何将传感器、无线电通信和数字电子技术集成到一个集成电路封装中。群智能和多机器人协作（定位、优化导航、能源优化、网络通信）有助于无线传感器网络的发展。此外，无线传感器网络也是物联网（Internet of Things，IoT）的一个组成部分。

在实际应用中，无线传感器网络极大地提高了数据收集、分析、分配和决策的规模以及精确度。尽管无线传感器网络的概念和技术起源于十多年前，但它们的全部潜力和优势尚未完全展现出来。这可能是由于其开发成本远高于有线系统。目前，使无线传感器网络更广泛应用的一些障碍有：应用规模受通信带宽、电源和功率管理的限制；软、硬件对鲁棒性的要求；仿真能力有限；现场测试成本高；系统安全问题以及不统一、复杂且不断变化的标准。

### 12.3.1 无线传感器网络体系结构

无线传感器网络通常由以下组件组成：
- 一组具有无线通信能力的传感器节点。
- 安排在特定架构中的节点。
- 节点使用无线电收发器将信息（可能经过预处理、压缩或聚合）传送到基站（网关）。
- 基站将信息（可能在进一步处理之后）转发给应用程序或用户服务器。

无线传感器网络的结构如图 12-3 所示。

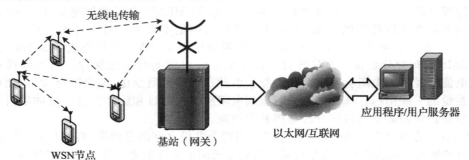

图 12-3　无线传感器网络的典型结构

无线传感器网络中包含的节点数目不定,少则几个,多则数千,具体数目取决于使用需求。应用规模的可扩展性是无线传感器网络的重要考虑因素。

尽管一个传感器节点可能只对应一个传感器,但更多地,在一个给定的传感器节点中,很可能包含多个传感器。在这种情况下,传感器节点每次通过一个传感器来获得测量值。基站(网关)通过无线射频(RF)传输从传感器节点处收集数据。由于将所有传感器的数据都传输到基站成本过高且难以实现,也由于无线传感器网络的数据容量、传输范围、功率使用和精度要求等限制,因此传感器节点需要对观测数据先进行预处理和压缩,再发送至基站。基站接收到传感器节点收集的信息后,将进行进一步的处理,并将处理后的信息发送到应用程序(用户)站点中的服务器,以供应用程序使用。

注意:在某些无线传感器网络体系结构中,存在一个领导节点(主节点或母节点),这个节点可以接收和处理集群中其他节点的数据,并将处理后的数据传输到基站。

### 12.3.1.1 传感器节点

传感器节点包含一个或多个传感器、处理单元(具有操作系统的微控制器、CPU、存储器和 I/O)、数据采集硬件和软件、电源以及具有全向天线的无线射频收发器(可在二维平面内均匀全向地传输信息)。传感器节点可以用软件编程。执行器可以集成在节点上,这取决于应用,但这不是传感器节点所必需的功能。执行器可以使用外部命令(来自基站、用户等)或微控制器中的控制程序来控制节点处的传感活动或其他功能。传感器节点的大小可以为 1~10cm 或更大。典型传感器节点的组件如图 12-4 所示。

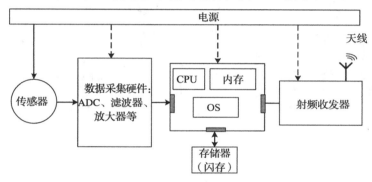

图 12-4  传感器节点的组件

传感器节点的硬件具有结构简单、成本低、功能有限、功耗低(功率效率高)的特点。需要注意的是,传感器节点中的微控制器不需要是一个复杂的、具有广泛功能且通用的平台。它的操作系统非常简单,应支持一种方便的高级编程语言(如 C 或 C++ ),并且应该是无线传感器网络指定的应用程序(如支持基于事件的编程而不是多线程的 TinyOS)。Intel Galileo、Arduino Uno 和 Raspberry Pi 均可作为传感器节点的微控制器。不过,有些微控制器可能比特定应用程序所需的功能更强大。

微尘传感器:微尘传感器是一种小型低成本的传感器节点。它的大小通常只有毫米级,具有有限的传感、处理与传输能力,在国防与环境监测等方面有着特殊应用。微尘传感器可以通过移动平台(如直升机和无人机)实现大面积部署。在电源方面,微尘传感器使用简单的低成本电源,如自发电、光电等。

### 12.3.1.2 无线传感器网络的拓扑结构

无线传感器网络中的节点可以根据不同的拓扑结构进行互连。这些结构包括星形、环形、总线型、树形、网状和全连接拓扑。图 12-5 所示为拓扑结构的一些例子。拓扑的选取主要取决于应用需求。同时,资源限制、通信带宽和成本也是必须要考虑的因素。

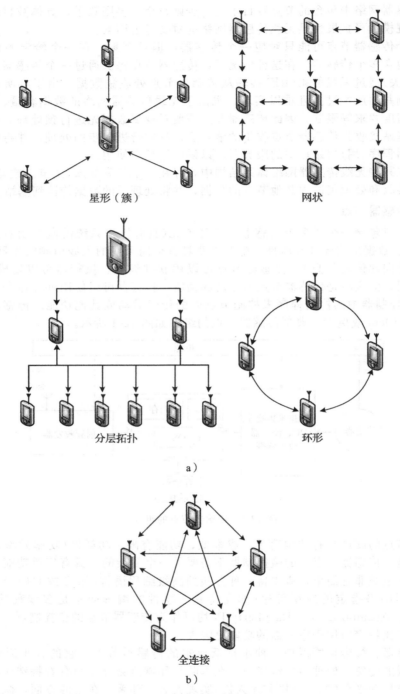

星形（簇）

网状

分层拓扑

环形

a）

全连接

b）

图 12-5　网络拓扑结构

### 12. 3. 1. 3　无线传感器网络的操作系统

　　操作系统在传感器节点上操作微控制器。操作系统在节点上为应用程序和硬件之间提供接口，并在节点上进行任务的调度。无线传感器网络的开源操作系统有 TinyOS、Contiki 和 OpenWSN。传感器节点的操作系统比计算机的通用操作系统简单得多，嵌入式操作系统就可以满足需求(如 eCos 或 $\mu$C/OS，这两种操作系统是专为应用程序设计的，成本低、功耗低）。传感器节点的操作系统不需要虚拟内存，传感器节点也没有实时操作的必要。下面我们给出一些无线传感器网络操作系统的例子：

TinyOS 是专为无线传感器网络设计的。它使用事件驱动的编程模型（不是多线程），简单而高效。它由事件处理程序和具有运行到完成语义的任务组成。当发生外部事件（如传入数据包、传感器读数）时，它会发出相应的事件处理程序信号。

LiteOS 是类 UNIX 系统的抽象化，并支持 C 语言。

Contiki 使用了更为简单的 C 语言编程方式。

RIOT 实现了一个微内核体系结构，提供了具有标准应用程序编程接口的多线程，并支持 C/C++ 。RIOT 还支持常见的物联网协议，如 6LoWPAN、IPv6、RPL、TCP 和 UDP。注意：RIOT 对于无线传感器网络来说可能过于复杂。

ERIKA Enterprise 是一个开源内核（多核，由内存保护），并支持 C 语言。

## 12.3.2 无线传感器网络的优点和问题

事实上，无线传感器网络的许多优点都来自布线的缺点。在某些地形（水下、城市景观、面积大的偏远地区、岩层和山丘等复杂地形）上布线是非常困难的。因此，在这些地方布线会有高昂的安装和维护成本。而且随着传感器数量、操作位置和面积的增加，成本也会随之增加。同时功率也会增加，从而使效率降低。布线造成的浪费主要来自功耗。布线的功耗会随着传感器网络部署范围的增加而增加。除此之外，布线的方式很容易导致电缆缠结，非常杂乱。并且移动传感器很不方便，进行现场搬迁或扩展时不太灵活。此外，电缆（包括光纤）的可靠性较差。更重要的是，由于老化、磨损、事故、恶意行为，电缆可能会破损或发生连接器故障。以上是布线法的缺点，接下来我们将介绍无线传感器网络的主要优点：

- 使用无线连接
- 可有很多个节点，覆盖区域广
- 可以轻松扩展应用程序的规模（数千个节点）
- 所需的安装和操作成本低
- 连接可靠，鲁棒性和安全性好
- 具有灵活的节点结构（可以重组、移动、重新缩放等）
- 可自动化，具有自组织性
- 可以在恶劣的环境下运行
- 采用分布式处理和决策（智能）的分布式架构
- 功能准确、高效、快捷

### 12.3.2.1 无线传感器网络的关键问题

在传感器和传感中遇到的问题在无线传感器网络中也存在，并占据了相当重要的地位。此外还有一些具体的问题，包括节点的多样性和分布问题、无线传输问题、通信网络问题、功率限制问题、可用技术问题、应用程序问题、功率管理问题、网络拓扑问题、自动化操作问题、自组织问题、可靠性问题、通信技术和协议问题、节点本地化问题、数据传输速率问题、通信网络拥塞问题、网络/节点移动性问题、空隙问题（对于一些节点，在传输范围内可能没有接收器节点（如节点移动时），就可能出现该问题）、节点间活动的同步问题和演化标准问题。

注意：在初始阶段，解决这些问题所需的花费可能远远超过问题解决后节省的费用。

### 12.3.2.2 工程难题

在工程方面，无线传感器网络面临的挑战主要有以下几点：

组件寿命与网络寿命问题：我们要求即使一些组件失效整个网络也能运行。无线传感器网络大部分采用电池供电，且由于传感器分布广泛，所以更换电池非常困难。而一般的碱性电池寿命只有 2 万～5 万小时，两块电池以 9mW 的功率运行将持续一个月。获取新能源和节约能耗将是解决这一问题的关键。

响应速度问题：我们希望尽可能提高传感器网络对事件、用户查询的响应速度。但是，这会使得网络的寿命缩短。

鲁棒性问题：在极端环境下，为了提高传感器网络的可靠性与鲁棒性，需要使用高质量的产品，这会大大增加成本。

扩展性问题：当无线传感器网络扩展到应用层面时，可能需要数千个传感器节点。如果这些节点具有分布式、分层的体系结构（非集中式结构），那么就要求各层的节点先对数据进行本地处理。

自主操作（无人值守）问题：包括自定位问题、自校准问题、同步问题与自组织问题。

陌生、动态的环境问题：面对不熟悉动态的环境，无线传感器网络需要通过自适应机制和网络协议来最大限度地提升性能。同时需要引入"学习"机制或优化数据模型，以减少数据传输量。

资源限制：举例来说，无限传感器网络的性能受到电源能量、鲁棒性、安全性的限制。但随着应用需求的明确，资源限制问题反而会得到缓解。

### 12.3.2.3 能源问题

能源问题是无线传感器网络应用的关键。事实上，能源的使用效率远比数据处理与传输效率更值得我们关注。举例来说，传输 1 位数据所需要的能量比执行一条指令所需的能量高出 3 个数量级。此外，目前计算机技术比移动电力技术（如电池、能量收集）更为先进，发展也更快。在实际应用中，无线传感器网络的能量通常难以从外界获取，存储的能量也很可能会受到未知的随机因素的影响。上文我们提到，目前无限传感器网络主要以电池供电为主。但电池并不是最好的解决方案。对无限传感器网络而言，电池体积大、在偏远地区充电困难、寿命也难以满足需要。

### 12.3.2.4 能量管理

机电一体化设计的一个主题就是设计系统组件并将它们集成起来，以优化能量使用与功率效率。这种针对功率效率的设计在无线传感器网络中是一个重要考虑因素。要想提高功率效率，其关键是改进发电技术，开发并使用适当、高效、低成本的电力技术。在无线传感器网络的能量管理中，应采取节电措施（减少系统运行中的使用和损耗）并进行功率控制（如使用微控制器来调整系统运行期间的功率）。以下是关于无线传感器网络能量管理的一些考虑因素与途径：

能量管理方式：包括多跳通信、路由控制（通过选择低功耗的节能节点来优化传输路径）、任务循环、数据预处理（在传输前，在本地对数据进行处理和压缩）、被动参与（当两个节点具有相同信息时，仅传输其中一个）、自适应采样、自适应传感和传输（当感测量不变时，停止感测和传输）以及使用高效的电力技术（如使用高效和低成本的电池，利用太阳能、振动、风能、波浪、地热等从环境中获取电力，部分节点使用交流线路等）。

多跳通信：在无线传感器网络中，耗能最多的就是无线传输环节。随着传输范围的扩大，信号的可靠性和强度随之降低，无线传输的功率（能耗/耗散）呈指数增长。随着频率的增加，传输功率与传感器硬件功率的比值也会增加。当频率增加一倍时，该比值至少会增加一个数量级。为了解决这一问题，我们采用多跳通信的方法，使用中间节点来缩短传输距离。这使得无线传感器系统的功率效率、准确性和鲁棒性大大提高。此外，通过对中间节点进行最优选择，还可以进一步优化多跳通信。

任务循环：这是一种重要的能源管理方法，由节点的微控制器控制。方法是对于固定任务循环，定期对所有组件（传感器、数据采集硬件、数据处理器）下达休眠-唤醒指令。

而在自适应任务循环中，仅在需要使用时才驱动组件。在其他时间，则令组件休眠，即始终保持唤醒状态的节点。我们让最少量的一组哨兵保持无线传感器网络的正常运转，其他的节点在不需要时休眠。这样，就可以最大限度地优化通信、简化信息。同时，我们还使用由监测事件驱动的通信方式，即仅当需要进行传感时才进行信息传输，这最大限度地降低了传感器功率和通信功率。

数据预处理：在传输之前，数据应在节点（本地）的微控制器中进行处理或压缩，以便只传输紧凑且较少量的信息。这在能量管理中非常重要。如前文所说，传输 1 位数据所需要的能量比执行一条指令所需的能量高出 3 个数量级。预处理的方法包括依赖协议的数据压缩、聚合和建模。举例来说，可以使用最大值、最小值和均值等方式来压缩数据。也可以将数据视为一个离散数据集 $\{x_i\}$，然后建立一个线性（或其他）模型来表示它。

自适应采样：尽管采样越快生成的数据越多，但是不同传感器的采样率并不统一。有些传感器需要更高的功率并会有能量浪费，而有一些被测量并不会快速变化，因此快速传感是没有必要的。为了解决这一问题，我们可以使用自适应采样。自适应采样可以根据传感器和应用需求来改变采样率和数据采样周期。具体来说，当检测到被测量变化迅速时，系统就提高采样率，反之则降低采样率。

## 12.3.3 通信问题

数据通信是无线传感器网络的关键功能。相关的问题包括网络拓扑、通信协议、通信标准、多跳通信、网络通信（如低数据速率、突发流量、监视型应用场景。注意：突发模式提供了一种将整个通道只用于一个数据源传输的方法）和数据中心化问题（即用于处理和转发数据的一种编程范式）。其中一些问题已经解决，接下来我们将讨论其他尚未解决的问题。

### 12.3.3.1 无线传感器网络的通信协议

通信协议定义了消息交换的格式和顺序，以及通信网络实体之间将采取哪些后续行动。协议模型分为多层。在无线传感器网络中，许多节点和基站都希望在给定的时间发送或接收数据。为保证无线传感器网络的正常运转，我们需要一个通信协议。此时，必须要考虑资源限制，即较小的内存、代码长度限制以及其他不确定条件。

介质访问控制（MAC）协议层：在无线传感器网络的协议模型中，MAC 层是非常重要的一个子层。其功能有：协调相邻节点和共享通道之间的传输，以优化和避免数据包冲突；协调共享通道的操作（测试步骤为测试通道是否忙碌，如果不忙，则发送信息。如果通道处于忙碌状态，则等待并重试）；通信交互，包括请求发送（RTS）和清除发送（CTS）；对不活动节点使用睡眠模式，这可以节省能量并简化与其他节点的通信；对低功耗节点使用"聆听模式"，从而决定节点是休眠还是唤醒；数据包重发，当网络中的节点在发送数据出现冲突时，如果发送内容不紧急，则等待一定时间再次发送。MAC 协议层符合 IEEE 802.15.4 开放标准，使用范围广，但有点复杂。

注意：B-MAC 是 MAC 协议层的另一个版本。

IEEE 802.15.4 标准的网络特性（针对无线传感器网络）：传输频率为 868MHz/902～928MHz/2.48～2.5GHz；数据速率为 20kbit/s（868MHz 频带）、40kbit/s（902MHz 频带）、250kbit/s（2.4GHz 频带）；支持星形和对等（网状）网络连接；为确保数据安全，对传输的数据进行了加密；对于多跳网状网络算法，链路质量可以保证；数据通信的鲁棒性好。

### 12.3.3.2 无线传感器网络的通信路由

在无线传感器网络中，必须正确地传输数据。为达到这一目的，我们需要一个路由算法，从而保证准确发送与接收数据。相对于互联网中复杂的路由方法，无线传感器网络中的路由方法要简单许多。无线传感网络中典型的路由方法步骤如下：(1)寻找相邻节点的

ID 与位置。注意：每个节点中都包含有自身的信息，如位置、功能、剩余电量等。(2)选择最佳节点。(3)发送消息到该目标节点。

注 1：当节点位置已知时，消息会发送到目标节点的位置坐标上，而非节点 ID。这就是地理转发(GF)。

注 2：无线传感器网络不会将信息发送给休眠中的节点。如果要向休眠节点发送信息，则需要提前将它唤醒。

无线传感器网络中的路由问题：这包括延时、可靠性、能量剩余、数据聚合。其中，数据聚合的目的是降低传输成本。我们可能会使用多跳通信。除此之外，网络节点间有多种通信方式。单播指的是将消息发给特定节点；多播是把信息同时发送给几个节点；选播指的是发送消息而不指定任何节点(即扩散或泛洪)。

路由协议：路由协议的目的是把数据正确地传输到给定的目标地址。它应该对节点的故障和无意的断开有一定的鲁棒性。同时，协议应该的功率应该很高，且不太复杂。TCP/IP 是一种通用协议，但它对无线传感器网络来说太复杂了，而且没有能源效率。路由协议中使用了路由算法，且可以通过多跳通信来优化功率并提高可靠性。目前，国际互联网工程任务组(IEIF)对低功耗有损网络路由(ROLL)制订了标准。这与无线传感器网络的发展息息相关。

针对无线传感器网络的路由协议：下面我们将介绍几个在无线传感器网络中使用的路由协议。在低功耗自适应集簇分层型协议(LEACH)中，操作分为多个循环，每一次循环都使用有不同簇头(CH)的节点。每个节点都选择最近的簇头，并加入该集群来进行数据传输。另一个是传感器信息系统中的高效功率采集协议(PEGASIS)，在此协议中没有集群。每个节点只与最近的相邻节点通信，方法是调整其功率信号，使其只能由最近的相邻节点听到，并用信号强度来测量节点距离。当系统的链式结构形成后，从链条中选择能量最多的一个节点作为领导节点。除此之外，还有虚拟网格架构(VGA)协议。虚拟网格架构利用数据聚合和网络处理来使网络寿命最大化，同时它还能节省能量。

### 12.3.3.3 无线传感器网络标准

在搭建传感器网络时，为保证来自不同厂家的设备可以互相操作，网络必须具有组件兼容性。为了满足组件兼容性以及相互通信等要求，我们需要为无线传感器网络制订一个标准。

以下是无线传感器网络通信标准的案例。

- Wi-Fi：它是无线局域网(WLAN)中最常见的品牌，使用 2.4GHz 的超高频和 5GHz 的超音频无线电信号，基于 IEEE 802.11 标准。它用于本地环境中的设备连网。
- 蓝牙：它是一种无线技术标准。它在 2.4～2.485GHz 的频率范围内使用短波无线电波。该技术基于 IEEE 802.15 标准，使用无线个人局域网(WPAN)。它是一种在电子设备和互联网之间进行通信的短距离射频技术。它还具有对用户透明的数据同步能力。
- ZigBee：它建立在基于 IEEE 802.15.4 标准的物理层和 MAC 层上。与其他几个相比，这种标准更为安全。它支持混合型的"星-网"拓扑，具有成本低、功耗低、使用无线连接等优点。
- 6LoWPAN：
  - 对很多设备(例如个人计算机)来说，6LoWPAN 可以视作可寻址的 IPv6 设备。
  - 现行的标准如下：
    - RFC4919：6LoWPAN 概述
    - RFC6775：邻居发现协议
    - RFC6282：IPv6 数据包的压缩格式
    - RFC6606，6568：路由要求和设计空间

- WirelessHART/IEC 62591：
  - ◆ 它在工业应用中是 ZigBee 的替代品，但成本更高。
  - ◆ 与 ZigBee 相比，它的功耗更低，抗干扰能力更强。IEEE802.15.4e 标准将是它有力的竞争对手。

**全球移动通信系统(GSM)**：这是一个欧洲标准，适用于蜂窝网络(即手机)。为了使每个传感器节点均能并入网络并进行网络访问，每个传感器节点都需要有一个 SIM(用户标识模块)卡。

**2G(即第二代 GSM 网络)**：它工作在 900MHz 或 1800MHz 频段，很少使用 400MHz 和 450MHz 频段(因为 1G 系统以前使用这些频段)。在欧洲大多数 3G 网络则运行在 2100MHz 频段。

**安全数字(SD)卡**：这是一种非易失性存储卡。

**SD 卡盾**：SD 卡上自带的保护机制。

#### 12.3.3.4　无线传感器网络中的其他软件

**时间同步**：在无线传感器网络中，时间同步是非常重要的。这是因为对绝大多数数据而言，只有以时间作为参考时(即在时间序列中)，才是有意义的。

**重新编程**：当要对网络进行功能添加或错误/安全性修复时，我们要通过无线网络和多跳通信对网络中所有节点的固件进行更新，这需要重新编程的帮助。在重新编程的过程中，黑客可能会安装自己的固件。因此，安全措施在重新编程中至关重要。

### 12.3.4　定位

定位就是确定无线传感器网络中节点的地理位置，也就是对节点进行定位与跟踪。定位的用途包括监测无线传感器网络的空间演变，在以下方面它是很有用的，空间数据挖掘与确定空间统计数据、确定节点的覆盖质量、实现节点负载均匀、优化路由(如优化多跳路由)、开关或移动节点的位置、根据需求优化无线传感器网络操作、优化通信质量。

在无线传感器网络中，数据需要时间参考和位置参考(如目标跟踪、入侵检测、节点的动态/移动控制)。对定位技术来说，坐标系和定位算法是根据应用需求来决定的。

定位的步骤是：

1. 建立选定(参考)节点集(即锚/信标/地标)。
2. 测量各节点到参考节点集的距离。

定位中要考虑的问题除了精度、速度、通信范围和能源需求外，还有室内/室外、2D/3D、敌对环境/友好环境，以及那些节点需要定位、多久进行一次定位、在何处执行定位运算、如何进行定位(即定位方法)等需要考虑。

#### 12.3.4.1　定位方法

定位中，测量距离的主要方法包括：测量信号的飞行时间和测量接受时无线电信号的强度。下面向大家介绍一下这两种方法：

1. 测量飞行时间：首先确定射频信号在节点间的飞行时间。然后利用几何学计算出所求节点的坐标。
2. 测量信号强度：在传输过程中，能量会出现损失。因此，我们可以利用接收信号的能量来确定信号传输到节点的距离。

**注意**：两种方法都需要一个"信标节点"(也称地标或参考节点)。这个信标位置是已知的，且能够发送信号给其他节点并接受来自其他节点的信号。

**间接方法**：计算两节点间的跳数。然后用每一跳的平均距离来估计节点间距离。

为了确定绝对距离，可以使用 GPS 或有移动定位功能的 GPS。但这个方法无法在室内使用。

### 12.3.4.2　多点定位

多点定位使用所求节点到 3 个或 3 个以上地标节点（位置已知）的距离来估计节点位置（也就是定位）。定位运算所需的公式已经给出。在图 12-6 中，虚线圆圈表示地标节点的传输范围。假设 $i$ 是一个通用的地标节点，在平面直角坐标系中，它的坐标是已知的。节点 $i$ 到要定位的节点间的距离可以通过一些手段（如检测信号的飞行时间或接收信号强度）得到。

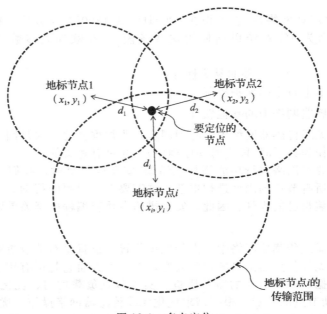

图 12-6　多点定位

设总共有 $n$ 个地标节点。在参考坐标系中，用 $(x_i, y_i)(i=1, 2, \cdots, n)$ 表示第 $i$ 个地标节点的坐标。$d_i$ 表示要定位的节点到第 $i$ 个地标节点的距离。

$\delta_i$ 表示距离 $d_i$ 的测量误差。

我们需要确定的是定位节点的坐标 $(x, y)$。

由勾股定理可知，$(d_i + \delta_i')^2 = d_i^2 + 2d_i\delta_i' + \delta_i'^2 \approx d_i^2 + 2d_i\delta_i' = d_i^2 + \delta_i$。其中，$\delta_i' \ll d_i$。

$$\to (x-x_i)^2 + (y-y_i)^2 = d_i^2 + \delta_i, \quad i=1, 2, \cdots, n$$

用前 $n-1$ 个等式分别减去第 $n$ 个等式，就得到了 $n-1$ 个等式：

$$\boldsymbol{y} = \boldsymbol{X\beta} + \boldsymbol{\varepsilon} \text{ 或 } \boldsymbol{\varepsilon} = \boldsymbol{y} - \boldsymbol{X\beta} \tag{12-1}$$

其中

$$\boldsymbol{X} = \begin{bmatrix} 2(x_1-x_n) & 2(y_1-y_n) \\ \vdots & \vdots \\ 2(x_{n-1}-x_n) & 2(y_{n-1}-y_n) \end{bmatrix}$$

$$\boldsymbol{y} = \begin{bmatrix} x_1^2-x_n^2+y_1^2-y_n^2+d_n^2-d_1^2 \\ \vdots \\ x_{n-1}^2-x_n^2+y_{n-1}^2-y_n^2+d_n^2-d_{n-1}^2 \end{bmatrix}$$

$$\boldsymbol{\beta} = \begin{bmatrix} x \\ y \end{bmatrix}$$

$$\boldsymbol{\varepsilon} = \begin{bmatrix} \delta_1-\delta_n \\ \vdots \\ \delta_{n-1}-\delta_n \end{bmatrix}$$

注意：$\boldsymbol{\varepsilon}$ 是表示测量误差的向量。

$$\text{方差：} \boldsymbol{E} = \boldsymbol{\varepsilon}^T \boldsymbol{\varepsilon} = (\boldsymbol{y} - \boldsymbol{X\beta})^T (\boldsymbol{y} - \boldsymbol{X\beta})$$

对 $\boldsymbol{\beta}$ 进行最小均方误差估计，步骤如下：

$$\text{最小化 } \boldsymbol{E} : \frac{\partial \boldsymbol{E}}{\partial \boldsymbol{\beta}} = 0 \rightarrow -2\boldsymbol{X}^T(\boldsymbol{y} - \boldsymbol{X\beta}) = 0 \rightarrow \boldsymbol{X}^T\boldsymbol{y} - \boldsymbol{X}^T\boldsymbol{X\beta} = 0$$

解得

$$\boldsymbol{\beta} = [\boldsymbol{X}^T\boldsymbol{X}]^{-1}\boldsymbol{X}^T\boldsymbol{y} \tag{12-2}$$

---

**例 12.1**

设有 3 个地标节点，利用这 3 个节点对未知节点进行定位。获得的数据如下所示：

$$\begin{bmatrix} x_1 \\ y_1 \\ d_1 \end{bmatrix} = \begin{bmatrix} 1 \\ 1 \\ 1 \end{bmatrix}; \begin{bmatrix} x_2 \\ y_2 \\ d_2 \end{bmatrix} = \begin{bmatrix} 2 \\ -1 \\ 1 \end{bmatrix}; \begin{bmatrix} x_3 \\ y_3 \\ d_3 \end{bmatrix} = \begin{bmatrix} -1 \\ 2 \\ 2 \end{bmatrix}$$

确定待定位节点的位置坐标。

**解：**

$$\boldsymbol{X} = \begin{bmatrix} 2 \times 2 & -1 \times 2 \\ 3 \times 2 & -3 \times 2 \end{bmatrix} = \begin{bmatrix} 4 & -2 \\ 6 & -6 \end{bmatrix}; \boldsymbol{y} = \begin{bmatrix} 1^2 - 1^2 + 1^2 - 2^2 + 2^2 - 1^2 \\ 2^2 - 1^2 + 1^2 - 2^2 + 2^2 - 1^2 \end{bmatrix} = \begin{bmatrix} 0 \\ 3 \end{bmatrix}$$

$$\boldsymbol{\beta} = \left[ \begin{bmatrix} 4 & 6 \\ -2 & -6 \end{bmatrix} \begin{bmatrix} 4 & -2 \\ 6 & -6 \end{bmatrix} \right]^{-1} \begin{bmatrix} 4 & 6 \\ -2 & -6 \end{bmatrix} \begin{bmatrix} 0 \\ 3 \end{bmatrix}$$

$$= \frac{1}{2} \left[ \begin{bmatrix} 2 & 3 \\ -1 & -3 \end{bmatrix} \begin{bmatrix} 2 & -1 \\ 3 & -3 \end{bmatrix} \right]^{-1} \begin{bmatrix} 2 & 3 \\ -1 & -3 \end{bmatrix} \begin{bmatrix} 0 \\ 3 \end{bmatrix}$$

$$= \frac{1}{2} \begin{bmatrix} 13 & -11 \\ -11 & 10 \end{bmatrix}^{-1} \begin{bmatrix} 2 & 3 \\ -1 & -3 \end{bmatrix} \begin{bmatrix} 0 \\ 3 \end{bmatrix} = \frac{1}{2} \begin{bmatrix} 13 & -11 \\ -11 & 10 \end{bmatrix}^{-1} \begin{bmatrix} 9 \\ -9 \end{bmatrix}$$

$$\rightarrow \boldsymbol{\beta} = \frac{1}{2 \times (13 \times 10 - 11 \times 11)} \begin{bmatrix} 10 & 11 \\ 11 & 13 \end{bmatrix} \begin{bmatrix} 9 \\ -9 \end{bmatrix} = \frac{1}{2} \begin{bmatrix} -1 \\ -2 \end{bmatrix} = \begin{bmatrix} -0.5 \\ -1.0 \end{bmatrix}$$

---

### 12.3.4.3　利用无线电信号强度测量距离

在节点间的无线射频传输中，信号由一个节点发出，并由第二个节点所接收。

#### 12.3.4.3.1　射频信号的优势(电磁频谱)

无线射频传输在通信(特别是无线传感器网络)中的优势如下所示：无须布线；可以穿透墙壁等物体；传输距离长；可以包含移动节点。WLAN 技术使用本地无线电信道，通信距离范围从十米到几百米不等。蜂窝技术使用广域无线电信道，这可以实现更远距离(几十公里)的通信。

#### 12.3.4.3.2　传输过程中的信号失真

传输的信号是电磁波，其传播速度为光速。在传播过程中，信号会出现衰减。为描述这种状况，我们定义信噪比(SNR)为：

SNR 是描述接收信号在传输过程中关于衰减程度的量，单位为 dB。

注：较大的信噪比意味着接收信号可以更容易且更准确地还原为原始信号(通过消除背景噪声)。

信号衰减中的问题包括以下几点：

1. 即使是在自由空间中传播，信号强度仍会衰减。这种现象称为路径损耗。

2. 信号间的相互干扰(如同一频段的信号干扰、来自其他设备的环境电磁噪声等)都会降低信噪比。

3. 传输路径中的障碍物会导致信号衰减(如反射、吸收、阴影效应等)。若物体处于移动状态，则会引发更为严重的问题。

4. 误码率(BER)是发送位被错误接收的概率。位误码率随信噪比的增加而降低，随传输速度的增加而增加。误码率单位为 Mbit/s(兆位每秒)

### 12.3.4.3.3　方法

传输过程中的信号衰减可以用于估计距离。该方法的优点是利用了无线传感器网络现有的通信硬件与资源，不需要额外的硬件来定位。在该方法中，接收信号功率通过接收信号强度指示器(RSSI)多次进行测量，并计算样本平均值 $\overline{P}_{i,j}$。接下来，利用已知的参考距离 $d_0$ 与参考功率 $P_0$，使用信号强度(路径损耗)的"阴影模型"来估计距离：

$$\hat{d}_{i,j} = d_0 \left(\frac{\overline{P}_{i,j}}{P_0}\right)^{-(1/\eta)} \tag{12-3}$$

其中，$\eta$ 为路径损耗指数，约为 2。

### 12.3.4.3.4　RSSI 的使用(基于 IEEE802.11—1999 标准协议)

RSSI 的取值范围为 0 到 RSSI 的最大值。它由无线传输协议的子层(8 位 RSSI)来提供。

功率(dBm)＝RSSI＿VAL＋RSSI＿OFFSET

典型的精度为±6dB

注意：dBm 为分贝毫瓦。我们知道，分贝(dB)是输出与输入的功率比。dBm 是对其的简化，它表示相对于 1mW 功率的放大倍数。由于我们关注的是信号功率，因此在换算成 dB 时，我们使用 $10\log_{10}$(功率比)，而非 $20\log_{10}$()。

## 12.3.5　无线传感器网络的应用

无线传感器网络的应用在本质上是多传感器的应用，包括分布式传感(针对地理意义上的宽阔区域进行遥感的系统)和传感器融合(通过组合和汇总来自多个传感器的信息来确定特定的被测量，从而提高特定感官决策/目标的准确性和可靠性)。其中，地理意义上的分布式传感是无线传感器网络中最常见的应用领域。无线传感器网络在下述领域都有应用。

- 防御、监视和安全：例如，具有分层架构的 VigilNet 包括应用程序组件，中间件组件，TinyOS 系统组件。
- 环境监测：如污染、水质、森林火灾、自然灾害、核事故和污染等。传感器系统的空间分布从 1cm 到 100m 不等，时间采样从 1ms 到几天不等，传感器尺寸从 1～10cm 不等。
- 运输(地面、空中、水面和水下)。
- 机械检测和土木工程结构检测：例如，对基于状态的维护，平时以低采样率检测活动，一旦检测到活动开始便加快采样速度。
- 工业自动化。
- 机器人：如多机器人合作救援、防御、家庭护理和未来城市。
- 娱乐。
- 智能工作空间。
- 医疗与生活协助。
- 能源(勘探、生产、传输、管理)。

医疗与生活辅助方面。无线传感器网络的在该领域具体运用是，将 AlarmNet 架构用于远程诊疗、远程健康、家庭护理等，其特征如下所示：

- 主体网络与前端：病患传感器。
- 传感器网络布设：病患的生活空间-环境网络。
- 主干网：将笔记本电脑、手机和 iPad 等接口设备连接到网络。
- 网络数据库：用于实时处理、临时存储等。

- **后端数据库**：用于中央服务器的长期归档、数据挖掘等。
- **人机界面**：病人和护理人员使用的 PDA、手机、iPad 等界面；与可穿戴传感器节点和环境传感器节点一起使用。

注意：其中一些是移动节点。

目标：定位、患者识别、监测、数据收集、预处理和聚合、存储、传输和执行。

结构健康监控：通过无线传感器网络，使用应变片、加速度计、摄像机等来监测桥梁、建筑物和其他土木工程结构。这种监测方式灵活、成本低、分辨率高。连续监测可以得到大量数据。接下来对监测数据进行记录、数据分析，并对即将出现的问题进行深入的诊断和预测。使用这些检测数据，就可以进行基于状态的维护。这时，传感器节点的电力来源是一个大问题。为了解决这一问题，我们通常采用能量收集（通过振动、太阳能等）的方法。

其他的应用还包括远程医疗与水质监控。我们的实验室（英属哥伦比亚大学工业自动化实验室）对这些项目进行了开发，它们也利用了无线传感器网络。这些项目在第 1 章中已有所概述。

### 12.3.6　无线传感器网络的实现案例

为满足多类工程应用的要求，目前的应用涉及最优自适应、人工智能和具有通用系统结构的动态代理网络。这是一个网络化、自动化或自主操作多个应用程序的创新范例。它采用通用、自适应、智能化的系统架构和通用的应用平台，实现资源共享和优化运行。

在目前的工程应用中，有多个代理（包含传感器、执行器、控制器和其他设备）共同连网操作。此外，系统优化、智能系统和自适应控制均得到了广泛的研究和应用。在这种背景下，网络工程系统可能会有以下创新：

1. 在有针对性的多类工程应用（如自然资源水质监测、石油和天然气分配管道检测、远程医疗和自动化家庭护理、应急多机器人协作和人员救援）中，至少会有部分网络代理［例如，机器人、无人驾驶飞行器（UAV）、无人机以及包含传感器、执行器、效应器、控制器等的传感器节点］将是动态的／移动的。

2. 系统运行环境将是动态的、非结构化的和未知的（或部分已知的）。

3. 系统将使用自适应方法来优化其性能，除了参数调整／调谐和结构重组之外，系统还将利用动态组件。

4. 通过应用程序间的资源共享，系统运行将会进一步优化。

5. 动态／移动传感器将从自身接收"反馈"，以提高传感的有效性（如数据／信息质量、数据的相关性、速度、置信度）。

6. 网络化代理将具有一定程度的智能，以便于自主操作并达到预期的性能。

7. 该系统将能够预测、检测、诊断错误与故障，并进行自我修复。

这种网络化系统的体系结构如图 12-7 所示。它的发展将涉及传感器／数据融合、自适应传感、多代理协作、多目标和参数／结构优化，预测、检测、诊断和解决故障，自组织／自适应以及分布式／网络智能控制技术和方法。在开发过程中，需要确定／量化这种网络应用程序的设计约束、性能限制、开发／操作指南和基准，并进行权衡。这种系统将导致网络工程系统的性能、开发／运营成本、生产率、资源需求、能源效率、安全性、容错性、可靠性、自治性和可持续性的显著改善。

重要性：对工程系统和工业过程来说，产品／服务质量、生产率和性能、工作环境的质量和安全性、可靠性、自治性、能源效率、可持续性以及开发、运行和维护成本都是至关重要的。为了达成这些目标，我们需要网络资源（传感器、效应器和其他装置）的最优化共享；还要自重组或自调整系统，以达到最佳性能（包括能源管理和能源效率）。这么做会提升系统可靠性与安全性，也使工作环境得到改善。使用容错和自修复方法可以减少故障的系统停机时间和其他不利影响。运行效率的升高和能源利用的减少将带来直接的环境效益。利用网络化通信，即使是偏远地区也能解决系统性问题，危险的生产设施可以从人口稠密的地区隔离开来。此外，工程师、管理人员和操作人员将能够在不同地点以协调、交互、高效的方式来处理多个设施。由此带来的生活质量的改善是显而易见的。

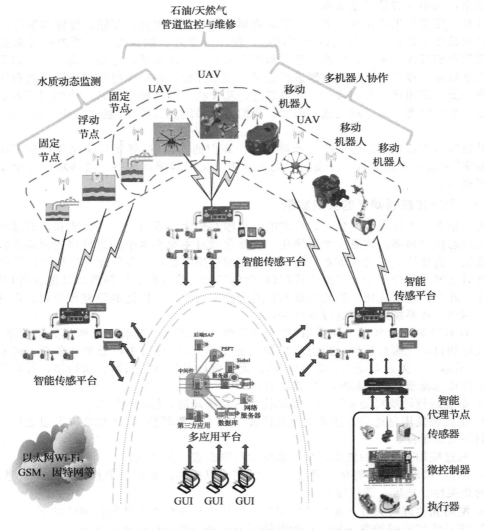

图 12-7    一种适用于多种工程应用的通用动态无线传感器网络

原创性：在上文提出的无线传感器网络的应用方法中，关键性创新有：（1）使用经过处理的传感数据来提高传感过程本身的质量（如精度、运营成本）；（2）使用共享资源的公共系统体系结构和有两个以上应用程序的通用应用程序平台；（3）将现有的多机器人协作方法扩展至多代理协作与传感器融合中；（4）实现多个网络应用的统一多目标优化与集成控制；（5）使用网络动态代理实现故障与错误的自我诊断与自我修复。

方法：鉴于已实施的工程应用的共同特点，下列任何一个方向的创新都可以带来重大的技术进步和效益：

1. 使用通用平台和共享资源来对多个工程应用进行操作。研究创新点是利用软计算进行的，机电一体化设计和智能决策可实现动态网络系统的最优资源分配、重组和自组织。

2. 融合来自多个传感器/节点的信息，以提高基于该信息的决策的准确性、可靠性和相关性。研究创新点是将基于传感器质量标准的 DS 证据理论（Dempster-Shafer evidence）和非线性卡尔曼（Kalman）滤波器相结合，以用于多传感器数据融合。

3. 导航与最优定位动态传感器节点（UAV 和移动机器人等）。研究创新点是利用传感器的反馈控制和优化性能指标来确定最佳的传感器位置和使用情况的。性能指标将涵盖多个指标，可能包括准确性、覆盖率、信息速度、成本和功率使用等因素。

4. 执行任务时代理间的最优化协作。研究创新点是将人工免疫系统等生物启发型技术与如马尔可夫决策过程和博弈论等优化技术相结合，实现任务的优化协同执行。

## 12.4　传感器融合

在一些特定应用中，一个传感器或一组传感器数据可能不能完整、准确、可靠地提供所需的信息。因此，我们将不得不依靠来自多个传感器的数据。传感器融合也称为"多传感器数据融合"，是将来自两个或多个传感器的数据进行结合以提高感官决策的过程。传感器融合可以提升系统的准确性、分辨率、可靠性、安全性（如应用在航空领域以处理传感器故障）、鲁棒性、稳定性（解决与传感器漂移有关的问题）、置信度（降低不确定性）、实用性（如扩大应用范围或操作范围）、聚集程度（信息建模、压缩、组合等），还可以提升系统的详细性、完整性和全面性，如组合 2D 图像以获得真实的 3D 图像、组合互补频率响应等。

传感器融合是数据融合的一个分支。在数据融合中，数据可能不直接来自传感器（例如，称为"间接"融合的先验知识和经验的融合和基于模型的数据）。而数据融合又是信息融合的一个分支。在信息融合中，融合的不仅仅是数据，还包括定性的、高级的信息（例如，从"软"传感器中获取信息）。这三者的关系如图 12-8 所示。通常，传感器融合使用两个或多个传感器和大量的传感器数据。

图 12-8　传感器融合的位置

**传感器融合中的人类启示**

人类在进食、听音乐、谈情说爱、认知物体等活动中，都进行了传感器融合。我们的大脑会对来自不同感官的数据进行处理，并作出相应的决策。生物系统的五种基本感官是视觉、听觉、触觉、气味（嗅觉）和味道（味觉）。注意：每种感觉都可以使用许多感官元素。在五种基本感官中，任意两种或两种以上的感官都可以在人类活动中共同使用，这就是融合。值得注意的是，大脑可以处理来自许多感官元素的信息（来自接触部位的触觉信息，双眼的图像信息，双耳所听到的信息等），并作出一个或多个相关的决策。

### 12.4.1　融合的性质和类型

融合方案中的数据，既可以是低级数据（如对象速度），也可以是高级数据（如从传感器数据中提取的特征）。除此以外，融合结果既可以是一个低级的数值（如对象的方向角），也可以是高级的推论（如产品的质量与分类、代理的行为等）。在理想的状态下，来自不同传感器的数据可以并行使用。当然，在不理想的状态下，融合系统在同一时间只使用一个传感器数据。值得注意的是，尽管相互连网的传感器可以用于传感器融合，但传感器网络对于传感器融合来说不是必需的条件。

**融合架构**

融合可以依据架构的不同而分为多类。它们可能取决于传感器和感性信息的类型、应用程序的性质以及融合应用可用的资源。下面对一些架构和融合方法进行比较。

互补性、竞争性与合作性融合：在互补融合中，传感器独立地提供互补（不相同的）信息，然后将这些信息结合起来。这种方法最明显的优势是减少了信息的不完整性，例如，用4台雷达分别测量4个不同的区域（可能有一些重叠）。而在竞争性融合中，每个传感器独立地测量相同的属性，然后将感测数据的不同条目进行比较性地融合，选择性能（精确性、快速性）最好的传感器数据。这可以提高精度与鲁棒性，并降低不确定性。如用4台雷达测量同一区域。在合作融合中，传感器可以测量另一个传感器需要的信息（由传感器本身或上级监视器来请求）从而完成或改进测量信息。注意：两个传感器既可以检测相同的属性（以提高其准确性、可靠性等）也可以检测不同的属性（提高信息完成度），但这都是协作完成的。例如，在立体视觉中，可以预先指定一台摄像机在一个平面上获取图像，而另一台摄像机在不同的平面上获取图像。然后，组合摄像机信息以形成3D图像，这可能类似于互补融合。但在互补融合中，传感器在感测中的用途没有预先指定。

集中式与分布式（分散式）融合：在集中式融合中，来自不同传感器的数据由单个中央处理器接收以进行融合。在分布式融合中，传感器接收来自一个或多个其他传感器的信息，并进行融合。在分布式融合中，传感器可以通过使用来自其他传感器的数据在本地执行一定程度的融合。当然，也可以实现同时具有集中式和分散式传感器集群的混合架构。

均匀融合与非均匀融合：在均匀融合中，使用的传感器都是相同的。而在非均匀融合中，传感器则是不同的，如不同的类型、功能等。

瀑布融合模型：在这个模型中，融合过程由感知、预处理、特征提取、模式处理、情景评估和决策组成。这些步骤从前到后依次进行。因此，这是一个分层融合模型。

分层融合：这种结构是多层次的。每一层可以执行不同层次的融合。具体来说就是在自下而上的架构中进行数据融合、特征融合和决策融合。在每一层中融合过程都可以认为是一个独立的融合活动，如下文所示。

数据层融合：传感数据利用融合算法直接进行融合。这些数据经过最小的预处理（如放大和滤波）。

特征层融合：我们分别从不同的传感器数据中提取出特征或数据属性。并将这些特征整合为特征向量提供给融合系统，并用于整体决策或数量估计。

决策层融合：每个传感器分别处理其数据以得出感性的决定（或估计所需量）。之后，融合系统再对这些独立的决策或者估计进行评估或融合并从而得出最终的决策或估计。

根据融合过程中输入输出的性质与层级的不同，我们将融合分为几类。显然，这与层次融合有关。表12-1中，我们给出了一些融合过程中可能的输入和输出。

表 12-1　融合过程中可能的输入与输出

| 融合输入 | 融合输出 | 案例 |
|---|---|---|
| 数据 | 数据 | 多光谱数据的融合 |
| 特征 | 特征 | 图像数据与非图像数据的融合 |
| 决策 | 决策 | 不兼容传感器间的融合 |
| 数据 | 特征 | 形状特征的提取 |
| 特征 | 决策 | 对象识别 |
| 数据 | 决策 | 模式识别 |

## 12.4.2　传感器融合的应用

任何需要多传感器执行特定任务的情况，都可以应用传感器融合技术。传感器融合的应用包括：GPS、机器学习、商业决策、智能交通系统、天气预报、水质监测、医疗诊断、远程医疗和远程保健、专家系统、消费电子和娱乐、军事国防（目标跟踪、目标自动识别、导弹、警报系统的监视、导航和自主车辆控制）、汽车（如避撞问题）、航空航天（如导航和飞机高度的测量）、机器人（如导航、物体检测和识别）、立体成像、过程控制和自动化、诊断-预后监测（机器状态/健康监测）、信号处理、多分辨率图像融合、生物医学应用、使用指纹和虹膜扫描的生物认证等。

例 1　立体成像：尽管在特定的结构中，两个独立的摄像机摆放在不同的位置和方位上，但是聚焦于同一个物体。对来自两个摄像机的图像进行组合，就可以得到视图/对象的 3D 图像。传感器融合在这个过程中发挥了作用。注意：为保证立体效果，摄像机间的距离与摄像机到对象距离之比应大于 1/400，一般在 1/80 左右。立体成像常用于估计植被或建筑物的高度。

例 2　军事应用：以潜艇的探测和定位为例。在潜艇进行探测和定位时，几个水下声呐检测到的信息通过卫星系统传送到舰载计算机。计算机进行传感器融合，同时结合其他可用的信息（如数据库中的信息）对潜艇进行定位。之后计算机将这些信息传达给军用飞机，以便其采取适当行动。

例 3　目标识别中的多光谱数据融合（互补传感）：在这类应用中，假设传感器 1 可以准确地提供低频图像特征（如较大物体的图像），而传感器 2 可以准确地提供高频图像特征（如物体边缘）。通过结合（融合）来自传感器 1 和传感器 2 的信息，就可以实现更好的目标识别和特征计算（谱分解）。

例 4　滤波器的组合：当单个传感器的频率响应不适用于特定应用场景时，我们可以使用具有两个或多个不同频率响应的传感器，并将响应组合起来以提供更完整的响应。这与将低通滤波器与带通滤波器相结合以增加滤波器带宽类似，因此称为多光谱数据融合。采取以下两个滤波器：低通滤波器 $v_o/v_i = 1/(\tau s + 1)$ 和带通滤波器 $v_o/v_i = (\tau_1 s)/[(\tau_1 s + 1)(\tau_2 s + 1)]$。

将这两个滤波器组合（并联）。

$$\frac{v_o}{v_i} = \frac{\alpha}{(\tau s + 1)} + \frac{\beta \tau_1 s}{(\tau_1 s + 1)(\tau_2 s + 1)}; \quad \alpha + \beta = 1$$

如图 12-9 所示，我们得到了具有较大带宽的低通滤波器。

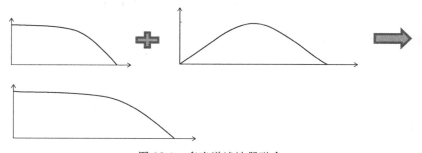

图 12-9　多光谱滤波器融合

例 5　传感器的组合：集成传感器可以增强传感能力，并提供额外的传感功能。在商业上，常将倾角计与速率陀螺仪相组合。倾角计是一种电容传感器，当容器出现倾斜时，电容器极板之间液体（即电介质的一部分）的质量分布会改变，并使电容发生改变，从而给出倾斜角。但此时传感器的带宽很低。还有一种方法，将速率陀螺仪测量的角速度进行集成，从而得出倾斜角度。但集成后的读数存在漂移问题。因此，结合两个传感器的读数，可以更精确可靠地产生倾斜角度。

## 实现技术

传感器融合技术包括了微机电系统（MEMS）、数字信号处理、概率学和贝叶斯方法、统计估计中的卡尔曼滤波、证据（置信）理论、软计算（模糊逻辑、神经网络、进化算法）、人工智能、特征提取、模式识别和分类。此外，当融合中涉及网络传感器时，传感器网络的技术也适用于这种特殊情况。

### 12.4.3 传感器融合的方法

传感器融合的过程可能包含以下一种或多种技术：人工神经网络、模糊集理论、神经模糊系统、核方法（支持向量机）和概率方法（贝叶斯推理、DS 理论和卡尔曼滤波）。下面讨论传感器融合的主要方法：

1. 概率（贝叶斯）方法
2. 卡尔曼滤波
3. DS 证据理论
4. NN（神经网络）

#### 12.4.3.1   传感器融合中的贝叶斯方法

尽管传感器融合需要从多传感器数据中推断出所需的信息。然而数据中可能存在模型误差或测量误差。因此可以认为"融合"是一个估计问题，其中估计数据来自多个传感器。因此传统的估计方法可以用于多传感器估计问题。

首先，考虑传感器产生离散测量值的情况，这涉及传感器融合的离散问题。我们将使用最大似然估计（MLE）来进行传感器融合。第 7 章介绍了单传感器的情况，现在我们将其扩展到多传感器数据融合。

同第 7 章一样，假设估计量 $m$ 是离散的。具体来说，它是一组离散值 $m_i$，$i=1$，$2$，$\cdots$，$n$。因此，它可以用列向量表示：$m=[m_1，m_2，\cdots，m_n]^T$

例如，每一个 $m_i$ 可能代表与目标的接近程度（近、远、非常远、无物体等），或是目标尺寸的量度（小、中、大）。

相应地，假设观测值/测量值 $y$ 也是离散的。它有 $n$ 个离散值 $y_i$，$i=1$，$2$，$\cdots$，$n$，并可以用向量表示 $y=[y_1，y_2，\cdots，y_n]$。

在一般情况下（对于不确定、不明确或者说"软"传感器），测量或观测值可以用一个概率向量表示。这 $n$ 个离散量分别对应一个概率值，概率向量的概率之和为 1。更常见的情况是传感器是"离散"的，这时该传感器以概率 1 提供对这 $n$ 个离散量中的一个测量值/观察结果。

为了得到极大似然估计，我们定义似然矩阵：

$$L(m|y) = P(y|m) = \begin{bmatrix} p_{11} & p_{12} & \cdots & p_{1n} \\ p_{21} & p_{22} & \cdots & p_{2n} \\ \cdot & \cdot & \cdot & \cdot \\ p_{n1} & p_{n2} & \cdots & p_{nn} \end{bmatrix} \qquad (12\text{-}4)$$

注意：矩阵的结构是

|       | $y_1$    | $y_2$    | $\cdots$ | $y_n$    |
|-------|----------|----------|----------|----------|
| $m_1$ | $p_{11}$ | $p_{12}$ | $\cdots$ | $p_{1n}$ |
| $m_2$ | $p_{21}$ | $p_{22}$ | $\cdots$ | $p_{2n}$ |
|       | $\cdot$  | $\cdot$  | $\cdot$  | $\cdot$  |
| $m_n$ | $p_{n1}$ | $p_{n2}$ | $\cdots$ | $p_{nn}$ |

这个概率矩阵本质上是一个"传感器模型"，它是由传感器的特性决定的。其中，矩阵中的元素 $p_{ij}$ 表示在测量值为 $y_j$ 的条件下，被测量取 $m_i$ 的概率。

估计问题：根据给定的测量数据，确定对应于离散参数向量 $m=[m_1，m_2，\cdots，m_i]$ 的"概率向量"。该概率向量的最大概率值所对应的参数值就是最大似然估计值。

设有 $r(r>1)$ 个传感器用来测量离散量 $m$。那么，我们将得到 $r$ 个似然函数矩阵 $L(m|^k y)=P(^k y|m)$，$k=1$，$2$，$\cdots$，$r$。

假设条件：给定被测量 $m$，$r$ 个传感器的测量值相互独立。

注意：这是一个较弱的假设，$r$ 个传感器的测量值是相互独立的。这种"条件独立"的基本原理是，由于 $m$ 是 $r$ 个传感器唯一的共有基准，所以一旦给定 $m$（即 $m$ 不再是随机的），则该共有基准的随机性就会消除。在这种情况下，$r$ 个传感器的测量值可以假定为是独立的。

在满足这一假设的前提下，若第 $k$ 个传感器测量的数据为 $y_i$，第 $l$ 个传感器测量的数据为 $y_j$，那么我们可以写出对 $m$ 进行估计的概率向量（详见第 7 章）：

$$P(m\,|\,^ky_i,\,^ly_j) = aP(^ky_i\,|\,m) \otimes P(^ly_j\,|\,m) \otimes P(m) \tag{12-5}$$

注意：符号 $\otimes$ 表示两个向量中对应元素的乘法。参数 $a$ 是为了保证结果中向量各元素之和为 1。

根据最大似然估计方法（详见第 7 章），我们选择当估计概率向量 $P(m\,|\,^ky_i,\,^ly_j)$ 取最大值时所对应的 $m$ 中的元素作为估计值。这种使用贝叶斯方法进行传感器融合的过程如图 12-10 所示。

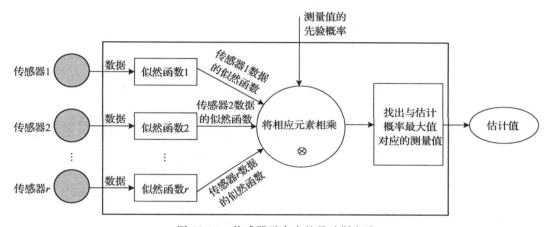

图 12-10　传感器融合中的贝叶斯方法

#### 12.4.3.2　连续高斯问题

如果传感器是连续的，则我们也可以在高斯假设条件下使用最大似然估计，详见第 7 章。为确定估计值 $\hat{m}$ 和估计误差的方差 $\sigma_m^2$，我们给出单传感器高斯分布下最大似然估计的递归公式（详见第 7 章）：

$$\hat{m}_i = \frac{\sigma_\omega^2}{(\sigma_{m_{i-1}}^2 + \sigma_\omega^2)}\,\hat{m}_{i-1} + \frac{\sigma_{m_{i-1}}^2}{(\sigma_{m_{i-1}}^2 + \sigma_\omega^2)}\,y_i \tag{12-6}$$

$$\frac{1}{\sigma_{m_i}^2} = \frac{1}{\sigma_{m_{i-1}}^2} + \frac{1}{\sigma_\omega^2} \tag{12-7}$$

将这一公式推广到多传感器数据融合中。从上式可以看出，只要测量按顺序完成且相应的测量误差的方差 $\sigma_m^2$ 可以用于计算，则递归公式与输入数据是否来源于不同的传感器无关。因此在高斯分布下，单个传感器的递归公式可推广到多传感器融合之中。

### 例 12.2

两个传感器（1 和 2）用来测量一个物体的距离。由于两个传感器具有不同的特性，所以两个传感器的数据都要使用离散极大似然估计来确定距离。

将距离 $m$ 视为一个离散量，它可以取三个值中的一个：$m_1$ 为近，$m_2$ 为远，$m_3$ 为非常远。它们由向量表示。

$$m = \begin{bmatrix} m_1 \\ m_2 \\ m_3 \end{bmatrix} = \begin{bmatrix} 近 \\ 远 \\ 非常远 \end{bmatrix}$$

一个传感器会从三个离散测量值中选择一个，并对应这三个描述距离的值。如
$$\boldsymbol{y} = \begin{bmatrix} y_1 & y_2 & y_3 \end{bmatrix} = \begin{bmatrix} 近 & 远 & 非常远 \end{bmatrix}$$
这两个传感器有各自的似然函数矩阵：

传感器 1：$L(\boldsymbol{m}\,|\,^1\boldsymbol{y}) = P(^1\boldsymbol{y}\,|\,\boldsymbol{m}) = $

|       | $y_1$ | $y_2$ | $y_3$ |
|-------|-------|-------|-------|
| $m_1$ | 0.75  | 0.05  | 0.20  |
| $m_2$ | 0.05  | 0.55  | 0.40  |
| $m_3$ | 0.20  | 0.40  | 0.40  |

传感器 2：$L(\boldsymbol{m}\,|\,^2\boldsymbol{y}) = P(^2\boldsymbol{y}\,|\,\boldsymbol{m}) = $

|       | $y_1$ | $y_2$ | $y_3$ |
|-------|-------|-------|-------|
| $m_1$ | 0.45  | 0.35  | 0.20  |
| $m_2$ | 0.35  | 0.60  | 0.05  |
| $m_3$ | 0.20  | 0.05  | 0.75  |

从似然矩阵中我们可以清晰地看出，传感器 1 在测量近距离时性能更好，而传感器 2 在测量非常远的目标时有更好的性能。

假设传感过程刚刚开始，我们还未能获取到目标距离的先验信息，则
$$P(\boldsymbol{m}) = \begin{bmatrix} 1/3 \\ 1/3 \\ 1/3 \end{bmatrix}$$

假设我们先使用传感器 1，再使用传感器 2，最后再使用式（12-5）对两次测量进行"融合"。那么读取数据的可能组合有 9 种，我们将依次考虑这几种情况。

情况 1：传感器 1 的测量结果为 $y_1$，传感器 2 的测量结果也为 $y_1$
估计的后验概率向量为

$$P(\boldsymbol{m}\,|\,^1y_1,\,^2y_1) = aP(^1y_1\,|\,\boldsymbol{m}) \otimes P(^2y_1\,|\,\boldsymbol{m}) \otimes P(\boldsymbol{m}) = a\begin{bmatrix} 0.75 \\ 0.05 \\ 0.20 \end{bmatrix} \otimes \begin{bmatrix} 0.45 \\ 0.35 \\ 0.20 \end{bmatrix} \otimes \begin{bmatrix} 1/3 \\ 1/3 \\ 1/3 \end{bmatrix}$$

$$= a\begin{bmatrix} 0.3375 \\ 0.0175 \\ 0.04 \end{bmatrix} \otimes \begin{bmatrix} 1/3 \\ 1/3 \\ 1/3 \end{bmatrix} = \begin{bmatrix} 0.8544 \\ 0.0443 \\ 0.1013 \end{bmatrix}$$

→MLE 是 $m_1$。

情况 2：传感器 1 的测量结果为 $y_1$，传感器 2 的测量结果为 $y_2$
估计的后验概率向量为

$$P(\boldsymbol{m}\,|\,^1y_1,\,^2y_2) = a\begin{bmatrix} 0.75 \\ 0.05 \\ 0.20 \end{bmatrix} \otimes \begin{bmatrix} 0.35 \\ 0.60 \\ 0.05 \end{bmatrix} \otimes \begin{bmatrix} 1/3 \\ 1/3 \\ 1/3 \end{bmatrix} = a\begin{bmatrix} 0.2625 \\ 0.03 \\ 0.01 \end{bmatrix} \otimes \begin{bmatrix} 1/3 \\ 1/3 \\ 1/3 \end{bmatrix} = \begin{bmatrix} 0.8678 \\ 0.0992 \\ 0.033 \end{bmatrix}$$

→MLE 是 $m_1$（可能性极大）。

情况 3：传感器 1 的测量结果为 $y_1$，传感器 2 的测量结果为 $y_3$
估计的后验概率向量为

$$P(\boldsymbol{m}\,|\,^1y_1,\,^2y_3) = a\begin{bmatrix} 0.75 \\ 0.05 \\ 0.20 \end{bmatrix} \otimes \begin{bmatrix} 0.20 \\ 0.05 \\ 0.75 \end{bmatrix} \otimes \begin{bmatrix} 1/3 \\ 1/3 \\ 1/3 \end{bmatrix} = a\begin{bmatrix} 0.15 \\ 0.0025 \\ 0.15 \end{bmatrix} \otimes \begin{bmatrix} 1/3 \\ 1/3 \\ 1/3 \end{bmatrix} = \begin{bmatrix} 0.4959 \\ 0.0082 \\ 0.4959 \end{bmatrix}$$

→MLE 不确定（$m_1$ 或 $m_3$ 等可能）。

情况 4：传感器 1 的测量结果为 $y_2$，传感器 2 的测量结果为 $y_1$
估计的后验概率向量为

$$P(\boldsymbol{m}\,|\,^1y_2,\,^2y_1) = a\begin{bmatrix} 0.05 \\ 0.55 \\ 0.40 \end{bmatrix} \otimes \begin{bmatrix} 0.45 \\ 0.35 \\ 0.20 \end{bmatrix} \otimes \begin{bmatrix} 1/3 \\ 1/3 \\ 1/3 \end{bmatrix} = a\begin{bmatrix} 0.0225 \\ 0.1925 \\ 0.08 \end{bmatrix} \otimes \begin{bmatrix} 1/3 \\ 1/3 \\ 1/3 \end{bmatrix} = \begin{bmatrix} 0.0763 \\ 0.6525 \\ 0.2712 \end{bmatrix}$$

→MLE 是 $m_2$。

情况 5：传感器 1 的测量结果为 $y_2$，传感器 2 的测量结果为 $y_2$

估计的后验概率向量为

$$P(\boldsymbol{m}\,|\,^1y_2,^2y_2) = a\begin{bmatrix}0.05\\0.55\\0.40\end{bmatrix}\otimes\begin{bmatrix}0.35\\0.60\\0.05\end{bmatrix}\otimes\begin{bmatrix}1/3\\1/3\\1/3\end{bmatrix} = a\begin{bmatrix}0.0175\\0.33\\0.02\end{bmatrix}\otimes\begin{bmatrix}1/3\\1/3\\1/3\end{bmatrix} = \begin{bmatrix}0.0476\\0.8980\\0.0544\end{bmatrix}$$

→MLE 是 $m_2$（可能性极大）。

情况 6：传感器 1 的测量结果为 $y_2$，传感器 2 的测量结果为 $y_3$

估计的后验概率向量为

$$P(\boldsymbol{m}\,|\,^1y_2,^2y_3) = a\begin{bmatrix}0.05\\0.55\\0.40\end{bmatrix}\otimes\begin{bmatrix}0.20\\0.05\\0.75\end{bmatrix}\otimes\begin{bmatrix}1/3\\1/3\\1/3\end{bmatrix} = a\begin{bmatrix}0.01\\0.0275\\0.3\end{bmatrix}\otimes\begin{bmatrix}1/3\\1/3\\1/3\end{bmatrix} = \begin{bmatrix}0.0296\\0.0815\\0.8889\end{bmatrix}$$

→MLE 是 $m_3$。

情况 7：传感器 1 的测量结果为 $y_3$，传感器 2 的测量结果为 $y_1$

估计的后验概率向量为

$$P(\boldsymbol{m}\,|\,^1y_3,^2y_1) = a\begin{bmatrix}0.20\\0.40\\0.40\end{bmatrix}\otimes\begin{bmatrix}0.45\\0.35\\0.20\end{bmatrix}\otimes\begin{bmatrix}1/3\\1/3\\1/3\end{bmatrix} = a\begin{bmatrix}0.09\\0.14\\0.08\end{bmatrix}\otimes\begin{bmatrix}1/3\\1/3\\1/3\end{bmatrix} = \begin{bmatrix}0.2903\\0.4516\\0.2581\end{bmatrix}$$

→MLE 是 $m_2$。

情况 8：传感器 1 的测量结果为 $y_3$，传感器 2 的测量结果为 $y_2$

估计的后验概率向量为

$$P(\boldsymbol{m}\,|\,^1y_3,^2y_2) = a\begin{bmatrix}0.20\\0.40\\0.40\end{bmatrix}\otimes\begin{bmatrix}0.35\\0.60\\0.05\end{bmatrix}\otimes\begin{bmatrix}1/3\\1/3\\1/3\end{bmatrix} = a\begin{bmatrix}0.07\\0.24\\0.02\end{bmatrix}\otimes\begin{bmatrix}1/3\\1/3\\1/3\end{bmatrix} = \begin{bmatrix}0.2121\\0.7273\\0.0606\end{bmatrix}$$

→MLE 是 $m_2$。

情况 9：传感器 1 的测量结果为 $y_3$，传感器 2 的测量结果为 $y_3$

估计的后验概率向量为

$$P(\boldsymbol{m}\,|\,^1y_3,^2y_3) = a\begin{bmatrix}0.20\\0.40\\0.40\end{bmatrix}\otimes\begin{bmatrix}0.20\\0.05\\0.75\end{bmatrix}\otimes\begin{bmatrix}1/3\\1/3\\1/3\end{bmatrix} = a\begin{bmatrix}0.04\\0.02\\0.3\end{bmatrix}\otimes\begin{bmatrix}1/3\\1/3\\1/3\end{bmatrix} = \begin{bmatrix}0.1111\\0.0556\\0.8333\end{bmatrix}$$

→MLE 是 $m_3$（可能性极大）。

### 12.4.3.3　基于卡尔曼滤波器的传感器融合

正如第 7 章所描述的，卡尔曼滤波器可以使用"多输出测量"来估计任何单状态变量。因此，它本质上使用了一种传感器融合。有两种方法可用于卡尔曼滤波的传感器融合：

1. $r$ 个传感器使用相同的测量模型，用一个 $r$ 阶向量来表示 $r$ 个测量值。不需要修改第 7 章中提到的卡尔曼滤波算法，可以直接将卡尔曼滤波器同时应用于所有 $r$ 个测量值（即并行）。

2. $r$ 个传感器使用 $r$ 种不同的测量模型。根据使用的传感器，卡尔曼滤波器的输出方程要进行适当修改。之后，将卡尔曼滤波器依次用于 $r$ 个传感器的测量。

注 1：在方法 2 中，如果对于 $r$ 种测量模型，系统都分别是能观的，那么这是最好的。

注 2：任何种类的卡尔曼滤波器（线性、扩展、无迹等）都可以用于传感器融合。

第 7 章给出了基于卡尔曼滤波的铣床监测和估计问题。本章中将对这一问题进行扩展，变为有多传感器监测和融合的卡尔曼滤波问题。可以看出传感器融合的卡尔曼滤波方法非常简单。

### 12.4.3.4　基于 Dempster-Shafer 证据理论的传感器融合

如我们所见，使用贝叶斯方法的传感器融合需要先验概率。但由于先验概率一般是未知的，并且以可靠的方式确定它们是相当困难的，因此在某些情况下，这可能是该方法的缺点。DS 方法则克服了这个问题，因为它没有对过去（先验信息）决策作出假设，完全依赖于当前的证据（问题中的数据和专业知识）。DS 方法可以看作贝叶斯方法的推广。与任何其他数据融合方法一样，当合并更多证据（数据、知识）时，DS 方法决策的质量（融合结果）也会提高。

#### 12.4.3.4.1　DS 方法

DS 方法使用 DS 证据理论。这个理论包含 3 个部分：

1. 识别框架 $\Theta$
2. 质量函数（也称概率质量函数或基本概率分配函数）$m(A)$
3. DS 合成规则（基于信度的推理方法）

识别框架 $\Theta$ 是包含一些相互排斥元素（即不重叠）的集合，它详尽（完整）地包含了所有与问题相关的命题。它由 $n$ 个元素（$n$ 个命题）组成。$\Theta$ 的幂集是 $\Theta$ 中包括空集 $\Phi$ 在内的所有子集的集合，用 $\Omega(\Theta)$ 表示。注意：幂集中含有 $2^n$ 个集合，包括空集 $\Phi$ 与 $\Theta$。

质量函数 $m(A)$ 将 0 到 1 之间的一个值分配给幂集中的每一个元素（子集）$A$。具体地有，

$$m:\Omega(\Theta) \rightarrow [0,1] \tag{12-8}$$

质量函数 $m(A)$ 的值由可用证据（数据和专业知识）来决定，表示命题 $A$ 的有效性、置信度或信度。特别地，我们有

$$m(\Phi) = 0; \sum_{A\subseteq \Omega(\Theta)} m(A) = 1$$

DS 合成规则是 DS 方法中决策、推理或"融合"的公式。具体而言，就是将独立来源的证据与特定命题相结合的方法。这是通过结合独立来源的质量函数来完成的。举例来说，假设在同一个识别框架 $\Theta$ 中，$m_1$ 和 $m_2$ 是对应于两个独立数据集合（证据）的质量函数。然后，基于这个证据，在同一识别框架中，命题 $A$ 的质量函数由 DS 组合规则得到：

$$m(A) = m_1 \oplus m_2 = \begin{cases} 0 & \text{如果 } A = \Phi \\ \dfrac{\sum_{B\cap C=A} m_1(B)m_2(C)}{1-K} & \text{如果 } A \neq \Phi \end{cases} \tag{12-9}$$

其中

$$K = \sum_{B\cap C=\Phi} m_1(B)m_2(C) \tag{12-10}$$

值得注意的是，在融合过程中，我们将两命题的交集 $A$ 所对应的质量函数值的乘积进行相加。此外，我们引入归一化参数 $K$ 来规范化结果。$K$ 是与零重叠对应的两命题质量函数乘积之和（即互相矛盾的质量函数值）。显然，$K$ 表示两种证据来源的冲突程度。特别是当 $K=0$ 时，两组证据之间没有冲突。如果 $K=1$，两组证据完全矛盾，则合成的质量函数为 0/0，它没有意义。

注意：式（12-9）所示的合成质量函数称为"正交求和"。3 个或多个证据集的质量函数也可以用相同的公式进行合成。首先，我们合成两个质量函数，然后将结果与第三质量函数相结合，以此类推。操作顺序并不重要，因为式（12-9）给出的运算是关联的。

数据融合的 DS 方法（特别是与贝叶斯方法相比）的一些优点如下所示：

1. 它结合了"命题"的证据。命题可以由多个假设组成，而贝叶斯方法只能将证据

分配给一个单一的假设。

2. 它可分别处理未知(即缺乏证据)和矛盾(即相反的证据)。而在贝叶斯方法中,任何不支持假设的证据都会分配给相反的假设(即否定原始假设)。

3. 与贝叶斯方法不同,它不依赖先验概率,而是依赖于当前证据(数据和知识)。

## 例 12.3

现有两个传感器,分别用 1 和 2 来表示。它们用于测量物体的距离,每个传感器根据距离的不同,显示三种状态中的一种:近(N)、远(F)和非常远(VF)。

假设基于传感器 1 的数据,计算出的质量函数为:
$$m_1(N, F, VF) = \begin{bmatrix} 0.7 & 0.2 & 0.1 \end{bmatrix}$$
同样,假设基于传感器 2 的数据,计算出的质量函数为:
$$m_2(N, F, VF) = \begin{bmatrix} 0.8 & 0.1 & 0.1 \end{bmatrix}$$
使用 DS 方法,将两个证据组合起来,以得到一个融合质量函数。评价其结果。

**解:**

在该问题中,识别框架是:
$$\Theta = \begin{bmatrix} N & F & VF \end{bmatrix}$$
注意,按照要求,$\Theta$ 中的元素应是相互排斥且详尽的。

表 12-2 给出了给定的两个质量函数的元素积 $m$。

**表 12-2　质量函数的元素积**

| | $m_1(N) = 0.7$ | $m_1(F) = 0.2$ | $m_1(VF) = 0.1$ |
|---|---|---|---|
| $m_2(N) = 0.8$ | $m(N) = 0.56$ | $m(\Phi) = 0.16$ | $m(\Phi) = 0.08$ |
| $m_2(F) = 0.1$ | $m(\Phi) = 0.07$ | $m(F) = 0.02$ | $m(\Phi) = 0.01$ |
| $m_2(VF) = 0.1$ | $m(\Phi) = 0.07$ | $m(\Phi) = 0.02$ | $m(VF) = 0.01$ |

式(12-10)给出了归一化参数(表示冲突的程度),它是 $m(\Phi)$ 的总和。我们有
$$K = \sum m(\Phi) = 0.16 + 0.08 + 0.07 + 0.01 + 0.07 + 0.02 = 0.41$$
对于冲突程度来说,这是一个比较低的数值(小于 0.5)。

使用式(12-9),计算"融合"的质量函值:
$$m_f(N) = \frac{0.56}{1 - 0.41} = 0.949\,15;$$
$$m_f(F) = \frac{0.02}{1 - 0.41} = 0.033\,90;$$
$$m_f(VF) = \frac{0.01}{1 - 0.41} = 0.016\,95;$$

因此,组合(融合)证据的质量函数是
$$m_f(N, F, VF) = \begin{bmatrix} 0.949\,15 & 0.033\,90 & 0.016\,95 \end{bmatrix}$$
注意:结果表明,冲突参数 $K$ 对质量函数进行了归一化。特别地,$0.949\,15 + 0.033\,90 + 0.016\,95 = 1$。

此外,组合(融合)的质量函数大大增强了测量值是 $N$ 的信度。

### 12.4.3.4.2　质量函数的确定

当证据(数据、知识)表示为质量函数后,我们可以用 DS 方法解决数据融合问题,上文已经介绍了这一点。但是如何将证据转化为质量函数?我们将在本节讨论这个问题。

将证据(数据、知识)转化为质量函数并没有一个通用方法。其原因包括以下几点:

● 确定质量函数的方法取决于特定应用的性质与要求。

- 证据（数据、知识等）可能有多种不同的形式。
- 已知证据的信度水平可以用不同的方式来表达。

现在，我们介绍一种利用传感器数据（证据）中生成质量函数的方法，并在水质测定方面给出一个说明性的应用。同样方法也可以应用到各种其他应用中。本办法可概括如下：

1. 提供一套规范（准则）。这个准则会表明什么样的代表性数据集（测量数据）将对应于一个特定的推理类（识别框架幂集中的一个命题）。通常，准则将涵盖特定问题中的所有可能命题。

2. 将给定的测量值（数据、证据）与特定类的准则进行比较。计算测量值与每个准则的接近度（使用"距离"度量）。

3. 支持特定推论（命题）的给定数据的质量函数值是数据与对应于特定推论的准则之间距离值的倒数。

显然，该方法取决于所使用的特定"距离度量"。例如，考虑一个二维笛卡儿坐标系，其坐标轴为 1、2，如图 12-11 所示，这表示一个平面（二维空间）。设空间中有两点 $P(p_1, p_2)$ 和 $Q(q_1, q_2)$。由勾股定理可知，两点间距离为 $\sqrt{(q_1 - p_1)^2 + (q_2 - p_2)^2}$。在二维空间中，这称为欧几里得距离。

将这一距离概念推广至 $n$ 维空间（$\mathbb{R}^n$）中。设空间中存在两个向量 $\boldsymbol{p} = [p_1, \cdots, p_n]$ 和 $\boldsymbol{q} = [q_1, \cdots, q_n]$。分别给出 3 种可能的距离度量：

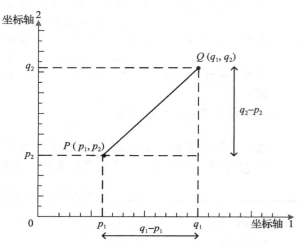

图 12-11    二维笛卡儿坐标系中的距离度量

1. 欧几里得距离：

$$d(\boldsymbol{p}, \boldsymbol{q}) = d(\boldsymbol{q}, \boldsymbol{p}) = \sqrt{(q_1 - p_1)^2 + (q_2 - p_2)^2 + \cdots + (q_n - p_n)^2}$$

$$= \sqrt{\sum_{i=1}^{n} (q_i - p_i)^2} \tag{12-11}$$

2. 曼哈顿距离：这也称为出租车距离，并由下式给出

$$d(\boldsymbol{p}, \boldsymbol{q}) = d(\boldsymbol{q}, \boldsymbol{p}) = |q_1 - p_1| + |q_2 - p_2| + \cdots + |q_n - p_n|$$

$$= \sum_{i=1}^{n} |q_i - p_i| \tag{12-12}$$

注意，在这种情况下，距离是用垂直线段来测量的，然后将它们的绝对值求和。因此，它并不代表直接距离（如欧几里得距离）。

3. 闵可夫斯基距离：$r$ 阶闵可夫斯基距离为

$$d(\boldsymbol{p}, \boldsymbol{q}) = d(\boldsymbol{q}, \boldsymbol{p}) = \left( \sum_{i=1}^{n} |q_i - p_i|^r \right)^{1/r} \tag{12-13}$$

显然，这是前两个距离度量的推广。具体来说，$r = 2$ 对应于欧几里得距离，$r = 1$ 对应于曼哈顿距离。

在下文，我们将使用欧几里得距离。其他度量的使用方式与此相同。

设有 $m$ 个传感器，产生 $m$ 个数据 $[s_1, s_2, \cdots, s_m]$。我们使用 DS 方法，将每个特定的数据组合分为一类。设类别 $i$ 由值集（准则）$[c_1, c_2, \cdots, c_m]$ 规定，给出的数据集（测量值）到类别 $i$ 的距离为：

$$d_i = \left[ \sum_{j=1}^{m} \left( \frac{s_j - c_{ij}}{c_{j\max} - c_{j\min}} \right)^2 \right] \qquad (12\text{-}14)$$

其中，$c_{j\max} = \max_i(c_{ij})$；$c_{j\min} = \min_i(c_{ij})$。

注意，我们这里使用 $c_{j\max} - c_{j\min}$ 这种表达方式是为了归一化。通常，$c_{j\min}$ 的值为 0。

假设有 $k$ 个推理类别，从特定的数据集 $[s_1，s_2，\cdots，s_m]$（证据）到所有这些推理类别的距离分别为 $d_i$，$i = 1，\cdots，k$。对应于类别 $i$ 的特定数据集，其质量函数值 $m_i$ 为其对应距离的归一化倒数。特别地，

$$m_i = \frac{1/d_i}{1/d_1 + 1/d_2 + \cdots + 1/d_k} \qquad (12\text{-}15)$$

$m_i$ 满足：

$$\sum_{i=1}^{k} m_i = 1 \qquad (12\text{-}16)$$

## 例 12.4

在水质监测网络中，考虑有两个传感器节点，每个传感器节点具有相同的 3 种传感器：pH 值传感器、DO 传感器和电导率（CD）传感器。假设两个传感器节点产生的数据如表 12-3 所示。

水质由以下三类（质量等级或推论）来确定：好、中等、差。

表 12-4 列出了这三类水质的指标（传感数值准则）。

表 12-3　两个传感器节点的数据

| 传感器 | pH | DO(mg/L) | CD(μS/cm) |
|---|---|---|---|
| 节点 1 数据 | 6.5 | 5.0 | 600.0 |
| 节点 2 数据 | 6.0 | 4.5 | 550.0 |

表 12-4　水质等级与传感器数值的关系

| 水质等级 | pH 指标 | DO 指标 | CD 指标 |
|---|---|---|---|
| 好 | 7.5 | 7.0 | 200.0 |
| 中等 | 6.0 | 5.0 | 500.0 |
| 差 | 4.5 | 3.0 | 800.0 |

试确定与两组数据相对应的质量函数。用 DS 方法融合两个质量函数，并评价结果。

**解：** 对节点 1 中的数据

到"好"的距离为：

$$d_{1g} = \left[ \left( \frac{6.5 - 7.5}{7.5 - 0} \right)^2 + \left( \frac{5.0 - 7.0}{7.0 - 0} \right)^2 + \left( \frac{600 - 200}{800 - 0} \right)^2 \right]^{1/2}$$
$$= (0.017\,78 + 0.081\,63 + 0.250)^{1/2} = 0.5911$$

到"中等"的距离为：

$$d_{1f} = \left[ \left( \frac{6.5 - 6.0}{7.5 - 0} \right)^2 + \left( \frac{5.0 - 5.0}{7.0 - 0} \right)^2 + \left( \frac{600 - 500}{800 - 0} \right)^2 \right]^{1/2}$$
$$= (0.004\,44 + 0 + 0.015\,63)^{1/2} = 0.1417$$

到"差"的距离为：

$$d_{1p} = \left[ \left( \frac{6.5 - 4.5}{7.5 - 0} \right)^2 + \left( \frac{5.0 - 3.0}{7.0 - 0} \right)^2 + \left( \frac{600 - 800}{800 - 0} \right)^2 \right]^{1/2}$$
$$= (0.071\,11 + 0.081\,63 + 0.0625)^{1/2} = 0.4639$$

上述过程可由式（12-14）得出。

对节点 2 中的数据

到"好"的距离为：

$$d_{2g} = \left[ \left( \frac{6.0 - 7.5}{7.5 - 0} \right)^2 + \left( \frac{4.5 - 7.0}{7.0 - 0} \right)^2 + \left( \frac{550 - 200}{800 - 0} \right)^2 \right]^{1/2}$$
$$= (0.040 + 0.127\,55 + 0.191\,41)^{1/2} = 0.5991$$

到"中等"的距离为：

$$d_{2f} = \left[ \left( \frac{6.0 - 6.0}{7.5 - 0} \right)^2 + \left( \frac{4.5 - 5.0}{7.0 - 0} \right)^2 + \left( \frac{550 - 500}{800 - 0} \right)^2 \right]^{1/2}$$

$$= (0 + 0.005\,10 + 0.003\,91)^{1/2} = 0.0949$$

到"差"的距离为：

$$d_{2p} = \left[ \left( \frac{6.0 - 4.5}{7.5 - 0} \right)^2 + \left( \frac{4.5 - 3.0}{7.0 - 0} \right)^2 + \left( \frac{550 - 800}{800 - 0} \right)^2 \right]^{1/2}$$

$$= (0.040 + 0.045\,92 + 0.097\,66)^{1/2} = 0.4285$$

在节点 1 中证据的质量函数为：

$$m_{1g} = \frac{1/d_{1g}}{1/d_{1g} + 1/d_{1f} + 1/d_{1p}} = \frac{1/0.5911}{1/0.5911 + 1/0.1417 + 1/0.4639} = \frac{1.691\,76}{10.904\,56} = 0.1551$$

$$m_{1f} = \frac{1/d_{1f}}{1/d_{1g} + 1/d_{1f} + 1/d_{1p}} = \frac{1/0.1417}{1/0.5911 + 1/0.1417 + 1/0.4639} = \frac{7.057\,16}{10.904\,56} = 0.6472$$

$$m_{1p} = \frac{1/d_{1p}}{1/d_{1g} + 1/d_{1f} + 1/d_{1p}} = \frac{1/0.4639}{1/0.5911 + 1/0.1417 + 1/0.4639} = \frac{2.155\,64}{10.904\,56} = 0.1977$$

在节点 2 中证据的质量函数为：

$$m_{2g} = \frac{1/d_{2g}}{1/d_{2g} + 1/d_{2f} + 1/d_{2p}} = \frac{1/0.5991}{1/0.5991 + 1/0.0949 + 1/0.4285} = \frac{1.669\,17}{14.5403} = 0.1148$$

$$m_{2f} = \frac{1/d_{2f}}{1/d_{2g} + 1/d_{2f} + 1/d_{2p}} = \frac{1/0.0949}{1/0.5991 + 1/0.0949 + 1/0.4285} = \frac{10.537\,41}{14.5403} = 0.7247$$

$$m_{2p} = \frac{1/d_{2p}}{1/d_{2g} + 1/d_{2f} + 1/d_{2p}} = \frac{1/0.4285}{1/0.5991 + 1/0.0949 + 1/0.4285} = \frac{2.333\,72}{14.5403} = 0.1605$$

上述过程可由式(12-15)得出。

**融合**

现在使用 DS 方法对与两个数据集相对应的质量函数进行融合。

表 12-5 给出了两个质量函数的元素积。式(12-10)给出了归一化参数（描述冲突的程度），它是 $m(\Phi)$ 的总和。我们有

$$K = \sum m(\Phi) = 0.074\,30 + 0.022\,70 + 0.112\,40 + 0.143\,27 + 0.024\,89 + 0.103\,88 = 0.481\,44$$

**表 12-5　质量函数的元素积**

|  | $m_{1g} = 0.1551$ | $m_{1f} = 0.6472$ | $m_{1p} = 0.1977$ |
|---|---|---|---|
| $m_{2g} = 0.1148$ | $m(g) = 0.017\,81$ | $m(\Phi) = 0.074\,30$ | $m(\Phi) = 0.022\,70$ |
| $m_{2f} = 0.7247$ | $m(\Phi) = 0.112\,40$ | $m(f) = 0.469\,03$ | $m(\Phi) = 0.143\,27$ |
| $m_{2p} = 0.1605$ | $m(\Phi) = 0.024\,89$ | $m(\Phi) = 0.103\,88$ | $m(p) = 0.031\,73$ |

对于冲突程度来说，这是一个比较低的数值（小于 0.5）。

由式(12-9)可知，"融合"的每个部分的值为：

$$m_g = \frac{0.017\,81}{1 - 0.481\,44} = 0.0343; \quad m_f = \frac{0.469\,03}{1 - 0.481\,44} = 0.9045; \quad m_p = \frac{0.031\,73}{1 - 0.481\,44} = 0.0612;$$

因此，组合（融合）证据的质量函数是

$$m(g, f, p) = [0.0343 \quad 0.9045 \quad 0.0612]$$

注意：冲突参数 $K$ 归一化了质量函数。特别地，$0.0343 + 0.9045 + 0.0612 = 1$。

可以看到，组合（融合）后的质量函数大大增强了结果为中等的信度。

### 12.4.3.5　基于神经网络的传感器融合

神经网络模仿了生物大脑神经元的结构，由大量用于运算的"神经元"连接而成。它拥有并行分布式的处理结构，主要特点如下所示：

- 支持多输入（如从多个传感器输入信号）。
- 可以从案例中学习（注：学习是智能的一种属性）。
- 可以逼近高度非线性函数。
- 具有极强的计算能力。
- 对处理过的信息有记忆。

所有这些特点都有助于传感器融合。

神经网络有一个输入层和一个输出层，还有一个或多个隐藏层。神经网络的节点分布在这些层上，通过名为"突触"的加权路径连接。在节点处，加权输入经相加、阈值化后进入激活函数，生成节点输出。有很多函数可作为激活函数，包括 Sigmoid 函数、阶跃函数、双曲正切函数，线性函数、sign 函数、Sigmoid 导数函数。在传感器融合中，多个传感器将数据提供给输入层的节点，数据在隐藏层进行传感器融合。融合输出由输出层中的节点提供。图 12-12 显示了神经网络节点的结构和运行机制。

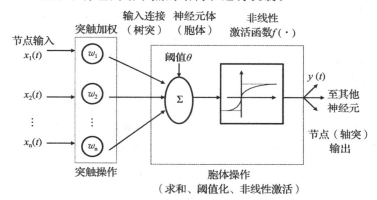

图 12-12　神经网络节点的操作

神经网络有多种类型。在前馈网络（静态网络）中，从一个节点到另一个节点的信号流是正向的（没有反馈路径）。而在反馈网络（动态或递归网络）中，一个或多个节点的输出可以反馈到上一层的一个或多个节点中。这个分类汇总，如图 12-13 所示。

注意：反馈提供了"记忆"功能。

学习：神经网络需要"学习"如何去解决特定问题。这可以通过使用案例来完成（和对神经网络进行"训练"），也可以通过执行一个机制来完成，这个机制可以奖励正确的动作和惩罚错误的动作。在监督学习

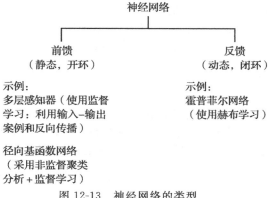

图 12-13　神经网络的类型

中，已给出输入输出数据集（示例）。在训练过程中，对于给定输入，网络输出与期望输出进行比较。使用学习规则（如梯度下降规则）可以调整网络参数，以尽量减少误差（BP 算法）。在非监督学习中，没有"老师"为网络训练提供输入输出实例，而是使用先验知识、指导方针、本地信息和内部控制来更新网络的参数。注意：在这种情况下，对于给定输入，输出结果是不确定的。相关步骤如下：

1. 将数据输入进已知网络中。

2. 基于先验知识、指导方针和内部信息，神经网络对输出进行检查。

3. 使用步骤 2 和适应规则对网络参数进行调整。

强化学习模仿了人类对环境的适应行为。在没有教师给出输入输出实例的情况下，它是非监督学习。强化学习的过程如下所示：

1. 根据环境性能和相应的反馈信息（例如，正确或错误的响应）对网络连接进行修改。

2. 在正确响应中，相应的连接得到加强（奖励），而在错误响应中，削弱（惩罚）了相应的连接。

*多层感知器*（MLP）*拓扑结构*：MLP 是一种常见的神经网络结构，如图 12-14 所示。这是一个前馈网络（也就是说，在网络节点中信息流全部是向前的）。它有一个输入层、一个或多个隐藏层以及一个输出层。

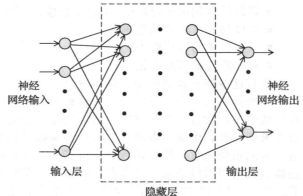

图 12-14    多层感知机

注意：隐藏层所需的数目取决于问题的类型，目前尚无正式的理论可以指导层数选择。具有一个隐藏层的 MLP（带有足够多的节点和 Sigmoid 激活函数）可以逼近任意函数（这是一种通用的逼近）。

*反向传播学习*：这是在 MPL 中更新权重的方法。它称为神经网络的"训练"。该方法使用输入输出训练数据（即使用示例教导）和使用梯度下降法来使平方误差（欧几里得范数）最小。将训练数据应用在神经网络的输入处，神经网络的输出 $o$ 是确定的。在训练数据时，其输出 $t$ 是正确已知的。一组和多组训练数据都可在线或离线使用。对于 $n$ 组数据，我们应尽量减少累积误差：

$$e_c = \sum_{k=1}^{n} e(k) = \frac{1}{2} \sum_{k=1}^{n} \sum_{i=1}^{m} \left[ t_i(k) - o_i(k) \right]^2 \tag{12-17}$$

其中，$t$ 是训练（正确的）输出；$o$ 是 $m$ 个元素（输出节点）的实际输出（输入与训练相同）；$n$ 是数据集的数量。

为最小化误差，我们需要在误差的"负"梯度方向上更新神经网络权重，这一过程从输出层开始，直到输入层结束（即反向传播）。对于第 $k$ 个训练数据集，权重更新的公式如下：

$$\Delta \omega^l = -\eta \frac{\partial e(k)}{\partial \omega^l} \tag{12-18}$$

其中，$\eta$ 是学习率参数（大于 0）；$\omega^l$ 是第 $l$ 层到第 1 层输入的权重（向量），是前 $l-1$ 层所有节点信号之和。

现在，我们不去考虑参数 $k$，而只考虑其中一个数据集的问题。设在神经网络中，$\omega_{ij}$ 表示第 $l-1$ 层第 $j$ 个节点到第 $l$ 层到第 1 层第 $i$ 个节点间连接的权重，则有

$$\Delta \omega_{ij}^l = -\eta \frac{\partial e}{\partial \omega_{ij}^l} = -\eta \frac{\partial e}{\partial o_i^l} \frac{\partial o_i^l}{\partial \text{sum}_i^l} \frac{\partial \text{sum}_i^l}{\partial \omega_{ij}^l}$$

由于 $o_i^l = f(\text{sum}_i^l)$ 且 $\text{sum}_i^l = \sum_j \omega_{ij}^l o_j^{l-1}$，因此有

$$\frac{\partial o_i^l}{\partial \text{sum}_i^l} = \frac{\mathrm{d} f(\text{sum}_i^l)}{\mathrm{d} \text{sum}_i^l} = f'(\text{sum}_i^l)$$

$$\frac{\partial \text{sum}_i^l}{\partial \omega_{ij}^l} = o_j^{l-1}$$

因此，权重更新由下式给出

$$\Delta\omega_{ij}^l = -\eta \frac{\partial e}{\partial o_i^l} f'(\mathrm{sum}_i^l)o_j^{l-1} = \eta\delta_i^l o_j^{l-1} \qquad (12\text{-}19)$$

其中

$$\delta_i^l = -\frac{\partial e}{\partial o_i^l} f'(\mathrm{sum}_i^l) \qquad (12\text{-}20)$$

同时，

$$\frac{\partial e}{\partial o_i^{l-1}} = \sum_p \frac{\partial e}{\partial o_p^l} \frac{\partial o_p^l}{\partial o_i^{l-1}} \qquad (12\text{-}21)$$

又因为 $o_p^l = f(\sum_i \omega_{pi}^l o_i^{l-1})$，所以

$$\frac{\partial o_p^l}{\partial o_i^{l-1}} = f'(\mathrm{sum}_p^l)\omega_{pi}^l \qquad (12\text{-}22)$$

现在，将上式和式(12-20)代入式(12-21)中，得

$$\frac{\partial e}{\partial o_i^{l-1}} = \sum_p \frac{\partial e}{\partial o_p^l} f'(\mathrm{sum}_p^l)\omega_{pi}^l = -\sum_p \delta_p^l \omega_{pi}^l \qquad (12\text{-}23)$$

再把该式代入到式(12-20)中，得反向传播算法：

$$\delta_i^{l-1} = f'(\mathrm{sum}_i^{l-1})\sum_p \delta_p^l \omega_{pi}^l \qquad (12\text{-}24)$$

反向传播步骤：

1. 将权重和阈值初始化为小的随机值。

2. 选择一个输入输出训练数据集。

3. 计算从输入到输出 $o_p^l = f(\sum_i \omega_{pi}^l o_i^{l-1})$。

4. 在输出层 $L$ 中，计算输出误差 $e$ 与反向传播参数 $\delta_i^L = [t_i - o_i^L]f'(\mathrm{sum}_i^L)$。

5. 利用带有反向传播参数 $\delta_i^{l-1} = f'(\mathrm{sum}_i^{l-1})\sum_p \delta_p^l \omega_{pi}^l$ 其中 $l = L, \cdots, 3$[见式(12-24)]

的计算式 $\Delta\omega_{ij}^l = \eta\delta_i^l o_j^{l-1}$[见式(12-19)]更新权重。

6. 对另一个训练数据集重复步骤 2 到 5。

7. 在使用所有训练数据集(即一个循环)之后，如果最终误差小于预定的容差，则网络已被训练。

如果误差没有达到预期要求，则重复该过程。

注意：对输出层有：

$$\delta_i^L = -\frac{\partial e}{\partial o_i^L}f'(\mathrm{sum}_i^L) = [t_i - o_i^L]f'(\mathrm{sum}_i^L)$$

对于 Sigmoid 函数($\lambda = 1$)有，$f' = f(1-f)$。

径向基函数(RBF)网络：径向基网络的拓扑结构如图 12-15 所示。

它有一个输入层($n$ 维)、一个隐藏层($r$ 维)、一个输出层($m$ 维)。隐藏层的激活函数为径向基函数(RBF)。

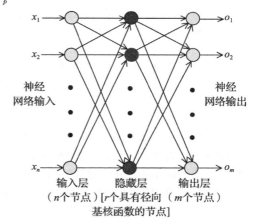

图 12-15 径向基函数网络

$$g_j(\boldsymbol{x}) = R\left(\frac{\|\boldsymbol{x} - \boldsymbol{v}_j\|}{\sigma_j}\right) \qquad (12\text{-}25)$$

RBF 参数：$v_j$ 是 $n$ 维的中心向量；$\sigma_j$ 是宽度参数($j = 1, 2, \cdots, r$)；$\boldsymbol{x}$ 为网络的输出向量($n$ 维)。

对输出节点 $i = 1, 2, \cdots, m$，网络输出的关系是：

$$o_i(\boldsymbol{x}) = \sum_{j=1}^r \omega_{ij} g_j(\boldsymbol{x}), i = 1, \cdots, m \qquad (12\text{-}26)$$

其中，$\omega_{ij}$ 是隐藏层节点 $j$ 到输出节点 $i$ 的权重。

*径向基函数的性质*

- 径向基函数具有对称性
- 在中心处（$\boldsymbol{x} = \boldsymbol{v}_i$）函数有最大值。
- 在函数两端（距中心无穷远距离）值为 0
- 宽度参数 $\sigma_j$ 越小，函数峰值越高。

*典型的径向基函数：*

高斯核函数：

$$g_i(\boldsymbol{x}) = \exp\left(\frac{-\|\boldsymbol{x} - \boldsymbol{v}_i\|^2}{2\sigma_i^2}\right) \tag{12-27}$$

逻辑函数：

$$g_i(\boldsymbol{x}) = \frac{1}{1 + \exp(\|\boldsymbol{x} - \boldsymbol{v}_i\|^2 / \sigma_i^2)} \tag{12-28}$$

*径向基函数网络学习：*

1. 使用非监督学习确定激活函数的参数（$v_i$，$\sigma_i$）。
2. 使用监督学习确定权值 $\omega_{ij}$。

*示例*

1. 给定 $r$ 组输入输出训练数据向量：$[x_i, o_i]$，其中 $i = 1, 2, \cdots, r$。
2. 以训练数据 $x_i$ 为中心，使用高斯激活函数（非监督学习）。
3. 以已有经验、输入带宽估计等为依据，选择适当的 $\sigma_i$（非监督学习）。
4. 由两个矩阵：

$$\boldsymbol{G} = [g_{ij}]_{r \times r}, \text{其中 } g_{ij} = \exp\left(\frac{-\|x_j - x_i\|^2}{2\sigma_i}\right), i = 1, 2, \cdots, r; j = 1, 2, \cdots, r \tag{12-29}$$

$$\boldsymbol{O} = [o_1, o_2, \cdots, o_r]_{m \times r} \tag{12-30}$$

得 $\boldsymbol{O} = \boldsymbol{WG}$。其中 $\boldsymbol{W}$ 为连接权重矩阵。

5. 确定连接权重（监督学习）：

$$\boldsymbol{W}_{m \times r} = \boldsymbol{O}_{m \times r} \boldsymbol{G}_{m \times r}^{-1} \tag{12-31}$$

注：对于 $p \neq r$ 对训练数据向量 $x_i$ 和 $o_i$，$i = 1, 2, \cdots, p$。

$$\boldsymbol{W} = \boldsymbol{OG}^+ \tag{12-32}$$

其中，$\boldsymbol{G}^+$ 为广义逆矩阵：

$$\boldsymbol{G}^+ = \boldsymbol{G}^T (\boldsymbol{G}^T \boldsymbol{G})^{-1} \tag{12-33}$$

**混合使用模糊逻辑（模糊神经网络）**：模糊逻辑是对人类的推理机制进行模仿。它与神经网络相结合可以提高系统的整体性能。这种模糊神经网络适用于传感器融合。整合模糊逻辑和神经网络有 3 种通用的方法：

1. 使用模糊聚类与模糊推理进行数据融合，将神经网络作为辅助/工具（如使用神经网络学习、训练模糊逻辑的规则与隶属函数）。

2. 利用模糊逻辑来表示传感器数据的特征，在传感器/特征融合中使用神经网络（网络中可能会出现模糊神经元或模糊权重等）。

3. 使用独立的模糊子系统与神经网络子系统，使其分别执行不同的融合活动（例如，我们使用模糊系统来对质量评估、性能评估、高级监督/调整动作等行为进行"信息融合"；同时，使用神经网络直接融合低级传感器数据，如反馈控制）。

---

**例 12.5**                    **机械故障诊断**

传感器融合可用于机械健康监控、故障检测和诊断。这很符合逻辑，因为通常情况下，几个不同的传感器可用于监控机器的工业过程，并且一些可用信息可能是不明确的

（定性的）。我们已经开发了一种自动鱼类切割机（见图1-9）。在这台机器中，潜在的故障包括：（1）鱼类阻塞；（2）切割器组件中液压执行器的液压缸系统故障；（3）传输带系统故障；（4）液压泵故障；（5）液压伺服阀故障；（6）起动控制刀具故障。

我们已经开发了一个具有模糊神经网络的传感器融合系统来对机器进行故障诊断（见参考文献8）。传声器、照相机和加速度计（用于不同位置的振动感应）是监测机器的主要传感器（见图12-16）。得到传感器数据后，我们先对其进行预处理，以提取有用的特征。之后，将数据提供给神经网络的输入层，之后将这些信息传送到模糊层。模糊层基于每个传感器数据利用模糊逻辑推断出机器状态来得出推论。这些推论在神经网络的隐藏层中"融合"。最后，由输出层提供故障性质（包括"无故障"状态）。在这一过程中使用的模糊神经网络如图12-17所示。同时，在使用前，必须用各种故障类型的输入输出数据对神经网络进行训练。

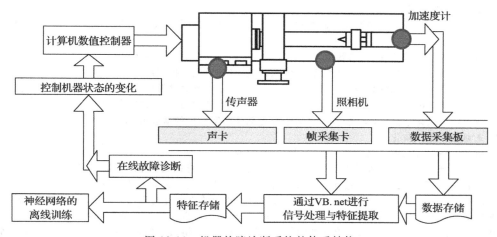

图 12-16　机器故障诊断系统的体系结构

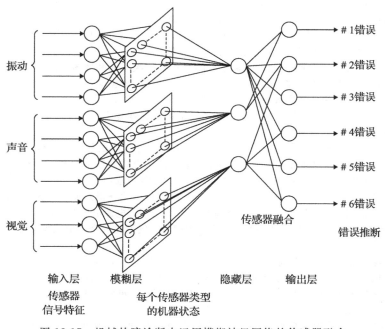

图 12-17　机械故障诊断中运用模糊神经网络的传感器融合

## 关键术语

**微机电系统(MEMS)：**将超小型组件(传感器、执行器、信号处理器等)嵌入到一个芯片中，这样可以同时利用其电气电子特性与机械特性。设备尺寸：0.01～0.1mm；组件尺寸：0.001～0.1mm。在制造过程中，使用了集成电路(IC)技术，使得大量(多至百万)组件可以集成到单一设备上。

**MEMS 的优势：**具有集成电路设备的优点。尺寸微小、质量极轻、表面积与体积比大、组件/电路大规模集成(LSI)、性能高、速度快(开关速度为 20ns)、功耗低、易于批量生产、成本低(可大规模生产)。

**MEMS 能量转换机制：**压电：机械应变→压电材料上的电荷分离→电压。应变能(机械功)转换成静电能。这是无源器件。静电：电压→电容器极板间的电荷分离→极板之间的吸引力由外部力来提供。极板通过机械做功发生移动→电容减小，电压增加。机械能转换成电能。这是无源器件。电磁：线圈在磁性箔片中移动→线圈中感应出电流。机械能转换成电能。这是无源器件。

集成电路制造工艺：

1. **基底制备：**基底是一块抛光的硅薄片，可以在其上绘制电路。电路等同于数百万个互连的晶体管和其他组件。

2. **薄膜生成：**在基底(硅、二氧化硅、氮化硅、多晶硅或金属)上淀积薄膜。

3. **掺杂：**将痕量的掺杂材料(原子杂质)注入薄膜中(如通过热扩散或离子注入)。

4. **光刻：**通过旋涂和预烘焙，在基底上形成薄而均匀的光敏材料(光刻胶)层。通过"掩模"(一块涂上镀铬膜电路图案的玻璃板)施加强光，对应电路结构的图案转印到光刻胶上。

5. **蚀刻：**使用化学试剂(干湿均可)去除未被光刻胶图案保护的薄膜或基底区域。

6. **光刻胶去除：**灰化。

7. **划片：**将包含集成电路结构的晶圆(晶片)切割成方形。

8. **封装：**将切块晶圆封入保护外壳中。外壳上的电触点可将集成电路芯片连接到电路板上。

**MEMS 制备：**MEMS 制造的基本过程与集成电路芯片的基本相同。分为淀积、图案化、蚀刻、模具制备和划片。其中，淀积是指在基底上沉积一层薄膜，常用的方法有物理淀积和化学淀积；图案化是将图案或 MEMS 结构转移到薄膜上，通常使用光刻方法来实现；蚀刻是指去除掉 MEMS 结构之外的薄膜或基底上不需要的部分，有湿法蚀刻(当基底浸入化学溶液中时，不受薄膜保护材料会溶解)与干法蚀刻(使用反应离子溅射或溶解材料)两种方法；模具制备是将晶片上已形成 MEMS 结构的模具去除；划片是指将晶片切割或研磨成适当的形状，即一个方形薄片。MEMS 设备的复杂功能结构(传感、驱动、信号处理等)主要是由以下几种方式制造的：

1. **体微加工：**将所需的 MEMS 结构三维地蚀刻在基底上。晶片可以和其他晶片结合以形成特殊的功能结构，如压电、压阻、电容传感器和电桥电路。

2. **表面微加工：**所需的 MEMS 结构是通过薄膜材料的多次沉积和蚀刻(微机械加工)工艺在基底上逐层形成的。一些层可以在结构层之间形成必要的间隙(如电容器的板间隙)。

3. **微成型：**在微成型中，使用模具制造所需的 MEMS 结构，以沉积结构层。因此，与体微加工和表面微加工不同，微成型不需要蚀刻。使用化学物质溶解模具，选用的化学物质应具有不影响沉积 MEMS 结构材料的特性。

**MEMS 加速度计：**加速度→待测质量块上产生惯性力→弯曲一个微小的悬臂。结构 1：悬臂的自由端与质点(质量块)相连，相关位移可以通过电容式、压阻式或压电式方法来检测。结构 2：由两个"梳子"组成，其中一个固定，另一个可动。活动的"梳子"支撑在悬臂(弹簧)上，另一端与质量块相连。梳齿间形成电容板，固定板位于活动板之间，测量电容的变化→得到加速度变化。量程为 ±70g，灵敏度为 16mV/g，带宽(3dB)为 22kHz，电源电压为 3～6V，电源电流为 5mA。

**MEMS 热加速度计：**加热的气泡代替了质量块，由于加速度，气泡在两个热敏电阻元件之间移动。温差→加速度。

**MEMS 陀螺仪：**当陀螺仪速度或角动量矢量发生变化时，科里奥利力或陀螺的转矩也会改变。观测悬臂梳电容的变化来检测力或转矩的变化(同 MEMS 电容式加速度计一样)。例如，利用科里奥利力进行传感的三轴 MEMS 陀螺仪的额定参数为：量程为 ±250°/s，灵敏度为 7mV/(° · s$^{-1}$)，带宽(3dB)为 2.5kHz，电源电压为 4～6V，电源电流为 3.5mA。

**MEMS 血细胞计数器：**该装置具有两个电极，电极间有电流脉冲。当血样通过电极之间的电流路径时，测量电阻变化(电阻脉冲)→血细胞数量。脉冲高度：区分红色和白色血细胞。

**MEMS 压力传感器：**方法 1：使用两个电极之间的悬浮膜(硅基底)，通过测量电容变化来测量压力。*方法*

2：使用压阻(应变片)悬臂。受压时电路因两侧压力差发生变形→电阻变化→测量压力。测量范围为 $260\sim1260$mbar($1$bar$=10^5$Pa)，电源电压为 $1.7\sim3.6$V，传感器质量为 $10$mg。该传感器在生物医学中有广泛应用，如神经肌肉疾病的诊断和治疗。

**MEMS 磁力计**：该传感器利用 MEMS 中元器件的磁阻特性来测量磁场。常用于电子罗盘、GPS 导航、磁场检测等领域。

**MEMS 温度传感器**：使用齐纳二极管，它的击穿电压与热力学温度成正比。灵敏度为 $10$nV/K、电流范围为 $450\mu$A$\sim5$mA。

**MEMS 湿度传感器**：使用聚合物作为介质的电容器。当湿度发生变化时聚合物电容器的电容也会变化。

**无线传感器网络(WSN)**：一些传感器节点布置在特定架构中，它们彼此之间以及与一个基站(网关)进行无线通信，通信的信息可能经过预处理(压缩或聚合)。基站将信息(可能经过进一步处理)转发给应用服务器/用户。

**传感器节点**：传感器节点包含一个或多个传感器、处理单元(具有操作系统的微控制器、CPU、存储器和 I/O)、数据采集硬件和软件、电源和具有全向天线的无线射频收发器(可在二维平面内均匀全向地传输信息)。执行器并不是必需的功能。大小可以从 $1\sim10$cm 或更多。

**无线传感器网络的优势**：
- 无线连接；可有很多节点，覆盖区域广。
- 可以轻松扩展应用程序的规模(数千个节点)。
- 安装和操作成本低。
- 连接可靠，鲁棒性和安全性好。
- 具有灵活的节点结构(可以重组、移动、重新缩放等)。
- 自动化和自组织性。
- 可以在恶劣的环境下运行。
- 分布式架构，采用分布式处理和决策(智能)，准确、高效、快捷。

**微尘节点**：毫米级大小的低成本传感器节点，具有有限的传感、处理和传输能力，在国防与环境监测等方面有着特殊应用。微尘传感器可以通过移动平台(如直升机和无人机)实现大面积部署。使用简单的低成本电源，如自发电、光电等。

**无线传感器网络操作系统(OS)**：操作系统在节点上为应用程序和硬件提供了接口，并在进行节点上任务调度，比计算机的通用操作系统简单得多，只需要嵌入式系统的操作系统就可以满足需要(如 eCos 或 $\mu$C/OS，这两种操作系统是专为应用程序设计的，成本低、功耗低)。开源操作系统包括 TinyOS、LittleOS、Contiki、OpenWSN、RIOT 和 ERIKA Enterprise。无线传感器网络节点的操作系统是一台计算机，它不需要虚拟内存，传感器节点也没有实时操作的必要。

**无线传感器网络的工程难题**：组件寿命与网络寿命问题、响应速度问题、鲁棒性问题、扩展性问题、自主操作(无人值守)问题、陌生动态的环境问题、资源限制。

**能量管理方式**：包括多跳通信、路由控制(通过选择低功耗的节能节点来优化传输路径)、任务循环、数据预处理(在传输前，由本地对数据进行处理和压缩)、被动参与(当两个节点具有相同信息时，仅传输其中一个)、自适应采样、自适应传感和传输(当感测量不变时，停止感测和传输)以及使用高效的电力技术(使用高效和低成本的电池、利用太阳能、振动、风能、波浪，地热等从环境中获取电力、部分节点使用交流电源等)。

**通信协议**：它定义了消息交换的格式和顺序，以及通信网络实体之间将采取哪些后续动作。协议模型分为多层。在构建无线传感器网络的通信协议时，必须要考虑资源限制，即内存较小、代码长度限制以及其他不确定条件。

**MAC 协议层**：它是无线传感器网络通信协议模型的子层。其功能有：(1)协调相邻节点之间的传输，以优化和避免数据包冲突；(2)协调共享通道的操作(步骤：测试通道是否忙碌，如果不忙，则发送信息。如果通道处于忙碌状态，则等待并重试)；(3)通信交互，包括请求发送(RTS)和清除发送(CTS)；(4)对于不活动节点使用睡眠模式，可以节省能量并简化与其他节点的通信；(5)低功耗的"聆听模式"，用来决定节点是休眠还是唤醒；(6)数据包重发，当网络中的节点在发送数据出现冲突时，如果发送内容不紧急，则等待一定时间再次发送。MAC 协议层符合 IEEE 802.15.4 开放标准，这一标准虽然复杂，但使用范围广。注意：B-MAC 是 MAC 协议层的另一个版本。

**IEEE 802.15.4 标准的网络特性(针对无线传感器网络)**：传输频率为 868MHz/902$\sim$928MHz/2.48$\sim$2.5GHz。数据速率 20kbit/s(868MHz 频带)、40kbit/s(902MHz 频带)、250kbit/s(2.4GHz 频带)。

该标准支持星形和对等(网状)网络连接。为确保数据安全，该标准对传输数据进行了加密。可以保证链路质量，以支持多跳网状网络算法。数据通信的鲁棒性好。

**无线传感器网络的通信路由**：相对于互联网中复杂的路由方法，无线传感器网络中的路由方法要简单许多。无线传感网络中典型的路由方法如下所示：

1. 寻找相邻节点的 ID 与位置。注意：每个节点都包含有自身的信息，如位置、功能、剩余电量等。

2. 从找到的相邻节点中选择最佳节点。

3. 发送消息到该目标节点。

注1：当节点位置已知时，消息会发送到目标节点的位置坐标上，而非节点 ID。这就是地理转发(GF)。

注2：无线传感器网络不会将信息发送给休眠中的节点。如果要向休眠节点发送信息，则需要提前将它唤醒。

**无线传感器网络中路由的问题**：包括延时、可靠性、能量剩余、数据聚合。其中，数据聚合的目的是为了降低传输成本。在路由中，我们可能会使用多跳通信。除此之外，网络节点间有多种通信方式。单播指的是将消息发给特定节点；多播是把信息同时发送给几个节点；选播指的是发送消息而不指定任何节点(即扩散或泛洪)。

**路由协议**：功能：把数据正确地传输到给定的目标地址。它应该对节点故障和无意的断开有一定的鲁棒性。同时，协议应该具有高功率且不应太复杂。TCP/IP 是一种通用协议，但它对无线传感器网络来说太复杂了，而且没有能源效率。路由协议中使用了路由算法，可以通过多跳通信来优化功率并提高可靠性。目前，国际互联网工程任务组(IEIF)对低功耗有损网络路由(ROLL)制定了标准。

**无线传感器网络的路由协议**：低功耗自适应集簇分层型协议(LEACH)：操作分为了多个循环。每一次循环都使用不同的簇头(CH)节点。每个节点都选择最近的簇头节点，并加入该集群来进行数据传输。功率采集传感器信息系统(PEGASIS)：没有形成集群。每个节点只与最近的相邻节点通信，方法是调整其功率信号，使其可由最近的相邻节点听到，并用信号强度来测量节点距离。当系统的链式结构形成后，从链条中选择能量最多的一个节点作为领导节点。虚拟网格架构(VGA)协议：它利用数据聚合和网络处理来使网络的寿命最大化，同时它还能节省能量。

**无线传感器网络标准**：为保证来自不同厂家的设备可以互相操作，网络必须具有组件兼容性。为了满足组件兼容性以及相互通信等要求，我们需要为无线传感器网络制定一个标准。案例有：

**Wi-Fi**：也称为无线局域网(WLAN)，使用 2.4GHz 的超高频和 5GHz 的超高频无线电信号，基于 IEEE802.11 标准。它用于本地环境中的设备联网、因特网接入和多个设备之间的短距离通信。

**蓝牙**：蓝牙是一种无线技术标准。它在 2.4～2.485GHz 的频率范围内使用短波无线电波。该技术基于 IEEE802.15 标准，使用无线个人区域网(WPAN)。它是一种在电子设备和互联网之间进行通信的短距离射频技术。它还具有对用户透明的数据同步能力。

**ZigBee**：它建立在基于 IEEE802.15.4 标准的物理层和 MAC 层上，支持混合型的"星—网"拓扑，具有成本低、功耗低，使用无线连接等优点。

**6LoWPAN**：对很多设备(例如个人计算机)来说，6LoWPAN 可以视作可寻址的 IPv6 设备。现行的标准如下：RFC4919(6LoWPAN 概述)、RFC6775(邻居发现协议)、RFC6282(IPv6 数据包的压缩格式)、RFC6606 和 6568(路由要求和设计空间)。

**WirelessHART/IEC 62591**：它在工业应用中是 ZigBee 的替代品，但成本更高。与 ZigBee 相比，它的功耗更低，抗干扰能力更强。IEEE802.15.4e 标准将是它有力的竞争对手。

**GSM**：全球移动通信系统。这是一个欧洲标准，适用于蜂窝网络(即手机)。为了使每个传感器节点均能并入网络并进行网络访问，每个传感器节点都需要有一个 SIM(用户标识模块)卡。

**2G(第二代)GSM 网络**：它工作在 900MHz 或 1800MHz 频段，很少使用 400MHz 和 450MHz 频段(因为 1G 系统以前使用这些频段)。在欧洲大多数的 3G 网络则运行在 2100MHz 频段。

**SD(安全数码)卡**：一种非易失性存储卡。

**SD 卡盾**：SD 卡上自带的保护机制。

**无线传感器网络中的其他软件**：时间同步：它在无线传感器网络中是非常重要的，因为绝大多数数据只有以时间为参考时(即在时间序列中)才是有意义的。重新编程：当要对网络进行功能添加，错误/安全性修复时，我们要通过无线网络和多跳通信对网络中所有节点的固件进行更新，这需要重新编程的帮助。在此过程中，黑客可能会安装自己的固件。因此，安全措施在重新编程中至关重要。

**定位**：定位就是确定无线传感器网络中节点的地理位置。定位技术用于检测无线传感器网络的空间演化和跟踪节点。许多操作都离不开对空间演化的检测，如空间数据挖掘与空间统计确定、确定节点的覆盖质量、实现节点负载均匀、优化路由（如最佳多跳路由）、优化通信。

**定位步骤：**（1）建立选定（参考）节点集（即锚/信标/地标），并对其定位；（2）测量各节点到参考节点集的距离。

**定位问题：** 精度、速度、通信范围和能源需求、室内/室外、2D/3D、敌对环境/友好环境，以及那些节点需要定位、多久执行一次定位、在何处执行定位运算、如何进行定位（即定位方法）。

**测距的方法：**（1）测量信号的飞行时间；（2）测量信号强度。注：两种方法都需要一个"信标节点"（也称地标或参考节点）。这个信标的位置是已知的，且能够发送信号给其他节点并接受来自其他节点的信号。间接方法：计算两节点间的跳数。然后用每一跳的平均距离来估计节点间的距离。

**多点定位：** 使用所求节点到 3 个或 3 个以上地标节点（位置已知）的距离来估计节点位置（也就是定位）。节点坐标估计：

$$\beta = \begin{bmatrix} x \\ y \end{bmatrix} = [X^T X]^{-1} X^T y$$

$$X = \begin{bmatrix} 2(x_1 - x_n) & 2(y_1 - y_n) \\ \vdots & \vdots \\ 2(x_{n-1} - x_n) & 2(y_{n-1} - y_n) \end{bmatrix}, y = \begin{bmatrix} x_1^2 - x_n^2 + y_1^2 - y_n^2 + d_n^2 - d_1^2 \\ \vdots \\ x_{n-1}^2 - x_n^2 + y_{n-1}^2 - y_n^2 + d_n^2 - d_{n-1}^2 \end{bmatrix}$$

设总共有 $n$ 个地标节点。在参考坐标系中，用 $(x_i, y_i)$ 表示第 $i$ 个地标节点的坐标，其中 $i = 1$，$2$，$\cdots$，$n$。$d_i$ 表示要定位的节点到第 $i$ 个地标节点的距离。

在节点间进行无线射频传输时，信号由一个节点发出，并由第二个节点所接收。

**射频信号的优势（电磁频谱）：** 无须布线；可以穿透墙壁等物体；传输距离长；可以包含移动节点。使用本地无线电信道，通信距离从十米到几百米不等。蜂窝技术使用广域无线电信道，它可以实现更远距离（几十公里）的通信。

**传输过程中的信号失真：** SNR 是描述接收信号在传输过程中关于衰减程度的量，单位为 dB；信噪比越大→接收信号可以更容易且更准确地还原为原始信号。信号衰减中的问题：（1）在自由空间中传播时信号强度的衰减（路径损耗）。（2）信号间的相互干扰，如同一频段间的信号干扰、来自其他设备的环境电磁噪声等，都会降低信噪比。（3）障碍物→反射、吸收、阴影效应等。移动物体→更严重的问题。（4）误码率（BER）是发送位被错误接收的概率。位误码率随信噪比的增加而降低，随传输速度的增加而增加。误码率单位为 Mbit/s（兆位每秒）。

**利用信号强度测距：** 优点：利用了无线传感器网络中现有的通信硬件与资源。方法：（1）接收信号功率通过接收信号强度指示器（RSSI）进行多次测量，并计算样本平均值 $\overline{P}_{i,j}$。（2）利用已知的参考距离 $d_0$ 与参考功率 $P_0$，使用信号强度（路径损耗）的阴影模型来估计距离 $\hat{d}_{i,j} = d_0 (\overline{P}_{i,j}/P_0)^{-(1/\eta)}$。$\eta$ 为路径损耗指数，约为 2。

**RSSI 的使用（基于 IEEE802.11—1999 标准）：** RSSI 的取值范围为 0 到 RSSI 的最大值。它由无线传输协议的子层（8 位 RSSI）提供。功率（dBm）＝RSSI_VAL＋RSSI_OFFSET，精确度为±6dB。注：dBm 为分贝毫瓦←分贝（dB）表示相对于 1mW 功率的放大倍数。由于我们关注的是信号功率，因此在换算成 dB 时，我们使用 $10 \log_{10}$（功率比），而非 $20 \log_{10}$()。

**无线传感器网络的应用：** 防御，监视，安全；环境监测，交通（地面、空气、水面和水下）；机械和土木工程结构监测（例如，基于条件的维护、检测发生在低采样率的地震活动，一旦检测到活动，以更高的速率进行采样）；工业自动化、机器人、娱乐、智能工作空间、医疗和辅助生活；能源（勘探、生产、传输、管理）。

**传感器融合：** 也称"多传感器数据融合"。结合来自多个传感器的数据以提高感性决策→提升系统的准确性、分辨率、可靠性、安全性（如在航空领域应对传感器故障）、鲁棒性（减少信息中的冲突，减少噪声和未知因素的影响）、稳定性（解决与传感器漂移有关的问题）、置信度（降低不确定性）、实用性（如扩大应用范围或操作范围）、聚集程度（信息建模、压缩、组合等），还可以提升系统的详细性、完整性和全面性，如组合 2D 图像以获得真实的 3D 图像、组合互补频率响应等。传感器融合是数据融合的一个分支。在数据融合中，数据可能不直接来自传感器（例如，先验知识、经验、基于模型的数据也可以使用）。数据融合又是信息融合的一个分支。在信息融合中，融合还包括定性、高级的信息（例如，从"软"传感器中获取信息）。

**互补性融合：** 传感器可独立地提供互补（不相同）信息，然后将这些信息结合起来→优势是减少信息的不完整性，例如，用 4 台雷达分别测量 4 个不同的区域（可能有一些重叠）。

**竞争性融合**：每个传感器独立地测量相同的属性，然后将独立的感性数据进行比较融合→选择性能（精确性、快速性）最好的传感器数据→提高精度与鲁棒性，并降低不确定性。如用 4 台雷达测量同一区域。

**合作融合**：传感器可以测量另一个传感器需要的信息（或发出请求）→完成或改进所需信息。注意：两个传感器既可以检测相同的属性（以提高其准确性、可靠性等）也可以检测不同的属性（提高信息完成度），但这都是协作完成的。例如，从两个指定的相机中获取图像，再进行融合从而得到立体视觉。
注：在互补融合中，传感器在感测中的用途没有预先指定。

**集中式融合**：来自不同传感器的数据由单个中央处理器接收并进行融合。

**分布式（分散式）融合**：传感器接收来自一个或多个传感器的信息，并在本地进行融合。

**混合架构**：同时具有集中式和分散式传感器集群。

**均匀融合**：使用相同的传感器。

**非均匀融合**：传感器是不同的，如不同的类型、功能等。

**分层融合**：多层模型。

**数据层融合**：感官数据（用最少的预处理，如放大和滤波）直接进行融合。

**特征层融合**：从每个传感器中提取特征（或数据）→特征向量→融合系统。

**决策层融合**：每个传感器分别对数据进行处理并作出决策或数量估计。之后，融合系统再对这些进行评估或融合并得出最终的决策或估计。

**传感器融合中的贝叶斯方法**：（1）传感器离散：第 $k$ 个传感器测量的数据为 $y_i$，第 $l$ 个传感器测量的数据为 $y_j$，对 $m$ 进行估计的概率向量 $P(m \mid {}^k y_i, {}^l y_j) = a P({}^k y_i \mid m) \otimes P({}^l y_j \mid m) \otimes P(m)$。注：离散参数向量 $m = [m_1, m_2, \cdots, m_i]$，离散传感器读数（测量值）$y = [y_1, y_2, \cdots, y_n]$。（2）传感器连续（高斯分布）：

$$\text{递归估计}: \hat{m}_i = \frac{\sigma_\omega^2}{(\sigma_{m_{i-1}}^2 + \sigma_\omega^2)} \hat{m}_{i-1} + \frac{\sigma_{m_{i-1}}^2}{(\sigma_{m_{i-1}}^2 + \sigma_\omega^2)} y_i$$

$$\text{估计误差方差}: \frac{1}{\sigma_{m_i}^2} = \frac{1}{\sigma_{m_{i-1}}^2} + \frac{1}{\sigma_\omega^2}$$

**基于卡尔曼滤波器的传感器融合**：方法 1：$r$ 个传感器使用相同的测量模型，直接将卡尔曼滤波器同时应用于所有 $r$ 个测量值（即并行）。方法 2：$r$ 个传感器使用 $r$ 种不同的测量模型。根据使用的不同传感器，卡尔曼滤波器的输出方程要进行适当修改→卡尔曼滤波器依次用于 $r$ 个传感器的测量。

**基于 DS 证据理论的传感器融合**：对证据（当前数据和其他信息）进行融合。

**识别框架 $\Theta$**：它包含一些相互排斥（即不重叠）的集合，这些集合详尽（完整）地包含了所有与问题相关的命题。它由 $n$ 个元素（$n$ 个命题）组成。

**$\Theta$ 的幂集**：在 $\Theta$ 中包括空集 $\Phi$ 在内所有子集的集合，用 $\Omega(\Theta)$ 表示。注：幂集中含有 $2^n$ 个集合，包括空集 $\Phi$ 与 $\Theta$。

**质量函数 $m(A)$**：将 0 到 1 之间的一个值分配给幂集中的每一个元素（子集）$A$。$m: \Omega(\Theta) \rightarrow [0,1]$，$m(\Phi) = 0$；$\sum_{A \subseteq \Omega(\Theta)} m(A) = 1$。$m(A)$ 的值由可用证据（数据和专业知识）决定，表示命题 $A$ 的有效性、置信度或信度。

**DS 合成规则**：在 DS 方法中它是决策、推理或"融合"的公式，就是将独立来源的证据与特定命题相结合的方法。这是通过结合独立来源的质量函数来完成的。在同一识别框架中，$m_1$ 和 $m_2$ 是对应于两个独立数据集（证据）的质量函数。然后，基于这个证据，在同一识别框架中，命题 $A$ 的质量函数由 DS 合成规则得到：

$$m(A) = m_1 \oplus m_2 = \begin{cases} 0 & \text{如果 } A = \Phi \\ \dfrac{\sum_{B \cap C = A} m_1(B) m_2(C)}{1 - K} & \text{如果 } A \neq \Phi \end{cases}$$

注意：$1 - K$ 使质量函数归一化。$K$ 表示两种证据来源的冲突程度：$K = \sum_{B \cap C = \Phi} m_1(B) m_2(C)$。

**计算数据的质量函数**：计算传感器数据（$s$）到判定类（$c$）的距离（$d$）。质量函数当 $d$ 的逆的归一化。

**距离矩阵**：空间中存在两个向量 $p = [p_1, \cdots, p_n]$ 和 $q = [q_1, \cdots, q_n]$

欧几里得距离：

$$d(\boldsymbol{p}, \boldsymbol{q}) = d(\boldsymbol{q}, \boldsymbol{p}) = \sqrt{(q_1 - p_1)^2 + (q_2 - p_2)^2 + \cdots + (q_n - p_n)^2} = \sqrt{\sum_{i=1}^{n} (q_i - p_i)^2}$$

曼哈顿(出租车)距离:

$$d(\boldsymbol{p}, \boldsymbol{q}) = d(\boldsymbol{q}, \boldsymbol{p}) = |q_1 - p_1| + |q_2 - p_2| + \cdots + |q_n - p_n| = \sum_{i=1}^{n} |q_i - p_i|$$

闵可夫斯基距离($r$ 阶):

$$d(\boldsymbol{p}, \boldsymbol{q}) = d(\boldsymbol{q}, \boldsymbol{p}) = \left( \sum_{i=1}^{n} |q_i - p_i|^r \right)^{1/r}$$

注意:$r = 2 \rightarrow$ 欧几里得距离;$r = 1 \rightarrow$ 曼哈顿距离。

设有 $m$ 个传感器,产生 $m$ 个数据 $[s_1, s_2, \cdots, s_m]$,类别 $i$ 由值集(准则)$[c_1, c_2, \cdots, c_m]$ 规定。则 $d_i = \left[ \sum_{j=1}^{m} ((s_j - c_{ij})/(c_{j\max} - c_{j\min}))^2 \right]$;$c_{j\max} = \max_i(c_{ij})$ 且 $c_{j\min} = \min_i(c_{ij})$。注:使用 $c_{j\max} - c_{j\min}$ 这种表达方式是为了归一化。通常,$c_{j\min}$ 的值为 0。

$$相关质量函数:m_i = \frac{1/d_i}{1/d_1 + 1/d_2 + \cdots + 1/d_k}$$

**基于神经网络的传感器融合**:它由大量用于运算的"神经元"连接而成。它拥有并行分布式的处理结构。神经网络有一个输入层和一个输出层,还有一个或多个隐藏层。神经网络的节点分布在这些层上,通过称为"突触"的加权路径进行连接。在节点处,加权输入经相加、阈值化后进入激活函数,生成节点输出。神经网络支持多输入(如从多个传感器输入信号),可以从案例中学习(注:学习是智能的一种属性)。它可以高度逼近非线性函数、具有极强的计算能力、对处理过的信息有记忆。数据在隐藏层进行传感器融合。

**混合使用模糊逻辑(模糊神经网络)**:模糊逻辑模仿了人类的推理机制。3 种通用的方法:(1)使用模糊推理进行数据融合,将神经网络作为辅助和工具(如使用神经网络学习、训练模糊逻辑的规则与隶属函数)。(2)利用模糊逻辑来表示传感器数据的特征,在传感器/特征融合中使用神经网络(网络中可能会出现模糊神经元或模糊权值等)。(3)使用独立的模糊子系统与神经网络子系统,以分别执行不同的融合活动(举例而言,我们使用模糊系统来对高级监督/调整动作等行为进行"信息融合";同时,神经网络直接融合低级传感器数据,如反馈控制)。

**反向传播学习**:这是在多层感知器(MLP)中更新权重的方法 → 神经网络的"训练"。使用输入输出训练数据(即使用示例教导)和梯度下降法来使平方误差(欧几里得范数)最小。方法:将训练数据应用在神经网络的输入处,确定输出 $o$。设有 $n$ 个输入节点、$m$ 个输出节点,我们尽量减少累积误差:

$$e_c = \sum_{k=1}^{n} e(k) = \frac{1}{2} \sum_{k=1}^{n} \sum_{i=1}^{m} [t_i(k) - o_i(k)]^2$$

权重更新(对于第 $k$ 个数据集):

$$\Delta w^l = -\eta \frac{\partial e(k)}{\partial \omega^l}$$

*反向传播步骤*

1. 将权重和阈值初始化为较小的随机值。

2. 选择输入输出训练数据集。

3. 计算输入到输出 $o_p^l = f\left( \sum_i \omega_{pi}^l o_i^{l-1} \right)$。

4. 在输出层 $L$ 中,计算输出误差 $e$ 与反向传播参数 $\delta_i^L = [t_i - o_i^L] f'(\text{sum}^L)$。

5. 利用带有反向传播参数 $\delta_i^{l-1} = f'(\text{sum}_i^{l-1}) \sum_p \delta_p^l \omega_{pi}^l$(其中 $l = L, \cdots, 3$)的计算式 $\Delta \omega_{ij}^l = \eta \delta_i^l o_j^{l-1}$ 更新权重。

6. 对另一个训练数据集重复步骤 2 到 5。

7. 在使用所有训练数据集(即一个循环)之后,如果最终误差小于预定容差,则网络已被训练。

如果误差没有达到预期要求,则重复该过程。

注意:输出层 $\delta_i^L = -(\partial e / \partial o_i^L) f'(\text{sum}_i^L) = [t_i - o_i^L] f'(\text{sum}_i^L)$。

对于 Sigmoid 函数($\lambda = 1$)有,$f' = f(1-f)$。

**径向基函数网络**:它有一个输入层($n$ 维)、一个隐藏层($r$ 维)、一个输出层($m$ 维)。隐藏层的激活函数为径向基函数:

$$g_j(\boldsymbol{x}) = R\left(\frac{\|\boldsymbol{x} - \boldsymbol{v}_j\|}{\sigma_j}\right)$$

其中 $\boldsymbol{v}_j$ 为 $n$ 维中心向量；$\sigma_j$ 为宽度参数($j=1,2,\cdots,r$)；$\boldsymbol{x}$ 为网络的输出向量($n$ 维)。

网络输出关系：

$$o_i(\boldsymbol{x}) = \sum_{j=1}^{r} \omega_{ij} g_j(\boldsymbol{x}),\text{对输出节点 } i=1,2,\cdots,m$$

$\omega_{ij}$ 为隐藏层节点 $j$ 到输出节点 $i$ 的权重。

典型的径向基函数：

高斯核函数：

$$g_i(\boldsymbol{x}) = \exp\left(\frac{-\|\boldsymbol{x} - \boldsymbol{v}_i\|^2}{2\sigma_i^2}\right)$$

逻辑函数：

$$g_i(\boldsymbol{x}) = \frac{1}{1 + \exp(\|\boldsymbol{x} - \boldsymbol{v}_i\|^2/\sigma_i^2)}$$

**径向基函数网络学习**：(1) 使用非监督学习确定激活函数的参数($v_i$，$\sigma_i$)；(2) 使用监督学习确定权值 $\omega_{ij}$。

*示例*

1. 给定 $r$ 组输入输出训练数据向量：$[x_i, o_i]$，其中 $i=1,2,\cdots,r$。
2. 以训练数据 $x_i$ 为中心，使用高斯激活函数(非监督学习)。
3. 根据已有经验选择适当的 $\sigma_i$、输入带宽估计等(非监督学习)。
4. 由两个矩阵：$\boldsymbol{G} = [g_{ij}]_{r \times r}$，其中 $g_{ij} = \exp\left(\frac{-\|\boldsymbol{x}_j - \boldsymbol{x}_i\|^2}{2\sigma_i}\right)$，$i=1,2,\cdots,r$；$j=1,2,\cdots,r$；

   $\boldsymbol{O} = [o_1, o_2, \cdots, o_r]_{m \times r} \rightarrow \boldsymbol{O} = \boldsymbol{WG}$。其中 $\boldsymbol{W}$ 为连接权重矩阵。
5. 当 $\boldsymbol{W}_{m \times r} = \boldsymbol{O}_{m \times r}\boldsymbol{G}_{m \times r}^{-1}$ 时，确定连接权重(监督学习)。

   注意：对 $p \neq r$ 对训练数据向量 $x_i$ 和 $o_i$，$i=1,2,\cdots,p$，有 $\boldsymbol{W} = \boldsymbol{OG}^+$。其中，$\boldsymbol{G}^+$ 为广义逆矩阵，$\boldsymbol{G}^+ = \boldsymbol{G}^T(\boldsymbol{G}^T\boldsymbol{G})^{-1}$。

## 思考题

**12.1** 考虑直流应变片电桥的常用式(见第 4 章)，该式表明如果电阻元件 $R_1$ 和 $R_2$ 具有相同的电阻温度系数，并且 $R_3$ 和 $R_4$ 也具有相同的电阻温度系数，则温度效应可补偿到一阶。

MEMS 应变片式加速度计使用两个半导体应变片，一个与靠近固定端(根部)的悬臂连成一体，另一个安装在加速度计的未受限位置处。包括悬臂和应变片在内的整个装置都是硅集成电路，尺寸小于 1mm。概述加速度计的操作，并解释第二个应变片的作用。

**12.2** 通过文献搜索，在以下几类应用中探索几种 MEMS 传感器：

(1) 生物医学

(2) 机械

(3) 热流体

在每类应用中，画出简图来描述一个 MEMS 传感器。

**12.3** 在无线传感器网络(WSN)中，信标的节点定位方法使用了公式 $\boldsymbol{\beta} = [\boldsymbol{X}^T\boldsymbol{X}]^{-1}\boldsymbol{X}^T\boldsymbol{y}$，其中

$$\boldsymbol{X} = \begin{bmatrix} 2(x_1 - x_n) & 2(y_1 - y_n) \\ \vdots & \vdots \\ 2(x_{n-1} - x_n) & 2(y_{n-1} - y_n) \end{bmatrix}; \boldsymbol{y} = \begin{bmatrix} x_1^2 - x_n^2 + y_1^2 - y_n^2 + d_n^2 - d_1^2 \\ \vdots \\ x_{n-1}^2 - x_n^2 + y_{n-1}^2 - y_n^2 + d_n^2 - d_{n-1}^2 \end{bmatrix}; \boldsymbol{\beta} = \begin{bmatrix} x \\ y \end{bmatrix}$$

(a) 定义这 3 个向量和矩阵中的元素。

(b) 说明导出该节点定位方程的原理和主要步骤。

(c) 在具有 4 个地标节点的定位练习中，获得以下 4 个数据向量：

$$\begin{bmatrix} x_1 \\ y_1 \\ d_1 \end{bmatrix} = \begin{bmatrix} 1 \\ 1 \\ 1 \end{bmatrix}; \begin{bmatrix} x_2 \\ y_2 \\ d_2 \end{bmatrix} = \begin{bmatrix} 2 \\ -1 \\ 1 \end{bmatrix}; \begin{bmatrix} x_3 \\ y_3 \\ d_3 \end{bmatrix} = \begin{bmatrix} -1 \\ 2 \\ 2 \end{bmatrix}; \begin{bmatrix} x_4 \\ y_4 \\ d_4 \end{bmatrix} = \begin{bmatrix} -3 \\ 1 \\ 3 \end{bmatrix}$$

确定定位节点的位置(坐标)。

(d) 简要描述在 WSN 中使用的两种测距方法(即测量一个节点的距离)。

**12.4** 寻找商用微控制器板上的信息,总结与其相关的主要特征,并将其作为 WSN 传感器节点的合适平台。

(a) 为可以集成到传感器节点的特定 WSN 应用选择一个传感器。描述该传感器,概述其特征和规格,并指出使用该传感器节点的实际应用。

(b) 指出完成无线传感器网络节点所需的其他硬件和软件。查找适用于这些组件的商用产品的信息,并提供与你选择的传感器和微控制器相匹配的组件的性能参数或属性,当然这些参数或属性应该满足所选传感器节点的要求。

注意:提供系统和组件的图片,以及提供传感器节点中所有关键组件的相关性能参数的编号或描述。

**12.5** 两个离散传感器(1 和 2)用于测量物体的大小,尺寸 $m$ 被视为离散量,可以采取以下三个值之一:

(1) $m_1$ 代表小

(2) $m_2$ 代表中等

(3) $m_3$ 代表大

一个传感器将测量 3 个离散值中的一个,这个测量值 $y = \begin{bmatrix} y_1 & y_2 & y_3 \end{bmatrix}$ 是对应于这三个物体尺寸值给出的。

这两个传感器具有以下可能性矩阵:

传感器 1:

|       | $y_1$ | $y_2$ | $y_3$ |
|-------|-------|-------|-------|
| $m_1$ | 0.75  | 0.05  | 0.20  |
| $m_2$ | 0.05  | 0.55  | 0.40  |
| $m_3$ | 0.20  | 0.40  | 0.40  |

传感器 2:

|       | $y_1$ | $y_2$ | $y_3$ |
|-------|-------|-------|-------|
| $m_1$ | 0.45  | 0.35  | 0.20  |
| $m_2$ | 0.35  | 0.60  | 0.05  |
| $m_3$ | 0.20  | 0.05  | 0.75  |

(a) 说明这两个传感器在测量能力方面的主要区别。

(b) 假设在开始感知时,我们没有对象大小的先验信息。考虑以下两种情况:

情况 1:传感器 1 读数为 $y_1$,传感器 2 读数为 $y_1$。

情况 2:传感器 1 读数为 $y_1$,传感器 2 读数为 $y_3$。

在每种情况下,目标尺寸的融合度量是多少?

获得这些融合结果后,你将如何进行操作?

**12.6** 根据频率响应,解释传感器融合中互补传感的含义。举例说明为增强滤波能力,几个滤波器如果进行互补融合。特别指出两个低通滤波器、一个带通滤波器和一个高通滤波器的配对。

**12.7** 在本问题中,数控(CNC)铣床的切削转矩通过卡尔曼滤波进行多重检测和融合估算(也见习题 7.22)。实验设置如图 P12-1 所示。

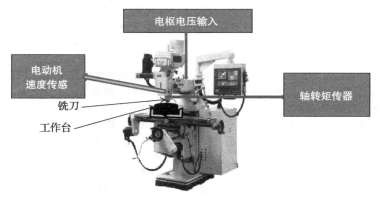

图 P12-1  数控铣床的实验装置

电压 $u$ 施加到铣刀切割机中驱动电动机的电枢电路上，以便将刀具加速（斜升）到合适的切割速度。由于难以直接测量切割转矩（这是有关切割质量和切割器性能的适当指标），所以测量另外两个变量并与卡尔曼滤波器一起使用以估计切割转矩。具体而言，测量以下两个变量（它们比切割转矩更容易测量）：

1. 使用编码器测量驱动电动机的转速。
2. 使用应变片转矩传感器测量电动机传动轴的转矩（见第 9 章）。

在卡尔曼滤波器中，同时用这两个测量结果估算切割转矩。以下信息给出：

铣床切削系统的离散时间非线性模型如下。

**状态方程（离散时间）：**

$$x_1(i) = a_1 x_1(i-1) + a_2 x_2(i-1) + a_3 x_2^2(i-1) - a_4 x_3(i-1) + b_1 u(i-1) + v_1(i-1)$$

$$x_2(i) = a_5 x_1(i-1) + a_6 x_1^2(i-1) + a_7 x_2(i-1) + a_8 x_3(i-1) + a_9 x_3^3(i-1) + b_2 u(i-1) + v_2(i-1)$$

$$x_3(i) = a_{10} x_1(i-1) - a_{11} x_2(i-1) - a_{12} x_2^2(i-1) + a_{13} x_3(i-1) + b_3 u(i-1) + v_3(i-1)$$

其中 $i$ 代表时间步长。

**状态矢量：**$\boldsymbol{x} = [x_1 \quad x_2 \quad x_3]^T = $[电动机速度，切割转矩，轴转矩]$^T$。

**注意：**轴将电动机连接至铣刀。

**输入：**$u$ 是输入至电动机电枢的电压。

对于转速逐渐增大的刀具，使用 $u = a[1 - \exp(-bt)]$，其中 $a = 2.0$，$b = 30$。

**测量矢量：**$\boldsymbol{y} = [y_1 \quad y_2]^T = $[电动机速度，轴转矩]$^T$

电动机速度测量和轴转矩测量可以使用具有高斯噪声的给定非线性模型来模拟。测量是在 $T = 2.0 \times 10^{-3}$ s 的采样周期内进行的。

**模型参数值：**

$a_1 = 0.98$；$a_2 = 0.001$；$a_3 = 0.0002$；$a_4 = 0.004$；$a_5 = 0.19$；$a_6 = 0.04$；$a_7 = 0.95$；$a_8 = 0.038$；$a_9 = 0.008$；$a_{10} = 9.9$；$a_{11} = 0.48$；$a_{12} = 0.1$；$a_{13} = 0.97$；$b_1 = 0.004$；$b_2 = 0.0003$；$b_3 = 0.02$

$$\text{输出矩阵为：} \boldsymbol{C} = \begin{bmatrix} 1 & 0 & 0 \\ 0 & 0 & 1 \end{bmatrix}$$

输入（干扰）协方差 $\boldsymbol{V}$ 和测量（噪声）协方差 $\boldsymbol{W}$ 为

$$\boldsymbol{V} = \begin{bmatrix} 0.02 & 0 & 0 \\ 0 & 0.05 & 0 \\ 0 & 0 & 0.3 \end{bmatrix}; \boldsymbol{W} = \begin{bmatrix} 0.05 & 0 \\ 0 & 0.1 \end{bmatrix}$$

**注意：**两者都是有零均值的高斯白噪声。

(a) 使用问题 7.22 中的线性连续时间模型，分别检查两次测量时的系统可观测性。

(b) 使用 MATLAB，将来自两个传感器的数据应用于线性卡尔曼滤波器，以估计切割转矩（即状态 $x_2$）。

(c) 使用 MATLAB，将来自两个传感器的数据应用于扩展卡尔曼滤波器中来估计切割转矩（即状态 $x_2$）。

(d) 使用 MATLAB，将来自两个传感器的数据应用于无迹卡尔曼滤波器中来估计切割转矩（即状态 $x_2$）。

(e) 比较这三种方法的结果。具体来说，说明在目前的估计中哪种方法是适当的，为什么？

(f) 重复 a、b 和 c，这次仅使用来自速度传感器的数据（即单个传感器，如问题 7.22）。

(g) 将使用两个传感器（即 a、b 和 c 项）所得的结果与仅使用速度传感器数据所得的结果（即项目 f）进行比较。在目前估计中讨论传感器融合是否可取。

**注意：**应提供数据图表和卡尔曼滤波的结果，以及用于生成结果的 MATLAB 脚本。

12.8　多传感器数据融合的一个例子是按照加拿大环境部长理事会规定的标准计算水质指数（WQI）。目的是基于多个传感器（例如，pH 值、温度、电导率、ORP、DO、硬度、浊度）的测量来确定水源中水质的定量度量。使用来自水源的水样进行了几次测试。使用多个传感器，由特定传感器得到的测试结果可以重复多次使用。很明显，在这种方法中，失败参数的数量和失败测试的数量是有区别的。对于每个参数（例如，pH 值），给出规范（阈值）以表示可接受的范围。如果传感器读数超出此范围，则表示测试失败。如果对于相同的参数，多次测试均失败，则仍然认为它是"单次"失败的参数，同时它还代表多次失败的测试。使用这样一系列测试，水质的数字属性的计算为：

[范围，频率，偏差] $= [F_1 \quad F_2 \quad F_3]$。

这三种属性分别定义如下：

$$F_1（范围）= \left( \frac{失败参数的数量}{参数的总数} \right) \times 100$$

$$F_2（频率）= \left( \frac{失败测试的数量}{测试的总数} \right) \times 100$$

偏差是测试值与特定值范围（为下限和上限）的偏差程度。特别地，有

$$偏差_i = \left( \frac{失败的测试值_i}{上限} \right) - 1 \quad 如果失败的测试值 > 上限$$

$$偏差_i = \left( \frac{下限_i}{失败的测试值_i} \right) - 1 \quad 如果失败的测试值 < 下限$$

则偏差的归一化总和（nse）计算为：

$$nse = \frac{\sum_{i=1}^{n} 偏差_i}{测试的总数}$$

它表示的百分比形式为：

$$F_3 = \frac{nse}{nse + 1} \times 100$$

最终，WQI 计算为：

$$CCME\ WQI = 100 - \left( \frac{F_1^2 + F_2^2 + F_3^2}{3} \right)^{1/2}$$

这给出了 0～100 范围内的"百分比"值。评论这种衡量水质的措施。给出一些缺点，并指出克服它们的方法。

**12.9** 数据融合的 DS 方法相比贝叶斯方法有许多优点。但是它也有缺点。指出 DS 方法的一些缺点，并给出产生这些缺点的原因。

**12.10** 标记为 1 和 2 的两个传感器用于测量物体的距离。每个测量值都是三个状态之一：近（N）、远（F）和非常远（VF）。假设根据传感器 1 的数据计算出质量函数：$m_1(N, F, VF) = [0.4\ 0.5\ 0.1]$。类似地，假设根据来自传感器 2 的数据计算出质量函数：$m_2(N, F, VF) = [0.3\ 0.1\ 0.6]$。使用 DS 方法，结合这两组数据获得融合的质量函数，对结果进行评价。尤其是，讨论两组数据（传感器测量值）中的冲突程度及其对融合结果的影响。

**12.11** 4 种可用于多传感器数据融合的方法是：
（1）贝叶斯方法
（2）DS 方法
（3）模糊逻辑（参见参考文献 4）
（4）神经网络（NN）
提供一个从以下 3 个方面比较上述 4 个方法的表格：
（1）用于知识表达的函数
（2）优点
（3）缺点
注：集成两种或多种方法的混合方法可能适用于数据融合，但是它们不必包含在表中。

**12.12** 在水质监测网络中，考虑 3 个传感器节点，每个传感器节点都有相同的 3 种传感器：DO 传感器、pH 值（pH）传感器和电导率（CD）传感器。假设 3 个传感器节点产生的数据如表 P12-1A 所示。

表 P12-1A  来自 3 个传感器节点的数据

| 传感器 | DO(mg/L) | pH 值 | CD($\mu$S/cm) |
| --- | --- | --- | --- |
| 节点 1 数据 | 5.0 | 6.5 | 600.0 |
| 节点 2 数据 | 4.5 | 6.0 | 500.0 |
| 节点 3 数据 | 5.5 | 5.5 | 450.0 |

水质由以下 5 类（质量等级或推论）来确定：优质、良好、中等、合格、差。
表 P12-1B 给出了这 5 类水质的指标（参考感官值）。

表 P12-1B    质量类别代表(指定)的感官值

| 质量类别 | 参考 DO | 参考 pH 值 | 参考 CD |
|---|---|---|---|
| 优秀 | 7.5 | 7.5 | 200.0 |
| 良好 | 6.0 | 7.0 | 300.0 |
| 中等 | 5.0 | 6.0 | 500.0 |
| 合格 | 3.0 | 5.5 | 700.0 |
| 差 | 2.0 | 4.0 | 900.0 |

确定与给定的这三组数据相对应的质量函数。使用 DS 方法来融合前两个质量函数。同时确定相应的冲突程度 $K$。然后融合所有 3 个质量函数，并确定相应的冲突程度 $K$。对结果进行评论。提供一个 MATLAB 脚本(M 文件)来获得这些结果。

**12.13**  使用表 P12-2 中给出的数据重复问题 12.12。质量等级与问题 12.12 保持一致。请评论结果。

表 P12-2    来自 3 个传感器节点的数据

| 传感器 | DO(mg/L) | pH 值 | CD(μS/cm) |
|---|---|---|---|
| 节点 1 数据 | 5.0 | 6.1 | 510.0 |
| 节点 2 数据 | 5.1 | 6.2 | 520.0 |
| 节点 3 数据 | 4.9 | 6.0 | 500.0 |

**12.14**  列出多传感器数据融合的优点。数据融合有哪些应用？

**12.15**  感知数据融合适用于飞机、船舶和地面车辆的自动导航。例如，可以使用加速度计来测量直线运动，可以使用环形激光陀螺仪来测量角度(旋转)运动，可以使用磁力计来测量方向(航向)。在可行的情况下可以使用 GPS。讨论传感器融合如何适用于这种情况。

**12.16**  Hopfield 网络是一个动态(或经常性、反馈)神经网络(NN)。其拓扑结构如图 P12-2 所示。

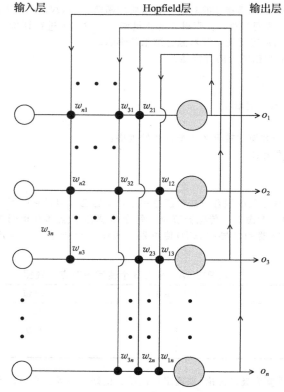

图 P12-2    Hopfield 网络

在每个节点($i$)处，反馈信号(除了特定节点的输出之外的网络输出)加权后并进行相加，总和阈值化(即从加权和中减去阈值 $\theta_i$)，并且结果的符号为节点(网络)输出。

(a) 分析地表达出该网络的工作原理。

(b) 指出这个网络的应用。

## 扩展阅读

1. De Silva, C.W., *Sensors and Actuators—Engineering System Instrumentation*, 2nd edn., Taylor & Francis/CRC Press, Boca Raton, FL, 2015.
2. De Silva, C.W., *Mechatronics—A Foundation Course*, Taylor & Francis/CRC Press, Boca Raton, FL, 2010.
3. Foley, B.G., A Dempster–Shafer method for multi-sensor fusion, Thesis, Air Force Institute of Technology, Wright-Patterson Air Force Base, Dayton, OH, 2012.
4. Karray, F.O. and de Silva, C.W., *Soft Computing and Intelligent Systems Design—Theory, Tools, and Applications*, Addison Wesley, New York, 2004.
5. Khoshnoud, F. and de Silva, C.W., Recent advances in MEMS sensor technology—Thermofluid and electro-magnetic devices, *IEEE Instrumentation and Measurement*, 15(3), 16–20, 2012.
6. Khoshnoud, F. and de Silva, C.W., Recent advances in MEMS sensor technology—Mechanical applications, *IEEE Instrumentation and Measurement*, 15(2), 14–24, 2012.
7. Khoshnoud, F. and de Silva, C.W., Recent advances in MEMS sensor technology—Biomedical applications, *IEEE Instrumentation and Measurement*, 15(1), 8–14, 2012.
8. Lang, H. and de Silva, C.W., Fault diagnosis of an industrial machine through sensor fusion, *International Journal of Information Acquisition*, 5(2), 93–110, June 2008.
9. Zhou, J., Liu, L., Guo, J., and Sun, L., Multisensor data fusion for water quality evaluation using Dempster–Shafer evidence theory, *International Journal of Distributed Sensor Networks*, Paper ID 147419, 1–6, 2013.

# 计算题答案

## 第1章

**1.10**  $11 \times 10^{-6}\,\text{Hz}$

## 第2章

**2.7**  (a) $500\text{M}\Omega$, $2\%$；(b) $4\Omega$, $2.4\%$

**2.1**  $b = 6.455 \times 103\text{N} \cdot \text{s/m}$，在 $200\text{rad/s}$ 时，传递量级为 $-6\text{dB}$

## 第3章

**3.1**  $1\text{M}\Omega$, $50\Omega$, $10^6$, $10\text{kHz}$

**3.2(b)**  情况1：$v_\text{o} = -7.5\text{V}$，没有饱和；情况2：饱和，$v_\text{o} = -14\text{V}$

**3.5**  $f_b = 31.8\text{kHz}$, $\Delta t = 5\mu\text{s}$

## 第4章

**4.2(b)**  $44.5\text{Mb/s}$

**4.5(a)**  $3600\text{r/min}$, $15\text{balls}$

**4.7**  $0.04\text{V}$, $0.02\text{V}$

**4.13**  $1\%$

**4.22**  $2.5\%$

## 第5章

**5.3**  (a) $4 \times 10^{-6}\,\text{m}^2$, (b) $2500\text{N/m}^2$, (c) $74.0\text{dB}$

**5.6**  $T_\text{c}f_\text{b} = 25.0$

**5.11(b)**  (iv)$< 10\%$；(v)$k_\text{low} = 6.25 \times 10^4\,\text{N/m}$, $k_\text{high} = 25.0 \times 10^4\,\text{N/m}$

**5.13(b)**  $0.99\%$

## 第6章

**6.4**  $f_\text{s} = 512\text{Hz}$，在 $200 \sim 256\text{Hz}$ 之间

**6.5(b)**  $f_b = 16\text{Hz}$, $f_\text{s} > 64\text{Hz}$，如 $f_\text{s} = 200\text{Hz}$, $f_\text{c} = 50\text{Hz}$

**6.11**  $e_b = 7.5\%$

**6.13(b)**  $e_m = \pm 0.01 = \pm 1.1\%$, $e_1 = \pm 0.11 = \pm 11\%$, $e_\text{r} = \pm 0.012 = \pm 1.2\%$, $e_\alpha = \pm 0.01 = \pm 1.0\%$

**6.15(b)**  (ii)：$e_\text{V} = \pm 13.0\%$

**6.17(b)**  (ii)：$e_\text{V} = \pm 1\%$：$e_\text{Q} = \pm 1\%$, $e_\text{s} = \pm 1.2\%$, $e_\text{f} = \pm 3.1\%$

**6.19**  (a) $110\text{lbf}$, (b)$e_\text{ABS} = (1 - 0.5) \times 2 + 1 + 0.5 \times 1\% = 2.5\%$, (c) $e_w = 1.7\%$, $e_\text{s} = 0.8\%$, $e_y = 1.7\%$

**6.20**  $\sigma_T = 1.32\%$

**6.21(b)**  $e_T = 0.003$

**6.22**  $P[-z_0 < Z \leqslant z_0] = 0.697 < 0.99$

## 第7章

**7.2(b)**  估计结果 $p = 1.988$, $a = 1.606$

**7.4**  (a) (With 95% confidence bounds), p1 = 141.9 (138, 145.8), p2 = −0.01645 (−0.0325, −0.000403)；(b)(with 95% confidence bounds)：p1 = 3306 (2825, 3786), p2 = 118.7 (115.2, 122.2), p3 = 0.008617(0.003353, 0.01388)

**7.5**  samplemean = 100.6646, samplestd = 1.4797, mleest = 100.6646 1.4422

**7.6**  (b) (With 95% confidence bounds)：p1 = 2.204 (2.136, 2.271), p2 = 0.01939 (0.01185, 0.02692)；(c) (with 95% confidence bounds)：p1 = 0.7154 (−0.1291, 1.56), p2 = 2.202 (2.135, 2.268), p3 = 0.01055(−0.00222, 0.02331)

**7.7** samplemean=10.0065, samplestd=0.0776, mleest=10.0065  0.0768

**7.10** mley1=1.2403 0.5033；mley2=1.0326 0.3442；mley12=1.1018 0.4159

最小二乘点估计结果：mean(y1)=1.2403, mean(y2)=1.0326, mean(y)=1.1018 std(y1)=0.5305, std(y2)=0.3531, std(y)=0.4230

**7.12** $P(\boldsymbol{m}\,|\,y_1)=\begin{bmatrix}0.75\\0.05\\0.20\end{bmatrix}$，小

**7.13** 激光测距仪：Final estimation m=4.9795, final estimation=0.0026

超声波测距仪：Final estimation m=4.9186, final estimation zm=0.0051

**7.14** (a) Final estimate of speed, ym(25)=2.4905rev/s；(b) final estimate of speed and estimation std×100, m(25), zm(25)=2.2769rev/s, 0.1815rev/s → 0.001815rev/s

## 第 8 章

**8.8** $\alpha$=0.5

**8.11** 0.1%

**8.12** $D$=1.25cm

**8.18** 1000Hz

**8.38** 100s

**8.40** (a) 1.62%；(b) ≈170Hz

**8.43** 9.5kΩ

**8.44** 15.5s

## 第 9 章

**9.9** $S_s$=144.0，$n_p$=5.9%

## 第 11 章

**11.4** ±0.088°

**11.9** 1.57×10−.rad；7.9×10$^{-4}$；

**11.14** 12 位缓冲器，最小伺服<±1mm，12 个轨道，2$^{12}$=4096 个扇区

**11.15** 0.0072°

**11.22** $v$=20.0m/s

**11.25** (a) 0.088°，(b) 0.0176°

**11.27** (a) 10ms 或更好(如 2ms)，(b) 1kHz

**11.29** MTBF 约为 20 000h

## 第 12 章

**12.3(c)** $\boldsymbol{\beta}=\begin{bmatrix}0.0839\\-0.4658\end{bmatrix}$

**12.5(b)** $\begin{bmatrix}0.855\\0.044\\0.101\end{bmatrix}$，$\begin{bmatrix}0.496\\0.008\\0.496\end{bmatrix}$

**12.10** $m_f(N,\ F,\ VF)$=[0.5217  0.2174  0.2609]；$K$=0.77

**12.12** m1m2Class1=0.0224, m1m2Class2=0.0597, m1m2Class3=0.8260, m1m2Class4=0.0732, m1m2Class5=0.0187, K=0.6660；

m1m2m3Class1=0.0060, m1m2m3Class2=0.0277, m1m2m3Class3=0.9420, m1m2m3Class4=0.0211, m1m2m3Class5=0.0033, K=0.5716

**12.13** m1m2Class1=0.0024, m1m2Class2=0.0074, m1m2Class3=0.9836, m1m2Class4=0.0051, m1m2Class5=0.0015, K=0.3609；

m1m2m3Class1=6.3087e-005, m1m2m3Class2=3.3552e-004, m1m2m3Class3=0.9994, m1m2m3Class4=2.0097e-004, m1m2m3Class5=3.0881e-005, K=0.1288

# 单位和转换

1cm＝1/2.54in＝0.39in

1rad＝57.3°

1r/min＝0.105rad/s

$1g=9.8m/s^2=32.2ft/s^2=386in/s^2$

1kg＝2.205lb

$1kg \cdot m^2=5.467oz \cdot in^2=8.85lb \cdot in \cdot s^2$

$1N/m=5.71 \times 10^{-3}lbf/in$

$1N/(m \cdot s^{-1})=5.71 \times 10^{-3}lbf/(in \cdot s^{-1})$

$1N \cdot m=141.6oz \cdot in$

$1J=1N \cdot m=0.948 \times 10^{-3}Btu=0.278kW \cdot h$

$1hp=746W=550ft \cdot lbf$

$1kPa=1 \times 10^3Pa=1 \times 10^3N/m^2=0.154psi=1 \times 10^{-2}bar$

1gal/min＝3.8L/min

# 公 制 前 缀

| | | |
|------|------|-------------|
| Giga | G | $10^9$ |
| Mega | M | $10^6$ |
| Kilo | k | $10^3$ |
| Milli | m | $10^{-3}$ |
| Micro | $\mu$ | $10^{-6}$ |
| Nano | n | $10^{-9}$ |
| Pico | p | $10^{-12}$ |

# 推 荐 阅 读

## 信号、系统及推理

作者：(美) Alan V. Oppenheim　George C.Verghese 译者：李玉柏 等
中文版 ISBN：978-7-111-57390-6 英文版 ISBN：978-7-111-57082-0 定价：99.00元

本书是美国麻省理工学院著名教授奥本海姆的最新力作，详细阐述了确定性信号与系统的性质和表示形式，包括群延迟和状态空间模型的结构与行为；引入了相关函数和功率谱密度来描述和处理随机信号。本书涉及的应用实例包括脉冲幅度调制，基于观测器的反馈控制，最小均方误差估计下的最佳线性滤波器，以及匹配滤波；强调了基于模型的推理方法，特别是针对状态估计、信号估计和信号检测的应用。本书融合并扩展了信号与系统时频域分析的基本素材，以及与此相关且重要的概率论知识，这些都是许多工程和应用科学领域的分析基础，如信号处理、控制、通信、金融工程、生物医学等领域。

## 离散时间信号处理（原书第3版·精编版）

作者：(美) Alan V. Oppenheim　Ronald W. Schafer 译者：李玉柏　潘晔 等
ISBN：978-7-111-55959-7 定价：119.00元

本书是我国数字信号处理相关课程使用的最经典的教材之一，为了更好地适应国内数字信号处理相关课程开设的具体情况，本书对英文原书《离散时间信号处理（第3版）》进行缩编。英文原书第3版是美国麻省理工学院Alan V. Oppenheim教授等经过十年的教学实践，对2009年出版的《离散时间信号处理（第2版）》进行的修订，第3版注重揭示一个学科的基础知识、基本理论、基本方法，内容更加丰富，将滤波器参数设计法、倒谱分析又重新引入到教材中。同时增加了信号的参数模型方法和谱分析，以及新的量化噪声仿真的例子和基于样条推导内插滤波器的讨论。特别是例题和习题的设计十分丰富，增加了130多道精选的例题和习题，习题总数达到700多道，分为基础题、深入题和提高题，可提升学生和工程师们解决问题的能力。

## 数字视频和高清：算法和接口（原书第2版）

作者：(加) Charles Poynton 译者：刘开华 褚晶辉 等ISBN：978-7-111-56650-2 定价：99.00元

本书精辟阐述了数字视频系统工程理论，涵盖了标准清晰度电视（SDTV）、高清晰度电视（HDTV）和压缩系统，并包含了大量的插图。内容主要包括了：基本概念的数字化、采样、量化和过滤，图像采集与显示，SDTV和HDTV编码，彩色视频编码，模拟NTSC和PAL，压缩技术。本书第2版涵盖新兴的压缩系统，包括NTSC、PAL、H.264和VP8 / WebM，增强JPEG，详细的信息编码及MPEG-2系统、数字视频处理中的元数据。适合作为高等院校电子与信息工程、通信工程、计算机、数字媒体等相关专业高年级本科生和研究生的"数字视频技术"课程教材或教学参考书，也可供从事视频开发的工程技师参考。

## 自适应系统与机器智能

书号：978-7-111-54114-1　作者：何海波（Haibo He）　译者：薛建儒 等　定价：59.00元

机器智能研究是关于自适应系统的原理、基础和设计的研究，这种自适应系统能够学习、预测和优化，并通过与不确定的环境交互做出决策，从而完成系统目标。本书有助于对自适应智能系统的基本理解，促进读者向模拟某些类脑智能水平的长期目标前进，同时也使如今许多复杂系统的智能水平更接近现实。

**本书分为以下4个主要部分**

- 第一部分介绍了用于机器智能研究的自适应系统，给出了研究的意义以及传统计算机与类脑智能的主要区别。
- 第二部分重点讨论了机器智能研究的数据驱动方法，着重介绍了增量学习、不平衡学习和集成学习。
- 第三部分着重介绍机器智能研究的生物启发式方法，详细讨论了自适应动态规划、联想学习和序列学习。
- 第四部分简要介绍机器智能关键硬件的设计，如功耗、设计密度、内存和速度，目的是实现大规模、复杂的综合智能硬件系统。

# 推荐阅读

## PLC工业控制

作者：（美）哈立德·卡梅（Khaled Kamel）埃曼·卡梅（Eman Kamel）译者：朱永强 王文山 等

书号：978-7-111-50785-7　定价：69.00元

本书是一本介绍PLC编程的书，其关注点集中于实际的工业过程自动控制。全书以西门子S7-1200 PLC的硬件配置和整体式自动化集成界面为基础，利用一套小型、价格适中的培训套件介绍编程概念和自动控制项目，并在每章末尾给出一些课后问题、实验设计题、编程题、调试题或者项目程序改错题，最后给了一个综合性设计项目。

本书特色：

● 内容丰富、体系完备，涉及工业自动化及过程控制的基本概念、继电器逻辑程序设计的基本知识、定时器和计数器编程、算术逻辑等常用控制指令、梯形图编程、通用设计和故障诊断技术、数字化的开环闭环过程控制等内容。

● 结构合理、讲解细致，结构由浅入深，对重点、难点进行了细致的讲解和举例分析，有利于读者自学，容易入门。

● 实践性强、案例经典，作者拥有丰富的过程控制经验，对文中的案例和课后习题都进行了精心的挑选和设计，涉及不同工业应用场合，实践性很强。

● 课后习题丰富，每章末尾有课后问题、实验设计题、编程题、调试题或者项目程序改错题，可帮助读者查漏补缺，巩固所学知识。

● 提供多媒体教学帮助。本书网站(http://www.mhprofessional.com/Programmable LogicControllers)上有一个Microsoft PowerPoint格式的多媒体演示文稿，其中包含一些用于示意PLC控制原理的模拟仿真器，可用于交互学习。